国家电网公司

生产技能人员职业能力培训专用教材

变电运行(220kV) 上

国家电网公司人力资源部 组编

张红艳 主编

中国电力出版社
CHINA ELECTRIC POWER PRESS

内容提要

《国家电网公司生产技能人员职业能力培训教材》是按照国家电网公司生产技能人员模块化培训课程体系的要求，依据《国家电网公司生产技能人员职业能力培训规范》（简称《培训规范》），结合生产实际编写而成。

本套教材作为《培训规范》的配套教材，共72册。本册为专用教材部分的《变电运行（220kV）》，全书共7个部分44章134个模块，主要内容包括专业知识，相关知识，基本技能，监视、巡视与维护，倒闸操作，异常处理，事故处理。

本书可作为供电企业变电运行（220kV）工作人员的培训教学用书，也可作为电力职业院校教学参考书。

图书在版编目（CIP）数据

变电运行：220kV. 上 / 国家电网公司人力资源部组编. —北京：中国电力出版社，2010.11（2022.9重印）

国家电网公司生产技能人员职业能力培训专用教材

ISBN 978-7-5123-0923-4

Ⅰ. ①变… Ⅱ. ①国… Ⅲ. ①变电所-电力系统运行-技术培训-教材 Ⅳ. ①TM63

中国版本图书馆CIP数据核字（2010）第190699号

中国电力出版社出版、发行

（北京市东城区北京站西街19号 100005 http://www.cepp.sgcc.com.cn）

北京雁林吉兆印刷有限公司印刷

各地新华书店经售

*

2010年11月第一版 2022年9月北京第十三次印刷

880毫米×1230毫米 16开本 39.75印张 1228千字

印数45501—46500册 定价**158.00**元（上、下册）

《国家电网公司生产技能人员职业能力培训专用教材》

编　委　会

前　言

为大力实施“人才强企”战略，加快培养高素质技能人才队伍，国家电网公司按照“集团化运作、集约化发展、精益化管理、标准化建设”的工作要求，充分发挥集团化优势，组织公司系统一大批优秀管理、技术、技能和培训教学专家，历时两年多，按照统一标准，开发了覆盖电网企业输电、变电、配电、营销、调度等34个职业种类的生产技能人员系列培训教材，形成了国内首套面向供电企业一线生产人员的模块化培训教材体系。

本套培训教材以《国家电网公司生产技能人员职业能力培训规范》（Q/GDW 232—2008）为依据，在编写原则上，突出以岗位能力为核心；在内容定位上，遵循“知识够用、为技能服务”的原则，突出针对性和实用性，并涵盖了电力行业最新的政策、标准、规程、规定及新设备、新技术、新知识、新工艺；在写作方式上，做到深入浅出，避免烦琐的理论推导和验证；在编写模式上，采用模块化结构，便于灵活施教。

本套培训教材涵盖34个职业的通用教材和专用教材，共72个分册、5018个模块，每个培训模块均配有详细的模块描述，对该模块的培训目标、内容、方式及考核要求进行了说明。其中：通用教材涵盖了供电企业多个职业种类共同使用的基础、专业基础、基本技能及职业素养等知识，包括《电工基础》、《电力安全生产及防护》等38个分册、1705个模块，主要作为供电企业员工全面系统学习基础理论和基本技能的自学教材；专用教材涵盖了单一职业种类专用的所有专业知识和专业技能，按照供电企业生产模式分职业单独成册，每个职业分为Ⅰ、Ⅱ、Ⅲ等3个级别，包括《变电检修》、《继电保护》等34个分册、3313个模块，可以分别作为供电企业生产一线辅助作业人员、熟练作业人员和高级作业人员的岗位技能培训教材，也可作为电力职业院校的教学参考书。

本套培训教材的出版是贯彻落实国家人才队伍建设总体战略，充分发挥企业培养高技能人才主体作用的重要举措，是加快推进国家电网公司发展方式和电网发展方式转变的迫切要求，也是有效开展电网企业教育培训和人才培养工作的重要基础，必将对改进生产技能人员培训模式，推进培训工作由理论灌输向能力培养转型，提高培训的针对性和有效性，全面提升员工队伍素质，保证电网安全稳定运行、支撑和促进国家电网公司可持续发展起到积极的推动作用。

本套教材共72个分册，本册为专用教材部分的《变电运行（220kV）》。

本书中第一部分专业知识，由陕西省电力公司冯涛、东北电网有限公司刘宝忠编写；第二部分相关知识，由宁夏电力公司康文军、陕西省电力公司曹轩和李满元、甘肃省电力公司杨华编写；第三部分基本技能，由四川省电力公司王立江和杨帆、河北省电力公司霍宏武和张红艳、山东电力集团公司陶苏东、浙江省电力公司陈顺军编写；第四部分监视、巡视与维护，由河北省电力公司张红艳、西北电网有限公司颜永强编写；第五部分倒闸操作，由安徽省电力公司汤静、青海省电力公司柏爱民、江苏省电力公司朱宏杰编写；第六部分异常处理，由河北省电力公司卢国华编写；第七部分事故处理，由华北电网有限公司李平、黑龙江省电力有限公司郭会成编写。全书由河北省电力公司张红艳担任主编。江苏省电力公司江红成担任主审，国家电网公司生产技术部彭江、江苏省电力公司苏品才和王同发参审。

由于编写时间仓促，本套教材难免存在疏漏之处，恳请各位专家和读者提出宝贵意见，使之不断完善。

目　　录

第三部分　基　本　技　能

第四部分 监视、巡视与维护

下 册

第五部分 倒 闸 操 作

第六部分 异 常 处 理

第七部分 事 故 处 理

第一部分

专业知识

国家电网公司

生产技能人员职业能力培训专用教材

第一章　数字化变电站的概念与应用

模块 1　数字化变电站介绍（GYBD00101001）

【模块描述】本模块主要介绍了数字化变电站的情况。通过要点归纳介绍，掌握数字化变电站发展的基本背景、基本概念和特征，了解数字化变电站的主要优势。

【正文】

一、数字化变电站产生的背景

20 世纪 90 年代以来，随着综合自动化系统的不断应用，变电站初步具备了数字化和自动化的特征，但人们也发现实施中的一些问题：① 各设备之间大多独立运行，不同厂家的设备之间受通信规约等的限制无法共享信息资源；② 通信标准缺乏一致性，导致设备之间不具备互操作性，系统的扩展受到限制；③ 二次回路电缆数量多、接线复杂，容易遭受电磁干扰、过电压等因素的影响，降低了系统运行的可靠性。

进入 21 世纪后，随着电子技术、网络通信技术的发展，各种数字化技术和装备逐步在电力系统中得到应用和实践，给变电站带来很大的变化。以光互感器为代表的电子式互感器利用数字化输出使二次系统技术逐步与一次系统技术融合。IEC 61850 的出台为变电站建立了完整的新一代变电站网络通信体系，可有效解决不同系统间的信息互通、互操作、自定义、可扩展性等问题。网络通信技术为变电站提供了信息数字化通信的手段，改变了变电站二次系统的结构，解决了系统中信息传输与共享的机制，使信息的集成化应用成为可能。随着这些技术的成熟和应用，变电站自动化的发展进入了一个新的阶段，数字化变电站和数字化电网逐步被提了出来，并在不断的应用实践中得到认可。全国各地的电网中各个电压等级的数字化变电站工程试点应用止在实施。

二、数字化变电站的基本概念及特征

数字化变电站是以变电站一、二次设备为数字化对象，依靠统一数据模型和高速网络通信平台，通过对数字化信息进行标准化，实现智能设备之间信息共享和互操作的现代化变电站。随着信息技术、网络通信技术的不断发展，数字化的内涵仍在不断丰富和扩充。

数字化变电站的特征可理解为以下几个方面：

（1）一次设备的数字化和智能化。数字化变电站的标志性特征为电子式互感器替代传统的电磁式互感器，实现了反映电网运行电气量的数字化输出，为变电站的网络化、信息化以及一次设备的数字化和智能化奠定了基础。

（2）二次设备的数字化和网络化。数字化变电站的二次设备除了具有传统数字式设备的特点外，其二次信号变为基于网络传输的数字化信息，功能配置、信息交换通过网络实现，网络通信成为二次系统的核心，设备成为整个系统中的一个通信节点。

（3）变电站通信网络和系统实现标准统一化。数字化变电站利用 IEC 61850 的完整性、系统性、开放性保证了设备间具备互操作性的特征，解决了传统变电站因信息描述和通信协议差异而导致的信号识别困难、互操作性差等问题，实现了变电站信息建模标准化。

三、数字化变电站的优势

由于数字化变电站采用了电子式互感器、网络化通信等主要技术，因此在建设、运行、维护和管理等方面有其独特的优势。主要表现在：

（1）实现一、二次系统的有效电气隔离，安全性得到提高。数字化变电站采用电子式互感器实现信号的测量，其绝缘结构简单，避免了传统互感器采用油绝缘而可能导致的漏油、易燃、易爆等危险。

电子式互感器的二次侧由光纤连接，可以实现与高压一次侧有效的电气隔离，且不存在传统互感器二次侧 TA 开路、TV 短路或者两点接地等危险。

（2）测量的精度和动态范围大为提高。数字化变电站采用电子式互感器，可根本性地避免传统电磁式互感器由于采用铁芯而导致的饱和与铁磁谐振等因素的影响，提高保护测量精度。电子式互感器频率响应宽、动态性能好，可进行暂态电流、高频大电流和直流的测量，为保护和自动装置提供更加准确的电气暂态特性。

（3）二次回路简单，信号传送的抗干扰能力强。电子式互感器输出的数字化电气量可通过光缆以数字量的形式传输，极大地增强了变电站信号传输环节的抗干扰能力，解决了传统变电站存在的二次回路复杂、信号传输环节较多、电缆损耗大、电磁干扰、施工工艺等问题。无须校验电流或电压互感器极性，不存在测试回路绝缘电阻、二次接线检查等问题，二次回路及安装、调试、试验工作都大为简化，提高了二次系统的安全性和可靠性。

（4）网络化通信提高了信号传输和共享效率。数字化变电站利用光纤和以太网实现设备连接，所有设备均能从网络获取所需信息，并向其他设备传输输出信息和控制命令，而且站内保护、测控、计量、监控、远动可共享一个网络信息平台，对于涉及多个间隔的功能不需配备专门物理设备，避免了设备重复设置，提高了信息传输和共享效率。

（5）容易实现设备间的互操作。数字化变电站采用 IEC 61850 对智能电子设备的信息描述与访问方法进行了全面的定义和规范，形成了统一的通信规约平台。由于设备采用统一的功能模型、数据模型和通信协议，解决了设备间的互操作问题。

（6）信息共享与集成提高了系统的可靠性与经济性。常规变电站不同类型的装置因交流采样精度差异、二次回路负荷等问题而造成了信息应用上的分离，存在多信息源的问题，而且二次回路负荷重、接线复杂、硬件重复配置，需通过冗余配置来满足系统的高可靠性要求。数字化变电站提供了数据和信息的集中采集、统一传送、不同功能共享的模式，而且采用面向对象技术将原来分散的二次系统进行了合理的功能集成，使系统更加简单、信息的共享容易实现，通过信息的集成可综合判断设备的状态，进行保护等功能的冗余配置，从而大大提高了整个系统的可靠性和经济性。

（7）提高了系统的可观性、可控性和自动化水平。数字化变电站内智能设备均具备或配备了相应的监测和自检功能，通过站内信息平台能够实时查看各设备的运行状况，实时自检，便于维护和监控，极大地提高了变电站运行的可观性、可控性。变电站通信可以实时、可靠地交换所有设备的完整信息，利用高级软件能自动生成报表、操作票和操作记录、系统拓扑图、设备检修通知、故障分析报告等，实现管理自动化与智能化决策。

（8）大大提高了变电站的经济性。电子式互感器取代电磁式互感器、光缆取代电缆以及网络通信等技术的采用，使得数字化变电站工程占地面积减少，电缆沟土建工程量减少；二次回路的简化、智能设备的使用又极大地减少了建设和调试的工作量，缩短了建设工期。由于设备的互操作性，在设备选型时可选择技术经济性最优的设备；基于逻辑的建模可以避免物理设备的重复设置，减少了设备采购量；在系统扩展或部分设备更换时，其他设备的软硬件基本不变，达到了保护投资的目的。

数字化变电站的这些优势和特点，将在技术、运行和管理水平上较传统变电站有一个全面的提升，对减少投运后运行成本、促进减员增效、提高自动化水平具有重大的技术意义和经济效益。

【思考与练习】

1. 什么是数字化变电站？
2. 数字化变电站的主要特征是什么？
3. 与常规变电站比较，数字化变电站具有哪些优势？

模块 2　数字化变电站的系统架构及技术特征（GYBD00101002）

【模块描述】本模块主要介绍了数字化变电站的基本结构和主要技术特征。通过对比讲解、图例展示，掌握数字化变电站的系统构成和主要技术特征。

【正文】

一、数字化变电站的系统架构

1. 数字化变电站的基本结构

数字化变电站的结构继承了传统变电站分层分布式的特点，依然由一次设备和二次设备分层构成，由于一次设备的智能化和二次设备的网络化，数字化变电站的一、二次设备之间的结合更加紧密。IEC 61850 按照变电站自动化系统所要完成的控制、监视、保护三大功能提出了变电站内按功能分层的概念，从逻辑上将变电站功能划分过程层、间隔层和变电站层，如图 GYBD00101002-1 所示。

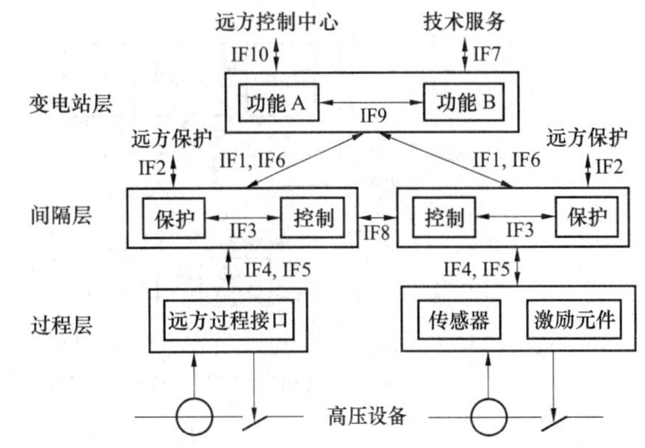

图 GYBD00101002-1　数字化变电站的基本结构及总线接口

（1）过程层。过程层是一次设备与二次设备的结合面，或者说是智能化一次设备的智能化部分。其主要实现所有与一次设备接口相关的功能，包括：实时电压、电流等电气量检测，进行运行设备的状态参数检测与统计，完成包括断路器、隔离开关的合分控制、变压器分接头调节、直流电源充放电控制操作等在内的控制执行与驱动。

（2）间隔层。间隔层的功能是利用本间隔的数据对本间隔的一次设备产生作用，如线路保护设备和间隔单元控制设备就属于这一层。其主要功能有：汇总本间隔过程层实时数据信息，实施对一次设备的保护控制，实施本间隔的操作闭锁，实施操作同期及其他控制功能，控制数据采集、统计计算及控制命令的优先级，同时高速完成与过程层及站控层的网络通信。

（3）变电站层。变电站层主要通过两级高速网络汇总全站的实时数据信息，不断刷新实时数据库，按时登录历史数据库，按既定规约将有关数据信息送向调度或控制中心，接收调度或控制中心有关控制命令并转间隔层、过程层执行。它应具有以下功能：在线可编程的全站操作闭锁控制功能；站内当地监控、人机联系功能，如显示、操作、打印、报警，图像、声音等多媒体功能；可对间隔层、过程层诸设备进行在线维护、在线组态、在线修改参数；同时，能完成变电站故障记录、故障分析和操作培训。

2. 数字化变电站的逻辑接口及总线

在数字化变电站的三层中有 10 类逻辑接口，分别接入两类总线：过程总线以及变电站总线。表 GYBD00101002-1 概括了它们之间的关系。

表 GYBD00101002-1　　逻辑接口与总线之间的关系

逻辑接口	说　明	过程层	间隔层	变电站层	总　线
IF4	过程层和间隔层之间 TV 和 TA 暂态数据交换	√	√		过程总线
IF5	过程层和间隔层之间控制数据交换	√	√		
IF3	间隔层内数据交换		√		变电站总线
IF8	间隔层之间直接数据交换			√	
IF1	间隔层和变电站层之间保护数据交换			√	
IF6	间隔层和变电站层之间控制数据交换			√	
IF9	变电站层内数据交换			√	
IF7	变电站层与远方工程师数据交换			√	

注　“√”表示横向内容与纵向内容有关联。

3. 数字化变电站与传统变电站结构对比

从图 GYBD00101002-2 可以看出，传统变电站与数字化变电站的物理结构几乎没有差别，但两者的功能和接口结构以及系统运行则具有完全不同的特性。传统变电站功能完成和信息传递由连接和设备物理结构限定，而数字化变电站则完全通过网络来分配和交换信息，两者存在巨大差异。

模块2 GYBD00101002

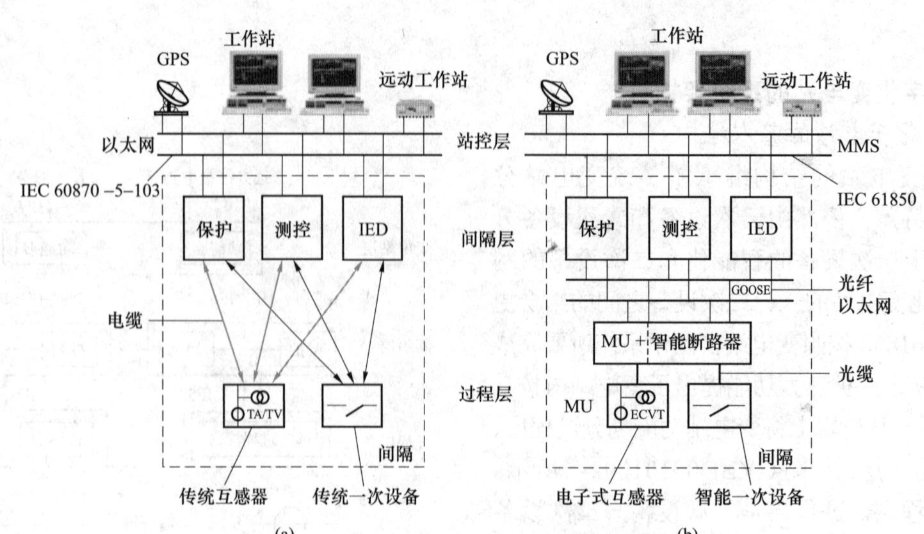

图 GYBD00101002-2 传统变电站与数字化变电站结构对比

（a）传统变电站；（b）数字化变电站

二、数字化变电站的主要技术特征

1. 数据采集数字化

数字化变电站采集和传输数字化电压、电流等电气量，不仅实现了一、二次有效的电气隔离，而且大大扩展了测量的动态范围与精度，使变电站的信息共享和集成应用成为可能。

2. 系统分层分布化

数字化变电站采用了 IEC 61850 提出的变电站过程层、间隔层、站控层的三层功能分层结构。过程层主要指站内的变压器、断路器、互感器等一次设备；间隔层一般按照断路器间隔划分，通常由各种不同的间隔装置组成，直接通过局域网络或串行总线与变电站层联系；变电站层包括监控主机、远动通信机等，设现场总线或局域网，实现变电站层以及与间隔层之间的信息交换。这种分层分布结构实现了按站内一次设备面向对象的分布式配置，不同的设备均单独安装具有测量、控制和保护功能的元件，任一元件故障不会影响整个系统正常运行。采用分层分布式结构大大降低了对处理器的要求，而且具有自诊断功能，可以灵活地进行扩充。

3. 系统结构紧凑化

紧凑型组合电器、智能化断路器等智能化一次设备集成了的更多的部件和功能，体积更小，这使得变电站的占地面积大幅减小，设备布置更加紧凑。各种体积小、重量轻、精度高、数字化的互感器、传感器的应用，不仅简化了一次设备的结构，而且通过数字化测量数据的网络传输和共享，实现了二次回路连接的简化，甚至可以取消信号电缆。由于智能化断路器的出现，实现了一、二次设备的集成，控制与保护等越来越靠近过程对象，并可有机地集成在间隔或小室并靠近一次设备布置。过程层的数字化和网络化以及 IEC 61850 的采用，使得整个变电站的功能和配置可以灵活地映射和分配到各个 IED（智能电子设备），许多功能的实现不再依赖独立的专用设备，这样系统的结构将更加简单紧凑，性能和可靠性越来越高。

4. 系统建模标准化

数字化变电站采用了 IEC 61850 对一、二次设备统一建模，定义了统一的建模语言、设备模型、信息模型和信息交换模型，采用全局统一规则命名资源，使变电站内及变电站与控制中心之间实现了无缝通信与信息共享。通过系统建模的标准化，消除了各种“信息孤岛”，实现了设备的互联开放，从而简化了系统维护、配置、扩展以及工程实施。

5. 信息交互网络化

数字化变电站各层、各设备间信息交换都依赖高速网络通信完成，网络成为系统内各种智能电子装置以及与其他系统之间实时信息交换的载体。在过程层与间隔层之间，数字化的各种智能传感器的采样数据通过网络传输到间隔层，利用多播技术将数据同时发送至测控、保护、故障录波及相角测量等单元，进而实现了数据共享。因此二次设备不再出现功能重复的数据与 I/O 接口，而是通过采用标准以太网技术真正实现了数据及资源共享。

6. 信息应用集成化

数字化变电站对常规变电站监视、控制、保护、故障录波等分散的二次系统装置进行了信息集成及功能优化。将间隔层的控制、保护、监视、操作闭锁、诊断与计量等功能和运行支持系统集成到统一的装置中，间隔内、间隔间以及间隔与变电站层的通信采用光纤总线连接。凡是过程层能完成的功能不再由间隔层处理，凡是间隔层能执行的功能不再由变电站层执行，各项功能通过网络组合在系统中，变电站层只是进行各功能的协调，不再需要传统变电站中完成不同任务的分隔系统及相应的通信网络，从而简化了网络结构和通信规约化。

7. 设备检修状态化

在数字化变电站中，电压和电流的采集、二次系统设备状况、操作命令的下达和执行完全可以通过网络实现信息的有效监测，可有效地获取电网运行状态数据以及各种 IED 的故障和动作信息，监测操作及信号回路状态，设备状态特征量的采集没有盲区，设备检修策略可以从常规变电站设备的定期检修变成状态检修，从而大大提高了系统的可用性。

8. 设备操作智能化

智能一次设备不仅可以获取整个系统及关联设备状态，而且可监测设备内部电、磁、温度、机械、机构动作状态，随着电子技术和控制技术的不断发展，采用新型传感器、电子控制、新控制方法构建参数确定、动作可靠迅速、状态可控可测可调的智能操作回路成为可能。

【思考与练习】

1. 数字化变电站的结构如何组成？有什么特点？
2. 数字化变电站中各层的作用是什么？分别有什么特征?
3. 数字化变电站的主要技术特征是什么？

模块 3　数字化变电站的基本应用（GYBD00101003）

【模块描述】本模块介绍数字化变电站的技术实现基础和常规设备接入方案。通过归纳讲解、方案介绍，了解建设数字化变电站应注意的问题和常规设备的接入方式。

【正文】

数字化变电站的发展是个长期的过程，技术成熟度、方案可行性均需逐步完善，因此通常采取分步走的策略：① 第一阶段结合 IEC 61850 标准先在测控部分实施，以积累网络通信协议的应用经验；② 第二阶段采用非常规互感器技术实现信息采集、处理、传输数字化应用；③ 第三阶段通过变电站总线与过程层总线的集成，实现数字化变电站集成型自动化的应用。

一、过程层常规设备的接入

常规设备主要指互感器和断路器设备，过程层常规设备的接入方式主要有 3 种基本模式：常规互感器和常规断路器，常规互感器和智能断路器（含智能断路器控制器），非常规互感器和常规断路器。过程层常规设备的接入方案见图 GYBD00101003-1。

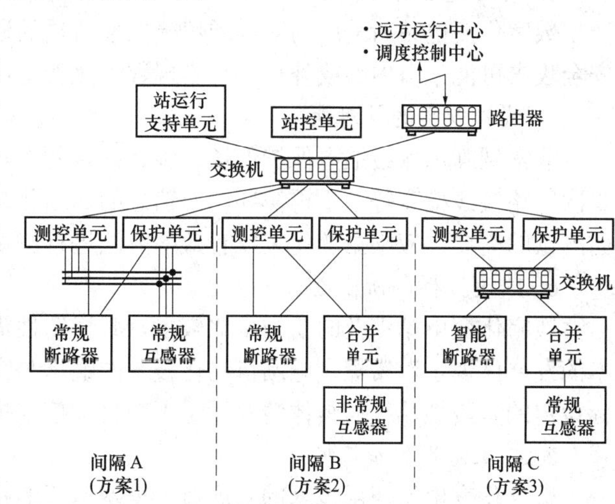

图 GYBD00101003-1　过程层常规设备接入方案

（1）方案 1。间隔层采用常规互感器和常规断路器，只使用了变电站总线，采用传统的点对点硬接线方式接入常规互感器和常规断路器，实现保护装置和监控单元信息交互。

（2）方案 2。间隔层采用非常规互感器和常规断路器，没有过程总线，但使用了合并单元，模拟量采样基于 IEC 61850-9-1 的单向多路点对点串行通信连接方式。

（3）方案 3。间隔层采用常规互感器和智能断路器（或智能断路器控制器），采用了过程总线，通过合并单元将常规传感器模拟量以多播方式发布到过程总线。

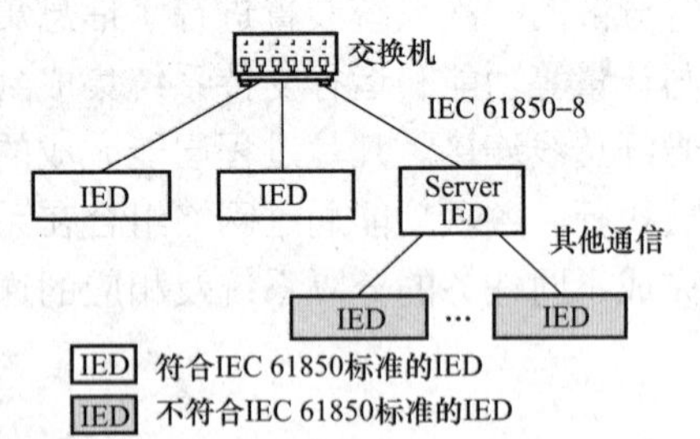

图 GYBD00101003-2 间隔层常规 IED 接入方案

二、间隔层常规 IED 的接入

间隔层常规 IED 的接入方案见图 GYBD00101003-2。

符合 IEC 61850 标准的 IED 将支持以太网方式的 GOOSE 信息交互机制，常规变电站间隔层还有大量非 IEC 61850 标准的 IED 设备，因此需要通过网关实现 IEC 61850 标准的转换，以实现接入变电站内部局域网 GOOSE 信息传输机制。图 GYBD00101003-2 说明了间隔层接入常规 IED（或系统）的方案，其中 Server IED 起到 IEC 61850 网关的作用。这样，非 IEC 61850 标准的 IED 也可被接入数字化变电站中，因此非 IEC 61850 标准的监控单元和保护单元需要通过网关接入变电站局域网。

数字化变电站技术发展过程中可以实现对常规变电站技术的兼容，这意味着可以实现应用上的平稳发展和逐步突破，使新技术的应用能有机地结合电网的发展，未来在数字化变电站应用技术成熟的基础上将促进新一代数字化电网的实现。

三、数字化变电站技术的应用基础

数字化变电站应用技术给变电站带来了巨大的变革，然而大量新技术和新标准的采用也带来一定的不确定性，在实际应用中应重点关注以下几个方面。

1. 数据采集的稳定性

非常规互感器因存在微信号测量、光学系统而容易出现温度对精度的影响、振动对精度的影响、长期稳定性、电磁兼容等问题，影响整个系统数据的准确性和稳定性。

2. 二次系统的冗余性

二次系统的冗余性主要体现在合并单元、网络拓扑结构性、控制系统的冗余性等方面。合并单元是系统的数据源，必须考虑合并单元或相关系统引起的系统可靠性降低甚至功能丧失的问题，对其进行冗余考虑。数字化变电站内的信息交互高度依赖以太网，须选择合适的网络通信的架构以保证信道和通信网络的冗余性。由于具备保护、测控一体化应用的条件，控制系统可实现测控单元的双重化，设备之间的联/闭锁可以实现冗余配置与应用。

3. 设备的互操作性

互操作性是实现变电站内无缝通信理念的重要保障机制。为保证互操作性，需要开展两类试验与测试：一致性测试和性能测试。

4. 网络通信的安全性

数字化变电站所采用的对等通信模式使数据的通信更加简便、有效，但也带来了信息的安全问题，安全攻击可能来自内部或外部，在实现数字化变电站时须考虑信息的安全性问题。

5. 试验方案的针对性

非常规互感器给继电保护现场试验、计量测量等方面带来根本性的变化。一些常规的极性测试、二次回路接线检查等都不再需要，而信息的网络化却带来了采样数据测试、变电站事件快速传输等方面测试的需要，应根据变化采取有效的方法进行测试和试验。

6. 建设目标的阶段性

数字化变电站涉及的新技术比较多，其稳定性需要经过一定的应用检验。同时，数字化变电站技术的发展体现了对常规变电站自动化技术的继承与突破，因此必须在兼顾技术成熟度的前提下实现目标设定的阶段性，根据具体情况设定不同目标值来推进工程化应用。

7. 技术管理的适应性

数字化变电站应用技术的发展对于电网运行的技术管理体制带来巨大的冲击，继电保护与自动化专业分工将不复存在；现有二次系统的设计、试验、运行标准规程将很难适用，需要重新制定；需要针对数字化变电站技术特征制订相应的二次系统检修策略，建立符合新技术特点的检修机制；由于网络化的功能配置以及一次设备的机电一体化，需针对新技术应用对安全考核、评估、保障机制进行必要的调整、补充或修订。

【思考与练习】

常规设备如何接入数字化变电站？

第二章　数字化变电站的组成与实现

模块1　IEC 61850标准综述（GYBD00102001）

【模块描述】本模块介绍IEC 61850标准的产生背景、标准的组成、主要术语及主要特点等内容。通过背景介绍、标准阐述、要点讲解，了解标准的概况，掌握标准的组成和特点。

【正文】

一、IEC 61850标准的制定

1. 标准制定的背景

为适应变电站自动化系统发展的需要，实现控制和管理系统中所有设备之间的信息自由交换，IEC（国际电工委员会）先后制定了IEC 60870-5-101、IEC 60870-5-102、IEC 60870-5-103、IEC 60870-5-104（基于以太网）等规约。随着技术发展和标准应用的不断扩展，人们发现这些标准存在许多问题，如：标准对二次设备缺乏统一的功能和接口规范，一致性测试又没有相应的标准，造成不同厂家设备之间无法实现互操作；整个标准的形成和完善持续了10年时间，规范产生滞后，许多厂家已通过其他总线协议或专有协议实现设备之间的互联，并形成一定的规模，因此新规范颁布后实施困难；IEC 60870-5-103规约在制定的过程中基于RS-485串行通信，属问答式规约，无法满足网络通信对信息量和速度的要求；规约在制定的过程中对过程层设备间的通信问题未过多考虑，很难适应电子式互感器、智能化一次设备不断发展的需要。由于这些问题的存在，造成了变电站不同厂家的IED之间不能互操作和互联，系统扩展困难，用于解决协议转换和通信连接的工程造价越来越高，严重地制约了变电站自动系统的发展。

针对以上问题，IEC开始制定关于变电站自动化系统的通信网络和系统的国际标准，旨在统一目前各成一体的变电站自动化通信系统，提高系统的维护性、开放性和扩展性，促进电力系统网络化、信息化的发展，解决技术更新和生命周期之间的矛盾。

2. 标准的发展过程

IEC 61850系列标准的全称是《变电站通信网络和系统》。1995年，IEC第57委员会开始研究该标准的制定。期间吸纳了美国电力科学院研究制定的UCA2.0中关于数据模型和服务的成果。标准于1999年提出草案发布，目前已经全部通过为国际标准。我国的标准化委员会对IEC 61850系列标准进行了同步的跟踪和翻译工作，并等同采用为国家标准。

IEC 61850标准目前是全世界唯一的变电站网络通信标准，也将成为从调度中心到变电站、变电站内、配电自动化无缝自动化标准，还有望成为通用网络通信平台的工业控制通信标准。当前，国外各大公司都在围绕IEC 61850开展工作，并提出IEC 61850的发展方向是实现“即插即用”，在工业控制通信上最终实现“一个世界、一种技术、一个标准”。

二、IEC 61850标准简介

1. 标准制定的目的

变电站自动化标准化的目的是制定一套满足功能和性能要求的通信标准，确保不同设备间能够自由的交换信息，并支持将来技术的发展。

（1）互操作性。不同制造厂家的智能设备可交换信息和使用这些信息执行特定功能。

（2）可自由配置。可将功能自由灵活地分配到各装置中，满足变电站自动化系统功能和性能的要求，支持用户集中式系统（如RTU）和分散式系统的各种要求。

（3）长期稳定性。支持未来的技术发展，并可伴随系统需求而发展。

2. IEC 61850 标准的组成

IEC 61850 共分为 10 部分，从内容上可以分为四大部分。

（1）系统部分。包括了标准的 1～5 部分。主要介绍了标准制定的出发点，从系统工程管理、质量保证、系统模型等方面进行叙述，使标准能更好地应用于电力系统。

（2）配置部分。定义了变电站系统和设备配置、功能信息及变电站配置描述语言。

（3）数据模型、通信服务和映射部分。从技术实现角度描述了 IEC 61850 的信息模型、通信服务接口模型以及信息模型与实际通信网络的映射方法，从而实现了系统信息模型的统一、通信服务的统一和传输过程的统一。

（4）测试部分。定义了验证互操作性的一致性测试方法、等级、环境和设备要求等。

3. IEC 61850 标准的特点

IEC 61850 引入了诸多先进的网络通信技术和信息处理技术，是一个开放的、面向未来的新一代变电站自动化系统通信协议。它具有以下的特点：

（1）开放性。由于电力市场的发展，实现电力过程控制的各种设备和系统必须集成为 个自动化系统，要求设备和系统必须是互操作的，接口、协议和数据模型必须是兼容的，并有足够的开放性。IEC 61850 就是为了实现这一个大目标而制定的。

（2）信息分层的变电站结构。标准将站内通信体系分为变电站层、间隔层、过程层，定义了信息分层概念和层与层之间的通信接口，使系统能在统一结构下进行信息的传输和利用。

（3）面向对象的数据对象统一建模。IEC 61850 采用面向对象技术，定义了基于客户机/服务器结构的数据模型。模型的构成不仅仅是数据集，而是数据与功能服务的聚会，模型中数据和功能服务相互对应，数据的交换必须通过对应的功能服务来实现。任何一个客户都可通过抽象服务接口和服务器通信来访问数据对象。数据与功能服务的紧密结合使模型具备了良好的稳定性、可重构性和易维护性。由于在信息源处进行建模，避免多余的中间数据模型转换，减少同一信息多处定义，限制多重数据管理，给投运、运行、维护、扩建带来了方便，调试容易可节约大量人力物力，为电力系统统一建模、实现无缝连接打下基础。

（4）采用面向对象、面向应用开发的自我描述的方法。以往的通信标准采用面向点的数据描述，数据收发方必须事先对数据库进行约定并一一对应，这样才能正确反映现场设备的状态，如需增、删某些信息，必须对协议进行修改，这就限制了新功能的应用和系统的扩充。IEC 61850 采用了面向对象的数据自描述，在数据源对数据本身进行自我描述，接收方收到的数据都带有自我说明，不需要再进行数据的工程物理量对应或标度转换。这种自描述数据是互操作的基础，并简化了数据的管理与维护工作。IEC 61850 提供了 80 多种逻辑节点名字代码和 350 多种数据对象代码、23 个公共数据类，涵盖了变电站所有功能核数据对象，提供了扩展新逻辑节点方法，规定了一套数据对象代码组成方法和一套面向对象服务，三者有机结合解决了面向对象自我描述的问题。

（5）采用抽象通信服务接口。IEC 61850 设计了独立于网络和应用层协议的抽象通信服务接口，定义了 14 类抽象通信服务接口模型，每类模型都由若干抽象通信服务组成，每个服务又都定义了服务的对象和方式。模型中通信服务通常分为两类：① 客户机/服务器结构主要应用在针对控制、读写数据值等服务中；② 发布者/订阅者模式主要应用在如采样值传输、通用变电站事件等快速和可靠的数据传输服务中。由于接口与所采用的通信技术、协议栈无关，用户可以应对和分享通信技术和网络技术迅猛发展带来的挑战与好处。

（6）定义了变电站配置语言。IEC 61850-6 定义和解释了基于 XML（可扩展标记语言）的变电站配置语言，标准化了变电站系统和装置配置的描述方法，可以描述变电站自动化系统内 IED 以及它们的相互关系，对变电站系统和装置的功能需求实现唯一表示。

【思考与练习】

1. IEC 组织制定 IEC 61850 的背景和目的是什么？与变电站自动化系统哪些问题和要求相关？
2. IEC 61850 由哪些部分组成？各自在标准中起什么作用？

模块2 数字化变电站的通信网络（GYBD00102002）

【模块描述】本模块介绍了数字化变电站内数据流及其特点、采用的主要网络技术以及组网方案。通过要点分析、图例说明、方案介绍，了解数字化变电站系统核心通信的概况。

【正文】

数字化变电站的功能完成依赖于通信，构建高速、可靠和开放的通信网络是数字化变电站的前提条件和核心技术之一。在数字化变电站中，由于过程网络的出现，数字化变电站通信网络在数据流、网络结构、功能和性能要求等方面与传统变电站存在较大差异。

一、变电站通信网络中的数据流

根据变电站的分层结构，需要传输的数据流有如下几种： 过程层与间隔层之间的信息交换，过程层的各种智能传感器和执行器与间隔层的装置交换信息，间隔层内部的信息交换，间隔层之间的通信，间隔层与变电站层的通信，变电站层的内部通信。

在数字化变电站网络中，各种数据流在不同的运行方式下有不同的传输响应速度和优先级的要求。对于经常传输各种测量量，如母线电压、频率、有功电量累计值等监视信息以及断路器位置、继电保护的投入与退出等状态信息，变压器、避雷器等的状态监视信息，数据的传输要求并不是很高，要求达到毫秒至秒级，有时允许有一定的延时；对于突发事件产生的信息，又分为需要快速响应的事故时断路器的位置信号、正常操作所引起的状态变化信息和允许延时发送的继电保护动作的状态信号和事件顺序记录、事故录波数据等带时标的扰动数据；对于过程层设备与间隔层设备交换信息，如光电电流互感器及直接采集的数字量等采样数据需以微秒至毫秒级高速传输且保证传输可靠性，而温度、压力等状态量要求并不高。此外，还包括报警、视频等大容量的非实时信息。

二、变电站自动化系统通信网络的基本要求

1. 功能要求

通信网络是连接智能电子设备（IED）的纽带，因此须支持各种标准化通信接口，须有足够的带宽和速度来存储和传送事件、电量、操作、故障以及录波等数据。为改善电压运行质量，无人值班变电站要求通信网络具有电压无功自动调节功能、系统对时功能等。另外，自诊断、自恢复以及远方诊断、在线状态检测则是针对运行维护而提出的几项功能要求。

2. 性能要求

通信网络是变电站实时信息交换不可或缺的功能载体，对其要求是可靠、实时、开放。

（1）可靠性。由于电力生产的连续性和重要性，站内通信网络的可靠性是第一位的，应避免一个装置损坏导致站内通信中断的情况。

（2）开放性。站内通信网络除了保证站内 IED 设备互联、便于扩展外，还应服从调度自动化的总体设计，硬件接口应为国际标准，选用国际标准的通信协议，方便用户系统集成。

（3）实时性。因测控数据、保护信号、遥控命令等都要求实时传送，虽然正常工作时站内数据流不大，但出现故障时要传送大量的数据，要求信息能在站内通信网络上快速传送。

三、数字化变电站中的以太网技术

以太网是目前应用最广泛的互联网络，在商业领域得到广泛应用。近年来，以太网技术也广泛应用到电力系统中，变电站层和远动中心之间的网络就是基于以太网的，而数字化变电站的分层结构以及网络技术的发展也决定了以太网技术是数字化变电站中的主要网络技术。

1. 以太网技术概述

以太网是一种采用总线竞争式介质访问的设备互联局域网组网技术，自诞生以来一直在不断创新，带宽从 10Mbit/s 发展到 1Gbit/s，传输介质由同轴电缆发展出双绞线、光纤和无线。其控制协议采用载波侦听多路访问/冲突检测，具有发前先听、边发边听、碰撞后退避时延等特征，可有效减少网络冲突。以太网的网路拓扑结构主要有星型、环型、总线型三种。快速和交换式以太网的出现使以太网性能得

到显著提升，并在工业现场得到应用与推广。

2. 对数字化变电站中以太网的特征要求

由于数字化变电站的特殊性，用于变电站的以太网与一般以太网存在较大区别，主要体现在网络规模、节点数目、安装环境、实时性要求、可靠性、故障自恢复以及安全性等方面。

（1）网络规模和环境要求。基于 IEC 61850 的变电站网络的规模由 IED 的数目及其分布位置，通常要求其支持的节点数目达到 100 或更多，需划分不同网段和子网。同时，覆盖范围也应能达到 5～1000m。IEC 61850 针对变电站网络环境的特殊性，制订了电磁干扰、温度变化范围、机械振动、污染和腐蚀、湿度和大气压等方面一系列的要求，并推荐解决方案。

（2）网络实时性要求。为了达到实时性的设计目标，提出了评估的量化指标，对报文类型进行了详细分类。将报文分为保护控制和计量与电能质量两类。在给定变电站内，并不需要全部通信连接支持同一性能类型，变电站总线和过程总线可独立选择，过程总线内可根据间隔内设备数量和通信速率选择不同性能类型。IEC 61850 还根据实现功能和对实时性要求的不同，将变电站自动化系统中的报文分为快速、中速、低速、原始数据、文件传输、时间同步以及存取控制命令 7 种类型，每类报文都规定了相应的传输时间要求。

（3）网络可靠性与信息安全要求。基于以太网的分层分布式网络可靠性应能实现故障预防、故障监测、故障允许、故障弱化与在线排除。IEC 61850 的开放性和标准性会带来安全性问题，应保证网络及二次系统信息保密性、完整性及确定性，需要采取报文加密与数字签名、调度专网、安装防火墙、划分功能子网、限定报文传输范围等信息安全防护措施。

3. 以太网实时性改进

以太网应用于变电站中最大的瓶颈是实时性问题，其载波侦听多路访问/冲突检测介质访问控制带来了时间不确定问题；而且节点采用事件驱动访问网络，造成了多点共享网络数据冲突问题；报文不支持优先级设定，节点冲突退避机制相同且时间随机。为了解决这些问题，一方面可通过合理分配或组合网络流量，减少数据冲突发生概率；另一方面可采取措施提高实时性或使其具有延时确定性。目前采用的技术主要有：具有微网段和全双工传输的特性交换式以太网技术，采用带优先级标签以太网数据帧解决实时和非实时数据竞争的 IEEE 802.1p 技术，按照逻辑关系划分成网段的虚拟局域网（VLAN）技术，解决广播数据包引起无限循环而导致的网络阻塞的快速生成树协议（IEEE 802.1w）。

四、数字化变电站通信网络组建

数字化变电站通信网络的组建是在实现自动化系统各项功能并满足传输时间要求的基础上，通过网络结构和节点分布的优化，提高网络实时性、可靠性、安全性和信息共享水平。IEC 61850 将变电站自动化系统划分为变电站层、间隔层和过程层，这种划分主要是用来在逻辑上表示变电站自动化功能的分类，实际上有些自动化设备涵盖了多层功能，因此，远动网络、变电站层与间隔层之间的站级网络、间隔层与过程层之间的过程网络的划分也只是用来在逻辑上表示网络承载的不同功能，实际网络的组建可不必拘泥于分层的划分，组网方法也无明确规定。

1. 网络拓扑结构

以太网有总线型、环型和星型三种基本拓扑结构。总线型具有较好扩展性，但缺乏可靠性；环型具有较好安全稳定性，但扩展性差、设备投资大；星型兼顾了网络的安全稳定性和可扩展性，且易于布线。通常可根据变电站的重要程度、网络节点数目、地理位置和建设资金，选择合理的结构。对于输电变电站的站级网络采用环型拓扑结构，单台交换机故障时只影响单个间隔；配电变电站的站级网络采用星型拓扑结构；过程层网络需根据不同间隔或功能划分成多个子网且子网的节点数目有限，通常采用星型拓扑结构。输电间隔要求保护装置双重化配置，因此间隔的过程层网络采用双星型拓扑结构；为了提高网络可靠性，避免出现单点故障，根据 IED 网络接口数目，站级网络和配电间隔的过程层网络也可采用双环或双星型拓扑结构。

2. 过程层总线的组网

过程层总线的组网与数据流要求、可靠性要求、安装时的实际情况密切相关，IEC 61850 中列举了过程层总线组网的 4 种基本方案，体现了不同的组网原则，可以满足不同的数据流要求及可靠性要求，并可应用于不同场合，如图 GYBD00102002-1 所示。

（1）方案①：面向间隔。每个间隔有其自身总线段，继电保护和控制设备可从多个段取得数据，同时还装设独立的全站统一总线连接各间隔的总线段，设备的互操作性、互换性既可在 IED 层面获得，也可在间隔层面获得。面向间隔的组网方案结构清晰、易于维护，但需较多的交换和路由设备，成本较高。该方案适用于 220kV 及以上系统以及重要间隔。

（2）方案②：面向位置。每个间隔总线段覆盖了多个间隔。当 IED 的安装位置处于多个传感器的安装位置的中心时，从高压端到 IED 的光纤传输距离最短。另外，220kV 双母线接线多采用母线电压互感器，该互感器可以为多个间隔所共用，从而减少了安装数量。

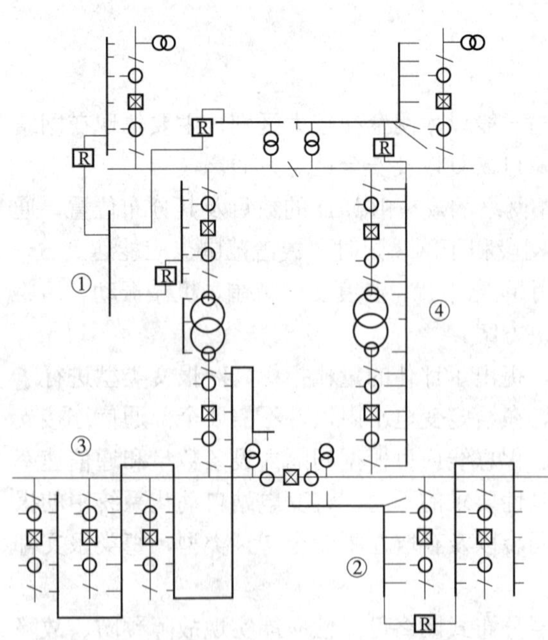

图 GYBD00102002-1 过程层总线组网的基本方案

（3）方案③：单一总线。所有设备都连接到全站单一总线，节省了交换机，成本较低，但可靠性差，需要较高的总线速率，适用于网络负荷较轻、对实时性要求不高的中低压系统。

（4）方案④：面向功能。总线段是按照保护区域来设置的，其突出优点是总线段之间的数据交换量最小。虽然需要路由器，但是段的安排能够减少段之间的传输的数据。

3. 变电站总线的组网

变电站总线的组网与变电站的类型相关。小型配电变电站只要求非常简单的连接间隔层和远方通信接口的通信总线，无间隔与间隔间的通信；中型的输、配电变电站，变电站层包括简单人机接口、远方控制网关，可能还包括电压自动控制功能等，要求变电站通信总线可以处理所有类型的报文，需要采用大的通信网络；大型输、配电变电站，变电站层包括全部人机联系功能，能够控制全部开关，可以传输全部单个的告警。变电站和控制中心之间通信可能由主链路和备用链路组成。变电站层总线要求由路由器或者桥连接的分段通信总线去处理所连接的设备的大量数据。为了限制每个段连接的节点数目，减少通过路由器传输快速报文，通信网络可能分成几段，甚至还需要双冗余的通信网络。

【思考与练习】

1. 支撑数字化变电站网络通信的核心技术有哪些？
2. 数字化变电站中传输的主要数据有哪些？特征是什么？
3. 数字化变电站网络通信组网的方案有哪些？各有什么特点？
4. 数字化变电站的以太网与其他网络有什么异同？

模块 3 电子式互感器基本原理及技术（GYBD00102003）

【模块描述】本模块介绍电子式互感器的基本原理、特点及构成等内容。通过结构分析、原理讲解、图片示意、应用举例，了解数字化变电站系统中一次设备的变化。

【正文】

互感器是为电力系统进行电能计量、测量、控制、保护等提供电流/电压信号的重要设备，其精度及可靠性与电力系统的安全、稳定和经济运行密切相关。随着电压等级的不断升高以及自动化技术的不断发展，传统的电磁式互感器已不能适应发展的需求。近年来，随着光电式、数字测量技术的发展和应用，各种光电式、纯光学电子互感器逐步走向成熟并得到应用，成为推动变电站过程层数字化的主要动力，为数字化变电站奠定了基础。

一、电子式互感器概况

1. 传统互感器的主要不足

传统的电流和电压互感器大多具有类似变压器的结构，属电磁感应式。随着电力系统电压等级的升高和传输容量的不断增大，传统的充油电磁式互感器暴露出一系列的缺点：绝缘结构复杂，造价高，在故障电流下铁芯易饱和，动态范围小，频带窄，受电磁干扰，二次侧开路会产生高电压，会产生铁磁谐振，易燃易爆，占地面积大等。

此外，电磁式互感器的额定参数主要是为了能为电磁式继电器提供足够的驱动，而目前广泛使用的微机保护从原理上只能接受弱电信号的输入，不得不在装置内增加电压、电流变换器，既增大了装置的复杂性，又降低了系统的可靠性。

2. 电子式互感器种类

电子式互感器泛指区别于传统电磁式互感器的电子化测量和数字化输出方式的互感器，涵盖不同的测量原理、方法以及测量传输方式。目前主要有利用光纤传输和采用光学方法测量两大类型。光纤传输型电子式互感器主要利用光纤传输经过电子测量回路转换的数字信号，并作为电子测量部分激光供电通道，解决了高低压隔离的问题。光学测量型电子式互感器采用磁光等原理直接测量电压、电流，光纤为主要测量元件。

目前，电子式互感器分类和对比的主要手段为量测量和测量原理。电子式电流互感器主要采用罗戈夫斯基线圈、光学装置或低功耗铁芯绕组等实现一次电流信号的转换。电子式电压互感器主要采用电阻分压器、电容分压器、串联感应分压器或光学原理等实现一次电压信号的转换。

此外，根据传感头部分是否提供电源，电子式互感器主要可分为有源式和无源式两类。根据安装方式，电子式互感器又可分为独立支撑型、GIS 型、套管型及独立悬挂型，其中前两种为主要应用方式，分别应用在敞开式变电站及 GIS 变电站。

3. 电子式互感器的主要优点

与常规互感器比较，电子式互感器主要有以下特点：

（1）高低压完全隔离，安全性高，具有优良的绝缘性能和优越的性价比。电子式互感器取消了铁芯，将高压侧信号通过绝缘性能很好的光纤传输到二次设备，这使得其绝缘结构大大简化，电压等级越高其性价比优势越明显。电子式互感器利用光缆而不是电缆作为信号传输工具，实现了高低压的彻底隔离，不存在电压互感器二次回路短路或电流互感器二次开路给设备和人身造成的危害，且光信号有电信号无法比拟的电磁兼容性能、安全性和可靠性。

（2）不含铁芯，消除了磁饱和和铁磁谐振等问题。电磁式互感器采用了包含铁芯的电磁感应原理，铁芯的存在不可避免地存在磁饱和及铁磁谐振等问题。电子式互感器在原理上与传统互感器有着本质的区别，一般不用铁芯做磁耦合，因此消除了磁饱和及铁磁谐振现象，从而使互感器运行暂态响应好，稳定性好，保证了系统运行的高可靠性。

（3）电磁式互感器需要提供较多绕组供不同的二次设备使用，而电子式互感器提供的是数字信号，二次设备可以共享电压、电流信号，减小了体积，节省了资源。

（4）动态范围大，测量精度高。电网正常运行时，电流互感器流过的电流并不大，但短路电流一般很大，而且随着电网容量的增加，短路电流越来越大。电磁式电流互感器因存在磁饱和问题，难以实现大范围测量，一台互感器很难同时满足高精度计量和继电保护的需要。电子式互感器有很宽的动态范围，一台电子式互感器可同时满足计量和继电保护的需要。

（5）频率响应范围宽。电子式互感器频率响应范围较宽，可以测出高压电力线上的谐波，还可进行电网电流暂态、高频大电流与直流的测量。

（6）没有因充油而存在易燃、易爆炸等潜在危险。电子式互感器的绝缘结构相对简单，一般不采用油作为绝缘介质，不会引起火灾和爆炸等危险。

（7）体积小、质量轻。电子式互感器质量与体积较电磁式互感器小很多，给运输和安装带来很大方便。

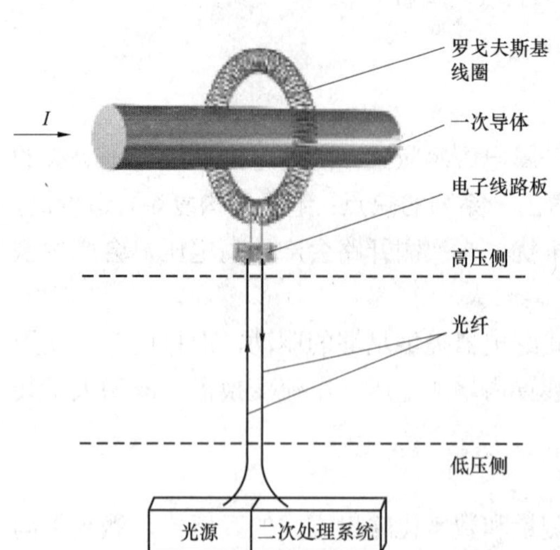

图 GYBD00102003-1 罗戈夫斯基线圈电流互感器系统示意图

二、电子式互感器的基本原理

（一）有源式电子互感器

因测量电压、电流的传感器由电子电路构成，需要供电，因此称为有源式电子互感器。根据空芯绕组和低功率绕组原理测量电流，根据分压原理（电阻、电感、电容）测量电压。相对来说，有源式电子互感器原理成熟，已经在国内外有了一定的应用。

1. 罗戈夫斯基线圈电流互感器

罗戈夫斯基线圈是缠绕在环状非磁性骨架上的空芯线圈，图 GYBD00102003-1 所示为罗戈夫斯基线圈电流互感器系统示意图，它是一种空气环形线圈，从根本上解决了铁芯线圈电流互感器的磁路饱和问题。根据相关电磁关系，一次电流通过罗戈夫斯基线圈环内的一次导线时，线圈两端的电压 $e(t)$ 与一次电流 I 的关系为

$$e(t)=-\frac{\mathrm{d}\Phi}{\mathrm{d}t}=-\frac{\mu_0 Nh}{2\pi}\cdot\ln\frac{R_a}{R_j}\cdot\frac{\mathrm{d}I}{\mathrm{d}t} \quad \text{（GYBD00102003-1）}$$

式中 μ_0——真空磁导率；

N——线圈匝数；

h——非磁性骨架材料的高度；

R_a、R_j——非磁性骨架材料的内径、外径。

可见，罗戈夫斯基线圈的输出电压与电流变化率成正比关系，因此通过输出电压的积分即可获取一次电流大小。法拉第电磁感应原理是罗戈夫斯基线圈电流互感器的传感基础，它决定了罗戈夫斯基线圈电流互感器不能测量稳恒直流，对于变化比较缓慢的分量，比如非周期分量，也不能保证测量精度。很显然，罗戈夫斯基线圈电流互感器是存在测量频带问题的电流互感器。其优点是：动态范围广，线性度极好，无铁芯，不发生饱和且质量轻，仅用一路互感器即可完成计数和保护功能，可长时间保持精度稳定。其缺点是需在传感电压输出后加积分器重构电流信号。

为了减少测量信号的传输损耗，简化绝缘结构和降低绝缘费用，悬挂式罗戈夫斯基线圈电流互感器采用光纤信号传输方式，在高压端完成电光转换，然后通过光纤传输到低压端，传感头采用自供电和光纤有源供电方式。应用于 GIS 中的罗戈夫斯基线圈电流互感器，不需要高压端的电光转换，可直接在输出端进行数字变换，输出数字测量信号。

2. 带铁芯的低功率电流互感器（LPCT）

带铁芯的低功率电流互感器（LPCT）是常规感应式电流互感器的发展。由于现代电子设备要求的输入功率很低，因此不用像常规感应式电流互感器那样要考虑功率输出而设计出体积很小但测量范围却很广的变换器。常规电流互感器与 LPCT 应用系统示意图对比如图 GYBD00102003-2 所示。

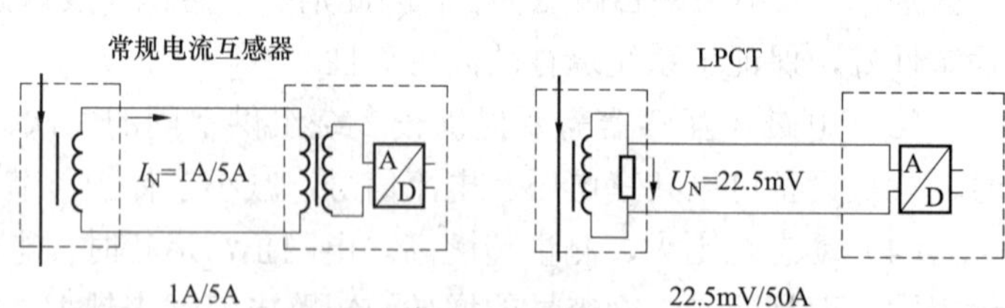

图 GYBD00102003-2 常规电流互感器与 LPCT 系统示意图

LPCT 包含一次绕组、较小的铁芯和损耗极小的二次绕组，后者连接分流电阻，二次电流在分流电阻上产生的电压 U_s 在幅值和相位上正比于一次电流。分流电阻集成于 LPCT 中，所选分流电阻使其对互感器的功耗近于零，因而极大地扩大了测量范围，电流互感器在极高（或偏移）一次电流下会饱和的特性将得到极大改善，测量和保护也可能使用同一互感器。

3. 电阻电容分压式电压互感器

纯电阻分压器最大只能测量 132kV 的交流电（由于热效应和接地电阻的影响）。电容分压器精度高、线性好，且有很好的频率范围，因此被长期用于测试领域和 GIS 中的电压测量。基于电容分压原

理的电子式电压互感器主要应用于 GIS 和 PASS 等设备，它是将柱状电容环套在导电线路上以实现电压测量，原理如图 GYBD00102003-3 所示。为提高电压测量的精度，改善电压测量的暂态特性，在电容分压器的输出端并联一小电阻，它可降低积聚电荷及温度变化等因素对低压电容 C_2 的影响。电容分压器的输出信号 $u_o(t)$与被测电压 $u_i(t)$有如下关系

$$u_o(t)=RC_1\frac{du_i}{dt} \quad \text{（GYBD00102003-2）}$$

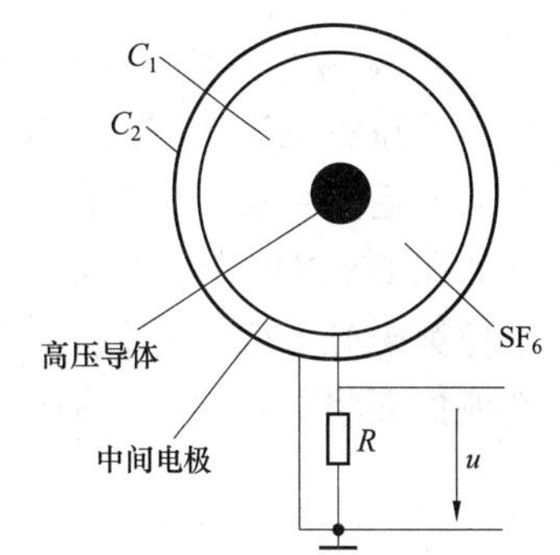

图 GYBD00102003-3　电容式分压器原理

C_1—高压电容；C_2—低压电容

根据式（GYBD00102003-2），利用电子电路对电压传感器的输出信号进行积分变换便可求得被测电压。

电阻电容分压器能在高压环境下运作且可直接充当电子仪器中的高输入阻抗。如果电容式分压器和高阻分压器并联安装，若固定电荷保持不变，可避免轻微相移和测量错误等问题。

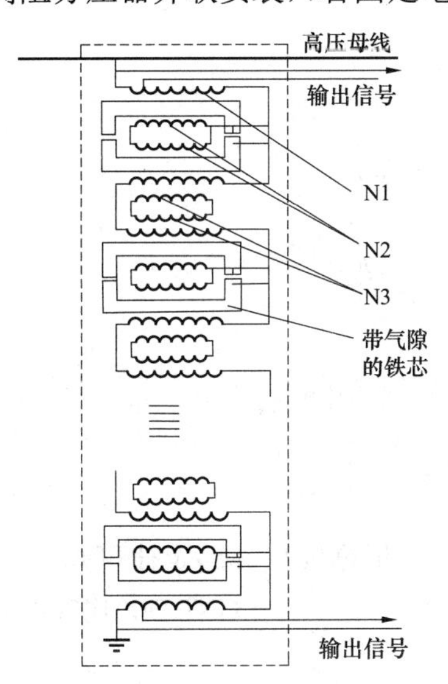

图 GYBD00102003-4　串联感应分压器原理

4. 串联感应分压电压互感器

基于串联感应分压原理的电子式电压互感器主要应用于户外敞开式变电站中，原理如图 GYBD00102003-4 所示，N1 为分压主绕组，N2 为平衡绕组，N3 为耦合绕组。它参照了串级式电压互感器的原理，由多级不饱和电抗器串联而成，输出电压信号从串联在电路中的小电抗上取出，根据需要，信号可以在高压端取出，也可以在分压器接地端取出。平衡绕组和耦合绕组的作用是保证感应分压器在不同电压、不同负荷（允许范围内）时，它的各个电抗器单元的磁通势平衡，而使各个单元承受电压均衡。该串联感应分压器的外绝缘采用硅橡胶复合材料，有很强的抗环境变化能力。内绝缘为固体绝缘材料，整个装置中无油、无气，可靠性强、安全性高。

5. 高压侧电子电路供能

有源电子式互感器需要向高压侧的有源电了电路供电，而供电的稳定性及可靠性将直接影响整个系统的工作稳定和特性，因此高压侧的电子器件供电成为有源电子式互感器测量系统的一项关键技术。

常见的高电压侧电子电路供能方式有两种：

（1）利用电磁感应原理从母线取电的供能方式。由普通铁磁式互感器从高压母线上感应得到交流电电能，经过整流、滤波、稳压后为高压侧电路供电。该方式绕组处在高压端，绝缘要求低，能大大简化设计，造价较低。缺点是母线未供电时或电流很小时（<5%），这种供电方式失效。此外，电力系统负荷变化很大，母线电流随之变化很大，母线短路瞬时电流可超过几十倍额定电流。如此大的工作范围为电源变压器和稳压电路的工作带来严重困难。

（2）激光供能方式。采用激光或其他光源从地面低电位侧通过光纤将光能量传送到高电位侧，由光电转换器件（光电池）将光能量转换成为电能量，再经过 DC-DC 变换后，提供稳定的电压输出。这种供电方式在实际使用中的可靠性比较高。其缺点主要是目前光电器件的价格比较高。另外，其主要部件激光晶闸管的工作寿命有限，如果长时间工作在驱动电流比较大的状态，激光晶闸管容易发生退化等现象，导致工作寿命迅速降低。

因此实际应用中常将上述两种供能方式结合起来，即在高压侧供能模块内设计一个自动切换电路，在正常负荷时选择绕组取电供能，否则采用激光供能方式。除了上述两种供能方式外，还有高压电容分压器供电、蓄电池供能、太阳能供电等方式。

（二）无源式电子互感器

与有源式电子互感器相比，无源式电子互感器的传感模块利用光学原理，由纯光学器件构成，不再含有电子电路，其有着有源式无法比拟的电磁兼容性能。

1. 法拉第磁光效应电流互感器

基于法拉第磁光效应的电流互感器（OCT）一直是光学电流传感技术的主流。单色光透过晶体结构（玻璃）后发生极化，若此时有磁场穿过，则单色光的转角将随磁场的大小而变化。法拉第磁光效应原理如图 GYBD00102003-5 所示。它通过测量由被测电流 i 引起的磁场强度的线积分来间接测量 i。根据法拉第磁光效应，线偏振光在与其传播方向平行的外界磁场的作用下通过介质（晶体或光学玻璃）时，其偏振面将发生偏转，偏转角 θ 为

$$\theta = \mu V \int_L H \cdot \mathrm{d}l \qquad \text{(GYBD00102003-3)}$$

式中 μ——法拉第磁光材料的磁导率；

V——磁光材料的 Verdet 常数，与介质的特性、光源波长、外界温度等有关；

H——作用于磁光材料的磁场强度；

L——通过磁光材料的偏振光的光程长度。

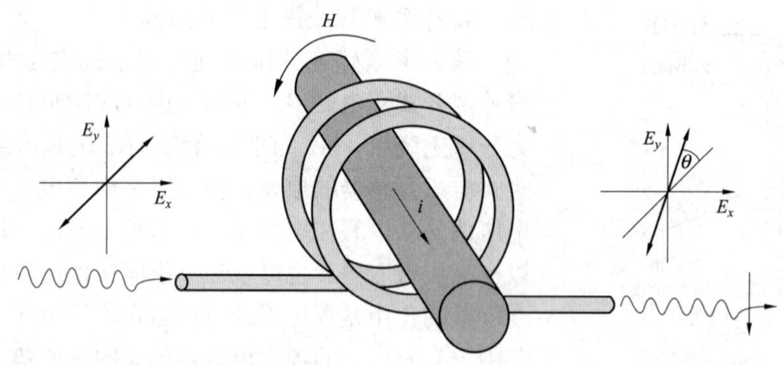

图 GYBD00102003-5 法拉第磁光效应原理

为求出上述积分而实现电流测量，可使线偏振光围绕 i 形成回路，根据安培环路定律可知

$$\theta = VNi \qquad \text{(GYBD00102003-4)}$$

式中 N——线偏振光围绕 i 的环路数。

法拉第磁光效应原理具有良好的测量线性度，不仅可以测量变化电流，而且可以测量稳恒电流。很明显，基于法拉第磁光效应原理的光学电流互感器在测量原理上不存在测量频带问题。它具有动态范围大、线性度好（50A 以下至 5kA，0.2 级）、无铁芯、不会发生饱和、可获得 0.1 级的高精度等特点，但容易受温度和机械因素的影响，还需要在使用期考核其精度的稳定性。

2. 普克尔电光效应电压互感器

这种互感器利用了普克尔效应原理，电压互感器的电压主要加在一种特殊的普克尔晶体的两侧，当偏振光穿过晶体时，光的极化偏振角度将随表面电压大小的变化而变化。这种电流的估算与通过法拉第磁光效应来测量电流的方法相类似。普克尔电光效应原理如图 GYBD00102003-6 所示。

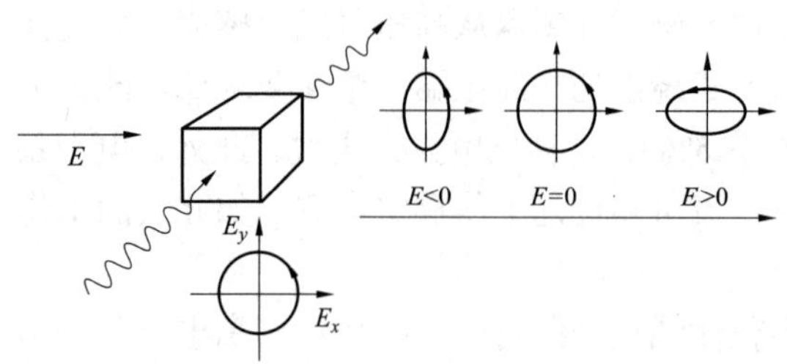

图 GYBD00102003-6 普克尔电光效应原理

三、电子式互感器的应用

电子式互感器以其优越的性能受到了普遍关注，国内外从 20 世纪 70 年代就开始了电子式互感器的研究与应用试验工作，ABB、西门子、阿海珐，NxtPhase 公司以及美国和日本的各大公司纷纷加入到研究的行列中并制造了相关产品。我国清华大学、中国电力科学院、南京南瑞继保电气有限公司（简称南瑞继保）、许继集团有限公司（简称许继）等单位也开始了这方面的研究工作。随着电子互感器的不断成熟，各种各样的电子互感器逐渐被应用到系统中，并在运行中得到了考验。

1. PCS-9250 电子式互感器

PCS-9250 电子式互感器是南瑞继保研发的电子互感器，包括 10～500kV 不同电压等级的独立型电子式电流电压互感器及 GIS 用电子式电流电压互感器。

（1）GIS 用电子式电流电压互感器。GIS 用电子式电流电压互感器主要由一次结构主体、一次传感器、远端模块三部分组成。其结构示意如图 GYBD00102003-7 所示。一次结构主体包括互感器罐体、变径法兰、绝缘盆子、一次导体等，内装电流电压传感器等部件，一次导体与互感器罐体间充 SF_6 绝缘气体。一次传感器包括两套完全相同的传感元件，每套传感元件包括一个低功率电流互感器（LPCT）、一个空芯绕组、一个同轴电容分压器。低功率电流互感器用于传感测量用电流信号，空芯绕组用于传感保护用电流信号，电容分压器用于传感电压信号。远端模块接收并处理低功率电流互感器、空芯绕组及电容分压器的输出信号，远端模块输出的数字信号由光缆传送至合并单元。

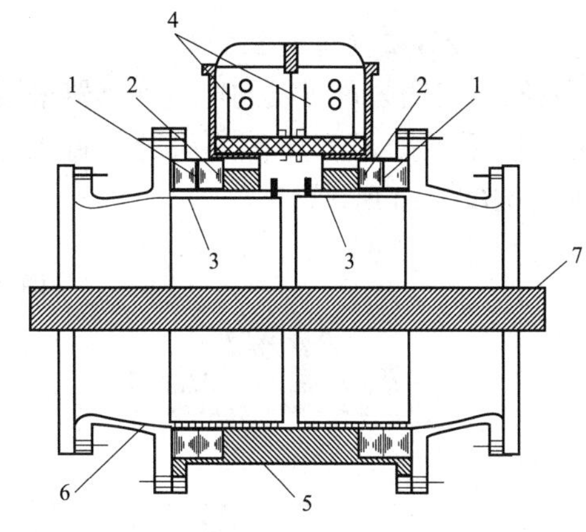

图 GYBD00102003-7　GIS 用电子式电流电压互感器结构示意图

1—低功率电流互感器；2—空芯绕组；3—中间电极；4—远端模块；5—一次罐体；6—变径法兰；7—一次导体

110kV GIS 用电子式电流电压互感器为三相共箱结构，用于三相共箱 GIS 中，220、330kV 及 500kV GIS 用电子式互感器为单相结构。图 GYBD00102003-8 为 220kV GIS 用电子式电流电压互感器实物照片。

图 GYBD00102003-8　220kV GIS 用电子式电流电压互感器

（2）电流电压组合互感器。独立型电子式电流电压组合互感器由低功率电流互感器（LPCT）、空芯绕组、取能绕组、远端模块、电容分压器、光纤绝缘子及合并单元等部分构成，其结构示意和实物如图 GYBD00102003-9 所示。

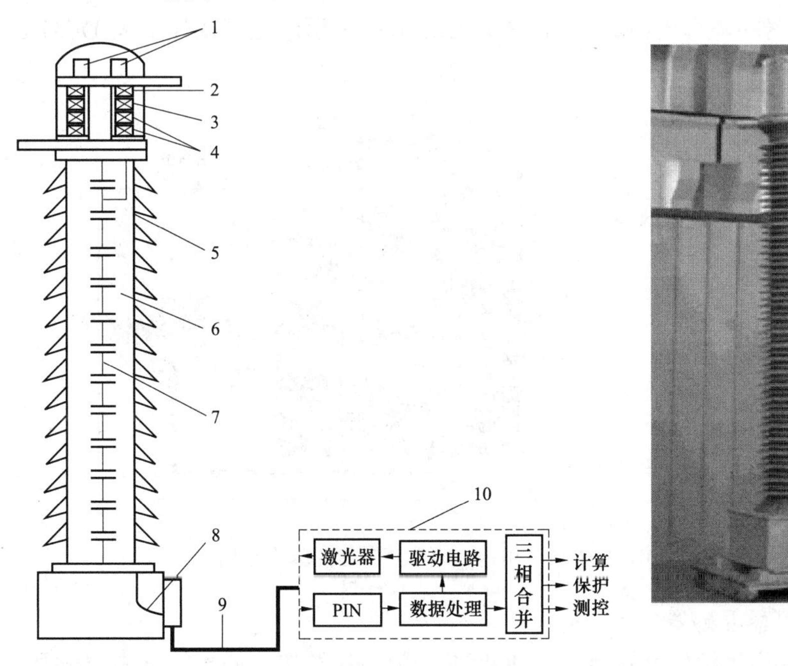

图 GYBD00102003-9　独立型电子式电流电压组合互感器

1—远端模块；2—取能绕组；3—LPCT；4—空芯绕组；5—光纤复合绝缘子；6—绝缘油；7—电容分压器；8—光纤；9—光缆；10—合并单元

2. LDGDZB 磁光电流互感器

西安同维集团公司研发的电流互感器采用磁光效应工作原理，其中所采用的磁光玻璃 TW863D 解决了灵敏度系数随温度变化的问题，将工作范围扩展到了–40～80℃。其结构示意和实物图如图 GYBD00102003-10 所示。

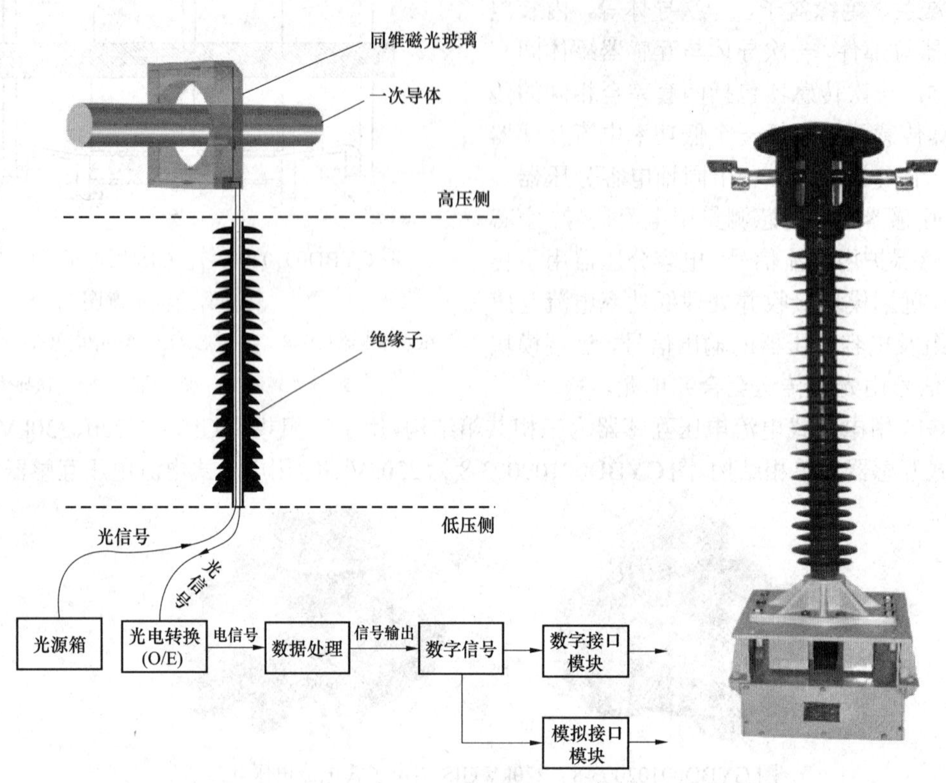

图 GYBD00102003-10 同维 LDGDZB 磁光电流互感器

3. NVXCT/NVXPT 电流电压互感器

NxtPhase 公司分别研发了光纤电流和电压互感器，并将两者组合在一起。图 GYBD00102003-11 所示是其电压、电流互感器的基本结构。图 GYBD00102003-12 所示是其在加拿大 DEMAND 应用的情况。

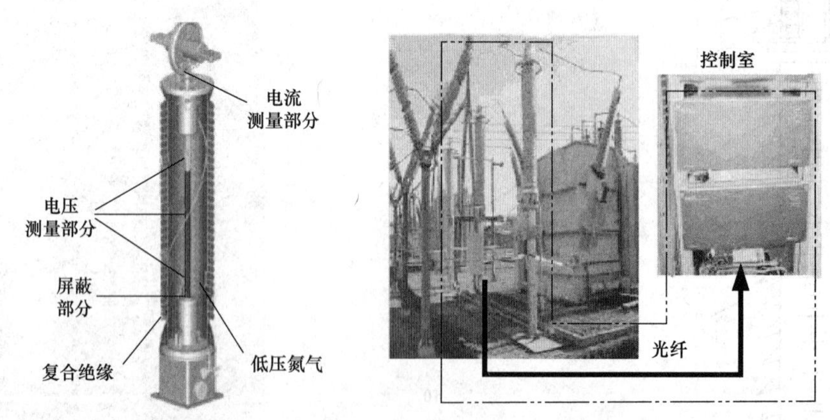

图 GYBD00102003-11 电压、电流互感器的基本结构

4. ABB 数字化光学仪器互感器

ABB 公司研制的数字化光学仪器互感器（DOIT）分为电压和电流两种。其中电流互感器采用罗戈夫斯基线圈方式测量，利用光纤传输和为测量部分供电；电压互感器采用电容电阻分压、光纤传输和供电方式。图 GYBD00102003-13 所示为其实物图及在实际中的应用情况。

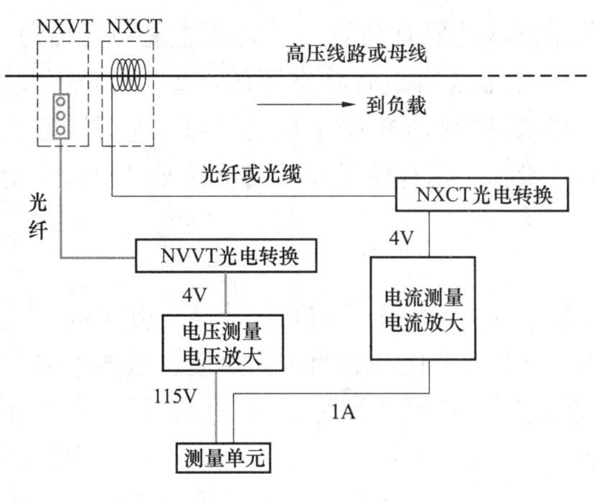

图 GYBD00102003-12　电压、电流互感器的应用

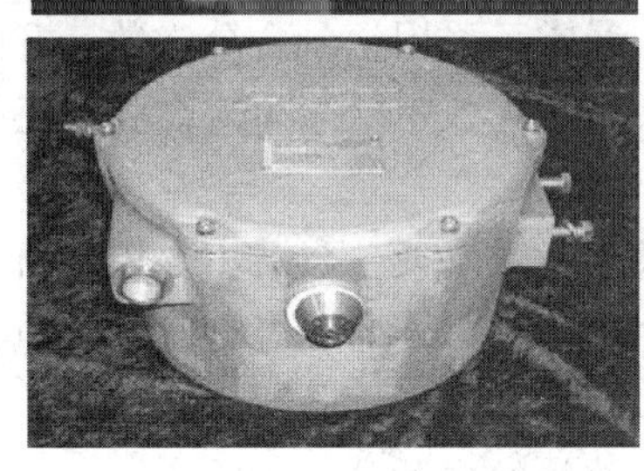

图 GYBD00102003-13　数字化光学仪器互感器

【思考与练习】

1. 电子式互感器的优缺点是什么？
2. 常见的电子式互感器的工作原理有哪些？各有什么特色？适用范围如何？

模块 4　智能化电器设备（GYBD00102004）

【模块描述】本模块主要介绍开关智能化的基本内容，智能化开关基本结构、特点、设备的应用模式以及和二次系统的连接。通过概念讲解、图片示意、实例介绍，了解智能化开关系统，掌握智能化开关控制的内容。

【正文】

智能化开关设备是指配有电子设备、数字通信接口、传感器和执行器，不但具有分合闸基本功能，而且在监测和诊断方面具有附加功能的开关设备。智能化开关设备是变电站过程层数字化的重要组成部分。

一、智能化开关设备的概念

近年来，随着电气技术、自动化技术、通信技术的不断发展，出现了将保护、监测、控制等功能集成为一体的开关设备，有些还能检测自身运行工况，进行运行状态自诊断和操作过程智能控制，实现智能操作。因此，把这些配有电子设备、传感器和执行器，不仅具有开关设备的基本功能，还在监测和诊断方面具有较高性能的开关设备和控制设备称为智能化电器设备或智能化开关设备。

一般来说，智能化电器设备除满足常规电器设备的原有功能外，其功能主要表现为：① 在线监视功能。监测电、磁、温度、开关机械、机构动作等状态并进行状态评估。② 智能控制功能。能够完成最佳开断、定相位合闸、定相位分闸、顺序控制等控制。③ 数字化的接口。能通过数字化接口传输位置信息、其他状态信息、分合闸命令。④ 电子操作。具有电子控制的可控操动机构，动作可靠性和寿命高。

二、智能化开关设备的现状

近年来，世界上先进的工业国家都看好在电力系统中高压领域智能化高压开关的发展前景和潜在的效益，加大了研究的投入和开发的力度，已有很多智能化开关面市。高压领域典型的有东芝公司的C-GIS和ABB公司的EXK型智能化GIS，它们的特点都是采用先进的传感器技术和微计算机处理技术，使整个组合电器的在线监测与二次系统在一个计算机控制平台上，采用光电式电流传感器和电压传感器替代传统的电磁式电流互感器和电压互感器。在中压领域较典型的有20世纪90年代初的富士公司的智能式真空断路器及VM1型真空断路器。富士公司的智能式真空断路器包括了自动保护功能、早期维护功能和信息传递功能；VM1型真空断路器除了新颖的一体化绝缘结构外，最显著的特色是采用了永磁操动机构和新型传感器。

三、智能化开关设备相关技术

1. 开关工作状态的监测与诊断

监测与诊断是智能化开关设备的重要环节，计算机技术、传感技术与微电子技术的进步，使智能化开关的监测与诊断的要求得以实现。它包含了以下具体功能：

（1）灭弧室电寿命的监测与诊断。通过监测累计开断电流和合分次数，根据每次开断电流计算不同开断电流下的磨损量，就可以预测和评估灭弧系统的电寿命。通常可采用记录合分次数、开断电流加权累计值，逾限报警的方法来监测电寿命。对于真空断路器来讲，灭弧室除了电寿命外，还有真空度的监测。

（2）机械故障的监测与诊断。大量统计资料表明，高压开关事故的70%～80%出在操动机构和控制回路。开关的机械部分比较复杂，且长期不动作，监测较为困难，常需要监测分合闸回路电特性、分合闸机械特性、关键部分的机械振动波形信号等状态，采用多种技术综合判断。

（3）绝缘状态的监测。监测气体压力、局部放电，用以预报绝缘等事故。

（4）载流导体及接触部位温度的监测。利用红外光辐射或感温元件测量温度信号，测量导体和母线连接处因接触电阻增大而导致的温度增加。

2. 开关的智能操作

开关的智能操作是智能化开关最典型的应用，它是将智能化技术引入开关的电气性能中，使开关能更好地完成开断任务和提高开断的可靠性，提高其综合技术性能，无论是对生产运行还是研究制造都具有十分重要的作用和价值。

（1）智能操作的内涵。目前认为，智能操作包括以下两方面：

1）要求开关的操作过程可根据电网或设备的不同工况自动选择和调整，使系统处于最理想的工作条件。如对于自能式开关的分断操作，小负荷时触头以较低的速度分断，既可保证所需的灭弧能量，又可减少机械损耗；而在接到短路信号时则以全速分断，获得电气和机械性能上的最佳开断效果。这种变速操作打破了传统开关单一分闸特性的概念，实际上是操作过程的智能化。

2）要求开关在零电压下关合，在零电流下分断，即开关的同步分断与选相合闸。同步分断可以大大提高开关的分断能力，一台低成本的小容量开关可分断10倍以上容量的电流；选相合闸可以避免系统的不稳定，克服容性负荷的合闸涌流与过电压。

总的来看，智能化开关的操作过程为：不断从电力系统采集特定信息，据此判别开关的工作状态并随时处于操作准备状态。当继电保护装置向开关发出分闸信号或正常操作命令后，控制单元根据一定的算法求得开关操动机构最佳过程，并驱动操动机构调整至该状态，从而实现最优操作。

（2）开关的同步分断与选相合闸。现代传感器可方便地取到交流电压或电流变化率的零点信号，从而控制操作信号发出时刻。选相合闸是指采用一定技术使开关在指定相角处合闸，同步开断是在电压或电流的指定相位完成电路的断开或闭合，它们都能大幅度降低合闸操作过程中的过电流和过电压，从而提高开关的寿命和整个电力系统的稳定性。

（3）程序控制操作。为了降低开关操作复杂程度，提高操作效率和可靠性，减少人为操作失误引起的电网事故，出现了一种对紧凑型开关设备实现程序化控制的应用。在紧凑型开关柜中，对开关柜的开关分合闸、开关手车的移进移出、接地开关开合等操作，可以实现电动式控制，其控制可以由计算机软件完成。即将所有操作步骤固化在程序中，并按照编排的程序和闭锁条件逐批逐模块执行。采用程序化控制可大大简化操作，自动判断约束条件，避免误操作。

（4）电子操作。电子操作是一种尽可能地用电子控制取代机械传动、联锁与脱扣的机构。它依赖电力电子器件，保证了执行指令的时间精度可达到微秒级，使机构的响应时间可控，能在所希望的相位上动作，解决了目前高压开关的操动机构因环节多、累计运动公差大而导致响应时间分散性大的问题。此外，电子操作能直接与数字电路接口，驱动电路简单，所需功率很小。目前，电子操动机构主要有电容励磁直流电磁机构、永磁操动机构。

实现电子操作首先要解决能量转换问题。中压开关使用储存于弹簧中的机械能作为动作能量，能量释放时间控制分散性大，而经典直流电磁机构的电磁铁励磁时间很短，仅几毫秒到十几毫秒，但对电源功率要求高，经济性和可控性都比较差。而在脉冲功率技术中的电容器放电条件下，直流电磁机构的要求很容易实现，且电容器的充电电源功率可以很小，交直流灵活。同时，电容器储存电能的效率及可控性均远优于力学储能形式，用电容器做励磁电源的改进型直流电磁机构可以用于开关的精确操作。

电子操作的反应速度和完善的功能还要求彻底改造传统机构的传动系统，应用新的机理减少环节。永磁操动机构就是利用永磁铁实现锁扣功能，大大减少了传动环节。永磁铁通过磁路的闭合提供了锁扣的力量，励磁绕组通电时可改变磁路中的合成磁通，并驱动铁芯运动形成另一闭合的磁路，使传统机构数以百计的传动零件减少到几个零件，大大提高了反应速度、精度以及整机可靠性。永磁操动机构出现的初衷正是以简化部件、提高可靠性为目的，但它更深远的意义是大大提高了机构的可控性，由原来毫秒级的机构控制时间分散性进步到微秒级的电信号控制，由机械储能、机械脱扣进步到电储能、电信号直接触发动作。

四、智能化开关设备

（一）PASS组合式智能化开关

1. 概述

PASS（Plug And Switch System）开关是一种组合式智能化电器设备，它由金属外壳封闭，把 SF_6 气体绝缘的断路器、隔离开关、接地开关、电流互感器及复合绝缘套管分相组合，并由传感器与传动结构处理接口进行数据采集、处理以及通过光纤与外部交互信息。PASS 集成了 GIS 的优点，具有结构简单紧凑、占地面积小、可靠性高、安装方便、免维护等特点。图 GYBD00102004-1 为 PASS 智能化开关系统和组合开关结构图。

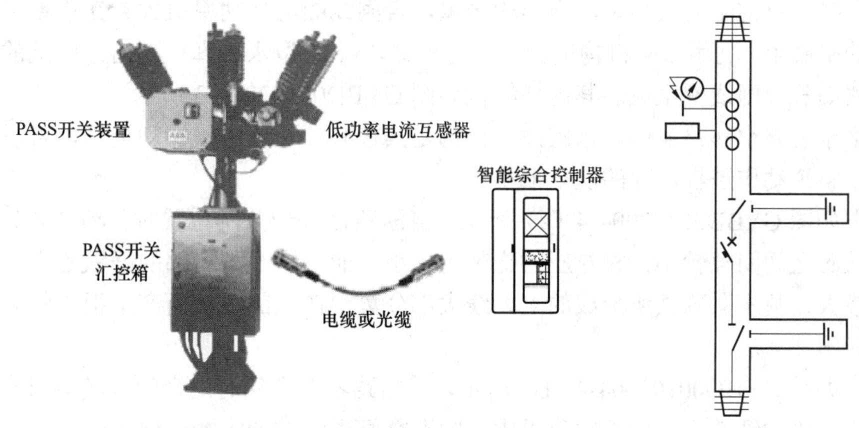

图 GYBD00102004-1　PASS 智能化开关系统图和组合开关结构图

从结构与性能上，它具有以下特点：

（1）所有一次部分均设计在同一 SF_6 气室中，取消出线隔离开关及接地开关等，继承了 GIS 的优点，同时简化了设备，价格比 GIS 便宜。所有操作功能都融合在一个操作箱内，可动元件少，布置紧凑。

（2）在一次设备中采用了智能化传感器技术和微处理技术，通过数字通信实现对设备的在线监测、诊断、过程监视和站内计算机监控。从 PASS 开关到继电保护、测量计量及监控系统均采用光缆连接，二次电缆少。

（3）用一次设备的在线监测、自动状态校核和缺陷报警等代替传统的定期检查试验和预防性试验，将定期检查改变为状态检修，运行人员可根据设备运行状况及趋势分析结果，安排检修和维护时间。这样既减少了设备停电检修的几率和时间，减少了运行成本，也减少了人为因素造成的设备损坏。

（4）检修时整体更换，无须拆装和调试，减少了停电时间。

2. PASS 的智能化设计

采用带铁芯的低功率电流互感器来代替常规的电流互感器，将常规的保护、测控单元直接就地安装，将 PASS 开关装置、采集开关状态物理量的传感器和智能综合控制器组合起来，采用屏蔽电缆或者光纤连接，实现 PASS 开关智能化。

（1）采用带铁芯的低功率电流互感器（LPCT）。PASS 开关上采用带铁芯的低功率电流互感器（LPCT），可以为此实现体积很小但测量范围却很广的设计。

（2）采用监控传感器。采用的传感器有：气体密度测量传感器，测量电压电流的传感器，用于监测断路器、隔离开关、接地开关的传感器，反映物理现象的传感器（如电弧放电、温度、湿度等）。这些传感器必须满足高可靠性和寿命要求。

（3）PASS 开关智能综合控制器。PASS 智能控制系统主要由以下几部分组成：PASS 开关运行状态和运行参数信息采集系统，PASS 开关就地控制和保护单元，PASS 开关运行状态分析系统，光纤通信系统，信息记录、故障分析和定位单元。各个功能部分由独立的智能模块各自完成，并通过通信有机连成一体，同时通过互为热备用的双光纤以太网接口，与变电站的上一级监控系统连接，完成数据交换和控制功能。它可以完成断路器、隔离开关的一切在线监测功能，本间隔内所有综合自动化要求的保护、测控、“五防”、通信功能，显示人机界面等功能。

（二）VM1 型永磁真空断路器

VM1 型永磁真空断路器是一种采用永磁操动机构的真空断路器，它将浇铸在环氧树脂中的免维护真空灭弧室、免维护电子控制器以及传感器结合起来，配以新的永磁操动机械，形成了一种智能化的新型断路器，其基本结构如图 GYBD00102004-2 所示。

1. 永磁机构的构成及动作原理

传统的操动机构有弹簧操动机构和电磁操动机构。弹簧操动机构由弹簧储能、合闸、保持合闸和分闸几个部分组成，优点是不需要大功率的电源，缺点是结构复杂、制造工艺复杂、成本高、可靠性较难保证。电磁操动机构结构较简单，但结构笨重，合闸线圈消耗功率很大。在借鉴了以上两种操动机构的优缺点的基础上，利用永磁机构进行了改进设计。VM1 型永磁真空断路器所配的永磁机构由永久磁铁、合闸线圈和分闸线圈组成。其内部结构如图 GYBD00102004-3 所示。

在 VM1 型永磁真空断路器中，永磁操动机构是其核心，通过永磁操动机构，可以实现断路器的分、合和保持，整个动作过程消耗的能量很小。

其分闸状态如图 GYBD00102004-4（a）所示，当断路器处于分闸位置时，动铁芯处于上部，动铁芯与上部的静铁芯之间间隙较小，相对应的磁阻也较小，而动铁芯与下部的静铁芯之间间隙较大，相对应的磁阻也较大，故永久磁铁所形成的磁力线大部分集中在上部，从而产生很大的向上吸引力，将动铁芯紧紧地吸附在上面。

其合闸过程如图 GYBD00102004-4（b）所示，当断路器要合闸时，合闸线圈通过合闸电流，产生感应磁场，该磁场对动铁芯产生向下的吸引力，随着合闸电流的增大，该向下的吸引力由小变大，当合闸电流到达某一临界值时，动铁芯受到的合力方向向下，开始向下运动。

其合闸状态如图 GYBD00102004-4（c）所示，当动铁芯到达下部时，永久磁铁和合闸线圈两者产生的磁场将动铁芯牢牢地吸附在下部。几秒钟以后，合闸电流消失，此时永久磁铁产生的磁场将动铁芯保持在下部位置。至此，断路器完成合闸操作。

基于同样的原理，当分闸线圈得电后，动铁芯向上运动，同样由永久磁铁将它保持在分闸位置。

由以上动作原理可知，永久磁铁与分合闸线圈相配合，较好地解决了合闸时需要大功率能量的问题，因为永久磁铁可以提供磁场能量，作为合闸之用，合闸线圈所需提供的能量便相对可以减少，这就可以减小合闸线圈的尺寸和工作电流。

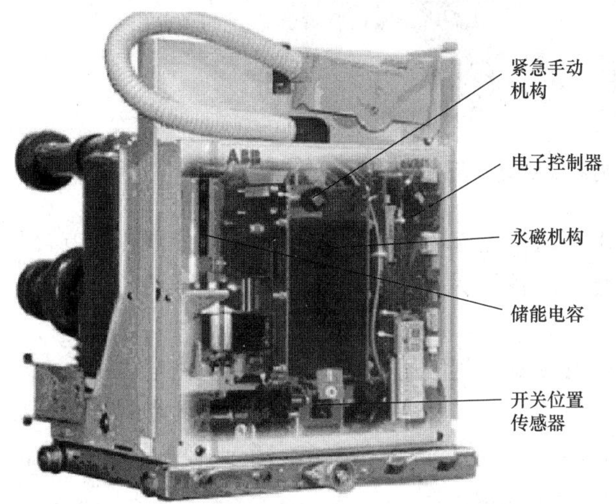

图 GYBD00102004-2　VM1 型永磁真空断路器的基本结构

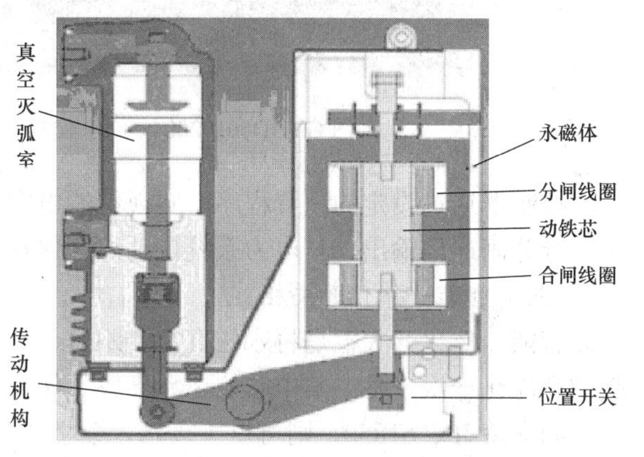

图 GYBD00102004-3　VM1 型永磁真空断路器单相剖面图

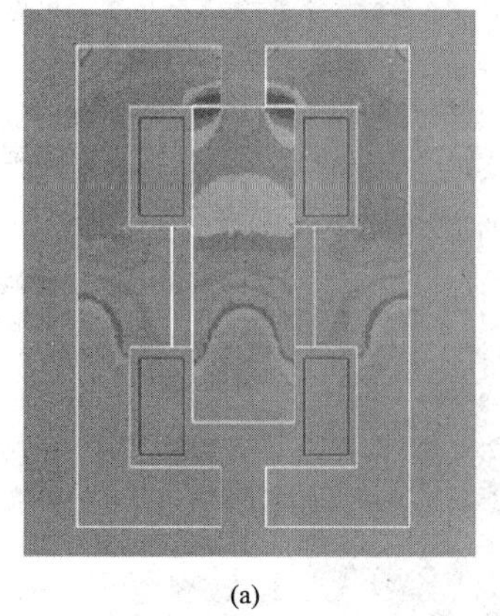

(a)

(b)

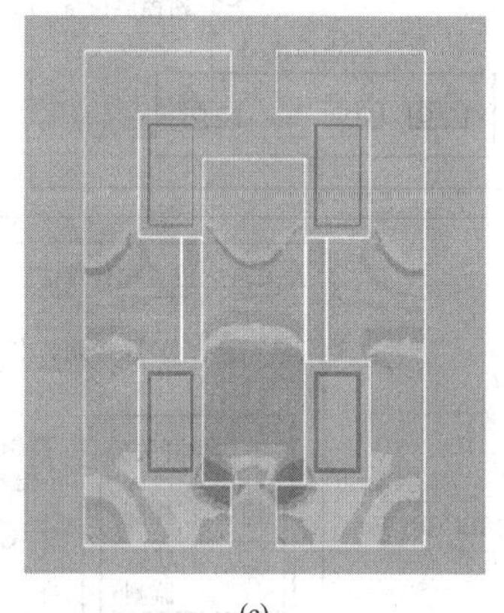

(c)

图 GYBD00102004-4　永磁机构磁场分布与位置图

（a）分闸位置；（b）临界位置；（c）合闸位置

2. 永磁机构的控制部分

永磁操动机构控制器是永磁机构真空断路器的核心控制单元，用以采集信号和执行控制命令，包括电源模块、驱动模块、保护测量模块及其他功能模块，采用按钮和遥控装置进行断路器的分、合闸。具有防跳跃、三次重合、欠电压保护、过电流和速断等功能，并且可以智能识别，有效躲避合闸涌流。图 GYBD00102004-5 为永磁机构控制器及罗戈夫斯基线圈电流互感器。

电源模块的输入电压允许一定波动范围，输出电压则稳定在 80V，这就避免了系统低电压或过电压时断路器无法正常工作的问题。储能电容器用于储存能量，当合分闸时，它向合闸线圈或分闸线圈提供高达 2600W 的脉冲电能，使断路器完成合分闸操作。每次放电后，它能在 10s 内被重新充电。晶体管和晶闸管等电力半导体用于分合闸电流的控制。当分合闸线圈突然失电时，由于分合闸线圈属电感性元件，电流不能突变，会产生过电压，这时采用续流二极管可以很好地解决这一问题。

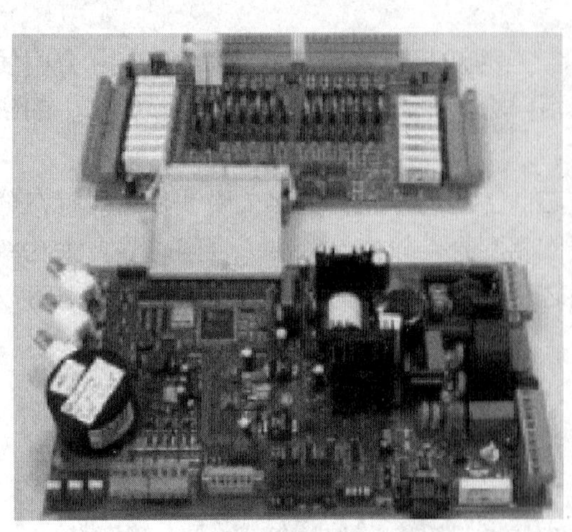
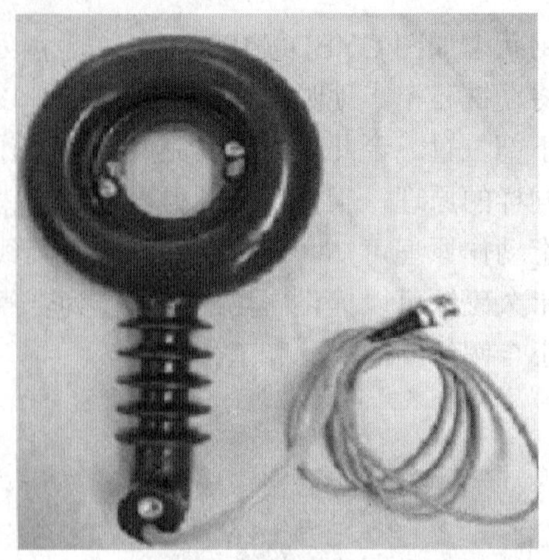

图 GYBD00102004-5 永磁机构控制器及罗戈夫斯基线圈电流互感器

控制器通过设定的预置程序，实现储能电容充电恒压，过充电截压保护，就地合分闸和远方合分闸，合分闸遥信输出，与电力系统自动综合保护联合实施各种保护合闸和重合闸操作等功能。

（三）智能一体化开关柜

智能一体化开关柜是将永磁真空断路器、电子式互感器、间隔智能化单元、数字化电表集成在一起的智能化一次设备。其中智能单元集成了保护、测量、控制、状态监测等功能，并具有网络通信接口，如支持 IEC 61850，则可以直接接入数字化变电站中。目前，国内已有多家企业研发了相关产品，图 GYBD00102004-6 所示为一种智能一体化开关柜的结构及原理图。

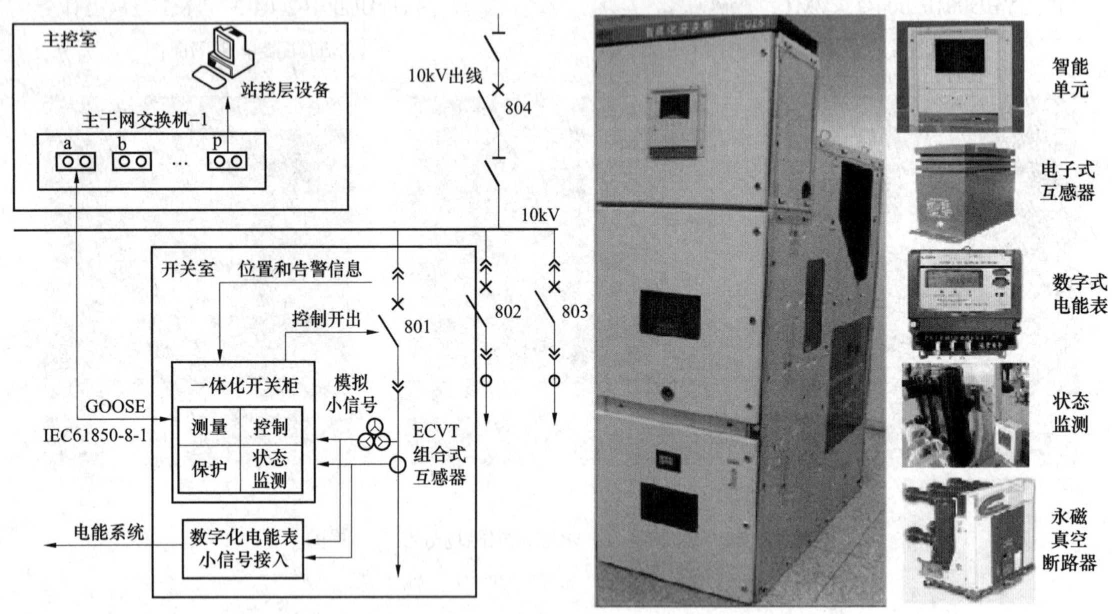

图 GYBD00102004-6 一种智能一体化开关柜结构及原理图

五、应用前景展望

智能化开关设备是将计算机、信息技术与传统开关设备组合，而具有智能功能的开关设备，是国际上最近才兴起的一种产品，由于有明显技术优势，发展速度比较快。目前国内在高档开关柜中（组装柜），智能化率已达到 50%以上，今后随着智能化技术更成熟，智能化单元、传感器等价格降低，会逐步在整个开关柜中普及。

【思考与练习】

1. 什么是智能化开关系统？
2. 开关智能化控制的内容有哪些？

模块5 数字化变电站的实现（GYBD00102005）

【模块描述】本模块介绍数字化变电站的信息应用模式，实现数字化变电站的几个关键因素、几种技术方案等内容。通过要点归纳讲解、图片示意、方案介绍，掌握数字化变电站的实现方式和信息应用。

【正文】

一、数字化变电站的基本方案

根据变电站的规模、等级、要求和投资，可以选择不同数字化变电站实现方案。通常有4种形式的实现方案。

1. 两层式数字化变电站

过程层采用常规的一次设备，一、二次设备间用电缆连接，间隔层和变电站层之间采用以太网实现IEC 61850协议，对时采用SNTP协议或IRG-B。图GYBD00102005-1所示为该方案的基本结构。

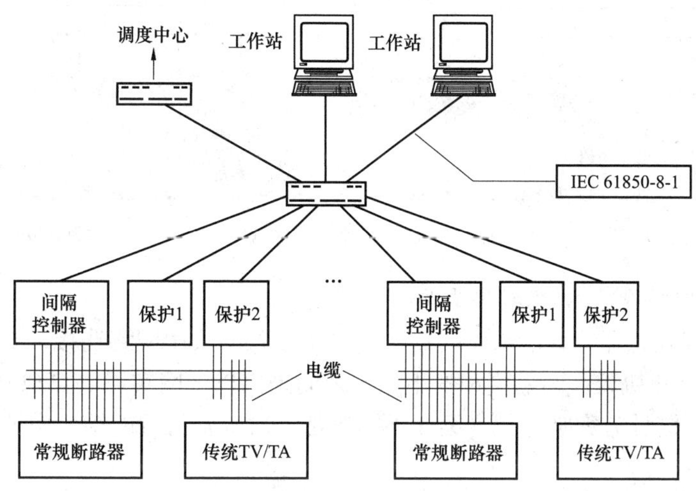

图GYBD00102005-1 两层式数字化变电站方案的基本结构

2. IEC 61850+非常规互感器

过程层采用非常规互感器和常规断路器，一、二次设备间采用电缆、网络混合连接，支持IEC 61850-9-1/IEC 61850-9-2协议，间隔层和变电站层之间采用以太网实现 IEC 61850协议。图GYBD00102005-2所示为这种方案的基本结构。

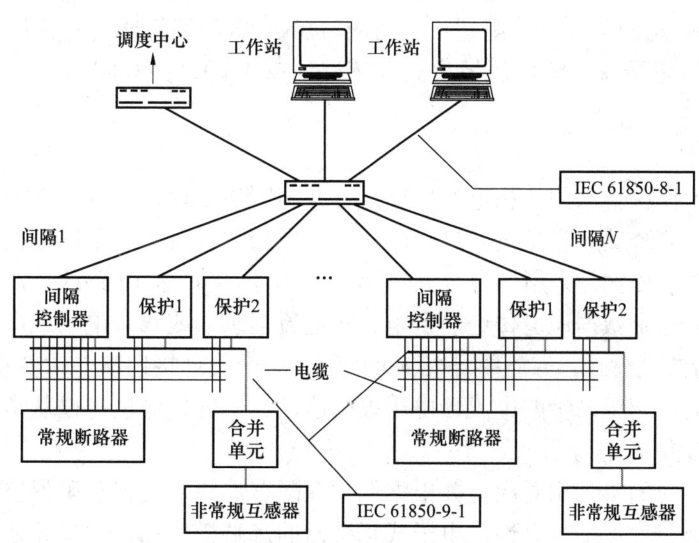

图GYBD00102005-2 数字化变电站“IEC 61850+非常规互感器”方案的基本结构

3. IEC 61850+非常规互感器+智能接口+常规断路器

过程层采用非常规互感器+智能接口+常规断路器；一、二次设备间采用网络连接，支持 IEC 61850-9-1/IEC 61850-9-2 标准协议、IEC 61850 GOOSE 协议；间隔层和变电站层之间采用以太网实现 IEC 61850 标准协议。图 GYBD00102005-3 所示为这种方案的基本结构。

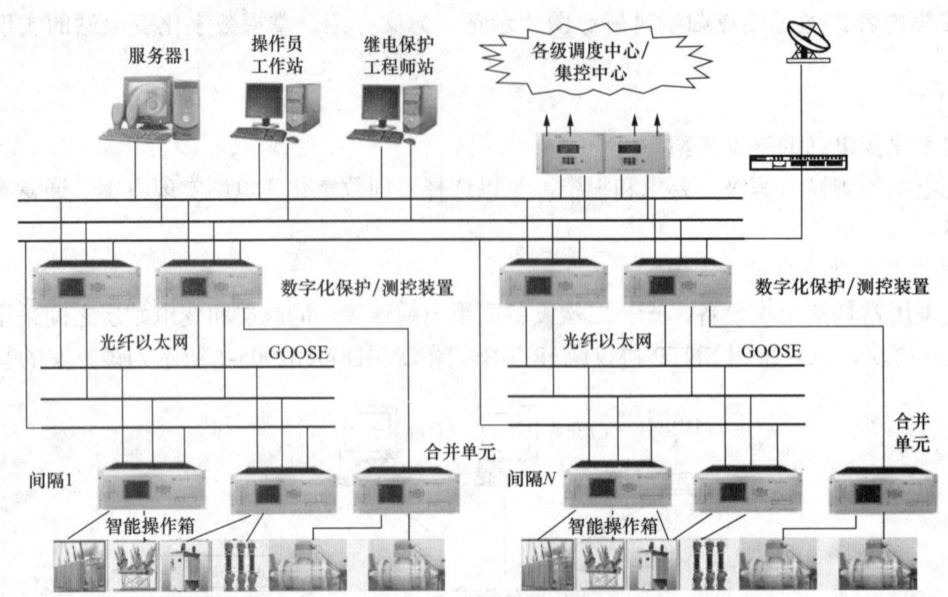

图 GYBD00102005-3 数字化变电站“IEC 61850+非常规互感器+智能接口+常规断路器”方案的基本结构

4. IEC 61850+非常规互感器+智能断路器

过程层采用非常规互感器、智能断路器；一、二次设备间采用网络连接，支持 IEC 61850-9 标准协议，IEC 61850 GOOSE 协议；间隔层和变电站层之间采用以太网实现 IEC 61850 标准协议。可参见图 GYBD00102005-3。这种方案唯一与方案 3 不同的是一次设备的智能接口由智能断路器本身完成。

二、过程层的实现

过程层设备主要包括电子式互感器和智能一次设备。可以选用电子式互感器或传统互感器加智能终端实现模拟量数字化。

1. 电子式互感器的配置

互感器配置原则是保证一套系统出问题不会导致保护误动，也不会导致保护拒动，基本按间隔配置，每个开关间隔配置一组电流互感器。每段母线配置一组电压互感器。通常可依精度要求引出计量、测量、保护抽头，也可将保护绕组和测量绕组分开。220kV 及以上电压等级，通常设保护双绕组，并设独立的数据采集电路，与双重化保护配置一一对应。110kV 电压等级通常配置保护单绕组。而 35/10kV 及以下电压等级则采用电子式电流电压组合式互感器（ECVT），并与间隔层保护测控装置、电能表采用弱电接口方式。

2. 合并单元及其配置

合并单元是对传感模块传来的三相电气量进行合并和同步处理，并将处理后的数字信号按特定的格式提供给间隔级设备的装置。它负责向过程层和间隔层相关设备发送采样数据，是过程层的电子式互感器数据源。通常数字传输是采用一台合并单元（MU）汇集多达 12 路的二次转换器数据通道的采样值并由以太网输出，一个数据通道传送一台电子式电流互感器或一台电子式电压互感器采样测量值的数据流。多相或组合式互感器，多个数据通道可以通过一个物理接口从二次转换器传输到合并单元。合并单元对二次设备提供一组同步的电流、电压采样值，二次转换器也可以从常规电流、电压互感器获取信号，并汇集到合并单元。

通常其配置与一次间隔单元相对应，并根据保护双配置选择双配置，确保整间隔数字化系统局部故障时不扩大故障范围。为保证可靠性，电子式互感器的远端模块和合并单元还需要冗余配置，远端模块中电流也需要冗余采样，经冗余配置的合并单元分别连接冗余的电子式互感器远端模块，合并单元可安装在断路器附近或保护小室。图 GYBD00102005-4 为一种变电站合并单元配置图。

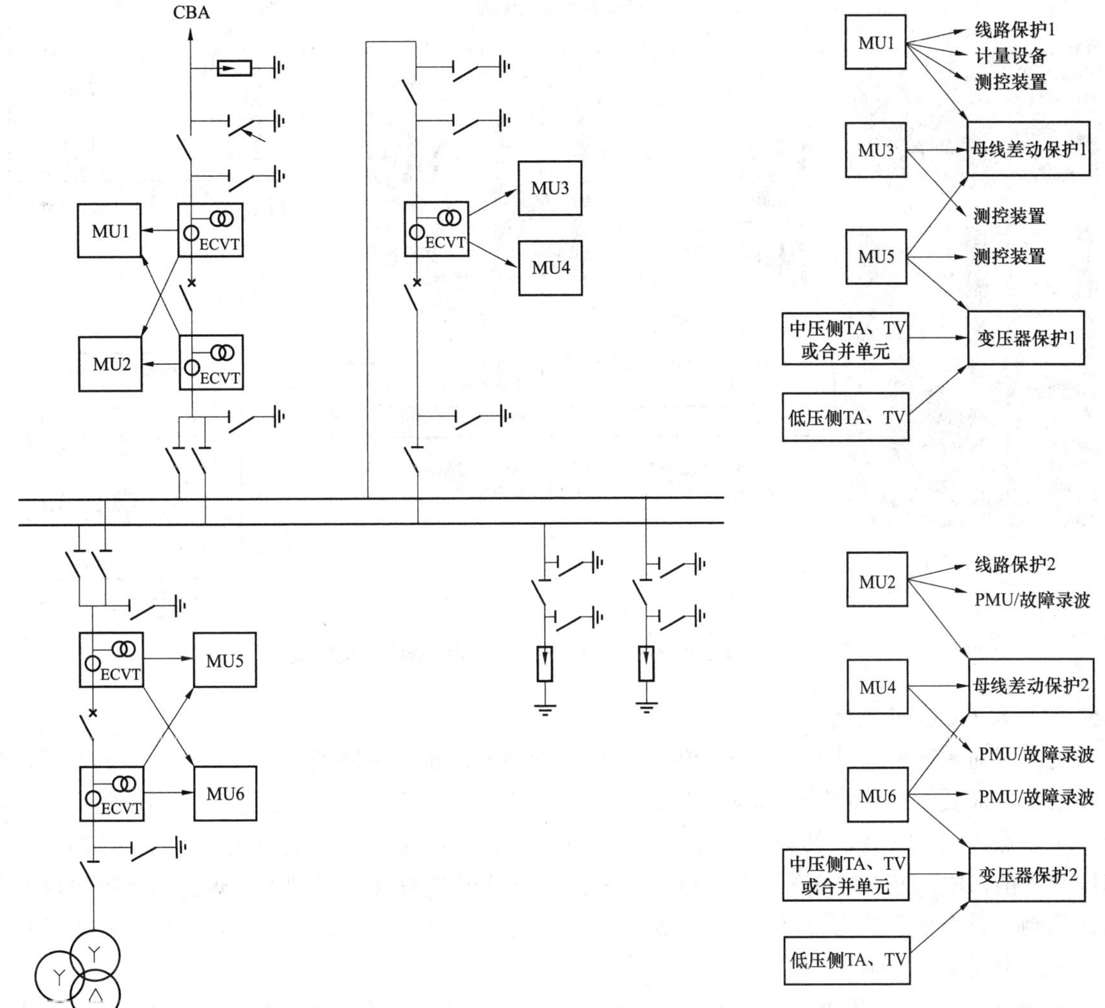

图 GYBD00102005-4　一种变电站合并单元配置图

MU—合并单元

3. 采样数据的传送与同步

目前，过程层数据的传送与分发中有两种传送的标准可供选择：① IEC 电子式电流互感器标准 IEC 60044-8，为串行数据格式，采用点对点光纤串行数据接口，具有传输延时确定，可以采用再采样技术实现同步采样，而且硬件和软件实现简单，较适合保护要求；② IEC 61850-9（网络数据接口），采用以太网数据格式，既可点对点，又可点对多的数据传输，但传输延时不确定，对交换机要求极高，不同间隔间数据到达时间不确定，不利于母线差动、变压器等保护的数据处理，较适合测控、电能仪表一类。

过程层采样数据还需考虑数据的同步。这是因为：常规互感器与电子式互感器会并存，如电压与电流之间、变压器不同的电压等级之间；三相电流、电压采样必须同步；变压器差动保护、母线差动保护从多个间隔或不同电压等获取数据存在同步问题；线路纵差保护线路两端数据采样也存在同步。解决同步采样有两种方案：一种是基于 GPS 秒脉冲同步的同步采样，另一种是二次设备通过再采样技术实现同步。

4. 开关设备智能化接入

完全满足数字化变电站需要的智能化开关设备还较少，为使开关设备适应过程层数字化的要求，目前多采用数字化智能终端装置＋传统断路器，完成智能断路器的功能，或在低压部分直接采用智能化开关柜。智能终端通过过程层网络，给间隔层设备提供一次设备信息，接受间隔层设备的控制命令。图 GYBD00102005-5 是一种实现智能化开关的控制方案。

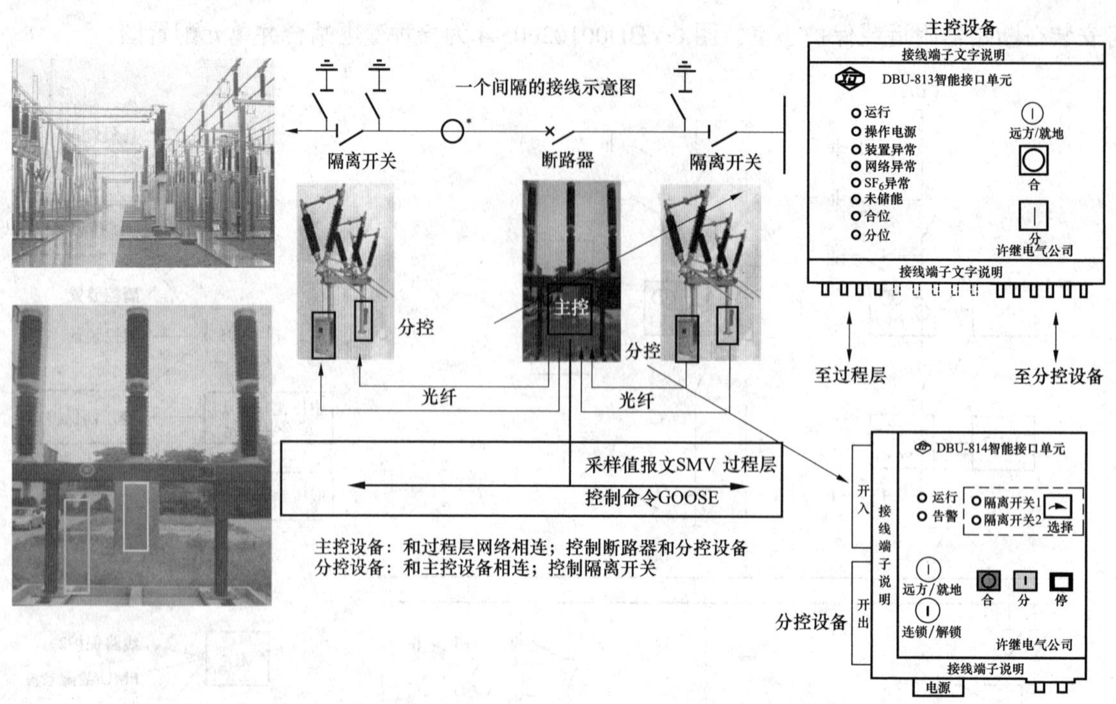

图 GYBD00102005-5 一种智能化断路器的控制方案

5. 过程层 GOOSE 机制

通用面向对象的变电站事件（GOOSE）提供了网络通信条件下快速信息传输和交换的手段。在过程层网络中，需要快速传输开关状态等信息，这种设备间状态信息和互锁信息的交换，属于异步对等以及点对多点通信，TCP/IP 协议无法有效实现，必须采用网络组播方式发送报文。为了提高报文传输的速度和性能，IEC 61850-7-2 提供的 GOOSE 服务采用发布者/订阅者模型及逻辑链路控制协议的单向无确认机制，具有信息按内容标识、能实现点对多点传输、采用事件驱动等特点，可用来实现站内快速、可靠地发送输入和输出信号量。

GOOSE 通信服务利用重传机制保证通信的可靠性。当 IEC 61850-7-2 中有定义过的事件发生后，GOOSE 服务器生成一个发送 GOOSE 命令的请求，该数据包将按照 GOOSE 的信息格式组包方式发送。为保证可靠性一般重传若干次，在顺序传送的每帧信息中包含存活时间参数，它提示接收端接收数据最大等待时间。如果在约定时间收不到相应的包，接收端可认为连接丢失。通过 GOOSE 服务，满足了过程层对速度和信息传输可靠性要求，对于一些重要的应用场合，可以单独设立 GOOSE 网络，或采用先进网络交换，保证信息传输的实时和可靠性。

三、间隔层与站控层实现

间隔层设备主要包括保护及测控装置、电能计量装置等。所有通信数据按照 IEC 61850 建模，与站控层之间采用以太网通信。保护测控装置完成变电站内所有一次设备的保护控制，可自由配置，保证了保护功能的选择性、快速性、可靠性。非电量保护由智能终端装置直接完成。

站控层设备包括远动工作站、监控主机、监控软件等。站控层设备基于 IEC 61850 模型，采用以太网通信，主要为变电站提供运行、管理界面，记录变电站内的运行信息，将站内信息转换成相应的远动规约，实现调度中心远程监视与控制。

四、数字化变电站的应用情况

自 IEC 61850 制定以来，ABB、西门子、阿海珐等公司在全球范围内就开展了数字化变电站的示范工程建设。2004 年 11 月，西门子在瑞士建成了世界上第一个应用 IEC 61850 的变电站。随后 ABB 也在全球完成了几十项基于 IEC 61850 的变电站。

国内自 2000 年开始进行相关的研究，2004 年开始也进行了数字化变电站建设的试验，国调中心先后组织了 9 家变电站自动化设备生产厂家进行了 4 次 IEC 61850 标准的互操作试验。2005～2007 年，先后有山东阳谷、云南翠峰、江苏园石、陕西少陵及曹里村、内蒙古杜尔伯特等数字化变电站投运。

2005年初，山东建成了全部使用电子式互感器的110kV阳谷冷轧薄板厂变电站，互感器至合并器采用光缆，规约为IEC 61850，而间隔至站控层则采用103规约。2006年3月，云南曲靖翠峰变电站投运，全部采用电子式互感器及智能转化模块，一、二次设备间采用符合IEC 61850标准的光纤通信技术，但间隔层至站控层仍采用103规约。2006年3月、6月陕西投运了分别采用国电南自和北京四方综自系统的数字化变电站，保护、测控均按IEC 61850标准设计，并利用两站检验了各厂家IED之间的互操作能力。2007年，内蒙古建设了220kV杜尔伯特数字化变电站，采用了电子式互感器，通过智能终端实现开关智能化，间隔层与变电站层、过程层与间隔层均采用光纤双重化网络进行通信。

随着数字化变电站技术的不断成熟，各种电子互感器、智能化开关设备不断得到应用，各地在建设中纷纷采用数字化变电站建设方案，目前500kV及以上的数字化变电站建设也在不断的探索中，可以预见，数字化变电站将成为今后变电站技术发展的主流方向。

【思考与练习】

1. 数字化变电站的实施方案有哪些？各有什么特点？
2. 数字化变电站的过程层总线怎样构建？有哪些特点？

第三章 变电运行相关规程及制度

模块1 电力系统调度规程（ZY2700601001）

【模块描述】本模块介绍典型调度规程的编写意义、约束对象、主要内容和调度规程实例。通过条文解释和案例学习，掌握《电力系统调度规程》内容，并能认真执行调度规程。

【正文】

一、调度规程的编写意义

电网的所有发电、供电（输电、变电、配电）、用电设施和为保证这些设施正常运行所需的保护和安全自动装置、计量装置、电力通信设施、电网自动化设施等是一个紧密联系的整体。电网调度系统包括各级电网调度机构和网内厂站的运行值班单位等。根据《中华人民共和国电力法》、《电网调度管理条例》，以及有关规程、规定，为了加强电网调度管理，保障电网安全、优质和经济运行，保护用户利益，按照统一调度、分级管理的原则，结合各级电网实际情况，制定所在调度机构的电力系统调度规程。

电网调度机构是电网运行的组织、指挥、指导和协调机构，国家电网公司的调度机构分为五级，依次为：国家电网调度机构（即国家电力调度通信中心，简称国调），跨省、自治区、直辖市电网调度机构（简称网调），省、自治区、直辖市级电网调度机构（简称省调），省辖市级电网调度机构（简称地调），县级电网调度机构（简称县调）。调度规程的编写，不仅确立了各级调度机构在电网调度业务活动中是上下级关系，下级调度机构必须服从上级调度机构的调度；也明确了调度规程适用于本电网及并入本电网的所有发电、供电、用电等单位，网内各发电、供电、用电单位的有关领导、调度系统运行值班人员，以及相关专业技术人员，均应熟悉并遵守网内规程，服从调度管辖范围内调度机构的调度。

全国互联电网调度管理规程，适用于全国互联电网的调度运行、电网操作、事故处理和调度业务联系等涉及调度运行相关的各专业的活动。各电力生产运行单位颁发的有关电网调度的规程、规定等，均不得与该规程相抵触。与全国互联电网运行有关的各电网调度机构和国调直调的发、输、变电等单位的运行、管理人员均须遵守该规程；非电网调度系统人员凡涉及全国互联电网调度运行的有关活动也均须遵守该规程。

二、调度规程的约束对象

调度规程是组织、指挥、指导和协调电网的运行，基本要求就是使电网安全运行和连续可靠供电（供热），电能质量符合国家规定的标准；按最大范围优化配置资源的原则，实现优化调度，充分发挥网内发电、供电设备能力，最大限度地满足社会和人民生活用电的需要；依据有关合同、协议或规定，保护发电、供电、用电等各方的合法权益。因此，调度规程的约束对象包括国调、网调、省调、地调和县调，各级调度除受本级调度规程的约束外，还受上级调度部门的约束，各级调度机构的主要职责如下。

1. 国调的主要职责

（1）对全国互联电网调度系统实施专业管理和技术监督。

（2）依据年度计划编制并下达管辖系统的月度发电及送受电计划和日电力电量计划。

（3）编制并执行管辖系统的年、月、日运行方式和特殊日、节日运行方式。

（4）负责跨大区电网间即期交易的组织实施和电力电量交换的考核结算。

（5）编制管辖设备的检修计划，受理并批复管辖及许可范围内设备的检修申请。

（6）负责指挥管辖范围内设备的运行、操作。

（7）指挥管辖系统事故处理，分析电网事故，制定提高电网安全稳定运行水平的措施并组织实施。

（8）指挥互联电网的频率调整、管辖电网电压调整及管辖联络线送受功率控制。

（9）负责管辖范围内的继电保护、安全自动装置、调度自动化设备的运行管理和通信设备运行协调。

（10）参与全国互联电网的远景规划、工程设计的审查。

（11）受理并批复新建或改建管辖设备投入运行申请，编制新设备启动调试调度方案并组织实施。

（12）参与签订管辖系统并网协议，负责编制、签订相应并网调度协议，并严格执行。

（13）编制管辖水电站水库发电调度方案，参与协调水电站发电与防洪、航运和供水等方面的关系。

（14）负责全国互联电网调度系统值班人员的考核工作。

2. 网调、独立省调的主要职责

（1）接受国调的调度指挥。

（2）负责对所辖电网实施专业管理和技术监督。

（3）负责指挥所辖电网的运行、操作和事故处理。

（4）负责本网电力市场即期交易的组织实施和电力电量的考核结算。

（5）负责指挥所辖电网调频、调峰及电压调整。

（6）负责组织编制和执行所辖电网年、月、日运行方式。核准下级电网与主网相联部分的电网运行方式，执行国调下达的跨大区电网联络线运行和检修方式。

（7）负责编制所辖电网月、日发供电调度计划，并下达执行；监督发、供电计划执行情况，并负责督促、调整、检查、考核；执行国调下达的跨大区联络线月、日送受电计划。

（8）负责所辖电网的安全稳定运行及管理，组织稳定计算，编制所辖电网安全稳定控制方案，参与事故分析，提出改善安全稳定的措施，并督促实施。

（9）负责电网经济调度管理及管辖范围内的网损管理，编制经济调度方案，提出降损措施，并督促实施。

（10）负责所辖电网的继电保护、安全自动装置、通信和自动化设备的运行管理。

（11）负责调度管辖的水电站水库发电调度工作，编制水库调度方案，及时提出调整发电计划的意见；参与协调主要水电站的发电与防洪、灌溉、航运和供水等方面的关系。

（12）受理并批复新建或改建管辖设备投入运行申请，编制新设备启动调试调度方案并组织实施。

（13）参与所辖电网的远景规划、工程设计的审查。

（14）参与签订所辖电网的并网协议，负责编制、签订相应并网调度协议，并严格执行。

（15）行使上级电网管理部门及国调授予的其他职责。

3. 省调的主要职责

（1）负责省网的安全、优质、经济运行及调度管理工作。

（2）组织编制和执行电网的年、月、日调度计划（运行方式）。

（3）指挥调度管辖范围内设备的操作。

（4）根据网调的指令调峰、调频或控制联络线潮流及负责所辖范围内无功电压的运行和管理。

（5）指挥省网事故处理，负责进行电网事故分析，制定并组织实施提高电网安全运行水平的措施。

（6）参与编制调度管辖范围内设备的年度检修计划，并根据年度检修计划安排月、日检修计划。

（7）负责对省网继电保护和安全自动装置、电网调度自动化和电力通信系统进行专业管理，并对下级调度机构管辖的上述设备和装置的配置进行技术指导。

（8）参与省网规划编制工作及电网工程项目的可行性研究和设计审查工作，批准新建、扩建和改建工程接入电网运行，参与工程项目的验收，负责制定新设备投运、试验方案。

（9）参与电力生产年度计划的编制，依据年度及年度分月计划并结合电网实际，组织编制和实施月、日调度生产计划，负责实时调度中相关指标的统计考核。

（10）负责指挥省网的经济运行及管辖范围内的高压网损管理。

（11）负责制定事故和超计划用电限电序位表，报省人民政府的有关部门批准后执行。

（12）组织调度系统有关人员的业务培训和召开有关调度会议。

（13）统一协调水电厂水库的合理运用。

（14）负责与有关单位签订并网调度协议。

（15）协调有关所辖电网运行的其他关系。

（16）行使本电网管理部门或者上级调度机构批准（或者授予）的其他职权。

4. 地调的主要职责

（1）负责本地区（市）电网的调度管理，执行上级调度机构发布的调度指令；执行上级调度机构及上级有关部门制定的有关标准和规定；负责制定本地区（市）电网运行的有关规章制度和对县调调度管理的考核办法，并报省调备案。

（2）参与制定本地区（市）电网运行技术措施、规定。

（3）维护本地区（市）电网的安全、优质、经济运行，按计划和合同规定发电、供电，并按省调要求上报电网运行信息。

（4）组织编制和执行本地区（市）电网的运行方式；运行方式中涉及上级调度管辖设备的要报该级调度核准。

（5）根据省调下达的日供电调度计划制定、下达和调整本地区（市）电网日发、供电调度计划；监督计划执行情况；批准调度管辖范围内设备的检修。

（6）根据省调的指令进行调峰、调频或控制联络线潮流；指挥实施并考核本地区（市）电网的调峰和调压。

（7）负责指挥调度管辖范围内的运行操作和事故处理。

（8）负责划分本地区（市）所辖县（市）级电网调度机构的调度管辖范围。

（9）负责制定本地区（市）电网超计划限电序位表和事故限电序位表，经本级人民政府批准后执行。

（10）参与本地区（市）电网规划编制工作，批准新建、扩建和改建工程接入电网运行，参与工程项目的验收，负责制定新设备投运、试验方案。

（11）负责本地区（市）和所辖县（市）电网继电保护及安全自动装置、电力通信、电网调度自动化系统规划的制定及运行管理和技术管理。

（12）负责与有关单位签订所辖范围内的并网调度协议。

（13）负责本地区（市）电网调度系统值班人员的业务培训；负责所辖县（市）电网调度值班人员的业务指导技术培训。

（14）行使上级电网管理部门或上级调度机构授予的其他职权。

5. 县调的主要职责

（1）负责本县（市）电网的调度管理，执行上级调度及有关部门制定的有关规定；负责制定本县（市）电网运行的有关规章制度。

（2）维护本县（市）电网的安全、优质、经济运行，按计划和合同规定发电、供电，并按上级调度要求上报电网运行信息。

（3）负责根据地调下达的日供电调度计划制定、下达和调整本县（市）电网日发、供电调度计划；监督计划执行情况；批准调度管辖范围内设备的检修；运行方式中涉及上级调度管辖设备的要报上级调度核准。

（4）根据上级调度的指令进行调峰、调频或控制联络线潮流；指挥实施并考核本县（市）电网的调峰和调压。

（5）负责指挥调度管辖范围内的运行操作和事故处理。

（6）参与本县（市）电网继电保护及安全自动装置、电力通信、电网调度自动化系统规划的制定并负责其运行管理和技术管理。

（7）负责本县（市）电网调度系统值班人员的业务指导和培训。

三、调度规程应包括的主要内容

调度规程是组织、指挥、指导和协调电网运行的规范性文件，由于各级调度机构的职能和所辖范围的不同，调度规程所涉及内容也不尽相同，但为确保电网安全、优质、经济运行，调度规程一般应包括以下主要内容。

（1）总则。包括调度规程的制定依据和目的，管理原则、机构设置、管理范围和约束对象等。

（2）调度管理。包括调度管理任务，所辖各级调度的主要职责和调度管辖范围划分原则；调度管理制度，电网运行方式的编制要求，电网稳定管理的主要任务和内容，检修管理方法，电能质量管理要求和方式方法，电网频率与无功调整的管理规定；负荷管理的任务与预测要求，电网经济运行管理原则和分工及主要工作，水库调度管理的原则和方法，同期并列装置管理；新设备投产的调度管理，并网管理要求，继电保护和安全自动装置的运行管理，调度通信的管理，电网调度自动化的管理规定等。

（3）调度操作。包括操作管理与基本操作制度，并解列操作，线路停送电操作，变压器运行及操作，母线操作规定；事故处理的基本原则，指出异常频率、异常电压、线路跳闸事故、变压器事故、联络线过负荷、开关异常、母线失压、发电机跳闸、电网解列、设备过负荷（过热）、系统振荡事故的处理方法，电网黑启动方法和失去通信时的规定等。

（4）附录。包括电力调度中心调度管辖设备，电网电压考核点，典型操作的原则步骤，违反调度指令考核与处罚细则，电力系统异常及事故汇报制度，新设备投产前应报送的相关资料清单，相关法律、法规、规定及行业标准，设备命名及编号规定，电网调度术语等。

四、调度规程实例［《全国互联电网调度管理规程（试行）》］

作为全国互联电网调度系统实施专业管理和技术监督规程，《全国互联电网调度管理规程（试行）》从总则、调度管辖范围及职责、调度管理制度、运行方式的编制和管理、新设备投运的管理等 17 个方面，对调度运行的各方面工作，都做出了翔实的规定和具体要求，认真学习该规程，对于保障电力系统的安全稳定运行，具有重要的指导意义。

（1）总则部分，指出了规程的制定依据、调度原则和适用范围。

（2）调度管辖范围及职责部分，规定了国调、网调的调度管辖范围和主要职责。

（3）调度管理制度部分，规定了上、下级调度和厂站运行值班员的调度业务要求，相关调度通报要求，以及对拒绝执行调度指令、破坏调度纪律的行为处理办法。

（4）运行方式的编制和管理部分，规定了年度、月度和次日运行方式的下达时间和内容。

（5）设备的检修管理部分，规定了电网设备的检修分类，明确了计划检修和临时检修的概念，着重强调了计划检修、临时检修的管理规定，以及检修申请应包括的内容。

（6）新设备投运的管理部分，规定了新建、扩建和改建的发、输、变电设备，启动前必须向国调提供的相关资料和投运申请要求，着重强调了新设备启动前必须具备的条件，以及对有关人员的技术要求等。

（7）电网频率调整及调度管理部分，规定了电网的频率标准，有关网、省调值班调度员在电网频率调整及调度方面的具体要求。

（8）电网电压调整和无功管理管理部分，规定了电网的无功补偿原则，着重强调了 500kV 电网的电压管理的内容，以及各厂、站电压调整的主要方法。

（9）电网稳定的管理部分，规定了电网稳定的分级负责原则，提出了有关网、省调和运行单位主网架结构变化，或大电源接入时的具体要求。

（10）调度操作规定部分，规定了电网倒闸操作的调度原则，明确了不用填写操作指令票的操作项目，对于操作指令票制度，操作前应考虑的问题，计划操作应尽量避免的时间，并列条件，解、合环操作，500kV 线路停送电操作，断路器操作，隔离开关操作，变压器操作，零起升压操作，直流输电系统操作等，都提出了非常具体的规定，并指出了 500kV 串联补偿装置的投退原则。

（11）事故处理规定部分，规定了管辖系统事故处理的权限、责任和要求，着重强调了频率异常、电压异常、线路事故、发电机事故、变压器及高压电抗器事故、母线事故、开关故障、串联补偿装置故障、电网振荡事故、直流输电系统事故的处理方法。

（12）继电保护及安全自动装置的调度管理部分，规定了继电保护整定计算和运行操作所辖范围和管理、维护与检验要求。

（13）调度自动化设备的运行管理部分，规定了调度自动化设备包括的内容，以及相应的管理要求。

（14）电力通信运行管理部分，规定了联网通信电路管理部门的职责和管理原则，着重强调了正常检修与故障处理方法。

（15）水电站水库的调度管理部分，规定了水库的调度管理的总则，明确了水库运用参数和资料管理要求，着重强调了水文气象情报及预报、洪水调度、发电及经济调度和水库调度管理要求。

（16）电力市场运营调度管理部分，规定了国调、网调和独立省调，在电力市场运营调度管理的主要任务。

（17）电网运行情况汇报部分，给出了电力生产、运行情况汇报规定，重大事件汇报规定，以及其他有关电网调度运行工作汇报规定。

【思考与练习】

1．地调的主要职责是什么？

2．调度规程应包括哪些主要内容？

3．电网频率的标准是什么？

4．线路事故的处理方法是什么？

5．变压器事故的处理方法是什么？

第二部分

相关知识

第四章 电气设备试验周期、标准及方法

模块1 电气试验标准（GYBD00701001）

【模块描述】本模块介绍电气设备交接试验和状态检修的意义和标准。通过概念解释、要点讲解和流程介绍，了解开展电气设备交接试验和状态检修重要性，熟悉电气设备交接试验的标准，状态检修的概念，开展状态检修的原则、指导思想，掌握进行状态检修的基本流程。

【正文】

一、电气设备交接试验的意义

电气试验可以掌握电气设备绝缘劣化情况，及早发现设备绝缘存在的缺陷，指导相应维护与检修的实施，以免运行中的设备绝缘在工作电压或过电压作用下击穿，造成事故及设备损坏。

电气装置由于制造部门设计不合理、工艺方面缺陷、运输过程中损坏、安装施工工艺不良等都会导致其绝缘等电气性能下降、电气参数不能满足运行条件等。当这些性能不良的装置投入运行后，往往难以保证电网的安全生产，可能导致装置本身、电力系统甚至人身事故的发生，给电力生产带来很大的损失，对人身安全造成很大的威胁。国内发电、输变电工程竣工投产过程中以及运行中，由于电气装置的缺陷造成的各类事故也屡见不鲜，为了避免这种事故的发生，必须在电气装置交接时对其各种性能进行检验。

二、电气设备交接试验标准

目前的电气设备交接试验标准适用于500kV及以下电压等级新安装的、按照国家相关出厂试验标准试验合格的电气设备交接试验。它不适用于安装在煤矿井下或其他有爆炸危险场所的电气设备。

不同的电气设备，其交接试验标准也不尽相同，电气设备交接试验标准中规定了同步发电机及调相机、直流电机、中频发电机、交流电动机、电力变压器、电抗器及消弧线圈、互感器、油断路器、空气及磁吹断路器、真空断路器、六氟化硫断路器、六氟化硫封闭式组合电器、隔离开关、负荷开关及高压熔断器、套管、悬式绝缘子和支柱绝缘子、电力电缆线路、电容器、绝缘油和SF_6气体、避雷器、电除尘器、二次回路、1kV及以下电压等级配电装置和馈电线路、1kV以上架空电力线路、接地装置、低压电器等25类设备交接试验标准，部分设备根据其型式不同，进行的交接试验项目也有差别，但均包含在电气设备交接试验标准中，且有明确规定。

三、状态检修的意义

设备检修是生产管理工作的重要组成部分，对提高设备健康水平，保证电网安全、可靠运行具有重要意义。

长期以来开展的定期检修模式有自身的科学依据和合理性，在多年的实践中有效减少了设备的突发事故。电气设备定期检修的项目、周期及标准值均执行DL/T 596—1996《电力设备预防性试验规程》的规定。随着电网的快速发展，电力设备品种、参数和技术性能都有了较大的发展，一些新的绝缘试验方法和诊断技术已经逐步得到应用和推广。随着用户对供电可靠性要求的逐步提高，传统的基于周期的设备检修模式已经不能适应电网发展的要求，迫切需要在充分考虑电网安全、环境、效益等多方面因素情况下，研究、探索提高设备运行可靠性和检修针对性的新的检修管理方式。状态检修是解决当前检修工作面临问题的重要手段。

目前，通过开展状态检修工作，能有效提高检修的针对性和有效性，检修质量得到提高，可以做到设备状态的全过程控制，提高设备的运行水平。在设备运行过程中，更好地落实设备管理责任制，在装备水平较好的情况下，提高了设备可用率，减少了检修工作量。

四、开展状态检修的基本原则

（一）状态检修的概念

状态检修是企业以安全、环境、效益等为基础，通过设备的状态评价、风险分析、检修决策等手段开展设备检修工作，达到设备运行安全可靠、检修成本合理的一种设备检修策略。其中：安全是指由于各种原因可能导致的人身伤害、设备损坏、运行可靠性下降、电网稳定破坏等危及电网安全、可靠运行的情况；环境是指电网运行对社会、国民经济、环境保护等产生的影响；效益是指企业成本、收益以及事故情况下可能造成的直接、间接经济损失等经济效益。

（二）状态检修开展的指导思想

状态检修开展的指导思想是：以科学发展观为指导，紧密围绕"一强三优"现代公司的发展目标，按照"集团化、集约化、精益化、标准化"的基本要求，在充分保证电网安全运行和可靠供电的条件下，以制度建设为基础，以安全水平提升为目标，以设备状态评价为核心，以加强基础管理为手段，规范设备管理流程，落实安全责任，强化设备运行监视和状态分析，提高设备检修、维护工作的针对性和有效性，推进状态检修工作规范、有序开展。

（三）状态检修开展的基本原则

开展状态检修必须坚持"安全第一"，以提高设备的可靠性和管理水平为目的，通过对设备状态的掌握和跟踪，及时发现设备缺陷，合理安排检修计划和项目，提高检修效率和运行可靠性。

必须坚持体系建设先行，对状态检修相关工作各环节进行规范。

必须以对设备的状态评价为基础，全面掌握设备真实健康水平。

必须坚持试点先行、循序渐进、持续完善、保证安全的基本方针。

五、状态检修的基本流程

状态检修的基本流程主要包括设备信息收集、设备状态评价、设备风险评估、检修策略、检修计划、检修实施及绩效评估等七个环节。

（1）设备信息收集是开展状态检修的基础，要在设备制造、投运、运行、维护、检修、试验等全过程中，通过对投运前基础信息、运行信息、试验检测数据、历次检修报告和记录、同类型设备的参考信息等特征参量进行收集、汇总，为设备状态的评价奠定基础。

（2）设备状态评价主要依据《国家电网公司输变电设备状态检修试验规程》、《输变电设备状态评价导则》等技术标准，依据收集到的各类设备信息，确定设备状态和发展趋势。设备状态评价是开展状态检修工作的基础，必须通过持续、规范的设备跟踪管理，综合离线、在线等各种分析结果，才能够准确掌握设备运行状态和健康水平，为开展状态检修下一阶段工作创造条件。

（3）设备风险评估是开展状态检修工作的重要环节。其目的就是要按照《国家电网公司输变电设备风险评价导则》的要求，利用设备状态评价结果，综合考虑安全、环境和效益等三个方面的风险，确定设备运行存在的风险程度，为检修策略和应急预案的制订提供依据。

（4）检修策略以设备状态评价结果为基础，参考风险评估结果，在充分考虑电网发展、技术进步等情况下，对设备检修的必要性和紧迫性进行排序，并依据《输变电设备状态检修导则》等技术标准确定检修方式、内容，并制定具体检修方案。

（5）检修计划依据设备检修策略制定。主要分为两个部分：覆盖整个设备寿命周期内的长期检修、维护计划，用于指导设备全寿命周期内的检修、维护工作；与公司资金计划相对应的年度检修计划和多年滚动计划、规划，用于指导年度检修工作的开展，以及未来一定时期内检修工作安排和资金需求。

（6）检修实施是依据检修计划开展，对电气设备全寿命周期内开展的检修和维护工作，确保设备运行于良好状态，并将运行趋势控制于良好范围内。

（7）绩效评估是在状态检修工作开展过程中，依据《国家电网公司输变电设备状态检修绩效评估标准》，对工作体系的有效性、检修策略的适应性、工作目标实现程度、工作绩效等进行评估，确定状态检修工作取得的成效，查找工作中存在的问题，提出持续改进的措施和建议。

六、设备试验项目及周期

《国家电网公司输变电设备状态检修试验规程》规定了110～750kV变压器、开关、线路等各类高压电气设备巡检、检查和试验的项目、周期和技术要求，以巡检、例行试验、诊断性试验替代了原有定期试验，明确了基于设备状态的试验周期和项目双向调整方法，提出了警示值和不良工况、家族缺陷等新概念以及显著性差异和纵横比分析的新方法。规程内容涵盖巡检、例行试验、诊断性试验、在线监测、带电检测、家族缺陷、不良工况等状态信息，吸收了最新的现场试验项目和分析方法，充分考虑了各单位设备状态、地域环境、电网结构等特点，是状态检修工作的基础性技术文件。

该试验规程把设备的试验项目分为巡检、例行试验和诊断试验三种类型。巡检周期较短，检查项目少。例行试验通常按基准周期定期进行，试验项目相对比较简单。若适宜轮试，应轮试。诊断性试验只在诊断设备状态时根据情况有选择地进行。这样，能根据不同设备状态开展维修，减少停电时间，有效提高设备可靠性。

【思考与练习】

1. 简述电气设备交接试验的意义。
2. 简述状态检修的意义。
3. 状态检修开展的基本原则是什么？
4. 状态检修的基本流程包含哪几个环节？

模块 2　常规电气试验（GYBD00701002）

【模块描述】本模块介绍变电主要设备常规电气的试验项目。通过要点讲解，了解绝缘电阻、泄漏电流、介质损耗、工频耐压和绝缘放电等常规项目的试验目的、内容和方法。

【正文】

变电设备常规试验项目包括绝缘电阻测试、泄漏电流测试、介质损耗测试、工频交流耐压试验等。

一、绝缘电阻测试

1. 试验目的

测量变电设备的绝缘电阻能有效地检查设备绝缘整体受潮、部件表面受潮或脏污以及贯穿性的集中性缺陷，如绝缘子破裂、引线靠壳、器身内部有金属接地、线圈绝缘严重老化、绝缘油严重受潮等缺陷。

2. 试验内容

（1）变压器绕组连同套管对地绝缘电阻的测试。

（2）变压器铁芯对地绝缘电阻的测试。

3. 试验方法

在现场普遍使用绝缘电阻表（俗称兆欧表）测量绝缘电阻。绝缘电阻表按其额定电压分为 500、1000、2500、5000V 等几种。应根据被试品的额定电压来选择绝缘电阻表，绝缘电阻表的额定电压过高，可能在测试中损坏被试品绝缘。

（1）测量变压器绕组连同套管对地绝缘电阻：

1）若变压器额定电压在 10kV 及以下，额定容量在 4000kVA 及以下者，宜采用 2500V/2500MΩ 的绝缘电阻表。

2）若额定电压在 35kV 及以上，额定容量在 4000kVA 及以下者，宜采用 2500V/5000MΩ的绝缘电阻表。

3）若额定电压在 35kV 以上，额定容量在 4000kVA 以上者，宜采用 5000V/10 000MΩ的绝缘电阻表。

（2）测量变压器铁芯对地绝缘电阻时，变压器进行预防性试验宜采用 1000V 的绝缘电阻表。交接或大修后试验宜采用 2500V 的绝缘电阻表。

（3）对用于测量变压器绝缘电阻、吸收比（极化指数）的绝缘电阻表，应选用最大输出电流为 3mA 及以上的绝缘电阻表，以得到较准确的测量结果。

二、泄漏电流测试

1. 试验目的

泄漏电流测试是通过测量绝缘的相应泄漏电流，根据电流的大小及电流与电压的关系曲线，分析和判断设备绝缘的性能。

2. 试验方法

（1）对于少油断路器，可以采用在三角箱加压、断口外侧接地来测量整个单元的泄漏电流。

（2）测量应在天气良好时进行，且空气相对湿度不高于80%。若遇天气潮湿、套管表面脏污，则需要进行“屏蔽”测量。

（3）根据试验电压的大小、现有试验设备的条件，选择合适的试验设备及试验接线方式，并正确绘出试验接线图。

三、介质损耗测试

1. 试验目的

当电气设备的绝缘普遍受潮、脏污或老化以及绝缘中有气隙发生局部放电时，流过绝缘的有功电流分量I_R将增大，$\tan\delta$也增大。这样通过测量绝缘的$\tan\delta$值，可以反映出整个绝缘的分布性缺陷。在绝缘预防性试验中，介质损耗试验是一种使用较多，而且是判断绝缘性能较为有效的方法。

2. 试验内容

对电机、电缆这类电气设备的绝缘，因为运行中的缺陷多为集中性的，加之整体绝缘体积较大，$\tan\delta$法反映缺陷的效果较差，所以在预防性试验中通常不作这项试验。而对于套管绝缘，因为整体体积小，$\tan\delta$不仅可以反映套管绝缘的全面情况，而且有时可以检查出其中的集中性缺陷，所以对于套管绝缘，$\tan\delta$法就是一项必不可少的有效试验。此外，测量$\tan\delta$对于检查电力变压器、互感器、电力电容器等设备的绝缘缺陷也有一定的效果。

3. 试验方法

现场一般采用西林电桥法进行测试。

西林电桥正接线时，电桥处于低压端，操作比较安全方便，而且电桥内部不受强电场干扰，所以准确度较高。反接线时，被试品一端接电桥测量端，另一端接地。反接线在现场一般用于被试品无“末屏”的电气设备（如变压器、分级绝缘的电压互感器等）。但是这种接线的标准电容器外壳等均处于高压下，所以为了保证安全，操作者应站在绝缘垫上进行操作，且电桥外壳必须可靠接地。

四、工频交流耐压试验

1. 试验目的

交流耐压试验对绝缘的考验是相当严格的，通过这项试验，可以发现很多绝缘缺陷，尤其是对集中性绝缘缺陷的检查更为有效，可以鉴定电气设备的耐电强度，判断电气设备能否继续运行。交流耐压试验是保证电气设备绝缘水平、避免发生绝缘事故的重要手段。

2. 试验内容

工频交流耐压试验是对电气设备绝缘施加高出它的额定工作电压一定值的工频试验电压，并持续一定的时间（一般为1min），观察绝缘是否发生击穿或其他异常情况。

3. 试验方法

被试物在交流耐压试验中，一般以不发生击穿为合格，反之为不合格。

【思考与练习】

1. 电气设备绝缘电阻测试的目的是什么？
2. 泄漏电流测试的方法有哪些？
3. 简述工频交流耐压试验的目的。

模块3 特殊电气试验（GYBD00701003）

【模块描述】本模块介绍设备特殊电气的试验项目及其目的。通过要点讲解，了解电力变压器特殊性试验、电流互感器特殊性试验、电容式电压互感器特殊性试验、氧化锌避雷器特殊性试验、六氟化硫断路器特殊性试验的试验项目内容和试验目的要求。

【正文】

一、电力变压器特殊性试验

1. 试验项目

（1）绕组所有分接方式的电压比。

（2）低电压空载电流和空载损耗。

（3）绕组变形测试。

（4）绕组连同套管的局部放电测量。

（5）绕组连同套管的交流耐压试验。

2. 试验目的

（1）对核心部件或主体进行解体性检修之后，或怀疑绕组存在缺陷时，进行绕组所有分接方式的电压比测试。

（2）诊断铁芯结构缺陷、匝间绝缘损坏等可进行低电压空载电流和空载损耗试验。试验电压尽可能接近额定值。试验电压值和接线应与上次试验保持一致。测量结果与上次相比，不应有明显差异。对单相变压器相间或三相变压器两个边相，空载电流差异不应超过10%。分析时一并注意空载损耗的变化。

（3）诊断绕组是否发生变形时进行绕组变形测试。应在最大分接位置和相同电流下测量。试验电流可用额定电流，也可低于额定值，但应不小于5A。

（4）验证绝缘强度，或诊断是否存在局部放电缺陷时进行绕组连同套管的局部放电测量。

（5）需要诊断绕组连同套管的绝缘时要进行交流耐压试验。

二、电流互感器特殊性试验

1. 试验项目

（1）交流耐压试验。

（2）局部放电测量。

2. 试验目的

（1）需要确认设备绝缘介质强度时应进行交流耐压试验。一次绕组的试验电压为出厂试验值的80%，二次绕组之间及末屏对地的试验电压为2kV，时间为60s。

（2）需要检验是否存在严重局部放电时进行局部放电测量。

三、电容式电压互感器特殊性试验

1. 试验项目

（1）交流耐压试验。

（2）局部放电测量。

2. 试验目的

（1）诊断是否存在严重局部放电缺陷时进行局部放电测试。

（2）需要验证绝缘强度时进行交流耐压试验。试验在完整的电容式电压互感器上进行。试验前把电磁单元与电容分压器分开，若因产品结构原因在现场无法拆开的可不进行耐压试验。试验电压为出厂试验值的80%，或按设备技术文件要求进行，时间为60s。

四、氧化锌避雷器特殊性试验

1. 试验项目

（1）工频参考电流下的工频参考电压。

（2）均压电容的电容量。

2. 试验目的

（1）诊断内部电阻片是否存在老化、检查均压电容等缺陷时，进行工频参考电压测试。对于单相多节串联结构，试验应逐节进行。

（2）如果金属氧化物避雷器装备有均压电容，为诊断其缺陷，可进行均压电容的电容量测试。对于单相多节串联结构，试验应逐节进行。

五、六氟化硫断路器特殊性试验

1. 试验项目

（1）交流耐压试验。

（2）套管式电流互感器的试验。

2. 试验目的

对核心部件或主体进行解体性检修之后，或必要时，进行交流耐压试验。试验包括相对地（合闸状态）和断口间（罐式、瓷柱式定开距断路器，分闸状态）两种方式。试验在额定充气压力下进行，试验电压为出厂试验值的80%，频率不超过300Hz，耐压时间为60s。

【思考与练习】

1. 电力变压器特殊性试验项目有哪些？
2. 电流互感器特殊性试验项目有哪些？
3. 六氟化硫断路器特殊性试验项目有哪些？

第五章　数据采集及分析

模块1　电气设备在线监测（GYBD00702001）

【模块描述】本模块介绍电气设备常用在线监测的原理和结构。通过要点讲解、分析，了解变压器油的在线监测、变压器局部放电在线监测、电力设备温度实时在线监测的内容、方法和装置原理，熟悉电气设备在线监测与预防性试验的关系。

【正文】

随着传感器技术、信号处理技术、计算机技术的发展与应用，集中型绝缘在线监测技术有了很大发展。目前，集中型绝缘在线监测装置不仅可以连续自动监测电容型设备的绝缘参数，还可以监测环境温度、湿度和系统谐波、频率、电压等非绝缘参数。监测所得的参数经相应的软硬件综合处理分析，可以对被监测设备绝缘状况进行定时监视或随时监视。当有设备出现“超标”等异常情况时，监测系统可立即自动报警，将绝缘监测从预防性阶段进入到预知性阶段，使测试的有效性、灵敏性都大大提高。集中连续自动的绝缘在线监测是高压电力设备绝缘监测的重要手段，也是输变电设备开展状态检修的重要支撑。

一、检测参数的分类和选择

1. 检测参数分类

检测参数根据被监测设备分类如下：

（1）变压器类。主要为充油式电力变压器或电抗器。主要的检测量有油中溶解气体（单一组分或多种组分）、铁芯接地电流、油中微水、油温、绕组温度、局部放电、漏抗等。

（2）电容性设备。包括电容式套管、电流互感器、电容式电压互感器、电容器等。主要的检测量有介质损耗、泄漏电流、等值电容等。

（3）金属氧化物避雷器。检测量有总电流、阻性电流。

（4）高压断路器。包括油断路器、SF_6断路器（含GIS内的断路器）、真空断路器。主要检测量有遮断电流，合、分闸线圈电流，机械特性相关参数、振动，动态回路电阻，SF_6气体的压力、泄漏、湿度监测等。

（5）GIS（气体绝缘金属封闭电器）。主要检测量有SF_6气体的压力、泄漏、湿度监测，SF_6断路器机械特性和局部放电检测等。

（6）输电线路。检测量有覆冰，微气象，导线弧垂，导线温度，导、地线振动等。

（7）绝缘子。检测量有泄漏电流等。

（8）电缆。检测量有温度、局部放电等。

2. 宜采用的检测参数

在线监测实施时宜选用成熟、可靠的检测参数。在决策是否选用时还需结合被监测设备的重要性、监测系统的可靠性、维护量及其投入成本等作综合考虑。

（1）油中溶解气体。典型变压器油中溶解气体成分与变压器状态之间的关系见表GYBD00702001-1。

表GYBD00702001-1　典型的变压器油中溶解气体成分反映的变压器故障情况

被测气体	诊断
5%或更少的O_2	密封变压器处于正常运行状态
多于5%的O_2	检查变压器密封状态

续表

被测气体	诊断
CO_2、CO，或 CO 和 CO_2 同时存在	变压器过载或过热，检查运行条件
H_2	电晕放电、水电解或铁锈
H_2、CO 和 CO_2	电晕放电涉及绝缘纸或变压器严重过负荷
H_2、CH_4 和少量的 C_2H_4、C_2H_6	火花放电或别的不严重故障，主要是由油中放电引起的
H_2、CH_4、CO 和 CO_2 及少量其他气体，通常不存在 C_2H_2	火花放电或别的不严重故障，但已涉及固体绝缘
大量的 H_2 及其他烃类气体（包括 C_2H_2）	内部存在高能量的电弧放电，引起油快速劣化
大量的 H_2、CH_4、C_2H_4 及少量的 C_2H_2	小区域的高温过热，通常由于接地不良引起，故障未涉及固体绝缘
大量的 H_2、CH_4、C_2H_4 及少量的 C_2H_2，另外还有 CO 和 CO_2	小区域的高温过热，通常由于接地不良引起，故障已涉及固体绝缘

目前，油中溶解气体在线监测系统基本上有两种类型：一种是单一组分型或简易型，主要测 H_2 或 C_2H_2 的含量及增长率，用于对变压器早期故障的报警或预警；另一种是多气体组分型，可监测氢气、甲烷、乙烷、乙烯、乙炔、一氧化碳、二氧化碳等多种气体，以便对变压器的故障进行在线分析。油中溶解气体在线监测可以实现对设备状态的连续监测，其检测周期可以短到数小时，利于及早发现故障征兆，并及早采取纠正措施，这样既可减少故障漏报的风险和损失，又可减少人工测量所需的工作量。将在线监测系统与人工测量相结合，可准确地分析变压器运行状况。

（2）变压器铁芯接地电流。由于变压器铁芯接地电流的大小随铁芯接地点多少和故障严重的程度而变化，因此，可把铁芯接地电流作为诊断大型变压器铁芯短路故障的特征量。规程规定，如发现铁芯的对地绝缘电阻与前次相比数据变化较大但不能判断原因时，应在运行中检测铁芯接地电流，如果超过 0.1A，应采取相应措施。对于铁芯和上夹件分别引出油箱外接地的变压器，可分别测出铁芯和夹件对地的电流，如果二者相等，且数值在数安以上时，往往是铁芯与夹件有连接点；如果前者远大于后者，且数值在数安以上时，往往是铁芯有多点接地；如果后者远大于前者，且数值在数安以上时，往往是夹件有多点接地。

铁芯或夹件接地电流数量级在几十毫安到几安甚至更大，检测量程比较宽，且主要是阻性电流，因此测量技术相对比较容易实现，一般都作为变压器状态监测的常选项之一。

（3）电容型设备的电容量与介质损耗。电容型设备主要是指油浸式电流互感器、电容式套管、耦合电容器等。

$\tan\delta$ 的测量对于整体性的绝缘劣化（如受潮、老化、杂质等）比较敏感，而电容量的测量对于套管、电容式电压互感器和电流互感器内部发生电容屏间短路的缺陷非常有效。

在设备运行额定电压下进行电容量与介质损耗因数的监测比低电压下的检测结果更加真实准确，该技术已相对比较成熟。如测变压器套管、电流互感器的 $\tan\delta$ 一般是通过末屏外接监测单元检测绝缘电流，并与就近的电压互感器等所测取的电压量进行比较，从而计算出绝缘介质的等值电容量与介质损耗因数。通过测量等值电容量与介质损耗因数能够较有效地反映其内部缺陷，多数的潜在故障都有可能通过它们检测出来。因此可将 $\tan\delta$ 和等值电容量作为电容型设备的常规在线监测参数，将绝缘电流作为辅助测量参数。

（4）金属氧化锌避雷器总电流和阻性电流。对金属氧化物避雷器在运行电压下监测其阀片总电流的阻性电流分量，可较灵敏地反映阀片的潜在故障。原因为：金属氧化物避雷器在运行中长期直接承受电力系统运行电压的作用，阀片将逐渐产生劣化；结构不良导致密封不严，使阀片在运行中容易受潮；无间隙的避雷器，当阀片受潮后阀片电流增大又会加剧劣化，从而进一步导致电流增大，电流中的阻性分量使阀片温度上升，产生有功损耗，形成热崩溃，严重时将导致避雷器损坏或爆炸。

可将总电流和阻性电流分量作为高压避雷器的常规在线监测项目。当测到的阻性电流受相别影响较大时，需注意与该相的历史数据相比较。如果阻性电流测量时包含瓷套表面污秽电流，也可将分开后的瓷裙表面污秽电流选作辅助监测参量。

（5）局部放电。对于很多绝缘材料，特别是有机绝缘材料，局部放电是衡量绝缘性能劣化的重要指标。局部放电水平的突然增长是某些突发绝缘故障的先兆，因此对局部放电实现在线监测非常必要。局部放电剧增会加速绝缘老化，但局部放电强度与绝缘的剩余寿命间明确的对应关系还难以确定。在内绝缘设计中，一般考虑在运行电压下应无有害的局部放电。

局部放电特性是衡量电力变压器绝缘系统质量的重要指标：110kV 以上的电力变压器，在出厂试验中每台都要作局部放电试验；220kV 以上的电力变压器在安装后的交接试验中，也需要通过现场局部放电试验的考核；在运行中发现油中含气量等超标时，一般也要作局部放电试验进行检查。变压器局部放电在线监测就是在设备运行时进行局部放电的连续监测，局部放电的在线监测的技术难点是现场情况下如何抑制或辨别干扰，从而有效提取信号。

局部放电特性也是衡量 GIS 绝缘系统质量的重要指标。研究表明，GIS 中的局部放电会在 GIS 内部空腔及外壳对地之间产生超高频电磁波，使接地线上有放电脉冲电流流过。局部放电还会使通道气体压力骤增，在 GIS 气体中产生声波，并传递到金属外壳上，在外壳上出现各种纵波、横波和表面波等。目前，现场已有通过测量超高频或超声局部放电信号来寻找放电部位，并在实践中进一步积累应用经验。

（6）断路器的累计开断电流和分合闸线圈电流。对于断路器，预防性试验规定的导电回路电阻测量、分合闸线圈直流电阻测量等试验目前较难实现在线测量，而行程和速度特性的在线测量由于传感器安装及可靠性问题往往也受到了一定限制。通过测量断路器的累计开断电流（据此计算触头累计磨损量）有助于实现判断触头状态和灭弧室绝缘状态的目的，这是一种较为可行的在线监测方法。通过监测和记录断路器操作时分合闸线圈的电流波形，进一步分析可判断操动机构的状态变化。

（7）绝缘子的泄漏电流（尚在积累经验，可试点采用）。绝缘子表面泄漏电流是电压、气候、污秽三要素的综合反映，绝缘泄漏电流在线监测的原理是通过特殊的引流装置卡采集沿绝缘子表面的泄漏电流，在线实时测量输电线路上绝缘子串的泄漏电流，经计算求得一段周期内泄漏电流的峰值平均值、峰值最大值及最大泄漏电流脉冲数等。

绝缘子泄漏电流在线监测系统能够对运行中绝缘子的泄漏电流和环境温度、湿度等进行在线实时监测，理论上可综合泄漏电流值、局部放电强度及气象条件等参数，得出等值附盐密度、零值电流、污秽发展趋势等的判断。该在线监测技术目前还没有大量运行经验证明监测系统运用在实际输电线路中的可靠性，主要问题有：① 检测数据分散性较大；② 对泄漏电流如何反映绝缘子的污秽程度尚没有明确的判据，仍在积累经验。

（8）其他参数。如变压器的油温、SF_6 密度、压力和微水检测装置等作为主设备的附件而引入的检测量。

（9）环境参数。变电站现场的环境参数（如温度、湿度等）可为诊断提供参考信息。

二、系统构成

在线监测系统的主要功能可实现对电力设备状态的参数的连续检测、传输、处理分析，并可实现越限报警，提示设备可能有潜在缺陷。根据设备状态综合诊断的需要，在线监测系统一般宜采取对多个状态量进行综合监测的方式，并可扩展到整个变电站。

根据实际需要，在线监测系统可以进行必要的简化配置，如仅由检测单元组成，有的就地显示监测数据（如避雷器泄漏电流表）或通过通信设备实时远传数据，或定期采集数据等。

（1）检测单元：实现被监测参数的采集、信号调理、模数转换和数据的预处理功能，由检测单元实现。

（2）数据传输单元：实现监测数据的传输，由通信和控制单元实现。

（3）数据的处理、分析和设备状态预警单元：实现监测数据的处理、计算、分析、存储、打印、显示及预警，由主站单元实现。主站计算机系统通用功能包含人工召唤数据、定时自动轮询数据、对监测装置进行对时、更新数据浏览、历史数据浏览、特征参数趋势图显示、特征参数越限告警、重要状态变位告警、运行报表浏览及打印输出等。

对于在线监测系统所获取的数据，应进行综合比较和分析，并结合被监测设备的运行工况、交接和预防性试验数据及其他信息，进行全面分析。

三、运行管理

1. 基本要求

（1）运行单位应根据国家电网公司《输变电设备在线监测系统技术导则》、在线监测装置使用手册等编写在线监测系统现场运行规程，并建立在线监测系统设备台账和运行履历。

（2）应注意监视在线监测系统的运行状况，及时发现并报告其存在的缺陷。

（3）应注意在线监测系统监测数据的采集、存储和备份，数据的变化趋势的初步判断，报警值的管理等。

（4）如果在线监测数据发现异常，应及时报告。

2. 运行巡视

（1）检查检测单元的外观应无锈蚀，密封良好，连接紧固。

（2）电（光）缆的连接无松动和断裂。

（3）管路接口应无渗漏。

（4）就地显示面板显示正常。

（5）数据通信情况正常。

（6）主站计算机运行正常。

（7）在电源电压超出监测系统规定的范围或进行电源切换时，应及时检查系统工作是否正常。

（8）检查监测数据是否在正常范围内，如有异常，及时汇报。

（9）在特殊情况下，如被监测系统遭受雷击、短路等大扰动后，或被监测设备监测数据异常，以及在大负荷、异常气候等情况时，应加强巡视。

3. 报警值管理

（1）根据相关标准规范或运行经验由运行单位制定各报警值。报警值不应随意修改。

（2）发生在线监测系统报警时由运行人员及时汇报。

（3）发生在线监测系统报警后应尽快安排检查和开展以下工作：

1）报警值的设置是否变化。

2）外部接线、网络通信是否出现异常中断。

3）是否有异常天气。

4）是否有强烈的电磁干扰源发生，如开关操作、外部短路故障等。

5）监测装置及系统是否异常。

6）进行在线监测数据变化的趋势和横向比较分析。

（4）如确认在线监测系统工作正常，报警后应视具体情况对主设备采取进一步的诊断和处理。

（5）如确认在线监测系统发生误报警，应及时退出报警功能，查明原因并处理后再投入运行。当不能完全确认系统发生误报警，不应将装置退出运行。

4. 日常维护

（1）不得随意更改主站系统监测软件的设置，任何改动应在系统管理员认可后方可进行。

（2）主站单元宜专机专用，其网络设置不应随意更改，不能安装无关应用软件。

（3）监测软件处于常运行状态，不应随意关闭。

（4）被测设备检修时，应对检测单元进行必要的检查和试验。

1）检查检测单元与被监测设备本体连接部位良好，无渗漏、锈蚀和受潮等异常现象。

2）检查电（光）缆连接正常，接地引线、屏蔽牢固。

3）按制造厂技术要求，对无法承受负压状态的油气分离薄膜式传感器，在变压器放油或油处理前，应首先关紧传感器的阀门；在变压器吊罩时，将监测装置拆除，妥善保存。

4）在套管、电流互感器、耦合电容器、避雷器等设备大修或更换时，应将监测装置拆除，妥善保存，拆、卸和安装应按制造厂技术要求进行。

（5）当检测单元工作异常或数据异常，应进行人工复位后再采集。

（6）如出现主站计算机异常或“死机”，需根据维护手册要求重新启动系统。

（7）当通信异常时，要检查与主站通信线插头是否松动，或通信母板是否故障。

（8）对该系统操作前，应熟悉使用手册、软件使用指南，出现问题应按照维护指南进行。

（9）出现硬件和软件故障，按维护指南无法解决时，应及时通知厂家派人维护。

（10）定期对在线监测系统的电源进行检查。

【思考与练习】

1. 变压器类设备检测参数主要有哪些？

2. 在线监测设备的主要构成部分有哪些？

3. 在线监测系统报警值管理有何要求？

模块2　相关电气试验数据分析（GYBD00702002）

【模块描述】本模块介绍电气试验和在线监测运行数据综合分析。通过要点讲解、综合分析和应用示例，熟悉试验数据的分析方法、掌握试验结论和处置原则及设备状态评价方法。

【正文】

状态量是指直接或间接表征设备状态的各类信息，如数据、声音、图像、现象等。检测是获取设备状态量的重要手段之一，主要包括测量、试验、化验、分析、探伤、检查等多种方法，例如变压器的电气试验、油中溶解气体的检测分析、红外检测等。检测又可根据设备所处的运行状态分为带电检测、离线检测和在线监测等多种。本模块主要介绍电气试验数据的分析判断。

一、试验数据的分析方法

利用不同的方法获得检测数据只是判断设备状态的第一步，如何利用检测结果中的有效信息进行设备状态的识别更为重要。通常对试验数据分析有计算机智能故障诊断和人工分析两类，其中人工分析是运行人员应掌握的基本技能。常用的试验数据分析有以下几种，但并不限于此。

1. 阈值判断法

所谓阈值可以简单理解为临界值，在此指有关规程规定的限制。阈值判断法是最常用的试验数据分析方法之一。通常情况下，有了试验结果后，首先对照规程的规定，分析比对有无超过规程规定值的数据，即有无“超标”数据，由此判断试验项目是否合格。

阈值判断虽然是最基本的方法，但并不是试验数据不超标的设备就一定是完好设备，有些数据并未超标，但劣化的速率极快，同样存在风险。因此，数据分析一般需要应用多种方法，综合分析判断数据的变化趋势，正确得出设备的状态结论。

2. 显著性差异分析法

当设备的状态量明显不同于其他设备时，可以通过显著性差异分析法找出与其他同类设备有明显差异的设备。根据数理统计理论，同一批设备，由于设计、工艺和材质都相同，各台设备的同一状态量应该视为源自同一母体的不同样本，如果被分析设备的状态量值与其他设备存在显著性差异，必然有其原因，且很可能是早期缺陷的信号。

3. 纵横比较分析法

（1）纵比是指设备的当前试验数据与上次试验数据进行比较，横比是指同台（组）设备不同相间数据进行比较，分析判断设备的当前试验值是否正常。一般不超过±30%可判为正常，否则应进一步分析判断原因。

（2）当利用相邻两次或更多次试验数据相比较，仍然难以给出定论时，需要用当前数据与该设备的试验数据初值比较，进一步分析判断，得出设备的试验结论。

（3）试验数据初值是指能够代表状态量原始值的试验值。初值可以是出厂值、交接试验值、早期试验值、设备核心部件或主体进行解体检修、更换之后的首次试验值等。对于易受安装环境影响的试验数据选择交接或首次预试值作为初值，不受安装环境影响的试验数据选出厂试验值作为初值，受大修影响的试验把大修后首次试验值作为初值。

4. 状态量的显著性差异分析

在相近的运行和检测条件下，同一家族设备的同一状态量不应有明显差异，否则应进一步分析判断原因。

家族设备是指同厂、同批次或属于同一设计、材质、工艺在不同工厂生产的设备。

5. 易受环境影响状态量的纵横比分析

本方法可作为辅助分析手段。如 U、V、W 三相设备的上次试验值和当前试验值分别为 U_1、V_1、W_1 和 U_2、V_2、W_2，在分析设备当前试验值 U_2 是否正常时，根据 $U_2/(V_2+W_2)$ 与 $U_1/(V_1+W_1)$ 相比有无明显差异进行判断，一般不超过±30%可判为正常。

二、试验结论和处置原则

每项试验工作结束，试验人员都应给出明确的试验结论。运行人员应能根据试验数据审核其结论的正确性。同样，运行人员也应具备根据试验数据独立给出试验结论的能力，并根据试验结论采取相应的处理措施。

1. 试验结论

设备试验的结论分为合格和不合格两种，但对单项试验数据又可分为正常值、注意值和警示值三种。

（1）正常值是指试验所获得数据量值大小、发展趋势以及相互平衡程度等均在规程规定的限值之内的数据。

（2）注意值是指当试验数据达到该数值时，设备可能存在或可能发展为缺陷。例如变压器绕组绝缘电阻应不小于 6000MΩ，吸收比应不低于 1.3，极化指数应不低于 1.5 等。

（3）警示值是指状态量达到该数值时，设备已存在缺陷并有可能发展为故障。例如变压器的直流电阻相间互差不大于 2%等。

2. 试验结果的处置原则

（1）各项试验数据为合格的设备为正常设备，执行正常的巡视、检修和试验周期。

（2）试验结果有注意值项目的设备，若当前试验值超过注意值或接近注意值的趋势明显，对于正在运行的设备，应加强跟踪监测；对于停电设备，如怀疑属于严重缺陷，不宜投入运行。

（3）试验结果有警示值项目的设备，若当前试验值超过警示值或接近警示值的趋势明显，对于运行设备应尽快安排停电试验。对于停电设备，消除此隐患之前，一般不应投入运行。

三、试验数据分析

设备的试验一般分为例行试验和诊断性试验两种。例行试验是为获取设备状态量，评估设备状态，及时发现事故隐患，定期进行的各种带电检测和停电试验。而诊断性试验是发现设备状态不良或经受了不良工况、受家族缺陷警示或连续运行了较长时间，为进一步评估设备状态进行的试验。例行试验通常按周期进行，诊断性试验只在诊断设备状态时根据情况有选择地进行。

下面以变压器有关试验为例，介绍试验数据的分析。

1. 变压器例行试验数据分析

油浸式电力变压器（电抗器）例行试验数据分析见表 GYBD00702002-1。

表 GYBD00702002-1　　油浸式电力变压器（电抗器）例行试验数据分析

例行试验项目	基准周期	规　定	要求和分析
红外热像检测	330kV 及以上：1 月 220kV：3 月 110kV/66kV：半年	无异常	红外热像图显示应无异常温升、温差和相对温差
油中溶解气体分析	330kV 及以上：3 月 220kV：半年 110kV/66kV：1 年	1. 乙炔：≤1（330kV 及以上）（μL/L），≤5（其他）（μL/L）（注意值） 2. 氢气：≤150μL/L（注意值） 3. 总烃：≤150μL/L（注意值） 4. 绝对产气速率：≤12mL/d（密封式，注意值）或≤6mL/d（开放式，注意值） 5. 相对产气速率≤10%/月（注意值）	若有增长趋势，即使小于注意值，也应缩短试验周期。烃类气体含量较高时，应计算总烃的产气速率。当怀疑有内部缺陷时，应进行额外的取样分析

续表

例行试验项目	基准周期	规　定	要求和分析
绕组电阻	3年	1. 相间互差不大于2%（警示值） 2. 同相初值差不超过±2%（警示值）	有中性点引出线时，应测量各相绕组的电阻；若无中性点引出线，可测量各线端的电阻，然后换算到相绕组电阻。要求在扣除原始差异之后，同一温度下差值不超过规定值
绝缘油例行试验	330kV及以上：1年 220kV及以下：3年	见表GYBD00702002-3	见表GYBD00702002-3
套管试验	3年	见表GYBD00702002-4	见表GYBD00702002-4
铁芯绝缘电阻	3年	≥100MΩ（新投运1000MΩ）（注意值）	除注意绝缘电阻的大小外，要特别注意绝缘电阻的变化趋势。夹件引出接地时，应分别测量铁芯对夹件及夹件对地绝缘电阻
绕组绝缘电阻	3年	1. 绝缘电阻无显著下降 2. 吸收比≥1.3或极化指数≥1.5，或绝缘电阻≥10 000MΩ（注意值）	不同温度下测量的绝缘电阻应进行温度修正。绝缘电阻下降显著时，应结合介质损耗因数及油质试验进行综合判断
绕组绝缘介质损耗因数（20℃）	3年	330kV及以上：≤0.005（注意值） 220kV及以下：≤0.008（注意值）	测量绕组绝缘介质损耗因数时，应同时测量电容值，若此电容值发生明显变化，应予以注意。分析时应注意温度对介质损耗因数的影响
有载分接开关检查（变压器）	每年1次	按有关规程和产品说明书规定	按有关规程和产品说明书规定

2. 变压器诊断性试验数据分析

油浸式电力变压器（电抗器）诊断性试验数据分析见表GYBD00702002-2。

表GYBD00702002-2　　油浸式电力变压器（电抗器）诊断性试验数据分析

诊断性试验项目	目　的	要求和分析
空载电流和空载损耗测量	诊断铁芯结构缺陷、匝间绝缘损坏等	试验电压值和接线应与上次试验保持一致。测量结果与上次相比，不应有明显差异。应注意同时分析空载损耗变化
短路阻抗测量	诊断绕组是否发生变形	应在最大分接位置和相同电流下测量。试验电流可用额定电流，也可低于额定值，但不应小于5A。初值差不超过±3%（注意值）
绕组频率响应分析		绕组频率响应曲线应与原始的各个波峰、波谷点所对应的幅值及频率基本一致
感应耐压和局部放电测量	验证绝缘强度，或诊断是否存在局部放电缺陷	感应耐压：出厂试验值的80% 局部放电：$1.3U_m/\sqrt{3}$下，≤300pC（注意值）
外施耐压试验		仅对中性点和低压绕组进行，耐受电压为出厂试验值的80%，时间为60s
绕组各分接位置电压比	验证核心部件或主体进行解体检修、更换后接线是否正确，或验证绕组是否存在缺陷	结果应与铭牌标识一致。初值差不超过±0.5%（额定分接位置）；其他分接不超过±1.0%（警示值）
直流偏磁水平检测	验证变压器声响、振动等异常是否由直流偏磁引起	符合有关规程规定
纸绝缘聚合度测量	诊断绝缘老化程度	聚合度≥250（注意值）
绝缘油诊断性试验	检验绝缘油质量	新油或例行试验后怀疑油质有问题时进行，应符合有关规程规定
整体密封性能检查	检验整体密封状况	采用储油柜油面加压法，在0.03MPa压力下持续24h，无油渗漏
铁芯及夹件接地电流测量	检查铁芯是否多点接地	≤100mA（注意值），当铁芯与夹件分别接地时应分别测量
声级及振动测定	检验噪声是否异常	符合设备技术文件要求，振动波主波峰的高度应不超过规定值，且与同型设备无明显差异
绕组直流泄漏电流测量	检验绝缘是否存在受潮等缺陷	泄漏电流与初值比应没有明显增加，与同型设备比没有明显差异

3. 绝缘油例行试验数据分析

变压器（电抗器）绝缘油例行试验数据分析见表 GYBD00702002-3。

表 GYBD00702002-3　　变压器（电抗器）绝缘油例行试验数据分析

例行试验项目	规定值	要求和分析
视觉检查	透明，无杂质和悬浮物	淡黄色为好油，黄色为较好油，深黄色为轻度老化的油，棕褐色为老化的油
击穿电压	≥50kV（警示值），500kV 及以上 ≥45kV（警示值），330kV ≥40kV（警示值），220kV ≥35kV（警示值），110kV/66kV	击穿电压值达不到规定要求时，应进行处理或更换新油
水分	≤15mg/L（注意值），330kV 及以上 ≤25mg/L（注意值），220kV 及以下	测量时应尽量在顶层油温高于 60℃时取样。怀疑受潮时，应随时测量油中水分
介质损耗因数（90℃）	≤0.02（注意值），500kV 及以上 ≤0.04（注意值），330kV 及以下	按有关规程规定
酸值	≤0.1mg（KOH）/g（注意值）	0.03mg（KOH）/g 为新油，0.1mg（KOH）/g 为可继续运行，0.2mg（KOH）/g 为下次维修时需进行再生处理，0.5mg（KOH）/g 为油质较差。当酸值大于注意值时，应进行再生处理或更换新油
油中含气量（体积比）	330kV 及以上变压器、电抗器：≤3%	当油中含气量接近或超过规定值时，应查明原因，并采取相应措施

4. 高压套管例行试验数据分析

高压油纸电容式套管例行试验数据分析见表 GYBD00702002-4。

表 GYBD00702002-4　　高压油纸电容式套管例行试验数据分析

例行试验项目	基准周期	规定	要求和分析
红外热像检测	330kV 及以上：1 个月 220kV：3 个月 110kV/66kV：半年	无异常	红外热像图显示应无异常温升、温差和相对温差
绝缘电阻	3 年	1. 主绝缘：≥10 000MΩ（注意值） 2. 末屏对地：≥1000MΩ（注意值）	包括套管主绝缘和末屏对地绝缘的绝缘电阻
电容量和介质损耗因数（20℃）（电容型）	3 年	1. 电容量初值差不超过±5%（警示值） 2. 介质损耗因数符合以下要求： （1）500kV 及以上，≤0.006（注意值） （2）其他（注意值）： 油浸纸，≤0.007； 聚四氟乙烯缠绕绝缘，≤0.005； 树脂浸纸，≤0.007； 树脂黏纸（胶纸绝缘），≤0.015	如果测量值异常时，可测量介质损耗因数与测量电压之间的关系曲线。介质损耗因数的增量应不大于±0.003，且介质损耗因数不超过 0.007（U_m≥550kV）、0.008（U_m为 363kV/252kV）、0.01（U_m为 126kV/72.5kV）。分析时应考虑测量温度影响

5. 高压套管诊断性试验数据分析

高压油纸电容式套管例行试验数据分析见表 GYBD00702002-5。

表 GYBD00702002-5　　高压油纸电容式套管诊断性试验数据分析

诊断性试验项目	规定	要求和分析
油中溶解气体分析（充油）	乙炔：≤1（220kV 及以上），≤2（其他）（μL/L）（注意值） 氢气≤500（μL/L）（注意值） 甲烷≤100（μL/L）（注意值）	当怀疑绝缘受潮、劣化，或者怀疑内部可能存在过热、局部放电等缺陷时进行本项目。取样时，应注意设备技术文件的特别提示（是否允许取油等），并检查油位应符合设备技术文件的要求
末屏（如有）介质损耗因数	≤0.015（注意值）	当套管末屏绝缘电阻不能满足要求时，可通过测量末屏介质损耗因数作进一步判断
交流耐压和局部放电测量	1. 交流耐压：出厂试验值的 80% 2. 局部放电（$1.05U_m/\sqrt{3}$）： 油浸纸、复合绝缘、树脂浸渍、充气，≤10pC； 树脂黏纸（胶纸绝缘），≤100pC（注意值）	需要验证绝缘强度，或诊断是否存在局部放电缺陷时进行本项目。如有条件，应同时测量局部放电。交流耐压为出厂试验值的 80%，时间 60s 对于变压器（电抗器）套管，应拆下并安装在专门的油箱中单独进行

续表

诊断性试验项目	规　　定	要求和分析
气体密封性检测（充气）	≤1%/年或符合设备技术文件要求（注意值）	当气体密度表显示密度下降或定性检测发现气体泄漏时，进行本项试验
气体密度表（继电器）校验（充气）	符合设备技术文件要求	数据显示异常或达到制造商推荐的校验周期时，进行本项目。校验按设备技术文件要求进行
SF_6 气体成分分析（充气）	按有关规程规定	怀疑 SF_6 气体质量存在问题，或者配合事故分析时，可选择性地进行 SF_6 气体成分分析

6. 在线监测装置数据分析

在线监测装置是在设备正常运行的条件下，对设备的某些状态量数据进行连续监测的装置。它具有智能化程度高，可以自动记录、分析、报警、组网、信息远传等功能，是智能化设备和电网的重要组成部分。

随着技术的发展，在线监测装置的功能和种类越来越多，目前应用比较广泛的有油色谱、避雷器全电流或阻性电流、容性设备绝缘、局部放电、瓷绝缘泄漏电流、连接点温度测量以及断路器性能等在线监测装置。

在线监测装置的监测数据与离线检测数据分析方法相同，由于在线监测装置设有不同级别的越限报警，当监测数据达到设定值时会自动报警，具有很高的智能化水平。运行中应对在线监测数据与离线检测数据经常进行比对分析，掌握二者数据差异的程度和规律。当在线监测装置报警后，应及时查明原因，尽快利用其他检测方法对报警数据进行确认。

四、设备状态评价

设备状态评价是根据收集到的各类状态信息，依据相关标准，确定设备的状态和发展趋势。设备状态评价需要综合运行、检修、管理、检测、不良运行工况、家族缺陷等多方面的设备状态信息，在线和离线试验数据只是设备的部分状态信息。

设备状态评价一般通过状态检修辅助决策系统或其他智能化故障诊断系统按规定程序自动完成，也可以按照设备评价标准人工进行评价。设备状态一般分为正常状态、注意状态、异常状态和严重状态四种。

1. 正常状态

运行数据稳定，所有状态量符合标准，各种状态量处于稳定且在规程规定的标准限值以内，可以正常运行的设备状态。

2. 注意状态

单项或多项状态量变化趋势朝接近标准限值方向发展，但未超过标准限值，仍可以继续运行，但应加强运行监视的设备状态。

3. 异常状态

单项重要状态量变化较大，或几个状态量明显异常，已接近或略微超过标准限值，已影响设备的性能指标或可能发展成严重状态，设备仍能继续运行但应监视运行，并应适时安排停电检修的设备状态。

4. 严重状态

单项或几个重要状态量严重超过标准限值，需要尽快安排停电检修的设备状态。

【思考与练习】

1. 如何用阈值判断法分析设备试验数据？
2. 如何用纵横比较分析法分析设备试验数据？
3. 对于试验结果有警示值项目的设备应如何处置？
4. 举例说明什么是试验数据的注意值。

第六章 状态检修基础知识

模块1 变电设备的状态检修概述（ZY1400401001）

【模块描述】本模块介绍几类检修方式的定义及发展过程，各类检修方式的优缺点及开展状态检修的难点分析。通过定义讲解、要点归纳，熟悉状态检修与其他检修模式的区别，了解开展状态检修需深入研究和解决的问题。

【正文】

一、主要检修方式的定义

电力系统中，对设备的检修是保证电力设备安全、健康运行的必要手段。它关系着设备的利用率、事故率、使用寿命以及人力、物力、财力的消耗等，对电力企业的整体效益的好坏起着举足轻重的作用。而在电力设备检修历史的发展过程中，主要采取的检修方式有以下几种。

1. 事后检修

事后检修也称故障检修，是最早的检修方式。这种检修方式以设备出现功能性故障为判据，在设备发生故障且无法继续运转时才进行维修。显然，这种应急维修需要付出很大的代价和维修费，不但严重威胁着设备或人身安全，而且维修不足。

2. 预防性检修

预防性检修经过多年发展，根据检修技术条件、目标的不同而出现以下几种检修方式。

（1）定期检修。定期检修在保证设备正常工作中确实起到了直接防止或延迟故障的作用，但这种不根据设备的实际状况，单纯按规定的时间间隔对设备进行相当程度解体的维修方法，不可避免地会产生“过剩维修”，不但造成设备有效利用时间的损失和人力、物力、财力的浪费，甚至会引发维修故障。

（2）以可靠性为中心的检修。该检修方式能比较合理地安排大修间隔，有效预防严重故障的发生，以最低的费用来实现机械设备固有可靠性水平。

（3）状态检修。状态检修也称预知性维修，这种维修方式以设备当前的实际工作状况为依据，通过高科技状态检测手段，识别故障的早期征兆，对故障部位、故障严重程度及发展趋势作出判断，从而确定各机件的最佳维修时机。状态检修是当前耗费最低、技术最先进的维修制度。它为设备安全、稳定、长周期、全性能优质运行提供了可靠的技术和管理保障。

二、检修方式发展的主要阶段

纵观变电设备检修策略发展的历史，检修体制的演变主要经历了三个阶段。

1. 事后检修阶段

20 世纪 50 年代以前，检修方式基本上是事后的，即故障检修方式，在设备发生了事故后才进行检修。因为那时候大部分设备都比较简单，设计裕度也比较大，设备比较可靠而且容易修复，且停机时间对经营活动影响不大，所以只进行简单的日常维护和检修，并没有开展系统的维修。

2. 定期检修阶段

20 世纪 60～70 年代，由于设备的生产效率越来越高，突发故障造成的损失也越来越大，因此，如何避免和减少损失就成为十分突出的问题，于是逐步形成了预防性维修系统。在苏联主要发展了定期计划检修，截至目前，这种检修方式仍在我国电力系统中推广应用。

3. 状态检修阶段

20 世纪 80 年代以来，随着电网的飞速发展，新的设备监测技术得到广泛的应用，人们对故障模式及其影响进行了较深入的分析，企业对设备的可靠性，对检修成本效益比的要求也越来越高，随之产生了尽量掌握设备的状态，在设备发生实质性的故障之前及时进行检修的新方式，这就是状态检修。在这时期，计算机开始广泛应用于设备状态的监控和管理，并随着信息处理技术的发展，出现了各种诊断系统，而且其发展趋势是将几个不同的监测技术的诊断综合到一个系统中，对设备的状态进行综合的分析和判断，同时把诊断和检修管理结合起来，对检修工作进行成本效益分析，在此基础上安排合理的检修方式和检修时机。

三、传统检修方式和状态检修方式的优缺点分析及检修策略的选择

1. 传统检修体制及检修方式的局限性和缺点

（1）事后检修模式存在的弊端。这种在故障发生后才进行修换或管理工作的检修方式存在的弊端如下：

1）事后检修是一种被动工作模式，有很大的不可预见性，会使电力企业干部职工经常处于高度紧张状态。任何一起供电事故的发生都会给正常生产、生活带来不便，甚至造成较大经济损失和不利的社会影响。

2）为了使事故在尽量短的时间内处理完，就必须预先准备较多的原材料和零配件，这必然会造成库存增加和资金利用率下降，从而增加检修费用。

3）事后检修时间紧、任务重。抢修人员为了赶时间，经常会简化操作程序，难免会忙中出错。多年来事后检修中发生的人身伤亡事故和其他各类事故是屡见不鲜的。

4）为了赶时间、抢任务，事后检修常常是头痛医头、脚痛医脚，没有更多的时间分析原因、查找根源，常顾此失彼，不仅造成材料的浪费，而且加大了劳动强度。

（2）定期检修模式存在的弊端。这种以时间为依据，预先设定检修工作内容与周期的计划检修模式存在的弊端如下：

1）经济在发展，设备在剧增，使定期检修必须有大量的人力、物力投入，而某种程度上的盲目性，使定期检修性价比不可能太高。从而相对降低了劳动生产率，不适应以经济效益为中心的现代企业运营方式。

2）计划检修必然导致部分运行状态较好的设备周期性停运，使尚不完善的电网承受更大的压力，部分直供线路的停电导致对用户中断频次的增加和电网可靠性的降低。

3）过度检修造成设备的频繁拆卸，增加了检修过程中产生新的设备隐患的概率。

4）频繁的停送电操作，客观上增加了操作的概率，不良现场检修条件和落后的检修工艺导致设备损坏的概率加大。

5）大量设备的定期检修，已不可能使每项作业安排在合适的自然环境期间内，而不良环境对设备的影响，使检修质量下降。

6）计划检修导致一定时间内检修工作量骤增，按照设备检修工艺导则去落实每项要求，将使设备所需停电时间远远大于电网调度所能安排的停电时间，此矛盾造成很多检修内容难以落实，影响检修质量。

2. 状态检修的可行性和优越性

（1）电气设备状态检修的可行性。

1）多年来，国产电气设备积累了大量的运行经验，其运行和维护技术日臻完善，这为实施状态检修工作奠定技术基础。同时，国产设备的质量有了很大提高，为状态检修提供一定的物质基础。

2）新型设备投入运行及新技术的应用监测手段的不断提高，使设备的安全运行有了很好的基础。如红外线成像技术在电力生产中的应用，大型变压器油色谱分析在线系统的研制成功，变压器绕组变形探测技术的发展，电容型带电设备集中在线测试技术的投入使用等，使在运行电压下正确诊断设备状态有了可能。

3）随着传感技术、微电子、计算机软硬件和数字信号处理技术、人工神经网络、专家系统、模糊集理论等综合智能系统在状态监测及故障诊断中应用，使基于设备状态监测和先进诊断技术的状态检

修研究得到发展成为电力系统中的一个重要研究领域。

（2）状态检修的优越性。

1）状态检修之前的准备工作——状态管理，不仅减轻了原手工作业的劳动强度，提高了工作效率，更重要的是，能够充分利用已有的状态信息，通过多方位、多角度的分析，最大限度地把握设备的状态，依此制定合理的检修维护策略，为提高设备运行可靠性提供了保障。

2）状态检修可以使检修人员现场定期试验和测量工作量减轻到最小，显然这是一种降低成本的好方法。特别是在对设备的寿命进行正确估计后，提高了设备的最大可用性，可以更有效地储存和安排设备备件，这样可节省大量的备品经费。

3）在实现设备的状态检修后，可以通过适当的维修来避免重要设备故障，同时又避免了不必要的维修作业，降低了由于不必要定期检修引起故障的可能性。

4）通过设备的状态分析，可以发现问题于萌芽状态，限制问题向严重化的方向发展。对于预防类似事故、改进产品质量、提高设备监督管理水平具有重要的指导意义。

5）实现状态检修后，把临时性停电降低到最少，可增加售电收入，提高供电可靠性和用户满意度。

3. 电气设备检修策略的选择

改进现行的检修方式或选择合适的检修策略，不必受哪一种特定的维修体系的约束，不要简单地用某一种方式来完全取代现行的方式，而应分析各种维修方式的具体内容，结合自身的特点和需要，使综合效果最好。

对设备实施状态检修，其对象并不是所有设备，对于那些可以确定寿命周期，或能找出某种类型的故障发生的概率会显著增加的时间点，也就是故障的发生与设备运行时间有比较确定关系的情况下，可以采取定期检修。

对于随机故障，同时设备的状态又是可以监测得到的情况，可以采用状态检修。在实施状态检修中，监测的频度不仅要考虑能发现潜在故障到发生功能性故障的时间间隔，还应考虑故障后果的严重性，如果故障会对安全运行产生严重影响，应考虑加大监测频度。

对于故障既不和时间有比较确定的关系，又不容易用常规手段监测的情况，那只能进行周期性的检查工作。对于比较重要的设备的频发性或后果严重的故障，应采用主动检修的方式，进行重新设计或改造。

如果设备不重要或价值低以至于故障的后果不严重，那就干脆用坏为止，采用故障检修的方式。

对于重要的设备，可同时采用定期检修和状态检修相结合的方式，根据状态监测的结果对故障机理的不断深入了解，调整定期检修的间隔。

总之，合理的检修策略应融故障检修、定期检修、状态检修和主动检修为一体，将各检修方式优化组合，在保证合理的安全可靠性的前提下，降低检修成本。也就是说，推行状态检修，不能局限于状态检修本身，而应有全面的优化检修的思想。

四、开展状态检修的难点分析

1. 开展状态检修的观念更新问题

开展设备的状态检修是一项艰巨而又复杂的系统工程，既要改变传统的思维方式，又要用变化的观念去解决管理和技术的问题。应该认识到在实施状态检修的过程中，不可能找到一种快速的、一次性解决所有问题的方法，这样的系统工程也不可能在短期内迅速完成。对电力设备实施状态检修管理，必须要从系统工程的角度去审视。首先，开展状态检修工作是管理体制的创新，其重点在管理。开展状态检修要建立一套科学、完善、合理的状态检修管理体制，要组织、协调好变电、检修、保自、生技等各专业、各部门、各单位之间的分工、配合、衔接、实施等各项具体工作。因此，在管理上必须有相应的管理制度、实施细则、工作流程、考核办法、责任划分、事故处理等作为开展工作的保障，以使这项工作能顺利地开展。状态检修就要求所有的与生产有关的部门都能有机地联系在一起，各个环节都能各负其责，各尽其能。其次，从技术和设备的角度去考虑实施状态检修，就必须根据设备在系统中的地位和重要程度，确定该设备的优化检修方式，同时又综合考虑经济性、可行性、可靠性、合理性，否则就可能事与愿违。

实施以状态为基础的检修，就是要使检修任务和周期更多地建立在反映设备状态的基础上。

2. 开展状态检修需要考虑设备状态监测、监测技术的先进性和成熟性

开展状态检修，除了对运行中的设备加强常规测试，严格执行 Q/GDW 168—2008《输变电设备状态检修试验规程》中规定的试验项目外，还要配合采用先进的在线监测手段，及时掌握设备的技术状态。目前，绝缘油的色谱分析、用远红外测温、局放测试、容性设备绝缘在线监测等、氧化锌避雷器阻性电流监测等技术已经得到了推广和应用，并在实践中取得了一定的效果。

3. 开展状态检修需要信息系统和决策支持系统

状态检修必须有一套用于状态检修的管理信息系统和决策支持系统，系统必须是以设备资产为核心，以设备安全可靠运行为主线，涵盖变电运行与检修、试验等专业，涉及变电站运行管理、设备缺陷管理、变电设备检修计划与管理等的计算机综合管理信息系统。系统中不仅包含与生产管理相关的运行、检修、试验及铭牌数据，而且还能利用系统所具有的分析和统计功能，为设备的状态检修提供比较高效的信息。比如断路器的切断短路电流的次数、变压器经受短路冲击的次数、设备检修的时间、历史上设备试验结果的发展趋势等。系统最好能根据在线和离线监测诊断数据、设备寿命预测数据、可靠性评价数据、设计参数、检修历史数据、同类设备统计数据等进行综合分析，并利用状态评价准则体系对设备状态变化趋势进行预测，运用决策模型给出检修什么和何时检修的建议，并制定检修计划。

4. 开展状态检修必须提高人员素质

事实证明，实施状态检修成败的关键之一是人员问题。开展状态检修时对于状态分析、故障诊断技术的立足点应首先是高素质的技术人员。变电设备检修及故障诊断是一项跨多个专业的技术，缺少理论基础和丰富经验的积累，都无法很好胜任这项工作。检修人员除了要了解掌握设备的运行方式、运行特点及工况变化对设备产生的影响外，还要掌握设备原理、结构、零件、材料、装配方法和离线监测、状态监测和故障分析手段，还要掌握设备的维修规律，综合评价设备的健康状况，直接参与检修决策和检修工作，优化检修计划内容、检修程序和工艺等。

【思考与练习】

1. 什么是定期检修？
2. 什么是状态检修？
3. 状态检修的优越性是什么？
4. 现阶段开展状态检修的难点有哪些？

模块 2　决策支持系统（DSS）（ZY1400401002）

【模块描述】本模块介绍变电设备状态检修决策支持系统的基本概念和系统总体结构。通过要点归纳、图表举例，了解状态检修决策支持系统的总体结构及有关业务流程要求。

【正文】

一、决策支持系统的基本知识

1. 决策支持的概念

决策支持系统（Decision Support System，DSS）是辅助决策者通过数据、模型和知识，以人机交互方式进行半结构化或非结构化决策的计算机应用系统。它是管理信息系统（MIS）向更高一级发展而产生的先进信息管理系统。它为决策者提供分析问题、建立模型、模拟决策过程和方案的环境，调用各种信息资源和分析工具，帮助决策者提高决策水平和质量。

2. 决策支持系统的组成

决策支持系统基本结构主要由四个部分组成，即数据部分、模型部分、推理部分和人机交互部分。

（1）数据部分是一个数据库系统。

（2）模型部分包括模型库（Model Base，MB）及其管理系统（Model Base Management System，MBMS）。

（3）推理部分由知识库（Knowledge Base，KB）、知识库管理系统（Knowledge Base Management System，KBMS）和推理机组成。

（4）人机交互部分是决策支持系统的人机交互界面，用以接收和检验用户请求，调用系统内部功能软件为决策服务，使模型运行、数据调用和知识推理达到有机地统一，有效地解决决策问题。

3. 智能决策支持系统

20世纪80年代末90年代初，决策支持系统开始与专家系统（Expert System，ES）相结合，形成智能决策支持系统（Intelligent Decision Support System，IDSS）。智能决策支持系统充分发挥了专家系统以知识推理形式解决定性分析问题的特点，又发挥了决策支持系统以模型计算为核心的解决定量分析问题的特点，充分做到了定性分析和定量分析的有机结合，使得解决问题的能力和范围得到了一个大的发展。智能决策支持系统是决策支持系统发展的一个新阶段。

二、状态检修决策支持系统的总体结构及有关业务流程模块

本模块根据国家电网公司《输变电设备状态检修辅助决策系统建设技术原则（试行）》进行介绍。

1. 输变电设备状态检修辅助决策系统的开发原则

状态检修辅助决策系统的开发原则是具有安全性、适应性、开放性、灵活性和可分布性。

（1）安全性。安全性是指系统建设应满足国家电网公司信息安全管理要求，从网络通信、病毒防护、数据存储、角色认证以及评价管理与发布等方面充分考虑系统设计的安全性，并可靠安全地与外部系统互联。

（2）适应性。适应性是指系统建设应能满足国家电网公司系统各单位现有不同管理模式和业务流程要求，具有良好的用户适应能力，并能满足设备管理新技术、新方法和新策略变化发展的要求。

（3）开放性。开放性是指系统作为安全生产管理系统的高级应用，在平台建设中应充分考虑与外界信息系统交换的需求分析，保证既能满足基本功能的需要，又具有与外界系统进行信息交换与处理的能力，可通过二次开发或配置从外部系统获取数据，其分析过程和结果可方便地被其他外部系统调用。

（4）灵活性。灵活性是指系统应遵循组件化设计原则，满足总体布局，分步实施的要求，可通过组件和系统参数的灵活配置满足不同业务层面的功能需求。

（5）可分布性。可分布性是指系统软件应采用分布式数据库和应用服务平台，既可以满足分析中心集中管理模式，也可以根据不同重要等级和管辖范围实施分层分布式管理。

2. 状态检修辅助决策系统的建设框架

状态检修辅助决策系统业务功能框架如图 ZY1400401002-1 所示，国家电网公司输变电设备状态检修分析的业务功能划分为数据获取、数据处理、监测预警、状态评价、状态诊断、预测评估、风险评价和决策建议八个逻辑层。在具体的业务实施过程中，部分功能模块层可作适当调整或分步实施，满足不同用户的实际需求。

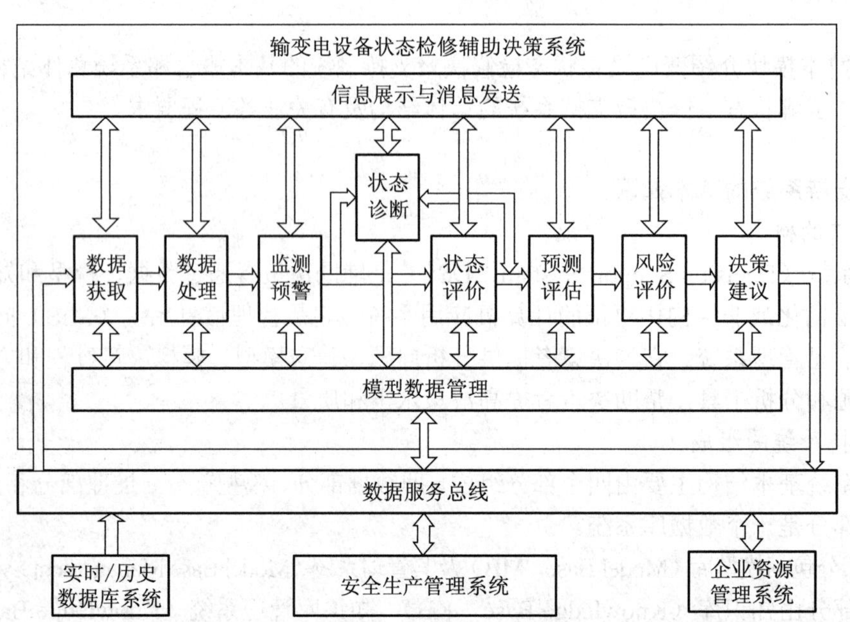

图 ZY1400401002-1 状态检修辅助决策系统业务功能框架

3. 状态检修辅助决策系统业务流程说明

设备状态检修辅助决策系统的数据获取、分析、处理和决策管理的业务流程如图 ZY1400401002-2 所示。

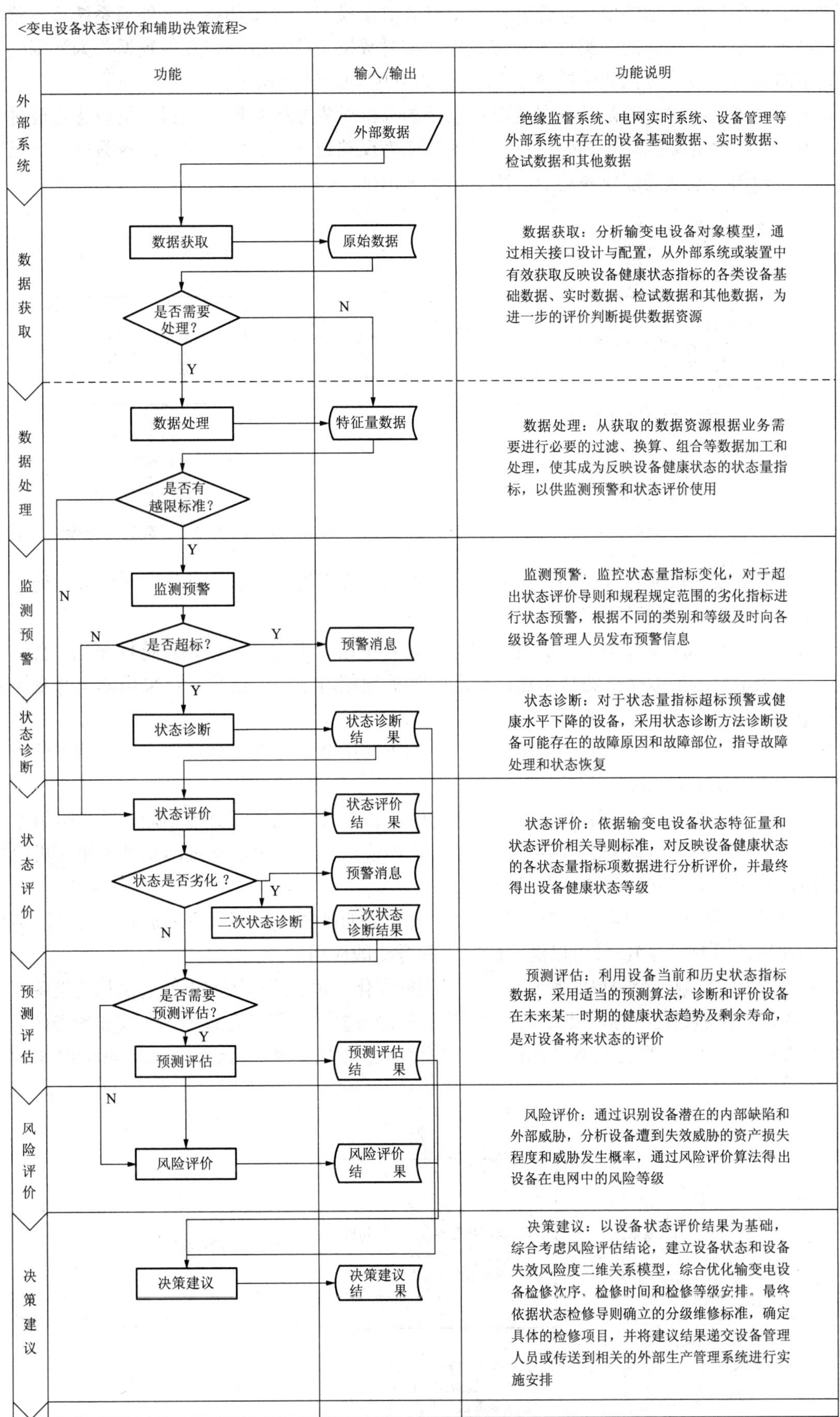

图 ZY1400401002-2　设备状态检修辅助决策系统业务流程

4. 状态检修辅助决策系统主要业务功能描述

（1）数据获取。数据获取模块为输变电设备状态检修分析系统的输入和外部接口模块，依据国家电网公司相关设备评价导则的要求，建立输变电设备对象模型，主要任务是从外部系统或装置中有效获取反映设备健康状态指标的各类设备基础数据、实时数据、检试数据和其他数据，为数据处理与判断提供完整的信息资源。数据获取模块功能如图ZY1400401002-3所示。

（2）数据处理。数据处理是对数据获取层获得的分析对象原始数据，根据评价业务需要进行必要的过滤、换算、组合等数据加工和处理过程，使其成为反映设备健康状态的状态量数据，以供监测预警和状态评价使用。数据处理模块功能如图ZY1400401002-4所示。

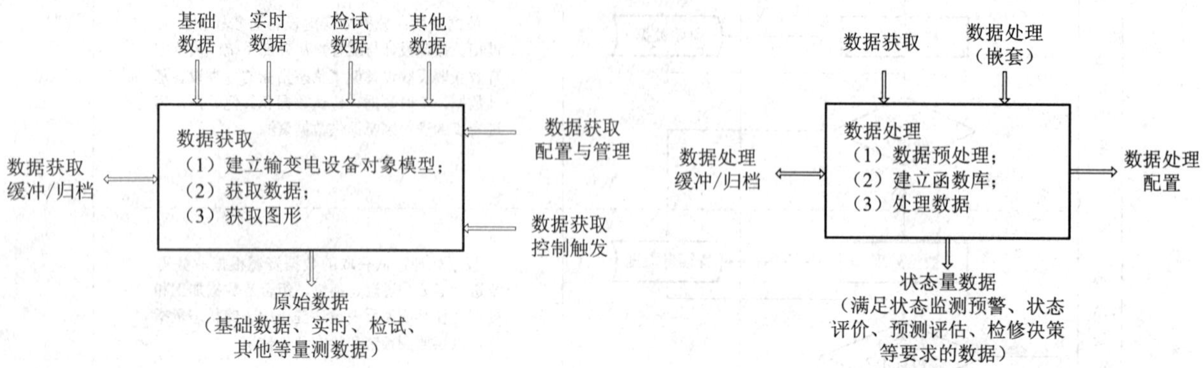

图ZY1400401002-3 数据获取模块功能简图　　图ZY1400401002-4 数据处理模块功能简图

对于数据获取层获取的包含完整信息的对象数据包，应根据业务需求进行必要的数据处理，使其成为可使用的状态量。主要表现在：

1）过滤。对于在线监测数据，在其连续采集的过程中由于电磁干扰或装置特性变化，会产生一些噪点，有必要采取合理的数字过滤技术加以处理。如处理相对平稳的信息量可采用傅里叶变换方法，对处理突变量信息可采用小波变换等方法。

2）换算。对某些采集量应经过换算方可使用，如主变压器本体介损需要把实际油温下的介损值换算成20℃的介损值方可使用。

3）组合。对于某些测量数据需经过组合方可使用，如主变压器绕组直流电阻，其直阻偏差状态量需要组合分析计算三相直阻偏差后方可进行判断。再如绕组绝缘电阻状态量涉及吸收比（极化指数）与绝缘电阻两个采集量，同时需要组合考虑。

由于数据处理算法的不确定性，有必要建立一套完整的函数库，并可不断扩充。既可以满足算法的重用（如通用的函数运算），又可以满足新技术新方法的应用。

（3）监测预警。监测预警模块实时监控状态量指标变化，对于超出国家电网公司相关设备评价导则和规程规定阈值范围的劣化指标，根据不同的类别和等级及时向各级设备管理人员发布预警信息，同时启动设备状态诊断模块，辅助分析具体部位和故障原因。监测预警模块功能如图ZY1400401002-5所示。

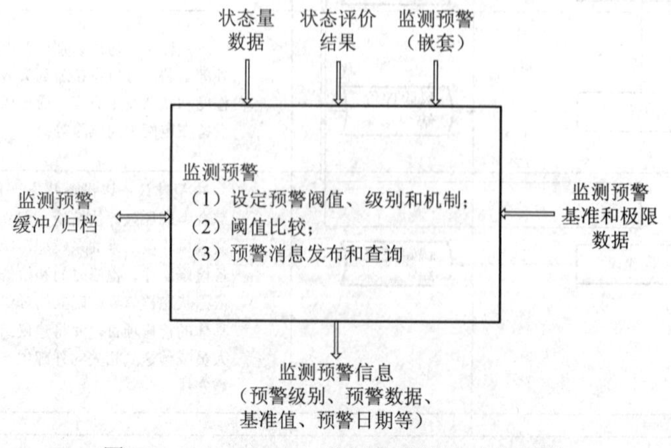

图ZY1400401002-5 监测预警模块功能简图

监测预警应根据状态量劣化的严重程度可设置不同的等级，其分级见表 ZY1400401002-1。

表 ZY1400401002-1　　监测预警级别和判断标准

预警级别	色　标	监测量测/状态量数据
一级	红色	（1）设备周期超过规定周期 6 个月。 （2）设备状态重大异常。 （3）设备有紧急缺陷。 （4）500kV 电压等级设备运行巡视数据超过基准值。 （5）500kV 及以上电压等级设备检试数据不合格
二级	橙色	（1）设备周期超过规定周期 3 个月。 （2）设备状态异常。 （3）设备有重大缺陷。 （4）220kV 电压等级设备运行巡视数据超过基准值。 （5）220kV 电压等级设备检试数据不合格
三级	黄色	（1）设备周期超过规定周期，但未超过 3 个月。 （2）设备状态注意。 （3）设备在线监测数据超过基准值 3 倍。 （4）110kV 电压等级设备运行巡视数据超过基准值。 （5）110kV 电压等级设备检试数据不合格
四级	蓝色	（1）设备周期在规定周期时间 3 个月内。 （2）设备有一般性质的缺陷。 （3）设备在线监测数据超过基准值。 （4）35kV 及以下电压等级设备运行巡视数据超过基准值。 （5）35kV 及以下电压等级设备检试数据不合格。 （6）设备超负荷运行
正常	绿色	（1）设备周期未超期（离周期时间 3 个月外）。 （2）设备状态正常或良好。 （3）设备无缺陷。 （4）设备在线监测数据不超基准值。 （5）设备运行巡视数据不超基准值。 （6）设备检试数据合格。 （7）设备不超负荷运行

其中一级预警实时触发，其他级别预警可以日报、周报、月报的形式汇总，根据设备对象不同及重要程度，配置不同的设备相关责任人，可通过办公自动化、短信平台发布。

（4）状态评价。状态评价依据国家电网公司各种设备评价导则进行。经数据获取和数据处理后进入状态评价，业务功能如图 ZY1400401002-6 所示。

（5）状态诊断。状态诊断模块是对监测预警模块发出预警信息或状态评价结果表明健康状态明显下降（可靠性下降状态、缺陷状态、危急状态）的设备，采用状态诊断方法诊断设备可能存在的故障原因和故障部位。

（6）预测评估。预测评估模块利用设备当前和历史状态指标数据，采用适当的预测算法，诊断和评价设备的今后某一时期健康状态发展趋势，并得出将来状态的评价结果。

（7）风险评价。依据国家电网公司《输变电设备风险评估导则（试行）》进行风险评价，风险评价模块功能简图如图 ZY1400401002-7 所示。

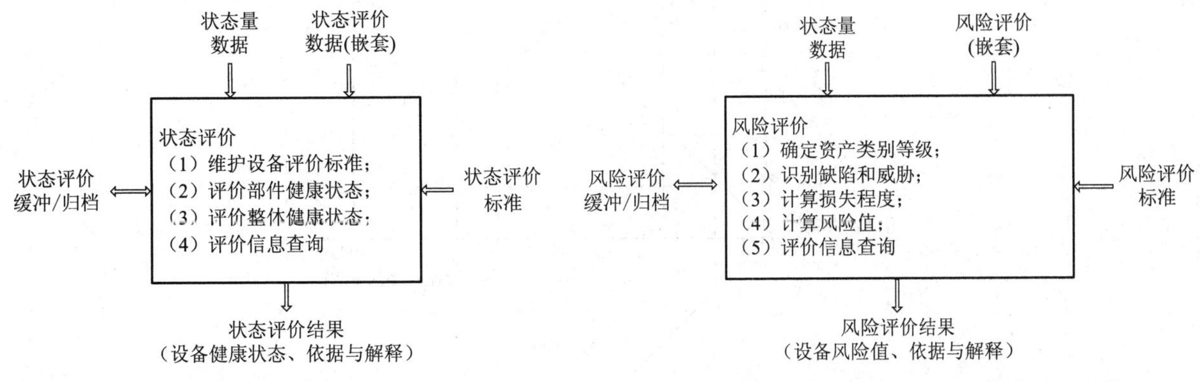

图 ZY1400401002-6　状态评价模块功能简图　　图 ZY1400401002-7　风险评价模块功能简图

国家电网公司《输变电设备风险评估导则（试行）》中以风险值为指标，综合考虑资产、资产损失程度及设备发生故障的概率三者的作用，风险值按下式计算

$$R(t)=A(t)\times F(t)\times P(t) \qquad \text{(ZY1400401002-1)}$$

式中 t——某个时刻（Time）；

A——资产（Assets）；

F——资产损失程度（Failure）；

P——设备平均故障率（Probability）；

R——设备风险值（Risk）。

（8）决策建议。决策建议模块以设备状态评价结果为基础，综合考虑风险评估结论，建立设备状态和设备失效风险度二维关系模型，综合优化设备检修次序、检修时间和检修等级安排。并依据国家电网公司各种设备状态检修导则确立的分级维修标准，确定具体的检修项目和检修时间，最终将建议结果递交设备管理人员或传送到相关的外部生产管理系统进行实施安排。决策建议模块功能如图 ZY1400401002-8 所示。

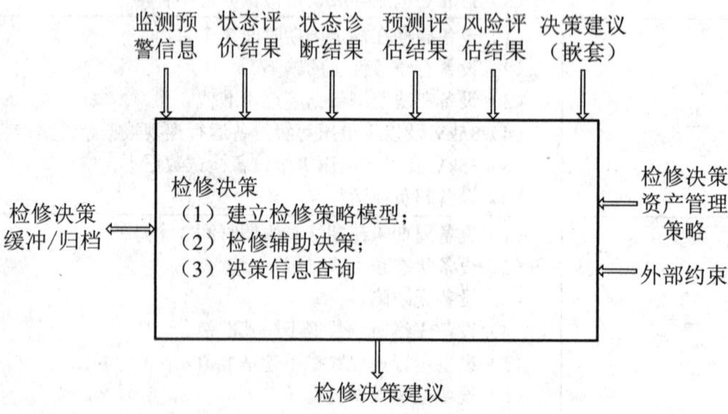

图 ZY1400401002-8 决策建议模块功能简图

可参考的设备状态和设备失效风险度二维（R–H）关系模型如图 ZY1400401002-9 所示。R 轴为设备风险等级值，数据来源风险评价结果，R 值越大说明越重要；H 轴为设备健康状态等级值，数据来源于状态评价结果，H 值越大设备状态越差；O 轴为过原点的参考轴，O 轴与 R 轴间的夹角为 φ。定义 P 为由设备风险值 R 和设备健康状态值 H 在 R–H 图上对应的点到 O 轴的归一化距离（折算到 100 内），表示设备需要进行维修的紧迫程度，P 值越大，设备越需要优先安排检修。φ 为权重因子，改变

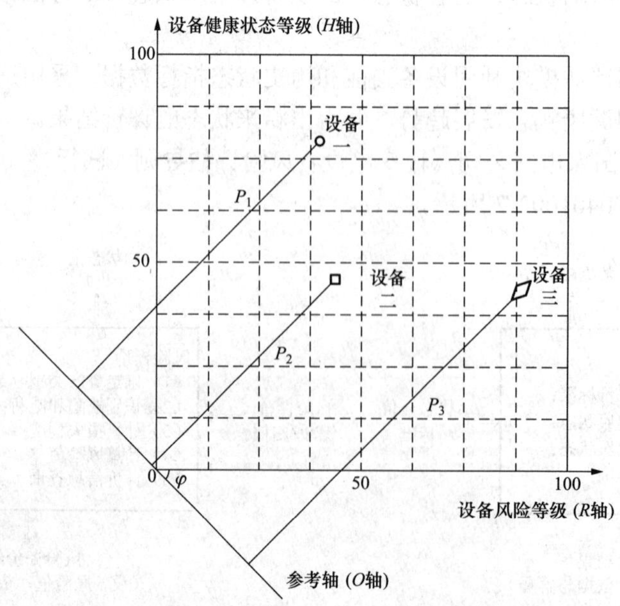

图 ZY1400401002-9 R–H 关系模型

夹角 φ，可以改变设备的重要性 R 和设备的健康状态 H 对确定维修策略的影响权重。夹角 φ 增大，设备的重要性 R 对维修策略的影响增大，同时设备的健康状态 H 对维修策略的影响减小；相反，夹角 φ 减小，设备的重要性 R 对维修策略的影响减小，同时设备的健康状态 H 对维修策略的影响增大。

决策系统的应用，给电力系统开展状态检修工作带来的效益决不仅仅是体现在经济上，更重要的是提高状态检修的决策能力，改善决策效果，提高管理决策水平。

【思考与练习】

1. 什么是决策支持系统？决策支持系统由哪些部分组成？
2. 决策支持系统的开发原则是什么？
3. 画出状态检修辅助决策系统业务功能框架图。
4. 状态检修辅助决策系统应包含哪些必备的功能模块，其作用是什么？

模块 3　状态检修的基本思路和方法（ZY1400401003）

【模块描述】本模块介绍开展状态检修的指导思想和基本原则、状态检修的基本流程和工作体系等。通过定义讲解、要点归纳，掌握状态检修的基本流程；熟悉状态检修的工作体系、各级职责及开展状态检修工作必须注意的环节。

【正文】

一、开展状态检修的指导思想和基本原则

1. 开展状态检修的指导思想

开展状态检修的指导思想是在充分保证电网安全运行和可靠供电的条件下，以制度建设为基础，以安全水平提升为目标，以设备状态评价为核心，以加强基础管理为手段，规范设备管理流程，落实安全责任，强化设备运行监视和状态分析，提高设备检修、维护工作的针对性和有效性，推进状态检修工作规范、有序开展。

2. 开展状态检修的基本原则

（1）开展状态检修工作必须在保证安全的前提下，综合考虑设备状态、运行可靠性、环境影响以及成本等因素。

（2）实施状态检修必须建立相应的管理体系、技术体系和执行体系，明确状态检修工作对设备状态评价、风险评估、检修决策制定、检修工艺控制、检修绩效评估等环节的基本要求，保证设备运行安全和检修质量。

（3）开展状态检修应依据国家、行业相关设备技术标准，制定适应输变电设备状态检修工作的相关技术标准和导则。

（4）开展状态检修工作应遵循试点先行、循序渐进、持续完善的原则，制定工作长远目标和总体规划，分步实施。

（5）状态检修应体现设备全寿命成本管理思想，依据《国家电网公司资产全寿命管理指导性意见》，对设备的选型、安装、运行、退役四个阶段进行综合优化成本管理，并指导设备检修策略的制定。

二、状态检修的基本流程

状态检修的基本流程包括设备信息收集、设备状态评价、设备风险评估、检修策略制定、年度检修计划制定、检修实施及绩效评估七个部分，如图 ZY1400401003-1 所示。

1. 信息收集

设备信息收集是开展状态检修的基础，要在设备制造、投运、运行、维护、检修、试验等全过程中，通过对投运前基础信息、运行信息、试验检测数据、历次检修报告和记录、同类型设备的参考信息等特征参量进行收集、汇总，为设备状态的评价奠定基础。设备信息收集应包括投运前信息、运行中信息和同类型设备参考信息等。

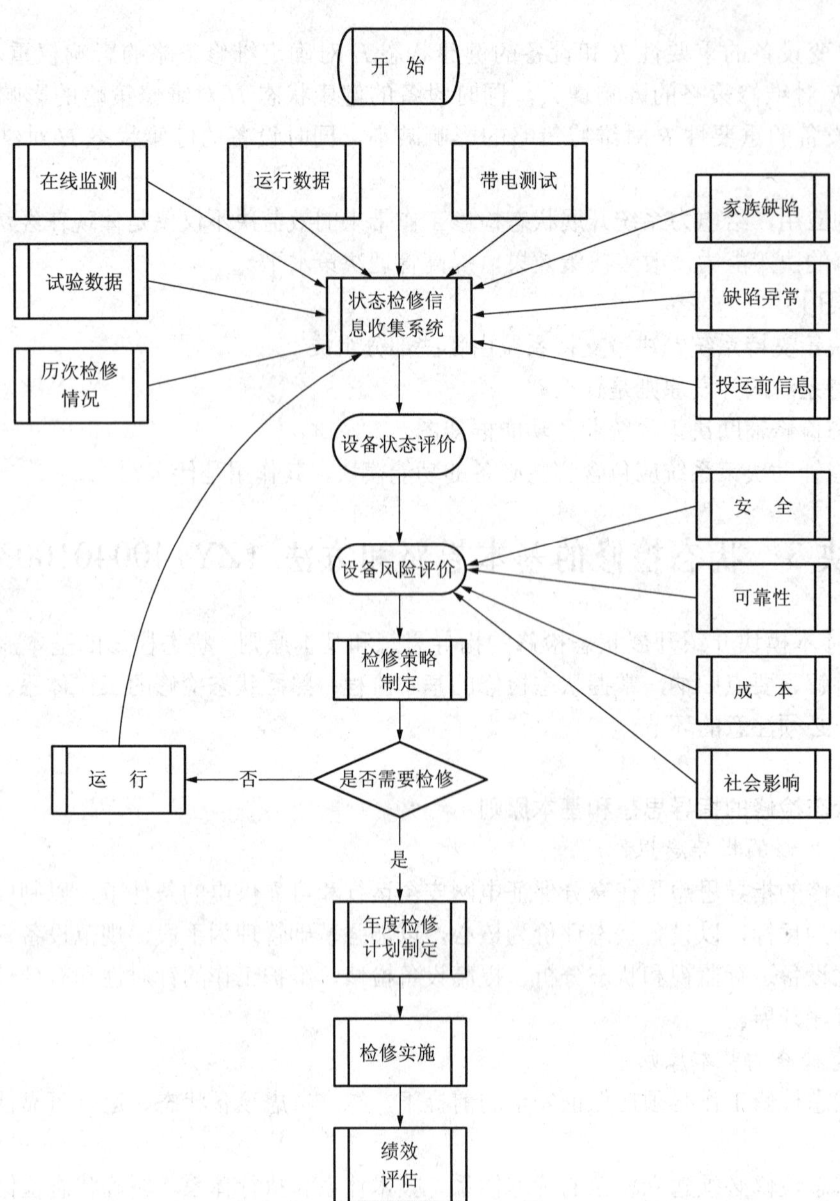

图 ZY1400401003-1 状态检修工作流程图

2. 设备状态评价

设备状态评价是开展状态检修工作的关键，设备状态评价必须通过对设备离线、在线测试数据和运行、检修等基础资料进行持续、规范的特征参量收集、跟踪管理并综合分析、判断，才能够准确掌握设备运行状态、健康水平和发展趋势。设备状态评价应实行动态管理，每年至少一次，设备状态评价必须通过，为开展状态检修下一阶段工作创造条件。

3. 设备风险评估

设备风险评估是开展状态检修工作的重要环节，其目的就是要按照国家电网公司《输变电设备风险评估导则（试行）》的要求，利用设备状态评价结果，综合考虑安全、环境和效益等三个方面的风险，确定设备运行存在的风险程度，为检修策略和应急预案的制定提供依据。设备风险评估每年至少一次。

4. 检修策略制定

以设备状态评价结果为基础，参考风险评估结果，在充分考虑电网发展、技术进步等情况下，对设备检修的必要性和紧迫性进行排序，并依据国家电网公司相关输变电设备状态检修导则等技术标准确定检修方式、内容，并制定具体检修方案。

5. 年度检修计划制定

年度检修计划主要依据设备检修策略制定，主要分为以下两个部分：

（1）覆盖整个设备寿命周期内的长期检修、维护计划，用于指导设备全寿命周期内的检修、维护工作。

（2）与国家电网公司资金计划相对应的年度检修计划和多年滚动计划、规划，用于指导年度检修工作的开展，以及未来一定时期内检修工作安排和资金需求。

6. 检修实施

设备检修的实施应依据国家电网公司相关输变电设备状态检修导则等技术标准和年度检修计划并按照各单位相关设备标准化作业指导书进行。

7. 绩效评估

绩效评估是在状态检修工作开展过程中，依据国家电网公司《输变电设备状态检修绩效评估标准》，对工作体系的有效性、检修策略的适应性、工作目标实现程度、工作绩效等进行评估，确定状态检修工作取得的成效，查找工作中存在的问题，提出持续改进的措施和建议。

三、开展状态检修工作的体系

开展状态检修工作的体系包括管理体系、技术体系和执行体系三个部分。

1. 开展状态检修的管理体系

管理体系是为了保证状态检修顺利开展所必须建立的管理规定和管理标准，主要对各级状态检修工作组织机构的成立、职责分工，工作范围、工作内容、程序、方法、检查和考核等进行规范。主要依据包括《国家电网公司设备状态检修管理规定（试行）》、国家电网公司《输变电设备状态检修绩效评估标准》、《国家电网公司资产全寿命管理指导性意见》、国家电网公司《变电设备在线监测系统管理规范》等以及各单位依据以上文件制定的本单位相关的管理规定、文件等。

（1）《国家电网公司设备状态检修管理规定（试行）》提出了状态检修的基本概念，规定了开展状态检修组织管理、职责分工、管理内容、保障措施、技术培训、检查与考核等方面的工作要求，是状态检修工作的纲领性管理文件。

（2）国家电网公司《输变电设备状态检修绩效评估标准》建立了状态检修绩效评估的指标体系，规定了状态检修绩效评估的实施范围、评估机构、评估方法、评估流程和评估内容，提出了评估报告的规范格式要求。绩效评估是企业实施状态检修策略后，从安全、环境、效益等方面对取得的成绩与效果进行评估，检查状态检修工作开展的实效，并从中找出偏差和问题，以达到持续改进的目的。

（3）《国家电网公司资产全寿命管理指导性意见》对开展资产全寿命管理工作，建立规范的、符合实际的资产全寿命管理体系提出了指导性意见，明确了规划设计、基建、运行维护和退役处置四个寿命周期阶段，确定了技术、经济、社会三个层面递进评估资产管理策略决策方法，提出了由组织机构、信息、流程和战略四个要素组成的资产全寿命管理基本框架，以及由战略、计划、实施、检查和评价五个要素组成的持续改进资产管理过程。

（4）国家电网公司《变电设备在线监测系统管理规范》规定了输变电设备在线监测系统的全过程管理，包括在线监测系统的管理职责、设备选型和使用、安装和验收、运行、维护、培训和技术文件的管理要求。

2. 开展状态检修的技术体系

技术体系是指支撑状态检修工作的一系列技术标准和导则，是开展状态检修的技术保证。主要包括Q/GDW 168—2008《输变电设备状态检修试验规程》、国家电网公司《输变电设备风险评估导则（试行）》、国家电网公司《输变电设备状态检修辅助决策系统建设技术原则（试行）》、国家电网公司《变电设备在线监测系统技术导则》以及各类设备状态检修导则、状态评价导则检修工艺和作业指导书等。

（1）Q/GDW 168—2008《输变电设备状态检修试验规程》规定了110～750kV变压器、开关、线路等各类高压电气设备巡检、检查和试验的项目、周期和技术要求，以巡检、例行试验、诊断性试验替代了原有定期试验，明确了基于设备状态的试验周期和项目双向调整方法，提出了警示值和不良工况、家族缺陷等新概念以及显著性差异和纵横比分析的新方法。该规程内容涵盖巡检、例行试验、诊断性试验、在线监测、带电检测、家族缺陷、不良工况等状态信息，吸收了最新的现场试验项目和分析方法，充分考虑了各单位设备状态、地域环境、电网结构等特点，是状态检修工作的基础性技术文件。

（2）国家电网公司各种设备评价导则规定了对输变电设备状态进行量化评价的方法，内容主要包括状态参量的选取、权重的定义、评分标准、设备分部件的划分以及根据状态参量评价设备状态的方法等。

（3）国家电网公司相关输变电设备状态检修导则明确了根据设备状态评价确定具体检修等级、内容并制定针对性检修方案的过程和方法。

（4）国家电网公司《输变电设备风险评估导则（试行）》明确了开展风险评估工作的基本方法，包括评价的数学模型及影响风险值的资产、损失程度、设备平均故障率等要素的评价方法，给出了不同风险值设备的处理原则。

（5）国家电网公司《输变电设备状态检修辅助决策系统建设技术原则（试行）》是指导和规范输变电设备状态评价系统建设的主要技术依据，规定了输变电设备状态检修辅助系统应具备的统一业务功能模型、接口规范、系统平台、软件设计等技术要求。

（6）国家电网公司《变电设备在线监测系统技术导则》规定了输变电设备在线监测参数的选取、监测系统的选型、试验和检验、现场交接验收、包装、运输和储存等方面的技术要求，强调监测系统的有效性和实用性。

（7）各类设备检修工艺导则和作业指导书。各类检修工艺导则和作业指导书用以具体指导设备检修工作，确定相应的检修程序和基本工艺标准。

3. 开展状态检修的执行体系

执行体系是包括组织机构在内的状态检修流程中各环节的具体实施，它包括设备信息收集、设备评价和风险分析、制定检修策略并实施、检修后评价和人员培训等。

在执行体系中，把握设备的状态是关键：① 要控制设备的初始状态，要通过对设计、选型、制造、建设、交接等各环节的技术监督，对设备初始状态有清晰、准确的了解和掌握；② 要通过加强运行监视、认真开展设备检测、试验等工作，及时收集、归纳、处理设备运行信息，确切掌握设备运行状态；③ 要采取有针对性的设备维护、检修措施，及时处理设备缺陷和隐患，恢复设备健康水平，保持设备具有良好的运行状态。

执行体系的重点是落实人员责任制，状态检修工作比设备定期检修更依赖人的责任心和主人公意识。在加强对各级设备管理人员进行教育培训的同时，要明确各级人员责任，落实责任制，强化考核力度，坚决杜绝放任自流、主观臆断等现象的发生。

执行体系中另一个重要环节是加强对各级生产人员的培训和检测、试验装备的配备。通过培训，使设备管理人员准确掌握设备的原理、性能、重要指标等参数，提高设备管理人员对设备状态进行有效监视和分析的综合技能。

四、开展状态检修工作的组织层次划分及其职责

各单位开展状态检修工作应先建立相应的组织机构，并在国家电网公司统一管理规定、技术标准指导下制定本单位实施细则，各级生产管理部门是状态检修工作归口管理部门。各单位应成立以单位主管领导牵头的组织领导机构，全面负责状态检修的组织、实施、检查、考核等工作，开展状态检修管理层次应分为以下三层。

1. 决策层

决策层一般由局（公司）级领导（生产局长总工）、技术专家（副总工）及有关部门负责人组成。其职责主要有：确定本单位开展状态检修的具体目标；审批本单位设备状态检修工作计划、实施方案以及有关的规章、规程、制度、工作流程、作业手册或作业指导书等；建立本单位设备状态检修组织机构，配备专业层称职人员并明确职责；协调解决状态检修工作中的问题；审批专业层提出的状态检修有关报告及方案；审批（或审查）重要设备周期调整方案并报上级备案（或审批）；检查设备状态检修工作进度和质量，并进行状态检修工作效果评估；组织领导状态检修的宣传和培训以及技术交流。

2. 专业层

专业层一般由生技部、农电部、基建部、安监部的专业技术管理人员组成。其主要职责有：起草本企业设备状态检修工作计划和实施方案；制定实施设备状态检修相关的规章制度和工作流程、作业手册或作业指导书等；编制设备状态检修工作方案、状态检测方案；审查设备状态评估报告及依据状态提出的检修建议及方案；评估状态检修效果，不断改进和完善状态检修方法；负责状态检修工作总结；组织状态检修技能培训和经验交流。

3. 执行层

执行层具体负责设备管理（含全过程管理）的基层单位，一般由修试安装单位、运行单位、设计单位等组成。主要职责有：按规定完成设备的巡视、检查、检测、状态信息的采集、设备状态及其趋势综合分析等工作；一般由修试单位负责起草设备状态检修工作方案、状态检测方案，待批准后组织实施，负责整理分析设备状态信息，提供设备状态一览情况表、重点设备的状态评估报告、根据设备状态提出的检修建议及其检修方案，具体实施设备的检修及其管理工作；运行单位主要负责设备的运行维护、档案资料管理、缺陷管理、运行信息的收集、分析和整理积累，对运行设备的状态进行综合评价并提出状态检修工作的建议；设计单位负责对设备正确合理的设计选型，禁止选用落后、淘汰、可靠性不高的设备，尤其要注重设备的免维性能和运行后的经济性能。

五、开展状态检修工作必须注意的环节

1. 编制本单位状态检修实施细则及有关标准、导则、规范

国家电网公司颁布的各类关于状态检修的管理规定和技术标准，是各单位开展状态检修工作的指导性文件，各地区可根据当地的实际情况，并结合运行实际，制定实施细则和有关技术标准。

2. 确保设备良好的初始状态

初始状态是指包括设备招标、制造、装配以及交接试验等环节在内的前期管理工作，初始状态“健康”与否，对日后的安全运行状况、检修工作量以及设备运行寿命等产生重要的甚至决定性的影响。因此，必须把好设备选型关、出厂验收关、交接试验关。

3. 制定本地区停电预防性试验的周期和项目

根据运行设备总体水平和特殊性，根据试验项目的有效性、实用性（工作量大小，是否停电）合理制定预防性试验的周期和项目。

4. 以设备状态为主线制定检修计划

状态检修管理应掌握所管辖设备的档案、安装、调试、改造等历史情况，并动态掌握运行现状、缺陷、检修、试验及消缺等情况，并按设备状态评价和检修导则在对设备评价、审视的基础上，评定所管辖每件设备状态属于四类的哪一类。针对设备的具体状态，选择、制定A、B、C、D类合理的检修策略。评价设备状态及制定停电工作计划时要充分考虑第一线专业室及检修班组的意见，因为他们直接接触设备，对设备的评价及处理最有发言权。

制定检修计划还要考虑到与周期性的预防性试验停电相结合，避免重复停电。

5. 加强各环节人员的状态检修管理培训和专业技术培训

对收集、管理、处理大量的设备状态信息的有关负责人、专责人员进行必要的管理及考核方面的培训；对第一线的检修人员和运行人员应强调进行设备结构、维护、使用以及缺陷形成规律和消除办法方面的技术培训；对试验人员强调进行设备诊断方面的技术培训。

【思考与练习】

1. 开展状态检修的指导原则是什么？
2. 状态检修的基本流程由哪些主要部分组成？
3. 开展状态检修必须建立和完善的体系有哪些？
4. 开展状态检修工作必须注意的环节是什么？

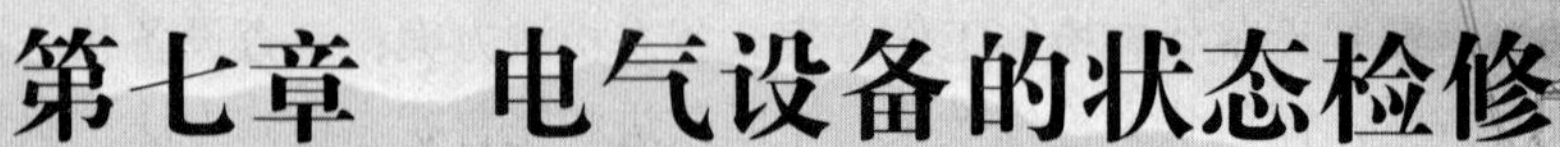

第七章 电气设备的状态检修

模块 1 变压器的状态检修（ZY1400402001）

【模块描述】本模块介绍变压器状态检修各个流程的有关内容，在线监测和检测技术在变压器状态检修中的应用。通过定义讲解、要点归纳、图表示例，熟悉变压器的在线监测和检测技术，掌握开展变压器状态检修各个流程的主要工作及变压器实施状态检修应注意的几个问题。

【正文】

一、在线监测和检测技术在变压器状态检修中的应用

变压器状态评估的关键是状态信息的收集，变压器的运行工况状态信息可通过巡视检查和定期试验项目获得。但是，日常巡视和常规测量技术无法满足及时获取变压器状态信息的需要，开展变压器状态检修应积极应用一些先进的在线监测技术，及时掌握和跟踪变压器状态参量的变化。目前，变压器红外测温故障诊断、油中溶解气体、局部放电、铁芯电流、套管介损、器身振动等一些成熟的在线监测技术得到了较为广泛的发展和应用。

1. 变压器红外监测

目前，设备事故在全部事故中占的比率最高，而在众多的停电事故中，因设备局部过热引起的停电检修时有发生。传统监测温度的老办法是“接触式”的，工作量大，浪费时间且不经济，且测温范围狭窄，结果不准确，操作不方便、不安全。基于以上所述，电力设备的温度监测必须改变测温的接触方式，寻找新途径，开展遥感遥测技术，在不接触运行设备的前提下，进行不停电、不停机的测温。目前的非接触红外测温技术，恰好满足了电力系统的要求。

通过对变压器红外测温，可以直观、明了地发现诸如接头发热、本体局部过热、冷却系统堵塞，油枕、套管虚假油位、油路堵塞、套管受潮介损增大等缺陷，对变压器状态评价起着不可估量的作用。

2. 色谱在线监测

在变压器故障诊断中，变压器油色谱分析是最灵敏和有效的方法。变压器油中气体离线色谱分析的基本做法是在现场从变压器中提取试油样，将试油样送到化学分析实验室，由专家进行分析和评价，试验环节较多，操作手续较烦琐，检测周期较长，而且难以即时发现类似匝间绝缘缺陷等突发性故障。因而国内外都致力于在线监测装置的研制，以实现连续检测，及时发现故障。目前国内一些厂家和院校已经研制并开发出在线分离和分别检测变压器油中 H_2、CO、CH_4、C_2H_2、C_2H_4、C_2H_6 六种溶解气体的在线监测装置并在电力系统中得到广泛的应用。

3. 变压器局部放电监测

变压器油纸绝缘中如含有气隙，由于气体介质的介电常数小而击穿场强比油、纸都低，因而在外施交流高压下气隙将是最薄弱环节。但刚放电时，一般放电量较小，如不超过几百皮库；当外施高压下油中也出现局部放电时，放电量可能有几千到几十万皮库。强烈的局部放电（如 106pC 以上），即使时间很短（如几秒钟），就会引起纸层损坏。而持续时间较短强度不大的局部放电，并不会马上损伤纸层；但如果局部放电在工作电压下不断发展，会加速油质老化、气泡扩大、形成高分子量的蜡状物等，更促使局部放电的加剧。

目前，取得较好应用效果的局部放电在线监测方法主要有脉冲电流法、超声法和超高频法等三种方法。

4. 变压器器身振动在线监测

运行中变压器器身的振动是由于变压器本体（铁芯、绕组等的统称）的振动及冷却装置的振动产

生的，国内外的研究表明，变压器本体振动的根源在于：① 硅钢片的磁致伸缩引起的铁芯振动；② 硅钢片接缝处和叠片之间存在着因漏磁而产生的电磁吸引力，从而引起铁芯的振动；③ 当绕组中有负载电流通过时，负载电流产生的漏磁引起绕组的振动。

由于变压器在制造过程中已采取了必要的措施来减小冷却装置的振动，冷却装置的振动引起的变压器器身振动可忽略不计，可以看出变压器器身表面的振动与变压器绕组及铁芯的压紧状况、绕组的位移及变形密切相关。因此，利用振动在线监测电力变压器夹件、绕组、铁芯等松动故障是可能的。

5. 变压器的其他在线监测技术

目前国内变压器开展的在线监测技术还有套管绝缘参数、铁芯对地电流的监测，对于套管绝缘参数的监测，其监测的参数和方法与电容性电流互感器一样，同属于容性设备的绝缘监测内容。对于铁芯电流的监测，方法相对简单，即在铁芯入地回路中安装一穿芯电流互感器即可实现。

二、变压器状态信息的收集与管理

设备信息收集与管理是开展状态检修评估的基础，要在设备制造、投运、运行、维护、检修、试验等全过程中，通过对投运前基础信息、运行信息、试验检测数据、历次检修报告和记录、同类型设备的参考信息等特征参量进行收集、汇总，为设备状态的评价奠定基础。

1. 变压器状态信息的必备的资料

变压器的状态信息源包括设备的静态信息、动态信息和环境信息三大类。静态信息是指运行前的原始资料信息，可作为判断设备状态所提供的原始“指纹”信息，也是状态检修的基础信息；动态信息来源于设备运行和检修等各环节的信息，该信息是判断设备状态和检修决策的直接依据；环境信息是判断设备状态的重要基础参考信息。静态信息与动态信息组合分析，可以描述设备的变化趋势，对状态判断与检修决策具有重要意义。而通过环境信息的收集和积累，逐步找出其影响设备健康状况的内在规律，可以更加科学地指导状态检修的开展。

依据 Q/GDW 169—2008《油浸式变压器（电抗器）状态评价导则》，变压器状态信息的资料主要如下：

（1）原始资料。原始资料包括铭牌参数、型式试验报告、订货技术协议、设备监造报告、出厂试验报告、运输安装记录、交接验收报告等。

（2）运行资料。运行资料包括运行工况记录信息、历年缺陷及异常记录、巡检情况、不停电检测记录等。

（3）检修资料。检修资料包括检修报告、例行试验报告、诊断性试验报告、有关反措执行情况、部件更换情况、检修人员对设备的巡检记录等。

（4）其他资料。其他资料包括同型（同类）设备的运行、修试、缺陷和故障的情况、相关反措执行情况、其他影响变压器安全稳定运行的因素等。

2. 变压器状态信息的管理

设备状态信息的管理应做到准确、完整、及时，由于反映设备状态的信息量庞大并且处在动态的变化、更新过程中，涉及选型、订货、安装、调试、运行、检修、维护的全过程，因此，设备状态信息只有在计算机网络管理下才能充分高效地发挥作用，开展设备状态检修应及时建立相应的计算机管理信息系统，应不断推进设备状态信息与生产管理信息系统（MIS）的关联性，不断提高设备信息的共享程度。只有这样才能大力降低一线检修运行人员收集、整理、分析设备状态信息的工作量和提高工作效率，确保信息收集的及时性、完整性和准确性，为变压器状态评价打下坚实的基础。

三、变压器状态的划分、评价及状态量

1. 变压器状态的划分

正确划分变压器的运行状态是选择检修策略的基础，变压器的状态分为正常状态、注意状态、异常状态和严重状态。

（1）正常状态。正常状态表示变压器各状态量处于稳定且在相关规程规定的警示值、注意值（或称标准限值）以内，可以正常运行。

（2）注意状态。注意状态表示单项（或多项）状态量变化趋势朝接近标准限值方向发展，但未超过标准限值，仍可以继续运行，应加强运行中的监视。

（3）异常状态。异常状态表示单项重要状态量变化较大，已接近或略微超过标准限值，应监视运行，并适时安排停电检修。

（4）严重状态。严重状态表示单项重要状态量严重超过标准限值，需要尽快安排停电检修。

2. 变压器状态评价

变压器状态评价分为部件状态评价和整体状态评价两部分。

（1）变压器部件状态评价。变压器有许多功能相对独立的单元或部件，它们能否正常运行直接影响变压器的健康运行水平。变压器部件可分为本体、套管、分接开关、冷却系统以及非电量保护（包括轻重瓦斯、压力释放阀以及油温油位等）五个部件。所以对变压器的状态量的评价可按部件划分分别确定评价标准。变压器各部件的范围划分见表 ZY1400402001-1。

表 ZY1400402001-1　变压器各部件的范围划分

部　件	评 价 范 围
本体	油枕密封元件（胶囊、隔膜、金属膨胀器）、压力释放阀、气体继电器、呼吸器、其他
套管	瓷套、接线板、其他
冷却系统	冷却装置控制系统、液压泵及电动机、风扇及电动机、油流指示器、其他
有载分接开关	呼吸器、机构、控制回路、电动机、位置指示器、其他
非电量保护装置	温度计、油位指示计、压力释放阀、气体继电器、其他

（2）变压器整体状态评价。变压器的整体评价应综合其部件的评价结果，当所有部件评价为正常状态时，整体评价为正常状态；当任一部件状态为注意状态、异常状态或严重状态时，整体评价应为其中最严重的状态。

（3）变压器状态量评价周期。

1）设备的状态评价分为定期评价和动态评价，定期评价在编制年度检修计划之前进行一次，一般在 8 月进行。动态评价在设备状态量（巡检、红外检测、高压试验、油化验等数据）及运行工况（系统短路冲击和过电压）发生异常时，对具体设备有针对性地进行。

2）新设备投运后（即经过投运前的全项目高压试验、各部位检查和投运后的巡检及红外检测）第 40 天进行一次初始评价。

3）停运 6 个月以上的备用设备重新投运后，并经巡检及红外检测，第 10 天进行一次评价。

4）对列入当年检修计划的设备，在检修前 30 天及检修完成后 10 天内各评价一次。

（4）变压器部件的状态评价方法。变压器（电抗器）部件的评价应同时考虑单项状态量的扣分和部件合计扣分情况，变压器各部件状态评价标准见表 ZY1400402001-2。

表 ZY1400402001-2　变压器各部件状态评价标准

评价标准 / 部件	正常状态		注意状态		异常状态	严重状态
	合计扣分	单项扣分	合计扣分	单项扣分	单项扣分	单项扣分
本体	≤30	≤10	>30	12～20	>20～24	>30
套管	≤20	≤10	>20	12～20	>20～24	>30
冷却系统	≤12	≤10	>20	12～20	>20～24	>30
分接开关	≤12	≤10	>20	12～20	>20～24	>30
非电量保护	≤12	≤10	>20	12～20	>20～24	>30

当任一状态量单项扣分和部件合计扣分同时达到表 ZY1400402001-2 正常状态规定分值时，视为正常状态。

当任一状态量单项扣分或部件所有状态量合计扣分达到表 ZY1400402001-2 注意状态规定分值时，视为注意状态。

当任一状态量单项扣分达到表 ZY1400402001-2 异常状态和严重状态规定分值时，视为异常状态或严重状态。

3. 变压器状态量

（1）状态量权重。设备的状态量是直接或间接表征设备状态的各类信息，如数据、声音、图像、现象等。状态量分为一般状态量和重要状态量，一般状态量是对设备的性能和安全运行影响相对较小的状态量。重要状态量是对设备的性能和安全运行有较大影响的状态量。变压器运行的状态量视状态量对变压器安全运行的影响的重要程度，从轻到重分为四个等级，对应的权重分别为权重 1、权重 2、权重 3、权重 4，其系数为 1、2、3、4。权重 1、权重 2 与一般状态量对应，权重 3、权重 4 与重要状态量对应。

（2）状态量劣化程度。视状态量的劣化程度从轻到重分为Ⅰ、Ⅱ、Ⅲ和Ⅳ级，其对应的基本扣分值为 2、4、8、10 分。

（3）状态量扣分值。状态量应扣分值由状态量劣化程度和权重共同决定，即状态量应扣分值等于该状态量的基本扣分值乘以权重系数，状态量正常时不扣分。状态量的权重、劣化程度及对应扣分值见表 ZY1400402001-3。

表 ZY1400402001-3　　变压器状态量的权重、劣化程度及对应扣分值表

状态量劣化程度	基本扣分值 \ 权重系数	1	2	3	4
Ⅰ	2	2	4	6	8
Ⅱ	4	4	8	12	16
Ⅲ	8	8	16	24	32
Ⅳ	10	10	20	30	40

四、变压器的风险评估

风险评估在设备状态评价之后进行，通过风险评估，确定变压器面临的和可能导致的风险，为状态检修决策提供依据。风险评估所需要的初始信息有：

（1）设备状态评价结果（设备状态评价分值）。

（2）设备故障案例（设备故障、损失程度及可能性）。

（3）设备相关信息，包括设备台账、电网结构及供电用户信息。

设备风险评估应按照国家电网公司《输变电设备风险评估导则（试行）》，利用设备状态评价结果，综合考虑安全性、经济性和社会影响等三个方面的风险，确定设备风险程度。设备风险评估每年至少一次。

五、变压器状态检修策略的选择

检修策略以设备状态评价结果为基础，参考风险评估结果，在充分考虑电网发展、技术进步等情况下，对设备检修的必要性和紧迫性进行排序，并依据国家电网公司相关输变电设备状态检修导则等技术标准确定检修方式、内容，并制定具体检修方案。

（1）变压器检修工作分为 A 类检修、B 类检修、C 类检修、D 类检修四类。各地区应根据检修工作实际情况，对照分类原则确定检修类别。

1）A 类检修。A 类检修指吊罩、吊芯检查，本体油箱及内部部件的检查、改造、更换、维修，返厂检修，相关试验。

2）B 类检修。① B1（油箱外部主要部件更换）：套管或升高座、油枕、调压开关、冷却系统、非电量保护装置和绝缘油。② B2（主要部件处理）：套管或升高座、油枕、调压开关、冷却系统、绝缘油。③ 其他：现场干燥处理，停电时的其他部件或局部缺陷检查、处理、更换工作，相关试验。

3）C 类检修。① C1：按 Q/GDW 168—2008《输变电设备状态检修试验规程》规定进行试验。② C2：清扫、检查、维修。

4）D 类检修。① D1：带电测试（在线和离线）。② D2：维修、保养。③ D3：带电水冲洗。④ D4：检修人员专业检查巡视。⑤ D5：冷却系统部件更换（可带电进行时）。⑥ D6：其他不停电的部件更换处理工作。

（2）变压器状态检修策略包括缺陷处理、试验、不停电的维修和检查等。检修策略应根据设备状态评价的结果动态调整。

（3）对于设备缺陷，根据缺陷性质，按照缺陷管理有关规定处理。同一设备存在多种缺陷，也应尽量安排在一次检修中处理，必要时，可调整检修类别。

（4）凡需检修人员进入变压器本体内部的检修工作，一般应确定为A类检修。根据评价结果进行的缺陷处理，处理时检修人员无需进入变压器本体的检修工作为B类检修。例行的设备维护工作为C类检修。不停电进行的设备部件更换、检查等检修工作，一般定为D类检修。

（5）根据设备评价结果，制定相应的检修策略。

1）正常状态检修策略。被评价为正常状态的变压器（电抗器），执行 C 类检修。根据设备实际状况，C 类检修可按照正常周期或延长一年执行。在 C 类检修之前，可以根据实际需要适当安排 D 类检修。

2）注意状态检修策略。被评价为注意状态的变压器（电抗器），执行 C 类检修。如果单项状态量扣分导致评价结果为注意状态时，应根据实际情况提前安排 C 类检修。如果仅由多项状态量合计扣分导致评价结果为注意状态时，可按正常周期执行，并根据设备的实际状况，增加必要的检修或试验内容。

注意状态的设备应适当加强 D类检修。

3）异常状态检修策略。被评价为异常状态的变压器（电抗器），根据评价结果确定检修类型，并适时安排检修。实施停电检修前应加强 D 类检修。

4）严重状态的检修策略。被评价为严重状态的变压器（电抗器），根据评价结果确定检修类型，并尽快安排检修。实施停电检修前应加强 D 类检修。

（6）新投运设备的状态检修。根据运行经验，新设备投运后在投运初期（一般为 1～3 年）较易发生制造及质量问题，在条件许可时变压器投运后 1 年内安排一次试验及日常维护，且此次试验项目可不局限于例行试验项目，以便收集较多的状态量信息，并根据状态量信息对设备进行一次状态评价。

（7）老旧设备的状态检修。老旧设备是指接近其运行寿命的设备或运行表明存在较多缺陷的设备。经验表明电力设备的缺陷发生一般遵循浴盆曲线，即在设备投运的初期和寿命终了期是缺陷发生概率较高的时期，这也比较符合运行经验。因此，对于接近其运行寿命的变压器，制定检修策略时应偏保守，一般推荐的做法是，即使该类设备评价为正常状态，其检修周期在正常周期的基础上也不宜延长，而评价为注意状态的设备，其检修周期应缩短。

（8）在确定检修类别时，应根据实际情况，在确保安全和检修质量的前提下，选择恰当的检修方式。如是否带电进行部件更换、是否需要检修人员进入设备本体进行工作等，各地区的习惯做法可能有所不同。

（9）分接开关检修列为B 类检修，该检修内容主要针对有载分接开关的切换开关，当检修涉及无励磁分接开关或有载分接开关时，由于需进入变压器内部，应确定为A类检修。

（10）检修策略的制定应从设备及电网可靠性考虑，做好各相关设备的统一协调工作，避免重复安排检修。

（11）设备在开展相应类别的检修时，不应仅限于处理状态评价所暴露的问题，对其他可能进行的检查、检修工作也应尽量安排，避免因考虑不周造成缺陷处理不彻底而重复检修。

六、变压器状态检修计划的编制

（1）要根据运行设备总体水平和特殊性，根据试验项目的有效性、实用性合理制定预防性试验的周期和项目。

（2）对于通过停电检测、不停电检测或运行状况反映有任何不正常（可疑）迹象的设备，不受正常设备检修周期的约束，应加强不停电检测、停电检测、巡视检查的频度和力度，直至转为正常状态。

（3）状态检测周期年限的确定还须顾及到同间隔的二次系统设备，即继电保护及其自动化设备、测试仪表设备、综合自动化设备的定检周期，应解决好各专业定期检验时相互制约的问题，应尽量使它们同步到期检测和试验，以减少系统重复停电。

（4）以设备状态为主线制定检修计划。

（5）制定检修计划还要考虑到与周期性的预防性试验停电相结合，避免重复停电。

七、变压器状态检修的实施

（1）按照批准的检修计划及状态评价结果所确定的检修内容和项目，根据有关状态检修导则、检修工艺规程及标准化作业指导书的要求，组织检修工作。

（2）提前做好施工所需的材料、备品备件、工器具准备。

（3）对于大型、复杂作业必须在年初编制出施工方案及相应的安全技术组织措施，并报相关部门进行审批。

八、变压器状态检修绩效评估

（1）绩效评估是在状态检修工作开展过程中依据国家电网公司《输变电设备状态检修绩效评估标准》对执行体系的有效性、检修策略的适应性、工作目标实现程度、工作绩效等进行评估，确定状态检修工作取得的成效，查找工作中存在的问题，提出持续改进的措施和建议。

（2）绩效评估工作由绩效评估小组每年组织一次。

（3）状态检修绩效评估采用自评、检查、互查、审核相结合的方式。

（4）状态检修绩效自评估主要采用分项和综合评分的方法，每年对变压器状态评价的有效性、检修策略的正确性、计划实施、检修效果、检修效益进行分项评估。

九、变压器实施状态检修应注意的几个问题

1. 编制实施细则

Q/GDW 169—2008《油浸式变压器（电抗器）状态评价导则》与 Q/GDW 170—2008《油浸式变压器（电抗器）状态检修导则》是各单位开展状态评价和检修的指导性文件，状态量的选择、状态量的权重、状态量的劣化程度分级等仅为推荐，各地区可根据当地的实际情况，并结合运行实际，制定实施细则，适当加以调整。可根据需要增加或减少部分状态量，或调整状态量的权重。也可针对不同电压等级或不同型式的设备设置不同的状态量表，以更好地适应当地电网的实际需要。

2. 状态评价周期

建立应用广泛的设备信息系统，实现各有关部门的状态检修信息登录共享并根据评价标准自动评价，根据国家电网公司《输变电设备状态检修辅助决策系统建设技术原则（试行）》编制相应的计算机辅助决策系统。

开展状态检修的不同目的决定了开展设备评价的周期要求，从提高设备可靠性角度出发，一旦开展了设备维护工作，就应根据工作结果对设备进行评价，尤其当发现问题后，评价工作更应及时进行。从制定年度检修计划角度出发，每年在制定检修计划前，对设备进行一次全面评价，可较好地满足制定年度检修计划的需要。

3. 状态评价应实行动态评价与定期评价相结合

从现行的设备维护经验看，日常开展的设备运行维护及测试工作应根据所得到的状态量信息进行初步判断，如无异常按现有管理规定处理，不必将每次状态量录入状态检修评价中。

日常设备维护工作中，一旦发现异常，根据评价标准判断问题的严重程度，如属注意状态，可将缺陷情况（单项或部分项）录入留存，一旦异常根据评价标准判断可能为异常或严重状态时，则应立即启动全面评价。

最后，年终或年度检修计划制定前，对所有设备进行一次定期评价，根据评价结果制定检修计划。

4. 停电检修计划安排

在安排检修计划时，应根据设备评价结果和设备缺陷管理情况，协调相关变电设备的检修周期，尽量统一安排，避免重复停电。

同一间隔多个（类）设备存在缺陷，或一个设备存在多种缺陷时，应尽量安排在一次检修中处理，必要时，可调整检修类别，适当延长一次停电时间，减少停电次数。

制定检修计划时，还应兼顾协调其他专业以及基建、技改工作，以尽量减少停电。

【思考与练习】

1. 在线监测技术在变压器状态检修中有哪些应用？

2. 依据 Q/GDW 169—2008《油浸式变压器（电抗器）状态评价导则》，变压器状态信息的资料主要有哪些？

3. 如何对变压器的状态进行评价？

4. 变压器检修工作分为哪四类？各包含的内容是什么？

5. 变压器实施状态检修应注意哪些问题？

模块 2 互感器的状态检修（ZY1400402002）

【模块描述】本模块介绍互感器开展状态检修知识。通过要点讲解、图表归纳，熟悉互感器开展状态检修的信息收集与管理、状态的划分与评价标准、检修策略的制定原则等相关知识。

【正文】

互感器运行状况的好坏、可靠性的高低，主要取决于产品的内在质量，或者说完全取决于厂家的工艺水平和质量控制，在互感器寿命期内，一般不需要用户解体检修。开展互感器状态检修主要的工作是对互感器进行监视、维护、测试以及状态评估和有限的维修和更新，只要不发生二次短路（或开路）、不发生超过标准的内外过电压，不发生接头过热，设备就可放心大胆地运行。

由于国家电网公司还没有发布相应的关于互感器的状态评价和状态检修的导则，在开展互感器的状态检修时，可参考 Q/GDW 169—2008《油浸式变压器（电抗器）状态评价导则》与 Q/GDW 170—2008《油浸式变压器（电抗器）状态检修导则》关于变压器状态评价和检修的程序和方法，并结合本地实际情况进行实施。

一、在线监测技术在互感器状态检修中的应用

电力系统中运行着大量的电容性互感器，而电容量和介质损耗角正切值 $\tan\delta$ 是反映该型设备最重要的电气参数，也是试验规程中规定的必试项目。同时，在运行电压下如何获得真实、准确的电容性互感器介质损耗角正切值 $\tan\delta$ 一直是电力系统和国内外有关专家关注的焦点。

在运行电压下测量电容性互感器介质损耗角正切值 $\tan\delta$ 有电桥法、过零检测法和数字波形法等方法，目前应用最广泛的是数字波形法。

二、互感器状态信息的收集

设备信息收集与管理是开展状态检修评估的基础，要在设备制造、投运、运行、维护、检修、试验等全过程中，通过对投运前基础信息、运行信息、试验检测数据、历次检修报告及记录、同类型设备的参考信息等特征参量进行收集、汇总，为设备状态的评价奠定基础。互感器状态信息必备的资料如下：

1. 原始资料

原始资料包括铭牌参数、订货技术协议、设备监造报告、出厂试验报告、运输安装记录、交接验收报告等。

2. 运行资料

运行资料包括运行工况记录信息、历年缺陷及异常记录、巡检情况、不停电检测记录等。

3. 检修资料

检修资料包括检修报告、例行试验报告、诊断性试验报告、有关反措执行情况、部件更换情况、检修人员对设备的巡检记录等。

4. 其他资料

其他资料包括同型（同类）设备的运行、修试、缺陷和故障的情况、相关反措执行情况、其他影响互感器安全稳定运行的因素等。

三、互感器状态的划分、评价及状态量

1. 互感器状态的划分

（1）正常状态。正常状态表示互感器状态量处于稳定且在相关规程规定的警示值、注意值（或称

标准限值）以内可以正常运行。

1）各种试验数据正常、运行正常。预试未超周期或超周期在一年以内。

2）铭牌或资料齐全。

3）无任何缺陷。

（2）注意状态。注意状态表示设备的一个主状态量接近标准限值或超过标准限值，或几个辅助状态量不符合标准，但不影响设备运行。

1）油浸式互感器渗油，油位偏低，但未见滴流；SF_6 电流互感器气体压力降低，但未到报警状态。

2）互感器（含末屏）介损、绝缘电阻、电容量等电气参数测试结果有增长趋势，但未超过相关规程注意值。

3）色谱分析气体含量有增长趋势，未超过规程注意值，但不含乙炔。

4）外部引线接头发热，但低于 80℃，或顶部铁罩发热，但温度低于 60℃。

（3）异常状态。设备的几个主状态量超过标准限值，或一个主状态量超过标准限值并几个辅助状态量明显异常，已影响设备的性能指标或可能发展成重大异常状态，设备仍能继续运行。

1）互感器（含末屏）介损、绝缘电阻、电容量等电气参数测试结果有增长趋势，已接近或略微超过规程注意值或标准值。

2）色谱分析气体含量有增长趋势，已接近或略微超过规程注意值或标准值，但不含乙炔。

（4）严重状态。设备的一个或几个状态量严重超出标准或严重异常，设备只能短期运行或立即停役。

1）金属膨胀器明显变形。

2）声音或气味异常。

3）油浸式互感器漏油且油位低于视窗以下，SF_6 互感器漏气且报警。

4）电容式电压互感器的电容元件漏油。

5）金属膨胀器变形或喷油。

6）电压互感器二次电压不稳定或三相严重不平衡，且经证实不是外部原因。

2. 互感器状态评价

本模块以电流互感器状态评价为例，依据Q/GDW 446—2010《电流互感器状态评价导则》，电流互感器的状态评价分为部件状态评价和整体状态评价两部分。

（1）电流互感器部件状态评价。电流互感器部件分为本体、绝缘介质、引线三个部件。所以对电流互感器的状态量的评价可按部件划分分别确定评价标准。电流互感器各部件的范围划分见表ZY1400402002-1。

表 ZY1400402002-1　　电流互感器各部件的范围划分

部　件	评　价　范　围	部　件	评　价　范　围
本体	绕组、电容屏、瓷套、膨胀器、底座、二次接线盒	引线	连接端子、引流线、接地引下线
绝缘介质	绝缘油、SF_6 气体		

（2）电流互感器整体状态评价。电流互感器的整体评价应综合其部件的评价结果。当所有部件评价为正常状态时，整体评价为正常状态；当任一部件状态为注意状态、异常状态或严重状态时，整体评价应为其中最严重的状态。

（3）电流互感器状态量评价周期。

1）设备的状态评价分为定期评价和动态评价，定期评价在编制年度检修计划之前进行一次，一般在 8 月进行；动态评价在设备状态量（巡检、红外检测、高压试验、油化验等数据）及运行工况（系统短路冲击和过电压）发生异常时对具体设备有针对性地进行。

2）新投运设备投运后（即经过投运前的全项目高压试验、各部位检查和投运后的巡检及红外检测）第 40 天进行一次初始评价。

3）停运 6 个月以上的备用设备重新投运后，并经巡检及红外检测，第 10 天进行一次评价。

4）对列入当年检修计划的设备，在检修前30天及检修完成后10天内各评价一次。

（4）电流互感器部件的状态评价方法。电流互感器部件的评价应同时考虑单项状态量的扣分和部件合计扣分情况，各部件状态评价标准见表ZY1400402002-2。

表 ZY1400402002-2　　电流互感器各部件状态评价标准

评价标准 部件	正常状态		注意状态		异常状态	严重状态
	合计扣分	单项扣分	合计扣分	单项扣分	单项扣分	单项扣分
本体	≤30	≤10	>30	12～16	20～24	≥30
绝缘介质	<20	≤10	>20	12～16	20～24	≥30
引线	≤12	≤10	>20	12～16	20～24	≥30

当任一状态量单项扣分和部件合计扣分同时达到表ZY1400402002-2正常状态规定分值时，视为正常状态。

当任一状态量单项扣分或部件所有状态量合计扣分达到表ZY1400402002-2注意状态规定分值时，视为注意状态。

当任一状态量单项扣分达到表ZY1400402002-2异常状态和严重状态规定分值时，视为异常状态或严重状态。

3. 互感器状态量

（1）状态量权重。视状态量对电流互感器安全运行的影响程度，从轻到重分为四个等级，对应的权重分别为权重 1、权重 2、权重 3、权重 4，其系数为 1、2、3、4。权重 1、权重 2 与一般状态量对应，权重 3、权重 4 与重要状态量对应。

（2）状态量劣化程度。视状态量的劣化程度从轻到重分为Ⅰ、Ⅱ、Ⅲ和Ⅳ级，其对应的基本扣分值为 2、4、8、10 分。

（3）状态量扣分值。状态量应扣分值由状态量劣化程度和权重共同决定，即状态量应扣分值等于该状态量的基本扣分值乘以权重系数，状态量正常时不扣分。状态量的权重、劣化程度及对应扣分值见表 ZY1400402002-3。

表 ZY1400402002-3　　互感器状态量的权重、劣化程度及对应扣分值表

状态量劣化程度	基本扣分值 \ 权重系数	1	2	3	4
Ⅰ	2	2	4	6	8
Ⅱ	4	4	8	12	16
Ⅲ	8	8	16	24	32
Ⅳ	10	10	20	30	40

四、互感器状态检修策略的选择

检修策略以设备状态评价结果为基础，参考风险评估结果，在充分考虑电网发展、技术进步等情况下，对设备检修的必要性和紧迫性进行排序，并依据 Q/GDW 445—2010《电流互感器状态检修导则》等技术标准确定检修方式、内容，并制定具体检修方案。

（1）电流互感器检修工作分为 A 类检修、B 类检修、C 类检修、D 类检修四类。各地区应根据检修工作实际情况，对照分类原则确定检修类别。

1）A 类检修。A 类检修是指电流互感器整体性检查、维修、更换。

2）B 类检修。B 类检修是指电流互感器局部性检修，部件的解体检查、维修、更换。

3）C 类检修。C 类检修是指常规性检查、维护和试验。

4）D 类检修。D 类检修是对电流互感器在不停电状态下进行的带电测试、外观检查和维修。

（2）状态检修策略既包括年度检修计划的制定，也包括试验、不停电的维护等。检修策略应根据设备状态评价的结果动态调整。

（3）年度检修计划每年至少修订一次。根据最近一次设备状态评价结果，考虑设备风险评估因素，并参考厂家的要求，确定下一次停电检修时间和检修类别。在安排检修计划时，应协调相关设备检修周期，尽量统一安排，避免重复停电。

（4）对于设备缺陷，应根据缺陷的性质，按照有关缺陷管理规定处理。同一设备存在多种缺陷，也应尽量安排在一次检修中处理，必要时，可调整检修类别。C 类检修正常周期宜与试验周期一致。不停电的维护和试验根据实际情况安排。

（5）根据设备评价结果，制定相应的检修策略。

1）正常状态检修策略。被评价为正常状态的电流互感器，执行 C 类检修。根据设备实际状况，C 类检修可按照基准周期或延长一年执行。在 C 类检修之前，可以根据实际需要适当安排 D 类检修。

2）注意状态检修策略。被评价为注意状态的电流互感器，执行 C 类检修。如果单项状态量扣分导致评价结果为注意状态时，应根据实际情况提前安排 C 类检修。如果仅由多项状态量合计扣分导致评价结果为注意状态时，可按不大于基准周期执行，并根据设备的实际状况，增加必要的检修或试验内容。

注意状态的设备应适当加强 D 类检修。

3）异常状态检修策略。被评价为异常状态的电流互感器，根据评价结果确定检修类型，并适时安排检修。实施停电检修前应加强 D 类检修。

4）严重状态的检修策略。被评价为严重状态的电流互感器，根据评价结果确定检修类型，并尽快安排检修。实施停电检修前应加强 D 类检修。

（6）新投运设备状态检修。新设备投运初期按 Q/GDW 168—2008《输变电设备状态检修试验规程》及其实施细则规定（66～110kV 的新设备投运后 1～2 年，220kV 及以上的新设备投运后 1 年），应安排例行试验，同时还应对设备及其附件（包括电气回路）进行全面检查，收集各种状态量，并进行一次状态评价。

（7）老旧设备的状态检修。对于运行 20 年以上的设备，宜根据设备运行及评价结果，对检修计划及内容进行调整。

（8）目前，检修运行单位主要是对互感器进行监视、维护、测试、有限的维修和更新，互感器一般不进行现场解体大修，因此对于达到注意状态和异常状态的，应适当缩短监视、测试周期，以加强监视和跟踪测试为主，一旦设备状态有突变的迹象，应立即安排停电处理或检修。达到异常状态的，应视情况轻重缓急尽快安排停电检修或更换。

互感器部分故障出现后的检修策略如下：

1）电容式电压互感器电容元件渗油。外观检查可看出，应尽快退出运行。

2）电容式电压互感器电容元件与中间变压器产生谐振。表现为电磁声音大，电压不符合规律，从该二次回路的电压故障录波可看出波形畸变。应重新检查调整阻尼电阻。

3）电容式电压互感器内部元件局部放电，串联电容开路或短路。一般在周期性停电检测电容量及介损时发现，也有的在出现异常响声后和线路跳闸后检测发现此类问题。电容量超标时，立即退出运行并更换。

4）油浸式电磁互感器顶部密封垫渗漏油。停电、少量放油、更换或调整密封垫，应测试绕组介损和作油耐压试验。

5）油浸式电磁电流互感器二次端子板密封垫渗漏油。停电或不停电摒紧螺帽，或全部放油更换密封垫。

6）油浸式电磁电流互感器内部一次接头局部过热和电压互感器内部间歇放电。色谱分析乙炔、乙烯、氢气增长显著，必须停电查明进行相应处理，必要时予以更换。

7）油浸式电磁电流互感器末屏或二次绕组受潮。通过末屏介损试验或末屏绝缘测出此类问题。停电，处理端子板外表面；或放出全部油，处理末屏；或加热二次绕组、抽真空、滤油。

8）SF_6 互感器微水超标，可回收气体，干燥并重新充气至额定压力并经试验合格。

9）SF_6 互感器漏气，可查找漏点，回收气体，处理沙眼或更换密封垫，重新补气至额定压力并经试验合格。

【思考与练习】

1. 互感器状态信息资料有哪些？
2. 互感器状态是如何划分的？
3. 如何对互感器状态进行评价？
4. 互感器状态检修策略是什么？

模块 3 断路器的状态检修（ZY1400402003）

【模块描述】本模块介绍断路器开展状态检修知识。通过定义讲解、要点归纳，熟悉断路器状态检测技术在状态检修中的应用，以及断路器开展状态检修的信息收集与管理、状态的划分与评价标准、检修策略的制定原则等相关知识。

【正文】

由于目前油断路器基本上已经淘汰，结合国家电网公司颁布的有关断路器状态检修的有关规程和导则，所以本模块主要针对 66kV 及以上 SF_6 断路器进行阐述。

一、断路器的状态监测技术在状态检修中的应用

断路器状态检修的关键在于如何及时、正确判断其性能和状态，利用在线监测技术，可以实时监测和预知断路器的运行状态，可以为断路器的状态检修提供最真实可靠的依据，这样就可以实现预警式检修，减少停电、操作和检修次数，降低检修和维护费用，彻底摆脱因无检测手段所呈现的不该修也修，该修不修和出事以后再修的盲目被动局面，将断路器的隐患控制在萌芽之中，保证断路器始终处于完好状态。目前，断路器在线监测的项目和内容主要如下：

（1）灭弧室电寿命的监测与诊断动作次数，记录合分次数，过限报警。

（2）断路器机械故障的监测与诊断。

1）合分线圈电流波形监测，非正常报警。

2）合分线圈回路断线监测。

3）监测行程，过限报警。

4）监测合分速度，过限报警。

5）机械振动，非正常报警。

6）液压机构打压次数、打压时间、压力。

7）弹簧机构弹簧压缩状态，电动机工作时间。

8）关键部分的机械振动信号。

9）合、分闸线圈电流和电压波形的测检。线圈电流波形中包含着许多操作系统的信息，如线圈是否接通、铁芯是否卡涩，脱扣是否有障碍等。

10）合、分闸机械特性，即速度、过冲、弹跳、撞击等，这些信息也可从振动波形中有所反映。

11）控制回路通断状态监测。这对因辅助开关不到位或接触不良造成的拒分、拒合故障有很好的监视作用。

12）操动机构储能完成状况。

（3）绝缘状态的监测。绝缘状态的监测内容包括气体断路器气体压力、过限报警、闭锁、局部放电。

（4）载流导体及接触部位温度的监测。

（5）SF_6 其他成分的监测。主要通过测量 SF_6 分解物判断内部的放电情况。

二、断路器状态信息的收集

重视断路器运行、检修、试验数据的积累和分析，建立一套包括交接验收资料、运行情况资料、检修试验资料等在内完整的断路器档案，并最好实行设备档案的动态电脑化管理，是开展断路器状态检修工作的基础和首要任务。依据 Q/GDW 171—2008《SF_6 高压断路器状态评价导则》和 Q/GDW 172—2008《SF_6 高压断路器状态检修导则》，SF_6 高压断路器状态信息必备的资料如下：

1. 原始资料

原始资料主要包括铭牌参数、型式试验报告、订货技术协议、设备监造报告、出厂试验报告、运输安装记录、交接验收报告等。

2. 运行资料

运行资料主要包括运行工况记录信息、历年缺陷及异常记录、巡检情况、不停电检测记录等。

3. 检修资料

检修资料主要包括检修报告、例行试验报告、诊断性试验报告、有关反措执行情况、部件更换情况、检修人员对设备的巡检记录等。

4. 其他资料

其他资料主要包括同型（同类）设备的运行、修试、缺陷和故障的情况、相关反措执行情况、其他影响断路器安全稳定运行的因素等。

三、断路器状态的划分、评价及状态量

1. 断路器状态的划分

正确判断断路器的状态是选择断路器检修策略的依据。断路器及其部件的状态分为正常状态、注意状态、异常状态和严重状态四种。

（1）正常状态。正常状态表示各状态量均处于稳定且良好的范围内，设备可以正常运行。

（2）注意状态。注意状态表示单项（或多项）状态量变化趋势朝接近标准限值方向发展，但未超过标准限值，或部分一般状态量超过标准值，仍可以继续运行，但应加强运行中的监视。

（3）异常状态。异常状态表示单项重要状态量变化较大，已接近或略微超过标准限值，在运行中应重点监视，并适时安排停电检修。

（4）严重状态。严重状态表示单项重要状态量严重超过标准限值，需要尽快安排停电检修。

2. 断路器状态的评价

断路器状态的评价分为部件状态评价和整体状态评价两部分。

（1）断路器部件状态评价。断路器有许多功能相对独立的单元或部件，它们能否正常运行直接影响断路器的健康运行水平。根据 SF_6 高压断路器各部件的独立性，将断路器分为本体、操动机构（液压机构、弹簧机构、液压弹簧机构、气动机构等）、并联电容、合闸电阻四个部件。所以对断路器的状态量的评价可按部件划分分别确定评价标准。断路器各部件范围划分见表 ZY1400402003-1。

表 ZY1400402003-1　　断路器各部件的范围划分

部　件	评 价 范 围
本　体	高压引线及端子板连接、接地连接、基础及支架、瓷套、均压环、相间连杆、SF_6压力表及密度继电器、密封件
操动机构	液压机构：分合闸线圈、储能电动机、机构箱、二次元件、端子排及二次电缆、油压力表、液压泵、阀、压力开关、工作缸、储压器、其他
	弹簧机构：分合闸线圈、储能电动机、机构箱、二次元件、端子排及二次电缆、合闸弹簧、分闸弹簧、弹簧机构操作、缓冲器、其他
	液压弹簧机构：动力模块、工作模块、储能模块、监视模块和控制模块、机构箱、二次元件、端子排及二次电缆、油压力表、其他
	气动机构：分合闸线圈、储能电动机、机构箱、二次元件、端子排及二次电缆、压力表、压力继电器、其他
并联电容	瓷套、电容器本体
合闸电阻	瓷套、合闸电阻本体

（2）断路器整体状态评价。断路器整体评价应综合其部件的评价结果。当所有部件评价为正常状态时，整体评价为正常状态；当任一部件状态为注意状态、异常状态或严重状态时，整体评价应为其中最严重的状态。

（3）断路器的状态评价周期。

1）设备的状态评价分为定期评价和动态评价，定期评价在编制年度检修计划之前进行一次，动态评价在设备状态量及运行工况发生异常时对具体设备有针对性地进行。

2）新设备投运后（即经过投运前的全项目高压试验、各部位检查和投运后的巡检及红外检测）第40天进行一次初始评价。

3）停运6个月以上的备用设备重新投运后，并经巡检及红外检测，第10天进行一次评价。

4）对列入当年检修计划的设备，在检修前30天及检修完成后10天内各评价一次。

（4）SF_6高压断路器部件的状态评价方法。SF_6高压断路器部件的评价应同时考虑单项状态量的扣分和该部件所有状态量的合计扣分情况，各部件状态评价标准见表ZY1400402003-2。

表ZY1400402003-2　　SF_6高压断路器各部件状态评价标准

评价标准 / 部件	正常状态	注意状态		异常状态	严重状态
	合计扣分	合计扣分	单项扣分	单项扣分	单项扣分
断路器本体	＜30	≥30	12～16	20～24	≥30
操动机构	＜20	≥20	12～16	20～24	≥30
并联电容器	＜12	≥12	12～16	20～24	≥30
合闸电阻	＜12	≥12	12～16	20～24	≥30

当任一状态量单项扣分和部件合计扣分同时符合表ZY1400402003-2中正常状态扣分规定时，视为正常状态。

当任一状态量单项扣分或部件所有状态量合计扣分达到表ZY1400402003-2中注意状态扣分规定时，视为注意状态。

当任一状态量单项扣分符合表ZY1400402003-2中异常状态或严重状态扣分规定时，视为异常状态或严重状态。

3. 断路器的状态量

（1）状态量权重。视状态量对SF_6高压断路器安全运行的影响程度，从轻到重分为四个等级，对应的权重分别为权重1、权重2、权重3、权重4，其系数为1、2、3、4。权重1、权重2与一般状态量对应，权重3、权重4与重要状态量对应。

（2）状态量劣化程度。根据状态量的劣化程度从轻到重分为Ⅰ、Ⅱ、Ⅲ和Ⅳ级，其对应的基本扣分值为2、4、8、10分。

（3）状态量扣分值。状态量应扣分值由状态量劣化程度和权重共同决定，即状态量应扣分值等于该状态量的基本扣分值乘以权重系数， 状态量正常时不扣分。状态量的权重、劣化程度及对应扣分值见表ZY1400402003-3。

表ZY1400402003-3　　断路器状态量的权重、劣化程度及对应扣分值表

状态量劣化程度	权重系数 / 基本扣分值	1	2	3	4
Ⅰ	2	2	4	6	8
Ⅱ	4	4	8	12	16
Ⅲ	8	8	16	24	32
Ⅳ	10	10	20	30	40

四、断路器状态检修策略的选择

（1）SF_6高压断路器检修工作分为A类检修、B类检修、C类检修、D类检修四类。其中A、B、C类是停电检修，D类是不停电检修。

1）A类检修。A类检修指SF_6高压断路器的整体解体性检查、维修、更换和试验。主要包括现场全面解体检修、返厂检修。

2）B 类检修。B 类检修指 SF_6 高压断路器局部性的检修，部件的解体检查、维修、更换和试验。主要包括本体部件更换、本体主要部件处理、操动机构部件更换等。

3）C 类检修。C 类检修指对 SF_6 高压断路器常规性检查、维护和试验。主要包括预防性试验、清扫、维护、检查、修理等。

4）D 类检修。D 类检修指对 SF_6 高压断路器在不停电状态下进行的带电测试、外观检查和维修。主要包括绝缘子外观目测检查、对有自封阀门的充气口进行带电补气工作、对有自封阀门的密度继电器/压力表进行更换或校验工作、防锈补漆工作（带电距离够的情况下）、更换部分二次元器件。

（2）状态检修策略既包括年度检修计划的制定，也包括试验、不停电的维护等。检修策略应根据设备状态评价的结果动态调整。

（3）年度检修计划的制定。年度检修计划每年至少修订一次。根据最近一次设备状态评价结果，考虑设备风险评估因素，并参考厂家的要求，确定下一次停电检修时间和检修类别。在安排检修计划时，应协调相关设备检修周期，尽量统一安排，避免重复停电。

（4）对于设备缺陷，应根据缺陷的性质，按照有关缺陷管理规定处理。同一设备存在多种缺陷，也应尽量安排在一次检修中处理，必要时，可调整检修类别。C 类检修正常周期宜与试验周期一致，不停电的维护和试验根据实际情况安排。

（5）根据设备评价结果，制定相应的检修策略。

1）正常状态的检修策略。被评价为正常状态的 SF_6 高压断路器，执行 C 类检修。C 类检修可按照正常周期或延长一年并结合例行试验安排，在 C 类检修之前可以根据实际需要适当安排 D 类检修。

2）注意状态的检修策略。被评价为注意状态的 SF_6 高压断路器，执行 C 类检修。如果单项状态量扣分导致评价结果为注意状态时，应根据实际情况提前安排 C 类检修。如果仅由多项状态量合计扣分导致评价结果为注意状态时，可按正常周期执行，并根据设备的实际状况，增加必要的检修或试验内容。在 C 类检修之前可以根据实际需要适当加强 D 类检修。

3）异常状态的检修策略。被评价为异常状态的 SF_6 高压断路器，根据评价结果确定检修类型，并适时安排检修。实施停电检修前应加强 D 类检修。

4）严重状态的检修策略。被评价为严重状态的 SF_6 高压断路器，根据评价结果确定检修类型，并尽快安排检修。实施停电检修前应加强 D 类检修。

（6）新投运设备状态检修。新设备投运初期按 Q/GDW 168—2008《输变电设备状态检修试验规程》规定（110kV 的新设备投运后 1～2 年，220kV 及以上的新设备投运后 1 年）安排例行试验，同时还应对设备及其附件（包括电气回路及机械部分）进行全面检查，收集各种状态量，并进行一次状态评价。

（7）老旧设备的状态检修实施原则。对于运行 20 年以上的设备，宜根据设备运行及评价结果，对检修计划及内容进行调整。

（8）断路器状态检修策略选择的注意事项。

1）装配和安装不当是造成断路器运行故障的因素。因此，断路器状态监测应从产品监造、施工监理及验收等环节抓起，重视工频耐压等出厂、交接试验，确保投入运行的断路器处于良好状态。

2）SF_6 气体含水量超标，应更换吸附剂、换气及干燥处理。必要时检查气室密封情况。

3）SF_6 气体异常泄漏时，应确定泄漏部位，视漏气严重程度作相应处理。

4）断路器等效开断次数或累计开断的电流值达到标准极限值时应进行解体检修，必要应更换本体。

5）当断路器等效开断次数或累计开断电流值达到极限值时，应进行预防性试验项目检查，在有条件的情况下，可采用新的测试方法检查触头磨损量，如动态电阻测试等以确定是否需要检修。

6）当断路器、隔离开关导电回路电阻值超标时，应结合负荷电流、故障电流大小及开断情况综合分析，以确定开关的检修方案。

7）当断路器操动机构机械特性不符合要求，或机构变形、卡涩、拒分、拒合，泄漏、压力异常及其他缺陷时，应检查、检修机构。

8）断路器投运一年后，宜进行机械特性的测试和机构的维护、检查，开关本体大修时，应同时进行机构的检修，机构的全面检查一般不宜超过5年，或按制造厂要求进行。

【思考与练习】

1. 断路器在线监测的项目和内容有哪些？
2. 断路器状态是如何划分的？
3. 如何对断路器的状态进行评价？
4. SF_6断路器检修工作分为哪四类？各包含的内容是什么？
5. 断路器状态检修策略是什么？

模块4 隔离开关的状态检修（ZY1400402004）

【模块描述】本模块介绍隔离开关开展状态检修知识。通过定义讲解、要点归纳，熟悉隔离开关开展状态检修的信息收集与管理、状态的划分与评价标准、检修策略的制定原则等相关知识。

【正文】

一、隔离开关状态信息的收集

隔离开关状态信息的收集应包括：

1. 原始资料

原始资料包括铭牌参数、订货技术协议、设备监造报告、出厂试验报告、交接验收报告等。

2. 运行资料

运行资料包括运行工况记录信息、历年缺陷及异常记录、巡检情况、不停电检测记录等。

3. 检修资料

检修资料包括检修报告、有关反措执行情况、部件更换情况、检修人员对设备的检修记录等。

4. 其他资料

其他资料包括同型（同类）设备的运行、修试、缺陷和故障的情况、相关反措执行情况、其他影响隔离开关安全稳定运行的因素等。

二、隔离开关状态的划分、评价及状态量

1. 隔离开关状态划分

隔离开关及其部件的状态分为正常状态、注意状态、异常状态和严重状态。

（1）正常状态。正常状态指各状态量均处于稳定且良好的范围内，设备可以正常运行。

1）铭牌完整、标志清晰，技术档案齐全。

2）运行正常，上次合或分闸操作无异常。

3）外观无严重锈蚀。

4）红外测温情况正常。

5）上次预试停电期间进行了检查维护且无遗留缺陷。

（2）注意状态。注意状态指单项（或多项）状态量变化趋势朝接近标准限值方向发展，但未超过标准限值，仍可以继续运行，应加强运行中的监视。

1）红外测温触头或引线接头发热但低于85℃。

2）回路直流电阻接近标准值。

3）虽然当前合闸位置无问题，但合闸时曾多次合闸不能到位或合分明显不同期。

4）同批次其他隔离开关相当多存在弹簧锈蚀或失去弹力或折断脱落情况。

（3）异常状态。异常状态指单项重要状态量变化较大，已接近或略微超过标准限值，应监视运行，并适时安排停电检修。

1）卡涩严重，合分闸特别费力。

2）经常操作失灵，回路有接触问题或元器件有软故障，未得到彻底处理。

3）应当实现的闭锁功能不能实现。

4）分闸不能完全到位，其隔离空间的距离不符合要求。

5）隔离开关操作不同期超过标准，但勉强可操作。

6）接地开关损坏，无法操作。

7）外观严重锈蚀。

（4）严重状态。严重状态指单项重要状态量严重超过标准限值，需要尽快安排停电检修。

1）存在故障不能执行分合闸操作。如连杆或万向节断裂、电气回路元件故障等。

2）完全合闸到位，暂时勉强运行。

3）运行年限在 15 年以上，同批次隔离开关曾发生绝缘子断裂，且未经超声波探伤鉴定属良好状态。

4）绝缘子裂纹或严重破损。

5）温度超过 85℃、直流电阻超标 50%。

2. 隔离开关状态评价

隔离开关的状态评价分为部件状态评价和整体状态评价两部分。

（1）隔离开关部件状态评价。根据隔离开关各部件的独立性，将隔离开关分为导电回路、操动系统（电动、手动）、绝缘子、辅助部件四个部件，对隔离开关的状态量的评价可按部件划分分别确定评价标准。各部件的范围划分见表 ZY1400402004-1。

表 ZY1400402004-1　　隔离开关各部件的范围划分

部　件	评 价 范 围
导电回路	进出线端子、软连接、出线座、导电臂、触头
操动系统	操动机构（电动、手动），传动部件（连杆、轴承、销、拐臂），机械闭锁
绝 缘 子	支柱绝缘子、旋转绝缘子
辅助部件	底座、支架、基础、电气闭锁装置

（2）隔离开关整体状态评价。隔离开关的整体评价应综合其部件的评价结果。当所有部件评价为正常状态时，整体评价为正常状态；当任一部件状态为注意状态、异常状态或严重状态时，整体评价应为其中最严重的状态。

（3）隔离开关状态量评价周期。

1）设备的状态评价分为定期评价和动态评价。定期评价在编制年度检修计划之前进行一次，一般在 8 月进行。动态评价在设备状态量（巡检、红外检测、高压试验等数据）及运行工况（系统短路冲击和过电压）发生异常时，对具体设备有针对性地进行。

2）新设备投运后（即经过投运前的全项目高压试验、各部位检查和投运后的巡检及红外检测）第 40 天进行一次初始评价。

3）停运 6 个月以上的备用设备重新投运后，并经巡检及红外检测，第 10 天进行一次评价。

4）对列入当年检修计划的设备，在检修前 30 天及检修完成后 10 天内各评价一次。

（4）隔离开关部件的状态评价方法。隔离开关部件的评价应同时考虑单项状态量的扣分和部件合计扣分情况，各部件状态评价标准见表 ZY1400402004-2。

表 ZY1400402004-2　　隔离开关各部件状态评价标准

评价标准 / 部件	正常状态		注意状态		异常状态	严重状态
	合计扣分	单项扣分	合计扣分	单项扣分	单项扣分	单项扣分
导电回路	＜30	≤10	≥30	12～16	20～24	≥30
操动系统	＜20	≤10	≥20	12～16	20～24	≥30
绝 缘 子	＜12	≤10	≥20	12～16	20～24	≥30
辅助部件	＜12	≤10	≥20	12～16	20～24	≥30

当任一状态量单项扣分和部件合计扣分同时达到表 ZY1400402004-2 正常状态规定分值时，视为正常状态。

当任一状态量单项扣分或部件所有状态量合计扣分达到表 ZY1400402004-2 注意状态规定分值时，视为注意状态。

当任一状态量单项扣分达到表 ZY1400402004-2 异常状态和严重状态规定分值时，视为异常状态或严重状态。

3. 隔离开关状态量

（1）状态量权重。视状态量对隔离开关安全运行的影响程度，从轻到重分为四个等级，对应的权重分别为权重 1、权重 2、权重 3、权重 4，其系数为 1、2、3、4。权重 1、权重 2 与一般状态量对应，权重 3、权重 4 与重要状态量对应。

（2）状态量劣化程度。视状态量的劣化程度从轻到重分为四级，分别为Ⅰ、Ⅱ、Ⅲ和Ⅳ级。其对应的基本扣分值为 2、4、8、10 分。

（3）状态量扣分值。状态量应扣分值由状态量劣化程度和权重共同决定，即状态量应扣分值等于该状态量的基本扣分值乘以权重系数，状态量正常时不扣分。状态量的权重、劣化程度及对应扣分值见表 ZY1400402004-3。

表 ZY1400402004-3　　隔离开关状态量的权重、劣化程度及对应扣分值表

状态量劣化程度 \ 基本扣分值 \ 权重系数		1	2	3	4
Ⅰ	2	2	4	6	8
Ⅱ	4	4	8	12	16
Ⅲ	8	8	16	24	32
Ⅳ	10	10	20	30	40

三、隔离开关的检修策略

（1）隔离开关检修工作分为 A 类检修、B 类检修、C 类检修、D 类检修四类。其中 A、B、C 类是停电检修，D 类是不停电检修。

1）A 类检修。A 类检修是指隔离开关的整体解体性检查、维修、更换和试验。主要包括现场全面解体检修。

2）B 类检修。B 类检修是指隔离开关局部性的检修，部件的解体检查、维修、更换和试验。主要包括本体部件更换、本体主要部件处理、操动机构部件更换等。

3）C 类检修。C 类检修指对隔离开关常规性检查、维护和试验。主要包括预防性试验、清扫、维护、检查、修理等。

4）D 类检修。D 类检修指对隔离开关在不停电状态下进行的带电测试、外观检查和维修。主要包括绝缘子外观目测检查、红外测试、防锈补漆工作（带电距离够的情况下）、更换部分二次元器件，检修人员专业巡视、带电检测项目。

（2）由于隔离开关的停电检修可能直接造成对外供电损失，因此在选择隔离开关的检修策略时，应综合设备状态及供电可靠性进行综合评估，选择最佳检修策略。当然在隔离开关的选型订货初期，加大投资力度，选择合资或维护工作量少的产品，不失为保证隔离开关安全可靠稳定运行的一种更好的决策。

（3）年度检修计划的制定。年度检修计划每年至少修订一次，根据最近一次设备状态评价结果，考虑设备风险评估因素，并参考厂家的要求，确定下一次停电检修时间和检修类别。在安排检修计划时，应协调相关设备检修周期，尽量统一安排，避免重复停电。

（4）缺陷处理。对于设备缺陷，应根据缺陷的性质，按照有关缺陷管理规定处理。同一设备存在多种缺陷，也应尽量安排在一次检修中处理，必要时可调整检修类别。C 类检修正常周期宜与试验周期一致，不停电的维护和试验根据实际情况安排。

（5）根据设备评价结果，制定相应检修策略。

1）正常状态检修策略。被评价为正常状态的隔离开关执行 C 类检修。C 类检修可按照正常周期或延长一年并结合例行试验安排，在 C 类检修之前可以根据实际需要适当安排 D 类检修。

2）注意状态检修策略。被评价为注意状态的设备，若用 D 类检修可将设备恢复到正常状态可适时安排 D 类检修，否则应执行 C 类检修。

如果单项状态量扣分导致评价结果为注意状态时，应根据实际情况提前安排 C 类检修。

如果仅由多项状态量合计扣分或总体评价导致评价结果为注意状态时，可按正常周期执行，并根据设备的实际状况，增加必要的检修或试验内容。

3）异常状态检修策略。被评价为异常状态的设备，根据评价结果确定检修类型，并适时安排检修。

4）严重状态检修策略。被评价为严重状态的设备，根据评价结果确定检修类型，并尽快安排检修。

（6）新投运设备状态检修。新设备投运初期按 Q/GDW 168—2008《输变电设备状态检修试验规程》及其实施细则规定，新设备投运后 1～2 年应安排例行试验，同时还应对设备及其附件（包括电气回路及机械部分）进行全面检查，收集各种状态量，并进行一次状态评价。

（7）老旧设备的状态检修。对于运行20年以上的设备，宜根据设备运行及评价结果，对检修计划及内容进行调整。

【思考与练习】

1. 隔离开关状态是如何划分的？
2. 如何对隔离开关的状态进行评价？
3. 隔离开关检修工作分为哪四类？各包含的内容是什么？
4. 隔离开关状态检修的策略是什么？

模块 5　避雷器的状态检修（ZY1400402005）

【模块描述】本模块介绍避雷器开展状态检修知识。通过要点讲解、图表归纳，熟悉避雷器状态检测技术在状态检修中的应用，以及避雷器开展状态检修的信息收集与管理、状态的划分与评价标准、检修策略的制定原则等相关知识。

【正文】

避雷器状态检修实际上是指对避雷器进行状态监测，其状态（性能）在变坏期间以及出现事故之前能被及时检测出来，及时地进行更换，防止出现避雷器性能变坏后的爆炸事故是避雷器状态监测乃至绝缘监督的最终目标。本模块主要介绍无间隙氧化锌避雷器的状态检修。

一、在线监测技术在避雷器状态检修中的应用

氧化锌避雷器的监测主要是测量它在运行电压下的泄漏电流，阀片的老化以及因避雷器结构不良引起的内部受潮，都反映为泄漏电流的增加，最后会因功耗增大、发热而导致破坏和事故。

1. 氧化锌避雷器在线监测的项目

（1）监测总泄漏电流。由于氧化锌避雷器的泄漏电流的容性分量基本不变，因此可以简单地认为其总泄漏电流 I_x 的增加能在一定程度上反映其阻性分量电流的增长情况。利用测量总泄漏电流来了解避雷器性能的劣化情况，虽然其灵敏度较低，但不失为一种简便的监测方法。

测量总泄漏电流，可以在避雷器放电记录器两端并接低内阻的交流微安表。目前，避雷器出厂时，厂家配套提供的放电计数器已全部带有监测避雷器泄漏电流的微安表，因此，避雷器安装投运后，可实时监测总泄漏电流。

（2）监测阻性电流分量。用补偿法测量阻性电流，氧化锌避雷器阀片的劣化反映为阻性电流增大，因此，直接测量阻性电流，反映氧化锌避雷器的劣化最为灵敏。

2. 测试数据的判别

当全电流或阻性电流、有功损耗与出厂值和初始值有明显差别时应安排停电测试。

二、氧化锌避雷器状态信息的收集

1. 原始资料

原始资料包括铭牌参数、订货技术协议、出厂试验报告、交接验收报告等。

2. 运行资料

运行资料包括运行工况记录信息、历年缺陷及异常记录、巡检情况、不停电检测记录等。

三、氧化锌避雷器状态的划分、评价及状态量

1. 氧化锌避雷器状态的划分

（1）正常状态。正常状态指设备运行数据稳定，所有状态量符合标准要求。

（2）注意状态。注意状态指设备的一个主状态量接近标准限值或超过注意值，或几个辅助状态量不符合标准，但不影响设备运行。

（3）异常状态。异常状态指设备的几个主状态量超过标准限值，或一个主状态量超过标准限值，并且几个辅助状态量明显异常，已影响设备的性能指标或可能发展成重大异常状态。异常状态时设备仍能继续运行。

（4）严重状态。严重状态指设备的一个或几个状态量严重超出标准或严重异常，设备只能短期运行或立即停役。

2. 氧化锌避雷器的状态评价

金属氧化物避雷器的状态评价分为部件状态评价和整体状态评价两部分。

（1）氧化锌避雷器部件状态评价。氧化锌避雷器部件分为本体、均压环和接地连接以及在线检测装置（包括动作指示、泄漏电流指示表及绝缘底座）三个部件。各部件的范围划分见表 ZY1400402005-1。

表 ZY1400402005-1　氧化锌避雷器各部件范围划分

部　件	评　价　范　围
本体	阀片、并联电容、瓷套、法兰
附件	底座、在线监测泄漏电流表、放电计数器
引线	均压环、高压引线、接地引下线

（2）氧化锌避雷器整体状态评价。氧化锌避雷器的整体评价应结合其部件的评价结果，当所有部件评价为正常状态时，整体评价为正常状态；当任一部件状态为注意状态、异常状态或严重状态时，整体评价应为其中最严重的状态。

（3）氧化锌避雷器状态量评价周期。

1）设备的状态评价分为定期评价和动态评价，定期评价在编制年度检修计划之前进行一次，一般在 8 月进行。动态评价在设备状态量（巡检、红外检测、高压试验等数据）及运行工况（系统短路冲击和过电压）发生异常时对具体设备有针对性地进行。

2）新设备投运后（即经过投运前的全项目高压试验、各部位检查和投运后的巡检及红外检测）第 40 天进行一次初始评价。

3）停运 6 个月以上的备用设备重新投运后，并经巡检及红外检测，第 10 天进行一次评价。

4）对列入当年检修计划的设备，在检修前 30 天及检修完成后 10 天内各评价一次。

（4）氧化锌避雷器部件的状态评价方法。氧化锌避雷器部件的评价应同时考虑单项状态量的扣分和部件合计扣分情况，各部件状态评价标准见表 ZY1400402005-2。

表 ZY1400402005-2　氧化锌避雷器各部件状态评价标准

部件＼评价标准	正常状态		注意状态		异常状态	严重状态
	合计扣分	单项扣分	合计扣分	单项扣分	单项扣分	单项扣分
本体	≤30	≤10	＞30	12～20	24～30	＞30
均压环和接地连接	≤20	≤10	＞20	12～20	24～30	＞30
在线检测装置	≤12	≤10	＞20	12～20	24～30	＞30

当任一状态量单项扣分和部件合计扣分同时达到表 ZY1400402005-2 正常状态规定分值时，视为正常状态。

当任一状态量单项扣分或部件所有状态量合计扣分达到表ZY1400402005-2注意状态规定分值时，视为注意状态。

当任一状态量单项扣分达到表 ZY1400402005-2 异常状态和严重状态规定分值时，视为异常状态或严重状态。

3. 氧化锌避雷器状态量

（1）状态量权重。视状态量对氧化锌避雷器安全运行的影响程度，从轻到重分为四个等级，对应的权重分别为权重 1、权重 2、权重 3、权重 4，其系数为 1、2、3、4。权重 1、权重 2 与一般状态量对应，权重 3、权重 4 与重要状态量对应。

（2）状态量劣化程度。视状态量的劣化程度从轻到重分为Ⅰ、Ⅱ、Ⅲ和Ⅳ级，其对应的基本扣分值为 2、4、8、10 分。

（3）状态量扣分值。状态量应扣分值由状态量劣化程度和权重共同决定，即状态量应扣分值等于该状态量的基本扣分值乘以权重系数，状态量正常时不扣分。状态量的权重、劣化程度及对应扣分值见表 ZY1400402005-3。

表 ZY1400402005-3 氧化锌避雷器状态量的权重、劣化程度及对应扣分值表

状态量劣化程度	基本扣分值＼权重系数	1	2	3	4
Ⅰ	2	2	4	6	8
Ⅱ	4	4	8	12	16
Ⅲ	8	8	16	24	32
Ⅳ	10	10	20	30	40

四、氧化锌避雷器的检修策略

氧化锌避雷器状态检修策略既包括年度检修计划的制定，也包括缺陷处理、试验、不停电的维修和检查等。检修策略应根据设备状态评价的结果动态调整。

（1）氧化锌避雷器检修工作分为 A 类检修、B 类检修、C 类检修、D 类检修四类。其中 A、B、C 类是停电检修，D 类是不停电检修。

1）A 类检修。A 类检修指氧化锌避雷器的整体更换和试验。

2）B 类检修。B 类检修指氧化锌避雷器的检修，如部件维修、更换和试验。包括均压环、计数器更换等。

3）C 类检修。C 类检修指对氧化锌避雷器常规性检查、维护和试验。包括预防性试验、清扫、维护、检查、修理等。

4）D 类检修。D 类检修指对氧化锌避雷器在不停电状态下进行的带电测试、外观检查和维修。包括绝缘子外观目测检查、红外测试、防锈补漆工作，检修人员专业巡视、带电检测等。

（2）年度检修计划每年至少修订一次，根据最近一次设备状态评价结果，考虑设备风险评估因素，并参考厂家的要求，确定下一次停电检修时间和检修类别。在安排检修计划时，应协调相关设备检修周期，尽量统一安排，避免重复停电。

（3）对于设备缺陷，应根据缺陷的性质，按照有关缺陷管理规定处理，同一设备存在多种缺陷，也应尽量安排在一次检修中处理，必要时，可调整检修类别。

（4）C 类检修正常周期宜与试验周期一致，不停电的维护和试验根据实际情况安排。

（5）根据设备评价结果，制定相应的检修策略。

1）正常状态检修策略。被评价为正常状态的隔离开关，执行 C 类检修。C 类检修可按照正常周期或延长一年并结合例行试验安排。在 C 类检修之前，可以根据实际需要适当安排 D 类检修。

2）注意状态检修策略。被评价为注意状态的设备，若用 D 类检修可将设备恢复到正常状态，则可适时安排 D 类检修，否则应执行 C 类检修。如果单项状态量扣分导致评价结果为注意状态时，应根据实际情况提前安排 C 类检修。如果仅由多项状态量合计扣分或总体评价导致评价结果为注意状态时，可按正常周期执行，并根据设备的实际状况，增加必要的检修或试验内容。

3）异常状态检修策略。被评价为异常状态的设备，根据评价结果确定检修类型，并适时安排检修。

4）严重状态检修策略。被评价为严重状态的设备，根据评价结果确定检修类型，并尽快安排检修。

（6）新投运设备的状态检修。新设备投运初期按 Q/GDW 168—2008《输变电设备状态检修试验规程》及其实施细则规定，新设备投运后 1～2 年应安排例行试验，同时还应对设备及其附件（包括电气回路）进行全面检查，收集各种状态量，并进行一次状态评价。

（7）老旧设备的状态检修。对于运行20年以上的设备，宜根据设备运行及评价结果，对检修计划及内容进行调整。

【思考与练习】

1. 在线监测技术在避雷器状态检修中有哪些应用？
2. 氧化锌避雷器状态是如何划分的？
3. 如何对氧化锌避雷器的状态进行评价？
4. 氧化锌避雷器检修工作分为哪四类？各包含的内容是什么？
5. 氧化锌避雷器状态检修策略是什么？

模块 6 电力电缆的状态检修（ZY1400402006）

【模块描述】本模块介绍电力电缆开展状态检修知识。通过要点讲解、图表归纳，熟悉电力电缆开展状态检修的信息收集与管理、状态的划分与评价标准、检修策略的制定原则等相关知识。

【正文】

电缆的状态检修工作主要是收集运行中信息、巡视检查（设施、电缆头、外观）及带电测试（温度）的信息，以及分析定期试验数据。

一、在线监测技术在电力电缆状态检修中的应用

电力电缆在线监测的主要项目包括绝缘监测和温度监测，绝缘监测的内容主要有绝缘电阻、介质损耗、局部放电；温度监测主要是利用红外热像仪或温度传感器监测本体、附件在运行状态下的温度，因此相比绝缘监测更容易和方便。通过开展电缆的在线监测可以实时掌握电缆的绝缘受潮、老化、内部放电、过热等故障信息，为准确判断电缆的运行状态和选择检修策略提供依据。

二、电力电缆状态信息的收集

电力电缆状态信息的收集应包括：

1. 原始资料

原始资料包括设计图、竣工图、铭牌参数、订货技术协议、设备监造报告、出厂试验报告、交接验收报告等。

2. 运行资料

运行资料包括运行工况记录信息、历年缺陷及异常记录、巡检情况、不停电检测记录等。

3. 检修资料

检修资料包括例行试验报告、诊断性试验报告、有关反措执行情况、附件更换情况、运行检修人员对设备的巡检记录等。

4. 其他资料

其他资料包括同型（同类）设备的运行、修试、缺陷和故障的情况、相关反措执行情况、其他影响电缆线路安全稳定运行的因素（如通道、环境因素）等。

三、电力电缆状态的划分、评价及状态量

1. 电力电缆状态的划分

（1）正常状态。正常状态表示设备运行数据稳定，所有状态量符合标准要求。

（2）注意状态。注意状态表示设备的一个主状态量接近标准限值或超过标准限值，或几个辅助状态量不符合标准，但不影响设备运行。

（3）异常状态。异常状态表示设备的几个主状态量超过标准限值，或一个主状态量超过标准限值并几个辅助状态量明显异常，已影响设备的性能指标或可能发展成重大异常状态。异常状态时设备仍能继续运行。

（4）严重状态。严重状态表示设备的一个或几个状态量严重超出标准或严重异常，设备只能短期运行或立即停役。

2. 电力电缆状态的评价

电力电缆状态的评价分为部件状态评价和整体状态评价两部分。

（1）电力电缆部件状态评价。根据电力电缆各部件的独立性，将电力电缆分为电缆本体、电缆终端、电缆中间接头、辅助设施、电缆通道、接地系统六个部件。所以对电力电缆的状态量的评价可按部件划分分别确定评价标准，各部件的范围划分见表 ZY1400402006-1。

表 ZY1400402006-1　　电力电缆各部件的范围划分

部　件	评　价　范　围
电缆本体	外护套绝缘、主绝缘
电缆终端	终端套管、设备线夹、支撑绝缘子、法兰盘
电缆中间接头	中间接头温度
辅助设施	终端支架、电缆抱箍、防火措施
电缆通道	电缆中间接头井、操作工井、电缆沟体、电缆隧道、电缆桥架、电缆线路保护区
接地系统	接地电缆、接地线、接地电流、接地体、接地电缆固定装置

（2）电力电缆整体状态评价。电力电缆整体评价应综合其部件的评价结果，当所有部件评价为正常状态时，整体评价为正常状态；当任一部件状态为注意状态、异常状态或严重状态时，整体评价应为其中最严重的状态。

（3）电力电缆状态量评价周期。

1）设备的状态评价分为定期评价和动态评价，定期评价在编制年度检修计划之前进行一次，一般在 8 月进行。动态评价在设备状态量（巡检、红外检测、高压试验、油化验等数据）及运行工况（系统短路冲击和过电压）发生异常时对具体设备有针对性地进行。

2）新设备投运后（即经过投运前的全项目高压试验、各部位检查和投运后的巡检及红外检测）第 40 天进行一次初始评价。

3）停运 6 个月以上的备用设备重新投运后，并经巡检及红外检测，第 10 天进行一次评价。

4）对列入当年检修计划的设备，在检修前30天及检修完成后10天内各评价一次。

（4）电力电缆部件的状态评价方法。电力电缆评价应同时考虑单项状态量的扣分和部件合计扣分情况，各部件状态评价标准见表 ZY1400402006-2。

表 ZY1400402006-2　　电力电缆各部件状态评价标准

评价标准 / 部件	正常状态		注意状态		异常状态	严重状态
	合计扣分	单项扣分	合计扣分	单项扣分	单项扣分	单项扣分
电缆本体	≤30	≤10	＞30	12～16	20～24	≥30
电缆终端	≤30	≤10	＞30	12～16	20～24	≥30
电缆中间接头	≤30	≤10	＞30	12～16	20～24	≥30
辅助设施	≤12	≤10	＞20	12～16	20～24	≥30
电缆通道	≤12	≤10	＞20	12～16	20～24	≥30
接地系统	≤12	≤10	＞20	12～16	20～24	≥30

当任一状态量单项扣分和部件合计扣分同时达到表 ZY1400402006-2 正常状态规定分值时，视为正常状态。

当任一状态量单项扣分或部件所有状态量合计扣分达到表 ZY1400402006-2 注意状态规定分值时，视为注意状态。

当任一状态量单项扣分达到表 ZY1400402006-2 异常状态和严重状态规定分值时，视为异常状态或严重状态。

3. 电力电缆状态量

（1）状态量权重。视状态量对高压电力电缆安全运行的影响程度，从轻到重分为四个等级，对应的权重分别为权重 1、权重 2、权重 3、权重 4，其系数为 1、2、3、4。权重 1、权重 2 与一般状态量对应，权重 3、权重 4 与重要状态量对应。

（2）状态量劣化程度。视状态量的劣化程度从轻到重分为Ⅰ、Ⅱ、Ⅲ和Ⅳ级，其对应的基本扣分值为 2、4、8、10 分。

（3）状态量扣分值。状态量应扣分值由状态量劣化程度和权重共同决定，即状态量应扣分值等于该状态量的基本扣分值乘以权重系数，状态量正常时不扣分。状态量的权重、劣化程度及对应扣分值见表 ZY1400402006-3。

表 ZY1400402006-3　　电力电缆状态量的权重、劣化程度及对应扣分值表

状态量劣化程度	基本扣分值 \ 权重系数	1	2	3	4
Ⅰ	2	2	4	6	8
Ⅱ	4	4	8	12	16
Ⅲ	8	8	16	24	32
Ⅳ	10	10	20	30	40

四、电力电缆的检修分类及检修策略

（1）电力电缆检修工作分为 A 类检修、B 类检修、C 类检修、D 类检修四类。其中 A、B、C 类是停电检修，D 类是不停电检修。

1）A 类检修。A 类检修指电力电缆的整体更换和试验。

2）B 类检修。B 类检修指电力电缆的附件检修，如部件维修、更换和试验。主要包括电缆头、接地箱更换等。

3）C 类检修。C 类检修指对电力电缆常规性检查、维护和试验。主要包括预防性试验、清扫、维护，电缆附件、避雷器的检查，金具、接头紧固修理等。

4）D 类检修。D 类检修指对电力电缆在不停电状态下进行的带电测试、外观检查和维修。主要包括外观目测检查、红外测试、检修人员专业巡视、带电检测等。

（2）年度检修计划每年至少修订一次，根据最近一次设备状态评价结果，考虑设备风险评估因素，并参考厂家的要求，确定下一次停电检修时间和检修类别。在安排检修计划时，应协调相关设备检修周期，尽量统一安排，避免重复停电。

（3）对于设备缺陷，应根据缺陷的性质，按照有关缺陷管理规定处理。同一设备存在多种缺陷，也应尽量安排在一次检修中处理，必要时，可调整检修类别。

（4）C 类检修正常周期宜与试验周期一致，不停电的维护和试验根据实际情况安排。

（5）根据电力电缆评价结果，制定相应的检修策略。

1）正常状态检修策略。被评价为正常状态的电缆，执行 C 类检修，C 类检修可按照正常周期或延长一年并结合例行试验安排。在 C 类检修之前，可以根据实际需要适当安排 D 类检修。

2）注意状态检修策略。被评价为注意状态的电缆，若用 D 类检修可将设备恢复到正常状态，则可适时安排D类检修，否则应执行C类检修。如果单项状态量扣分导致评价结果为注意状态时，应根据实际情况提前安排C类检修。如果仅由多项状态量合计扣分或总体评价导致评价结果为注意状态时，可按正常周期执行，并根据设备的实际状况，增加必要的检修或试验内容。

3）异常状态检修策略。被评价为异常状态的设备，根据评价结果确定检修类型，并适时安排检修。

4）严重状态检修策略。被评价为严重状态的设备，根据评价结果确定检修类型，并尽快安排检修。

【思考与练习】

1. 在线监测技术在电力电缆状态检修中有哪些应用？
2. 电力电缆状态是如何划分的？
3. 如何对电力电缆的状态进行评价？
4. 电力电缆检修工作分为哪四类？各包含的内容是什么？
5. 电力电缆状态检修的策略是什么？

第三部分

基本技能

第八章 常用仪器、仪表、安全工器具的使用及维护

模块1 常用仪器、仪表使用（GYBD00201001）

【模块描述】本模块介绍万用表、绝缘电阻表、接地电阻仪、钳形电流表、直流电桥的使用方法。通过使用方法介绍和注意事项讲解，掌握常用仪器和仪表的使用。

【正文】

常用仪器、仪表有万用表、绝缘电阻表、接地电阻仪、钳形电流表、直流电桥，其工作原理在基础知识中已介绍，这里仅介绍其使用。

一、万用表

万用表是一种具有多种用途和多个量程的携带式直读式仪表。一般的万用表可以用来测量电阻、直流电流、直流电压、交流电压，并可用来检验电路的通断情况，对半导体器件简单的测试，有的还可以测量电容、电感等。由于万用表具有用途广、量程多和使用方便等优点，得到广泛应用。

（一）万用表的结构

常用的万用表有指针式（模拟式）和数字式两种。指针式万用表是由一个磁电式测量机构（又称表头）、测量线路和转换开关三个基本部分组成的。

1. 表头

表头采用高灵敏度的磁电式测量机构组成，其满刻度偏转电流约为几微安到几百微安。满刻度偏转电流越小，表头的灵敏度就越高，测量电压时的电阻也就越大，特性就越好。

2. 测量线路

测量线路是万用表用来实现多种电量、多种量程测量的部分。它是由测量直流电流的线路、测量直流电压的线路、测量交流电压的线路、测量电阻的线路等几种线路组合而成。组成测量线路的主要元件是各种电阻（绕线电阻、碳膜电阻、金属膜电阻）。为了测量交流电压，在测量线路中还装有整流二极管。

3. 转换开关

以上各种测量线路，是经转换开关的切换来实现的。转换开关是由许多固定触头（又称作掷）和可动触头（又称作刀）组成，通常有多个刀和十几甚至几十个掷，如 MF30 型万用表就有三个刀，十八个掷。转动转换开关时，其刀跟着转动，在不同的挡位上与相应的固定触头相接触，从而接通对应的测量线路。

另外，在万能表的面板上还装有标度盘、转换开关的旋钮、指针机械零位调节器、零欧姆调节旋钮以及接线柱（或插孔）等。MF30 型万用表的外形如图 GYBD00201001-1 所示。

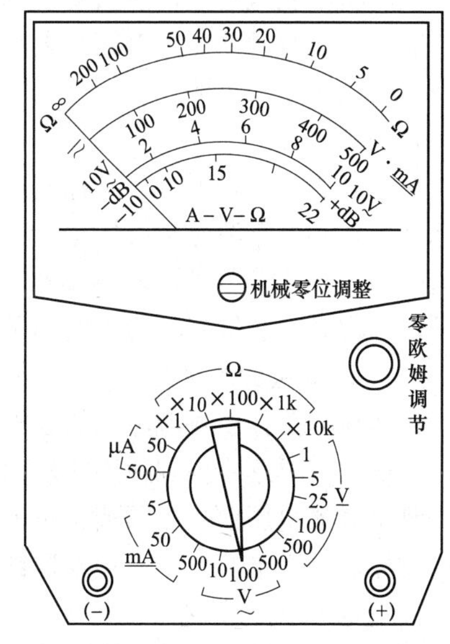

图 GYBD00201001-1 MF30 型万用表的外形

模块1
GYBD00201001

数字万用表是数显技术与新型大规模集成电路技术的结晶。数字万用表具有很高的灵敏度和准确度，显示清晰直观，功能齐全，性能稳定，过载能力强，便于携带。因此，在电子测量、电工检测及检修等工作领域中，得到迅速推广和普及，显示出强大的生命力，并在许多情况下正逐步取代模拟式万用表。数字万用表最基本的功能是对电流、电压和电阻的测量，其原理框图如图 GYBD00201001-2 所示。

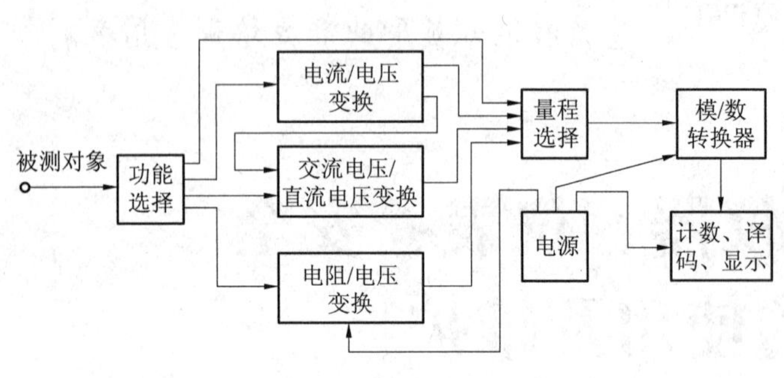

图 GYBD00201001-2 数字万用表原理框图

（二）万用表使用方法

1. 正确使用接线柱（或插孔）

红色表笔的进线应接到万用表的红色接线柱上或标有“＋”号的插孔内，黑色表笔的进线应接到万用表的黑色接线柱上或标有“–”号的插孔内。测量直流时应用红色笔接正极、黑色笔接负极，这样可以避免因极性反而烧坏表头或打弯指针。使用欧姆挡测量电阻时，因使用表内的电池，其红表笔是接电池的负极、黑表笔接电池的正极。这一点在测试晶体二极管和三极管时更要注意。有的万能表还有专用的欧姆挡接线柱，或专用的交、直流 2500V 的接线柱或大电流接线柱等。它们的另一共有柱都用黑色接线柱。测电流时，表计应和电路串联，而测电压时，表计应和电路并联。

2. 正确选择挡位

万用表挡位包括测量种类的选择和量程的选择，挡位选择错了，就有可能烧坏万用表，例如测电压时，将挡位错放在欧姆挡或电流挡。有的万用表面板上有两个挡位旋钮，一个选择测量种类，另一个选择量程，使用时，应先选择测量种类，后选择量程。另外，为了使测量结果准确，量程的选择应使读数在标度尺的一定刻度范围之内。例如，在测量电流和电压时，应使指针的偏转在满刻度偏转的 1/2 以上；测量电阻时，应使被测电阻尽量接近标度尺的中心等。

若用万用表欧姆挡测试晶体管参数时，不要用 $R\times1$ 挡，此时电流过大：或 $R\times10\text{k}$ 挡，此挡电压过高，损坏晶体管。

万能表在使用完毕后，应把转换开关旋至“OFF”挡或交流电压的最高挡，这样，可以防止下次测量时，由于粗心而发生烧表事故。

3. 测量之前要调零

为了测量准确，在测量之前要看万用表的指针是否指在零位上，如不指零，应调整表盖上的机械零位调节器，使之指零。在测量电阻之前，还要进行欧姆调零。欧姆调零是将转换开关旋至相应的电阻挡上，将两表笔短接，然后调节欧姆调零旋钮，使指针指向零欧姆。每次换欧姆挡都要重复这一步骤。欧姆调零时间要短，以减小电流的消耗。如果调不到欧姆零位，则说明电池电压已经太低，不能再用了，应更换新电池。

4. 正确读数

万用表的标度盘上有多条标度尺，它们分别在测量不同对象时使用。例如，标有“DC”或“－”的标度尺是测量直流时用；标有“AC”或“～”的标度尺是测量交流时用；标有“Ω”的标度尺是测量电阻用的等。读数时，表要放平，目光应与表面垂直。有的万用表在表面的刻度线下还有一条弧形镜子，读数时，表针应与镜中的影子重合，读数才准确。

5. 直流电压的测量

将转换开关拨至直流电压的各挡范围内，若事先不知被测量的大致范围，应先选用最大的量程测量，测试后，再逐步换到适当的量程，尽可能使被测值达到量程的 1/2 或 2/3 范围内。

测量直流电压前，应弄清正负极，以免指针倒转伤表，如预先不知正负极，应置于较高量程挡，用测试棒碰一下被测电路，根据指针的动向确定正负极性。

6. 直流电流的测量

将转换开关拨至直流电流各挡范围内，测量时应将测试棒串接在被测电路之中，红棒接正端，黑棒接负端。量程的选择方法与测直流电压时相同。

7. 交流电压的测量

将转换开关拨至交流电压各挡范围内，测量方法与测直流电压相似，但不必分极性。测量 250V 及以上的电压时，应注意安全，最好养成一只手操作的习惯，另一只手不要摸被测设备。有的表能测 1000V 以上的高压，测量高电压时应使用专测高压的测试棒，并使用绝缘手套、绝缘垫等安全保护工具，确保人身安全。

8. 电阻的测量

将转换开关拨至电阻各挡范围内，并将两根测试棒短接，调整Ω旋钮，使指针指在电阻刻度的零位，然后进行测量。改变量程时，应重新调整零点。调不到零时应更换电池。

MF30 型万用表内的一节 1.5V 五号电池，是供Ω×1～Ω×1k 四个量程使用的；另有一个 15V 的层叠电池，是专供Ω×10k 一挡使用的。

测量电路中的电阻时，应先切断电源，切勿带电测量电阻。选择倍率时，应尽量使指针位于刻度中间位置附近。表头上的读数乘以所用电阻挡的倍率，才是所测的电阻值。

（三）使用万用表注意事项

（1）测试时不要用手触及表笔的金属部分，以保证安全和测量的准确度。

（2）测试高电压或大电流时，不能在测试时旋动转换开关，避免转换开关的触头产生电弧而损坏开关。

（3）使用Ω×1 挡时，调整零欧姆调整器的时间尽量要短，以延长电池寿命，因这时表内电池的电流很大，可达 100mA 左右。

（4）万用表测量完毕，应将转换开关拨到空挡或交流电压的最大量程挡，以防测电压时忘记拨转换开关，用电阻挡去测电压，将万用表烧坏。不用时不要把转换开关置于电阻各挡，以防测试棒短接时使电池放电。

（四）万用表的维护与保养

（1）保持清洁、干燥，不要放在高温和有强磁场的地方，以免永久磁钢退磁，降低测量精度。

（2）携带、使用时要轻拿轻放，避免振动，以免造成测量机构机械部分的损坏和退磁。

（3）转换开关易发生接触不良，印刷电路板制成的转换开关使用时间长后，易被磨下的金属屑短路，发现接触有问题时，可用脱脂棉蘸无水酒精清洗。

二、绝缘电阻表

绝缘电阻表是测量线路和电气设备绝缘电阻，判别其绝缘状况好坏的一种携带式仪表，测量读取的数据以兆欧（MΩ）为单位。绝缘电阻表俗称为摇表、兆欧表。

（一）绝缘电阻表的使用

1. 绝缘电阻表的选择

绝缘电阻表的额定电压，应根据被测电气设备的额定电压来选择。绝缘电阻表选择不当，如电压选得过低，则测得结果不准确；电压选得过高，有可能损坏设备的绝缘。此外，选择绝缘电阻表时，还应注意它的测量范围与被测的绝缘电阻数值相适应，以免引起过大的读数误差。绝缘电阻表电压的选择见表 GYBD00201001-1。

表 GYBD00201001-1　　绝缘电阻表电压的选择

被测绝缘电阻的设备	被测设备的额定电压（V）	选用绝缘电阻表的电压（V）
各种线圈	500 及以下	500
	500 以上	1000
电机、变压器绕组	380 及以下	1000
	500 以上	1000～2500
电气设备绝缘	500 及以下	500～1000
	500 以上	2500
绝缘子、母线、开关		2500～5000

2. 使用前的检查

在摇测前，对绝缘电阻表先做一次开路和短路检查试验。先将E和L端钮两根连线开路。摇动手柄达到发电机的额定转速（120r/min），观察指针是否指到"∞"处，再将两根连线短路，慢慢加速绝缘电阻表，观察指针是否指"0"处，如两次试验指针指示不对，则说明绝缘电阻表本体内有故障需调修后再使用。

3. 接线方法

绝缘电阻表有三个接线柱：线路（L）、接地（E）、屏蔽（或称保护环）（G）。根据不同的测量对象，应做相应的接线。

测量线路对地绝缘电阻时，E端接于地线上，L端接被测的线路上。

测量电动机或电气设备外壳绝缘电阻时，E端接在被测设备的外壳上，L端接在被测导线或绕组的一端。如果泄漏电流过大，则应将G端接于导线与外壳之间的绝缘介质上，以消除漏电流。

测量电动机、变压器及其他设备的绕组相间绝缘电阻时，将E与L端分别接于被测两相的导线或绕组上。

测量电缆芯线时，将E端接在电缆的外表皮（铅套）上，L端接芯线，G端接在芯线最外层的绝缘包扎层上，以消除表面泄漏电流而引起的读数误差。

测量绝缘电阻时的接线如图GYBD00201001-3所示。

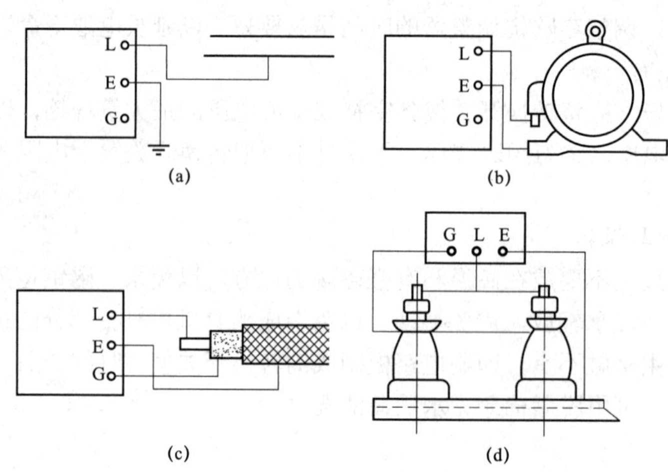

图GYBD00201001-3 测量绝缘电阻时的接线

（a）测量线路对地绝缘电阻；（b）测量电动机绝缘电阻；（c）测量电缆的绝缘电阻；（d）测量变压器的绝缘电阻

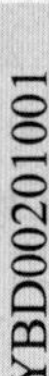

（二）测量绝缘电阻时的注意事项

（1）应根据被测量对象选用不同电压的绝缘电阻表。

（2）测量时绝缘电阻表要放置平稳，与表计端钮相连接的导线不能用双股绝缘线或绞线，应当用单股线分开单独连接，以免双股线或绞线绝缘不良引起误差。

（3）摇柄的转速应由慢到快，至120r/min左右时发电机输出额定电压。此时摇转速度应均匀稳定，不要时快时慢。待指针稳定后，表针的指示就是所测得的绝缘电阻值。

（4）测量前应对绝缘电阻表进行必要的检查。先使表计端钮处于开路状态，转动摇柄观察指针是否在"∞"位，再将E端和L端连接起来，慢慢转动摇柄，观察指针是否在"0"位。

（5）为保证安全，测量之前应断开设备电源。对容性负载要进行放电，测量完后，也应当进行放电。放电时间一般不应少于2～3min。对于高电压、大电容的电缆线路，放电时间还应适当延长。

（6）测量过程中，如果指针指向"0"位，表明被测物绝缘已经失效，应停止转动摇柄，以免损坏绝缘电阻表。

（7）测量要尽可能在被测设备刚停电时进行，目的是为了使测量时的温度尽可能接近于实际运行温度。

（三）绝缘电阻表使用中的常见问题

（1）使用绝缘电阻表测量高压设备绝缘时，应由两人担任。测量用导线，应选用绝缘导线，其端部还应有绝缘套；测量绝缘时，必须将被测设备从各方面断开，验明无电并确认设备上无人工作后方可进行。测量中禁止其他任何人接近设备。

在测量绝缘后，必须将被试设备对地放电。在有感应电压的线路上（同杆架设的双回线路或单回线路与另一线路有平行段）测量绝缘时，必须将另一线路同时停电方可进行；雷电时严禁测量线路绝缘。

在带电设备附近测量绝缘电阻时，测量人员和绝缘电阻表安放位置必须选择适当，保持安全距离，以免绝缘电阻表引线或引线支持物触碰带电部分；移动引线时，必须注意监护，防止工作人员触电。

（2）当使用绝缘电阻表进行测量时，开始它的指示值会逐渐增大。这是因为表计内为直流电源，而被测试物又大都均存在一定的电容。在摇测刚开始时，被试物呈现充电状态。此时充电电流较大，故表计的指示数值也就较小。随着摇测的时间增长，被测试物的充电逐步达到饱和状态。在这种情况下流过表计内的充电电流便不断减小，所以表针指示的绝缘电阻值便会逐步增大，然后稳定在某一数值。一般规定，以摇测时间约 1min 时的读数取为所测得的绝缘电阻值。

（3）用绝缘电阻表测量绝缘电阻时，被试物处于充电状态。当手柄停摇后，被试物即行放电，使通过表计的电流与前相反。此时，指针便会向无穷大方向偏转。

对于电压越高、容量越大的设备，指针便更易偏转过度（超过“∞”标记）。因此在测量完后，要先脱开线路端线头，再停止手柄转动，从而保证表计指针不因偏转过度而损坏。

（4）摇测线路绝缘接近于零值的测量结果可能是由多种因素引起的，要根据现场实际情况具体分析、判断，可能是：

1）线路接地。

2）供电线路在雷雨天气里，由于绝缘子潮湿而导致漏电严重。

3）供电线路过长，绝缘子很多，因多个绝缘子污秽而引起泄漏电流值很大。

4）供电线路相当长，线路对地电容大，测量时充电电流便较大，易使测得读数近于零。

5）绝缘电阻表使用方法不当，如采用较长的绞合线作为与测量端子相接的引线等，使测得的绝缘值下降很多或近于零。

三、接地电阻仪

1. 接地电阻的概念

为了保证电气设备的正常工作和安全，按照规定，电气设备的某些部分必须接地。例如变压器的中性点接地、仪用互感器的二次侧接地、避雷装置的接地等。实现接地的方法，是用接地线将电气设备需要接地的部分和埋在土壤中的接地体连接起来。接地线和接地体都用金属导体制成，统称为接地装置。因此，接地装置的接地电阻包括接地线电阻、接地体电阻、接地体和土壤的接触电阻以及接地散流电流途径的土壤电阻等。在这些电阻中，接地线和接地体的电阻很小，常可略去不计。

当接地体上有电压时，就有电流流入地中。接地电流 I 是从接地体向四周散射的，见图 GYBD00201001-4，因此，离开接地体越远，电流通过的截面就越大，电流密度就越小，到达一定的距离时，电流密度实际上可以认为等于零。由于地中电流通过的截面的变化，在电流途经单位长度上的电阻是不同的，在接地体附近电阻最大，离接地体越远则电阻越小。因此，电流途经单位长度上的电压降也是不同的，离接地体越远，单位长度上的电压降也越小。在距离接地体 15～20m 处，电压降已极小，实际上可认为电位为零，如图 GYBD00201001-4 所示。

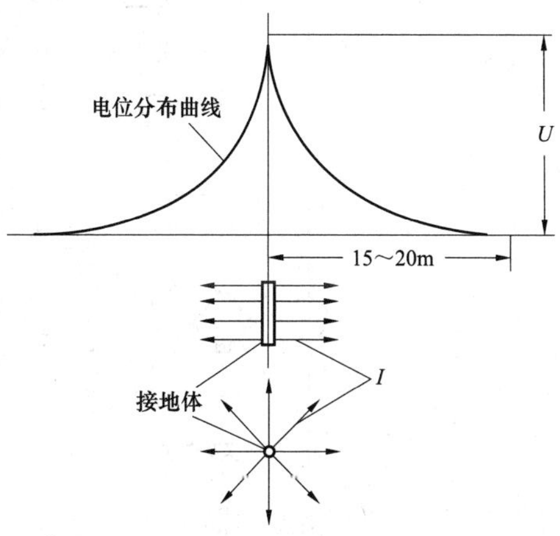

图 GYBD00201001-4　接地电流和电位分布

接地电阻主要是土壤对所通过的电流的散流电阻，也就是从接地体到零电位之间的土壤电阻，即接地电阻

$$R=\frac{U}{I} \quad (GYBD00201001\text{-}1)$$

式中 U——接地体和零电位点之间的电压；

I——接地电流。

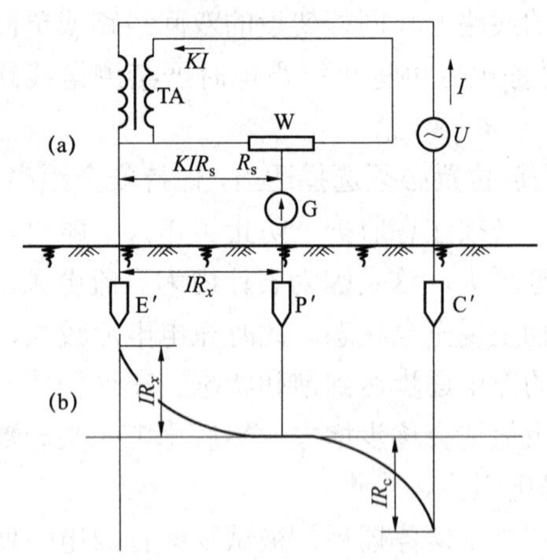

图 GYBD00201001-5 用补偿法测接地电阻的原理电路和电位分布图

（a）原理电路图；（b）电位分布图

在进行接地电阻的实际测量时，考虑到距离接地体15～20m 处的电位为零，所以只要测量从接地体起到 20m 远范围内的土壤电阻即可。

2. 用补偿法测接地电阻的原理

图 GYBD00201001-5（a）为用补偿法测接地电阻的原理电路。图中E′为接地体，P′和C′分别为电位辅助电极和电流辅助电极。它们分设在距离接地体不小于 20m 和 40m 处。交流电源 U 经电流互感器TA 的一次线圈接到接地体E′和电流辅助极C′上，并经地构成闭合回路。接地电流在地中散流的结果，形成了如图 GYBD00201001-5（b）所示的电位分布。电位辅助极P′的电位为零，因此E′和P′之间的电压为 IR_x。

电流互感器的二次侧经电位器 W 构成闭合回路，其电流为 KI（K 为电流互感器 TA 的变比）。电位器的滑动接点经检流计G 和电位辅助极P′相连。调节电位器使检流计指零，则

$$IR_x = KIR_s$$

所以

$$R_x = KR_s \quad \text{(GYBD00201001-2)}$$

可见被测的接地电阻值，可通过变比 K 和电位器的电阻 R_s 来确定，而和辅助电极C′的接地电阻 R_c 无关。

需要指出，第二个辅助电极C′用来构成接地电流的通路是完全必要的。如果只有一个辅助电极，则测量结果将不可避免地将辅助电极的接地电阻包括在内，这显然是不正确的。还要指出，接地电阻的测量一般都采用交流进行。这是因为，土壤的导电主要依靠地下电解质的作用，如果采用直流就会引起化学极化作用，以致严重地歪曲测量的结果。

3. ZC-8 型接地电阻测量仪

ZC-8 型接地电阻测量仪是按补偿法的原理做成的，内附手摇交流发电机作为电源，其原理电路和外形如图 GYBD00201001-6 所示。它的外形和绝缘电阻表相似，所以又称为接地绝缘电阻表。这种

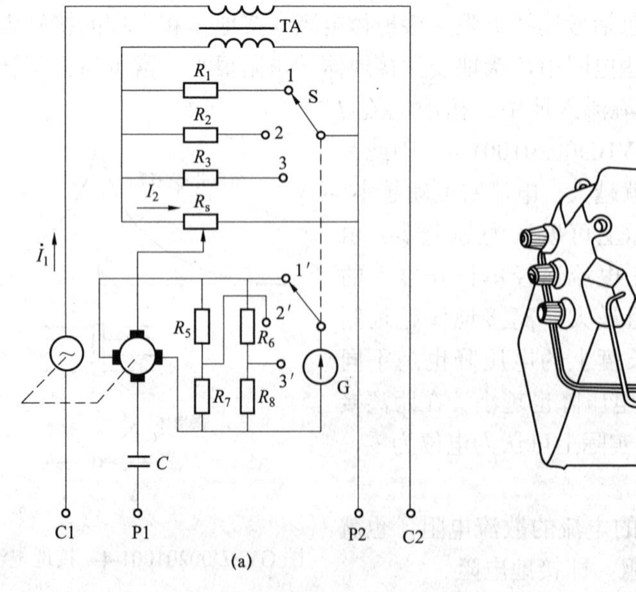

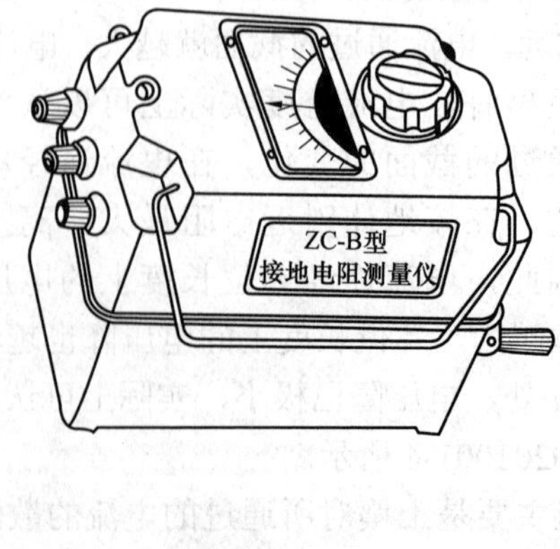

图 GYBD00201001-6 ZC-8 型接地电阻测量仪

（a）原理电路图；（b）外形（三端钮式）

测量仪的端钮有三个和四个两种。有四个端钮时，应将 P2 和 C2 短接后再接至被测的接地体。三端钮式测量仪的 P2 和 C2 已在内部短接，故只引出一个端钮 E，测量时直接将 E 接至被测接地体即可。端钮 P1 和 C1 分别接上电位辅助探针和电流辅助探针，探针应按规定的距离插入地中，以构成电位和电流辅助电极。为了扩大仪表的量限，电路中接有三组不同的分流电阻 $R_1 \sim R_3$ 以及 $R_5 \sim R_8$，用以实现对电流互感器的二次电流以及检流计支路的分流。分流电阻的切换利用联动的转换开关 S 同时进行。对应于转换开关的三个挡位，可以得到 0～1Ω、0～10Ω和 0～100Ω三个量限：当转换开关置于“1”挡时，相当于 $I_2 = I_1$（即 $K=1$）；置于“2”挡时，$I_2 = I_1/10\left(\text{即}K=\frac{1}{10}\right)$；置于“3”挡时，$I_2 = I_1/100\left(\text{即}K=\frac{1}{100}\right)$。

由于采用磁电系检流计做指零仪，仪表备有机械整流器或相敏整流器，以便将交流发电机的 115Hz 交流转换为检流计所需的直流电流，并可消除地中工频杂散电流对测量的影响。此外，为了防止地中直流杂散电流的影响，在电位探针 P1 的回路中还串联了一个电容 C，以隔断直流。

ZC-8 型接地电阻测量仪的准确度：在额定值的 30%以下时，为额定值的±1.5%；在额定值的 30%至额定值时，为额定值的±5%。

4. 接地电阻测量仪的使用

（1）测量前将仪表放平，然后调零，使指针指在红线上。

（2）三端钮式测量仪的接线如图 GYBD00201001-7（a）所示，即将被测接地体 E′ 和端钮 E 连接，电位探针 P′ 和电流探针 C′ 分别与端钮 P、C 接后，沿直线相距 20m 插入地中。四端钮式测量仪的接线如图 GYBD00201001-7（b）所示。

（3）将倍率开关放在最大倍数上，缓慢摇动发电机的手柄，同时转动测量标度盘以调节 R_s，直至指针停在中心红线处。当检流计接近平衡时，即加快发电机的转速至其额定转速（120r/min），调节测量标度盘使指针稳定地指在红线位置，然后即可读数。则

$$\text{接地电阻=倍率}(K)\times\text{标度盘读数}(R_s)$$

（4）如测量标度盘的读数小于 1，应将倍率开关放在较小的一挡，然后重新测量。

（5）被测接地电阻小于 1Ω时，为了消除接线电阻和接触电阻的影响，宜采用四端钮测量仪。测量时将端钮 C2 和 P2 的短接片打开，分别用导线接到接地体上，并使端钮 P2 接在靠近接地体的一侧，如图 GYBD00201001-7（c）所示。

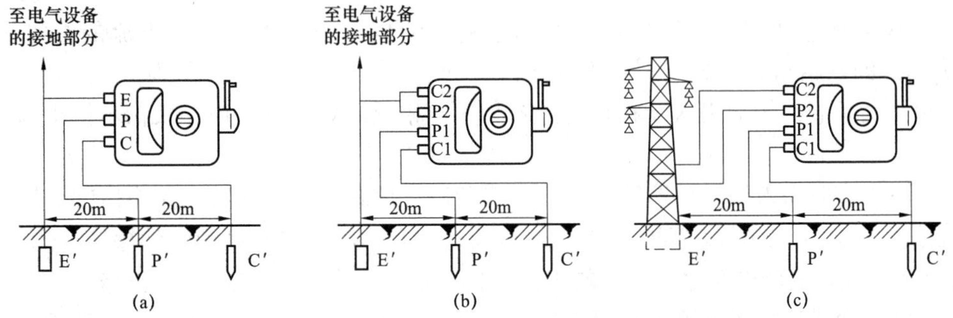

图 GYBD00201001-7 接地电阻测量仪的接线

（a）三端钮式测量仪的接线；（b）四端钮式测量仪的接线；（c）测量小接地电阻时的接线

四、钳形电流表

用一般电流表测量电路电流时，需要切断电路将仪表串入。钳形表则可在不切断电路的情况下进行测量，且使用和携带都很方便。它是线路及变压器等设备检修、运行监视中常用的一种携带式电工仪表。

1. 钳形表的结构原理

钳形表的外形与结构如图 GYBD00201001-8 所示。它实质上是电流表与电流互感器的组合，其钳

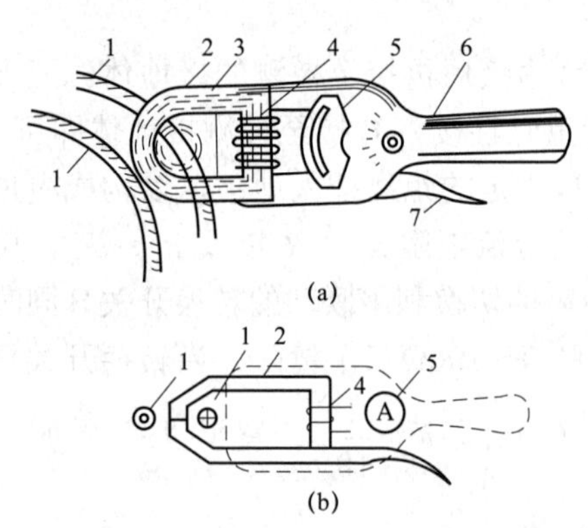

图 GYBD00201001-8 钳形表的外形与结构

（a）外形及使用图；（b）结构原理图

1—电线；2—铁芯；3—磁通；4—二次线圈；

5—电流表；6—量程旋钮；7—开钳口手柄

形铁芯可以开闭，当钳形电流表的钳口卡入带电导线时，就相当于有了一次线圈。此时，工作电流就会在钳形电流表的铁芯内产生磁通，该磁通匝链（穿透）二次绕组便感应出二次电势，同时二次负载中也就会存在一定的电流。这个二次电流的大小与一次实际工作电流成正比例，这样表头指示的数值便可间接地反映出一次工作电流的大小。所以，钳形电流表的最主要特点是可以在不需要断开电路的情况下测出交流电流的大小。

2. 使用时的注意事项

（1）用钳形表测量交流电流时，应事先将表计柄擦干净。电工手部要干燥或戴绝缘手套。钳口接合要保持良好。

（2）低压钳形电流表只应该用来测量低电压交流电流，而不能用于高压带电测量。

（3）测量时要选择合适的量程挡，以防止误用小量程挡测量大电流而损坏表计。具体可估计被测电流大小，将量程转换开关置于合适挡，或先置于最高挡，根据读数大小逐次向低挡切换。并尽可能使指针在全刻度的一半左右，以得到较准确的读数（测量前要先把电流零位调好）。

（4）测量过程中决不能切换电流量程挡。因为表内二次匝数很多，测量时又相当于短路状态（忽略表头内阻），一旦在测量中切换量程，就会造成二次瞬间开路，这时绕组中将会感应出高电压，导致绕组绝缘击穿。

（5）测量时应逐相进行，要尽量将导体置于钳口中央，同时不得触及任何接地的导线或其他带电导体，以防引起接地或短路。

（6）测量低压母线电流时，应先将邻近各相用绝缘板隔离，以防止钳口张开时可能引起相间短路。

（7）有些型号的钳形电流表还附有交流电压测量挡，测量电流与电压时应分别进行，切不能同时测量。

（8）在读取表计读数时要注意安全，切勿触及其他带电部分。测量后最好把转换开关放在最大电流量程位置，以免下次使用时未经选择量程而造成仪表损坏。

3. 测量结果的一般规律

（1）钳形表钳口夹入任何一相导线时，表计将指示该相电流的大小。

（2）夹入三相平衡负载的三根导线（相线）时，钳形表指示为零（因三相电流的相量和等于零）。

（3）夹入其中任意两根相线时，钳形表指示的电流值与未夹入一相中电流的绝对值相等（如 $\dot{I}_U + \dot{I}_V = -\dot{I}_W$），即它指示为未夹入一相的电流。

（4）三相平衡负载，钳口夹入一相正向导线和另一相反向导线时，钳形表指示值将为一相电流的 1.731 倍。

此外，实用中有时夹入钳口后即发出振动声或杂声，这时可适当活动连接钳口的手把或将钳口重新开合 1～2 次。若声响未消除，可检查钳口接合面是否有污垢，如有则用汽油擦净；测量小电流时，若电流值小于 5A 或为表计电流最小量程的 1/2 以下，为了得到较准确的读数，在条件许可时，可将被测导线多绕几圈再放进钳口进行测量，但实际电流数值应为读数除以放进钳口内的导线根数（圈数）。

由于钳形表测量时不串入线路，故其准确度不高，误差较大，实际工作中可作为一般性监测用。

五、直流电桥

直流电桥是一种比较仪表，能精确地测量电阻值。常用它测量电气设备的线圈电阻、绕组电阻、触头的接触电阻和电阻元件的阻值等。能精确测量电阻值的原因，一方面是由于测量时是将被测电阻和标准电阻直接比较来决定其数值的，标准电阻的准确度可以做得很高（达 10^{-4} 以上）；另一方面目前检流计的灵敏度也可制作得很高，这样就能更确切地保证平衡条件，以获得相当高的测量精度。

1. 单臂与双臂电桥的测量范围

直流电桥有单臂电桥（又称惠斯登电桥）与双臂电桥（又称凯尔文电桥或汤姆逊电桥）之分，通常简称为单桥和双桥。在需要测量 1Ω以下的小电阻时，连接导线的电阻及接头的接触电阻将给测量带来不允许的误差。因此，必须想办法消除或减小接线电阻及接触电阻对测量结果的影响。这一点单臂电桥是无法解决的，因用它测定时，被测电阻和接线电阻、接触电阻同接于电桥的一臂，故测量误差较大，必须用双臂电桥进行精确测量。通常单臂电桥可测 1～10^7Ω的电阻，而双臂电桥则可测 10^{-6}～10Ω的电阻。

2. 电桥的使用步骤及注意事项

应用电桥测量电阻值是相当精密的测量方法。若使用不当，非但不能获得应有的精确结果，还可能会损坏该测量设备。电桥正确使用的步骤及有关注意事项如下：

（1）应根据被测电阻的粗略范围和对测量准确度的要求，选择合适的电桥。电桥的准确度分为 0.02、0.05、0.1、0.2、1.0、1.5、2.0 和 5.0 八个等级。如准确度为 1.0 级，表明电桥在有效量限范围内，误差不超过 1%。所选电桥的误差应略小于被测电阻的允许误差。

（2）电桥一般具有内部电源（QJ23 型为 1.5V 电池三节），如需外接电源，可将电压符合说明书规定的直流电源接于外接电源的+、−接线柱上。

（3）将被测电阻连接到电桥上时，应尽量采用短而粗的导线，以减少引线电阻和接触电阻，并要接牢，以免碰掉时电桥严重不平衡，损坏检流计。

（4）将检流计锁扣轻轻打开（向下拨），若指针不在零点，可转动调零旋钮调至零位。

（5）估计被测电阻的大小，选择适当的比率，使比较臂的电阻各挡均被充分利用，以提高测量精度。

（6）测量时应先用左手中指按下电源按钮 B，再以食指按下检流计按钮 G，若检流计指针按正的方向偏转，则应加大电阻，反之应减小电阻，如此将检流计指针调到指零为止。

（7）测量后应先松开按钮 G，再松开按钮 B。以免测量具有电感性绕组的电阻时产生较大的自感电势，会冲击检流计，使检流计指针打弯甚至烧坏测量线圈。

（8）读数并计算被测电阻的数值。此时 R_x=比率×比较臂的读数。

（9）使用完毕后应将检流计的锁扣锁住（即向上拨）。

（10）在使用双臂电桥时，被测电阻与电流接头和电位接头的接法如图 GYBD00201001-9 所示。外接电源最好采用容量较大的蓄电池（电压为 2～4V）。

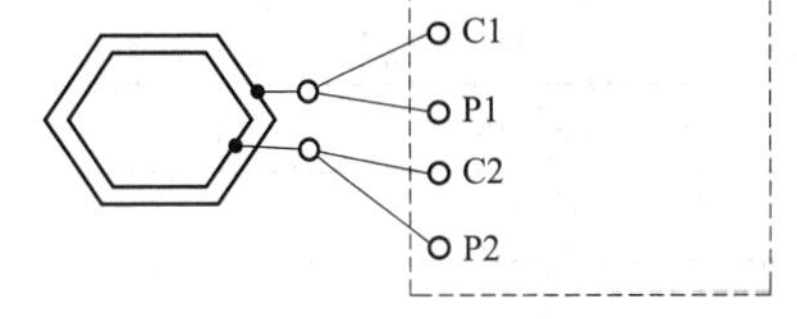

图 GYBD00201001-9　被测电阻与电流接头和电位接头的接法

【思考与练习】

1. 如何选用绝缘电阻表的电压？
2. 试述单臂电桥和双臂电桥的测量范围和使用步骤。
3. 绝缘电阻表测量绝缘电阻时的注意事项有哪些？

模块 2　安全工器具使用与维护（GYBD00201002）

【模块描述】本模块介绍电气安全用具分类、绝缘安全用具、一般防护用具、安全标识、安全用具等内容。通过结构描述、使用方法介绍和注意事项讲解，达到能正确使用电气安全工器具。

【正文】

一、电气安全用具分类

为了防止电气工作人员发生触电、灼伤、高处摔跌、煤气中毒等事故，必须正确使用相应的电气安全用具，这是保证人身安全的基本条件之一。电气安全用具分一般防护安全用具和绝缘安全用具两大类。

一般防护安全用具：安全带、安全帽、安全照明灯具、防毒面具、护目眼镜、标示牌和临时遮栏等。

绝缘安全用具：绝缘杆、绝缘夹钳、绝缘台、绝缘手套、绝缘靴（鞋）、绝缘垫、验电笔、携带型接地线等。绝缘安全用具又可分为如下两类：

（1）基本安全用具。它的绝缘强度大，能长时间承受电气设备的工作电压，并能在该电压等级产生内部过电压时保证工作人员的人身安全，如绝缘杆、绝缘夹钳及验电器等。

（2）辅助安全用具。它的绝缘强度小，不能承受电气设备的工作电压，只是用来加强基本安全用具的保安作用，能防止接触电压、跨步电压和电弧对操作人员的伤害，如绝缘台、绝缘手套、绝缘靴（鞋）及绝缘垫等。

二、绝缘安全用具

（一）绝缘杆的使用

绝缘杆也称绝缘棒、操作杆，主要用来闭合或断开高压隔离开关（俗称刀闸）、跌落式熔断器（俗称保险），安装和拆除携带型接地线，以及进行测量和试验等工作，要求具有良好的绝缘性能和机械强度。

1. 主要结构

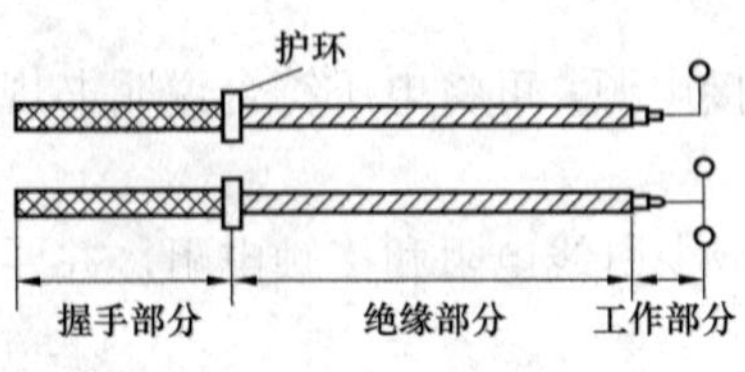

图 GYBD00201002-1 绝缘杆的结构

绝缘杆主要由工作部分、绝缘部分和握手部分构成，如图 GYBD00201002-1 所示。绝缘杆的工作部分一般用金属制成，用来直接接触带电设备，绝缘部分与握手部分以护环相隔开，它们用浸过绝缘漆的木材、硬塑料、胶木或玻璃钢制成。绝缘杆握手部分和绝缘部分的最小长度，可根据使用电压的高低及使用场所的不同而定。根据《国家电网公司电力安全工作规程（变电部分）》规定，绝缘杆有效绝缘不得小于表 GYBD00201002-1 的规定。

表 GYBD00201002-1 绝 缘 杆 长 度

电压等级（kV）	绝缘操作杆（m）	电压等级（kV）	绝缘操作杆（m）
10	0.7	220	2.1
35	0.9	330	3.1
63（66）	1.0	500	4.0
110	1.3		

绝缘部分的有效长度，不包括与金属工作部分镶接的一段长度。工作部分金属钩的长度，在满足工作需要的情况下，应该做得尽量短些，一般在 5～8cm，以免由于过长而在操作时引起相间短路或接地短路。

2. 使用和保管注意事项

（1）使用前，应先检查是否超过试验有效期，检查绝缘杆的表面是否完好，各部分的连接是否可靠。

（2）操作前，杆表面应用清洁的干布擦拭干净，使杆表面干燥、清洁。

（3）操作者的手握部位不得越过护环。

（4）绝缘杆的规格必须符合被操作设备的电压等级，切不可任意取用。

（5）为防止因绝缘杆受潮而产生较大的泄漏电流，危及操作人员的安全，在使用绝缘杆拉合隔离开关或经传动机构拉合隔离开关和断路器时，均应戴绝缘手套。

（6）雨天使用绝缘杆时，应在绝缘部分安装一定数量的防雨罩，以便阻断顺着绝缘杆流下的雨水，使其不致形成连续的水流柱而大大降低湿闪电压。同时可保持一定的干燥表面，保证湿闪电压合格。另外，雨天使用绝缘杆操作室外高压设备时，还应穿绝缘靴。

（7）当接地网接地电阻不符合要求时，晴天操作也应穿绝缘靴，以防止接触电压、跨步电压的伤害。

（8）绝缘杆应统一编号，存放在特制的木架上。

3. 检查与试验

（1）绝缘杆一般应每 3 个月检查 1 次。检查时要擦净表面，检查有无裂纹、机械损伤、绝缘层损坏。

（2）绝缘杆一般每年必须试验1次，根据《国家电网公司电力安全工作规程（变电部分）》规定，试验标准见表GYBD00201002-2。

表 GYBD00201002-2 绝缘杆的试验标准

器具	额定电压（kV）	试验周期	试验长度（m）	工频耐压（kV）	时间（min）
绝缘杆	10	1年	0.7	45	1
	35		0.9	95	1
	63		1.0	175	1
	110		1.3	220	1
	220		2.1	440	1
	330		3.2	380	5
	500		4.1	580	5

（二）绝缘夹钳的使用

绝缘夹钳是用来安装和拆卸高压熔断器或执行其他类似工作的工具，主要用于35kV及以下电力系统。

1. 主要结构

绝缘夹钳由工作钳口、绝缘部分（钳身）和握手部分（钳把）组成。各部分所用材料与绝缘杆相同，只是它的工作部分是一个强固的夹钳，并有一个或两个管形的钳口，用以夹紧熔断器，如图GYBD00201002-2所示。

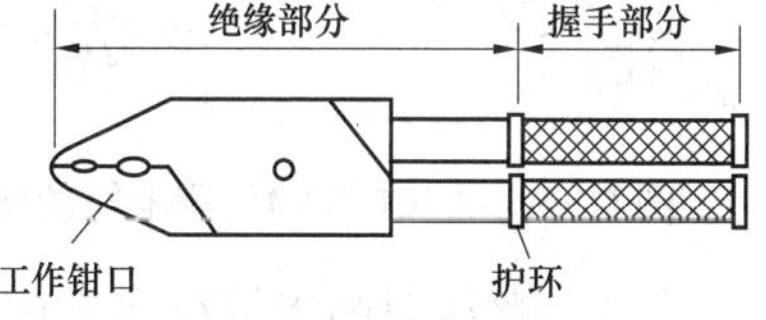

图 GYBD00201002-2 绝缘夹钳的结构

它的绝缘部分和握手部分的最小长度不应小于表GYBD00201002-3的数值，主要依电压和使用场所而定。

表 GYBD00201002-3 绝缘夹钳的最小长度 m

电压（kV）	户内设备用		户外设备用	
	绝缘部分	握手部分	绝缘部分	握手部分
10	0.45	0.15	0.75	0.20
35	0.75	0.20	1.2	0.20

2. 使用和保管注意事项

（1）绝缘夹钳必须按规定进行定期试验。

（2）绝缘夹钳上不允许装接地线，以免在操作时，由于接地线在空中游荡而造成接地短路和触电事故。

（3）在潮湿天气只能使用专用的防雨绝缘夹钳。

（4）作业人员工作时，应戴护目眼镜、绝缘手套和穿绝缘靴（鞋）或站在绝缘台（垫）上，手握绝缘夹钳要精力集中并保持平衡。

（5）绝缘夹钳要保存在专用的箱子里或匣子里，以防受潮和磨损。

3. 检查与试验

绝缘夹钳和绝缘杆一样，应每年试验1次，其耐压试验标准见表GYBD00201002-4。

表 GYBD00201002-4 绝缘夹钳耐压试验标准

器具	试验名称	试验周期	额定电压（kV）	试验长度（m）	工频耐压（kV）	持续时间（min）
绝缘夹钳	工频耐压试验	1年	10	0.7	45	1
			35	0.9	95	1

（三）验电器的使用

验电器分为高压和低压两类，是检验电气设备、电器等是否有电的一种专用安全工具。

1. 低压验电器

低压验电器也称为测电笔，有钢笔式和螺丝刀式两种，如图 GYBD00201002-3 所示。

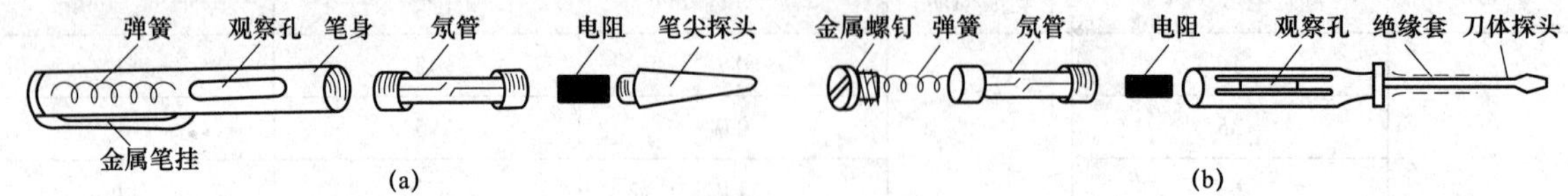

图 GYBD00201002-3 测电笔

（a）钢笔式；（b）螺丝刀式

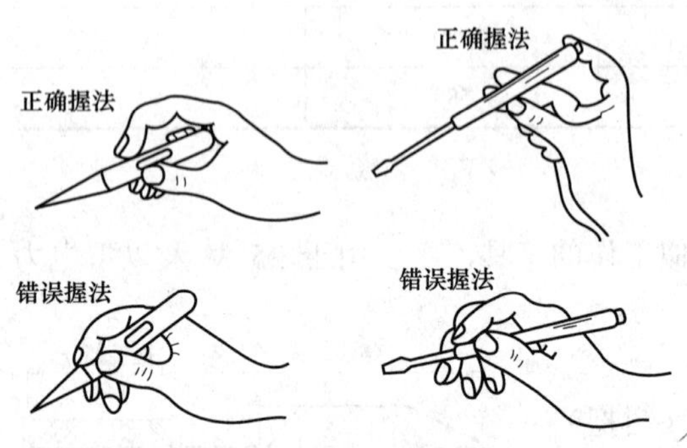

图 GYBD00201002-4 测电笔的使用方法

测电笔的使用方法如图 GYBD00201002-4 所示。

低压测电笔是用来在低压回路中测试用电器具及电气装置是否带电的工具，以确保维护检修工作的安全。

用测电笔验电时要注意下列几点：

（1）测试前需先在带电体上测试一下，以检验测电笔是否发光完好。

（2）测试时手指不要触及测试触头，防止发生触电。螺丝刀测电笔测试触头上部的金属管要套以绝缘管，以防触电和在测试时触及地线或其他相线而发生短路。

（3）螺丝刀测电笔在作旋凿使用时，不能过分用力，只能用以旋小螺钉，以防损坏。

（4）有些设备特别是测试仪表，其外壳常会因感应带电，验电时氖泡也发亮，但不一定构成触电危险。此时可用万用表测量等其他方法以判断是否真正带电。

2. 高压验电器

（1）验电器的结构。验电器由指示部分、绝缘部分和握柄三部分组成，高压验电器的结构如图 GYBD00201002-5 所示。指示部分包括金属接触电极和指示器。绝缘部分和握手部分（握柄）一般是用环氧玻璃布管制成，在两者之间标有明显的标志或装设保护环。目前常用的高压验电器主要有声光型和回转带声光型两种。

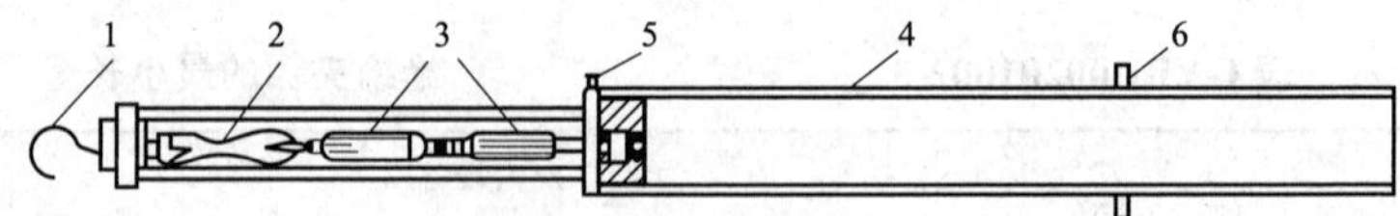

图 GYBD00201002-5 高压验电器的结构

1—工作触头；2—氖灯；3—电容器；4—支持器；5—接地螺钉；6—隔离护环

（2）高压验电器使用注意事项：

1）必须使用电压和被验设备电压等级相一致的合格验电器。验电操作顺序应按照验电“三步骤”进行，即在验电前，应将验电器在带电的设备上验电，以验证验电器是否良好，然后在装设接地线或合接地开关（装置）处对各相分别验电。

2）验电时，应戴绝缘手套，验电器应逐渐靠近带电部分，直到氖灯发亮为止，验电器不要立即直接触及带电部分。

3）验电时，验电器不应装接地线，除非在木梯、木杆上验电，不接地不能指示者，才可装接地线。

4）验电器用后应存放于匣内，置于干燥处，避免积灰和受潮。

（3）检查与试验。

1）每次使用前都必须认真检查，主要检查绝缘部分有无污垢、损伤、裂纹；检查指示氖泡是否损坏、失灵；检查声音是否正常等。

2）对高压验电器应每年试验 1 次，一般验电器的试验分发光电压试验和耐压试验两部分，试验标准见表 GYBD00201002-5。

表 GYBD00201002-5　　电容型验电器的试验标准

验电器额定电压（kV）	试验周期	启动电压试验	试验长度（m）	工频耐压（kV）	
				1min	5min
10	1 年	启动电压不高于额定电压的 40%，不低于额定电压的 15%	0.7	45	
35			0.9	95	
63（66）			1.0	175	
110			1.3	220	
220			2.1	440	
330			3.2		380
500			4.1		580

（四）绝缘手套和绝缘靴（鞋）的使用

1. 绝缘手套

绝缘手套是在高压电气设备上进行操作时使用的辅助安全用具，也是低压带电设备上工作时的基本安全用具。绝缘手套可使人的两手与带电物绝缘，是防止工作人员同时触及不同极性带电体而导致触电的安全用具。

（1）使用及保管注意事项：

1）使用绝缘杆时，戴上绝缘手套，可提高绝缘性能，防止泄漏电流对人体的伤害。

2）使用绝缘手套前，应检查是否超过试验有效期。

3）使用前，应进行外部检查，查看橡胶是否完好，查看表面有无损伤、磨损或破漏、划痕等。如有粘胶破损或漏气现象，应禁止使用。具体方法为：将手套朝手指方向卷曲，当卷到一定程度时，内部空气因体积减小，压力增大，手指若鼓起，为不漏气者，即为良好，如图 GYBD00201002-6 所示。

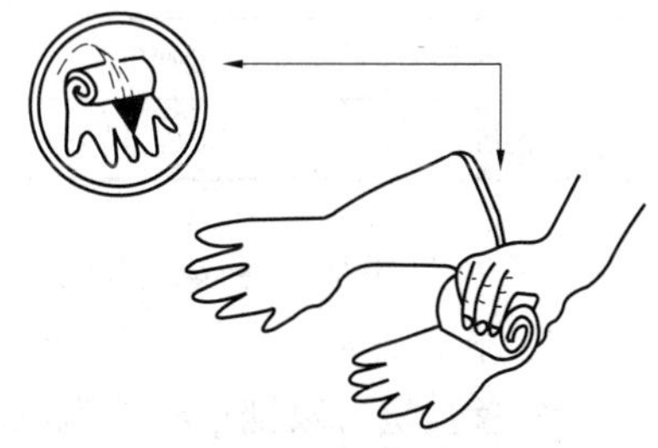
图 GYBD00201002-6　绝缘手套使用前的检查

4）使用绝缘手套时，操作人应将外衣袖口放入手套的伸长部分里。

5）因为对绝缘手套有电气的要求，所以不能用医疗或化学用的手套代替绝缘手套，同时也不应将绝缘手套用作其他用途。

6）绝缘手套使用后应擦净、晾干，最好洒上一些滑石粉，以免粘连。

7）绝缘手套应统一编号，现场使用的绝缘手套最少应保持两副。

8）绝缘手套应存放在干燥、阴凉、专用的柜内，与其他工具分开放置，其上不得堆压任何物件，以免刺破手套。

9）绝缘手套不允许放在过冷、过热、阳光直射和有酸、碱、药品的地方，以防胶质老化，降低绝缘性能。

（2）试验及标准。绝缘手套应每半年试验 1 次，其试验标准见表 GYBD00201002-6。

表 GYBD00201002-6　　绝缘手套的试验标准

名　称	电压等级（kV）	试验周期	试验电压（kV）	泄漏电流（mA）	持续时间（min）
绝缘手套	高压	半年	8	≤9	1
	低压		2.5	≤2.5	

2. 绝缘靴（鞋）

绝缘靴（鞋）的作用是使人体与地面绝缘。绝缘靴是高压操作时用来与地保持绝缘的辅助安全用具，绝缘鞋用于低压系统中，两者都可作为防护跨步电压的基本安全用具，如图 GYBD00201002-7 所示。

(a) (b)

图 GYBD00201002-7 绝缘靴（鞋）

（a）绝缘靴；（b）绝缘鞋

（1）使用及保管注意事项：

1）使用绝缘靴前，应检查绝缘靴是否完好，是否超过试验有效期。

2）绝缘靴应统一编号，现场使用的绝缘靴最少应保持两双。

3）绝缘靴不得当作雨鞋或作其他用，其他非绝缘靴也不能代替绝缘靴使用。

4）绝缘靴如试验不合格，则不能再穿用。

5）绝缘靴在每次使用前应进行外部检查，查看表面有无损伤、磨损或破漏、划痕等。如有砂眼漏气，应禁止使用。

6）绝缘靴应存放在干燥、阴凉、专用的柜内，要与其他工具分开放置，其上不得堆压任何物件。

7）绝缘靴不允许放在过冷、过热、阳光直射和有酸、碱、药品的地方，以防胶质老化，降低绝缘性能。

（2）试验及标准。绝缘靴、鞋的试验标准见表 GYBD00201002-7。

表 GYBD00201002-7 绝缘靴的试验标准

名 称	电压等级	试验周期	工频耐压（kV）	泄漏电流（mA）	持续时间（min）
绝缘靴	任何电压	半年	15	≤7.5	1
绝缘鞋	1kV 及以下		3.5	≤2	

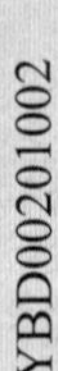

（五）绝缘胶垫和绝缘台

1. 绝缘胶垫

绝缘胶垫一般铺在配电室以及控制屏、保护屏两侧的地面上，其作用与绝缘靴基本相同。当进行带电操作时，可增强操作人员的对地绝缘，避免或减轻发生单相接地或电气设备绝缘损坏时接触电压与跨步电压对人体的伤害。在低压配电室地面上铺绝缘胶垫，可代替绝缘鞋，起到绝缘作用，因此在 1kV 及以下时，绝缘胶垫可作为基本安全用具；而在 1kV 以上时，仅作辅助安全用具。

（1）使用及保管注意事项：

1）在使用过程中，应保持绝缘垫干燥、清洁，注意防止与酸、碱及各种油类物质接触，以免受腐蚀后老化、龟裂或变黏，从而降低其绝缘性能。

2）绝缘胶垫应避免阳光直射或锐利金属划刺，存放时应避免与热源（暖气等）距离太近，以防加剧老化变质，从而使绝缘性能下降。

3）使用过程中要经常检查绝缘胶垫有无裂纹、划痕等，发现有问题时要立即停止使用，并及时更换。

4）绝缘胶垫应每半年用低温肥皂水清洗 1 次。

（2）试验及标准。绝缘胶垫每年应试验 1 次，试验标准见表 GYBD00201002-8。

表 GYBD00201002-8 绝缘胶垫的试验标准

名 称	电压等级	试验周期	工频耐压（kV）	持续时间（min）
绝缘胶垫	高压	1 年	15	1
	低压		3.5	

2. 绝缘台

绝缘台用在各电压等级的电力装置中作为带电工作时的辅助安全用具。它的台面是干燥的、涂过绝缘漆的木板或木条做成，脚用绝缘瓷件作台脚。绝缘台其作用与绝缘胶垫、绝缘靴相同。

（1）使用及保管注意事项：

1）绝缘台多用于变电站和配电室内。如用于户外，应将其置于坚硬的地面，不应放在松软的地面或泥草中，以避免台脚陷入泥土中造成站台面触及地面而降低绝缘性能。

2）绝缘台的台脚绝缘瓷件应无裂纹、破损，木质台面要保持干燥清洁。

3）绝缘台使用后应妥善保管。

（2）试验及标准。绝缘台一般3年试验1次。不得随意登、踩或作板凳坐。绝缘台试验标准与使用电压等级无关，试验时加交流电压40kV，持续时间为2min。

三、一般防护用具

（一）携带型短路接地线

当高压设备停电检修或进行其他工作时，为了防止停电设备突然来电和邻近高压带电设备对停电设备所产生的感应电压对人体的危害，需要用携带型接地线将全部停电的电气设备上，向可能来电的各侧装设地线，同时设备上的残余电荷对地放掉。实践证明，接地线对保证人身安全十分重要。现场工作人员常称携带型接地线为“保命线”。

携带型接地线主要由短路各相的导线（即三相短路线）、接地用的导线（即接地线）及将上述两种导线接到设备停电部分和接地装置上的连接器（也称线卡或线夹）等三部分组成，如图GYBD00201002-8所示。短路各相用的导线采用多股软铜线，其截面积应能满足短路时热稳定的要求，即在较大短路电流通过时，导线不会因产生高热而熔化。为了保证有足够的机械强度，截面积应不小于25mm^2。

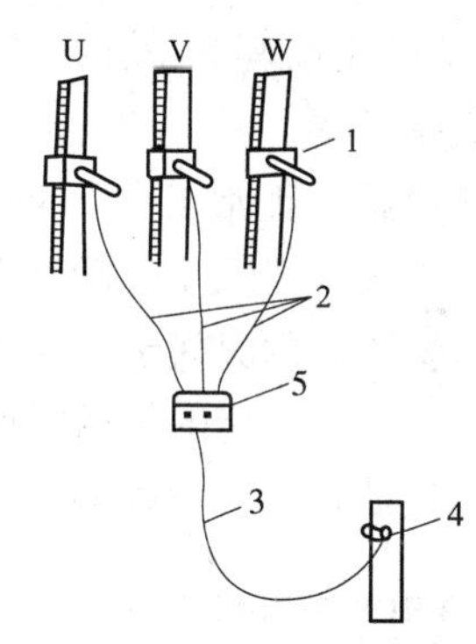

图GYBD00201002-8　接地线的组成

1、4、5—专用线夹；2—三相短路线；3—接地线

为了保证接地线、各连接器与设备的导电部分均接触良好，一般在安装设备时，将设备的导电部分和接地装置的接地干线以及可能装设接地线的地方擦拭干净，并在表面镀锡，作为标志。

1. 携带型接地线的使用和保管注意事项

（1）接地线装拆顺序的正确与否很重要。装设接地线必须先接接地端，后接导体端，且必须接触良好；拆接地线的顺序与此相反。

（2）使用时，接地线的连接器（线卡或线夹）装上后接触应良好，并有足够的夹持力，以防短路电流幅值较大时，由于接触不良而熔断或因电动力的作用而脱落。

（3）应检查接地铜线和三根短接铜线的连接是否牢固，一般应由螺钉拴紧后，再加焊锡焊牢，以防因接触不良而熔断。

（4）装设接地线必须由两人进行，装、拆接地线均应使用绝缘杆和戴绝缘手套。

（5）接地线在每次装设以前应经过详细检查，损坏的接地线应及时修理或更换，禁止使用不符合规定的导线作接地线或短路线之用。

（6）接地线必须使用专用线夹固定在导线上，严禁用缠绕的方法进行接地或短路。

（7）每组接地线均应统一编号，并存放在固定的地点，存放位置亦应编号。接地线编号与存放位置编号必须一致，以免在较复杂的系统中进行部分停电检修时，发生误拆或忘拆接地线而造成事故。

（8）接地线和工作设备之间不允许连接隔离开关或熔断器，以防它们断开时，设备失去接地，使检修人员发生触电事故。

2. 试验及标准

携带型短路接地线操作棒工频耐压试验见表GYBD00201002-9。

表GYBD00201002-9　　携带型短路接地线操作棒工频耐压试验

器具	项目	周期	要　求	说　明
携带型短路接地线	成组直流电阻试验	不超过5年	在各接线鼻之间测量直流电阻，对于25、35、50、70、95、120mm^{2}的各种截面，平均每米的电阻值应分别小于0.79、0.56、0.40、0.28、0.21、0.16mΩ	同一批次抽测，不少于2条，接线鼻与软导线压接的应做该试验

续表

器具	项目	周期	要求				说明
			额定电压（kV）	试验长度（m）	工频耐压（kV）		
					1min	5min	
携带型短路接地线	操作棒的工频耐压试验	5年	10	—	45	—	试验电压加在护环与紧固头之间
			35	—	95	—	
			63（66）	—	175	—	
			110	—	220	—	
			220	—	440	—	
			330	—	—	380	
			500	—	—	580	

（二）防毒面具和护目眼镜

1. 防毒面具

在变电站的正常工作、事故抢修与灭火工作中，难免要接触有害气体时，必须使用防毒面具，以保障工作人员人身安全。应注意使用防毒面具时要有人监护。

MP 型防毒面具属于过滤性防毒面具，在滤毒罐内装入不同的过滤剂，分别可使多种毒气被过滤吸收。过滤剂有一定的使用时间，一般为 30～100min。当它失去作用时，面具内便会有特殊气味，此时应更换过滤剂。滤毒罐的种类、防护范围和使用时间见表 GYBD00201002-10。

表 GYBD00201002-10　　滤毒罐的种类、防护范围和使用时间

型号	颜色	防护范围	防护举例	使用时间（min）
MP-1	草绿+白道	氢氰酸及其衍生物、砷化物、毒烟、毒雾	氢氰酸、化氢、双光气、二氯甲砷、路易氏、溴甲烷、光气	＞50
MP-2	绿	氢氰酸及其砷化物、各种有机气体和蒸汽	氢氰酸、砷化氢、路易氏气、芥子气	＞90
MP-3	褐	各种有机气体和蒸汽	苯、氯、丙酮、醇类、苯胺类、二硫化碳、氯仿、四氯化碳、溴甲烷、硝基烷、氯甲烷	＞35～60
MP-4	灰	氨	氨、硫化氢	＞60～100
MP-5	白	一氧化碳	一氧化碳	＞70
MP-6	黑+黄条	汞	汞	
MP-7	黄	各种酸性气体	卤化氢、氢、光气、硫的氧化物	＞35

正压式消防空气呼吸器是一种专为个人配备的用于呼吸保护的装备。用在有浓烟、毒气、蒸汽或缺氧的各种环境中安全有效地进行灭火、抢险救灾、救护和维修等工作。配备有视野广阔、明亮、与人的面部贴合紧密且具有良好密封性能的全面罩；使用过程中，全面罩内的压力始终大于周围环境的大气压力，能有效地防止外界有毒有害气体的侵入，同时配备了气瓶余压报警器，用于提醒佩戴者安全及时的撤离作业现场。因此本产品具有使用安全可靠、佩戴舒适的特点。RHZKF 正压式消防空气呼吸器的技术参数和规格见表 GYBD00201002-11。

表 GYBD00201002-11　　RHZKF 正压式消防空气呼吸器的技术参数和规格

序号	技术参数	规格型号			
		RHZKF9.0/30（H2001-9.0）	RHZKF6.8/30（H2001-6.8）	RHZKF4.7/30（H2001-4.7）	RHZKF8×2/30（H2001-6.8×2）
1	整体质量（kg）	≤12	≤10	≤8.5	≤17
2	外形尺寸（长×宽×高，mm）	650×270×225	600×270×210	600×270×200	600×350×210
3	适用环境温度（℃）	−30～60			
4	气瓶额定工作压力（MPa）	30			

续表

序号	技 术 参 数	规 格 型 号			
		RHZKF9.0/30（H2001-9.0）	RHZKF6.8/30（H2001-6.8）	RHZKF4.7/30（H2001-4.7）	RHZKF8×2/30（H2001-6.8×2）
5	气瓶容积（水容积）（L）	9.0	6.8	4.7	6.8×2
6	气瓶最大储气量（L）	2700	2040	1410	4080
7	供气特点	正压式特点			
8	最大吸气阻力（Pa）	≤500			
9	最大呼气阻力（Pa）	≤1000			
10	余气报警压力（MPa）	5～6			
11	报警发声声级（dB）	≥90			
12	吸入气体中二氧化碳含量（%）	≤1			

2. 护目眼镜

在维护电气设备和进行检修工作时，为保护工作人员的眼睛不受电弧灼伤，以及防止灰尘、铁屑等脏杂物落入眼内，必须使用护目眼镜，如图 GYBD00201002-9 所示。

图 GYBD00201002-9 护目眼镜

护目眼镜应是封闭型的，镜片玻璃要能耐热、耐压（即能承一定的机械力作用）。

（三）隔离板和临时遮栏

为了限制工作人员作业中的活动范围以保证安全距离，防止工作人员误入带电间隔、误登带电设备发生触电伤害事故，在工作地点邻近带电设备处和工作地点周围安装隔离板、临时遮栏或其他隔离装置进行防护，同时也可防止非检修人员进入检修区受到伤害。

隔离板用干燥的木板做成，高度一般不小于 1.8m，下部边沿离地面不超过 10cm。板上有明显的警告标志“止步，高压危险”。隔离板要求轻便，制作牢固、稳定，不易倾倒。隔离板也可做成栅栏形状，既轻便又省料。

在室外进行高压设备部分停电作业时，用线网或绳子拉成遮栏，称为临时遮栏。这种遮栏要求对地距离不小于 1m。

（四）安全带和安全帽

1. 安全带

在变电站及电力线路上，登高类的工作较多，特别是电气设备安装和检修，常免不了要在高处工作。按照《国家电网公司电力安全工作规程》规定：在没有脚手架或在没有栏杆的脚手架上工作，高度超过 1.5m 时，必须使用安全带或采取其他可靠的安全措施。安全带是预防高空作业人员坠落伤亡最有效的防护用品，特别是对登杆作业的人员，只有在系好安全带后，两只手才能同时进行作业工作。

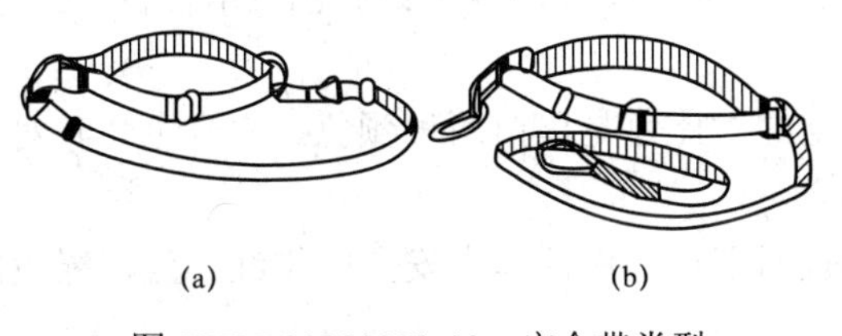

(a) (b)

图 GYBD00201002-10 安全带类型

（a）围杆带；（b）悬挂带

安全带由带子、绳子和金属配件组成，如图 GYBD00201002-10 所示。根据 GB 6095—2009《安全带》生产的锦纶安全带，其优点是强度高、延伸率高、回缩率强以及耐腐、耐磨、耐蛀、耐碱和质量小。

（1）使用和保管注意事项：

1）安全带使用前，必须作 1 次外观检查，如发现破损、变质及金属配件有断裂者，应禁止使用，平时不用时也应 1 个月作 1 次外观检查。

2）安全带应高挂低用或水平拴挂。高挂低用就是将安全带的绳挂在高处，人在下面工作；水平拴挂就是使用单腰带时，将安全带系在腰部，绳的挂钩挂在和带同一水平的位置，人和挂钩保持差不多等于绳长的距离。使用时应将活梁卡子系紧，切忌低挂高用。

3）安全带使用和存放时，应避免接触高温、明火和酸类物质，以及有锐角的坚硬物体和化学药物。

4）安全带可放入低温水中，用肥皂轻轻擦洗，再用清水漂干净，然后晾干，不允许浸入热水中，以及在日光下曝晒或用火烤。

5）安全带上的各种部件不得任意拆掉，更换新绳时要注意加绳套，带子使用期为3～5年，发现异常应提前报废。

（2）试验及标准。安全带的试验周期为1年，试验标准见表GYBD00201002-12。

表GYBD00201002-12 安全带的试验标准

名称		试验静拉力（N）	载荷时间（min）	试验周期	说明
安全带	围杆带	2205	5	1年	牛皮带试验周期为半年
	围杆绳	2205	5		
	护腰带	1470	5		
	安全绳	2205	5		

2. 安全帽

安全帽是对人体头部受外力伤害起防护作用的安全用具，由帽壳、帽衬、下颏带、吸汗带、通气孔后箍等组成。电报警安全帽是我国近几年研制的一种新型产品，如接近带电设备至安全距离，安全帽会自动报警，从而起到提示作业人员，避免人身触电事故发生的作用。电报警安全帽在接近高压报警距离范围时，必须再按下帽内自检开关，若能发出自检声音，方可进入高压区域作业。当发现自检报警音调明显降低时，表明电池已快耗尽，应换新的电池。更换时应注意极性。当环境湿度大于90%时，报警距离的准确度要受影响，使用时请注意。

安全帽应放置在室内干燥、通风并远离电源线0.5m不漏电的地方。

安全帽的试验标准见表GYBD00201002-13。

表GYBD00201002-13 安全帽的试验标准

名称	项目	试验周期	要求	使用寿命
安全帽	冲击性能试验	按规定期限	受冲击力小于4900N	从制造之日起： 塑料帽小于或等于2.5年， 玻璃钢帽小于或等于3.5年
	耐穿刺性能试验	按规定期限	钢锥不接触头模表面	

四、安全标识

1. 安全色

安全色是表达安全信息含义的颜色，表示禁止、警告、指令、提示等。国家规定的安全色有红、蓝、黄、绿四种颜色。红色表示禁止、停止；蓝色表示指令、必须遵守的规定；黄色表示警告、注意；绿色表示指示、安全状态、通行。

为使安全色更加醒目的反衬色称为对比色，国家规定的对比色是黑白两种颜色。安全色与其对应的对比色是：红—白、黄—黑、蓝—白、绿—白。

黑色用于安全标志的文字、图形符号和警告标志的几何图形。白色作为安全标志红、蓝、绿色的背景色，也可用于安全标志的文字和图形符号。

在电气上涂成红色的电器外壳是表示其外壳有电；灰色的电器外壳是表示其外壳接地或接零；线路上黑色代表工作零线。明敷接地扁钢或圆钢涂黄绿双色。用黄绿双色绝缘导线代表保护零线；直流电中红色代表正极，蓝色代表负极，信号和警告回路用白色。

2. 安全标志

安全标志是提醒人员注意或按标志上注明的要求去执行，保障人身和设施安全的重要措施。安全标志一般设置在光线充足、醒目、稍高于视线的地方。

隐蔽工程（如埋地电缆）在地面上要有标志桩或依靠永久性建筑挂标志牌，注明工程位置。容易被人忽视的电气部位，如封闭的架线槽、设备上的电气盒，要用红漆画上电气箭头。

在电气工作中还常用标示牌，在电气设备上悬挂标示牌，用来警告作业人员不得接近设备的带电部分，提醒作业人员在工作地点采取的安全措施，指明应检修的工作地点，以及警示值班人员禁止向某设备合闸送电等。

标示牌根据其用途可分为警告类、允许类、提示类和禁止类等四类共六种，每种标示牌的式样及悬挂处如表 GYBD00201002-14 所示。标示牌类型如图 GYBD00201002-11 所示。

表 GYBD00201002-14　　标示牌式样

名　称	悬　挂　处	式　　样		
		尺寸（长×宽，mm）	颜　色	字　样
禁止合闸，有人工作！	一经合闸即可送电到施工设备的断路器（开关）和隔离开关（刀闸）操作把手上	200×160 和 80×65	白底，红色圆形斜杠，黑色禁止标志符号	黑体黑字
禁止合闸，线路有人工作！	线路断路器（开关）和隔离开关（刀闸）把手上	200×160 和 80×65	白底，红色圆形斜杠，黑色禁止标志符号	黑体黑字
禁止分闸！	接地开关与检修设备之间的断路器（开关）操作把手上	200×160 和 80×65	白底，红色圆形斜杠，黑色禁止标志符号	黑体黑字
在此工作！	工作地点或检修设备上	250×250 和 80×80	衬底为绿色，中有直径 200mm 和 65mm 白圆圈	黑体黑字，写于白圆圈中
止步，高压危险！	施工地点临近带电设备的遮栏上、室外工作地点的围栏上、禁止通行的过道上、高压试验地点、室外构架上、工作地点临近带电设备的横梁上	300×240 和 200×160	白底，黑色正三角形及标志符号，衬底为黄色	黑体黑字
从此上下！	工作人员可以上下的铁架、爬梯上	250×250	衬底为绿色，中有直径 200mm 白圆圈	黑体黑字，写于白圆圈中
从此进出！	室外工作地点围栏的出入口处	250×250	衬底为绿色，中有直径 200mm 白圆圈	黑体黑字，写于白圆圈中
禁止攀登，高压危险！	高压配电装置构架的爬梯上，变压器、电抗器等设备的爬梯上	500×400 和 200×160	白底，红色圆形斜杠，黑色禁止标志符号	黑体黑字

图 GYBD00201002-11　标示牌类型

五、安全用具的检查与存放

1. 检查

电工安全用具是直接保护人身安全的，必须保持良好的性能。因此，使用前应对其进行以下外观检查：

（1）安全用具是否符合《国家电网公司电力安全工作规程（变电部分）》要求。

（2）安全用具是否完好，表面有无损坏和是否清洁；有灰尘的应擦拭干净；损坏的和有炭印的不得使用。

（3）安全用具中的橡胶制品，如橡胶制的绝缘手套、绝缘靴和绝缘垫不得有外伤、裂纹、漏洞、气泡、毛刺、划痕等缺陷，发现有缺陷的应停止使用并及时更换。

（4）安全用具的瓷元件，如绝缘台的支持绝缘子有裂纹或破损者不许使用。

（5）检查安全用具的电压等级与拟操作设备的电压等级是否相符（安全用具的电压等级等于或高于拟操作电气设备的电压等级）。

2. 存放

安全用具使用完毕后，应存放于干燥通风处，并符合下列要求：

（1）绝缘杆应悬挂或架在支架上，不应与墙接触。

（2）绝缘手套应存放在密闭的橱内，并与其他工具仪表分别存放。

（3）绝缘靴应放在橱内，不应代替一般套鞋使用。

（4）绝缘垫和绝缘台应经常保持清洁、无损伤。

（5）高压试电笔应存放在防潮的匣内，并放在干燥的地方。

（6）安全用具和防护用具不许当作其他工具使用。

【思考与练习】

1. 电气安全用具是如何分类的？
2. 安全用具的存放有哪些要求？
3. 携带型接地线的使用和保管注意事项有哪些？
4. 高压验电器使用注意事项有哪些？

模块3 红外热成像的测试与分析（ZY1800303001）

【模块描述】本模块介绍红外热成像的测试与分析。通过测试工作流程的介绍，掌握红外热成像的原理、测试前的准备工作和相关安全、技术措施、测试方法、技术要求及测试数据分析判断。

【正文】

一、红外热成像的原理及测试目的

（一）红外热成像的原理

红外热成像是利用红外探测器、光学成像物镜接收被测目标的红外辐射信号，经过光谱滤波、空间滤波使聚焦的红外辐射能量分布图形反映到红外探测器的光敏源上，对被测物的红外热像进行扫描并聚焦在单元或分光探测器上，由探测器将红外辐射能转换成电信号经放大处理转换成标准视频信号，通过电视屏或监视器显示红外热像图，并推断被测目标表面温度的一种技术。

（二）测试目的

红外热成像技术引入电力设备故障诊断后，为电力设备状态维护提供了有力的技术支持。它能在不影响电力设备正常运行的情况下，准确有效地检测运行设备的温度状况，从而判断设备运行是否正常。它有着高效、快捷、准确、不受外界干扰正常运行等诸多优点。

二、测试仪器、设备的选择

对红外热像仪主要参数选择如下：

（1）不受测量环境中高压电磁场的干扰，图像清晰、稳定，具有图像锁定、记录和必要的图像分析功能。

（2）具有较高的像素，一般不小于240×340。

（3）测量时的响应波长，一般在8～14μm。

（4）空间分辨率应满足实测距离的要求，一般对变电站内电气设备实测距离不小于500m，对输电线路实测距离不小于1000m。

（5）具有较高的测量精确度和合适的测温范围，一般精确度不小于0.1℃，测温范围为-50～600℃。

三、危险点分析及控制措施

1. 防止人员误触电

应注意与带电设备的安全距离，移动测量时应小心行进，避免跌碰。红外检测人员在测量过程中不得随意进行任何电气设备操作或改变、移动、接触运行设备及其附属设施。当需要打开柜门或移开遮栏时，应在变电站站长（专责）监护下进行。

2. 防止仪器损坏

强光源会损伤红外成像仪，严禁用红外成像仪测量强光源物体（如太阳、探照灯等）。检测时应注意仪器的温度测量范围，不能把摄温探头随意长时间对准温度过高的物体。

四、测试前的准备工作

1. 了解测量现场情况及试验条件

搜集需监测变电站内设备或线路的负荷周期，选择高峰负荷时段进行红外监测，查阅相关技术资料、相关规程等，了解缺陷情况。

2. 测试仪器、设备准备

检查红外成像仪存储卡空间是否足够，电池电能是否足够，并查阅测试仪器检定证书的有效期。

3. 办理工作票并做好试验现场安全和技术措施

进入试验现场后，办理工作票并做好试验现场安全措施。并向其余试验人员交代工作内容、带电部位、现场安全措施、现场作业危险点，以及明确人员分工。

五、现场测试步骤及要求

（1）开机后设备自检正常，根据环境温度调整仪器背景温度（记录环境温度）。

（2）在仪器上调整受检目标发射率，按表ZY1800303001-1进行，并设置色标温度量程。

表ZY1800303001-1 常用材料发射率的参考值

材　料	温度（℃）	发射率近似值	材　料	温度（℃）	发射率近似值
抛光铝或铝箔	100	0.09	棉纺织品（全颜色）	—	0.95
轻度氧化铝	25～600	0.10～0.20	丝绸	—	0.78
强氧化铝	25～600	0.30～0.40	羊毛	—	0.78
黄铜镜面	28	0.03	皮肤	—	0.98
氧化黄铜	200～600	0.59～0.61	木材	—	0.78
抛光铸铁	200	0.21	树皮	—	0.98
加工铸铁	20	0.44	石头	—	0.92
完全生锈轧铁板	20	0.69	混凝土	—	0.94
完全生锈氧化钢	22	0.66	石子	—	0.28～0.44
完全生锈铁板	25	0.80	墙粉		0.92
完全生锈铸铁	40～250	0.95	石棉板	25	0.96
镀锌亮铁板	28	0.23	大理石	23	0.93
黑亮漆（喷在粗糙铁上）	26	0.88	红砖	20	0.95
黑或白漆	38～90	0.80～0.95	白砖	100	0.90
平滑黑漆	38～90	0.96～0.98	白砖	1000	0.70
亮漆（所有颜色）	—	0.90	沥青	0～200	0.85
非亮漆	—	0.95	玻璃（面）	23	0.94
纸	0～100	0.80～0.95	碳片	—	0.85

（3）再将仪器测量距离调至较远（根据变电站大小或线路远近调整），进行大范围的一般检测，寻找可疑的发热点。

（4）将背景温度和测量距离调整至适当值，对可疑发热点做精确检测，以区分是电压或电流引起的发热及综合致热。

（5）对可疑发热点进行拍摄时，应有设备整体成像、发热点的局部成像以及可供参考的同类正常设备的对比成像。

（6）成像后应记录成像设备的编号、相别以及发热点的方位，并与图像编号相对应。

（7）收集发热设备的实时负荷情况及最高负荷情况。

六、测试注意事项

（1）应尽量选择在阴天或夜间进行测量，晴天时应选择在背光面进行测量，强日照天气严禁测量。晴天测试时阳光在设备表面形成反射（尤其是绝缘子表面），红外成像仪会误测反射表面温度（通常会在200℃以上）。室内检测宜闭灯进行，被测物应避免灯光直射。

（2）测量时环境的温度不宜低于5℃，空气湿度不宜大于85%。不应在有雷、雨、雾、雪及风速超过5m/s的环境下进行检测。

（3）针对不同的检测对象选择不同的环境温度参照体。

（4）测量设备发热点、正常相的对应点及环境温度参照体的温度值时，应使用同一仪器相继测量。

（5）应从不同方位进行检测，测出最热点的温度值。

（6）记录异常设备的实际负荷电流和发热相、正常相及环境温度参照体的温度值。

七、测试结果分析及测试报告编写

（一）测试结果分析

1. 测试标准及要求

根据DL/T 664—2008《带电设备红外诊断技术应用导则》规定：

（1）对电流致热设备判断见DL/T 664—2008附录A。

（2）对电压致热设备判断见DL/T 664—2008附录B。

（3）高压开关设备和控制设备各种部件、材料和绝缘介质的温度和温升极限判断见DL/T 664—2008附录C。

2. 测试结果分析

一般来说运行设备发热可分为：电流通过导体引起发热（如电气设备与金属部件的连接、金属部件与金属部件的连接的接头和线夹等）、运行设备在电压下绝缘受潮或劣化引起发热（如电流互感器、电压互感器、耦合电容器、移相电容器、高压套管、充油套管、氧化锌避雷器、绝缘子、电缆头等）、涡流引起设备金属表面发热（变压器、电抗器等）等三大类。

（1）表面温度及温升判断法：温升是指被测设备表面温度和环境温度参照体表面温度之差。一般用于电流或电磁效应引起的发热，根据测得的设备表面温度值，及环境气候条件、负荷大小结合DL/T 664—2008附录C进行分析判断。凡温度（或温升）超过标准者可根据设备温度超标的程度、设备负荷率的大小、设备的重要性及设备承受机械应力的大小来确定设备缺陷的性质。

（2）温差判断法：温差值是指不同被测设备或同一被测设备不同部位之间的温度差。对与电压致热的设备（如电压互感器、耦合电容器、避雷器等），根据同类设备的正常及异常状态的热成像图，结合DL/T 664—2008附录B进行分析判断。必要时可配合色谱及电气试验结果综合分析，确定缺陷的性质及处理意见。一旦温差值超过标准，视为危急缺陷。

（3）相对温差判断法：对电流致热型设备，若发现设备的导流部分热态异常，应按式（ZY1800303001-1）算出相对温差值，再按DL/T 664—2008附录A，进行分析判断，即

$$\delta_t=\frac{\tau_1-\tau_2}{\tau_1}\times100\%=\frac{T_1-T_2}{T_1-T_0}\times100\% \qquad (ZY1800303001\text{-}1)$$

式中 τ_1、T_1——发热点的温升和温度；

τ_2、T_2——正常相对应点的温升和温度；

T_0——环境参照体的温度。

（4）同类比较判断法：是根据同组三相设备、同相设备之间及同类设备之间对应的温差，结合温差判断法、相对温差判断法进行比较分析、判断。

（5）档案分析判断法：对同一设备不同时期的温度场进行分析，找出设备致热参数的变化，判断设备是否正常。

（6）实时分析判断法：在一段时间内连续检测被测设备，找出被测设备温度随负荷、时间等因素的变化。

（7）在现场测量时由于环境温度不断变化，当环境温度高于40℃时，DL/T 664—2008附录C中所列“温升”作为参考值，以“温差”作为判断值。

（8）某些设计制造不合理的电气设备用导磁材料作外壳，而且没有采取限制磁通的措施，因涡流损耗大而发热。对涡流引起设备金属表面发热在分析时，可用表面温度判断法进行分析判断。

（9）在现场测量时，根据表ZY1800303001-2中所列的现象，判断风速的大小，以便进行一般检测和精确检测。

表 ZY1800303001-2　　风级、风速与表象

风　级	风速（m/s）	地　面　现　象
0	0～0.2	静烟直上
1	0.3～1.5	烟能表示风向，树叶略有摇动
2	1.6～3.3	人脸感觉有风，树叶有微响，旗开始飘动
3	3.4～5.4	树叶和很细的树枝摇动不息，旗展开
4	5.5～7.9	能吹起地面的灰尘和纸张，小树枝摇动
5	8.0～10.7	有叶的小树摇摆，内陆水面有水波
6	10.8～13.8	大树枝摆动，电线有呼呼声，举伞困难
7	13.9～17.1	全树摆动，迎风步行不便

般检测时环境温度 般不低于5℃，相对湿度一般不大于85%，天气以阴天、多云为宜，最好在夜间进行，在室内或晚上检测应避开灯光直射，宜闭灯检测。风速一般不大于5m/s，应尽量避开视线中的封闭遮挡物。检测电流致热设备，最好在高峰负荷下进行。否则，一般应在不低于30%的额定负荷下进行，同时应充分考虑小负荷电流对测试结果的影响。

精确检测时除了满足上述要求外，还应满足；风速一般不大于0.5m/s；设备通电时间不小于6h，最好在24h以上；检测期间天气为阴天、夜间或晴天日落2h后；被检测设备周围应具有均衡的背景辐射，应尽量避开附近热辐射源的干扰，在某些设备被检时还应避开人体热源等的红外辐射；避开强电磁场，防止强电磁场影响红外热像仪的正常工作。

（二）测试报告编写

测试结束后应对图片进行分析处理，形成报告。测试报告内应包含测量时环境条件（包括风速、环境温度、湿度）、日期、时间、发热设备整体热图、发热局部热图、可对比的成像热图，还应有热成像仪的编号、测试距离等，发热设备的编号、相别、发热位置的方位以及所在线路的实时负荷、最高负荷和额定负荷情况，试验人员等。

八、案例

某变电站2号主变压器110kV侧避雷器三相红外成像图如图ZY1800303001-1所示，其中从前至后分别为W、V、U相，U相26.5℃，V相25.6℃，W相25.5℃。

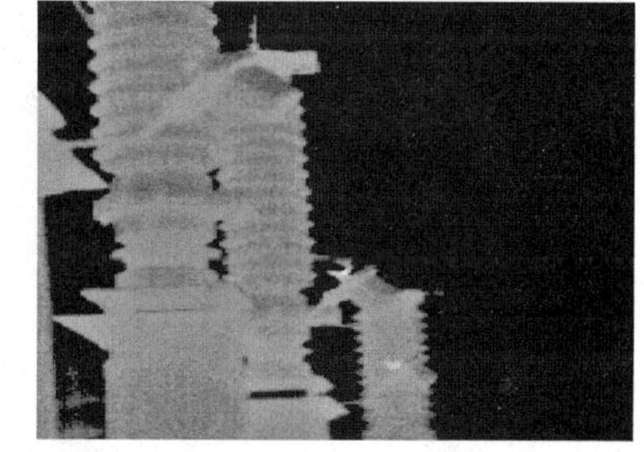

图 ZY1800303001-1　避雷器三相红外成像图

通过分析，其U相与V相“相间温差”是0.9℃，与W相“相间温差”是1.0℃，接近或等于DL/T 664—2008附录B

中的规定值 0.5～1.0℃，立即通过带电监测发现，V、W 相总泄漏电流及阻性分量均正常，U 相总泄漏电流略有增长，但阻性电流达 1700μA，严重超出避雷器阻性电流规定值，立即进行了更换。

【思考与练习】

1. 如何选择红外成像测试的时间？
2. 红外成像测试报告中应包含哪些信息？
3. 解释温差、温升的含义。

第九章 变电站接线方式及一次设备

模块1 220kV变电站接线方式（ZY1000105001）

【模块描述】本模块介绍了220kV变电站主接线方式。通过对变电站各种接线方式介绍和优缺点的分析对比，掌握220kV变电站各种主接线方式的运行特点。

【正文】

220kV变电站高压侧常用接线方式有双母线、双母线带旁路、双母线单分段、3/2接线，部分末端站采用桥型或单母线分段接线；中压侧一般采用双母线、双母线带旁路、双母线单分段接线；低压侧大多采用单母线分段接线。

变电站运行方式分为正常运行方式和特殊运行方式，正常运行方式是指系统无故障情况下，最合理、经济、可靠、灵活的运行方式，特殊运行方式是指主设备检修时或系统发生故障后到恢复正常运行方式前所采用的运行方式。运行方式的确定应考虑该站在电网中的地位和具体要求（潮流分布、短路容量、继电保护、过电压等），不能一概而论。

一、双母线接线

双母线接线方式如图ZY1000105001-1所示，每一个回路都是通过一台断路器和两组隔离开关分别连接到两组母线上。

1. 接线方式的特点

通过倒闸操作，各回路可以实现在两组母线之间的切换，这样在检修任一母线时，都不会中断供电，而且一组母线故障时，也可以将故障母线上的正常回路倒至另一母线尽快恢复供电。

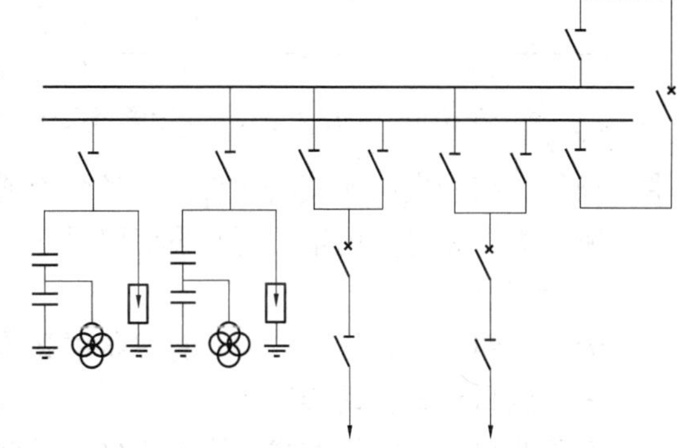

图ZY1000105001-1 双母线接线

双母线接线隔离开关的操作闭锁条件比较复杂，当回路较多时，倒母线操作项目多，而且由于母线侧隔离开关的辅助触点会对某些二次回路进行切换（如：保护、测量、计量装置所使用的电压取自哪组母线电压互感器二次，母差保护判别该回路上哪组母线运行等），在操作过程中需要检查很多二次回路，操作复杂，易发生误操作。

2. 运行方式分析

双母线接线的运行方式比较灵活，可根据具体情况进行选择。

（1）两组母线通过母联断路器和隔离开关并列运行。电源和出线均衡地分配在两组母线上，双回线也分别接在不同的母线上。这种运行方式应用最为广泛。

1）优点：供电可靠性高，而且每组母线上电源和负荷基本平衡，母联断路器通过的电流也很小。任一母线故障或其出线故障断路器拒动由失灵（或主变压器后备）保护切除该母线时，其余的线路仍可继续运行，确保系统的稳定性；并列运行的主变压器其中一台故障跳闸，运行主变压器通过母联断路器向另一母线提供电源，不会影响对用户的连续供电。

2）缺点：母线并列运行会增加所在系统的短路容量，发生故障时使设备受到更大的短路冲击，且一组母线故障也会引起另一母线电压的剧烈波动；一组母线故障母联断路器拒动或母联断路器与电流互感器之间的范围发生故障时，会造成两组母线全停。

（2）两组母线运行，但母联断路器在分闸位置。电源和出线均衡地分配在两组母线上，双回线也分别接在不同的母线上。这种运行方式在一部分500kV电网坚强地区的220、110kV系统有所应用。

1）优点：降低了系统短路容量；一组母线故障，另一母线设备仍可继续运行，且受到的故障冲击较小；母联设备发生故障只影响一组母线。

2）缺点：一组母线的电源跳闸后，会造成该母线全停（配有备用电源自动投入装置虽可弥补，但仍有短时失电的过程）。

（3）一组母线运行，另一组母线备用。

1）优点：正常运行中一条母线不带电，减小了故障几率。

2）缺点：运行母线故障会造成该电压等级全部停电。

根据变电站的具体情况可从以上三种运行方式中选取一种作为正常运行方式。当有设备检修或故障时，还有一些特殊运行方式，如：一组母线运行，另一母线检修；两组母线通过隔离开关跨接并列运行，母联断路器检修；两组母线并列运行，但一组母线电压互感器检修，另一组电压互感器通过二次并列的方式带全部二次负荷。

二、双母线带旁路接线

双母线带旁路接线方式如图 ZY1000105001-2 所示，与双母线接线相比，多了一组旁路母线和旁路断路器间隔。以下只分析其特殊之处。

1. 接线方式的特点

当任一线路或变压器间隔的断路器、电流互感器或母线侧隔离开关进行检修时，通过旁路断路器代路运行，线路或变压器可不必停电。

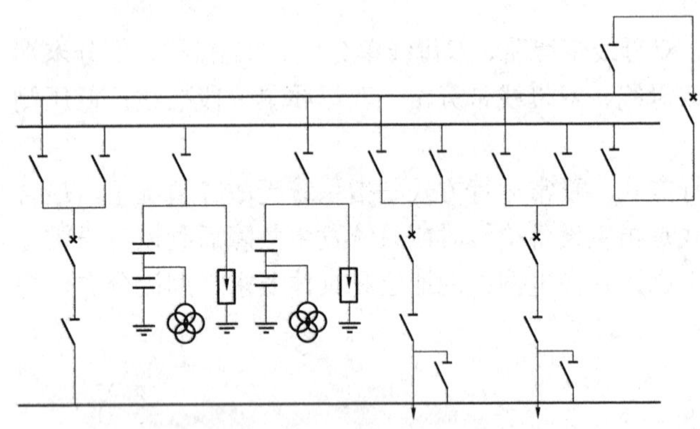

图 ZY1000105001-2 双母线带旁路接线

旁路断路器代路操作比较复杂，尤其是转代主变压器断路器时，需要切换保护电流回路，对操作顺序和操作技巧都有很高的要求，易发生误操作。随着电网的发展建设，一条线路或一台变压器停电不会影响到电网的稳定性和对用户的供电，所以大多新建变电站不再装设旁路母线。

2. 运行方式分析

旁路断路器的正常运行方式有热备用和冷备用两种。

三、双母线单分段接线

双母线单分段接线方式如图 ZY1000105001-3 所示，当进出线回路数较多时，将一组母线分段。

1. 接线方式的特点

相当于增加了一段母线，运行方式更加灵活，分段母线故障或检修时，受影响的回路减少；但增加设备（如分段和一个母联断路器间隔）和投资，而且保护的配置及操作也较复杂，所以这种接线方式大都在回路数较多或 3 台主变压器时使用。

2. 运行方式分析

常用的运行方式是分段断路器和两个母联断路器均运行，提高了供电可靠性。

四、3/2 断路器接线

3/2 断路器接线方式如图 ZY1000105001-4 所示，每两个元件（线路或主变压器）通过三台断路器构成一串接至两组母线。

1. 接线方式的特点

运行时，两组母线和同一串的三台断路器都投入运行，称为完整串运行，形成多环路供电，具有很高的可靠性。任一母线故障或检修，任一断路器检修，甚至于两组母线同时故障（或一组母线检修，另一组母线故障）的极端情况下，功率仍能继续输送。一串中任何一台断路器检修都不会影响元件（线路或主变压器）的运行。

这种接线方式设备多，投资较大，而且运行方式改变时保护方式的调整也较复杂，因此 220kV 变电站采用的较少。

另外有些变电站采用的是不完全的 3/2 断路器接线，即线路进串运行，而变压器上母线运行。

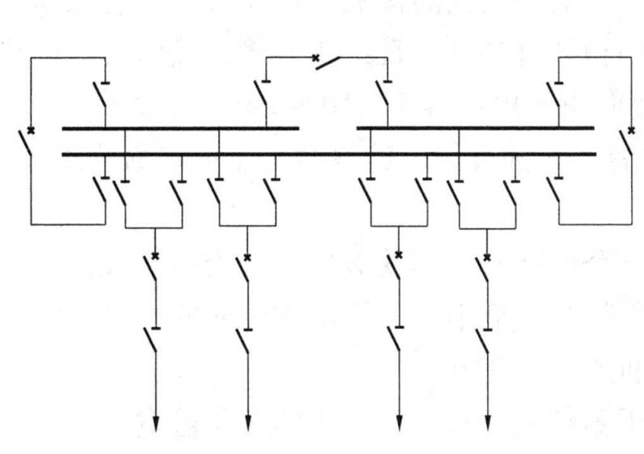

图 ZY1000105001-3　双母线单分段接线

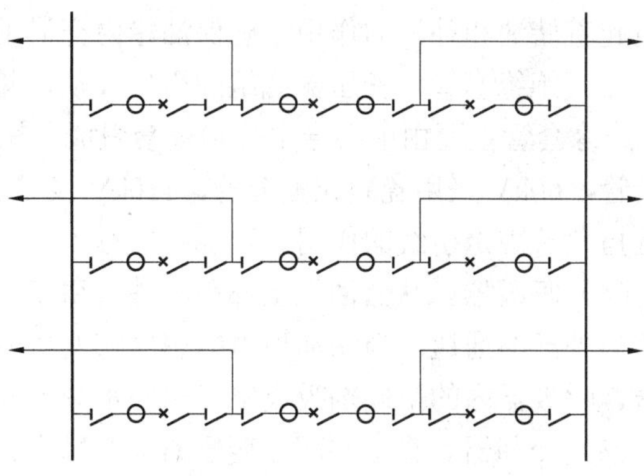

图 ZY1000105001-4　3/2 断路器接线

2. 运行方式分析

正常运行方式一般都采用完整串运行，才能发挥这种接线方式的优点。

五、单母线分段接线

单母线分段接线方式如图 ZY1000105001-5 所示。

1. 接线方式的特点

单母线分段接线简单，投资省，操作方便，但母线故障或检修时要造成部分回路停电。

2. 运行方式分析

（1）两段母线并列运行：供电可靠性高，一台主变压器跳闸，不会影响母线上其他设备运行；并列运行会增加短路容量。

图 ZY1000105001-5　单母线分段接线

（2）两段母线分列运行：短路容量较小；一台主变压器跳闸会造成部分回路停电，但装设备用电源自动投入装置可以进行弥补。

220kV 变电站低压侧大多采用第二种运行方式，因为系统短路容量太大，低压侧断路器的遮断容量在并列运行时可能不满足要求。

【思考与练习】

1. 双母线接线方式有何特点？
2. 双母线并列运行和分列运行各有何优点？
3. 3/2 断路器接线方式有何特点？

模块 2　220kV 变电站电气设备（ZY1000105002）

【模块描述】本模块介绍了 220kV 变电站主要电气设备。通过对电气设备的结构特点、性能参数及运行要求的介绍，掌握变电站电气设备的性能及运行特点。

【正文】

变电站值班员负责电气设备的运行监视和维护，因此熟悉电气设备的结构、性能和特点是一项非常重要的技能。

电气设备包括一次设备和二次设备，以下重点介绍 220kV 变电站一次设备。

一、变压器

变压器是变电站的中心设备，连接几个电压等级，起着变换电压和传输能量的作用。

1. 220kV 变压器结构特点

220kV 变压器一般为三相三绕组结构，也有部分变压器采用自耦变压器，其中第三绕组为三角形接线。

（1）铁芯、绕组。是变压器的主要部件，称为器身，分别构成了磁路和电路，按照电磁感应原理实现变换电压和传输能量的功能。

（2）油箱、储油柜。变压器器身装在充满变压器油的油箱内，变压器油有绝缘和散热作用；而储油柜起着储油和补油的作用，确保油箱内充满油，并缩小了油与空气的接触面，减缓油的劣化速度。

（3）绝缘套管。变压器绕组的引出线从油箱内部引到箱外时必须经过绝缘套管，使引线与油箱绝缘。绝缘套管主要由中心导电杆和瓷套组成，其结构主要取决于电压等级。10～35kV一般采用空心充气套管，60kV采用瓷质充油套管，110kV及以上采用电容式充油套管。绝缘套管不但起着绝缘作用，而且担负着固定引线的作用。

（4）呼吸器。从储油柜上部用一铁管引下，连通到一个内装干燥剂的玻璃容器构成呼吸器，是储油柜与外部的通道。当储油柜内的空气随变压器油的体积膨胀或缩小时，排出或吸入的空气都经过呼吸器，呼吸器内的干燥剂吸收空气中的水分，从而减缓油的劣化速度。

（5）冷却器。直接装配在变压器油箱壁上，帮助变压器将铁芯和绕组产生的热量散发出去。

220kV变压器有多种冷却方式，包括油浸自冷式、油浸风冷式、强迫油循环风冷。

1）油浸自冷式变压器运行中，热油上升经变压器顶部，从上端入口进入散热管簇中，这些管簇的外表经外界冷空气吹拂，使热量散失到空气中去，经过冷却后的油在散热管簇内下降，由管的下端流入变压器油箱底部，重新回到变压器油箱内，如此循环使变压器散热。

2）油浸风冷式变压器是在油的循环过程中，利用风扇的强烈吹风加速热油的冷却，提高了冷却效果。

3）强迫油循环风冷变压器在散热器上装设潜油泵，以加快油流速度，提高散热效率。强迫油循环风冷装置又分为无导向（OFAF）和有导向（ODAF）两种，无导向强油风冷装置的大部分冷却油流通过箱壁和绕组之间的空隙流回，少部分油流进入绕组和铁芯内部，其冷却效果不高；而有导向强油风冷变压器的冷却油流通过油流导向隔板，有效地流过铁芯和绕组内部，提高了冷却效果。

强迫油循环风冷变压器中有一种采用片式散热器，这种变压器有自然冷却能力，运行中可以根据负荷和温度情况在油浸自冷（ONAN——油泵、风扇全停）、油浸风冷（ONAF——油泵停止、风扇运转）、强油风冷（OFAF——油泵、风扇运转）几种冷却方式间切换使用。

强迫油循环风冷变压器，在运转的油泵进口处有一个负压区，也就是此处内部的压力小于外部压力，如果负压区内有渗漏点，油泵运转时不会渗油，但会吸入空气，影响变压器的正常运行。所以要定期切换油泵，并且注意检查油泵停止后有无渗漏油。

（6）压力释放器。当变压器内部发生严重故障而产生大量气体时，油箱内压力迅速增加，为防止变压器发生爆炸，油箱上安装压力释放器。

（7）气体继电器。又称为瓦斯继电器，是变压器的一种保护装置，安装在油箱与储油柜的连接管道中，当变压器内部发生故障时产生的气体和油流，迫使气体继电器动作。

（8）分接开关。变压器常用改变绕组匝数的方法来调压。一般从变压器的高压绕组引出若干抽头，称为分接头，用以切换分接头的装置称为分接开关。分接开关安装在油箱内，其控制箱在油箱外，有载调压分接开关内的变压器油是完全独立的，它也有配套的油箱、气体继电器、呼吸器。

（9）变压器的绝缘。分为内绝缘和外绝缘，内绝缘是指油箱内的各部分绝缘，外绝缘是指套管上部对地和彼此之间的绝缘。内绝缘又分为主绝缘和纵绝缘，主绝缘是绕组与接地部分之间以及绕组之间的绝缘；纵绝缘是同一绕组各部分之间的绝缘，如匝间、层间的绝缘。若绕组靠近中性点主绝缘水平比端部绕组的低，为分级绝缘变压器；相反，若首端与尾端绕组主绝缘水平相同，为全绝缘变压器。

（10）变压器内部构件的接地。变压器铁芯以及铁芯夹件必须接地，否则在运行中容易产生悬浮电位，造成局部放电，铁芯和夹件接地一般由引线引出到油箱外，也有在内部接地，不引出箱外的。另外对星形接线绕组的中性点也引出接地。

2. 运行要求

（1）过负荷的一般规定。

1）变压器允许的过负荷倍数和时间按照厂家说明书或现场运行规程掌握。

2）有缺陷的变压器不宜过负荷运行。

3）变压器的载流附件和外部回路元件应能满足超额定电流运行的要求，当任一附件和回路元件不能满足要求时，应按负载能力最小的附件和元件限制负载。

（2）运行电压要求。变压器的运行电压一般不应高于105%的运行分接电压。

（3）运行温度要求。油浸式变压器顶层油温一般不应超过表ZY1000105002-1规定（制造厂另有规定的除外）。当冷却介质温度较低时，顶层油温也相应降低。自然循环冷却变压器的顶层油温一般不宜经常超过85℃。

表ZY1000105002-1　　油浸式变压器顶层油温一般限值

冷却方式	冷却介质最高温度（℃）	最高顶层油温（℃）
自然循环风冷	40	95
强迫油循环风冷	40	85

（4）冷却装置的运行要求。

1）不允许在带有负荷的情况下将强油冷却器（非片散）全停，以免产生过大的铜油温差，使线圈绝缘受损伤。在运行中，当冷却系统发生故障切除全部冷却器时，变压器在额定负载下允许运行20min。当油面温度尚未达到75℃时，允许上升到75℃，但冷却器全停的最长运行时间不得超过1h。

2）同时具有多种冷却方式（如ONAN、ONAF或OFAF）的变压器应按制造厂规定执行。如型号为SFPSZ10-180000/220的片散式变压器在各种冷却方式下允许长期运行的负荷如表ZY1000105002-2所示。

表ZY1000105002-2　　SFPSZ10-180000/220型片散式变压器在各种冷却方式下允许的负荷

冷却方式	长期运行负荷允许值	冷却方式	长期运行负荷允许值
ONAN	63%S_N	OFAF	100%S_N
ONAF	80%S_N		

注　S_N为变压器的额定容量，kVA。

3）油浸风冷变压器，风机停止工作时，允许的负载和运行时间应按制造厂的规定。

4）冷却装置部分故障时，变压器的允许负载和运行时间应按制造厂规定。

（5）并列运行要求。

1）变压器并列运行条件是：一次和二次额定电压分别相等或电压比相等，联结组别相同，短路阻抗百分值相近。

2）电压比不等或短路阻抗不等的变压器并列运行时，每台变压器并列运行绕组的环流应满足制造厂的要求。

3）短路阻抗不同的变压器，可通过调整分接头位置，适当提高短路阻抗大的变压器的二次电压，使并列运行变压器的容量均能充分利用。

二、高压开关设备

1. 高压断路器

高压断路器是变电站的重要设备，既用来断开或闭合正常工作电流，也用来断开或闭合短路电流。

高压断路器主要由导流部分、绝缘部分、灭弧部分和操动机构几部分组成。常用的分类方式是按灭弧介质来分，如SF_6断路器、真空断路器、油断路器，目前使用最广泛的是SF_6断路器和真空断路器。操动机构应用最多的是液压机构、气动机构、弹簧储能机构。以下简单介绍液压机构和气动机构的主要结构以及液压机构的工作原理。

（1）液压机构。

液压操动机构主要结构如图ZY1000105002-1所示。

液压操动机构是利用液压差动原理来实现开关动作的，也就是利用工作缸活塞两侧液体压力的不同实现活塞的运动。图中工作缸活塞左侧为合闸腔，右侧为分闸腔。

1）建压过程。油箱注油到规定油位后，启动油泵，将液压油打压并经防振容器减振后，送入储压筒压缩氮气储能，当油压达到额定工作压力时，微动开关动作，切断油泵电源。此时高压油也进

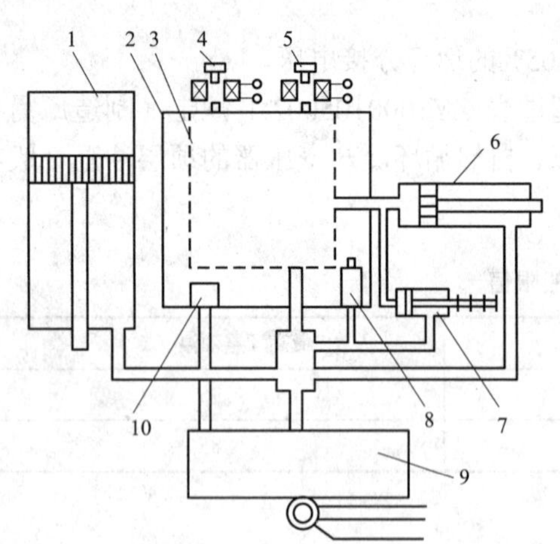

图 ZY1000105002-1　液压操动机构的主要结构

1—储压筒；2—低压油箱；3—两级控制阀；4—合闸电磁铁；5—分闸电磁铁；6—工作缸；7—信号缸及辅助触头；8—安全阀；9—油泵；10—过滤器

入了工作缸和信号缸的分闸腔，断路器在分闸状态，为合闸操作做好了准备。

2）合闸过程。合闸线圈带电后，电磁铁动作，向控制阀发出合闸命令，控制阀动作，使高压油进入工作缸和信号缸左侧的合闸腔，此时虽然合闸腔与分闸腔都有高压油，但由于合闸腔受力面积大于分闸腔，所以活塞向右运动，使断路器合闸，同时信号缸动作，通过辅助触头断开断路器的合闸回路并发出信号。

3）分闸过程。分闸线圈带电后，电磁铁动作，向控制阀发出分闸命令，控制阀动作，使工作缸和信号缸合闸腔的高压油迅速泄放，活塞在分闸腔高压油的作用下，向左运动，使断路器分闸，同时信号缸动作，通过辅助触头断开断路器的分闸回路并发出信号。

通过以上描述可以看出，断路器合闸时利用工作缸活塞两侧受力面积不同来动作，所以合闸需要的油压要高于分闸需要的油压；而断路器分闸时，合闸腔的高压油泄放回油箱，所以分闸操作时液压机构油压下降较多，一般油泵会启动打压。

（2）气动机构。主要组成部件如图 ZY1000105002-2 所示。

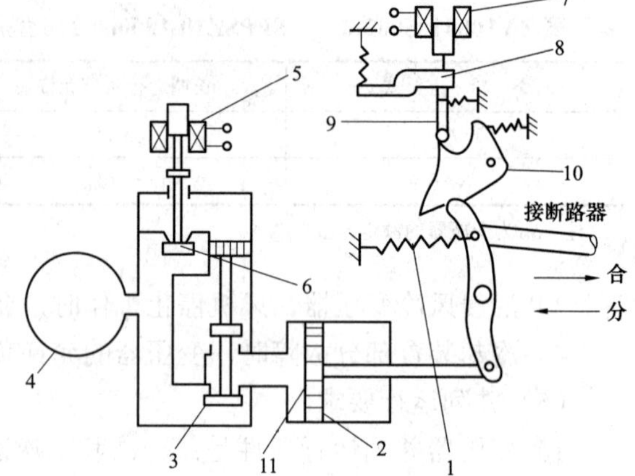

图 ZY1000105002-2　气动机构的主要结构

1—合闸弹簧；2—工作活塞；3—主阀；4—储气筒；5—分闸电磁铁；6—分闸启动阀；7—合闸电磁铁；8、9、10—合闸脱扣（分闸保持）机构；11—活塞

2. 高压隔离开关

隔离开关主要由导电部分、绝缘部分、操动机构三部分组成，比断路器少了灭弧部分。隔离开关主要有以下用途：

（1）设备检修时，用来隔离有电和无电部分，形成明显的断开点。

（2）隔离开关和断路器相配合，进行倒闸操作，以改变运行方式。

（3）可用来开断小电流电路和旁（环）路电流。

3. GIS 设备

GIS 是气体绝缘全封闭组合电器（Gas-Insulater Switchgear）的简称。

（1）结构特点。GIS 是将断路器、隔离开关、接地开关、电流互感器、电压互感器、避雷器、母线、进出线套管或电缆终端等元件组合封闭在接地的金属壳体内，充以一定压力的 SF_6 气体作为绝缘介质和灭弧介质所组成的成套开关设备。GIS 出线间隔组成设备如图 ZY1000105002-3 所示。

GIS 的气体系统可以分为若干气室。一般断路器压力高，它和电流互感器组成一个气室；主母线、电压互感器、避雷器分别为独立的气室，其他元件根据工程确定气室划分。各气室分别由相应的密度继电器监测气体压力。

GIS 一般每间隔设有一个就地控制柜，各元件控制、状态信号，各气室密度监测信号，以及电压、电流互感器二次出线全部引到就地控制柜，并通过就地控制柜与主控室相连。

（2）运行要求。

1）当 GIS 设备进行正常操作时，为了防止触电危险，禁止触及外壳，并保持一定距离。操作时，禁止在设备外壳上进行任何工作。

2）所有断路器的操作，正常情况下必须在控制室内利用监控机进行远方操作或用测控柜的开关操作把手进行远方操作，只有在远方控制出现故障或其他原因不能进行远方操作时，应征得相关领导同意，才能到就地控制柜上进行操作。

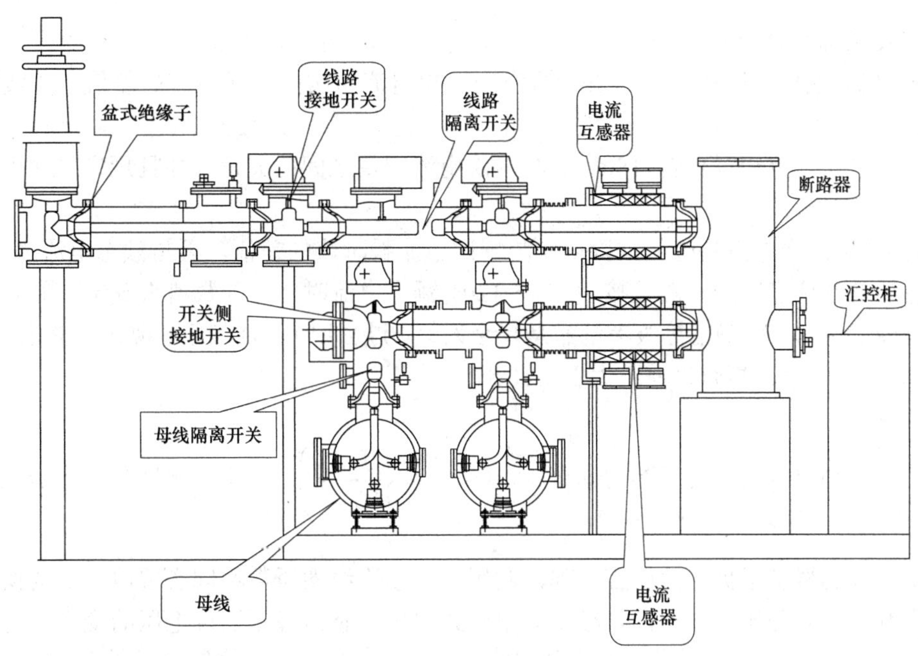

图 ZY1000105002-3　GIS 出线间隔组成设备

3）GIS 的断路器、隔离开关、接地开关一般情况下禁止手动操作，只有在检修、调试时经相关领导同意方能使用手动操作，操作时必须有专业人员在现场进行指导。

4）当 GIS 设备某一间隔发出“闭锁”信号时，此间隔上禁止任何设备操作，结合设备异常信号和设备位置状态，查明原因，在原因没有分析清楚前，禁止进行任何操作；同时迅速向调度和工区汇报情况，通知检修人员处理，待处理正常后方可操作。

5）操作 GIS 设备的接地开关无法验电，必须严格使用联锁功能，采用间接验电的方法，并加强监护；线路侧接地开关可在相应线路侧验电（电缆出线利用带电显示装置间接验电），变压器接地开关可在变压器侧验电。

6）断路器转检修时应断开测控屏“遥控”压板。

三、互感器

互感器是联系一、二次系统的中间设备，能按一定的比例将高电压和大电流降低，提供给测量、计量、继电保护及自动装置使用。互感器包括电流互感器和电压互感器。同一母线上的电压基本相等，所以电压互感器一般按母线安装；而每个间隔的电流各不相同，所以电流互感器按间隔安装。

1. 电流互感器

电流互感器将一次的大电流变换为标准的小电流（5A 或 1A）。

（1）分类。

1）按安装方式可分为穿墙式、支持式和套管式。

2）按绝缘可分为干式、浇注式、油浸式和气体绝缘式。

3）按一次绕组匝数可分为单匝式和多匝式。

（2）结构特点。110、220kV 电流互感器广泛使用单匝 U 字形绕组，为了使电场均匀分布，在一次绕组 U 形铝管上包扎成电容型绝缘，即缠绕一定厚度的电缆纸后，包一层铝箔纸，最外一层铝箔纸称为末屏，铝管与末屏间形成若干个串联电容器，因此运行中末屏必须接地。

有些电流互感器具有多个没有磁联系的独立铁芯，一次绕组是公共的，而每个铁芯上都有一个二次绕组，变比可相同或不同，由此可得到不同准确度和特性的电流互感器。因为保护和测量装置所需要的电流互感器特性是不同的，比如保护用电流互感器在系统发生故障时，为了快速正确动作，希望二次电流能准确反应一次电流，尽量不饱和，响应速度快；而测量用电流互感器在系统发生故障时，希望其尽快饱和，以免大电流通过仪表造成损坏。

（3）误差及准确度等级。

1）比差ΔI%。经电流互感器二次表计测出的一次电流与实际一次电流的差值，与实际一次电流之比的百分数。

2）角差δ。二次电流相量旋转 180° 后与一次电流相量之间的夹角，并且规定二次电流超前时，角度为正。

3）复合误差。二次电流瞬时值乘以变比与一次电流瞬时值的差值，再与额定电流之比的百分数。

电流互感器的准确度等级一般是按 100%～120%额定电流时比差的数值来确定，如 0.2、0.5 级；对于保护用电流互感器，准确度等级考量的是复合误差，过去用 B、D 表示，现在用 P 表示，如 10P20 表示在 20 倍额定电流下，复合误差不大于±10%。

2. 电压互感器

电压互感器将高电压变换为标准的低电压$\left(100、\frac{100}{\sqrt{3}}、\frac{100}{3}\text{V}\right)$。电压互感器分为电磁式和电容式两大类。

电磁式电压互感器是根据电磁感应原理，利用一、二次线圈匝数不同实现电压的变换；电容式电压互感器是先利用电容分压器分压，再经中间电磁式电压互感器降压实现电压的变换。

电压互感器有 2～3 个二次绕组，分为基本绕组和辅助绕组，基本绕组接成星形，提供给保护和测量装置使用，辅助绕组接成开口三角形，提供给接地保护使用。一般基本绕组的额定相电压均为$\frac{100}{\sqrt{3}}$V，而辅助绕组的额定相电压却与电压等级有关，应用在大电流接地系统中额定电压为 100V，应用在小电流接地系统中额定电压为$\frac{100}{3}$V，其目的是为了发生单相接地故障时，在开口三角处都能得到 100V 的电压。而当大电流接地系统失去接地点运行时，发生单相接地故障，开口三角处的电压理论上为 300V，所以间隙过电压保护一般定值为 150V 或 180V。

3. 互感器运行要求

（1）停运半年及以上的互感器应按有关规定试验检查合格后方可投运。

（2）电压互感器的各个二次绕组必须有可靠的保护接地，且只允许有一个接地点。

（3）电压互感器二次侧严禁短路。

（4）电压互感器允许在 1.2 倍额定电压下连续运行，大电流接地系统中，允许在 1.5 倍额定电压下运行 30s；小电流接地系统中，允许在 1.9 倍额定电压下运行 8h。

（5）电磁式电压互感器一次绕组 N 端必须可靠接地，电容式电压互感器的电容分压器低压端子必须直接接地或通过载波回路线圈接地。

（6）电容式电压互感器的电容分压器单元、电磁装置、阻尼器等在出厂时，均经过调整误差后配套使用，安装时不得互换，运行中如发生电容分压器单元损坏，更换时应注意重新调整互感器误差；互感器的外接阻尼器必须接入，否则不得投入运行。

（7）电流互感器二次侧严禁开路，备用的二次绕组应短接接地。

（8）电流互感器允许在设备最高电流下和额定连续热电流下长期运行。

（9）电容型电流互感器一次绕组的末（地）屏必须可靠接地。

（10）倒立式电流互感器二次绕组屏蔽罩的接地端子必须可靠接地。

（11）三相电流互感器一相在运行中损坏，更换时要选用电压等级、电流比、二次绕组、二次额定输出、准确级、准确限值系数等技术参数相同，保护绕组伏安特性无明显差别的互感器，并进行试验合格，以满足运行要求。

（12）66kV 及以上电磁式油浸互感器应装设膨胀器或隔膜密封，应有便于观察的油位指示器，并有最低和最高限值标志。

四、防雷设备

1. 避雷器

避雷器的作用是防止雷电波沿线路侵入变电站危害电气设备绝缘，它必须与被保护设备并联，避雷器的冲击放电电压要低于被保护设备的绝缘击穿电压。当出现危及被保护设备的过电压时，避雷器动作，对地放电，从而限制了被保护设备上的过电压数值。

目前常用的避雷器有阀型避雷器和氧化锌避雷器。

避雷器的运行要求：

（1）为使避雷器动作负载平衡，变电站 110kV 及以上电压等级避雷器应采用同类型避雷器。

（2）110kV 及以上电压等级避雷器宜安装电导电流在线监测表计，对安装的表计加强巡视。

（3）运行满 15 年的避雷器，应进行特殊巡视，运行中重点跟踪泄漏电流的变化，停运后重点检查压力释放板是否有破损。

（4）避雷器安装或检修后、设备停运时，应对各部位的连接进行认真检查，采用螺钉连接时，必须使用弹簧垫片；110kV 及以上避雷器的引流线接线板严禁使用铜铝过渡。

2. 避雷针

避雷针由避雷针针头、引流体和接地体三部分组成，保护设备免受直接雷击。避雷针一般明显高于被保护物，实际是起引雷作用的，使雷电首先击中避雷针，通过它的引流体将雷电流安全引入地中，从而保护了周围的设备。

五、补偿设备

1. 高压并联电容器

并联电容器的作用主要是进行无功补偿，调整网络电压。并联电容器组包括电容器及其配套设备（如串联电抗器、放电线圈等）。串联电抗器的电抗百分数是根据其作用进行选择的，只用于限制合闸涌流，可选 1%的电抗器；主要用于限制五次谐波，可选 4%～6%的电抗器；主要用于限制三次谐波，可选 12%～13%的电抗器。

高压并联电容器的运行要求：

（1）电容器装置必须按照有关消防规定设置消防设施，并设有总的消防通道。

（2）电容器室不宜设置采光玻璃，门应向外开启。相邻两电容器的门应能向两个方向开启。

（3）电容器室的进、排风口应有防止风雨和小动物进入的措施。

（4）运行中的电抗器室温度不应超过 35℃，当室温超过 35℃时，干式三相重叠安装的电抗器线圈表面温度不应超过 85℃，单独安装不应超过 75℃。

（5）运行中的电抗器室不应堆放铁件、杂物，且通风口亦不应堵塞，门窗应严密。

（6）电容器组电缆投运前应定相，应检查电缆头接地良好，并有相色标志。两根以上电缆两端应有明显的编号标志，带负荷后应测量负荷分配是否适当。在运行中需加强监视，一般可用红外线测温仪测量温度，在检修时，应检查各接触面的表面情况。停电超过一个星期不满一个月的电缆，在重新投入运行前，应用绝缘电阻表测量绝缘电阻。

（7）电力电容器允许在额定电压的±5%波动范围内长期运行。电力电容器过电压倍数及运行持续时间按表 ZY1000105002-3 执行，尽量避免在低于额定电压下运行。

表 ZY1000105002-3　　电力电容器过电压倍数及运行持续时间

过电压倍数（U_g/U_N）	持续时间	说　明	过电压倍数（U_g/U_N）	持续时间	说　明
1.05	连续		1.20	5min	轻荷载时电压升高
1.10	每 24h 中 8h		1.30	1min	
1.15	每 24h 中 30min	系统电压调整与波动			

注　U_g为工作电压；U_N为额定电压。

（8）电力电容器允许在不超过额定电流的 30%运况下长期运行。三相不平衡电流不应超过±5%。

（9）电力电容器运行室温最高不允许超过 40℃，外壳温度不允许超过 50℃。

（10）安装于室内电容器必须有良好的通风，进入电容器室应先开启通风装置。

（11）电力电容器组新装投运时，在额定电压下合闸冲击 3 次，每次合闸间隔时间为 5min，应将电容器残留电压放完后方可进行下次合闸。

（12）装设自动投切装置的电容器组，应有防止保护跳闸时误投入电容器装置的闭锁回路，并应设置操作解除控制开关。

（13）电容器熔断器熔丝的额定电流按不小于电容器额定电流的1.43倍选择。

（14）在出现保护跳闸或因环境温度长时间超过允许温度，以及电容器大量渗油时禁止合闸；电容器温度低于下限温度时，避免投入操作。

（15）电容器正常运行时，应保证每季度进行一次红外成像测温，运行人员每周进行一次测温，以便于及时发现设备存在的隐患，保证设备安全、可靠运行。

2. 消弧线圈

消弧线圈的作用是补偿系统发生单相接地时的电容电流。根据消弧线圈绝缘介质不同，分为油浸式和干式两种。消弧线圈实际是一个铁芯带有间隙的电感线圈，间隙沿着整个铁芯分布，避免了磁饱和。

消弧线圈的运行要求：

（1）消弧线圈应有标明基本技术参数的铭牌标志，技术参数必须满足装设地点运行工况的要求。

（2）消弧线圈应有明显的接地符号标志，接地端子应与设备底座可靠连接。接地螺栓直径应不小于12mm，引下线截面应满足安装地点短路电流的要求。

（3）消弧线圈装置本体及附件的安装位置应在变电站直击雷保护范围之内。

（4）停运半年及以上的消弧线圈装置应按有关规定试验检查合格后方可投运。

（5）消弧线圈装置投入运行前，调度部门必须按系统的要求调整保护定值，确定运行挡位。

（6）中性点经消弧线圈接地系统，应运行于过补偿状态。

（7）中性点位移电压小于15%相电压时，允许长期运行。

（8）运行人员每半年进行一次消弧线圈装置运行工况的分析。分析的内容包括系统接地的次数、起止时间、故障原因、整套装置是否正常等，并上报相关部门。

六、变电站一、二次设备间的联系

二次设备是指对一次设备进行监视、控制、调节、保护的低压电气设备。那么二次设备是如何实现这些功能的呢？以下以一个间隔为例，简单介绍一、二次设备之间的联系，如图ZY1000105002-4所示。

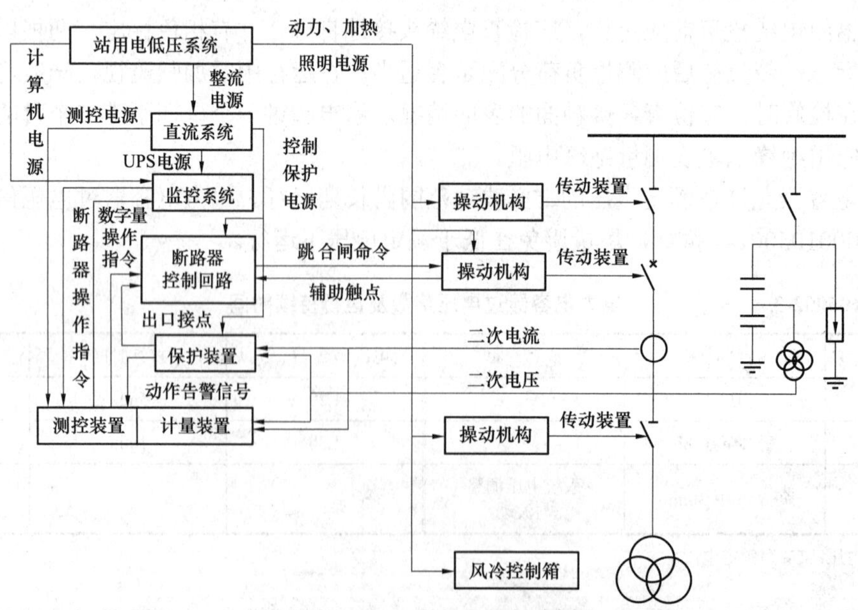

图 ZY1000105002-4　一、二次设备之间的联系

（1）电流互感器、电压互感器的二次电流、电压，提供给计量装置进行电量统计；提供给测控装置变换为数字量传送到监控系统进行监视；提供给保护装置，计算判断设备是否正常运行。

（2）电网或设备发生异常或故障后，保护装置动作或告警，将信号提供给测控装置（或直接发送到监控系统）传送到监控系统，提示运行人员检查处理；保护出口触点闭合，接入断路器控制回路，使其跳闸或合闸回路接通。

（3）断路器跳闸或合闸回路接通后，断路器操动机构中的跳合闸线圈带电，使操动机构储存的能量释放，带动传动装置使断路器分闸或合闸。

（4）断路器分合闸之后，其操动机构中的辅助触点发生对应变位，该触点位置接入断路器控制回路，使跳合闸回路失电返回。有些保护装置也需要断路器和隔离开关提供辅助触点位置进行动作判别。

（5）正常操作时，通过监控系统发出的操作指令送到测控装置，转换为触点输出到断路器（或隔离开关）控制回路，达到分合闸的目的。

（6）站用电低压系统给断路器、隔离开关操动机构及主变压器风冷系统提供动力、加热、照明电源，给直流系统提供整流电源，给监控系统提供计算机电源。

（7）直流系统给保护装置提供保护电源，给控制回路提供控制电源，给测控装置提供测控电源，给监控系统等重要负荷提供UPS中的直流电源。

【思考与练习】

1. 220kV变压器常见冷却方式有哪几种？
2. 液压机构主要由哪几部分组成？
3. 隔离开关的作用有哪些？
4. 避雷针的作用是什么？
5. 并联电容器过电压倍数及运行持续时间是多少？

第十章 继电保护配置、范围及基本原理

模块 1 线路保护配置、范围及基本原理（ZY1000101001）

【模块描述】本模块包含线路保护配置、保护范围和基本原理。通过原理讲解，逻辑框图说明，了解线路保护的保护范围和保护动作特性。

【正文】

各电压等级的输配电线路，根据所在变电站的性质、电压等级、供电负荷的重要性和本地区的运行习惯等因素，选择的线路保护配置也有所不同。本模块以典型线路保护装置为例，介绍了线路纵联保护、距离保护、零序方向保护、三段式过电流保护等的保护范围和基本原理以及重合闸装置的功能。

一、线路保护配置和保护范围

1. 线路保护分类

输配电线路保护可分为纵联保护、相间距离保护、接地距离保护、零序电流保护、电流平衡（包括零序平衡）保护、横联差动（包括零序横差）保护、阶段式电流保护、电流电压保护、小电流接地系统接地选线/单相接地保护等。

2. 线路保护的功能配置及保护范围

不同厂家的线路保护装置，其保护功能配置是不相同的，由于保护范围与其整定值有关，对某一保护功能来说，采用不同的整定值其保护范围也不相同。

（1）纵联保护。

1）纵联保护分类：

① 按照通信通道可分为电力线载波纵联保护、微波纵联保护、光纤纵联保护、导引线纵联保护。

② 按照构成原理可分为纵联方向保护（比较两端逻辑量）、纵联距离保护（比较两端逻辑量）、纵联差动保护（比较两端电流量）。其中纵联距离保护是纵联方向保护的一种特例（距离元件带方向）。

③ 按照采用的基本元件构成可分为相位比较、负序方向、距离、零序、暂态方向、分相差动、方向比较、工频比较、音频比较等。

④ 按照传送逻辑量的通道信号可分为闭锁式、允许式和跳闸式。

由此可知，不同厂家的纵联保护由于采用不同的组合构成，其保护功能配置是不相同的。常用的纵联保护有高频相差保护、高频距离和零序保护、高频方向保护、光纤电流差动保护等。

2）纵联保护的保护范围：纵联保护能反应被保护线路两侧电气量，保护范围为线路两侧保护用电流互感器之间的部分，可以无时限切除本线路全长范围内的各种故障，并满足电力系统稳定要求，称为主保护。

（2）相间距离保护。相间距离保护一般装设三段，必要时也可采用四段。第Ⅰ段的保护范围为本线路全长的 80%～85%，其动作时间为保护的固有动作时间。第Ⅱ段按阶梯特性与相邻保护配合，动作时间一般为 0.5～1.5s，通常能够灵敏而快速地切除本线路全长范围内的故障。由Ⅰ、Ⅱ段构成本线路的主保护。第Ⅲ（Ⅳ）段也按阶梯特性与相邻保护配合，动作时间一般在 2s 以上，作为线路故障的后备保护。

（3）接地距离保护。接地距离保护为三段式，Ⅰ段定值按可靠躲过本线路对侧母线接地故障整定，动作时间为保护的固有动作时间。Ⅱ段定值按本线路末端发生金属性故障有足够灵敏度整定，并与相邻线路接地距离Ⅰ段配合。Ⅲ段按与相邻线路接地距离Ⅱ段配合整定，若配合有困难，可与相邻线路

接地距离Ⅲ段配合整定。当本线路设有阶段式零序电流保护作为接地故障的基本保护时，接地距离Ⅲ段可退出运行。

接地距离保护Ⅰ段只能保护本线路全长的70%左右；Ⅱ段能够保护本线路全长，并延伸到下一线路的一部分，但不超过下一线路接地距离Ⅰ段保护范围；第Ⅲ段用作本线路主保护的后备保护和下一线路保护或断路器拒绝动作的后备保护。

（4）零序电流保护。在中性点直接接地系统发生接地故障时，将产生很大的零序电流和零序电压，利用这些特征电气量可构成零序电流方向保护，通常采用三段式或四段式。

零序电流Ⅰ段定值按躲过本线路末端故障时保护安装处3倍最大零序电流整定。对单相重合闸线路宜设置两个不同电流定值的Ⅰ段，即灵敏Ⅰ段和不灵敏Ⅰ段。不灵敏Ⅰ段定值可按躲过断路器三相触头不同时接通产生的零序电流整定，灵敏Ⅰ段在重合闸后延时0.1s，而不灵敏Ⅰ段在重合闸后不带延时。灵敏Ⅰ段在重合闸过程中退出运行。20km以内的短线路，为避免超越失去选择性，往往停用零序电流Ⅰ段保护。在电网零序网络基本保持稳定的条件下，其保护范围比较稳定，对一般长线路和中长线路可以达到线路全长的70%～80%。

零序电流Ⅱ段定值，可与相邻线路纵联保护配合，按躲过相邻线路末端故障整定。若相邻线路纵联保护不投入，则与相邻线路的灵敏Ⅰ段配合整定。零序电流Ⅱ段定值还应躲过线路对侧变压器的另一侧母线接地故障时流过本线路的零序电流。

三段式零序电流Ⅲ段（或四段式零序电流Ⅲ段和Ⅳ段）作为本线路经过渡电阻接地故障和相邻元件故障的后备保护，保护本线路及下一线路的全长。

（5）电流平衡（包括零序平衡）保护。电流平衡保护作为35kV及以上平行双回线路的主保护。当双回线的任一回线故障时，保护只切除故障线路，而保留非故障线路继续运行。

电流平衡保护不适用于单回线运行，因而保护的操作电源须经过双回线断路器的辅助触点闭锁或母差保护动作立即闭锁双回线电流平衡保护。

（6）横联差动（包括零序横差）保护。横联差动（方向）保护作为平行双回线路的主保护。保护装设在线路两侧，当双回线路的任一回线上发生故障时，保护只切除故障线路，而保留非故障线路继续运行。横差方向保护的缺点是存在死区和相继动作区。另外，横联差动方向保护同电流平衡保护一样也不适用于单回线运行。

（7）阶段式电流保护。阶段式电流保护采用三段式，即电流速断保护段、限时电流速断保护段、过电流保护段。

电流速断保护定值，按躲过本线路末端最大三相短路电流整定，要求无时限动作。通常在最大运行方式下，保护范围达线路全长的50%，在最小运行方式下发生两相短路，能保护线路全长的20%，即可装设。

限时电流速断保护定值应对本线路末端故障有规定的灵敏度，还应与相邻线路保护定值配合，时间定值按阶梯特性与相邻保护配合。其保护范围为本线路全长并延伸到下一线路的一部分，但不会超出配合段保护区。

过电流保护定值与相邻线路的限时电流速断保护或过电流保护配合整定，其电流定值还应躲过线路所允许的最大负荷电流。过电流保护作为本线路主保护拒动及下一线路的保护或断路器拒动的后备保护。

3. 线路重合闸分类

线路重合闸可分为单相重合闸、三相重合闸和综合重合闸三种。线路装设的综合重合闸装置，具有单重、三重、综重和停用四种方式。

4. 线路保护配置要求及举例

（1）220kV线路保护配置。220kV线路保护一般采用近后备保护方式，即当故障元件的一套继电保护装置拒动时，由相互独立的另一套继电保护装置动作切除故障；而当断路器拒动时，启动断路器失灵保护，断开与故障元件所接入母线相连的所有其他连接电源的断路器。有条件时可采用远后备保护方式，即故障元件所对应的继电保护装置或断路器拒绝动作时，由电源侧最邻近故障元件的上一级继电保护装置动作切除故障。

220kV 线路保护典型组屏方案：一种是配置两套线路保护装置、双套操作箱、两面柜组柜方案；另一种是配置两套线路保护装置、单套操作箱、三面柜组柜方案。两套主保护完全独立，即交流电压电流回路、直流电源回路、出口跳闸回路及保护通道完全独立。两套线路保护的重合闸均按照投入使用设计，回路完全独立，两套保护之间不考虑启动和闭锁重合闸回路。实际运行中若只使用一套重合闸时，将第二套线路重合闸退出即可，回路上可不做变动。

（2）110kV 线路保护举例。某条 110kV 线路保护采用 RCS-941A 型数字式高压线路成套快速保护装置，主要功能包括三段式相间距离和接地距离保护、四段式零序方向过电流保护、三相一次自动重合闸功能；装置带有跳合闸操作回路以及交流电压切换回路。

（3）10kV 线路保护举例。某条 10kV 线路采用 RCS-9612AIII线路保护测控装置。该装置主要保护功能有：

1）三段式可经低电压闭锁的定时限方向过电流保护，其中第三段可整定为反时限；

2）三段式零序过电流保护（可选择经方向闭锁）/小电流接地选线；

3）三相一次/二次重合闸（检无压、同期、不检），可经控制字选择三相二次重合闸功能；

4）过负荷保护；

5）过电流/零序合闸加速保护（可选前加速或后加速）；

6）低频减载保护。

一般常使用其中的过电流保护、重合闸和后加速功能。

二、线路保护的基本原理

1. 纵联保护的基本原理

纵联保护的基本原理是利用某种通信通道（导引线、电力线载波、微波、光纤等），将输电线路两端的保护装置纵向连接起来，将两端的电气量（电流、电流相位、故障方向等）传送到对端，进行比较，以判断故障是否在本线路范围之内，若故障在本线路范围内，保护动作切除被保护线路，否则保护不会发出跳闸指令。

（1）闭锁式纵联方向保护的基本原理。闭锁式纵联方向保护是由线路两侧的方向元件分别对故障的方向作出判断，然后对两侧的故障方向进行比较以决定是否跳闸。规定从母线指向线路的方向为正方向，从线路指向母线的方向为反方向。

当外部故障时，近故障侧的方向元件判断为反方向故障，闭锁信号从近故障点的一侧发出，当线路另一侧纵联保护收到闭锁信号，其保护方向元件虽然动作，但也不会出口跳闸。当内部故障时，两侧方向元件都判断为正方向，两侧都不发送闭锁信号，两侧也都收不到闭锁信号，保护方向元件动作后即可出口跳闸。如图 ZY1000101001-1 所示为闭锁式纵联方向保护工作原理示意图。

闭锁式纵联保护，当需要发信时即启动发信元件动作，开始发送闭锁信号；当需要停信时即停信控制元件动作，此时即使启动发信元件动作也会强制停信。

当发生区外故障时，假若本侧的正方向测量元件动作但收不到对侧的闭锁信号时，纵联方向保护将会误动。因此保证闭锁信号的正确传输对闭锁式纵联方向保护是极为重要的。

（2）允许式纵联方向保护的基本原理。如图 ZY1000101001-2 所示为允许式纵联方向保护工作原理示意图。

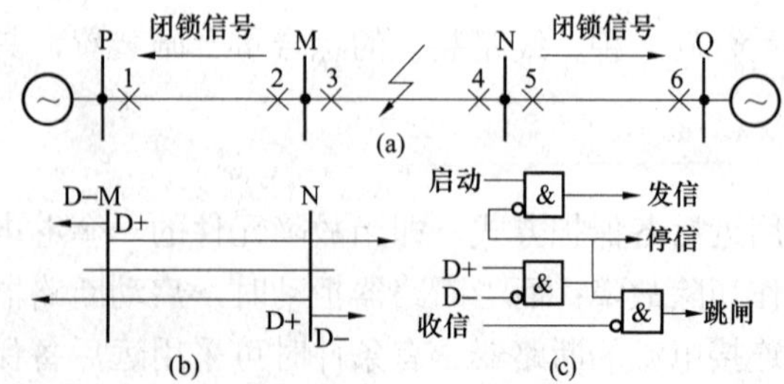

图 ZY1000101001-1 闭锁式纵联方向保护工作原理

（a）闭锁信号示意图；（b）方向元件配置图；（c）基本逻辑图

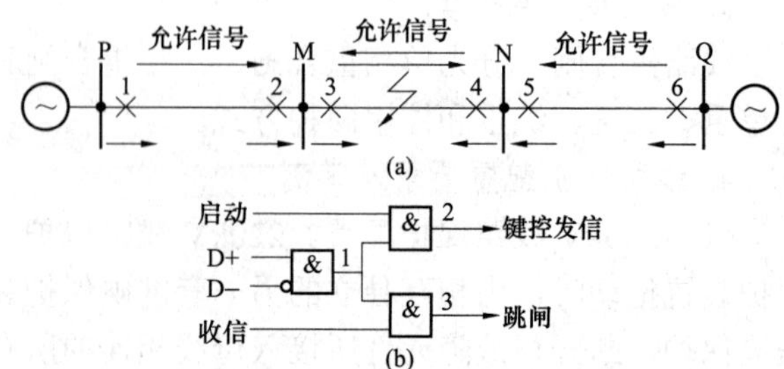

图 ZY1000101001-2 允许式纵联方向保护工作原理

（a）网络接线及允许信号的传送示意图；（b）基本逻辑图

允许式纵联方向保护的工作方式是当任一侧功率方向为正方向时向对侧发送允许信号，各侧的收信机只能接收对侧的信号而不能接收自身的信号。每侧的保护必须在方向元件动作，同时又收到对侧的允许信号之后，才能动作于跳闸，显然只有故障线路的保护符合这个条件。对非故障线路而言，一侧是方向元件动作，收不到允许信号，而另一侧是收到了允许信号但方向元件不动作，因此都不能跳闸。

允许式纵联方向保护的基本逻辑图如图 ZY1000101001-2（b）所示，启动元件动作后，正方向元件动作，反方向元件不动作，与门 2 启动发信机，向对侧发允许信号，同时准备启动与门 3。当收到对侧发来的允许信号时，与门 3 即可经抗干扰延时动作于跳闸。用距离继电器作方向元件时，一般无反方向元件，距离元件的方向性必须可靠。

允许式保护通常采用复用载波机构成，一般采用键控移频的方式。正常运行时，收信机经常收到对侧发送的频率为 f_g 的监频信号，其功率较小，用以监视高频通道的完好性。当正向区内发生故障时，对侧方向元件动作，键控发信机停发 f_g 的信号而改发频率为 f_t 的跳频（或称移频）信号，其功率提升，收信机收到此信号后即允许本侧保护跳闸。

允许式保护在区内故障时，必须要求收到对侧的信号才能动作，因此就会遇到高频信号通过故障点时衰耗增大的问题，这是它的一个主要缺点。最严重的情况是区内故障伴随通道破坏，例如发生三相接地短路等，造成允许信号衰减过大甚至完全送不过去，它将引起保护的拒动。通常通道按相一相耦合方式，对于不对称短路，一般信号都可通过，只有三相接地短路，难以通过。

（3）数字式纵联光纤电流差动保护的基本原理。数字式纵联光纤电流差动保护基于基尔霍夫电流定律，构成原理简单，且保护动作快速，能可靠反应线路各种类型的故障。

图 ZY1000101001-3 所示为典型数字式纵联光纤电流差动保护原理接线示意图。

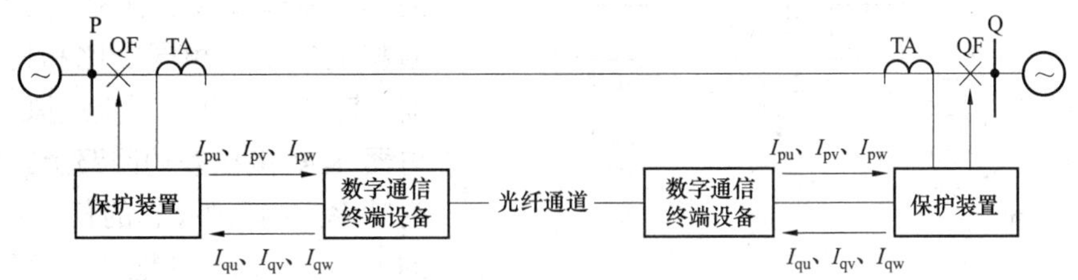

图 ZY1000101001-3　数字式纵联光纤电流差动保护原理接线示意图

两侧保护将 TA 输入的各相电流按一定频率采样经过滤波后换算为数字数据，通过光纤数字通信系统的数据通道传送至对侧保护。两侧保护利用本侧和对侧电流数据按相进行差动电流计算。根据电流差动保护的制动特性方程进行判别，判断为内部故障时保护动作跳闸，判断为外部故障时保护不动作。

在运行时为了保证安全起见，应考虑到纵联保护一侧退出运行时能保证两侧均退出的措施（即线路一侧退出时，另一侧也自动退出），因为在时间上不可能保证两侧在同一瞬间内操作退出保护（纵联保护投入压板）。

2. 距离保护的基本原理

距离保护可分为相间距离和接地距离两种保护。相间距离保护的功能是反应线路的相间短路，接地距离保护用来反应线路的单相接地和两相接地短路。

距离保护是反应保护安装处电压与线路电流的比值，即测量阻抗而工作的。在正常运行状态下，距离保护感受的是工作电压和负荷电流之比，即负荷阻抗；当被保护线路发生短路时，保护感受的电压是残余电压，电流是短路电流，它们的比值为短路阻抗，即从保护安装点至线路短路处之间的线路阻抗，其值远小于负荷阻抗，于是保护动作。距离保护就是通过短路阻抗的测量来实现距离测量的保护。

接地距离保护采用 $\dot{U}_x/(\dot{I}_x+3K\dot{I}_0)$ 接线，它是以测量保护安装地点至接地短路点之间的相阻抗来反映线路长度距离的。能正确反应三相短路、两相接地短路和单相接地短路，其测量阻抗为输电线路的正序阻抗。式中 $\dot{U}_x$、$\dot{I}_x$ 分别为接入接地距离保护的相电压和相电流；$\dot{I}_0$ 为接入接地距离保护的零序电流；$K=(Z_{0L}-Z_{1L})/3Z_{1L}$，称为零序电流补偿系数，$Z_{0L}$ 和 Z_{1L} 为线路零序和正序阻抗。

3. 零序电流方向保护基本原理

在中性点直接接地系统中发生接地短路时，将产生很大的零序电流，反应零序电流增大而构成的保护称为零序电流保护。在两侧变压器的中性点均接地的电网中，当线路发生接地短路时，故障点的零序电流将分为两个支路分别流向两侧的接地中性点。为保证在各种接地故障情况下保护动作的选择性，必须在零序电流保护上增加零序功率方向元件，以判别零序电流的方向，构成零序电流方向保护。

利用零序电流和零序电压分量构成的保护，可作为一种主要的接地短路保护。零序电流保护接于电流互感器的零序滤过器，接线简单可靠。

4. 电流平衡保护的基本原理

电流平衡保护的基本原理是通过比较双回线中两线路电流绝对值而工作的，它能判断线路是否发生故障，以及故障发生在哪条线路上。

在靠近对端母线故障时，由于两回线电流相差不大，需等对端的保护动作切除故障线路的对侧断路器后，本侧的电流平衡保护才能动作跳闸。

当保护安装处附近发生短路时，由于故障线路的电流极大，而非故障线路的电流较小，两回线的电流差别最大，故此时电流平衡保护动作灵敏，没有死区。

电流平衡保护的缺点是存在着相继动作区，且不能在单侧电源平行双回线的受电端使用。

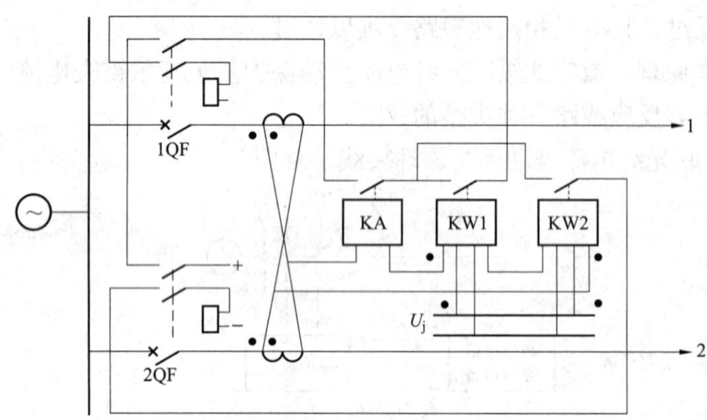

图 ZY1000101001-4 横联差动方向保护的单相原理接线示意图

5. 横联差动方向保护的基本原理

横联差动方向保护的基本原理是反应双回线电流之差的大小和方向。如图 ZY1000101001-4 所示为横联差动方向保护的单相原理接线示意图。图中，双回线的同名相上安装有相同变比和特性的电流互感器。其二次线圈按环流法原理接线，电流继电器 KA 接在差动回路上。KW1 和 KW2 为功率方向元件，它的任务是判断故障功率的方向，有选择性地切除故障线路，保留无故障线路的继续运行。

6. 阶段式电流保护基本原理

电流保护反应被保护线路的电流突然增大，当电流超过整定值时动作，并以时间来保证动作选择性。电流保护可分为定时限（即动作时间一定，与短路电流的大小无关）和反时限（即动作时间与短路电流的大小成反比）两种特性，结构较为简单，其保护范围受系统运行方式影响很大。

图 ZY1000101001-5 所示为单侧电源三段式电流保护的阶梯特性。一般用于 110kV 及以下电压等级的单电源线路上。对于 6～10kV 配电线路，一般采用两段式保护。两段式保护的第Ⅰ段为主保护段，第Ⅱ段为后备保护段。

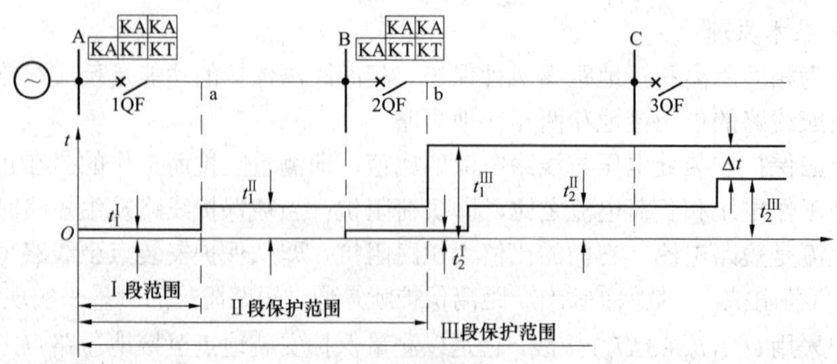

图 ZY1000101001-5 单侧电源三段式电流保护的阶梯特性

6～10kV 配电线路保护，有时采用有限反时限过电流保护，该保护设有电流速断和反时限两部分，兼主保护和后备保护功能，如图 ZY1000101001-6 所示。

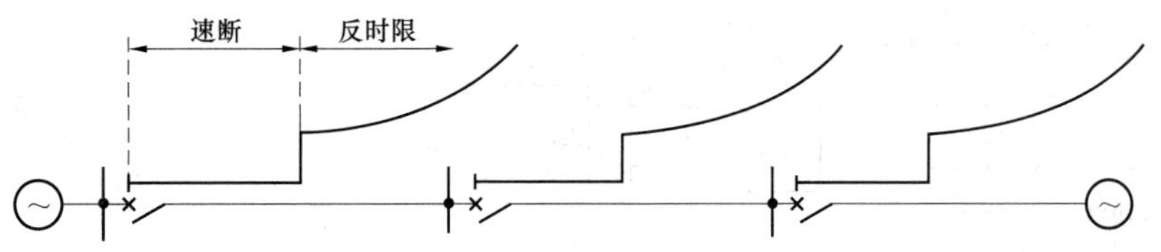

图 ZY1000101001-6　有限反时限过电流保护特性

7. 电流电压保护基本原理

电流电压保护装置反应相间短路时电流突然增大、母线电压突然降低而动作，接于全电流全电压。

8. 三相不一致保护（非全相）原理

三相不一致保护工作逻辑框图如图 ZY1000101001-7 所示。

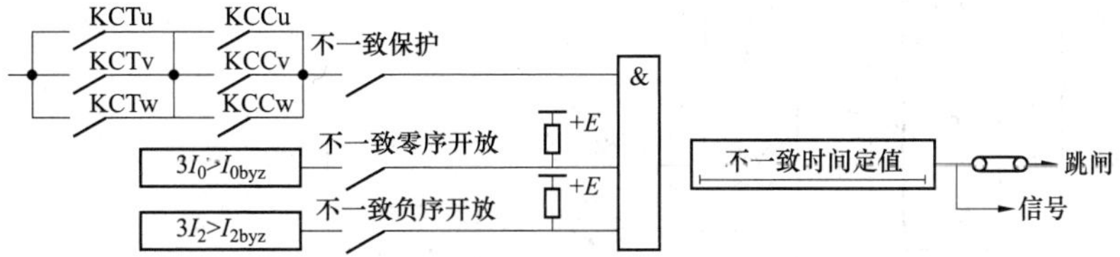

注：I_{0byz} 为三相不一致保护零序电流定值；I_{2byz} 为三相不一致保护负序电流定值。

图 ZY1000101001-7　三相不一致保护工作逻辑框图

在三相不一致保护投入时，当断路器任一相在跳闸位置而三相不全在跳闸位置，则确认为不一致。三相不一致保护可经零序电流或负序电流开放，由软件控制字控制其投退。满足不一致动作条件时，经可整定的动作时间出口跳开本断路器，并给出中央信号。

三、线路自动重合闸

1. 线路自动重合闸装置配置原则

电力系统采用自动重合闸装置有两个目的：一是输电线路的故障多数为瞬时性的，因此在线路被断开后，再进行一次重合，就能恢复供电；二是保证电力系统稳定，根据系统实际情况，通过稳定计算，选择合适的重合闸方式，可以收到良好的效果。

（1）对于单侧电源线路，不存在非同期合闸问题，一般采用三相一次重合闸，装于线路供电侧。

（2）对于双电源线路可以分以下几种情况：

1）110kV 及以下电压等级的环网线路，在电源与负荷技术条件允许的情况下，可采用非同期重合闸。

2）当并列运行的系统或发电厂之间的联络线在 3 条以上，且任何时候不会少于 2 条时，可考虑选用不检查同期的三相重合闸。

3）当并列运行的系统或发电厂之间，可能出现单回线运行时，应根据计算，在不允许采用非同期重合闸时，可采用无压、同期检定重合闸。

4）在没有其他联系的双回线上，当不能采用非同期重合闸时，可采用检查相邻线路有电流的重合闸或采用无压、同期检定重合闸。

5）在超高压电网中，由于传送功率大、稳定问题突出，若使用分相操动机构的断路器时，更适合采用单相重合闸及综合重合闸。

2. 三相一次重合闸原理

三相一次重合闸启动方式有保护启动和位置不对应启动两种。如图 ZY1000101001-8 所示为三相一次重合闸逻辑原理框图。

（1）重合闸准备回路。为保证一次性重合闸，重合闸必须在充电完成后才能工作。重合闸充电在正常运行时进行，重合闸投入、无跳闸位置 KCT、无 TV 断线或虽有 TV 断线但控制字“TV 断线闭锁重合闸”置“0”，经 15s 后充电完成。

KCT 不动作开放 M1，当断路器在合后位置，启动元件不启动，说明在正常运行状态，M1 动作，启动充电回路 Tcd，Tcd 时间为 15s，经 Tcd 后，重合闸准备好合闸。

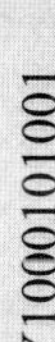

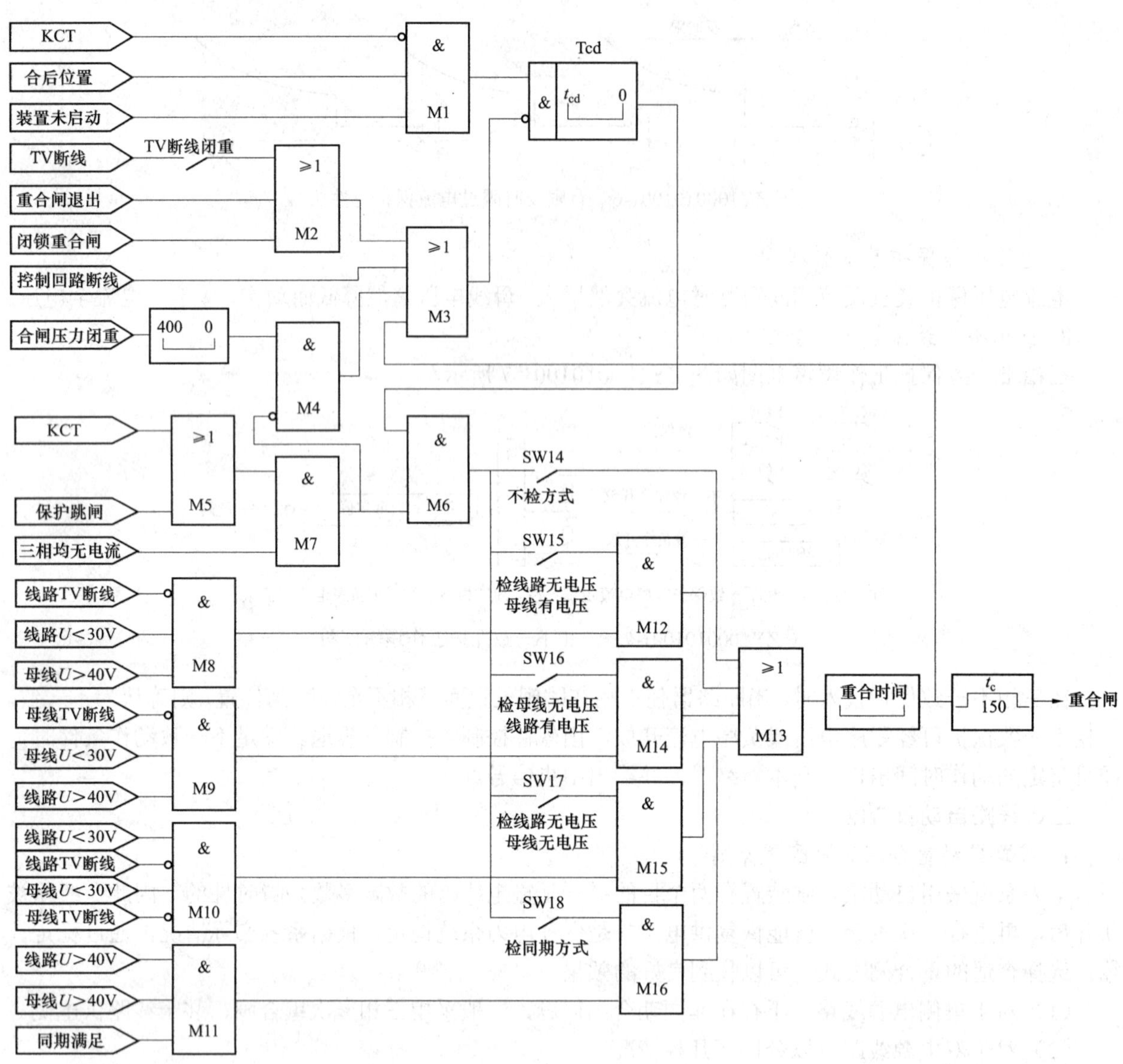

图 ZY1000101001-8 三相一次重合闸逻辑原理框图

当 TV 断线（TV 断线闭锁重合闸控制字投入）、重合闸退出、外部闭锁重合闸动作时至 M2，M2、控制回路断线、重合闸动作由 M3 对 Tcd 放电。

合闸压力继电器动作时，经 400ms 延时，如果保护或断路器不动作经 M5 至 M7，三相均无电流时则经 M4 至 M3 对 Tcd 放电。

（2）合闸过程。重合闸由独立的重合闸启动元件来启动，当保护跳闸后或断路器偷跳均可启动重合闸。重合闸方式可选用检线路无压母线有压重合、检母线无压线路有压重合、检线路无压母线无压重合、检同期重合，也可选用不检而直接重合闸方式。

检线路无压母线有压时，检查线路电压小于 30V 且无线路电压断线，同时三相母线电压均大于 40V 时，检线路无压母线有压条件满足，而不管线路电压用的是相电压还是相间电压。

检母线无压线路有压时，检查三相母线电压均小于 30V 且无母线电压断线，同时线路电压均大于 40V 时，检母线无压线路有压条件满足。

检母线无压线路无压时，检查三相母线电压均小于 30V 且无母线电压断线，同时线路电压小于 30V 且无线路电压断线时，检母线无压线路无压条件满足。

检同期时，检查线路电压和三相母线电压均大于 40V 且线路电压和母线电压间的相位在整定范围内时，检同期条件满足。正常运行时测量 U_x 与 U_u 之间的相位差，与定值中的固定角度差定值比较，若两者的角度差大于 10°，则经 500ms 报“角差整定异常”告警。

重合闸条件满足后经整定的重合闸延时发重合闸脉冲 150ms。其动作过程如下：保护跳闸或 KCT 动作表明断路器跳闸，如果三相均无电流则 M7 动作至 M6。然后，如为检同期方式，SW18 合上，则要求线路和母线 U>40V 均动作，且同期检查动作有信号，则 M11 动作至 M16。如为检线路无压母线无压方式，SW17 合上，则要求线路和母线 U<30V 均动作且线路和母线 TV 断线均不动作，则 M10 动作至 M15。如为检母线无压线路有压方式，SW16 合上，则要求母线 U<30V 且母线 TV 断线不动作，同时线路 U>40V 有动作信号，则 M9 动作至 M14。如为检线路无压母线有压方式，SW15 合上，则要求线路 U<30V 且线路 TV 断线不动作，同时母线 U>40V 有动作信号，则 M8 动作至 M12。如果为不检方式，在 SW14 合上，直接至 M13，M13 动作启动两个时间，经重合闸时间延时经 M3 至 Tcd，使 Tcd 放电；t_c 为合闸脉冲展宽时间，为 150ms，至合闸回路。

3. 微机型线路综合自动重合闸装置

（1）重合闸方式。装置一般利用屏上的切换开关或控制字可以实现四种重合闸方式：

1）三相重合闸方式。当线路上发生任何故障，线路保护动作跳开三相，经重合闸整定延时后，三相重合，重合成功继续运行，重合于永久性故障上保护动作再次将断路器三相跳开。

2）单相重合闸方式。当线路上发生单相接地故障时线路保护动作跳开该故障相，单相重合，重合成功继续运行，重合于永久性故障再跳开三相；线路上发生相间故障则跳开三相，不再重合。

3）综合重合闸方式。“综合”重合闸方式是三相重合闸和单相重合闸两种方式组合，对线路单相接地故障按单相重合闸方式处理；对线路相间故障（含相间接地故障）按三相重合闸方式处理。

4）停用方式。重合闸退出，重合闸长期不用时，应设置于该方式。

（2）重合闸的充电功能。在软件中，专门设置一个计数器，模仿“四统一”自动重合闸设计中电容器的充放电功能。重合闸功能必须在“充电”完成后才能投入，以避免多次重合。在满足如下条件时，充电计数器开始计数，模仿重合闸的充电功能。

1）断路器在“合闸”位置，即接进保护装置的跳闸位置继电器 KCT 不动作或线路有电流；

2）重合闸启动回路不动作；

3）没有低压闭锁重合闸和闭锁重合闸开入；

4）重合闸不在停用位置。

以上条件均满足时重合闸充电，计数器开始计数，充电时间为 15s。当装置充电完成后，装置正面面板上的黄色“充电”灯点亮（RCS-900 系列）或面板液晶上将显示“CHZ：READY”（CSL100 系列）字样。

（3）重合闸的放电功能。在满足下列条件之一时，充电计数器清零，模仿重合闸的放电功能。

1）重合闸方式在停用位置；

2）重合闸在单重方式时保护动作三相跳闸；

3）收到外部闭锁重合闸信号（如手跳、永跳、遥跳闭锁重合闸等）；

4）重合闸出口命令发出的同时“放电”；

5）重合闸“充电”未满时，跳闸位置继电器 KCT 动作或有保护启动重合闸信号开入。

（4）重合闸的启动。重合闸装置一般设置两个启动重合闸的回路：保护启动和断路器位置不对应启动。

（5）重合闸出口。重合闸启动后，在未发重合命令前，程序完成以下功能：

1）不断检测有无闭锁重合闸开入，若有开入，充电计数器清零，主程序查到充电计数器未满，整组复归；

2）若为单相跳闸（简称单跳）启动重合闸或单相偷跳启动重合闸，则不断检测是否有三相跳闸（简称三跳）启动重合闸开入和三跳位置，若有则按三重处理；

3）主程序中，根据重合闸控制字设置的检同期和检无压等方式，进行电压检查，不满足条件时，重合闸计数器清零；

4）若重合闸一直未能重合，等待一定延时后，整组复归，在单重方式下，此延时为 T_{S1}+12s（T_{S1} 为单重整组复归整定延时时间），在三重方式下，此延时为 T_{S3}+12s（T_{S3} 为三重整组复归整定延时时间）；

5）发出重合令后，装置将继续驱动加速继电器 4s，然后整组复归。

（6）同期手合。装置设有“同期手合”开入，可以进行手动同期合闸，手动同期合闸的方式不受重合闸检同期方式控制字的影响，在收到“同期手合”命令时首先检查两侧是否有电压，如果任一侧无电压就允许合闸，若两侧均有电压则自动转为检同期方式。检无压或检同期的延时均为 1s。手合启动后，若 5.5s 不满足检无压或检同期要求，则整组复归。

4. 重合闸启动、闭锁及沟通三跳回路

对于 220kV 线路一般按照两套保护双重化配置，两套线路保护的重合闸均考虑投入使用设计，回路完全独立；两套保护之间不考虑启动和闭锁重合闸回路。实际工程中若只使用一套重合闸时，将第二套重合闸退出即可，回路上可不做变动。有的保护中设有沟通三跳投入压板，沟通三跳投入压板（BCST）在线路重合闸停用时，将此压板合上（接通），达到任何故障三跳。切换操作把手停用重合闸，仅退出该重合闸，沟通三跳回路并不接通。正确地对重合闸投入和停用是保证电网安全稳定运行的重要措施。下面就重合闸启动、闭锁及沟通三跳回路做简单介绍。

（1）线路保护装置双重化配置重合闸相关回路。当线路保护按照两套保护双重化配置时，对于具有双跳闸线圈单（双）合闸线圈断路器的线路重合闸相关回路，如图 ZY1000101001-9 所示。

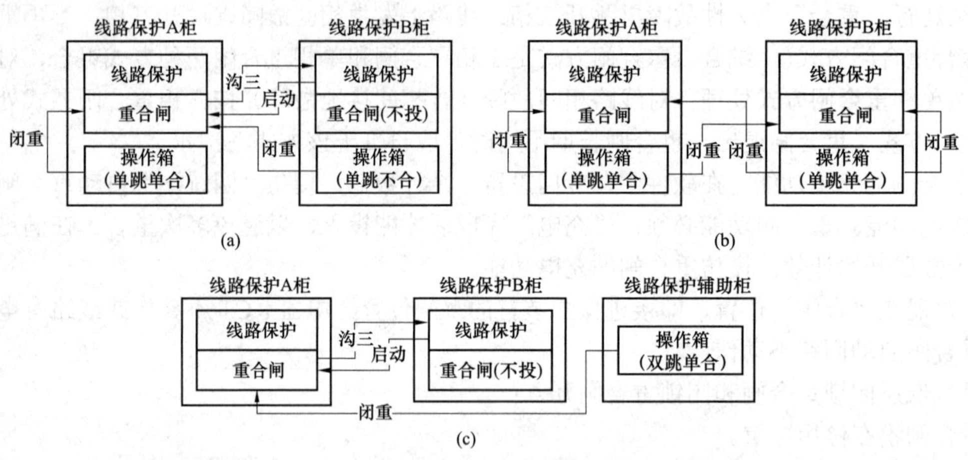

图 ZY1000101001-9 双跳闸线圈单（双）合闸线圈断路器的线路重合闸相关回路
（a）双面柜双跳闸线圈单合闸线圈断路器的线路重合闸相关回路；（b）双面柜双跳闸线圈双合闸线圈断路器的线路重合闸相关回路；（c）三面柜双跳闸线圈单合闸线圈断路器的线路重合闸相关回路

1）具有双跳闸线圈单合闸线圈断路器的线路重合闸相关回路，如图 ZY1000101001-9（a）所示。若正常运行时只投入第一套保护装置的重合闸，则要求：第一套保护装置的沟通三跳触点应可靠接入第二套保护装置；第二套保护装置的单相跳闸、三相跳闸启动及第二套操作箱 TJR 闭锁重合闸（闭重）触点应可靠接入第一套保护装置。

2）具有双跳闸线圈双合闸线圈断路器的线路重合闸相关回路，如图 ZY1000101001-9（b）所示。若正常运行时两套线路保护装置的重合闸均投入运行，则要求第一、二套保护装置之间的单相跳闸、三相跳闸启动重合闸回路及沟通三跳回路可不接入，但是两套操作箱 TJR 触点应交叉引入两套保护装置闭锁重合闸开入。

3）无论上述哪种运行方式，只要采用双操作箱方案且重合闸方式可能为三重时，操作箱 TJR 闭锁重合闸触点均应接入另一套保护装置。

① 第一套线路保护装置的重合闸投入运行，第二套线路保护装置的重合闸退出运行时，第一套操作箱按单相跳闸单相重合设计，第二套操作箱按单相跳闸不合闸设计，如图 ZY1000101001-10（a）所示。若第一套母线保护处于检修状态，第二套母线保护动作跳闸后，第一套线路保护装置的重合闸会因不对应启动而误合闸，因此第二套操作箱 TJR 闭锁重合闸触点应可靠接入第一套线路保护装置。

② 第一、二套线路保护装置的重合闸均投入运行，第一、二套操作箱均按单相跳闸单相合闸设计时，永跳闭锁重合闸回路，如图 ZY1000101001-10（b）所示。若第一套母线保护处于检修状态，第二

套母线保护动作跳闸后，第一套线路保护装置的重合闸会因不对应启动而误合闸，因此第二套操作箱TJR闭锁重合闸触点应可靠接入第一套线路保护装置。反之亦然。

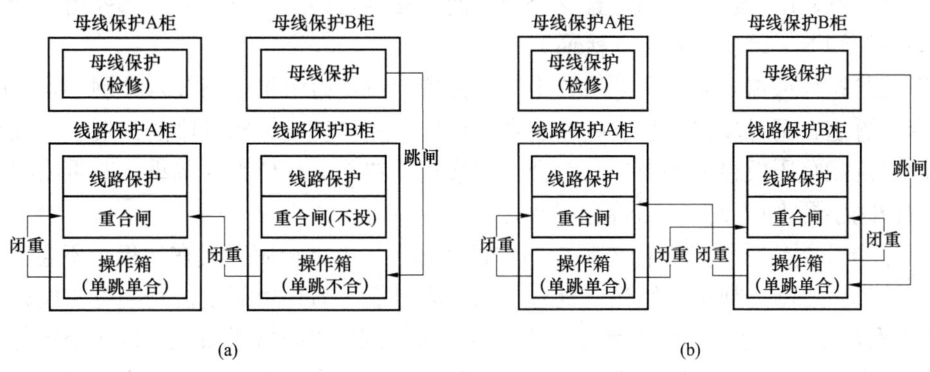

图 ZY1000101001-10　线路重合闸投入运行时永跳闭锁重合闸（简称闭重）回路

（a）只投入一套重合闸时永跳闭锁重合闸回路；（b）双套重合闸均投入时永跳闭锁重合闸回路

（2）闭锁重合闸及沟通三跳回路。超高压微机型线路保护装置均具有选相功能，由于重合闸的原因不允许线路保护装置选相跳闸时，要求断路器三相跳开。例如重合闸方式转换开关在“三重”或“停用”位置，重合闸未充好电，重合闸及其回路发现装置故障或直流电源消失等，都将输出沟通三跳。因此，可利用重合闸输出的沟通三相跳闸触点构成沟通三相跳闸回路来实现断路器的三相跳开。如图 ZY1000101001-11所示为闭锁重合闸及沟通三跳回路的接线方式。

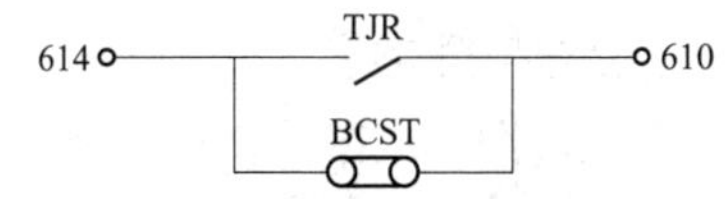

图 ZY1000101001-11　闭锁重合闸及沟通三跳回路的接线方式

闭锁重合闸及沟通三跳回路由单重方式三跳时闭锁重合闸、母线保护动作闭锁重合闸、线路重合闸停用以及投入沟通三跳压板闭锁重合闸组成，此回路闭合时，重合闸放电就闭锁了重合闸，同时保护装置在软件（程序）上将沟通三跳回路接通，任何故障都三跳。

5. 重合闸投入和停用的操作问题

目前线路保护皆带有重合闸功能，采用 RCS-900 系列保护时，建议两套重合闸同时投入运行，构成双重化，内部有严密的措施，保证不会多次重合闸。仅使用一套重合闸时，停用的重合闸如何操作，容易出现错误。正确的操作如表 ZY1000101001-1 所示。

表 ZY1000101001-1　　RCS-900 系列重合闸投入和停用的操作说明

保护方案	重合闸使用方式	RCS-900 系列重合闸的操作
RCS-900 系列与其他厂家保护重合闸共用	两套重合闸同时使用	（1）“内重合把手有效”置“1”、“投重合闸”置 “1”、控制字投相应方式（或“内重合把手有效”置 “0”、由外部重合闸切换把手定重合闸方式）； （2）重合闸出口回路压板投入； （3）沟通三跳压板打开（BCST）
	仅使用 RCS-900 系列的重合闸	同上
	仅使用其他厂家的重合闸	（1）“内重合把手有效”置“1”、“投重合闸”置“0”、控制字投相应方式均置“0”（或“内重合把手有效”置 “0”、外部重合闸切换把手置停用方式）； （2）重合闸出口回路压板打开； （3）沟通三跳压板打开（BCST）
	两套重合闸同时停用	（1）、（2）同上； （3）沟通三跳压板合上
全部采用 RCS-900 系列保护	两套重合闸同时使用	（1）“内重合把手有效”置 “1”、“投重合闸”置 “1”、控制字投相应方式（或“内重合把手有效”置 “0”、外部重合闸切换把手定重合闸方式）； （2）重合闸出口回路压板投入； （3）沟通三跳压板打开（BCST）
	一套投入、一套停用	（1）投入的同两套重合闸同时使用； （2）停用的同仅使用其他厂家的重合闸
	两套重合闸同时停用	（1）同仅使用其他厂家的重合闸； （2）沟通三跳压板都合上

在这里要强调一个概念：曾经重合闸停用就自动沟通三跳，现在不一样了，因为一套重合闸停用，另一套重合闸可能在单相重合闸方式下继续运行，不允许保护三跳。为此220～500kV的RCS-900系列重合闸，在重合闸停用时仅闭锁该装置重合闸，而不三跳。如两套重合闸全部停用，为了任何故障都能三跳，必须把沟通三跳压板合上（接通）。

重合闸退出是指外部重合闸方式把手置于停用位置，或定值中重合闸投入控制字置“0”，则重合闸退出。一套装置重合闸退出并不代表线路重合闸退出，保护仍是选相跳闸的。要实现线路重合闸停用，需将沟通三跳闭重压板投上。当外部重合闸方式把手置于运行位置（单重、三重或综重）且定值中重合闸投入控制字置“1”时，该装置重合闸投入。

关于RCS-900系列线路保护运行控制字整定说明如下：当重合闸方式在运行中不会改变时，用整定控制字比由外部重合闸切换把手经光电耦合输入更为可靠，另外用整定控制字可实现远方重合闸方式的改变。“内重合把手有效”、“投单重方式”、“投三重方式”、“投综重方式”这4个控制字可完成上述功能；当“内重合把手有效”置“1”时，整定控制字确定重合闸方式，而不管外部重合闸切换把手处于什么位置。“内重合把手有效”置“1”，而“投单重方式”、“投三重方式”、“投综重方式”均置“0”时等同于“投重合闸”置“0”，即本装置重合闸退出。当 “内重合把手有效”置“0”时，则重合闸方式由外部重合闸切换把手确定，“投单重方式”、“投三重方式”、“投综重方式”3个控制字均无效。

【思考与练习】

1. 线路保护的一般配置是什么？
2. 线路纵联保护的基本原理和保护范围是什么？
3. 相间距离和接地距离保护的基本原理和保护范围是什么？
4. 零序电流方向保护的基本原理和保护范围是什么？
5. 三段式过电流保护的基本原理和保护范围是什么？
6. 220kV线路微机型保护装置沟通三跳回路的作用是什么？
7. 一条线路装设两套微机保护装置时，其综合自动重合闸投入和停用如何操作？

模块2 母线保护功能配置、范围及基本原理（ZY1000101002）

【模块描述】本模块包含母线保护配置、保护范围和工作原理。通过原理讲解，逻辑框图说明，了解母线保护的保护范围和保护动作特性。

【正文】

母线是电能汇集和分配的主要设备，它上面连接着许多元件（如发电机、变压器、线路等重要电气设备）。当母线上发生故障时，对电力系统的安全稳定运行影响非常严重。因此，母线必须选择合适的保护方式。通常母线保护的方式有两种：一是利用供电元件的保护兼作母线故障的保护；二是装设专用的母线保护。本模块主要针对采用专用母线保护方式，介绍母线保护配置、保护范围及其工作原理。

一、母线保护配置

1. 实现母线差动保护的基本原理

（1）在正常运行以及母线保护范围以外故障时，在母线上所有连接元件中，流入的电流和流出的电流相等，或表示为$\sum \dot{I}=0$。

（2）当母线上发生故障时，所有与电源连接的元件都向故障点提供短路电流，而在供电给负荷的连接元件中电流等于零，因此，$\sum \dot{I}=\dot{I}_k$（短路点的总电流）。

（3）如从每个连接元件中电流的相位来看，则在正常运行以及外部故障时，至少有一个元件中的电流相位和其余元件中的电流相位是相反的，具体来说，就是电流流入的元件和电流流出的元件这两者的相位相反。而当母线内部故障时，除电流等于零的元件以外，其他元件中的电流则是同相位的。

2. 母线差动保护的形式和特点

在按不同原理实现的各种类型母线保护中就其对母线接线方式、电网运行方式、故障类型以及故障点过渡电阻等方面的适应性来说，仍以按电流差动原理构成的母线保护为最佳。

母线电流差动保护的形式主要有母线完全电流差动保护、母线不完全电流差动保护、双母线固定分配式电流差动保护、母联电流相位比较式母线差动保护、全电流相位比较式母线差动保护和比率制动原理的母线差动保护等。

目前，微机型母线差动保护皆采用带制动特性的差动继电器（亦即比率差动继电器），采用一次的穿越电流作为制动电流，以克服区外故障时由于电流互感器误差而产生的差动不平衡电流，在高压电网中得到了较为广泛的应用。

（1）母线完全电流差动保护是将母线上所有连接元件的电流互感器按同名相、同极性连接到差动回路（全部差接后接入差动继电器），电流互感器的特性和变比均应相同，若变比不同时可采用补偿变流器进行补偿，以满足$\Sigma \dot{I}=0$。例如 BP-2B、RCS-915、WMH-800、CSC-150 型等。

（2）母线不完全电流差动保护是在母线所连接的元件较多且每一元件的功率相差较大时，为了减少投资，只将连接于母线上的各有电源元件上的电流互感器接入差动回路，无电源元件上的电流互感器不接入差动回路，在母线和无电源元件上发生故障时动作。目前，6～10kV 母线上常采用不完全差动保护。

（3）双母线固定分配式电流差动保护是将双母线上连接的所有元件，按预定的要求分别固定连接在两条母线上，分别将电流互感器差接、并接入差动电流元件，该元件能够区别哪一组母线故障，称为选择元件。因此，这种差动保护的实质是由两个单母线完全电流差动保护组成。所不同的是，还设有一个接于总差电流回路的启动元件，担任两条母线差动保护的启动任务。由于各元件是固定连接在某一母线上，所以运行中元件不能任意倒换连接的母线。按此原理，在母联断路器断开的运行方式下，母线差动保护仍能正确工作。该保护有能区别哪一组母线故障的选择元件和反映区内、外故障的启动元件。

（4）母联电流相位比较式母线差动保护简称比相式母线差动保护，例如 SMC 型母线差动保护。顾名思义，这种母线差动保护的特点是以比较母联断路器中电流相位来判断双母线中的故障母线的。比较母联断路器电流相位的元件，即是选择元件。它还设有总差电流启动元件，担任母线差动保护的启动任务。按此原理可判断，当母联断路器断开运行时，比相元件（选择元件）失去了两个比较量之一而不能判断故障母线，则造成保护拒动的后果。进一步分析可知，当双母线的两条母线连续发生故障时，对后发生故障的母线，其母线保护也将拒动，实践证明这是一个很严重的缺点。此保护的优点是双母线上的元件可按需要连接于任一母线而不受限制。

（5）全电流相位比较式母线差动保护是将连接于一条母线上所有（包括母联断路器）元件的电流全部进行相位比较，以判断母线的内、外部故障。对于双母线而言，所有连接的元件均可以按需要灵活地进行切换。电流比较相位应为分相式，不但灵敏度较高，而且对单相接地故障不致因非故障相的负荷电流的影响而造成保护拒动。例如：JMC-4 型晶体管全电流相位比较式母线差动保护。

（6）比率制动式母线差动保护为具有制动特性且差动回路有低值强制电阻的母线完全差动电流保护。这种母线保护的动作速度很快，仅半个周波，所以又称为半周波母线差动保护。比率制动式母线差动保护的基本原理是选择元件由比率制动原理的继电器构成，即将流过母线差动保护中的总短路电流取出一部分作为差动继电器的制动量，以差动电流作为动作量。例如：RADSS/S、BP-2B、RCS-915、WMH-800、CSC-150 型等。

3. 对母线差动保护的基本要求

（1）能正确反应母线内部各种相间和接地短路故障。

（2）对于各种类型的外部故障，不会由于电流互感器的饱和以及短路电流中的暂态分量而误动作。

（3）能适应电流互感器变比不一致的情况。

（4）能适应被保护母线的各种运行方式。

（5）能正确切除双母线在倒闸操作过程中发生的母线内部故障。

（6）正常运行或倒闸操作时，若母线保护交流电流回路发生断线，保护装置经整定延时闭锁整套保护，并发出交流电流回路断线告警信号。

（7）为防止母线保护因误碰或误通电而引起误动作，母线差动跳闸出口回路应经过复合电压元件闭锁。

（8）保护装置仅实现三相跳闸出口。

（9）母线保护差动元件及电压闭锁元件启动、直流消失、交流电流电压回路断线及失灵保护动作均发出信号。

4. 微机型母线保护装置的功能配置

微机型母线保护装置一般均设有母线差动保护、母联充电保护、母联死区保护、母联失灵保护、母联过电流保护以及断路器失灵保护等功能。

二、微机型母线保护范围

1. 母线差动保护

母线差动保护的保护范围是母线差动保护所接各支路元件 TA 范围之内的各类故障。如图 ZY1000101002-1 所示为某 220kV 变电站母线差动保护的保护范围示意图。

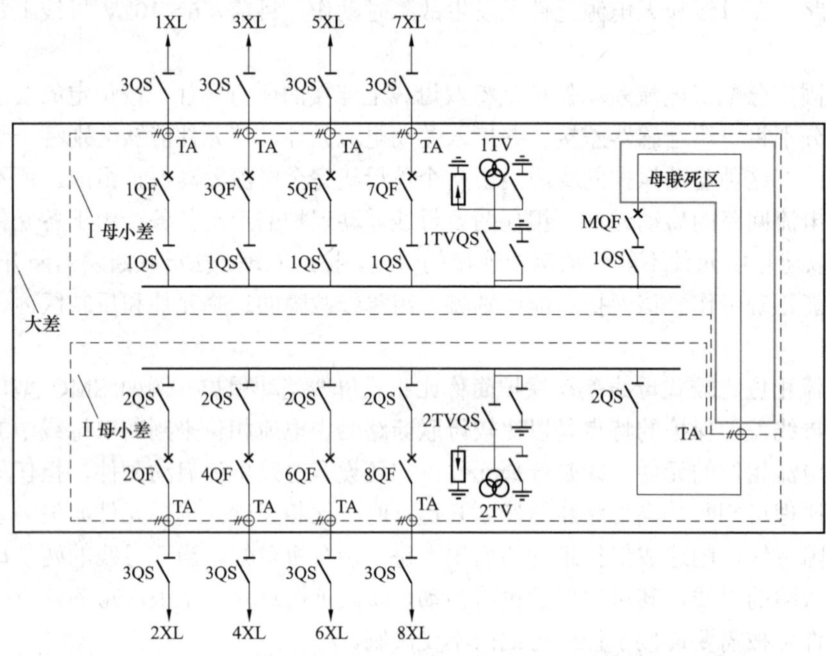

图 ZY1000101002-1　微机型母线差动保护大差和小差保护范围示意图

微机型母线保护差动回路一般包括母线大差回路和各段母线小差回路。母线大差是指除母联断路器和分段断路器外所有支路电流所构成的差动回路（见图 ZY1000101002-1 中粗线所示为大差回路）。某段母线的小差是指该段母线上所连接的所有支路（包括母联和分段断路器）电流所构成的差动回路（见图 ZY1000101002-1 中细虚线所示分别为Ⅰ母和Ⅱ母小差回路）。母线大差比率差动元件用于判别母线区内和区外故障，小差比率差动元件用于故障母线的选择。

2. 母联充电保护

母联充电保护作为用母联断路器向母线充电时的保护。

3. 母联过电流保护

当利用母联断路器作为线路或变压器的临时保护时可投入母联过电流保护，其保护范围为线路全长或所带主变压器。

4. 母联非全相保护

对 220kV 及以上断路器一般采用分相操动机构，在运行过程中有可能出现非全相运行状态。母联非全相保护作为该断路器的三相不一致保护。

5. 母联死区及失灵保护

母联死区保护根据母联 TA 的不同布置分以下情况：

（1）母联断路器两侧装设两组 TA，交叉接线不存在死区，差动保护不装设死区保护。

（2）母联断路器仅一侧装设 TA，如图 ZY1000101002-2（a）所示。在双母线接线中，K 点发生故障，对Ⅱ母差动保护来说为外部故障，Ⅱ母差动保护不动作；对Ⅰ母差动保护为内部故障，Ⅰ母差动保护应动作跳开Ⅰ母上的连接元件及母联断路器。但此时故障仍不能切除，针对这种情况，母线保护装置采用Ⅰ母母线差动保护动作跳开母联断路器后经延时（延时可整定，躲母联断路器跳闸时间），若大差动作且母联电流越限则跳开双母线上所有连接元件，最终切除故障。

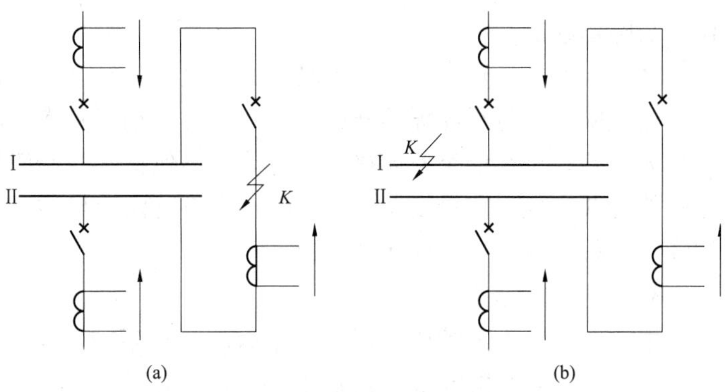

图 ZY1000101002-2　母联死区故障和母联失灵示意图

（a）母联死区故障示意图；（b）母联失灵示意图

母联断路器失灵采取上述方法进行处理，母联失灵示意图如图 ZY1000101002-2（b）所示。

（3）母联断路器断开即双母线分列运行时，若母联隔离开关未拉开，而仅靠隔离开关进行方式识别，则母联为运行状态，母联死区故障时就会引起双母线相继跳闸，这样就扩大了停电范围。为了避免这种情况的发生，母线保护装置中引入母联断路器的辅助触点以判断母联断路器的投退情况，当母联断路器断开时，母联电流不计入小差的计算，这样 K 点故障相当于Ⅱ母故障，Ⅱ母差动动作跳开Ⅱ母线以切除故障。这种运行方式下不再进行死区及母联失灵的判别。

6. 断路器失灵保护

在母线引出线上发生故障时，当故障元件的保护动作而断路器拒绝跳闸时，为了缩小事故范围，利用故障元件的保护作用在其所在母线相邻断路器使它们跳闸，有条件的还可以利用通道，使远端有关断路器同时跳闸，这样的保护装置或接线称为断路器失灵保护，又称为母线后备保护。断路器失灵保护是“近后备”中防止断路器拒动的一项有效措施，即作为断路器拒动时的后备保护。

三、微机型母线保护的基本原理

1. 母线差动保护基本原理

目前，国内微机型母线差动保护一般采用完全电流差动保护原理。完全电流差动是指将母线上的全部连接元件的电流按相接入差动回路。决定母线差动保护是否动作的电流量是动作电流（也称差电流或差流）和制动电流（也称和电流或和流）。动作电流是指母线上所有连接元件电流相量和的绝对值，用 I_{op} 表示，制动电流是指母线上所有连接元件电流的绝对值之和，用 I_{res} 表示。即

$$I_{op}=\left|\sum_{j=1}^{m}\dot{I}_j\right| \qquad (ZY1000101002\text{-}1)$$

$$I_{res}=\sum_{j=1}^{m}|\dot{I}_j| \qquad (ZY1000101002\text{-}2)$$

式中　I_{op}——动作电流幅值；

I_{res}——制动电流幅值；

$\dot{I}_j$——母线第 j 个连接元件的电流值（相量）；

m——出线条数。

与传统差动保护不同，微机保护的动作电流和制动电流不是从模拟电流回路中直接获得，而是通过电流采样值的数值计算求得。

对于单母线接线、3/2 断路器接线的母线差动保护动作电流的取得方式很简单，考虑范围是连接于母线上的所有元件电流。

模块2　ZY1000101002

对于双母线接线的母线差动保护的差动回路一般采用大差动及各段母线小差动回路构成。

2. 故障母线选择元件

差动保护根据母线上所有连接元件电流采样值计算出大差电流，构成大差比率差动元件，作为差动保护的区内和区外故障判别元件。

根据各段母线上连接的隔离开关位置开入计算出各段母线的小差电流，构成小差比率差动元件，作为故障母线的选择元件。

当一次系统两母线无法解列时，必须投入母线互联压板确保母线的互联运行方式。当元件在倒闸操作过程中两条母线经隔离开关双跨，装置自动识别为互联运行方式。互联后两互联母线的小差电流均变为该两段母线的全部连接元件电流（不包括互联两段母线之间的母联或分段电流）之和。当处于互联的母线中任一段母线发生故障时，均将此两段母线同时切除（但实际动作于某条母线跳闸时还必须经过该母线的电压闭锁元件闭锁）。

3. 电压闭锁元件

电压闭锁元件的动作判据为 $U_{ph} \leqslant U_{bs}$，$3U_0 \geqslant U_{0bs}$，$U_2 \geqslant U_{2bs}$。

其中：U_{ph} 为相电压；$3U_0$ 为三倍零序电压（自产）；U_2 为负序相电压；U_{bs} 为相电压闭锁整定值；U_{0bs} 和 U_{2bs} 分别为零序、负序电压闭锁整定值。

以上三个判据任一个条件满足时，电压闭锁元件开放。在动作于故障母线跳闸时相应母线电压闭锁元件必须开放。

4. 母联充电保护

图 ZY1000101002-3 所示为母联充电保护的逻辑框图。当任一组母线检修后再投入之前，利用母联断路器（或分段断路器，下面为叙述方便统称为母联断路器）对该母线进行充电试验时可投入母联充电保护，当被试验母线存在故障时，利用充电保护切除故障。

当母联断路器跳闸位置继电器 KCT 由“1”变为“0”或母联 KCT=1 且由无电流变为有电流（大于 $0.04I_N$），或两母线变为均有电压状态，则开放充电保护 300ms，同时根据控制字决定在此期间是否闭锁母线差动保护。在充电保护开放期间，若母联电流大于充电保护整定电流，则将母联断路器切除。母联充电保护不经复合电压闭锁。

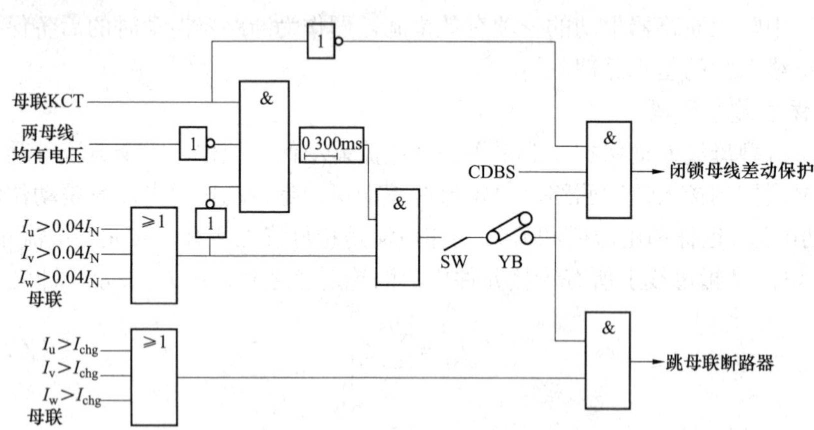

注：I_{chg} 为母联充电保护定值；CDBS 为母联充电保护闭锁母差保护控制字投入；SW 为母联充电保护投退控制字；YB 为母联充电保护投入压板。

图 ZY1000101002-3 母联充电保护的逻辑框图

当一段母线经母联断路器对另一段母线或某一线路充电时，投入充电保护压板，若被充电元件存在故障，充电保护将母联断路器跳开。充电完成后必须退出充电保护压板。当充电保护开放后，不断计算三相电流，任一相电流大于定值则出口跳闸。充电保护经 300ms 延时自动退出。

5. 母联过电流保护

当利用母联断路器串带线路或主变压器时可投入母联过电流保护作为临时保护。

母联过电流保护在任一相母联电流大于过电流整定值或母联零序电流大于零序过电流整定值时，

经整定延时跳开母联断路器，母联过电流保护不经复合电压闭锁。

6. 母联失灵与母联死区保护

（1）母联失灵保护。当保护向母联断路器发跳令后，经整定延时母联电流仍大于母联失灵电流整定值时，母联失灵保护经两母线电压闭锁后切除对应两母线上所有连接元件。只有母线差动保护和母联充电保护才启动母联失灵保护。母联失灵保护的逻辑框图如图 ZY1000101002-4 所示。

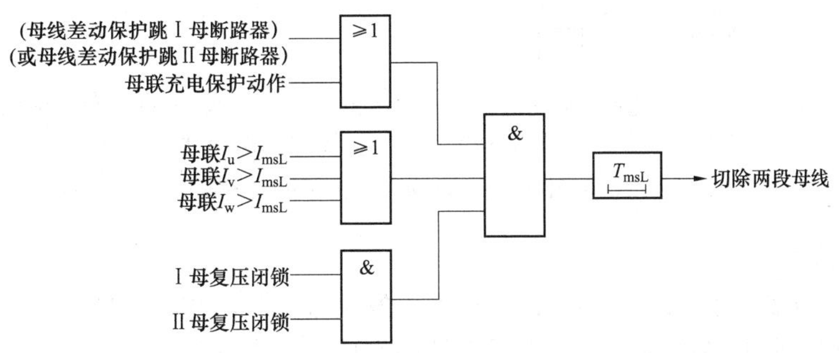

注：T_{msL} 为母联失灵时间定值；I_{msL} 为母联失灵电流定值。

图 ZY1000101002-4 母联失灵保护的逻辑框图

（2）母联死区保护。母联死区保护的逻辑框图如图 ZY1000101002-5 所示。若母联断路器和母联 TA 之间发生故障，断路器侧母线跳开后故障仍然存在，正好处于 TA 侧母线小差的死区，为提高保护动作速度，专设了母联死区保护。母联死区保护在差动保护发母线跳闸命令后，母联断路器已经跳开而母联 TA 仍有电流，且大差比率差动元件及断路器侧小差比率差动元件不返回的情况下，延时 50ms（或 100ms）跳开另一条母线。

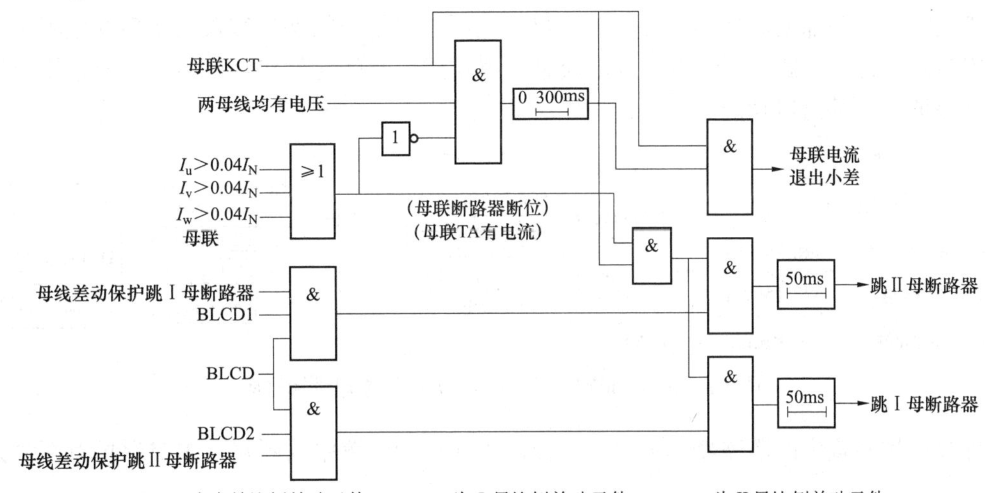

注：BLCD 为大差比例差动元件；BLCD1 为Ⅰ母比例差动元件；BLCD2 为Ⅱ母比例差动元件。

图 ZY1000101002-5 母联死区保护的逻辑框图

为防止母联在跳位时发生死区故障将母线全部切除，或者断路器侧小差动作，但电压闭锁元件不动作（故障点相当于在另一条母线上）造成保护拒动，设置了判别母线分列运行的功能。保护装置判别母线是并列运行还是分列运行有自动和手动两种方式。自动方式是将母联（分段）断路器的动合和动断辅助触点引入装置的端子进行判别；手动方式是运行人员在母联断路器断开后，投母线分列压板，在合母联断路器前退出该压板。以上两种方式中，手动方式优先级最高。即投入母线分列压板，装置认为母线分列运行。若母线分列压板退出，装置根据自动方式判别母线运行状态。当两条母线都有电压且母联在跳位时（即分列运行时）母联电流不计入小差。母联断路器 KCT 为三相动合触点串联。

7. 母联非全相保护

当母联断路器某相断开，母联非全相运行时，可由母联非全相保护延时跳开三相。非全相保护由母联跳闸位置继电器 KCT 和合闸位置继电器 KCC 触点启动，并可采用零序和负序电流作为动作的辅助判据。在母联非全相保护投入时，有 KCT、KCC 开入且母联零序电流大于母联非全相零序电流定值，或母联负序电流大于母联非全相负序电流定值，经整定延时跳母联断路器。母联非全相保护的逻辑框图如图 ZY1000101002-6 所示。

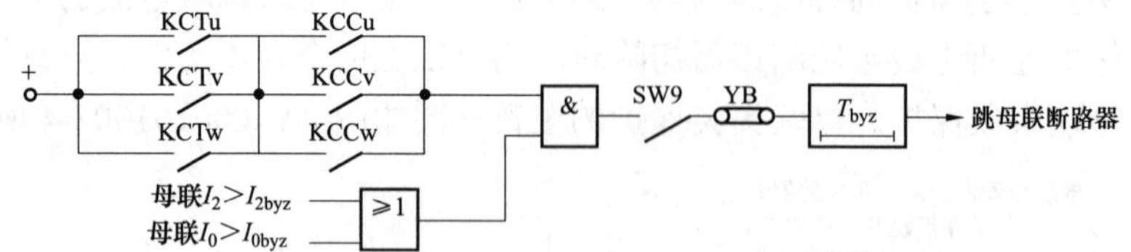

注：I_{0byz} 为非全相零序电流定值；I_{2byz} 为非全相负序电流定值；T_{byz} 为非全相动作时间定值；SW9 为母联非全相保护投退控制字；YB 为母联非全相保护投入压板。

图 ZY1000101002-6 母联非全相保护的逻辑框图

8. 断路器失灵保护

（1）断路器失灵保护动作原理。当母线引出线上发生故障时，故障元件的保护动作而断路器因操作失灵拒绝跳闸时启动断路器失灵保护，失灵保护动作后，首先以较小时限动作于断开与拒动断路器相关的母联或分段断路器，然后再经一时限动作于断开与拒动断路器连接在同一母线上的所有断路器。由于断路器失灵保护要跳开一组母线上所有的断路器，为了提高可靠性，只有同时具备下列两个条件才允许保护装置动作。

1）故障引出线的保护装置出口继电器动作后不返回。

2）在保护范围内仍然存在故障，母线上引出线较多时，鉴别元件采用低电压继电器；当引出线较少时，鉴别元件采用反应故障电流的电流继电器。

图 ZY1000101002-7 所示为断路器失灵保护原理逻辑框图，图中断路器失灵保护包括启动回路、时间元件和跳闸出口三部分。启动元件由该组母线上所有引出线的保护装置的出口继电器和判别故障是否消除的鉴别元件——低电压继电器或电流继电器构成。时间元件和跳闸出口部分采用母线保护装置中的失灵保护延时及出口功能。

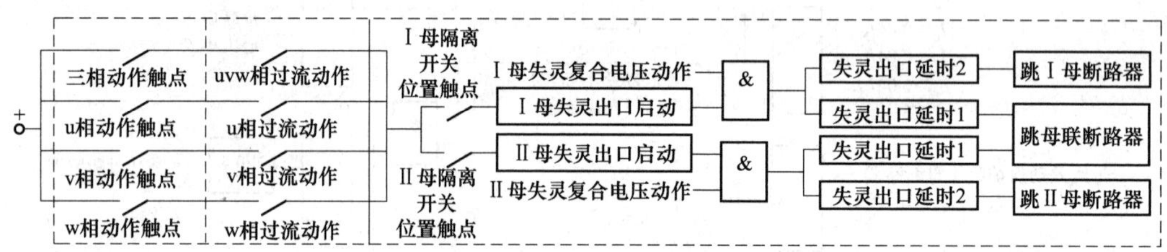

图 ZY1000101002-7 断路器失灵保护原理逻辑框图

（2）母线保护装置中的断路器失灵保护功能。母线保护装置中的断路器失灵保护有两种方式可供选择。

方式 1：与线路的失灵启动装置配合，当母线所连接的某条线路断路器失灵时，该线路的失灵启动装置的失灵触点与电压切换触点串联提供给本装置，如图 ZY1000101002-8 所示。本保护检测到此触点动作后，经过失灵保护电压闭锁，经跳母联时限跳开母联，经失灵时限切除该元件所在母线的各个连接元件。

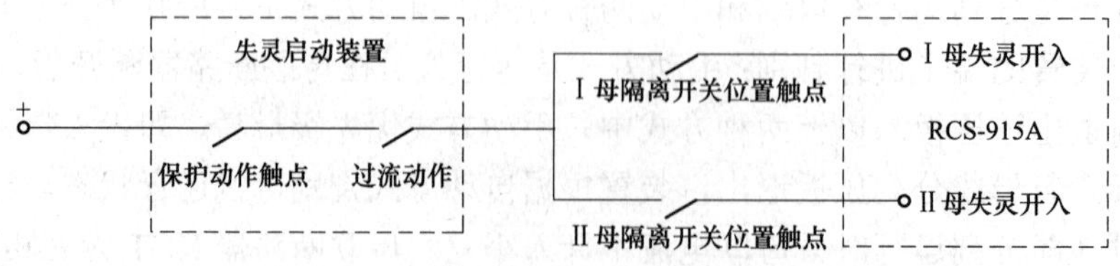

图 ZY1000101002-8 断路器失灵保护失灵触点连接示意图

方式 2：如图 ZY1000101002-9 所示，由该连接元件的保护装置提供的保护跳闸触点和失灵启动装置提供的失灵电流启动触点（即图中虚线框内保护动作触点和过电流动作触点的串联）启动，输入本装置的跳闸触点有两种：一种是分相跳闸触点，当失灵保护检测到此触点动作时，若该元件的对应相电流大于失灵相电流定值（可整定是否再经零序电流闭锁或负序电流闭锁），则经过失灵保护电压闭锁启动失灵保护；另一种是三跳触点，当失灵保护检测到此触点动作时，若该元件的任意相电流大于失灵相电流定值，则经过失灵保护电压闭锁启动失灵保护。失灵保护启动后经跟跳延时再次动作于该线路开关，经跳母联延时动作于母联开关，经失灵延时切除该元件所在母线的各个连接元件。

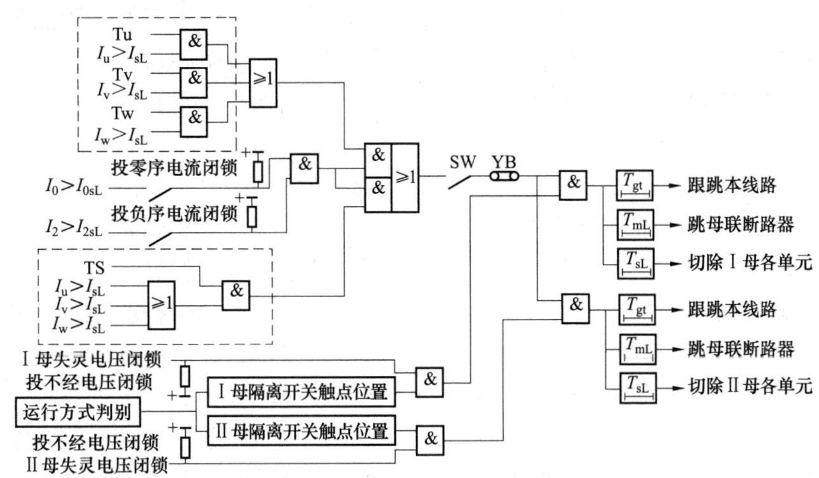

注：I_{sL} 为失灵保护电流定值；I_{0sL} 为失灵保护零序电流定值；I_{2sL} 为失灵保护负序电流定值；T_{gt} 为跟跳动作时间；T_{mL} 为母联动作时间；T_{sL} 为失灵保护动作时间；TS 为保护动作三相跳闸信号；SW 为断路器失灵保护投退控制字；YB 为断路器失灵保护投入压板。

图 ZY1000101002-9　断路器失灵保护失灵方式二逻辑框图

（3）失灵保护的电压闭锁元件。失灵保护的电压闭锁元件，与差动保护的电压闭锁类似，也是以低电压（线电压）、负序电压和零序电压构成的复合电压元件。只是使用的定值与差动保护不同，需要满足线路末端故障时的灵敏度。同样失灵保护出口动作，需要相应母线段的失灵复合电压元件动作。

【思考与练习】

1. 微机型母线保护装置配置的功能一般有哪些？其保护范围是什么？
2. 实现母线差动保护的基本原则是什么？其基本原理是什么？
3. 母线保护装置的“大差动”与“小差动”回路的作用范围是什么？
4. 比率制动母线差动保护的特点是什么？
5. 母线保护装置复合电压闭锁元件作用原理是什么？
6. 简述微机型母线保护装置动作电流与制动电流的取得方式。

模块 3　主变压器保护配置、范围及基本原理（ZY1000101003）

【模块描述】本模块包含变压器保护配置、保护范围和基本原理。通过原理讲解，逻辑框图说明，了解变压器保护的保护范围和保护动作特性。

【正文】

电力变压器是变电站的重要电气设备之一，它的安全运行直接关系到整个电力系统的连续稳定运行。当变压器内部或外部发生各种故障以及变压器附属设备故障引起不正常运行状态时，应尽快地切除故障或发出告警信息通知运行人员及时处理，避免故障扩大。因此，大型电力变压器须配备完善的保护装置。

一、变压器保护配置

1. 大型电力变压器保护的配置要求

大型电力变压器由于造价昂贵，一旦发生故障遭到损坏，其检修难度很大、时间较长，要造成很大的经济损失。所以对于 220kV 及以上电压等级、不同接线方式的变压器，应配置双套主保护、双套后备保护、非电量保护，并保证两套主保护完全独立，即交流电压电流回路、直流电源回路、出口跳闸回路完全独立。

2. 变压器保护配置

为防止电力变压器在发生各种类型故障和不正常运行（如外部短路或过负荷引起的过电流、油箱漏油造成的油面降低、中性点电压升高、因外部电压过高或频率降低引起的过励磁等）时，造成不应有的损失，并保证电力系统连续安全运行，运行中的变压器应装设下列保护：

（1）防御变压器油箱内部各种类型故障和油面降低的瓦斯保护，重瓦斯保护动作于跳闸，轻瓦斯保护动作于发出信号。

（2）防御变压器绕组和引出线多相短路、大电流接地系统侧绕组和引出线的单相接地短路及绕组匝间短路的纵联差动保护或电流速断保护。对于 220kV 主变压器的微机保护须双重化配置，当变压器纵联差动保护对单相接地短路灵敏度不符合要求时，可增设零序差动保护。

（3）防御变压器外部相间短路和内部短路而作为瓦斯保护与差动保护的后备，又作为相邻母线和线路后备保护的过电流保护（如带有复合电压起动的过电流保护、负序电流保护、阻抗保护等）。

（4）防御大电流接地系统中变压器外部接地短路的零序电流保护、零序过电压保护和中性点接地间隙保护。一般中性点接地变压器应装设两段零序电流保护，每段设 2～3 个时限，以较短时限跳母联断路器或分段断路器，以第二时限跳本侧断路器，以第三时限跳变压器各侧断路器；中性点不接地变压器应装设间隙零序电流和零序过电压保护，通常设一段一个时限，并经该时限启动总出口跳闸。

（5）防御变压器对称过负荷的过负荷保护，经延时动作于信号。对自耦变压器和多绕组变压器，保护装置应能反映公共绕组及各侧绕组过负荷的情况。

（6）对于大型变压器还应设有防御变压器过励磁的过励磁保护。

（7）作用于信号和动作于跳闸的装置，如对变压器温度升高和冷却系统故障而装设的动作于信号或跳闸的装置和反映变压器匝间短路的专用匝间保护以及为防御变压器油箱内部压力过大的压力释放保护等。

3. 典型变压器保护配置应用举例

变压器保护采用主保护和后备保护一体化的双主双后方式配置，后备保护与主保护共享一组电流互感器，两套保护装置采用不同厂家的产品且完全独立，即交流电压电流回路、直流电源回路、出口跳闸回路完全独立。

主保护 A 采用 CSC-326 系列数字式变压器保护装置，主保护 B 采用 RCS-978 系列数字式变压器保护装置，非电量及辅助保护 C 采用 RCS-974A 型变压器非电量及辅助保护装置。主变压器保护按三面柜方式布置，两套主保护各组一面柜，非电量保护及操作箱组一面柜；每套主保护均配置一套电压切换箱，放在各自的主保护柜上。

如图 ZY1000101003-1 所示为主变压器电气一次系统接线及保护配置示意图。

（1）CSC-326B 型数字式变压器保护装置的保护功能（主要适用于 220kV 的二圈或三圈变压器）。

1）主保护功能，包括差动速断、二次谐波比率差动、模糊判别比率差动、零序差动保护。

2）高压侧后备保护，包括复合电压闭锁（方向）过电流保护（设置两段，每段三级时限，复合电压可投退，方向可投退）、复合电压闭锁过电流保护（设置一段二级时限，复合电压可投退）、零序方向过电流保护（设置两段，每段三级时限，可以取中性点 $3I_0$ 和自产 $3I_0$，宜取中性点 $3I_0$）、零序过电流保护（设置一段二级时限，固定取中性点 $3I_0$）、间隙过电流保护（设置一段二级时限，一般取自专用间隙 TA，可选择与间隙过电压保护并联输出）、间隙过电压保护（设置一段二级时限，可选择与间隙过电流保护并联输出）、非全相保护（设置一段二级时限）、过负荷保护（设置一段一级时限，告警）、启动风冷保护（设置两段，每段一级时限）、闭锁有载调压。

3）中压侧后备保护，包括复合电压闭锁（方向）过电流保护（设置两段，每段三级时限，复合电压可投退，方向可投退）、复合电压闭锁过电流保护（设置一段二级时限，复合电压可投退）、零序方向过电流保护（设置两段，每段三级时限，可以取中性点 $3I_0$ 和自产 $3I_0$，宜取中性点 $3I_0$）、零序过电流保护（设置一段二级时限，固定取中性点 $3I_0$）、间隙过电流保护（设置一段二级时限，一般取自专用间隙 TA，可选择与间隙过电压保护并联输出)、间隙过电压保护（设置一段二级时限，可选择与间隙过电流保护并联输出)、充电保护（设置一段一级时限)、过负荷保护（设置一段一级时限，告警)。

4）低压侧后备保护，包括复合电压闭锁（方向）过电流保护（设置两段，每段三级时限，复合电压可投退，方向可投退)、电流限时速断保护（设置一段二级时限)、充电保护（设置一段一级时限)、零序过电压保护（设置一段一级时限，告警)、过负荷保护（设置一段一级时限，告警)。

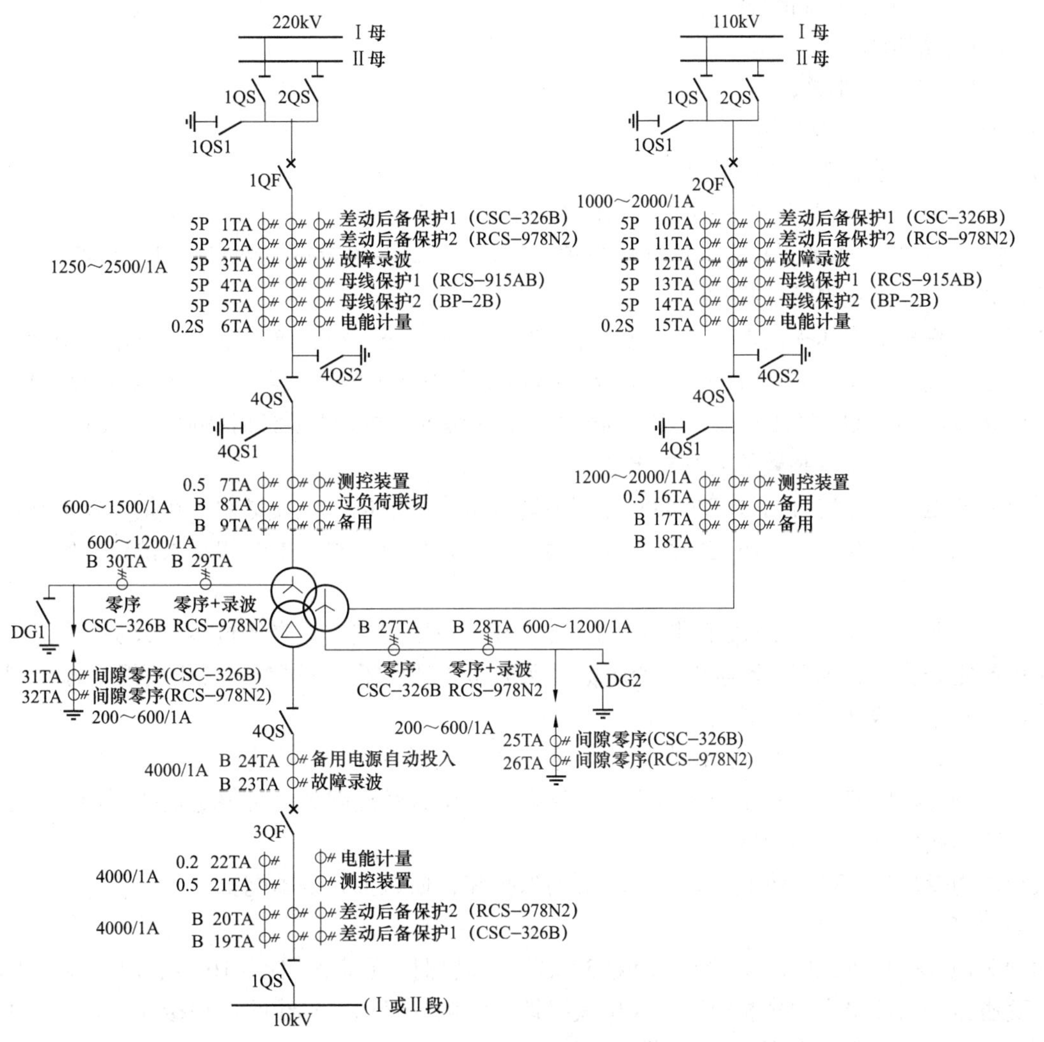

图 ZY1000101003-1　主变压器电气一次系统接线及保护配置示意图

5）公共绕组保护（只适用于自耦变压器)，包括过负荷保护（设置一段一级时限，告警)、过电流保护（设置一段一级时限)、零序过负荷保护（设置一段一级时限，告警)、零序过电流保护（设置一段一级时限)。

（2）RCS-978 系列数字式变压器保护装置的保护功能。RCS-978 系列数字式变压器保护装置中可提供一台变压器所需的全部电量保护，主保护和后备保护可共用一组 TA。这些保护包括：

1）稳态比率差动保护；

2）差动速断保护；

3）工频变化量比率差动保护；

4）零序比率差动/分侧比率差动；

5）复合电压闭锁方向过电流（四套）保护；

6）零序方向过电流（两套）保护；

7）零序过电压（两套）保护；

8）间隙零序过电流（两套）保护。

后备保护可以根据需要灵活配置于各侧，括号内表明总的个数。另外，还包括以下异常告警功能：

1）过负荷报警；

2）启动冷却器；

3）过载闭锁有载调压；

4）零序电压报警；

5）公共绕组零序电流报警；

6）差流异常报警；

7）零序差流异常报警；

8）差动回路 TA 断线报警；

9）TA 异常报警和 TV 异常报警。

（3）RCS-974C 型变压器非电量及辅助保护装置的功能配置。

1）非电量保护。本装置设有 7 路非电量信号接口、5 路非电量直接跳闸接口、3 路非电量延时跳闸接口，并具有非电量电源监视功能。

装置对从变压器本体来的非电量触点（如瓦斯、温度、压力释放等）重动后发出中央信号、远动信号，并送给装置本身的 CPU 作为事件记录，非电量保护中央信号触点、信号灯实现磁保持。

需要直接跳闸的则（经压板投入）启动本装置的跳闸继电器，需要延时跳闸的由 CPU 延时发出跳闸命令（经压板）启动本装置的跳闸继电器。

所有的非电量信号均可通过 RS-485 通信接口传送给上位机（开关量输入包括本体重瓦斯和轻瓦斯、有载重瓦斯和轻瓦斯、绕组过温跳闸和发信号、压力释放跳闸、本体和有载油位异常信号以及冷控失电延时跳闸等）。

2）非全相保护（用于 220kV 侧断路器）。非全相一时限可整定选择经过零序或负序电流闭锁，二时限还可整定是否经相电流、发电机—变压器组保护动作触点闭锁，可整定使用两组 TA，可选择用强电或弱电三相不一致开入触点。

3）失灵保护（用于 220kV 侧断路器）。可整定选择经过零序、负序电流闭锁，可整定是否经变压器保护动作触点、断路器三相不一致触点、断路器合闸位置触点闭锁，可整定选择使用两组 TA。

二、变压器保护的保护范围

大型电力变压器保护以纵联差动保护、后备保护和瓦斯保护为基本配置。

1. 纵联差动保护范围

如图 ZY1000101003-1 所示，图中 CSC-326B 型差动保护范围是 1TA、10TA、19TA 之间的电气部分，当变压器绕组和引出线多相短路、大电流接地系统侧绕组和引出线的单相接地短路及绕组匝间短路故障，保护瞬时动作跳主变压器各侧断路器。

2. 后备保护范围

（1）相间后备保护。相间后备保护可分为高压侧、中压侧和低压侧相间后备保护功能，其保护范围为变压器内部短路故障和相应侧外部相间短路（延伸到相邻母线和线路，保护的定值和动作时间要与相邻元件的保护相配合）。

高压侧、中压侧相间后备设有复合电压闭锁（低电压和负序电压并联构成）过电流保护和方向过电流保护，复合电压闭锁方向过电流设一段三级时限，第一级时限动作跳开本侧母联断路器，第二级时限动作跳开本侧断路器，第三级时限动作跳开各侧断路器；复合电压闭锁过电流设一段三级时限，第一级时限动作跳开本侧母联断路器，第二级时限动作跳开本侧断路器，第三级时限动作跳开各侧断路器。

低压侧相间后备保护设有复合电压闭锁过电流保护（或过电流保护），该保护设一段三级时限，第一级时限动作跳开本侧分段断路器，第二级时限动作跳开本侧断路器，第三级时限动作跳开三侧断路器。

高压、中压、低压三侧的复合电压均取三侧电压并联，并可通过压板（控制字）投入或退出其中任何一侧复合电压。高（中）压侧复合电压闭锁方向过电流保护中，方向元件电压引自本侧。

（2）接地后备保护。接地后备保护也分为高压侧、中压侧和低压侧接地后备保护功能，其保护范围为变压器相应侧外部（相邻母线或线路）接地短路和内部短路故障。一般 220kV 和 110kV 侧装设零序电压闭锁零序过电流和零序电压闭锁零序方向过电流保护，可作为相应侧母线及引出线接地故障的后备保护，它的方向可指向本侧母线，保护设有两级时限，以较短的时限跳母联或分段断路器缩小故障范围，以较长的时限跳变压器本侧断路器。在中性点非直接接地系统，应装设单相接地保护，动作于信号或跳闸。

3. 瓦斯保护范围

瓦斯保护的保护范围是变压器油箱内部的各种故障。

三、主变压器保护基本原理

1. 瓦斯保护的基本原理

变压器油箱内部故障产生电弧，使绝缘物和变压器油分解产生大量气体，根据油箱内部所产生的气体的数量和油流速度而动作的保护，称为瓦斯保护。一般气体排出的多少与变压器故障的严重程度和性质有关，当变压器内部有不正常情况或发生轻微故障时，由于气体产生，当气体继电器中的气体积聚达到一定容积时，就动作发出信号，使运行人员能迅速发现并及时处理，从而避免遭受严重损坏。

气体继电器有浮筒式、挡板式和开口杯式三种形式，其中开口杯式（复合式）最为可靠。它采用干簧触点，型号有 FJ3-型和 QJ1-80 型两种。FJ3-80 型一般用于中、小型变压器中，QJ1-80 型用于大容量变压器和强迫油循环冷却式变压器中。

（1）气体继电器的结构及动作原理。FJ3-80 型复合式气体继电器的结构如图 ZY1000101003-2（a）所示。继电器的上、下方各有一个带干簧触点的开口杯，即上开口杯和下开口杯。正常时，上、下开口杯 1 和 2 都浸在油内，由于开口杯及附件在油内的重力所产生的力矩比平衡锤 4 所产生的力矩小，因此开口杯都处于上升位置，干簧触点 3 是断开的。当油箱内发生轻微故障时，产生的少量气体（称轻瓦斯）聚集在继电器的上部，迫使油面下降，上开口杯 2 露出油面。这时，上开口杯及附件在空气中的重力加上杯内的油重所产生的力矩大于平衡锤所产生的力矩。因此上开口杯 2 沿顺时针方向转动，并带动永久磁铁 10 靠近干簧触点 3，干簧触点依靠磁力作用而闭合，发出轻瓦斯动作的预告信号。当油箱内发生严重故障时，产生大量气体（称重瓦斯），形成油气流沿连接管冲向储油柜。气体继电器的挡板 8 在油流的冲击下，带动下开口杯 1 沿顺时针方向转动，使下部干簧触点闭合，发出重瓦斯报警信号，并作用于断路器跳闸。

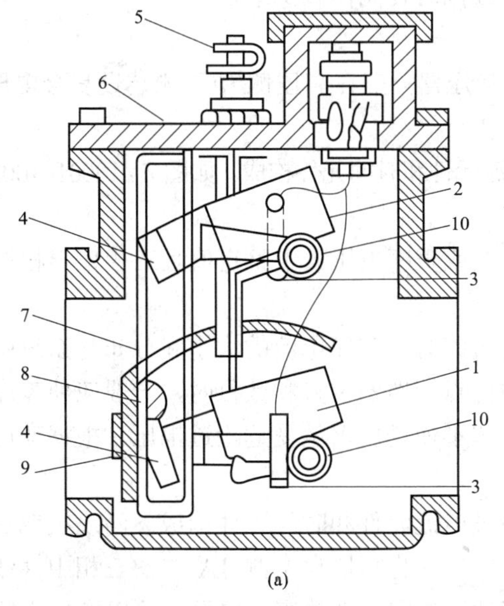

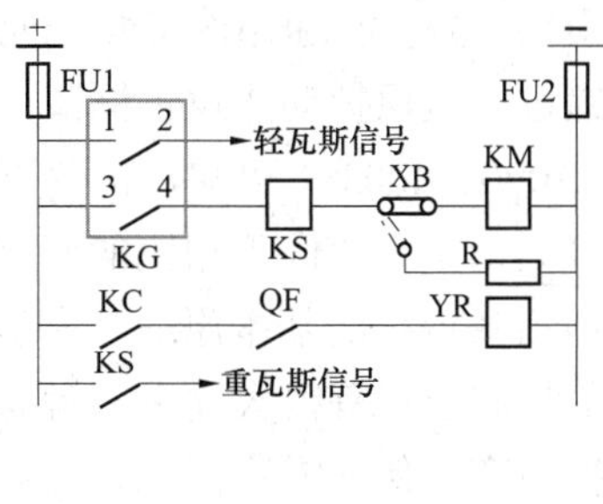

图 ZY1000101003-2 FJ3-80 型复合式气体继电器的结构及保护原理接线示意图

（a）结构图；（b）保护原理接线示意图

1—下开口杯；2—上开口杯；3—干簧触点；4—平衡锤；5—探针、气塞、排气口；6—罩体；7—弹簧；8—挡板；9—螺杆、调节杆；10—永久磁铁

（2）瓦斯保护工作原理。如图 ZY1000101003-2（b）所示为气体继电器保护原理接线示意图，当变压器内部发生轻微故障时，有轻瓦斯产生，气体继电器 KG 的上触点（1-2）闭合，作用于预告信号；当发生严重故障时，重瓦斯冲击气体继电器挡板使其下触点（3-4）闭合，经信号继电器 KS 作用于中间继电器 KM，发出报警信号，同时将断路器跳闸。气体继电器的下触点闭合，也可以利用切换片 XB 切换位置，只给出报警信号。

2. 纵联差动保护的基本原理

变压器差动保护是按照循环电流原理构成，即将变压器各侧电流互感器的二次电流进行相量相加，正常运行和区外故障时，若忽略励磁电流损耗及其他损耗，则流入变压器的电流等于流出变压器的电流（若假设变压器的电能传递为线性，则可近似地用基尔霍夫第一定律表示，即$\sum \dot{I}=0$），此时纵联差动保护不应动作。

当变压器内部故障时，若忽略负荷电流不计，则只有流进变压器的电流而没有流出变压器的电流（即$\sum \dot{I}=\dot{I}_d$，式中$\dot{I}_d$为短路点的总电流），纵联差动保护动作将变压器切除。

由于变比和联结组别的不同，电力变压器在运行时，各侧电流大小及相位也不相同。在接入差动继电器前必须消除这些影响。现在数字式变压器保护装置，都利用数字的方法对变比与相移进行补偿，并采用比率制动式差动保护作为变压器的主保护，它能反映变压器内部绕组和引出线的相间短路、中性点直接接地系统侧单相接地短路及匝间层间短路故障，并能正确区分励磁涌流、过励磁故障。

变压器纵联差动保护要解决的技术问题主要有：

（1）在正常工作状态下，使差动保护各侧电流的相位相同或相反，即由变压器各侧 TA 二次流入差动保护的电流产生的效果相同，也就是等效的。

（2）空投变压器时不会误动，即差动保护能可靠躲过励磁涌流。

（3）大电流接地系统内区外发生接地故障时保护不会误动。

（4）能可靠躲过稳态及暂态不平衡电流。

RCS-978 系列变压器保护装置的差动保护采用二次谐波原理和波形识别原理两种方法避越空载投入时的励磁涌流，可经整定选择使用任一种原理，或同时使用两种原理。

CSC-326 系列变压器保护装置的差动保护采用二次谐波原理和模糊判别原理两种方法避越空载投入时的励磁涌流，可经整定选择使用任一种原理，或同时使用两种原理。

3. 后备保护的基本原理

（1）相间后备保护的基本原理。220kV 三绕组变压器一般在高压侧/中压侧装设复合电压闭锁（方向）过电流，在低压侧装设复合电压闭锁过电流保护。

复合电压闭锁过电流保护由复合电压元件、过电流元件和时间元件构成。如图 ZY1000101003-3 所示为复合电压闭锁过电流保护动作逻辑框图。

由图 ZY1000101003-3 可知，当变压器电压降低或负序电压大于整定值且三相任一相过电流时，保护动作，经延时 t 后动作于相应的断路器。

（2）接地后备保护的基本原理。由于系统接地短路时，零序电流的大小和分布与系统中变压器中性点接地的数目和位置有很大关系。考虑变压器中性点接地的位置和数目时，一般应使零序电流的分布尽可能保持不变，保证零序保护有足够的灵敏度和不使变压器承受危险过电压。根据变压器接地方式的不同分别设置不同的接地保护形式。

零序方向电流保护由零序功率方向元件、零序过电流元件和时间元件构成。两绕组或三绕组变压器的零序电流保护的零序电流，可取自中性点 TA 二次，也可取自本侧 TA 二次三相中性线（零线）上的电流，或由本侧 TA 二次三相电流自产。零序功率方向元件的零序电压，可以取自本侧 TV 开口三角电压，也可以由本侧 TV 二次三相电压自产。在微机型保护装置中，零序电流和零序电压一般取自产，因为有利于确定功率方向元件动作方向的正确性。如图 ZY1000101003-4 所示为三绕组变压器零序方向电流保护逻辑框图。

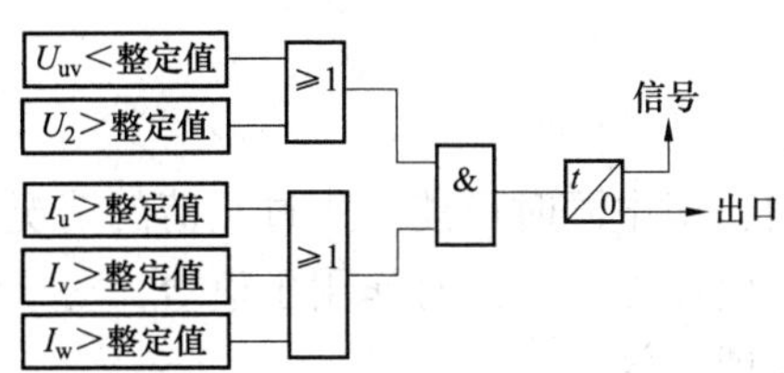

图 ZY1000101003-3 复合电压闭锁过电流保护动作逻辑框图

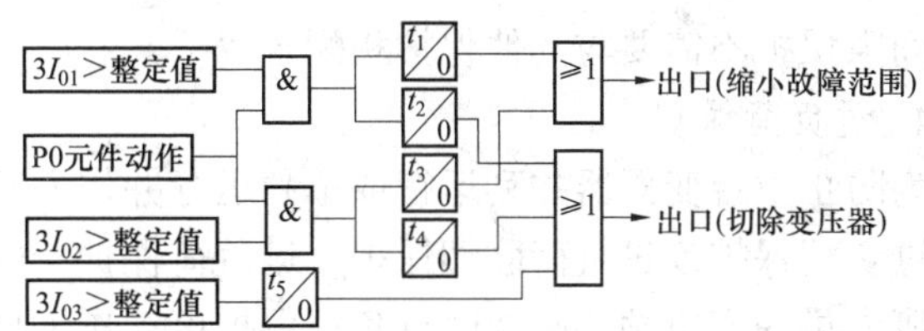

图 ZY1000101003-4 三绕组变压器零序方向电流保护逻辑框图

由图 ZY1000101003-4 可知，当零序功率方向元件动作后开放零序电流Ⅰ段及Ⅱ段，若Ⅰ段或Ⅱ段零序电流大于整定值时，经较短延时（t_1 或 t_3）出口缩小故障范围（跳母联或分段），经较长延时（t_2 或 t_4）出口切除变压器（跳本侧或各侧）。若Ⅲ段零序电流大于整定值时，经延时（不经零序功率方向元件闭锁，直接经 t_5）出口切除变压器。

为了经济运行及系统中各保护之间的配合，大型变电站降压变压器主电源在高压侧，其低压侧或中压侧一般无电源，中压侧、低压侧开环运行。

高压侧零序方向电流保护的动作方向应指向变压器，作为变压器及中压侧线路接地故障的后备保护。中压侧的零序方向电流保护的动作方向，应指向中压侧母线，作为母线及线路接地故障的后备保护。

（3）间隙保护原理。电网中有部分变压器中性点不接地运行，当系统内发生故障，中性点接地的变压器断路器跳闸或母联断路器跳闸后，中性点不接地变压器可能带接地故障继续运行。为防止过电压对不接地运行变压器的危害，其中性点可经放电间隙接地。

变压器不接地运行时，若因某种原因变压器中性点对地电位升高到超过允许值时，间隙击穿，产生间隙电流，根据此特点可装设变压器中性点不接地的间隙过电流保护；当系统失去接地点后，发生接地故障时母线 TV 开口三角形绕组两端将产生很大的 $3U_0$ 电压，根据此特点可装设变压器中性点不接地的间隙过电压保护。间隙保护的作用是保护不接地变压器中性点的绝缘安全，间隙过电压和间隙过电流保护动作后跳开变压器各侧断路器。

中性点装设放电间隙的分级绝缘变压器的接地保护原理如图 ZY1000101003-5 所示。除装设两段式零序电流保护外，再增设反应零序电压和间隙放电电流的间隙保护。

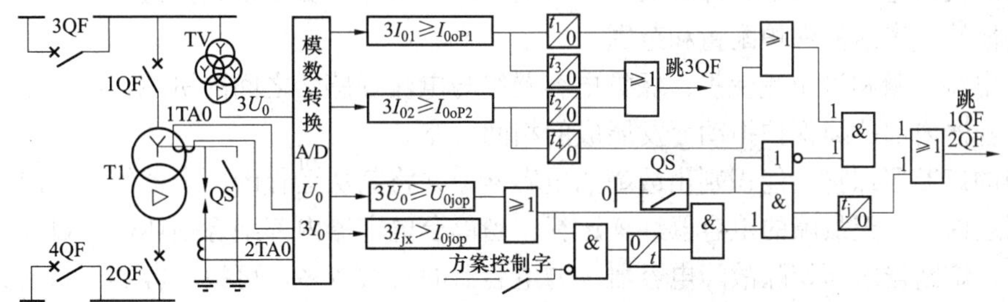

图 ZY1000101003-5 变压器零序电流和间隙零序电流电压保护原理接线及逻辑框图

变压器中性点接地运行时，隔离开关 QS 合上，两段式零序电流保护投入工作。第Ⅰ段与相邻元件接地保护第Ⅰ段配合，以较短时限 t_3（0.5s）延时断开母联或分段断路器 3QF，以较长的时限 t_1（$t_3+\Delta t$）延时断开变压器两侧断路器 1QF、2QF。第Ⅱ段与相邻元件接地保护后备段配合，以 t_2 和 t_4 的延时分别断开 3QF 和 1QF、2QF。

变压器中性点不接地运行时，则隔离开关 QS 打开，两段式零序电流保护退出工作。当电网失去中性点且发生单相接地故障，中性点不接地变压器的中性点将出现工频过电压，放电间隙击穿，放电电流使零序电流元件启动（即 $3I_{jx}>I_{0jop}$），经延时 t_j（0.5s）跳开变压器两侧断路器 1QF、2QF。

如果万一放电间隙拒动，变压器中性点可能出现工频过电压，为此设置了间隙零序过电压保护。当放电间隙拒动时，间隙零序过电压保护（$3U_0>U_{0jop}$）启动，经延时 t_j（0.5s）跳开变压器两侧断路器 1QF、2QF。间隙零序过电压保护的动作电压应低于变压器中性点绝缘的耐压水平，且在变压器发生单相接地而系统又未失去接地中性点时，可靠不动作，一般可取 180V。

间隙保护不需要与其他保护相配合。

4. 过负荷保护

为防止数台变压器并列运行或单独运行并作为其他负荷的备用电源时可能产生过负荷的情况，应装设过负荷保护或过负荷联切保护。过负荷保护一般接于一相电流上，并延时作用于信号。对于经常无值班人员的变电站，必要时过负荷保护可动作于自动减负荷或跳闸。

5. 辅助保护

（1）变压器绕组温度过高，超过允许值时动作于信号或跳闸的温度过高保护。

（2）变压器油箱内部压力增大，超过允许值时动作于信号或跳闸的压力释放保护。

（3）变压器冷却装置故障，油温升高超过允许值时动作于信号或跳闸的通风保护。

（4）变压器 220kV 侧断路器故障拒动时，动作于启动失灵保护。

【思考与练习】

1. 220kV 主变压器保护的配置原则有哪些？
2. 变压器纵联差动保护的基本原理、保护范围是什么？
3. 变压器瓦斯保护的基本原理、保护范围是什么？
4. 变压器后备保护的保护范围是什么？
5. 变压器相间后备保护的基本原理是什么？
6. 变压器接地后备保护的基本原理是什么？
7. 变压器间隙过电流、间隙过电压保护的作用原理是什么？

模块 4 电容器保护配置、范围及基本原理（ZY1000101004）

【模块描述】本模块包含电容器保护配置、保护范围和基本原理。通过原理讲解，逻辑框图说明，了解电容器保护的保护范围和保护动作特性。

【正文】

在变电站设计中，为提高电力系统的功率因数，改善供电质量，广泛采用无功补偿并联电容器组。电容器保护应能反映电容器内部和外部故障，并及时切除故障，防止事故扩大。

一、并联补偿电容器的保护配置和范围

（1）限时电流速断和过电流保护，保护电容器组与电流互感器之间的引线、绝缘子、套管间的相间短路，或电容器内部故障保护拒动而发展成的相间短路。

（2）专门的熔断器保护，能识别出故障的电容器，并将其从运行的电容器组中切除，使故障限制在最小的范围之内，而无故障的电容器继续运行。当单台电容器内部绝缘损坏击穿以及其引出线上发生短路故障时，熔断器熔断切除故障电容器。如电容器的台数较多，可按电容器容量的大小及熔断器的断流容量将电容器分组，在每组（或每个单台电容器）上分别装设专用的熔断器，其熔丝的额定电流可取电容器额定电流的 1.5～2 倍。

（3）单星形接线电容器组装设开口三角电压保护和电压差动保护或利用电桥原理的电流平衡保护，当部分电容器故障被切除，造成留下来继续运行的电容器过载或过电压时起保护作用，在允许值时可作用于信号，超过允许值时保护应将整组电容器断开。

（4）双星形接线电容器组装设中性点电压或电流不平衡保护，当一台或多台故障电容器被切除，两组之间的平衡被破坏，中性点间就有不平衡电压或不平衡电流，此时保护动作于跳闸。

（5）过电压保护，作为电容器组所在母线发生过电压时的保护，带时限动作于信号或跳闸。

（6）低电压保护，作为电容器组所在母线失电压时的保护，带时限动作于跳闸。

（7）单相接地保护，作为电容器组发生单相接地故障时的保护，可动作于跳闸或发信号。

二、电容器保护的基本原理

1. 电流保护

电流保护接在电容器组断路器回路的电流互感器二次侧，通常分为限时电流速断和过电流两段保

护。其工作原理是保护装置检测的电流大于整定值时，经整定时限，动作于跳闸并给出中央信号。

电流速断保护动作电流应按躲过电容器组的合闸冲击电流整定，瞬时动作于跳闸，动作时限为0s。电容器过电流保护装置的动作电流整定值，一般调整到额定电流的2～2.5倍就能躲过因系统电压的波动而引起的过电流，一般为带短时限动作于跳闸，动作时限为0.1～0.2s。

2. 外部过电压保护

电力电容器的工频过电压产生的原因：一是由于系统出现工频过电压，电容器所在的母线电压升高，使电容器承受过电压，称为外部过电压；二是由于一组电容器中个别电容器故障被切除或击穿短路，串联电容器间的阻抗发生变化，电容器之间的电压分配比例发生变化，引起部分电容器端电压升高，称为内部过电压。通常所说的过电压保护是指外部过电压时的保护功能。

外部过电压保护是通过电压继电器来反应外部工频电压升高的。电压继电器的测量电压一般取自母线电压互感器二次侧，为防止电压回路断线时过电压保护拒动，普遍采用三相三继电器接线，三相三继电器触点并联去启动时间继电器。为防止瞬时出现过电压时，电压继电器动作不返回，应选用高返回系数的电压继电器作为电容器的过电压保护。过电压继电器的整定范围为1.1～1.3倍额定电压。动作时间应小于电容器允许的过电压时间。

3. 低（欠）电压保护

电容器未经放电而电源恢复后（或备用电源自投）再次投入运行，将造成带剩余电荷合闸，引起电容器产生过电压、过电流，甚至损坏电容器。为此，当电容器失去电源时，由低电压保护将并联补偿电容器切除，并闭锁电容器自动投入装置。低电压保护定值应能在电容器所接母线电压消失后可靠动作，而在母线电压恢复正常后可靠返回，一般整定为30%～60%额定电压。保护的动作时间应与本侧出线的后备保护时间配合。

4. 内部过电压保护

（1）并联电容器组内部过电压保护选择。电容器装设内部过电压保护的目的是防止电容器组中因个别电容器故障被切除后，健全电容器上的电压超过额定电压的1.10倍。由于在一组电容器中，故障切除或短路一部分电容器后，剩余电容器承受的电压大小与电容器的接线方式、每组并联的台数、串联的段数等因素有关。根据GB/T 14285—2006《继电保护和安全自动装置技术规程》规定，可采用：单星形接线电容器组的零序电压保护，电压差动保护或利用电桥原理的电流平衡保护等将整组电容器断开；另外双星形接线电容器组的中性点电压或电流不平衡保护将整组电容器断开。

在实际工程中应用最多的是不平衡保护。这种保护的原理是检测一组电容器中，健全部分与故障部分（电流或电压）之间的差异，将这种差异作为保护的动作量，其数值大于整定值时，保护动作切除故障电容器组。

图ZY1000101004-1所示为并联补偿电容器组几种主要不平衡保护接线示意图。

1）单星形接线的电容器组，可采用开口三角电压保护，保护原理接线如图ZY1000101004-1（a）所示。

2）串联段数为两段及以上的单星形接线的电容器组，可采用电压差动保护，保护原理接线如图ZY1000101004-1（b）所示。

3）每相能接成四个桥臂的单星形接线的电容器组，可采用桥式差动电流保护，保护原理接线如图ZY1000101004-1（c）所示。

4）单星形接线的电容器组，可采用中性点不平衡电压（电流）保护，保护原理接线如图ZY1000101004-1（d）、（e）所示。

5）双星形接线的电容器组，可采用中性点不平衡电流（电压）保护，保护原理接线如图ZY1000101004-1（f）、（g）所示。

（2）内部过电压保护的基本原理。

1）开口三角电压保护。开口三角电压保护主要反映电容器内部故障，如图ZY1000101004-1（a）所示，图中C为电容器，TV为放电器（电压互感器），KV为电压继电器。

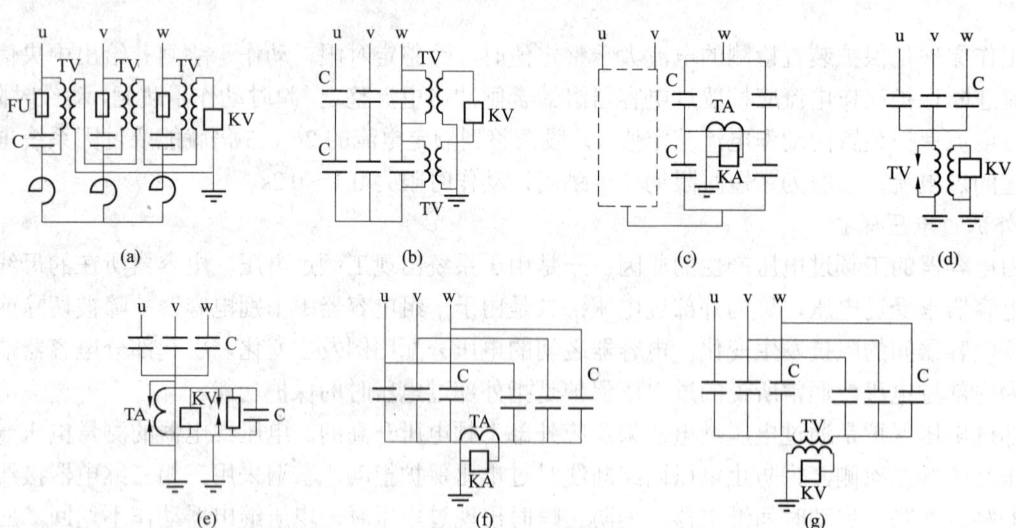

图 ZY1000101004-1 并联补偿电容器组不平衡保护接线示意图

（a）开口三角电压保护；（b）电压差动保护；（c）桥式差动电流保护；（d）中性点不接地单星形接线不平衡电压保护；（e）中性点接地单星形接线不平衡电流保护；（f）中性点不接地双星形接线不平衡电流保护；（g）中性点不接地双星形接线不平衡电压保护

开口三角电压保护的基本原理是检测一组电容器中 TV 放电器二次侧开口三角电压作为保护的动作量，其数值大于整定值时，保护动作切除故障电容器组。正常运行时，由于电容器三相平衡，开口三角电压为零，继电器 KV 不动作。当部分电容器被熔断器断开或内部元件击穿时，三相容抗不平衡，中性点出现偏移电压，这时开口三角电压等于中性点偏移电压的 3 倍，继电器 KV 动作。

开口电压可计算式为

$$U_0=3KU_{Nx}/[3N(M-K)+2K]$$

式中 U_0——开口三角的电压，V；

U_{Nx}——额定相电压，V；

M——每相每段电容器并联台数；

N——每相电容器串联段数；

K——因故障被断开的电容器台数。

该保护方式不受系统电压不平衡和系统接地故障的影响，不受三次谐波的影响，灵敏度高。它在国内 10kV 电容器组中应用最广，35kV 的电容器组也有采用。

2）电压差动保护。电压差动保护原理接线如图 ZY1000101004-1（b）所示（图示为一相接线，其他两相相同）。图中 C 为电容器，TV 为电压互感器，KV 为电压继电器。

电压差动保护的基本原理是检测一相两组（台）串联电容器中，健全部分与故障部分电压之间的差异，将这种差异作为保护的动作量，其数值大于整定值时，保护动作切除故障电容器组。正常运行时，差电压为零，继电器 KV 不动作。当故障情况下部分电容器被切除后，产生差电压，若差电压数值大于整定值时，保护动作将故障电容器组切除。

该保护方式不受系统三相电压不平衡和单相接地故障的影响，发生故障时保护装置分相动作，易于找出故障相，且灵敏度较高；但设备较复杂、投资较高。当同相两个串联段中的电容器发生相同故障时保护拒动。它多用于 35kV 及以上容量较大的电容器组以及集合式或箱式并联电容器。

3）桥式差动电流保护。桥式差动电流保护原理接线如图 ZY1000101004-1（c）所示。图中 C 为电容器，TA 为电流互感器，KA 为电流继电器。图示只画出单星形接线的一相，其他两相相同。

桥式差动电流保护的基本原理是检测一相四个桥臂连接线上出现的差电流，将这种差电流作为保护的动作量，其数值大于整定值时，保护动作切除故障电容器组。正常运行时，差电流为零，继电器 KA 不动作。当其中一个支路的电容器因故障被切除后，桥回路中即出现差电流，从而使电流继电器 KA 动作将故障电容器组切除。

该保护方式由于分相装设，便于判别故障相，且灵敏度较高；但当桥的两臂电容器发生相同故障时，可能发生拒动。当容量过大时，电容器全击穿短路后的涌流也较大，需在TA处加氧化锌避雷器保护。

4）不平衡保护。对于单星形或双星形接线电容器组不平衡保护主要包括中性点不接地单星形接线不平衡电压保护、中性点接地单星形接线不平衡电流保护、中性点不接地双星形接线不平衡保护以及中性点接地双星形接线不平衡保护等。

图ZY1000101004-1（d）所示为中性点不接地单星形接线不平衡电压保护，不平衡检测由一个接在电容器中性点与地之间的电位检测装置来完成。电位检测装置可以是电压互感器、电容式分压器或电阻分压器。当电压继电器检测到的数值大于动作整定值时，保护动作将故障电容器组切除。

图ZY1000101004-1（e）所示为中性点接地单星形接线不平衡电流保护，不平衡检测是由一个接在电容器中性点与地之间的电流互感器来完成的。当电流继电器检测到的数值大于动作整定值时，保护动作将故障电容器组切除。

中性点不接地双星形接线不平衡保护有两种常用方案，保护接线如图ZY1000101004-1（f）、（g）所示，即采用电流互感器加过电流继电器或采用电压互感器加电压继电器，电流（压）互感器接在两星形中性点之间。系统电压的不平衡，三次谐波电流和三次谐波电压对保护均无影响。其基本原理是：在正常运行时，双星形接线电容器组两组对称的电容器之间，或者任一组平衡电容器组的三相之间电流基本上是平衡的，中性线上电流为零，保护不动作。当部分电容器或单台电容器内小电容元件故障被切除或击穿后，平衡被破坏，中性线上就有不平衡电流通过。若不平衡电流大于电流整定值，经整定时限后，动作于跳闸将整组电容器切除。

不平衡保护一般可分两段，第一段动作于信号，当有一台电容器切除后，第一段应动作，发出信号。当有多台电容器故障切除后，剩余电容器的电压超过长期允许的1.1倍额定电压后，第二段动作，经延时跳开整组电容器。

不平衡保护的设计，除了在接线和设备的选择上需认真考虑之外，正确估计和消除不平衡回路的误差，对提高不平衡保护的灵敏度和可靠性非常重要。不平衡回路的误差主要是由于系统电压不平衡或由于电容器的制造公差，或者两者兼有造成的。这种误差可能引起不平衡电流保护的误动或拒动。

三、并联补偿电容器组典型保护装置

1. 并联补偿电容器组保护装置应用实例

某220kV变电站10kV电容器采用WDR-821微机电容器保护测控装置，接地选线功能由该装置实现，该装置装在10kV电容器开关柜上。WDR-821微机型保护测控装置可实现的保护功能有：

（1）二段定时限过电流保护（三相式）；

（2）过电压保护；

（3）低电压保护；

（4）不平衡电流保护（备用）；

（5）不平衡电压保护；

（6）零序过电流保护/小电流接地选线。

10kV电容器保护测控装置整体硬件结构，如图ZY1000101004-2所示。

2. WDR-821型微机电容器保护测控装置功能原理介绍

（1）电容器两段定时限过电流保护（三相式）。电容器两段式电流保护，各段电流及时间定值可独立整定，通过分别设置保护软压板控制这两段保护的投退。电流保护原理框图如图ZY1000101004-3所示。

当电流保护投入时（保护软压板投），保护装置测得电流I_u、I_v、I_w其中之一大于电流定值，经整定时限T_n（n=1，2）后，动作于跳闸和发出“过电流”（显示/远传）及“保护动作”（中央信号）信号。

（2）电容器过电压保护。为防止过电压对电容器的危害，电容器设有过电压保护。过电压保护可选择动作于跳闸或告警。为防止电容器未投时误发信号，过电压保护中加有断路器合位判据。过电压保护取母线电压。电容器过电压保护原理框图如图ZY1000101004-4所示。

当电容器过电压保护投入（过电压保护压板投、过电压保护跳闸投）且断路器在合闸位置时，装置测得连接电容器的母线电压超过过电压定值，经整定时限T_{gy}后发出跳闸命令，同时发出“过电压跳闸”和“保护动作”信号；若过电压保护跳闸退出，则发“过电压告警”和“保护异常”信号。

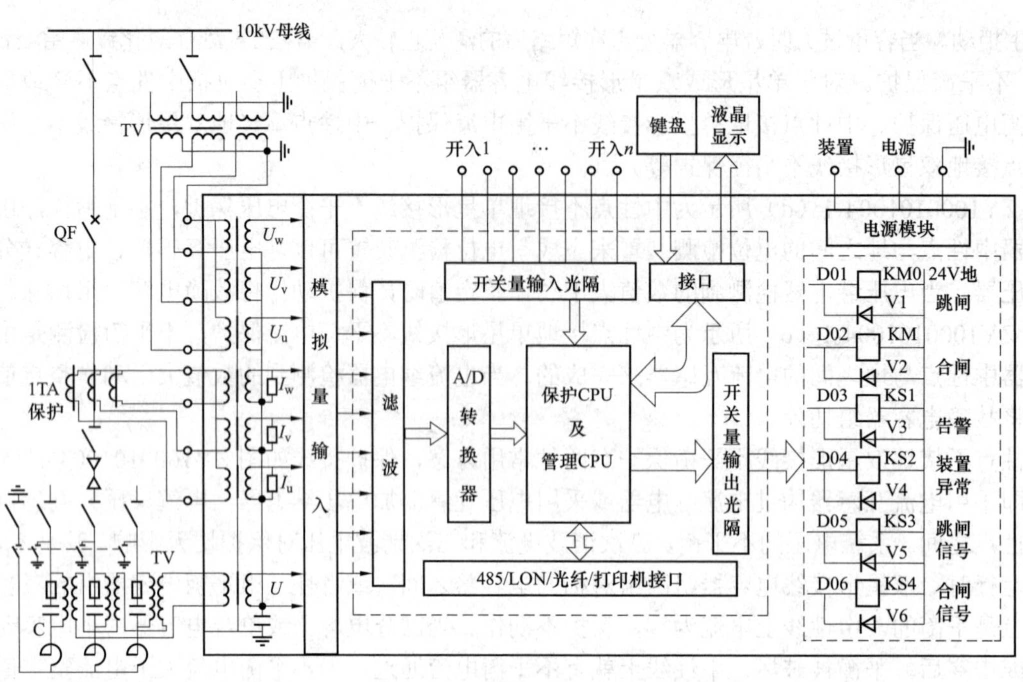

图 ZY1000101004-2 10kV 电容器保护测控装置整体硬件结构

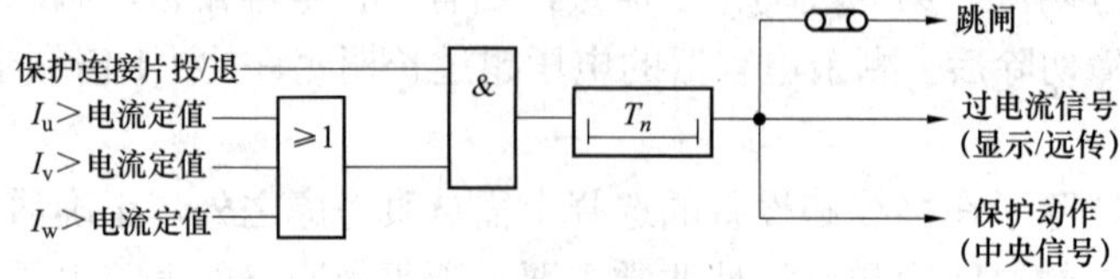

注：T_n 为 n 段保护时限（n=1,2）。

图 ZY1000101004-3 电容器两段式电流保护原理框图

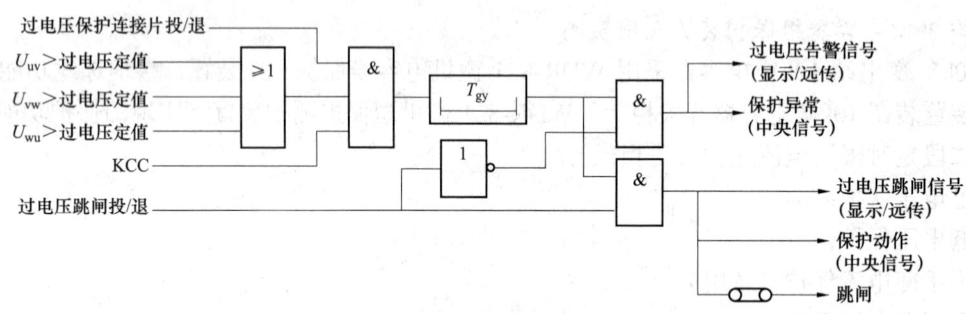

注：T_{gy} 为过电压保护延时。

图 ZY1000101004-4 电容器过电压保护原理框图

（3）电容器低电压保护。电容器低电压保护原理框图如图 ZY1000101004-5 所示。为避免 TV 三相断线引起低电压保护误动，增加了有电流闭锁条件，并且可以投退。

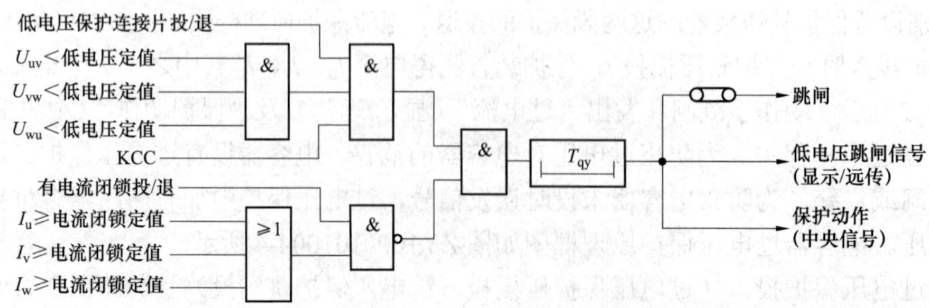

注：T_{qy} 为低电压保护延时。

图 ZY1000101004-5 电容器低电压保护原理框图

当电容器组有电流闭锁和低电压保护压板投入，低电压保护判断电容器组电流任一相不小于电流闭锁定值，闭锁低电压保护；三相电流均小于电流闭锁定值，开放低电压保护，此时三相线电压均小于低电压定值则保护动作，经整定时限 T_{qy} 后发出跳闸命令，同时发出“低电压跳闸”和“保护动作”信号。

（4）电容器不平衡电压保护（开口三角电压保护）。电容器不平衡电压保护原理框图如图 ZY1000101004-6 所示。

当电容器不平衡电压保护压板投入，保护测得开口三角电压大于整定值时，保护动作，经整定时限 T_{upb} 后发出跳闸命令，同时发出“不平衡电压”和“保护动作”信号。

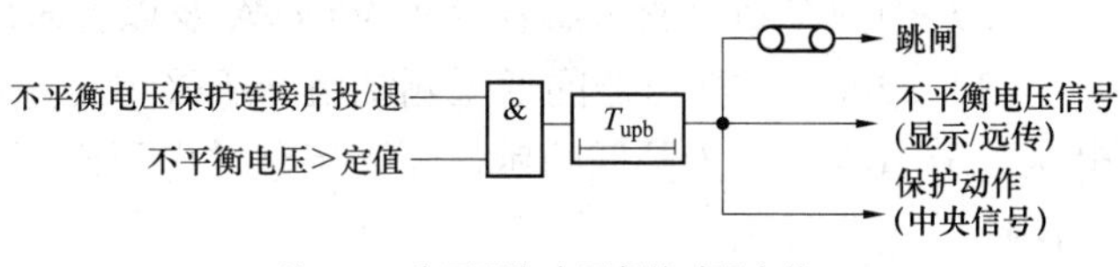

注：T_{upb} 为不平衡电压保护时限定值。

图 ZY1000101004-6　电容器不平衡电压保护原理框图

（5）零序过电流保护/小电流接地选线。在系统中发生接地故障时，接地故障点零序电流基本为电容电流，且幅值很小，用零序过电流保护很难保证其选择性。在本装置中，由于各装置通过网络互联，信息可以共享，故采用上位机比较同一母线上各线路零序电流基波和方向来判断接地线路。

在经小电阻接地系统中，接地零序电流相对较大，可以采用直接跳闸方法。装置设一段零序过电流保护。

在某些不接地系统中，电缆出线较多，电容电流较大，也可采用零序电流继电器直接跳闸方式，电容器零序过电流保护原理框图如图 ZY1000101004-7 所示。

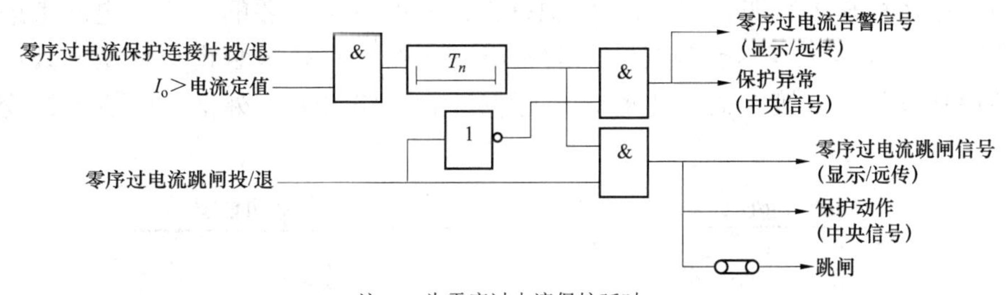

注：T_n 为零序过电流保护延时。

图 ZY1000101004-7　电容器零序过电流保护原理框图

【思考与练习】

1. 电容器组一般应配置哪些保护功能，其作用是什么？
2. 电容器电流保护的作用原理是什么？
3. 电容器过电压/低电压保护的作用原理是什么？
4. 电容器不平衡电流/电压保护的作用原理是什么？
5. 电容器零序过电流保护/小电流接地选线保护的作用原理是什么？

模块 5　站用变压器保护配置、范围及基本原理（ZY1000101005）

【模块描述】本模块包含站用变压器保护配置、保护范围和基本原理。通过原理讲解，逻辑框图说明，了解站用变压器保护的保护范围和保护动作特性。

【正文】

站用电主要向主变压器的冷却器、蓄电池的充电设备、载波机、采暖通风、断路器加热设备、断路器及隔离开关的操动机构、照明及检修等用电提供电源。站用变压器一次电压一般为 10～66kV，容量为 200～800kVA。

为防止因站用变压器故障影响变电站的安全运行，站用工作电源和备用电源应从不同的母线引下且站用变压器应装设保护及自动装置。

一、站用变压器的保护配置及保护范围

1. 站用变压器保护的特点及分类

（1）根据 GB/T 14285—2006《继电保护和安全自动装置技术规程》的要求，用电流速断保护作为站用变压器内部故障及引出线短路故障的主保护，用过电流保护作为后备保护。

（2）当油浸站用变压器容量在 400kVA 及以上时应装设瓦斯保护作为油箱内部故障的保护。

（3）220kV 主变压器的低压侧绕组一般采用三角形接线，当站用变压器高压侧系统单相接地电容电流大于 10A 时，为降低间歇性弧光接地过电压水平和便于寻找接地故障点的情况，应装设高压侧接地保护。

（4）为防止站用变压器过负荷可装设过负荷保护。

（5）站用变压器低压侧也可装设过电流保护，接入站用变压器低压侧电流互感器的二次电流回路，作为 380/220V 系统馈线故障的后备保护，保护带时限动作于站用变压器的低压侧断路器。

（6）站用变压器低压侧为直接接地系统，可装设接入中性线上电流互感器二次电流的零序过电流保护，作为 380/220V 系统单相接地故障的后备保护，保护带时限动作于站用变压器的高低压侧断路器。

2. 站用变压器保护配置举例

当变电站只有一台主变压器时，有一台站用变压器接在主变压器低压侧，另一台接至从站外引入的备用电源上。当有两台及以上主变压器时，一般从每台主变压器的低压侧装设一台站用变压器，可装设两台站用变压器（见图 ZY1000101005-1）。而对于重要的枢纽变电站考虑站用变压器轮流检修的要求，要求至少有两台独立电源的站用变压器，且要求装设一台从站外可靠电源引接的专用备用站用变压器。在变电站停电时，还能保证有一路可靠的外部电源供电给变电站站用电系统。

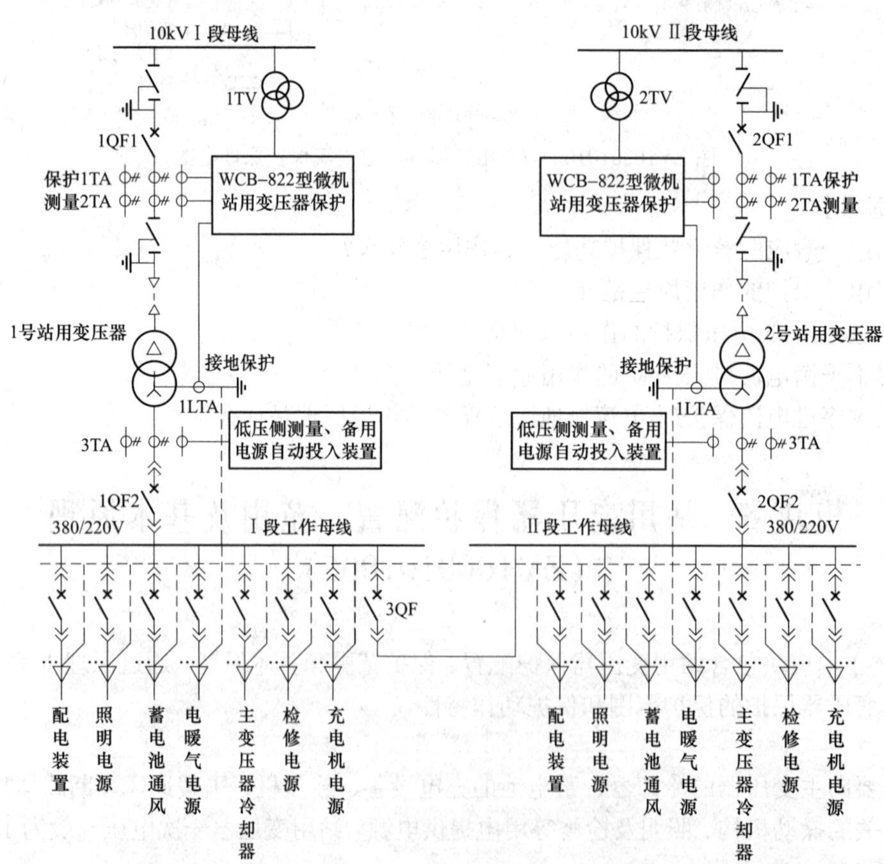

图 ZY1000101005-1 有两台站用变压器的站用电系统接线及保护配置图

如图 ZY1000101005-1 所示为某 220kV 变电站站用电系统接线及保护配置示意图。站用变压器

采用 WCB-822 型微机站用变压器保护测控装置，该装置装设在 10kV 站用变压器开关柜上。主要功能有：

（1）三段定时限复合电压闭锁过电流保护；

（2）高压侧正序反时限过电流保护；

（3）过负荷报警；

（4）高压侧接地保护：三段定时限零序过电流保护（其中零序Ⅰ段两时限，零序Ⅲ段可整定为报警或跳闸），支持网络小电流接地选线；

（5）低压侧接地保护：三段定时限零序过电流保护、零序反时限保护；

（6）零序过电压保护；

（7）低电压保护；

（8）两段定时限负序过电流保护，其中Ⅰ段用作断相保护，Ⅱ段用作不平衡保护；

（9）低压侧零序反时限过电流保护；

（10）非电量保护：重瓦斯跳闸、轻瓦斯报警、超温报警或跳闸、压力释放跳闸、一路备用非电量报警或跳闸。

二、站用变压器的保护基本原理

1. 三段复合电压闭锁过电流保护

装置设有三段定时限复合电压闭锁过电流保护，可分别由软压板进行投退，复合电压闭锁可由控制字进行投退。各段电流及时间定值可独立整定。保护原理框图如图 ZY1000101005-2 所示。

2. 高压侧正序反时限过电流保护

本装置将高压侧 U、V、W 三相电流经正序电流滤过器滤出正序电流，作为反时限保护的动作量。原则上，应使其能与上级电源断路器处的保护及低压侧出线断路器处的保护进行配合。故要求反时限特性曲线在站用变压器低压侧为最大短路电流时有 0.5～0.8s 的动作时限（以便与低压侧出线保护配合），而且要与上一级断路器处的保护至少有 0.5s 的时限级差。正序反时限过电流保护原理框图如图 ZY1000101005-3 所示。

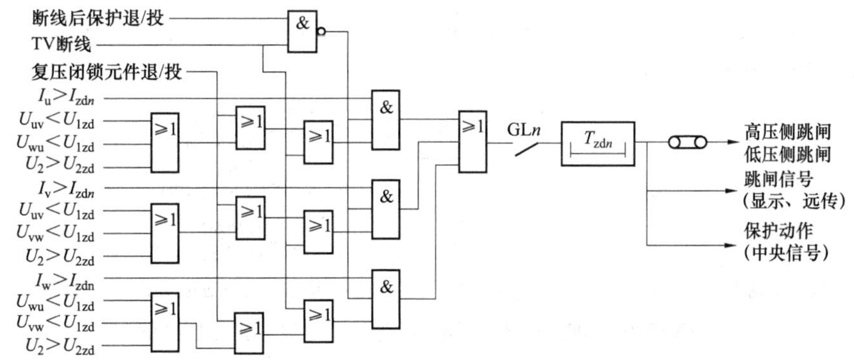

注：I_{zdn}、T_{zdn}、GLn 分别为 n 段电流定值、时限定值和压板 n=1、2、3；U_{1zd}、U_{2zd} 分别为低压定值、负序定值。

图 ZY1000101005-2　三段定时限复合电压闭锁过电流保护原理框图

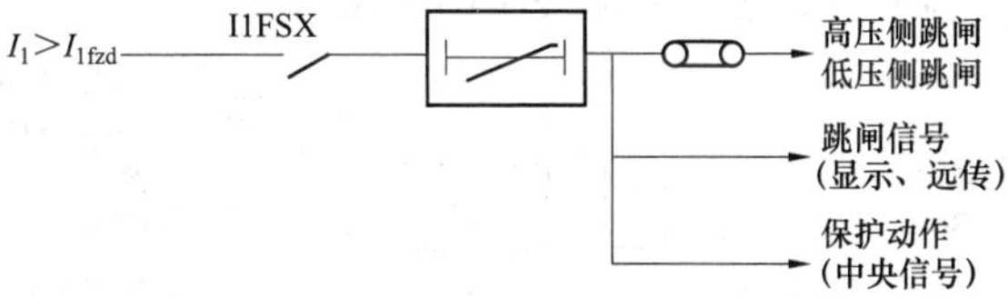

注：I_{1fzd}、I1FSX 分别为正序反时限电流基准值、压板。

图 ZY1000101005-3　正序反时限过电流保护原理框图

3. 过负荷保护

装置设有过负荷保护，可分别由软压板进行控制。保护原理框图如图 ZY1000101005-4 所示。

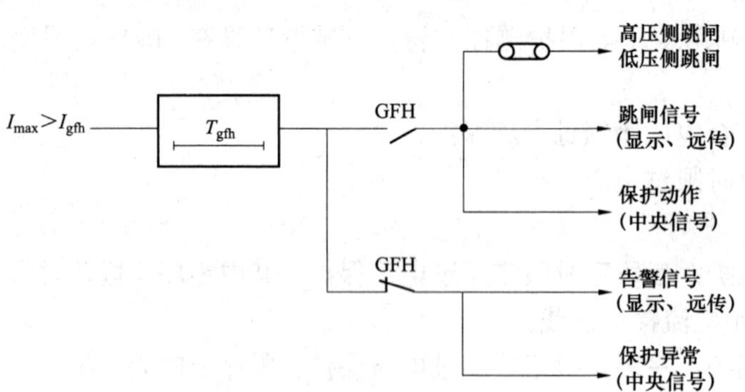

注：I_{gfh}、T_{gfh}、GFH 分别为过负荷电流定值、时限定值和压板。

图 ZY1000101005-4 过负荷保护原理框图

4. 高压侧三段定时限零序过电流保护

装置设有三段定时限零序过电流保护作为高压侧接地时的保护，可分别由软压板进行控制。其中零序Ⅰ段两时限，零序Ⅲ段可整定为报警或跳闸。保护原理框图如图 ZY1000101005-5 所示。

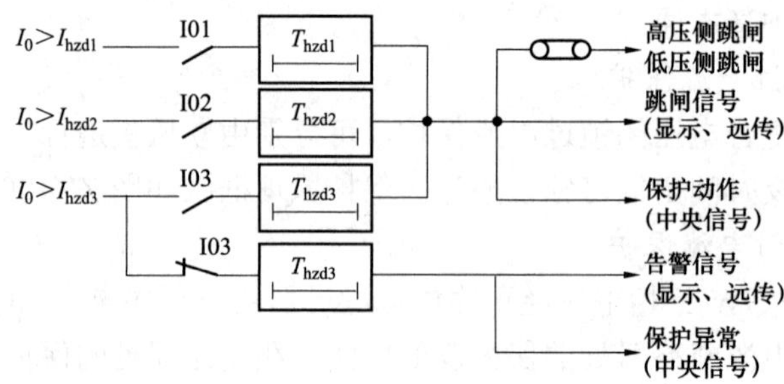

注：I_{hzdn} 为零序过电流 n 段电流定值；T_{hzdn} 为零序过电流 n 段时间定值；I0n 为零序过电流 n 段软压板；n=1、2、3。

图 ZY1000101005-5 高压侧三段定时限零序过电流保护原理框图

5. 低压侧三段零序过电流保护

装置设有低压侧三段零序过电流保护作为低压侧接地时的保护，可分别由软压板进行控制。保护原理框图如图 ZY1000101005-6 所示。

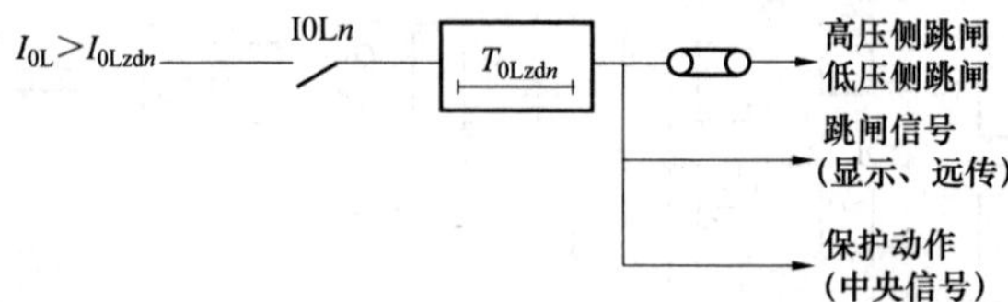

注：I_{0Lzdn}、T_{0Lzdn} 分别为低压侧零序过电流 n 段电流、时间定值；I0Ln 为低压侧零序过电流 n 段软压板；n=1、2、3。

图 ZY1000101005-6 低压侧三段零序过电流保护原理框图

6. 零序过电压保护

装置中的零序过电压保护可经控制字选择报警或跳闸，零序过电压跳闸经 KCT 位置闭锁。本装置用专门的 TV 测量零序电压。保护原理框图如图 ZY1000101005-7 所示。

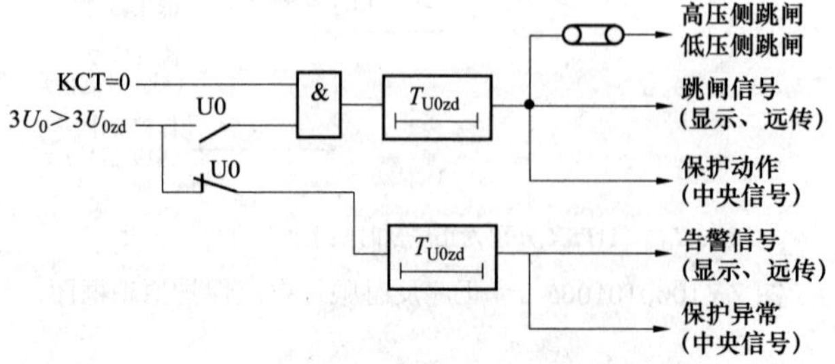

注：$3U_{0zd}$、T_{U0zd}、U0 分别为零序电压、时间定值和压板。

图 ZY1000101005-7 零序过电压保护原理框图

7. 低电压保护

装置设有低电压保护，可分别由软压板进行控制。低电压保护的原理框图如图 ZY1000101005-8 所示。

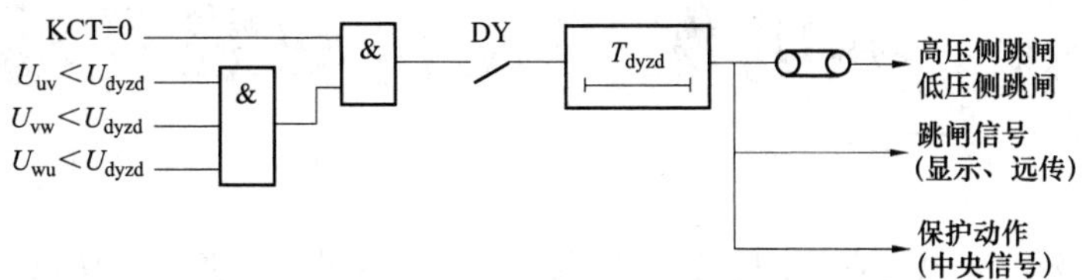

注：U_{dyzd}、T_{dyzd}、DY 分别为低电压定值、时限定值和压板。

图 ZY1000101005-8　低电压保护的原理框图

8. 两段定时限负序过电流保护

装置配有两段定时限负序过电流保护，其中 I 段用作断相保护，II 段用作不平衡保护，可分别由软压板进行控制。保护原理框图如图 ZY1000101005-9 所示。

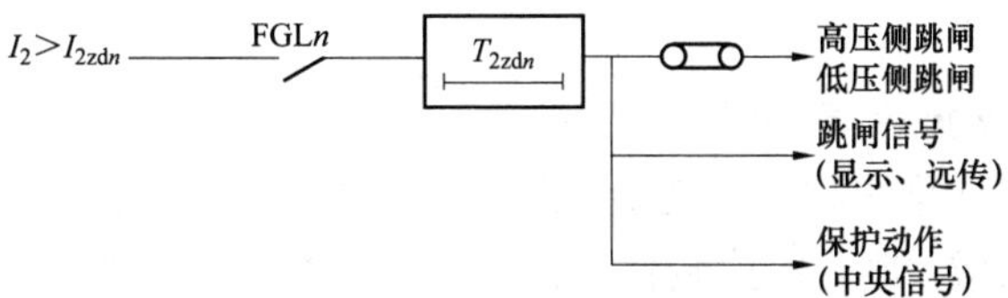

注：I_{2zdn}、T_{2zdn}、FGLn 分别为负序过电流 n 段电流定值、时限定值和压板；n=1、2。

图 ZY1000101005-9　两段定时限负序过电流保护原理框图

9. 非电量保护

装置设置重瓦斯跳闸、轻瓦斯告警、油温过高跳闸或告警、压力释放跳闸、一路备用非电量跳闸或告警等非电量保护开入端子。除轻瓦斯保护固定投入告警外，其余非电量保护可由压板进行投退。非电量保护中只有备用非电量保护的出口时间可以整定。当保护跳闸或告警以后，如果非电量故障状态一直存在，则跳闸信号或告警灯一直点亮，直到非电量故障状态解除。非电量保护原理框图如图 ZY1000101005-10 所示。

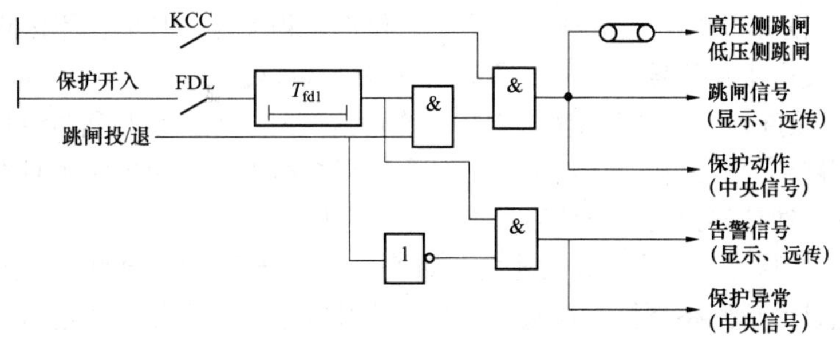

注：T_{fd1} 为备用非电量保护延时时间；其他非电量延时时间是 20ms；FDL 为非电量保护软压板。

图 ZY1000101005-10　非电量保护原理框图

【思考与练习】

1. 站用变压器一般配置哪些保护功能？
2. 站用变压器过电流保护的保护范围是什么？
3. 站用变压器高压侧接地保护的基本原理和保护范围是什么？
4. 站用变压器低压侧接地保护的基本原理和保护范围是什么？

模块 5　ZY1000101005

国家电网公司
生产技能人员职业能力培训专用教材

第十一章 继电保护及自动装置动作分析

模块1 线路保护动作过程及信号含义（ZY1000102001）

【模块描述】本模块包含线路保护动作过程及信号含义。通过对典型线路保护装置的介绍，掌握线路保护在各种故障、异常状态下的动作行为。

【正文】

对于不同电压等级的输配电线路其保护配置是不相同的，即使保护功能配置相同，但由于采用了不同厂家的设备，其保护的动作过程和信号含义也存在着差异。因此，在实际工程应用中，应结合具体图纸和装置说明书来学习。

一、输配电线路保护的动作信息介绍

无论保护装置内部的硬件系统和软件功能逻辑图如何复杂，对运行人员来说只要了解微机保护装置的硬件系统和软件系统构成，掌握保护装置提供的各种信号灯以及液晶显示屏上给出的信息（画面、文字或声音）含义，基本上就能正确地分析判断线路故障的范围（地点）与故障类型（性质）。

输配电线路保护装置能够提供给中央信号、遥信和事件记录的主要信息包含“事故总信号”、“装置报警”、“保护动作”、“重合闸动作”、“控制回路断线”等。

1. 保护装置提供的远动及中央信号的含义

（1）“事故总信号”。断路器由保护动作跳闸时，向监控装置发出“事故总信号”。“事故总信号”输出开关量来启动事故音响小母线M708，并发出事故音响信号。

（2）“装置报警”。装置报警信号分为两类：

1）有告警Ⅰ时（严重告警），告警灯闪亮，退出所有保护的功能，装置闭锁保护出口电源；此时，告警信号继电器动作，发出中央信号，且通过通信回路将信号远传。

2）有告警Ⅱ时（设备异常告警），告警灯常亮，仅退出相关保护功能，不闭锁保护出口电源。异常信号继电器动作，发出中央信号，且通过通信回路将信号远传。

（3）“保护动作（保持）”。当线路故障，保护动作而跳闸时，保护跳闸信号继电器动作，给出中央信号，且通过通信回路将信号远传。保护跳闸信号为磁保持继电器，保护跳闸时继电器动作并保持，需按信号复归按钮或由通信接口发远方信号复归命令才返回。

（4）“重合闸动作（保持）”。当线路发生故障跳闸后，重合闸动作合闸时，合闸信号继电器动作，给出中央信号，且通过通信回路将信号远传。重合闸信号继电器为磁保持继电器，重合闸动作时继电器动作并保持，需按信号复归按钮或由通信接口发远方信号复归命令才返回。

（5）“控制回路断线”。当控制回路发生断线或直流消失时，装置通过跳闸位置继电器和合闸位置继电器的动断触点串联启动“控制回路断线”信号。

（6）监控装置屏幕上的画面信息含义。当线路断路器发生变位后，代表断路器状态的画面闪烁，表明该断路器位置发生变化；指示该线路的电流、功率显示数值为零（断路器跳闸后）；表示保护动作元件的显示信息高显（变为红色）。

2. 装置面板上的信号指示灯含义

不同厂家的线路保护装置面板上的信号指示灯有所不同。

220kV线路保护装置的正面面板上一般包含“运行”、“跳A”、“跳B”、“跳C”、“重合闸”、“充电”、“通道告警”或“通道异常”、“告警”或“TV断线”指示灯。

110kV及以下线路保护装置的正面面板上一般包含“运行”、“跳闸”、“重合闸”、“告警”、“Ⅰ母”、

“Ⅱ母”、“跳位”、“合位”指示灯。

（1）220kV 微机线路保护装置正面面板上的指示灯含义：

1）“运行”灯为绿色，装置正常运行时点亮，装置闭锁时熄灭（不同厂家可能不同，有些正常运行时绿色灯常亮，当有保护启动时闪烁）；

2）“跳 A”、“跳 B”、“跳 C”灯为红色，当保护动作出口点亮，“信号复归”后熄灭；

3）“重合闸”灯为红色，重合闸动作时点亮，“信号复归”后熄灭；

4）“充电”灯为黄色，当重合充电完成时点亮；

5）“通道告警”灯为红色，正常灭，当通道异常时点亮（不同厂家可能不同，有些为“通道异常”）；

6）“告警”灯为黄色，正常灭，当装置异常时点亮（不同厂家可能不同，有些设有“TV 断线”灯，当发生电压回路断线时点亮）。

（2）110kV 及以下线路保护装置正面面板上的指示灯含义：

1）“运行”为绿色，装置正常运行时点亮，装置闭锁时熄灭（不同厂家可能不同，有些正常运行时绿色灯常亮，当有保护启动时闪烁）；

2）“跳闸”为红色，保护动作出口时点亮，“信号复归”后熄灭；

3）“重合闸”为红色，重合闸动作时点亮，“信号复归”后熄灭；

4）“告警”灯为黄色，正常灭，当装置异常时点亮；

5）断路器位置监视灯：“跳位”为绿色，指示当前断路器在跳闸位置，“合位”为红色，指示当前断路器在合闸位置；

6）监视线路运行母线（双母线接线）的监视灯：“Ⅰ母”、“Ⅱ母”为绿色，点亮代表Ⅰ或Ⅱ母隔离开关在合位。

3. 装置面板上液晶显示的各种信息含义

当线路发生短路故障，保护动作后，保护装置面板上相应的跳闸灯亮，液晶屏幕自动显示最新一次保护动作报告，当一次动作报告中有多个动作元件时，所有动作元件及测距结果将滚屏显示。保护动作报告中一般包括保护动作序号、启动绝对时间、动作元件序号、动作元件、动作元件跳闸相别、动作相对时间、动作初始状态、开关变位、动作波形、对应故障电流以及故障测距结果等信息。

由于不同保护装置的动作报告内容不相同，因此应参照相应的保护装置使用说明书中“事故报义信息”，对照查看事故报文或打印报告内容。下面对线路保护装置各种信息作一般介绍。

在查看保护装置面板上的指示灯和液晶显示报文时，首先要弄清楚哪些是主要信息，哪些是次要信息，然后根据主要信息迅速分析判断出线路故障发生的时间、保护动作顺序、故障相别和地点。

（1）线路保护动作报告中的主要信息。

1）启动绝对时间：表示保护装置启动时的绝对时间“年　月　日　时　分　秒”。例如：2008 年 6 月 4 日 9 点 52 分 45 秒，其显示格式为：2008–06–04　09:52:45（RCS-900 系列）或 080604　09:52:45（CSL100 系列）。

2）动作元件跳闸相别：表示故障的相别。例如：三相短路时显示 UVW；两相相间短路故障时显示 UV、VW、WU；单相接地短路时显示 U、V、W（RCS-900 系列）或 UN、VN、WN（CSL100 系列）。

3）动作元件：表示故障时装置的动作保护功能段。例如：纵联保护（高频距离保护、高频零序保护、高频方向保护、光纤差动保护等）、距离保护（相间距离和接地距离保护的“距离Ⅰ段”或“距离Ⅱ段”或“距离Ⅲ段”）、零序电流保护（零序电流Ⅰ段或零序电流Ⅱ段或零序电流Ⅲ段或零序电流Ⅳ段，灵敏Ⅰ段或不灵敏Ⅰ段）等保护功能元件以及重合闸元件。

4）故障测距结果：保护安装处至故障点之间的距离（长度）。例如，故障测距结果 050.5km（RCS-900 系列），CJ　L=14.93（CSL-100 系列）。

（2）液晶显示主要保护动作元件信息。

1）高频纵联保护。当线路上发生故障时，装置上相应的跳闸灯亮，液晶屏上显示主要信息，可能包含“纵联变化量方向”（RCS-901）、“纵联距离保护”（RCS-901/941A/951B）、“纵联零序保护”

（RCS-901/902/941B），动作时间为 15～30ms；“高频启动（GPQD）”、“高频距离出口（GPJLCK）”、“高频零序出口（GPI0CK）”、“高频负序出口（GPI2CK）”、“高频距离保护停信（GPJLTX）”、“高频零序保护停信（GPI0TX）”、“高频负序保护停信（GPI2TX）”、“高频突变量方向保护停信（GPTBTX）”、“其他保护动作跳闸后停信（QTBHTX）”、“发展性故障高频保护停信（DEVTX）”、“高频距离保护瞬时加速出口（GJJSCK）”、“高频保护手合加速出口（GPSHCK）”、“高频零序保护手合加速出口（LXSHCK）”、“高频发展性故障出口（GPDEVCK）”、“高频后备永跳出口（GHBRTCK）”、“高频后备三跳出口（GHB3TCK）”、“高频零序辅助元件启动（GPI0QD）”、“三跳位置停信（STWZTX）”等。

2）光纤纵差保护。当线路上发生故障，装置上相应的跳闸灯亮，液晶屏上显示信息为“电流差动保护”（RCS-931/943/953），动作时间为 10～25ms。

3）距离保护。当线路上发生故障，装置上相应的跳闸灯亮。液晶屏上显示信息为“距离Ⅰ段”或“距离Ⅱ段”或“距离Ⅲ段”（RCS-900 系列），“阻抗启动（ZKQD）”、“测距阻抗（CJZK）”或“测距（CJ）”、“距离Ⅰ段出口（1ZKJCK）”或“距离Ⅱ段出口（2ZKJCK）”或“距离Ⅲ段出口（3ZKJCK）”或“距离Ⅱ段加速（2ZKJSCK）”或“距离Ⅲ段加速（3ZKJSCK）”或“距离手合出口（JLSHCK）”或“距离后备永跳出口（JHBRTCK）”或“距离后备三跳出口（JHB3TCK）”或“距离Ⅰ段发展性故障出口（1DEVCK）”或“距离Ⅱ段发展性故障出口（2DEVCK）”等（CSC\CSL100 系列）。

4）工频变化量距离保护。当线路上发生故障，装置上相应的跳闸灯亮，液晶屏上显示信息为“工频变化量阻抗”。

5）零序保护。当线路上发生单相接地、两相接地短路故障时，装置上相应的跳闸灯亮，液晶屏上显示信息为“零序过流Ⅰ段”或“零序过流Ⅱ段”或“零序过流Ⅲ段”或“零序过流Ⅳ段”（如 RCS-901/902/931），“零序Ⅰ段出口（I01CK）”或“零序Ⅱ段出口（I02CK）”或“零序Ⅲ段出口（I03CK）”或“零序Ⅳ段出口（I04CK）”或“不灵敏Ⅰ段出口（IN1CK）”或“不灵敏Ⅱ段出口（IN2CK）”、“零序Ⅱ段加速出口（I02JSCK）”或“零序Ⅲ段加速出口（I03JSCK）”或“零序Ⅳ段加速出口（I04JSCK）”、“零序后备永跳出口（LHBRTCK）”、“零序后备三跳出口（LHB3TCK）”等（CSC\CSL100 系列）。

6）综合重合闸装置。当线路故障保护跳闸后，由保护启动重合闸或断路器位置不对应启动重合闸时，装置给出重合闸报文。不同装置其报文有所不同，一般可能包含“跳闸启动重合”、“三跳启动重合”、“重合闸动作”、“手动同期合闸出口（SHCK）”、“重合闸出口（CHCK）”、“定值改变（SETCHGO）”、“手合同期启动（SHQD）”、“手合同期合闸失败（SHFALL）”、“重合闸出口失败（CHFALL）”、“保护三跳启动重合闸（T3QD）”、“保护单跳启动重合闸（T1QD）”、“三相偷跳启动重合闸（BDYT3QD）”、“单相偷跳启动重合闸（BDYT1QD）”等（CSL100 系列）。

二、典型线路保护装置动作过程分析

图 ZY1000102001-1 所示为 220kV 线路保护配置及系统接线示意图。以 B 变电站的线路 BC 为例：

主保护 1 采用 RCS-931AM 超高压微机线路保护装置+CZX-11R2 操作继电器装置+LQ-300K 打印机组屏方案，装置包括分相电流差动和零序电流差动为主体的快速主保护，由三段式相间和接地距离及多个零序方向过流构成的全套后备保护。光纤差动保护采用专用通道。

主保护 2 采用 CSL-101B 超高压微机线路保护装置+SF-600 型收发信机装置+JFZ-11FB 操作继电器装置+LQ-300K 打印机组屏方案，装置包括闭锁式高频距离、零序保护为主体的快速主保护，由三段式相间和接地距离及多个零序方向过流构成的全套后备保护。高频保护占用 B 相加工通道。

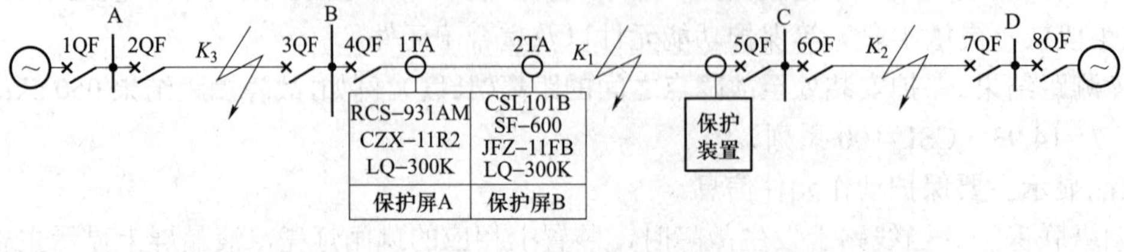

图 ZY1000102001-1 220kV 线路保护配置及系统接线示意图

1. 线路故障性质及相别分析（双套保护配置不考虑同时拒动的后备保护动作）

220kV 输电线路上发生的故障主要有单相接地短路、两相接地短路、两相短路、三相短路等类型。下面以 CSL101B 型线路保护装置为例，分析线路保护Ⅰ段范围内（K_1 点）发生各种性质、相别故障时，保护动作的现象（首先将各保护压板投入，选择重合闸方式为“综重”），如表 ZY1000102001-1 所示。

表 ZY1000102001-1　　　各种故障性质及相别保护动作的现象

序号	故障性质及相别	各保护投入情况	装置面板点亮的指示灯	断路器跳合情况	液晶屏主要显示报告信息（作为判断故障性质的信息）
1	A0 瞬时	全投	跳 A，重合闸动作	跳 A，合 A	GPJLCK，1ZKJCK，I01CK，CHCK
2	B0 瞬时	全投	跳 B，重合闸动作	跳 B，合 B	GPJLCK，1ZKJCK，I01CK，CHCK
3	C0 瞬时	高频停，其余全投	跳 C，重合闸动作	跳 C，合 C	1ZKJCK，I01CK，CHCK
4	A0 永久	全投	跳 A，跳 B，跳 C，重合闸动作	跳 A，合 A，跳三相	GPJLCK，1ZKJCK，I01CK，CHCK，GJJSCK，2ZKJSCK
5	B0 永久	距离停，其余全投	跳 A，跳 B，跳 C，重合闸动作	跳 B，合 B，跳三相	GPJLCK，I01CK，CHCK，GJJSCK
6	C0 永久	I01 停，其余全投	跳 A，跳 B，跳 C，重合闸动作	跳 C，合 C，跳三相	GPJLCK，1ZKJCK，CHCK，GJJSCK，2ZKJSCK
7	AB 瞬时	全投	跳 A，跳 B，跳 C，重合闸动作	跳三相，合三相	GPJLCK，1ZKJCK，CHCK
8	BC 瞬时	全投	跳 A，跳 B，跳 C，重合闸动作	跳三相，合三相	GPJLCK，1ZKJCK，CHCK
9	CA 永久	全投	跳 A，跳 B，跳 C，重合闸动作	跳三相，合三相，跳三相	GPJLCK，1ZKJCK，CHCK，GJJSCK，2ZKJSCK
10	ABC 永久	全投	跳 A，跳 B，跳 C，重合闸动作	跳三相，合三相，跳三相	GPJLCK，1ZKJCK，CHCK，GJJSCK，2ZKJSCK
11	A0 反方向（K_3）瞬时	全投	运行监视灯闪（上述故障均闪）	不动	

2. 典型线路保护动作逻辑原理说明

（1）差动保护逻辑框图说明。差动保护投入是指屏上“主保护压板”、压板定值“投主保护压板”和定值控制字“投纵联差动保护”同时投入。“A 相差动元件”、“B 相差动元件”、“C 相差动元件”包括变化量差动、稳态量差动Ⅰ段或Ⅱ段、零序差动，只是各自的定值有差异。

当三相断路器在断开位置或经保护启动控制的差动继电器动作，则向对侧发差动动作允许信号。当 TA 断线瞬间，断线侧的启动元件和差动继电器可能动作，但对侧的启动元件不动作，不会向本侧发差动保护动作信号，从而保证纵联差动保护不会误动。TA 断线时，若“TA 断线闭锁差动”整定为“1”，则闭锁电流差动保护，发生故障或系统扰动，保护不会动作；若“TA 断线闭锁差动”整定为“0”，发生故障或系统扰动导致启动元件动作，仍开放电流差动保护。如图 ZY1000102001-2 所示为 RCS-931 电流差动保护逻辑框图。

下面对差动保护逻辑框图进行说明：

装置设置了独立的总启动元件，动作后由启动继电器 KS 开放出口继电器正电源。差动保护也有一个总的启动元件 LΣQ1，只有启动元件动作后，才能启动各相的差动继电器，各相差动及对应的相电流动作后，可选出故障相直接去跳闸，即图中的 H1、H2、H3 各点。

H6、Y6、Y7 等构成两相以上故障三相逻辑，由差动选出的故障相经启动元件保持，在启动元件复归前，如发生转换性故障或又发生其他相故障，都可以经 H9 去跳三相。

故障时，如 A、B、C 三相差动不动而零序差动动作，则由 Y4、Y12 经延时 100ms 后去三跳，并闭锁重合闸。

收远跳信号可经控制字 SW2 直接去三跳且闭锁重合闸，两相以上故障可经 SW1 控制，决定是否闭锁重合闸。非全相运行再故障可经控制字 SW3 是否闭锁重合闸。手合故障时，跳三相并闭锁重合闸。

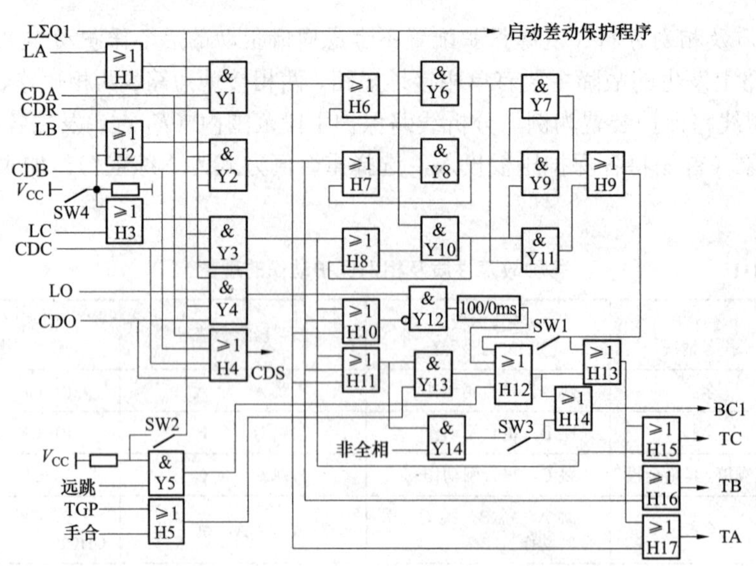

图 ZY1000102001-2 RCS-931 电流差动保护逻辑框图

（2）高频保护逻辑框图（闭锁式）说明。CSL101（2）闭锁式高频保护逻辑框图如图 ZY1000102001-3 所示。

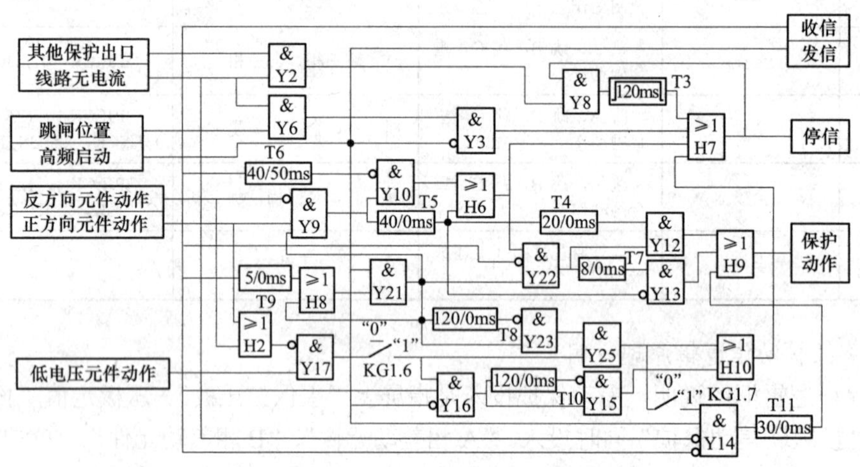

注：KG1.6为投入弱馈功能；KG1.7为投入弱馈跳闸功能。

图 ZY1000102001-3 CSL101（2）闭锁式高频保护逻辑框图

1）区内故障。闭锁式高频保护采取先收信后停信的原则。高频启动元件动作立即发信，同时正方向元件动作，反方向元件不动作，Y9 待收信 5ms（T9）→H8→Y21 动作后打开，经门 Y10→H6→H7→停信，停信后，因无收信信号，Y22 因门 Y21 早已打开，经门 H6→Y22→T7（确认 8ms）→Y13→H9→保护动作。

2）区外故障。由于近故障侧方向元件判为反方向故障不停信，一直发信号闭锁远故障侧，即近故障侧门 Y9 不动作，不停信，对侧收到信号而闭锁门 Y22，门 H9 不输出保护动作信号。

3）相继动作。先跳侧高频保护的停信元件在检测到其他保护动作后，检测原故障相确无电流后，Y2→Y8→T3→H7→停信，并由 T3 控制停信脉冲展宽 120ms，保证对侧高频保护可靠动作。

4）区外故障功率倒向问题。本保护解决的办法是方向元件从反方向到正方向延时 T5（40ms）停信，再延时 T4（20ms）确认两侧都停信才跳闸。图 ZY1000102001-3 中在 Y21 已开放时，功率由反方向转为正方向时 Y9 开放，门 Y10 已关闭，经 T5（延时 40ms）→H6→H7→停信，同时闭锁 Y13 防止误跳，再经 T4（20ms）确认为内部故障，由门 Y12→H9→保护动作。

5）弱馈保护。被保护线路一侧为弱电源侧或无电源，要求强电源侧快速跳闸，弱电源或无电源侧可由控制字选择是否作用于跳闸。

① 弱馈端保护启动：弱馈端将快速停信以保证强电源侧快速跳闸。如弱馈端保护启动，门 Y6 关闭，在收到闭锁信号 5ms（T9）后，门 H8→Y21→Y23 开放门 Y25、弱馈端正反方向元件均不动作、至少有一相或相间低电压情况下 H2→Y17→KG1.6（弱馈控制）→Y25→H10→H7→停信，120ms（T8）后关闭门 Y23；若投弱馈跳闸控制字 KG1.7，则 Y25→KG1.7→Y14→T11（确认 30ms）→H9→保护动作。

② 弱馈端保护不启动：弱馈端保护不启动，门 Y21 及门 Y23 回路不通，弱馈端收发信机由对侧远方启动发信，且至少有一相或相间低电压情况下，弱馈端将强迫停信 120ms，以使强电源侧快速跳闸。门 H2→Y17→KG1.6→Y16→Y15→H10→H7 强迫停信，经 T10（120ms）延时闭锁门 Y15，实现弱馈端强迫停信 120ms，弱馈端不出口跳闸。

6）保护出口跳闸后，检查线路无电流，则经门 Y6→Y3→H7→停信，其作用是保证线路对侧高频保护可靠动作。

（3）距离保护逻辑框图说明。如图 ZY1000102001-4 所示，图中 ZD1、ZX1、ZD2、ZX2 分别为Ⅰ段和Ⅱ段接地距离阻抗、相间距离阻抗，0.5s Z1 是经振荡闭锁中的延时Ⅰ段，1.0s Z2 是经振荡闭锁中的延时Ⅱ段，ZD3、ZX3 是Ⅲ段接地距离阻抗、相间距离阻抗。

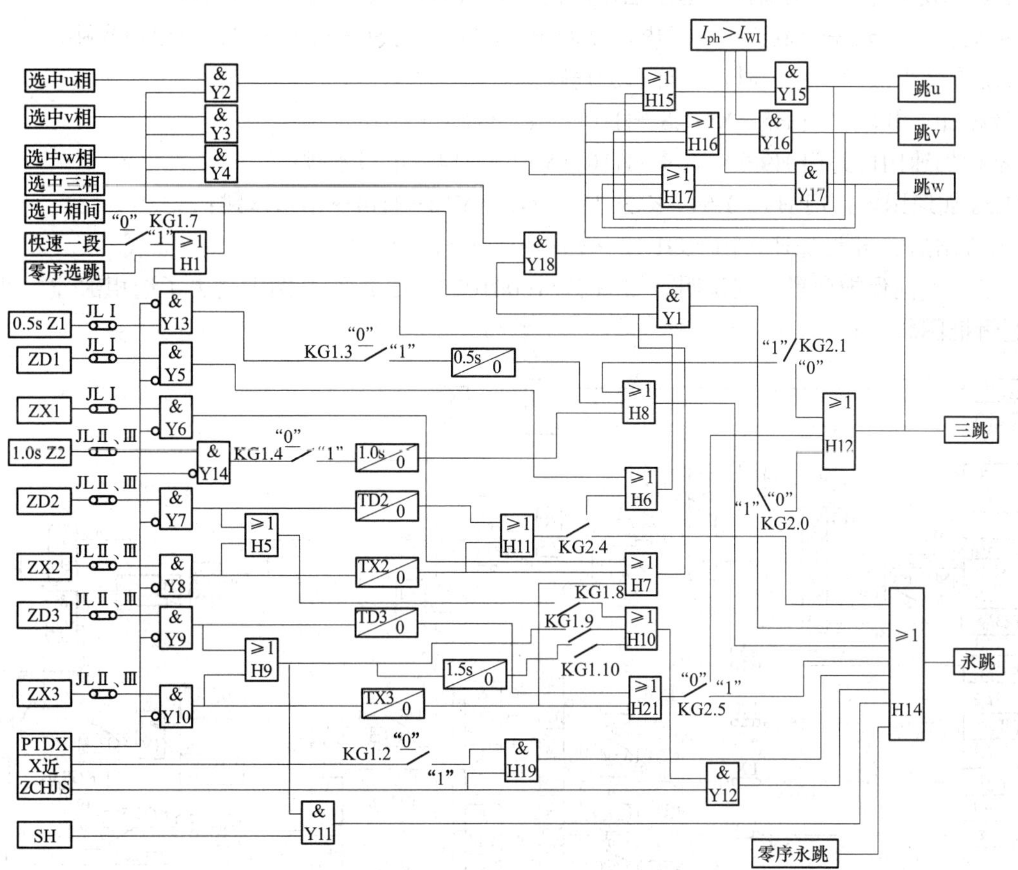

注：KG1.2为投入X相近加速；KG1.3为投入ZDBS中0.5sⅠ段；KG1.4为投入ZDBS中1.0sⅡ段；KG1.7为投入快速Ⅰ段；KG1.8为投入0s加速Ⅱ段；KG1.9为投入0s加速Ⅲ段；KG1.10为投入1.5s加速Ⅲ段；KG2.0为相间故障永跳、三跳；KG2.1为三相故障永跳、三跳；KG2.4为Ⅱ段动作永跳、三跳；KG2.5为Ⅲ段动作永跳、三跳。

图 ZY1000102001-4 距离保护逻辑框图

1）距离保护Ⅰ段范围内故障。

① 突变量启动元件 IQD 动作，在 150ms 以内短时开放测量元件，首先采用突变量选相元件进行选相，通过计算和判断，若故障阻抗在快速Ⅰ段动作区内，则快速出口，即由控制字 KG1.7→H1→Y2～Y4→H15～H17→Y15～Y17→出口分相跳闸：跳 u、跳 v、跳 w。

② 程序计算的阻抗不在快速Ⅰ段动作区内而在距离Ⅰ段动作区内，保护瞬时动作出口，如接地故障，则门 Y5→H6→H1→Y2～Y4→H15～H17→Y15～Y17→出口分相跳闸；如相间故障，则门

Y6→H7→Y1→KG2.0→H12→出口三相跳闸。

2）距离保护Ⅱ段范围内故障。若程序计算的阻抗在Ⅱ段范围内，由于距离Ⅱ段延时大于振荡闭锁短时开放时间，因此将距离Ⅱ段 ZX2、ZD2 固定，待延时 TD2（TX2）后出口跳闸，由控制字可设Ⅱ段跳闸时发选跳令或发永跳令。TD2（TX2）→H11→KG2.4→H6→H1→Y2～Y4→H15～H17→Y15～Y17→出口分相跳闸，或 TD2（TX2）→H11→KG2.4→H14→出口永跳。

3）距离保护Ⅲ段范围内故障。由控制字可设Ⅲ段跳闸时发永跳令或三跳令。TD3（TX3）→H21→KG2.5→H12→出口三跳，或 TD3（TX3）→KG2.5→H14→出口永跳。

4）振荡闭锁中延时段动作。

① 振荡闭锁中可投入经 0.5s 延时的Ⅰ段，门 Y13→KG1.3→0.5s→H8→H14→出口永跳；

② 振荡闭锁中可投入经 1s 延时的Ⅱ段，门 Y14→KG1.4→1.0s→H8→H14→出口永跳。

5）相间故障。

① 发生相间故障时，则门 H7→Y1→KG2.0→H14→出口永跳；H7→Y1→KG2.0→H12→出口三相跳闸。

② 发生三相故障时，则门 Y18→KG2.1→H8→H14→出口永跳；Y18→KG2.1→H12→出口三相跳闸。

6）TV 断线条件下，距离保护退出工作，门 Y5～Y10、Y13、Y14 被闭锁。

7）手动合闸，若任一阻抗在三段内，立即出口跳闸，门 H9→Y11→H14→出口永跳。

重合闸重合于故障线路上时，进行后加速跳闸。

① 零秒加速Ⅱ段，门 H5→KG1.8→H10→Y12→H14→出口永跳；

② 零秒加速Ⅲ段，门 H9→KG1.9→H10→Y12→H14→出口永跳；

③ 1.5s 加速Ⅲ段，门 H9→1.5s→KG1.10→H10→Y12→H14→出口永跳；

④ 重合闸后 X 相近加速，由 KG1.12→Y19→H14→出口永跳。

（4）零序方向保护逻辑框图说明。如图 ZY1000102001-5 所示，图中略去了选相部分，可参考距离保护逻辑框图。

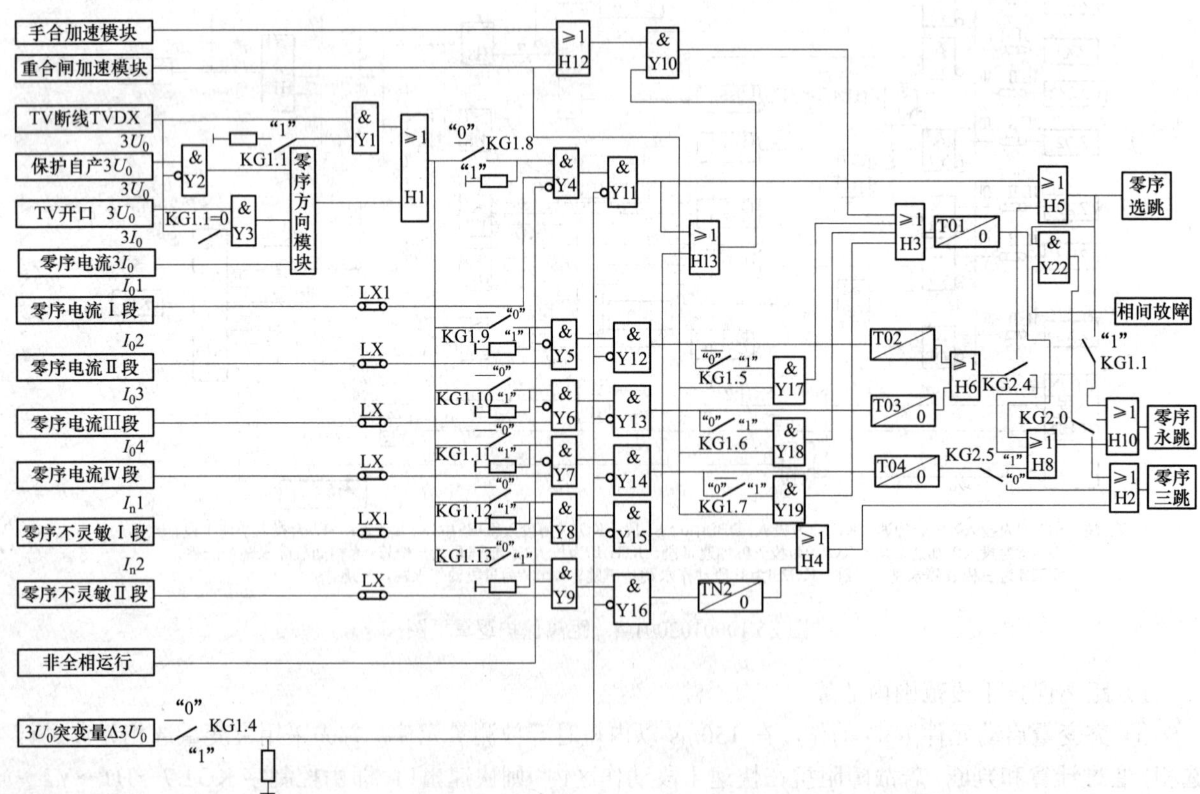

注：KG1.1为投入TVDX零序不带方向控制；KG1.4为经$3U_0$突变量闭锁；KG1.5为投入加速零序Ⅱ段；KG1.6为投入加速零序Ⅲ段；KG1.7为投入加速零序Ⅳ段；KG1.8为零序Ⅰ段带方向；KG1.9为零序Ⅱ段带方向；KG1.10为零序Ⅲ段带方向；KG1.11为零序Ⅳ段带方向；KG1.12为不灵敏Ⅰ段带方向；KG1.13为不灵敏Ⅱ段带方向；KG2.0为相间故障永跳、三跳；KG2.4为零序Ⅱ、Ⅲ段永跳、选跳；KG2.5为零序Ⅳ段永跳、三跳。

图 ZY1000102001-5 零序方向保护逻辑框图

突变量启动元件或零序辅助启动元件动作后，进入故障处理程序。全相运行时投入零序Ⅰ～Ⅳ段（I01～I04），I01、I02、I03 段动作后经门 H5 选相跳闸，I04 动作后经门 H10 永跳。非全相运行时，闭锁零序Ⅰ～Ⅳ段，投入不灵敏的 In1、In2 段，动作后经门 H2 三跳出口。

零序方向保护各段方向性由各自的控制字控制，即 KG1.8～KG1.11 分别控制 I01～I04，KG1.12～KG1.13 分别控制 In1～In2。

TA 断线（TADX）时，零序保护均可带方向，正常运行时若 3U0 工频分量较大时（KG1.4 控制），为防止方向元件闭锁不可靠，也可将零序各段保护闭锁，即Δ3U0→KG1.4→闭锁门 Y11～Y16。

零序方向模块正常接自产 3U0（Y2），当 TV 断线（TVDX）时，如 KG1.1=0 可以自动改用 TV 的开口三角 3U0（Y3）；保护在 TVDX 时零序保护也可以不引入 TV 的开口三角 3U0，此时零序方向保护改为过流保护不带方向（KG1.1 控制），即门 Y1→H1 使各段均无方向，且保护动作到门 H5→KG1.1→H10→零序永跳。

手动合闸或重合闸时，使零序Ⅰ段（I01、In1）延时 0.1s（T01），以躲开断路器三相不同期，即 H12→H13→Y10→H3→T01→H8→H10→零序永跳；重合闸重合于故障线路上时，由控制字（KG1.5、KG1.6、KG1.7）控制加速Ⅱ、Ⅲ、Ⅳ段，即门 Y17、Y18、H19→H3→T01→H8→H10→零序永跳。

非全相时闭锁易误动各段，即门 Y4～Y7 关闭 I01～I04 段。

非全相运行中故障：不灵敏Ⅰ段范围内则经门 Y8→Y15→H4→H2→零序三跳，不灵敏Ⅱ段范围内则经门 Y9→Y16→TN2→H4→H2→零序三跳。

线路故障，启动元件动作，一方面进入故障处理程序，另一方面进行故障选相。故障动作逻辑如下：

1）Ⅰ段保护范围内故障：门 Y4→Y11→H5→零序选跳。

2）Ⅱ、Ⅲ段保护范围内故障：跳闸由控制字控制可发三跳令或永跳令，门 Y5→Y12→T02（Y6→Y13→T03）→H6→KG2.4→H5→零序选跳，或 Y5→Y12→T02（Y6→Y13→T03）→H6→KG2.4→H8→H10→零序永跳。

3）Ⅳ段保护范围内故障：跳闸由控制字控制可发三跳令或永跳令，门 Y7→Y14→T04→KG2.5→H2→零序三跳，或 Y7→Y14→T04→KG2.5→H8→H10→零序永跳。

相间故障：跳闸由控制字控制可发三跳令或永跳令，门 Y22→KG2.0→H2→零序三跳，或 Y22→KG2.0→H10→零序永跳。

（5）综合自动重合闸逻辑框图（见图 ZY1000102001-6）说明。

1）重合闸的充电过程。断路器在合位，跳闸位置继电器 KCTuvw 不动作、重合闸启动回路不动作，说明是在正常运行状态，此时若无重合闸闭锁信号，即门 H10 无输出，则经门 H12 反相后对重合闸 TCD 开始充电，时间约为 15s。

2）重合闸的放电过程。当断路器合闸压力降低时，经 200ms 延时仍未恢复，重合闸启动回路（单重启动回路为门 Y1，三重启动回路为门 H6）未动作，门 H11 无输出，则门 Y17→H10 动作放电；如外部有闭锁信号开入，或重合闸在停用位置门 Y5 开放，则门 H2→H10 动作放电；重合闸在单重方式时，保护动作跳三相，门 H14 有输出，则门 Y22→H14→Y16→H10 动作放电；重合闸回路未充满电，保护启动重合闸动作，门 H11→Y15→H10 动作放电；重合闸出口命令发出的同时也动作放电。

3）单相重合闸。单相故障，保护单跳启动 KBD1 动作，KCTu、KCTv、KCTw 有一个变位，经门 H7→KG9→H1→Y1→Y4→K4→TS1（TL1）→H5 延时合闸，另外由门 H5→Y7 输出加速信号。

单相故障，发出合闸脉冲前又收到保护发出的三跳命令，则停止单重计时，开始三重计时，即 K3TZD→H14 闭锁门 Y4，而去启动三相重合闸。为防止三跳按单重处理，用三个跳位继电器触点进一步判别，即用门 Y3 闭锁门 Y1。

4）三相重合闸。三重和综重方式下，控制字 CH2 或 CH1 为“1”，门 H15 有信号，K3TZD 启动、三相跳闸，门 Y3 开放，则门 Y3→KG10→H14→Y21→H6→Y8→K1（非同期）→H4→K4→TS3→H5 延时合闸，另外由门 H5→Y7 输出加速信号。

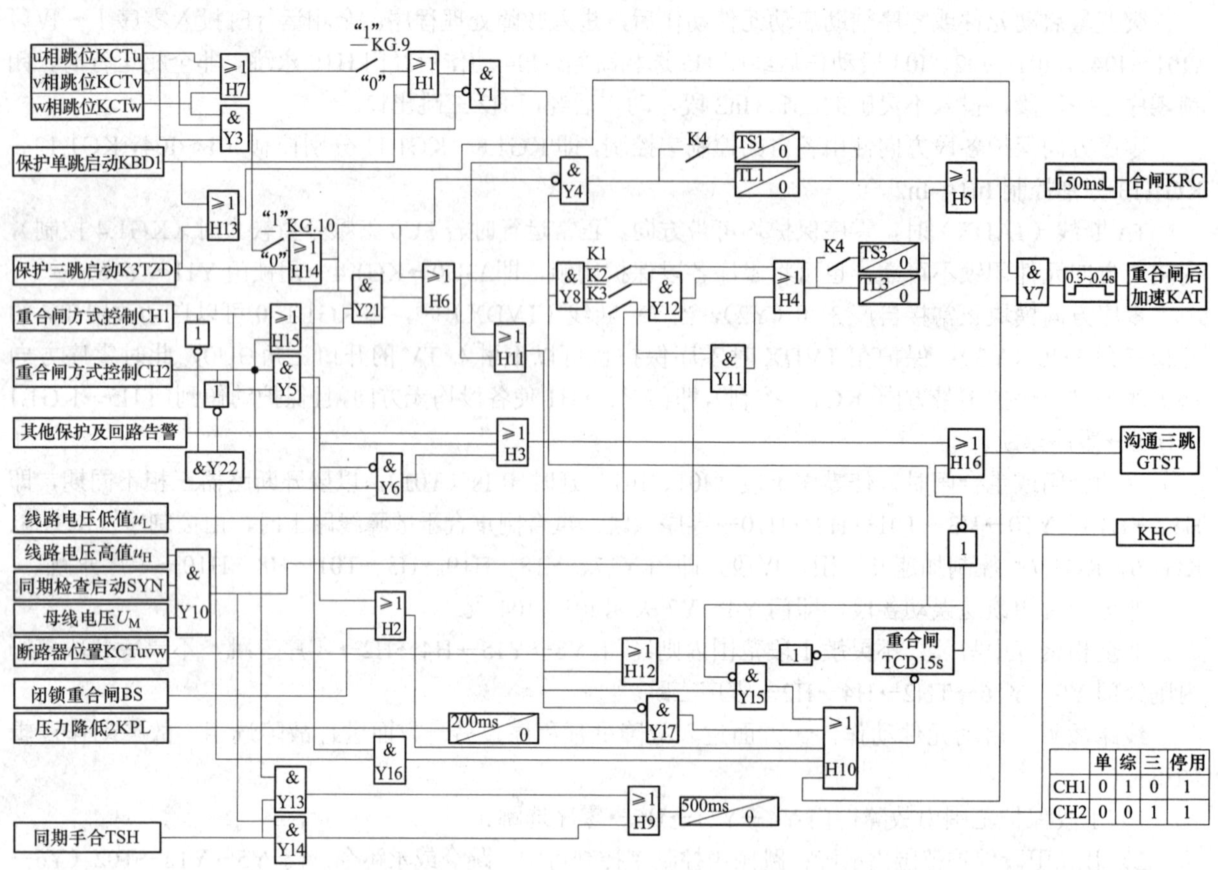

注：KHC为手合继电器；KRC为重合闸继电器；KAT为重合闸后加速继电器；K3TZD为三跳重动继电器；KBD1为保护重动继电器；K1为非同期；K2为检无压；K3为检同期；K4为延时开关，ln25接+24V时为断，反之为合；KG.9为单相偷跳不启动重合闸；KG.10为三相偷跳不启动重合闸。

图 ZY1000102001-6 综合自动重合闸逻辑框图

门 Y8→K2（检无电压）→Y12→H4→K4→TS3（TL3）→H5 延时合闸，另外由门 H5→Y7 输出加速信号。

门 Y8→K3（检同期）→Y10→Y11→H4→K4→TS3（TL3）→H5 延时合闸，另外由门 H5→Y7 输出加速信号。

5）同期手动合闸。收到同期手合命令 TSH 有信号，如线路无电压允许合闸，即门 Y13 开放，经门 Y13→H9→500ms→KHC 合闸；若两侧均有电压则检同期合闸，即门 Y10 开放，经门 Y10→Y14→H9→500ms→KHC 合闸。

6）断路器偷跳。若单相断路器偷跳，经控制字控制是否启动重合闸，即 KG9 合（“0”）启动重合闸，KG9 断（“1”）不启动重合闸；三相断路器偷跳，也可由控制字控制是否启动重合闸，即 KG10 合（“0”）启动重合闸，KG10 断（“1”）不启动重合闸；断路器偷跳后，虽然门 Y1 和 H6 将启动重合闸回路，但因无保护启动重合闸，故门 Y7 不开放，不输出加速信号。

7）沟通三跳。重合闸方式为三重（Y6 有信号）、停用（Y5 有信号）、其他保护及回路告警、重合闸未充满电时，则门 H3→H16 沟通三跳。

【思考与练习】

1. 举例说明线路保护动作过程。

2. 举例说明线路保护动作信号的含义。

模块 2 母线保护动作过程及信号含义（ZY1000102002）

【模块描述】本模块包含母线保护动作过程及信号含义。通过对典型母线保护装置的介绍，掌握母线保护在各种故障、异常状态下的动作行为。

【正文】

目前，微机母线保护装置在变电站得到广泛应用。对于值班员来说只要了解微机保护装置硬件系统和软件系统构成，熟悉装置面板上动作信号指示灯以及液晶显示屏上各种信息的含义和作用，即能分析判断出母线故障的性质和范围。本模块以双母线接线方式母线保护装置动作过程及信号进行分析。

一、母线保护装置动作信息概述

1. 监控装置（中央信号）给出的信息含义

（1）信息内容。由于厂家不同、各地区设计习惯不同，母线保护装置提供给监控系统的信息是不尽相同的。下面介绍几种常用母线保护装置信号回路。

1）CSC-150 型母线保护装置可提供给中央信号的信息包括："母差动作跳Ⅰ母"、"母差动作跳Ⅱ母"、"失灵动作跳Ⅰ母"、"失灵动作跳Ⅱ母"、"母联动作"、"差动电压开放"、"母线互联告警"、"交流断线告警"、"隔离开关/断路器位置告警"、"失灵电压开放"、"装置异常告警（闭锁出口）"、"其他告警（不闭锁出口）"、"直流 1 消失"、"直流 2 消失"等信息。

2）BP-2B 型母线保护装置可提供给中央信号的信息包括："差动动作"、"失灵动作"、"开入变位"、"开入异常"、"TA 断线"、"TV 断线"、"互联"、"装置异常"、"直流消失"、"Ⅰ母差动动作"、"Ⅱ母差动动作" 等信息。

3）RCS-915AB 型母线保护装置可提供给中央信号（遥信）的信息包括："装置闭锁"、"装置报警"、"母差动作"、"跳母联"、"失灵跳Ⅰ母"、"失灵跳Ⅱ母"、"线路跟跳"、"交流断线异常"、"隔离开关位置异常"、"其他异常"、"母差跳Ⅰ母"、"母差跳Ⅱ母"等信息。

4）WMH-800A/2 型母线保护装置可提供给中央信号（遥信）的信息包括："差动动作"、"失灵动作"、"失灵跟跳"、"母联保护"、"母联互联"、"电压动作"、"交流断线"、"告警"、"装置故障"、"失电告警"等信息。

5）SGB750 型母线保护装置可提供给中央信号（遥信）的信息包括："差动动作"、"失灵动作"、"母联保护"、"隔离开关变位"、"保护启动"、"告警"、"互联状态"、"TV 断线"、"TA 断线"、"装置异常"、"直流消失"等信息。

由上述内容可知，母线保护装置提供给中央信号、遥信信号、录波信号回路的触点可分为两类：一类是母线保护动作信号，另一类是装置异常信号。

（2）主要信息含义（以 RCS-915 装置为例介绍）。如图 ZY1000102002-1 所示为 RCS-915AB 型母线保护装置信号触点回路图。RCS-915AB 装置提供的信号触点回路包括中央信号、遥信和事件记录三部分。

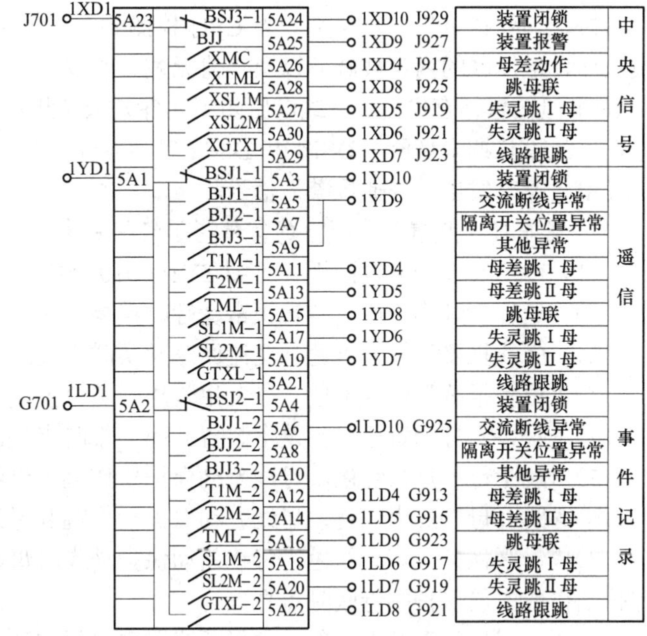

图 ZY1000102002-1 RCS-915AB 型母线保护装置信号触点回路图

1）"装置闭锁"信号含义。当 CPU 检测到装置保护板和管理板的 RAM 芯片损坏、FLASH 内容被破坏、定值区的内容被破坏以及定值无效、光耦失电、跳闸出口三极管损坏、DSP 自检出错时发出"装置闭锁"和"其他报警"信号，闭锁装置。

2）"装置报警"信号含义。当装置发生交流断线异常、隔离开关位置异常、内部通信出错、面板通信出错、保护板长期启动、母联 KCT 报警等异常情况时发出"装置报警"信号，不闭锁保护。

3）"母差动作"信号含义（以双母线接线为例）。当Ⅰ母（或Ⅱ母）内部发生故障时，母线差动保护计算出大差、小差电流，当任一相大于差流整定值，并保证母线差动保护电压闭锁条件开放，保护动作跳Ⅰ母

（或Ⅱ母）。

当投入单母压板及投单母控制字时，母线内部发生故障，保护动作切除两条母线上所有的连接元件。

母线差动保护启动跳闸出口继电器动作后发出跳闸命令，同时提供“母差动作”（包括“Ⅰ母差动作”或“Ⅱ母差动作”）信息，且通过通信回路将信号远传。中央信号为自保持信号，远动信号和启动录波信号为不带自保持信号。保护跳闸信号为磁保持继电器，保护跳闸时继电器动作并保持，需按信号复归按钮或由通信接口发远方信号复归命令才返回。

4）“跳母联”信号含义。当母联充电保护、母联过流保护、母联失灵保护、母联死区保护、母联非全相保护动作或失灵保护跳母联时，保护装置提供“跳母联”信号。

5）“失灵跳Ⅰ母”或“失灵跳Ⅱ母”及“线路跟跳”信号含义。本装置的断路器失灵保护有两种方式可供选择：

方式一：与线路的失灵启动装置配合，当母线所连接的某条线路断路器失灵时，该线路的失灵启动装置的失灵触点与电压切换触点串联提供给本装置，当本保护检测到此触点动作时，断路器失灵保护动作，经失灵保护电压闭锁，经跳母联时限跳开母联，经失灵时限切除该元件所在母线的各个连接元件。同时提供“失灵跳Ⅰ母”或“失灵跳Ⅱ母”信息，但不发出“线路跟跳”信号。

方式二：由该连接元件的保护装置提供的保护跳闸触点启动，当失灵保护检测到此触点动作时，若该元件的任一相电流大于失灵相电流定值，经过失灵保护电压闭锁启动失灵保护。失灵保护启动后经跟跳延时再次动作于该线路断路器，经跳母联延时动作于母联，经失灵延时切除该元件所在母线的各个连接元件。同时提供“失灵跳Ⅰ母”或“失灵跳Ⅱ母”信息，并发出“线路跟跳”信号。

6）“隔离开关位置异常”信号含义。当母线隔离开关双跨、变位或与实际不符（如某条支路有电流而无隔离开关位置），则发出“隔离开关位置报警”信号。由于隔离开关位置错误造成大差电流小于TA断线定值，而小差电流大于TA断线定值时延时10s发出“隔离开关位置报警”信号。为防止无隔离开关位置的支路拒动，当无论哪条母线发生故障时，将切除无隔离开关位置的支路。

当隔离开关位置发生异常时保护发出报警信号，通知运行人员检查处理。在此期间，可以通过模拟盘强制开关指定相应的隔离开关位置状态，保证母差保护的正常运行。

注意：当装置发出隔离开关位置报警信号时，如某条支路有电流而无隔离开关位置，则装置能记忆原来的隔离开关位置。运行人员在保证隔离开关位置恢复正常之后，再按屏上隔离开关位置确认按钮复归报警信号。

7）“其他报警”信息含义。当CPU检测到装置保护板和管理板的RAM芯片损坏、FLASH内容被破坏、定值区的内容被破坏以及定值无效、光耦失电、跳闸出口三极管损坏、DSP自检出错、母联KCT=1但任意相有电流、母线电压闭锁元件开放（此时可能是电压互感器二次断线，也可能是区外远方发生故障长期未切除）、DSP1和DSP2启动元件长期启动以及保护板与管理板或面板CPU之间的通信发生故障时发出“其他报警”信号。

2. 保护屏（装置）面板上的信号指示灯信息含义

（1）RCS-915型装置面板（见图ZY1000102002-2）上各种信号指示灯说明。

1）“运行”灯为绿色，装置正常运行时点亮。

2）“断线报警”灯为黄色，交流回路异常时点亮。

3）“位置报警”灯为黄色，当发生隔离开关位置变位、双跨、自检异常时点亮。

4）“报警”灯为黄色，当发生装置其他异常时点亮。

5）“跳Ⅰ母”灯为红色，母线差动保护动作跳Ⅰ母线时点亮。

6）“跳Ⅱ母”灯为红色，母线差动保护动作跳Ⅱ母线时点亮。

7）“母联保护”灯为红色，母线差动保护动作跳母联断路器、母联充电、母联非全相、母联过流保护动作或失灵保护跳母联时点亮。

8）“Ⅰ母失灵”灯为红色，Ⅰ母断路器失灵保护动作时点亮。

9）“Ⅱ母失灵”灯为红色，Ⅱ母断路器失灵保护动作时点亮。

10）“线路跟跳”灯为红色，断路器失灵保护动作时点亮。

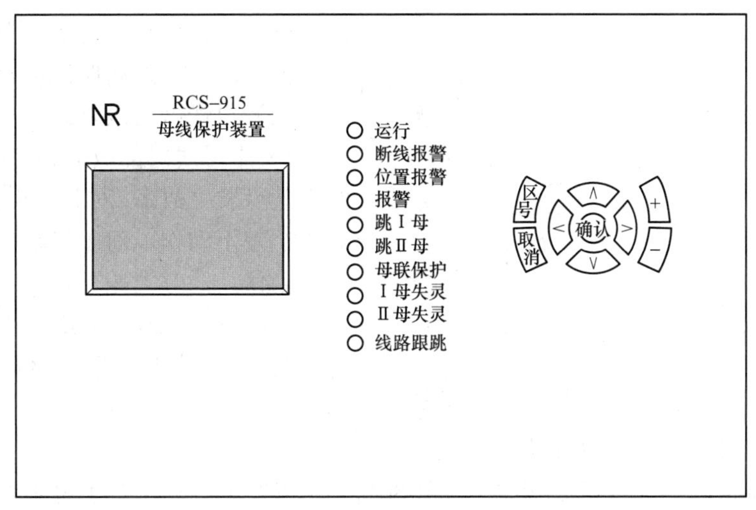

图 ZY1000102002-2　RCS-915 型母线保护装置面板布置图

（2）BP-2B 微机型母线保护装置面板（见图 ZY1000102002-3）上各种信号指示灯说明。

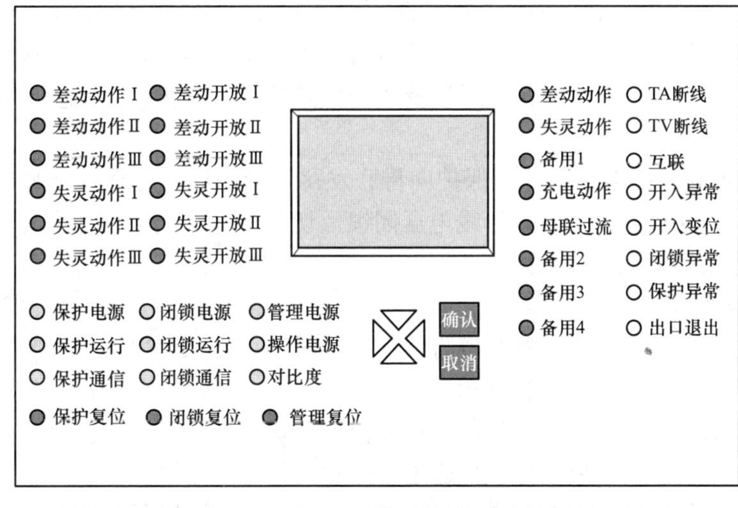

图 ZY1000102002-3　BP-2B 微机型母线保护装置面板布置图

1）液晶显示屏左侧的两列红色指示灯，分别受保护主机和闭锁主机控制。最左边这一列为差动保护、失灵保护的分段动作信号；右边这一列为差动保护、失灵保护的复合电压闭锁分段开放信号。装置一般考虑三个母线段，即有：差动动作Ⅰ、差动动作Ⅱ、差动动作Ⅲ、失灵动作Ⅰ、失灵动作Ⅱ、失灵动作Ⅲ、差动开放Ⅰ、差动开放Ⅱ、差动开放Ⅲ、失灵开放Ⅰ、失灵开放Ⅱ、失灵开放Ⅲ共 12 个指示灯。后 6 个指示灯不带自保持。

2）液晶右侧的两列指示灯，分别为装置的出口信号灯和告警信号灯。出口信号包括差动动作、失灵动作、充电动作、母联过流和备用信号等。每一信号灯点亮分别对应一种保护功能出口动作，同时装置相应的中央信号触点（自保持）、远动触点和启动录波触点一起闭合。

3）液晶显示屏下，键盘左侧的三列绿色指示灯为保护电源、闭锁电源、管理电源、保护通信、闭锁通信、操作电源，分别表示保护元件、闭锁元件和管理机的电源、运行、通信状态。正常运行时，屏上绿色指示灯应常亮，保护通信和闭锁通信两灯应闪烁，表示相应回路正常。

二、典型母线保护动作过程说明（以 RCS-915AB 型装置为例介绍）

1. 母线差动保护

投入母线差动保护压板及投母线差动保护控制字。

（1）母线正常运行或区外故障。

在母线正常运行和保护范围以外故障时，母线上所有连接元件中，流入的电流和流出的电流相等，

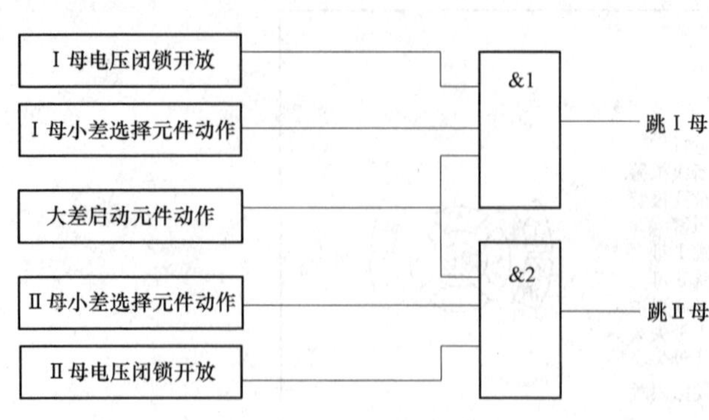

图 ZY1000102002-4 双母线方式的保护出口逻辑图

或者表示为$\sum I=0$，即母线大差电流和各段小差电流均为零，母线差动保护不动作。

（2）母线区内故障。

1）Ⅰ母线内部故障。在双母线接线中，Ⅰ母线上某点发生故障，对Ⅱ母小差来说为外部故障，Ⅱ母小差不动作，对Ⅰ母小差为内部故障，Ⅰ母小差动作，同时大差元件和Ⅰ母电压闭锁元件动作（见图 ZY1000102002-4），跳开Ⅰ母线上的所有连接元件（包括母联断路器）。同时提供“母差动作”、“母差跳Ⅰ母”和“母差跳母联（B 型）”信息给中央信号，且通过通信回路将信号远传。

2）Ⅱ母线内部故障。在双母线接线中，Ⅱ母线上某点发生故障，对Ⅰ母小差来说为外部故障，Ⅰ母小差保护不动作，对Ⅱ母小差为内部故障，Ⅱ母小差动作，同时大差元件和Ⅱ母电压闭锁元件动作（见图 ZY1000102002-4），跳开Ⅱ母线上的所有连接元件（包括母联断路器）。同时提供“母差动作”、“母差跳Ⅱ母”和“母差跳母联（B 型）”信息给中央信号，且通过通信回路将信号远传。

3）母联死区故障（TA 在Ⅱ母隔离开关与断路器之间）：母线差动保护动作跳开Ⅰ母线上所有开关，但故障不能切除，母联死区保护动作，跳开双母线上的所有连接元件，最终切除故障。同时提供“母差动作”、“母差跳Ⅰ母”和“母联死区”及“母差跳母联（B 型）”信息给中央信号，且通过通信回路将信号远传。

4）区内故障，母联断路器拒动：当保护向母联发跳闸命令后，经整定延时母联电流仍然大于母联失灵电流定值时，母联失灵保护经两母线电压闭锁后切除两母线上所有连接元件。只有母线差动保护和母联充电保护才启动母联失灵保护。

5）倒闸操作过程中母线区内故障。

当双母线按单母方式运行不需进行故障母线的选择时，可投入单母压板。当元件在倒闸操作过程中两条母线经隔离开关双跨，则装置自动识别为单母线运行方式。这两种情况都不进行故障母线的选择，当母线发生故障时将所有母线同时切除。同时提供“母差动作”、“母差跳Ⅰ母”、“母差跳Ⅱ母”、“母差跳母联（B 型）”信息给中央信号，且通过通信回路将信号远传。

双母线接线在进行倒母线操作时，变电站值班员可能要求禁止跳母联断路器（断开母联断路器直流操作电源）。从断开操作电源到两组隔离开关同时闭合，时间可能较长，若此过程母线发生故障，非故障母线只能靠母联失灵保护切除，增加了故障的切除时间，所以倒母线操作前投入单母方式压板，操作结束后退出此压板。若母联失灵延时跳闸系统可以接受，也可不用该压板。

2. 母联（分段）充电保护

当任一组母线检修后再投入之前，利用母联断路器对该母线进行充电试验时，可投入母联充电保护，当被充电母线存在故障时，充电保护动作跳开母联断路器切除故障，同时提供“充电跳母联”信号。

3. 母联过流保护

当母联断路器串带线路或主变压器运行时，可投入母联过流保护作为临时保护。当线路或主变压器发生故障时，过流保护动作，跳开母联断路器，同时提供“过流跳母联”信号。

三、RCS-915 型母线保护装置液晶显示说明

1. 装置硬件原理说明

装置的工作过程如下：输入交流电流、电压经隔离互感器转变至二次侧成为小电压信号，分别进入 CPU 板和管理板，经过低通滤波、A/D 转换后，进入 DSP。CPU 板主要完成保护的逻辑及跳闸出口功能，同时完成事件记录及打印、保护部分的后台通信及与面板 CPU 的通信；管理板内设总启动元件，启动后开放出口继电器的正电源，另外，管理板还具有完整的故障录波功能，录波数据可单独串口输出或打印输出。

2. RCS-915 型装置液晶显示说明

（1）正常运行时保护液晶显示。装置上电后，装置正常运行时为双母主接线方式，液晶屏幕显示信息如图 ZY1000102002-5 所示。

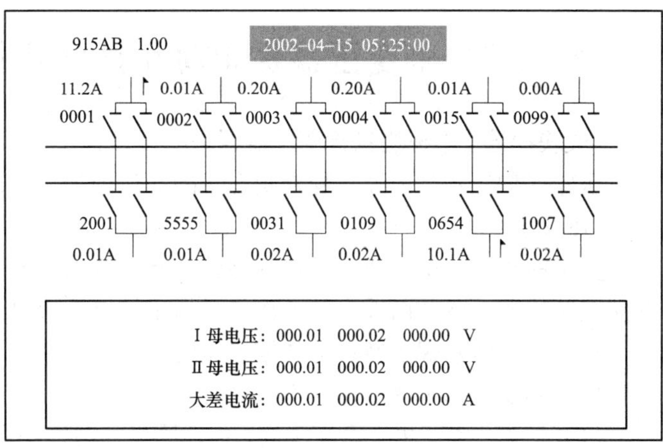

图 ZY1000102002-5　RCS-915 型装置正常运行时液晶显示

（2）保护动作时液晶显示。当保护动作时，液晶屏幕自动显示最新一次保护动作报告，再根据当前是否有自检报告，液晶屏幕将可能显示以下两种界面：

1）保护动作报告和自检报告同时存在，界面如图 ZY1000102002-6 所示。

其中，上半部分为保护动作报告，下半部分为自检报告。对于上半部分，第一行的左侧显示为保护动作报告的记录号，第一行的中间为报告名称；第二行为保护动作的时间（格式为：年–月–日 时:分:秒:毫秒）；第三至第五行为动作元件及跳闸元件，如果是动作元件，则动作元件前还会有动作的相对时间及动作相别；如果动作元件及跳闸元件的总行数大于 3，其右侧会显示出一滚动条，滚动条黑色部分的高度基本指示动作元件及跳闸元件的总行数，而其位置则表明当前正在显示行在总行中的位置；动作元件及跳闸元件和右侧的滚动条将以每次一行速度向上滚动，当滚动到最后三行的时候，则重新从最早的动作元件及跳闸元件开始滚动。下半部分的格式可参考上半部分的说明。

2）有保护动作报告，没有自检报告，界面见图 ZY1000102002-7。

图 ZY1000102002-7 中的内容可参考上面对保护动作报告的说明。

NO.002　保护动作报告
2002 – 07 – 15 04 : 15 : 00 : 003
5ms　AB　变化量差动跳Ⅰ母
0001，0002，0003，0004，
0005，0006，0007，0008
NO.001　异常记录报告
2002 – 07 – 15 04 : 15 : 04 : 001
隔离开关位置报警
光耦失电

图 ZY1000102002-6　保护动作报告和自检报告同时存在的液晶显示

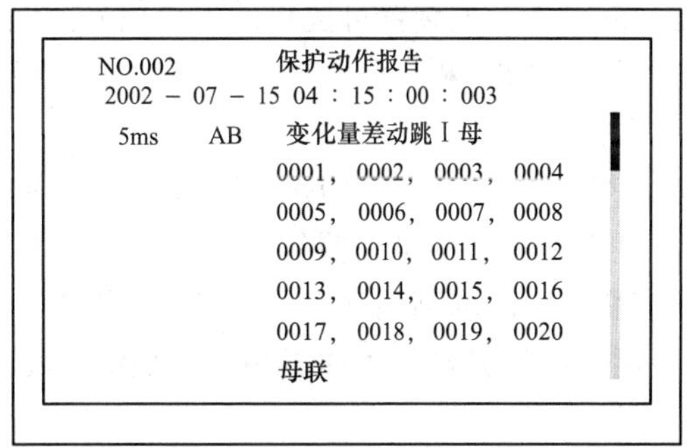

图 ZY1000102002-7　保护动作报告的液晶显示

（3）异常状态时液晶显示。

保护装置运行中，硬件自检出错或系统运行异常将立即显示异常报告。

按屏上复归按钮（持续 1s）可切换显示跳闸报告、自检报告和主接线图。

除了以上几种自动切换显示方式外，保护还提供了若干命令菜单，供继电保护人员调试保护和修改定值用。

【思考与练习】

1. 叙述双母线接线方式，Ⅰ母线故障时保护装置的动作过程。
2. 母线保护装置“装置闭锁”信号是如何发出的？
3. 母线保护装置“隔离开关位置异常”信号是如何发出的？
4. 母线保护装置“母差跳Ⅰ母”信号是如何发出的？

模块 3 主变压器保护动作过程及信号含义（ZY1000102003）

【模块描述】本模块包含变压器保护动作过程及信号含义。通过对典型变压器保护装置的介绍，掌握变压器保护在各种故障、异常状态下的动作行为。

【正文】

为了能正确分析判断变压器故障的性质和范围，变电站值班员应了解变压器保护装置硬件系统和软件系统构成，熟悉面板上的动作信号指示灯以及液晶显示屏上各种信息的含义和作用。

一、主变压器保护装置动作信息概述

1. 监控装置（中央信号）给出的信息含义

（1）信息内容。由于厂家不同、各地区设计习惯不同，主变压器保护装置提供的信息也不尽相同。

1）CSC-326 型装置可提供的中央信号信息主要包括“差动保护动作”、“后备保护动作”、“告警Ⅰ（闭锁出口）”、“告警Ⅱ（不闭锁出口）”、“TA 断线”、“TV 断线”、“过负荷”、“低压零序过压”、“直流消失”。

2）PRS-778 型装置可提供的中央信号信息主要包括“差动跳闸”、“高压侧后备跳闸”、“中压侧后备跳闸”、“装置异常”、“TA 断线告警”、“TV 断线告警”、“过负荷告警”、“零序过压告警”、“高、中、低压侧告警”、“总告警”以及“直流失电”。

3）RCS-978 型装置可提供的中央信号信息主要包括“差动跳闸”、“高压侧后备跳闸”、“中压侧后备跳闸”、“低压侧后备跳闸”、“装置闭锁”、“装置报警”、“TA 断线”、“TV 断线”、“过负荷”、“低压侧零序过压”、“高、中、低压侧总报警”。

4）WBH-801 型装置可提供的中央信号信息主要包括“差动跳闸”、“后备保护跳闸”、“差流越限告警”、“TA 断线”、“TV 断线”、“过负荷”、“零序过压”、“装置告警”、“失电告警”。

5）SGT-756 型装置可提供的中央信号（保持）及微机监控（不保持）信息主要包括“差动动作”、“后备动作”、“TA 断线”、“TV 断线”、“过负荷”、“低压侧零序过压”、“电源消失”、“告警信号”、“装置异常”。

6）PST1210B1 型、WBH-802 型、RCS-974A 型、PRS-761A 型以及 CSC-336C2 型等非电量保护装置可提供的信号信息主要包括“本体重瓦斯”、“调压重瓦斯”、“本体压力释放”、“有载压力释放”、“压力突变”、“油温高跳闸”、“绕组过温”、“冷控失电”、“本体轻瓦斯”、“有载轻瓦斯”、“本体油位异常”、“调压油位异常”、“油温高”、“绕组温度高”、“失灵联跳”、“冷控失电延时跳闸”、“装置告警”、“直流消失”等。

总之，对于主变压器保护装置提供给监控系统（中央信号）的主要信息可概括为：“差动保护动作”、“后备保护动作”、“瓦斯保护动作”、“装置闭锁”、“装置报警”、“TA 断线”、“TV 断线”、“过负荷报警”、“油温高”、“冷控失电”等信息。

（2）主要信息含义（以 RCS-978 型装置和 RCS-974 型装置为例介绍）。

1）“差动保护动作”信息含义。当变压器差动保护动作，跳闸出口继电器和跳闸信号继电器动作，一是使主变压器各侧断路器跳闸，二是将装置面板上的“跳闸”信号灯点亮。同时提供“差动跳闸”信息给中央信号，且通过通信回路将信号远传。保护跳闸信号为磁保持继电器，保护跳闸时继电器动作并保持，需按信号复归按钮或由通信接口发远方信号复归命令才返回。中央信号自保持，远动信号和启动录波信号不带自保持。

2）“后备保护动作”信息含义。当主变压器后备保护动作跳闸出口，发出“后备保护动作”信号。一是跳开相应的断路器，二是将装置面板上的“跳闸”信号灯点亮。同时提供“后备保护动作”信息给中央信号，且通过通信回路将信号远传。

3）“瓦斯保护动作”信息含义。当变压器油箱内部发生轻微的故障和油面降低时轻瓦斯触点闭合，当内部发生严重故障时重瓦斯触点闭合，并向主变压器非电量保护装置提供非电量触点，经保护装置重动继电器动作后发出中央信号、远动信号，并送给装置本身的 CPU 作为事件记录，非电量保护中央信号触点、信号灯磁保持。

4）“装置闭锁”信息含义。微机保护装置具有自诊断功能，装置CPU始终对硬件回路和运行状态进行自检，当自检到硬件出现严重故障时，例如RAM异常、程序存储器出错、EEPROM出错、定值无效、光电隔离失电报警、DSP出错和跳闸出口异常等情况装置不能够继续工作。此时装置闭锁所有保护功能，并灭“运行”指示灯，同时装置闭锁继电器的动断触点闭合后发出中央信号（装置闭锁）、远动信号。另外，装置自检出错信息可通过打印及显示相关信息。

5）“装置报警”信息含义。当CPU检测到装置长期启动、不对应启动、装置内部通信出错、TA断线或异常、TV断线、过负荷或异常时，发出装置报警信号。此时装置只退出部分保护功能还可以继续工作，报警继电器动作后发出中央信号（告警信号）、远动信号。

6）“TA断线”、“TV断线”信息含义。

TV异常判据为：正序电压小于30V且任一相电流大于$0.04I_N$或开关在合位状态；负序电压大于8V。

当满足上述任一条件，同时保护启动元件未启动，延时10s报该侧的母线TV异常，并发出报警信号，当电压恢复正常后延时10s信号复归。在异常期间，根据整定控制字选择是退出经方向或电压闭锁的各段过流保护还是暂时取消方向和电压闭锁。当某侧电压退出时，该侧TV异常判别功能自动解除。

TA异常判据为：当负序电流大于$0.06I_N$后延时10s报该侧TA异常，同时发出报警信号，在电流恢复正常后延时10s信号复归。

7）“冷控失电”信息含义。冷控失电信号启动继电器监视着冷却装置控制电源的运行状态，当冷却器控制回路失电时，继电器动作发出中央信号、远方信号，并经触点输入CPU，由CPU经冷控失电逻辑判别发出跳闸命令。

8）“过负荷报警”信息含义。装置取三相最大电流作为判别，过负荷动作后给出过负荷报警触点，并报运行异常信号。

2. 保护屏（装置）面板上的信号指示灯信息含义

（1）RCS-978型装置面板信号灯说明。

1）“运行”灯：绿色，装置正常运行时点亮，熄灭表明装置不处于工作状态。

2）“报警”灯：黄色，装置有报警信号时点亮；当“报警”由于TA断线造成点亮，必须待外部恢复正常，复归装置后才能熄灭，由于其他异常情况点亮时，待异常情况消失后会自动熄灭。

3）“跳闸”灯：红色，当保护动作并出口时点亮；“跳闸”灯只有按下“信号复归”或远方信号复归后才熄灭。

（2）CSC-326型装置面板信号灯说明。

1）“保护运行”灯：绿色，装置正常运行时点亮，熄灭表明装置不处于工作状态。

2）“差动动作”灯：当保护启动时绿色灯闪亮，动作后红色灯常亮。

3）“后备动作”灯：当后备保护动作后亮。

4）“过负荷”灯：变压器过负荷时点亮。

5）“TV断线”灯：红色，TV断线时点亮。

6）“TA断线”灯：TA断线时点亮。

7）“装置告警”灯：此灯正常灭，动作后为红色。有告警Ⅰ时（严重告警），告警灯闪亮，退出所有保护的功能，装置闭锁保护出口电源；有告警Ⅱ时（设备异常告警），告警灯常亮，仅退出相关保护功能，不闭锁保护出口电源。

（3）CST-231B/233B型装置面板指示灯说明。

1）“运行监视”：正常运行时为稳定黄色灯光，保护启动后灯光闪烁。

2）“差动动作”：差动、差动速断保护动作出口时，呈红色灯光信号。

3）“后备动作”：高压、中压、低压后备保护动作出口时，呈红色灯光信号。

4）“过负荷”：高压、中压、低压任一侧过负荷时，呈红色灯光信号。

5）“告警”：外部回路、运行状态或装置异常，呈红色灯光信号。

（4）RCS-974 型变压器非电量及辅助保护装置面板指示灯说明。

1）“运行”灯：绿色，装置正常运行时点亮，熄灭表明装置不处于工作状态。

2）“报警”灯：黄色，装置有异常时点亮。

3）“电量跳闸”灯：红色，当非全相保护动作并出口时点亮。

4）“非电量延时跳闸”灯：红色，当非电量延时保护动作并出口时点亮。

5）“1，2，3，…，16”等灯：红色，当外部非电量信号触点闭合时，对应的红色信号灯点亮。

当装置“报警”点亮后，待异常情况消失后会自动熄灭。“电量跳闸”、“非电量延时跳闸”和“1，2，3，…，16”等信号灯只有按下“信号复归”或远方信号复归后才熄灭。当装置自检出现严重故障时，装置闭锁所有保护功能，并熄灭“运行”灯。若出现其他故障时，装置只退出部分保护功能。

3. 装置面板上液晶显示各种信息的含义

变压器保护装置上的液晶显示信息会因为装置不同而不同，应根据装置使用说明书查阅。下面以 RCS-978E 型装置液晶显示格式进行说明。

（1）正常运行时保护液晶显示如图 ZY1000102003-1 所示。

（2）动作时保护液晶显示如图 ZY1000102003-2 所示。当保护动作时，液晶屏幕自动显示最新一次保护动作报告。

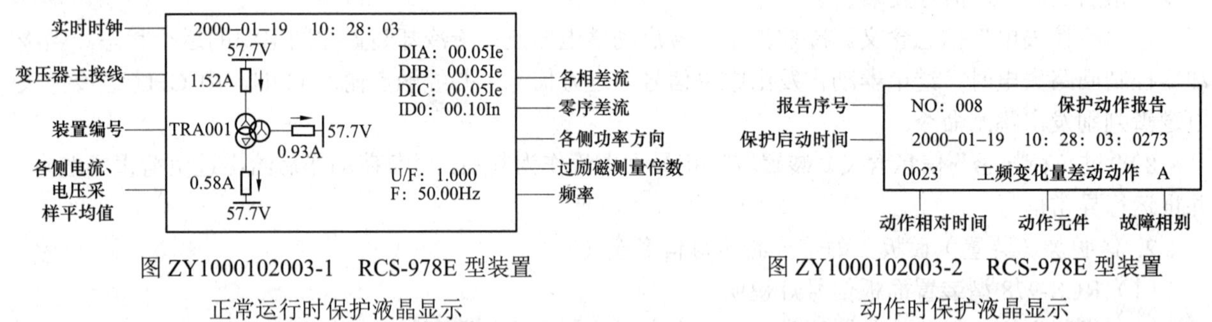

图 ZY1000102003-1 RCS-978E 型装置正常运行时保护液晶显示

图 ZY1000102003-2 RCS-978E 型装置动作时保护液晶显示

（3）异常状态时保护液晶显示如图 ZY1000102003-3 所示。液晶屏幕在硬件自检出错或系统运行异常时将自动显示最新一次异常报告。

（4）开关量变位时保护液晶显示如图 ZY1000102003-4 所示。液晶屏幕在任一开关量发生变位时将自动显示最新一次开关量变位报告。

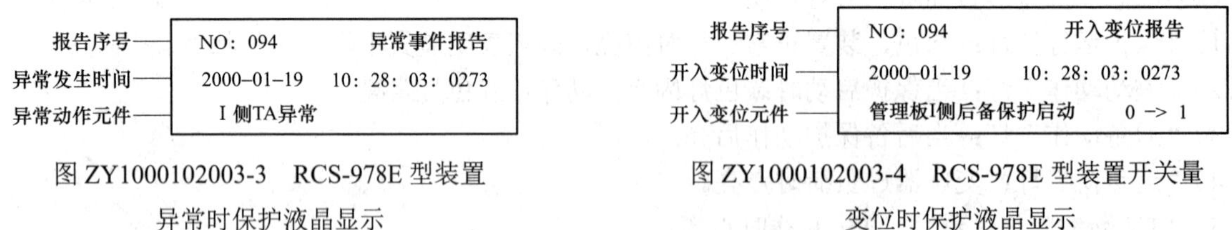

图 ZY1000102003-3 RCS-978E 型装置异常时保护液晶显示

图 ZY1000102003-4 RCS-978E 型装置开关量变位时保护液晶显示

除以上几种自动切换显示方式外，保护还提供了若干命令菜单，供继电保护人员调试保护和修改定值用。

二、RCS-978 型变压器微机保护装置实际应用

1. 案例说明

某 220kV 综合自动化变电站有两台容量为 180MVA 主变压器，电压等级为 220kV/110kV/10kV，主接线 220、110kV 为双母线，10kV 为单母线分段。主变压器保护采用 RCS-978N2 系列数字式主后一体变压器成套保护装置，RCS-974A 型非电量保护装置，配 CZX-12R、LFP-974BR 型电压切换箱。主变压器测控屏：有载调压位置变送器+主变压器油面温度变送器+3 个 CSI-200E（从上至下依次为高、中、低压侧）。图 ZY1000102003-5 所示为变压器保护测控装置整体结构原理接线示意图。

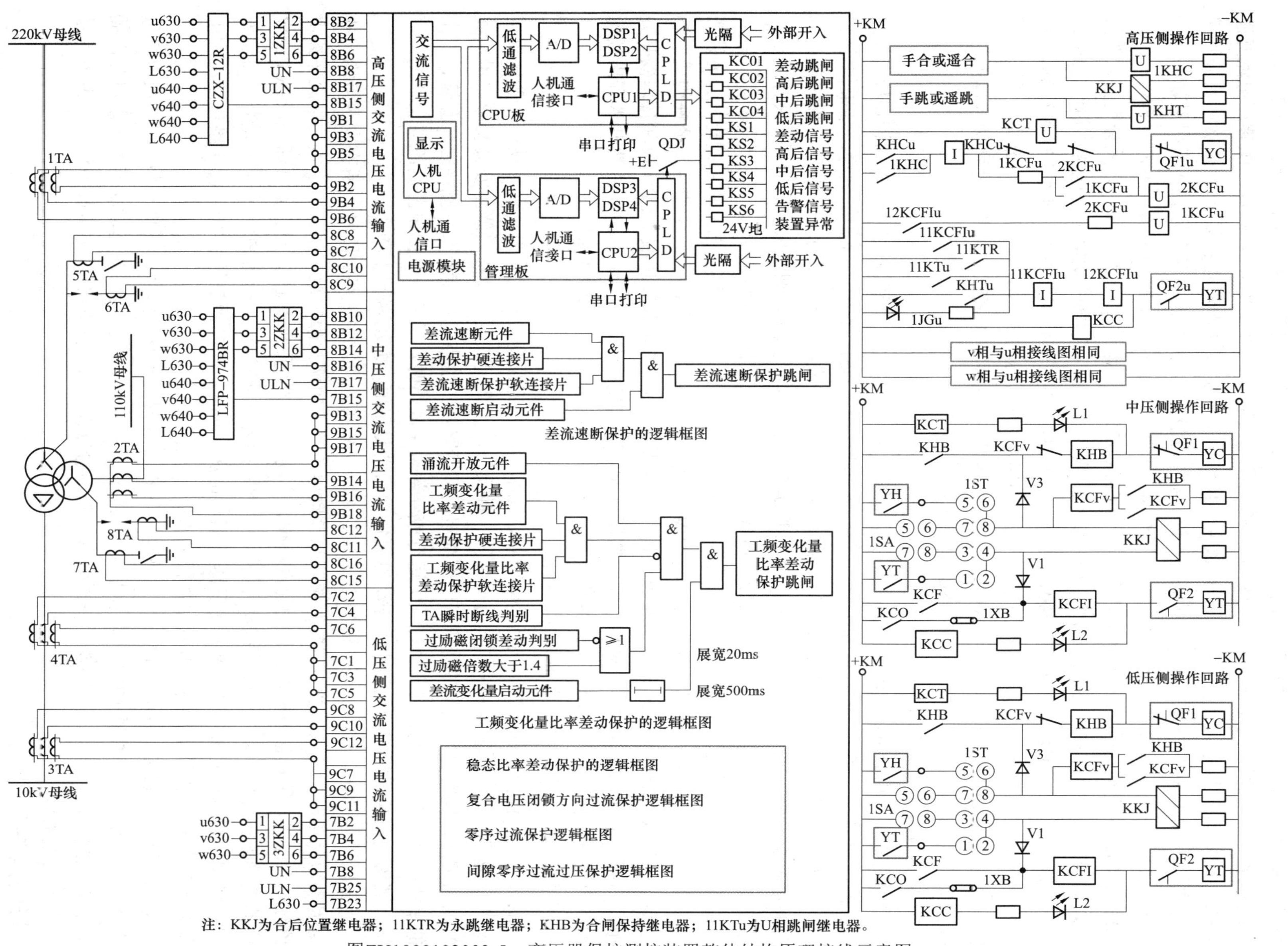

注：KKJ为合后位置继电器；11KTR为永跳继电器；KHB为合闸保持继电器；11KTu为U相跳闸继电器。

图ZY1000102003-5　变压器保护测控装置整体结构原理接线示意图

在图 ZY1000102003-5 中，变压器主后保护高中压侧公用一组电流互感器，即高压侧三相电流互感器 1TA 二次电流分别接入模拟量输入端子 9B1～9B6，中压侧三相电流互感器 2TA 二次电流分别接入模拟量输入端子 9B13～9B18，低压侧主保护三相电流互感器 3TA 二次电流分别接入模拟量输入端子 9C7～9C12，低压侧后备保护三相电流互感器 4TA 二次电流分别接入模拟量输入端子 7C1～7C6，高压侧零序电流互感器 5TA 二次电流分别接入模拟量输入端子 8C7～8C8，高压侧间隙零序电流互感器 6TA 二次电流分别接入模拟量输入端子 8C9～8C10，中压侧零序电流互感器 7TA 二次电流分别接入模拟量输入端子 8C15～8C16，中压侧间隙零序电流互感器 8TA 二次电流分别接入模拟量输入端子 8C11～8C12。高压侧母线电压互感器二次电压经电压小母线（u630、v630、w630、L630、u640、v640、w640、L640）送至变压器高压侧电压切换继电器 CZX-12R 切换后再经 1ZKK 控制开关分别接入模拟量输入端子 8B2、8B4、8B6、8B8、8B15、8B17；中压侧母线电压互感器二次电压经电压小母线（u630、v630、w630、L630、u640、v640、w640、L640）送至变压器中压侧电压切换继电器 LFP-974BR 切换后再经 2ZKK 控制开关分别接入模拟量输入端子 8B10、8B12、8B14、8B16、7B15、7B17；低压侧母线电压互感器二次电压经电压小母线（u630、v630、w630）后再经 3ZKK 控制开关分别接入模拟量输入端子 7B2、7B4、7B6、7B8、8B23、8B25。

2. RCS-978 型装置硬件原理说明

装置的工作过程如下：交流电流、电压首先转换成小电压信号，分别进入 CPU 板和管理板，经过滤波、A/D 转换后，进入 DSP。DSP1 进行后备保护的运算，DSP2 进行主保护的运算，结果传给 32 位 CPU。32 位 CPU 进行保护的逻辑运算及出口跳闸，同时完成事件记录、录波、打印、保护部分的后台通信及与人机 CPU 的通信。管理板工作过程类似，只是 32 位 CPU 判断保护启动后，只开放出口继电器正电源。另外，管理板还进行主变压器故障录波，录波数据可通过通信接口输出或打印。

电源部分由一块电源插件构成，功能是将 220V 或 110V 直流变换成装置内部需要的电压，另外还有开关量输入功能，开关量输入经由 220V/110V 光耦。模拟量转换部分由 2～3 块 AC 插件构成，功能是将 TV、TA 二次侧电气量转换成小电压信号，分别送入 CPU 板和管理板。CPU 板和管理板是完全相同的两块插件，完成滤波、采样、保护的运算或启动功能。出口和开入部分由 3 块开入开出插件构成，完成跳闸出口、信号出口、开关量输入功能，开关量输入经由 24V 光耦。

3. RCS-978 型保护装置主保护动作过程

RCS-978 型保护装置主保护包括差动速断、比率差动和工频变化量比率差动保护功能。变压器差动保护是利用比较变压器各侧电流差值构成的一种保护，主要用来反映变压器绕组及其套管、引出线上的相间短路，同时也可以反映变压器内部绕组匝间短路及中性点直接接地系统侧绕组、套管、引出线的单相接地短路。因此，变压器在正常运行或外部短路故障时，负荷电流由电源侧流向负荷侧，流入保护装置的测量三相差动电流小于差动电流保护启动整定值，差动保护不动作。

当变压器差动保护范围（差动保护 1TA、2TA、3TA 间）内发生短路故障时，所有电源点均向故障点提供短路电流，流入保护装置的测量三相差动电流等于短路故障电流，其值大于差动电流保护启动整定值。此时，装置管理板差流启动元件动作，启动元件启动后开放出口正电源，同时开放 CPU 板相应的差动保护元件；装置 CPU 板差动保护元件判断为内部故障时，差动保护元件瞬时动作，启动差动保护跳闸出口继电器 KCO1，跳开变压器各侧断路器，同时启动差动信号继电器 KS1 给出远动和中央信号差动保护动作跳闸信息。其动作过程如下：

电流互感器（1TA、2TA、3TA）二次侧电流→保护装置端子→装置 AC 插件（将 TA 二次电气量转换成小电压信号）→装置 CPU 板和管理板（完成滤波、采样、保护运算或起动功能）→出口开出插件（完成跳闸出口、信号出口功能）→断路器控制信号回路（完成断路器跳闸将故障切除、中央信号发出保护动作信号）。

【思考与练习】

1. 简述变压器差动保护动作过程及信号含义。
2. 简述变压器瓦斯保护动作信号含义。
3. 简述变压器保护动作信号含义。

4. 简述变压器“TA 断线”信号含义。
5. 简述变压器“TV 断线”信号含义。

模块 4　站用变压器保护动作过程及信号含义（ZY1000102004）

【模块描述】本模块包含站用变压器保护动作过程及信号含义。通过对典型站用变压器保护装置的介绍，掌握站用变压器保护在各种故障、异常状态下的动作行为。

【正文】

一、站用变压器的保护动作信息概述

1. 监控装置给出的保护动作信息含义

站用变压器 10kV 断路器除考虑远方控制方式外还考虑在开关柜上设置跳合闸操作开关。当站用变压器保护测控装置在异常或故障时动作，并给出中央信号，主要包括事故总信号、保护动作、装置报警、控制回路断线、弹簧未储能等信息。

（1）“事故总信号”信息含义。断路器由保护动作跳闸时，向监控装置发出“事故总信号”。在常规变电站中它的实现是利用“不对应”原理设计的，只要将负电源与事故音响小母线 M708 相连接即可发出音响信号。在综合自动化变电站利用保护装置给出的“事故总信号”输出开关量到监控装置发出事故音响信号。

（2）“保护动作”信息含义。当站用变压器发生故障且保护动作而跳闸时，保护跳闸信号继电器动作，给出中央信号，且通过通信回路将信号远传。保护跳闸信号为磁保持继电器，保护跳闸时继电器动作并保持，需按信号复归按钮或由通信接口发远方信号复归命令才返回。

（3）“装置报警”信息含义。保护装置的硬件发生故障（包括定值出错、定值区号出错、A/D 故障、EEPROM 故障、开出回路故障等），装置的液晶显示屏可以显示故障信息，并闭锁保护的开出回路，同时上传到保护管理机或当地监控装置（发中央信号）。

（4）“控制回路断线”信息含义。装置采集断路器的跳位和合位，当控制电源正常、断路器位置辅助触点正常时，必然有一个跳位或合位，否则经 2s 延时报控制回路断线异常告警信号。

2. 装置面板上的信号指示灯信息含义

装置面板上一般包括：运行、报警、跳闸、合位、跳位指示灯。

（1）“运行”灯：绿色，装置正常运行时点亮，装置闭锁时熄灭，起监视保护装置直流电源的作用。

（2）“报警”灯：黄色，正常灭，当装置异常告警时点亮。

（3）“跳闸”灯：红色，当保护动作出口时点亮，在“信号复归”后熄灭。

（4）“合位”灯：红色，当断路器在合闸位置时点亮，在跳闸位置时熄灭。

（5）“跳位”灯：绿色，当断路器在跳闸位置时点亮，在合闸位置时熄灭。

3. 装置面板上液晶显示各种信息的含义

保护运行中发生动作或告警，自动开启液晶背光，将动作信息（见表 ZY1000102004-1）显示于 LCD，同时上传到保护管理机或当地监控装置（发中央信号）。

如多项保护动作，动作信息将交替显示于 LCD。

装置面板有复归按钮，也可以在变电站自动化主站复归。保护动作后如不复归，信息将不停止显示，信息自动存入事件存储区，事件存储区记录最后发生的 200 次事件（不同厂家可能不同）。运行中可在“检查”菜单（不同厂家可能不同）下查阅所有动作信息，包括动作时间、动作值等。动作报告信息掉电保持，在“报告”菜单（不同厂家可能不同）下可清除所有事件信息。

表 ZY1000102004-1　　站用变压器保护动作及告警信息汇总

序号	显示信息内容	动作继电器名称	显示动作信息含义
1	电流Ⅰ段跳闸	跳闸、跳闸信号	过流Ⅰ段动作，保护跳闸
2	电流Ⅱ段跳闸	跳闸、跳闸信号	过流Ⅱ段动作，保护跳闸
3	电流Ⅲ段跳闸	跳闸、跳闸信号	过流Ⅲ段动作，保护跳闸

续表

序号	显示信息内容	动作继电器名称	显示动作信息含义
4	正序反时限跳闸	跳闸、跳闸信号	正序反时限过流动作，保护跳闸
5	过负荷跳闸（跳闸投入）	跳闸、跳闸信号	过负荷动作，保护跳闸
6	过负荷跳闸（告警投入）	告警信号	过负荷动作，保护告警
7	负序Ⅰ段跳闸	跳闸、跳闸信号	负序电流Ⅰ段动作，保护跳闸
8	负序Ⅱ段跳闸	跳闸、跳闸信号	负序电流Ⅱ段动作，保护跳闸
9	零序Ⅰ段跳闸	跳闸、跳闸信号	零序电流Ⅰ段动作，保护跳闸
10	零序Ⅱ段跳闸	跳闸、跳闸信号	零序电流Ⅱ段动作，保护跳闸
11	零序Ⅲ段跳闸（跳闸投入）	跳闸、跳闸信号	零序电流Ⅲ段动作，保护跳闸
12	零序Ⅲ段告警（告警投入）	告警信号	零序电流Ⅲ段动作，保护告警
13	零序过压跳闸（跳闸投入）	跳闸、跳闸信号	零序过压动作，保护跳闸
14	零序过压告警（告警投入）	告警信号	零序过压动作，保护告警
15	低压零序Ⅰ段跳闸	跳闸、跳闸信号	低压侧零序电流Ⅰ段动作，保护跳闸
16	低压零序Ⅱ段跳闸	跳闸、跳闸信号	低压侧零序电流Ⅱ段动作，保护跳闸
17	低压零序Ⅲ段跳闸	跳闸、跳闸信号	低压侧零序电流Ⅲ段动作，保护跳闸
18	零序反时限跳闸	跳闸、跳闸信号	低压侧零序反时限动作，保护跳闸
19	低电压跳闸	跳闸、跳闸信号	低电压动作，保护跳闸
20	重瓦斯跳闸	跳闸、跳闸信号	重瓦斯动作，保护跳闸
21	轻瓦斯告警	非电量告警信号	轻瓦斯动作，保护告警
22	油温过高跳闸（跳闸投入）	跳闸、跳闸信号	油温过高动作，保护跳闸
23	油温过高告警（告警投入）	非电量告警信号	油温过高动作，保护告警
24	压力释放跳闸	跳闸、跳闸信号	压力释放动作，保护跳闸
25	控制回路异常	告警信号	控制回路故障
26	TV 断线	告警信号	母线 TV 断线故障告警
27	A/D 出错	告警信号	装置的数据采集回路故障
28	开出回路故障	告警信号	装置的继电器驱动回路故障
29	定值出错	告警信号	各种保护退出
30	定值区号出错	告警信号	各种保护退出
31	EEPROM 故障	告警信号	EEPROM 出错，退出运行
32	弹簧未储能	告警信号	弹簧未储能

二、站用变压器保护装置实际应用

如图 ZY1000102004-1 所示为某 220kV 变电站 10kV 站用变压器保护测控装置整体结构接线原理示意图。站用变压器采用 RCS-9621AⅡ型微机站用变压器保护测控装置。完成对站用变压器的保护、测量和控制任务。

1. 站用变压器断路器控制回路动作过程说明

如图 ZY1000102004-1 所示，当给上断路器直流操作控制电源开关 1K3、1K4 时，就可以对断路器进行操作了。若断路器在断开位置时，绿色指示灯 HG 点亮，显示合闸回路正常；若断路器在合闸位置时，绿色指示灯 HR 点亮，显示分闸回路正常。

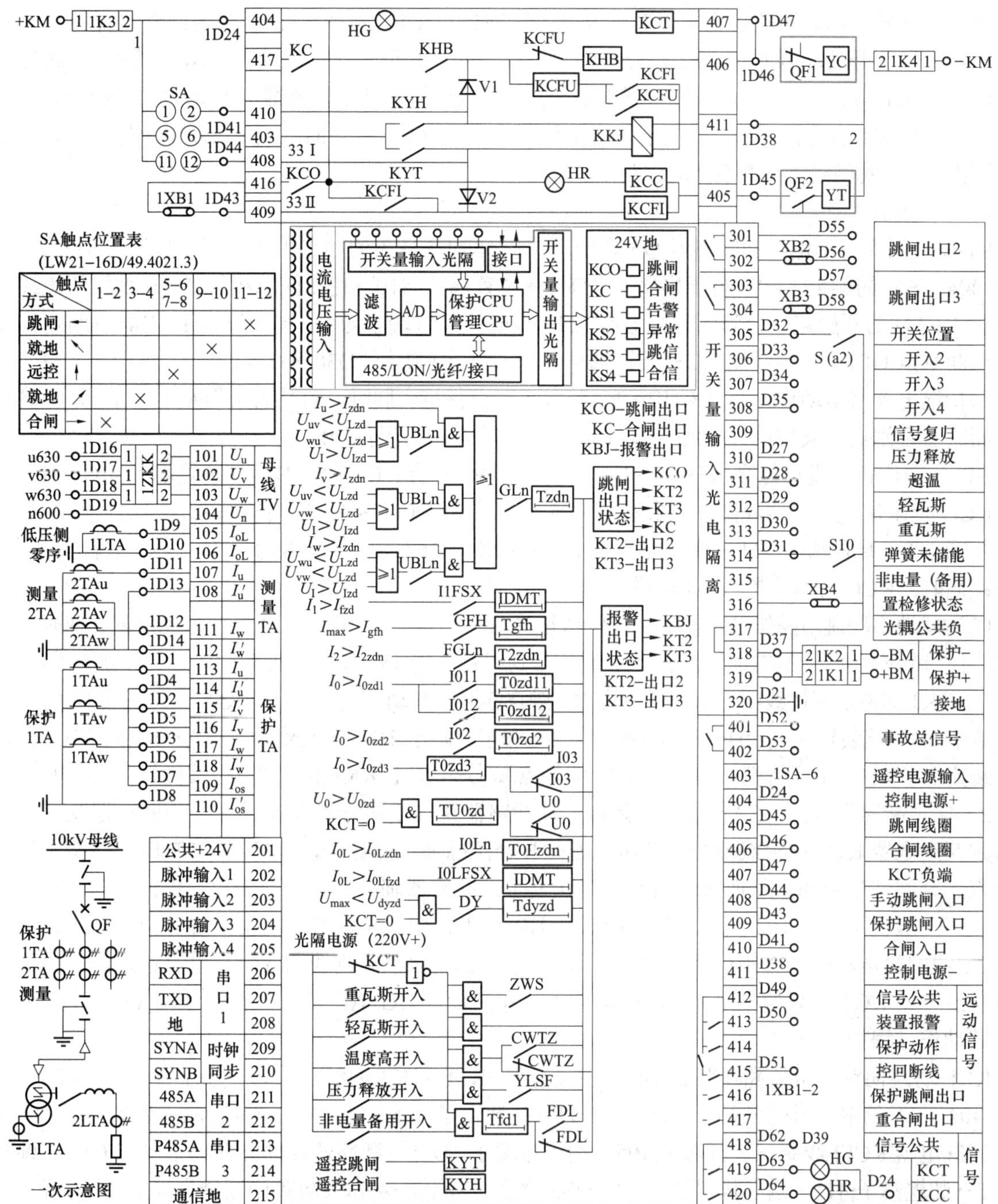

注：KHB为合闸保持继电器；KYH为遥控合闸继电器；KCO为跳闸出口继电器；KC为合闸出口继电器；KBJ为报警出口继电器。

图 ZY1000102004-1　站用变压器保护测控装置整体结构接线原理示意图

（1）就地手动合闸操作过程说明。将控制开关 SA（正常运行状态该开关在远控位置）顺时针旋转 45°置于“就地”位置，SA③④触点闭合，再继续旋转 45°置于“合闸”位置，SA①②触点闭合。

1）KKJ 继电器启动线圈得电动作。图中 KKJ 为磁保持继电器，合闸时该继电器启动并磁保持，仅手跳时该继电器才复归，保护动作或开关偷跳该继电器不复归，因此其输出触点为合后 KK 位置触点。满足综合自动化变电站自动装置的需要。KKJ 继电器动作过程为：+KM→1K3 的触点①②→端子排端子 1D24→装置端子 404→SA 的触点①②→端子排端子 1D41→装置端子 410→KKJ 继电器启动线圈→装置端子 411→端子排端子 1D38→1K4 的触点②①→−KM，KKJ 继电器启动线圈得电动作，输出两副动合触点给自动装置。

2）实现断路器 QF 合闸。SA①②触点闭合：使合闸保持继电器线圈 KHB 得电动作，经 KBH 动合触点实现合闸过程中自保持，保证断路器可靠合闸。同时断路器合闸线圈 YC 得电动作，使合闸弹簧释放，断路器合闸。断路器合闸后其辅助开关动断触点 QF1 断开，KHB 失电解除自保持。与此同时，断路器辅助开关动合触点 QF2 闭合，装置面板上的“合位”红色指示灯（HR）点亮、“跳位”绿色指示灯（HG）熄灭，合闸位置继电器 KCC 线圈得电动作、跳闸位置继电器 KCT 失电返回。此时，虽然跳闸线圈 YT 有电流通过，但由于与合闸位置继电器 KCC 串联的电阻 R（图中未标出）和指示灯 HR 电阻降压，跳闸线圈 YT 不会动作跳闸。

其过程如下：

KHB 合闸保持继电器和断路器 QF 合闸动作：+KM→1K3 的触点①②→端子排端子 1D24→装置端子 404→SA 的触点①②→端子排端子 1D41→装置端子 410→逆止阀二极管 V1→跳闸闭锁继电器 KCF 的 KCFU 动断触点→合闸保持继电器 KHB 线圈→装置端子 406→端子排端子 1D46→断路器辅助开关动断触点 QF1→合闸线圈 YC→装置端子 411→端子排端子 1D38→1K4 的触点②①→–KM。KHB 合闸保持继电器得电动作，通过 KHB 动合触点实现自保持。同时，YC 合闸线圈得电动作，断路器合闸。断路器合闸后，其辅助开关触点 QF1 断开，解除合闸自保持回路。

HR 合闸位置监视灯点亮：+KM→1K3 的触点①②→端子排端子 1D24→装置端子 404→HR 指示灯→KCC 合闸位置继电器线圈→装置端子 405→端子排端子 1D45→断路器辅助开关动合触点 QF2→跳闸线圈 YT→装置端子 411→端子排端子 1D38→1K4 的触点②①→–KM。HR 合闸位置监视灯得电点亮；同时，KCC 合闸位置继电器线圈得电动作。

（2）就地手动跳闸操作过程说明。将控制开关 SA（正常运行状态该开关在远控位置）逆时针旋转 45°置于“就地”位置，SA⑨⑩触点闭合，再继续逆时针旋转 45°置于“跳闸”位置，SA⑪⑫触点闭合。

1）KKJ 继电器复位线圈得电恢复，其动合触点断开。其动作过程为：+KM→1K3 的触点①②→端子排端子 1D24→装置端子 404→SA 的触点⑪⑫→端子排端子 1D44→装置端子 408→KKJ 继电器复位线圈→装置端子 411→端子排端子 1D38→1K4 的触点②①→–KM，KKJ 继电器复位线圈得电，继电器返回。

2）实现断路器分闸。SA⑪⑫触点闭合，使断路器跳闸线圈 YT 得电动作，使断路器跳闸。同时使防跳跃继电器 KCF 电流线圈得电动作，若此时合闸脉冲仍然存在，则启动 KCF 电压线圈实现自保持，直到合闸信号返回，从而防止断路器跳跃发生。断路器辅助开关动断触点 QF1 闭合、动合触点 QF2 断开，绿色指示灯 HG 点亮，红色指示灯 HR 熄灭，指示断路器在跳闸位置，同时跳闸位置继电器 KCT 线圈得电动作、合闸位置继电器 KCC 失电返回。虽然合闸线圈 YC 有电流通过，但由于与跳闸位置继电器 KCT 串联的电阻 R（图中未标出）和指示灯 HG 电阻降压，合闸线圈 YC 不会动作。

其动作过程如下：

KCF 防跳闭锁继电器和断路器 QF 跳闸动作：+KM→1K3 的触点①②→端子排端子 1D24→装置端子 404→SA 的触点⑪⑫→端子排端子 1D44→装置端子 408→逆止阀二极管 V2→装置端子 409→防跳闭锁继电器 KCFI 线圈→装置端子 405→端子排端子 1D45→断路器辅助开关动合触点 QF2→跳闸线圈 YT→装置端子 411→端子排端子 1D38→1K4 的触点②①→–KM。防跳闭锁继电器 KCF 电流线圈得电动作，其动合触点 KCFI 闭合，此时若合闸脉冲没有消失时，启动防跳闭锁继电器 KCFU 电压线圈，实现自保持。同时，YT 跳闸线圈得电动作，断路器跳闸。

HG 跳闸位置监视灯点亮：+KM→1K3 的触点①②→端子排端子 1D24→HG 指示灯→KCT 跳闸位置继电器线圈→装置端子 407→端子排端子 1D47→断路器辅助开关动断触点 QF1→合闸线圈 YC→装置端子 411→端子排端子 1D38→1K4 的触点②①→–KM。HG 跳闸位置指示灯得电点亮。

（3）保护装置动作跳闸的过程说明。当被保护站用变压器故障（包括内部和回路故障）保护动作发出跳闸指令后，启动保护跳闸继电器（KCO）和跳闸信号继电器（KS3）动作，使断路器 QF 跳闸。同时给出中央信号“事故总信号”和“保护动作”信息，并且通信回路上传当地监控装置或远传监控中心。其动作过程如下：

直流操作正电源+KM→1K3①②→n404→跳闸出口继电器的动合触点 KCO→n416→保护跳闸出口压板 1XB1→n409→防跳闭锁继电器 KCFI 线圈→n405→QF 的动合触点（QF2）→YT 跳闸线圈→1K4②①→直流操作负电源–KM，TY 跳闸线圈得电，断路器 QF 跳闸，QF 的动合触点（QF2）断开、动断触点（QF1）闭合，装置面板上的“跳闸”红色指示灯点亮、“跳位”绿色指示灯（HG）点亮、“合位”红色指示灯（HR）熄灭，同时跳闸位置继电器 KCT 线圈得电动作、合闸位置继电器 KCC 失电返回。防跳闭锁继电器 KCFI 线圈得电，实现跳闸自保持，当断路器完成跳闸，其动合触点（QF2）断开解除自保持回路。另外，装置面板上的液晶显示屏显示保护动作报告信息。“事故总信号”启动中央信号的事故音响发出声响、“保护动作”信号远传。

2. 站用变压器保护动作过程

当站用变压器外部发生相间短路故障而引起站用变压器过电流，假若流过装置电流大于速断保护整定值，速断保护瞬时动作切除故障，若流过装置电流大于过流保护整定值，过流保护延时动作切除故障，同时启动跳闸信号继电器发出中央信号。动作过程如下：

保护电流互感器 1TA 二次→装置端子（113、115、117、114、116、118）→装置内隔离互感器转换成小电压信号→分别进入 CPU 板和管理板（经过低通滤波、A/D 转换后）→DSP（保护逻辑功能运算及出口跳闸）→跳闸出口继电器 KCO 和跳闸信号继电器 KS3→断路器跳闸（KCO 动合触点闭合经跳闸出口压板 1XB1 回路使断路器跳闸）和发出中央信号（KS3 动作发出“保护动作”信号）。

当站用变压器低压侧发生单相接地短路时，由装设在站用变压器低压侧中性线零序电流互感器上的零序电流保护动作，并发出信号。

3. 站用变压器保护信号含义

图 ZY1000102004-2 所示为 10kV 站用变压器仪表门布置示意图。站用变压器保护信号主要包括保护测控装置上的信号指示灯和显示屏信息、加热器工作指示灯、手车运行位置指示灯、手车预备位置指示灯、储能指示灯、分闸指示灯、合闸指示灯。

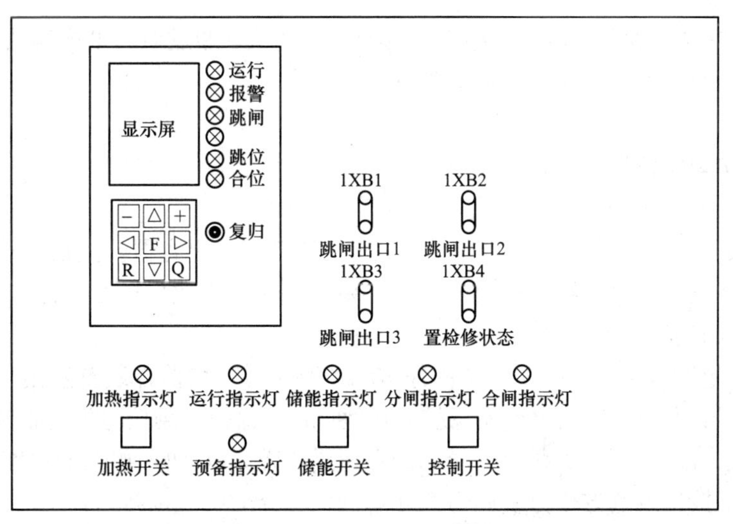

图 ZY1000102004-2　站用变压器仪表门布置示意图

（1）保护屏面上指示灯信号含义。

1）“加热器指示灯”：红色，当加热器投入运行时点亮。

2）“运行指示灯”：红色，当手车开关推置“工作”位置时，底盘车上的工作位置辅助开关触点闭合，指示灯点亮。

3）“预备指示灯”：绿色，当手车开关推置“试验（检修）”位置时，底盘车上的试验位置辅助开关触点闭合，指示灯点亮。

4）“储能指示灯”：白色，当弹簧机构已储能，微动开关动作，其动合触点闭合，指示灯点亮。

5）“分闸指示灯”：绿色，当断路器在分闸位置时，其跳闸位置继电器的动合触点闭合，指示灯点亮。

6）“合闸指示灯”：红色，当断路器在合闸位置时，其合闸位置继电器的动合触点闭合，指示灯点亮。

（2）RCS-9621A 型装置上指示灯信号含义。

1）“运行”指示灯：绿色，装置正常运行时点亮，熄灭表明装置不处于工作状态。

2）“报警”指示灯：黄色，装置有报警信号时点亮。

3）“跳闸”指示灯：红色，当保护动作并出口时点亮。

4）“跳位”指示灯：绿色，当断路器在分闸位置时，其跳闸位置继电器的动合触点闭合，指示灯点亮。

5）“合位”指示灯：红色，当断路器在合闸位置时，其合闸位置继电器的动合触点闭合，指示灯点亮。

（3）保护测控回路中央信号含义。

1）“装置报警”：当保护测控装置有报警信号时，中央信号发出“装置报警”信号。

2）“保护动作”：当保护测控装置保护动作并出口时，中央信号发出“保护动作”信号。

3）“控制回路断线”：当断路器操作控制电源在运行中发生断线（如控制开关 1K3、1K4 断开或回路断线等），此时合闸位置继电器 KCC 和跳闸位置继电器 KCT 同时失电，其动断触点同时闭合发出“控制回路断线”告警信号。

【思考与练习】

1. 举例说明站用变压器保护测控装置动作过程。

2. 举例说明站用变压器保护测控装置动作信号含义。

模块 5 电容器保护动作过程及信号含义（ZY1000102005）

【模块描述】本模块包含电容器保护动作过程及信号含义。通过对典型电容器保护装置的介绍，掌握电容器保护在各种故障、异常状态下的动作行为。

【正文】

一、电容器保护动作信息

1. 监控装置给出的保护动作信息含义

一般 10kV 电容器断路器除考虑远方控制方式外，还考虑在电容器开关柜上设置跳合闸操作开关。当电容器保护测控装置动作时，给出中央信号，主要信息包括事故总信号、保护动作、装置报警、控制回路断线、弹簧未储能等信息。

（1）“事故总信号”信息含义。断路器由保护动作跳闸时，向监控装置发出“事故总信号”。

（2）“保护动作”信息含义。当电容器保护动作跳闸时，保护跳闸信号继电器动作，给出中央信号，且通过通信回路将信号远传。保护跳闸信号为磁保持继电器，保护跳闸时继电器动作并保持，需按信号复归按钮或由通信接口发远方信号复归命令才返回。

（3）“装置报警”信息含义。保护装置的硬件发生故障（包括定值出错、定值区号出错、A/D 故障、EEPROM 故障、开出回路故障等），装置的液晶显示屏可以显示故障信息，并闭锁保护的开出回路，同时上传到保护管理机或当地监控装置（发中央信号）。

（4）“控制回路断线”信息含义。装置采集断路器的跳位和合位，当控制电源正常、断路器位置辅助触点正常时，必然有一个跳位或合位，否则经 2s 延时报控制回路断线异常告警信号。

2. 装置面板上的信号指示灯信息含义

装置面板上一般包括运行、报警、跳闸、合位、跳位指示灯。

（1）“运行”灯：绿色，装置正常运行时点亮，装置闭锁时熄灭，起监视保护装置直流电源作用。

（2）“报警”灯：黄色，正常灭，当装置异常告警时点亮。

（3）“跳闸”灯：红色，当保护动作出口时点亮，在“信号复归”后熄灭。

（4）“合位”灯：红色，当断路器在合闸位置时点亮，在跳闸位置时熄灭。

（5）“跳位”灯：绿色，当断路器在跳闸位置时点亮，在合闸位置时熄灭。

装置面板设有复归按钮（在变电站自动化主站也可复归），可复归保护动作指示等。

3. 装置面板上液晶显示各种信息的含义

保护运行中发生动作或告警，自动开启液晶背光，将动作信息（见表 ZY1000102005-1）显示于LCD，同时上传到保护管理机或当地监控装置（发中央信号）。如多项保护动作时，动作信息将交替显示于LCD，保护动作后如不复归，信息将不停止显示。信息自动存入事件存储区，事件存储区记录最后发生的200次事件（不同厂家可能不同）。运行中可在“检查”菜单（不同厂家可能不同）下查阅所有动作信息，包括动作时间、动作值等。动作报告信息掉电保持，在“报告”菜单（不同厂家可能不同）下可清除所有事件信息。

表 ZY1000102005-1　　电容器保护动作及告警信息汇总

序号	显示信息内容	动作继电器名称	显示动作信息含义
1	电流Ⅰ段动作	跳闸、跳闸信号	保护动作跳闸出口
2	电流Ⅱ段动作	跳闸、跳闸信号	保护动作跳闸出口
3	过电压保护动作（告警）	跳闸、跳闸（告警）信号	保护动作跳闸出口或告警
4	欠电压保护动作	跳闸、跳闸信号	保护动作跳闸出口
5	不平衡电流保护动作	跳闸、跳闸信号	保护动作跳闸出口
6	不平衡电压保护动作	跳闸、跳闸信号	保护动作跳闸出口
7	桥差电流保护动作	跳闸、跳闸信号	保护动作跳闸出口
8	差电压保护动作	跳闸、跳闸信号	保护动作跳闸出口
9	零序电流保护动作（告警）	跳闸、跳闸（告警）信号	保护动作跳闸出口或告警
10	控制回路异常	告警信号	控制电源、断路器位置触点异常
11	TV 断线	告警信号	TV 故障告警
12	A/D 故障	告警信号	装置的数据采集回路故障
13	开出回路故障	告警信号或无信号	装置的继电器驱动回路故障
14	定值出错	告警信号	各种保护退出
15	定值区号出错	告警信号	各种保护退出
16	EEPROM 故障	告警信号	EEPROM 出错，退出运行

二、电容器保护动作过程说明

图 ZY1000102005-1 所示为电容器保护测控装置整体结构接线原理示意图。图中包括断路器控制回路、交流电流和电压输入、开关量输入和输出、保护装置硬件构成原理及保护逻辑功能框图部分。

1. 正常运行状态下电容器保护测控装置说明

（1）并联电容器组一次接线说明。10kV 并联电容器组一次系统接线采用典型的单星形中性点不接地接线方式，由电容器 C、电抗器 L、放电器 TV、熔断器 FU、断路器 QF、隔离开关 QS、电流互感器 TA 元件以及电力电缆组成。

（2）微机型电容器保护测控装置说明。

1）装置的硬件构成。微机保护测控装置均由硬件和软件系统构成。硬件系统包括数据采集系统（滤波、A/D 转换器等）、保护 CPU 系统和管理 CPU 系统、开关量输入和输出部分、逆变稳压电源等。

数据采集系统把电压互感器（TV）和电流互感器（TA）二次的电压、电流信号变换成为数字信号，供 CPU 系统使用。

保护 CPU 系统主要完成保护的逻辑及跳闸出口功能，同时完成事件记录及打印、保护部分的后台通信及与管理 CPU 的通信；对保护 CPU 系统除模拟信号的输入（经 A/D 转换器变为数字量信号）外，还有开关量信号的输入，这些信号通常为外部继电器的触点、保护屏上的压板投退、操作把手的触点等，一般是经光电隔离后输入微机系统。保护系统通过开关量输出驱动电路使继电器动作。这些继电器包括跳闸出口继电器、合闸出口继电器、跳闸信号继电器、合闸信号继电器、告警及装置异常硬件故障的告警继电器等。

管理 CPU 系统主要作为人机对话的手段，通常采用简易的触摸键盘作为输入手段，在面板上设有液晶显示器（LCD）模块。此外，管理 CPU 板内设总启动元件，启动后开放出口继电器的正电源；另外，管理板还具有完整的故障录波功能以及还设有打印机及通信接口，前者可为用户提供故障信息的硬拷贝输出，后者为用户提供于综合自动化系统接口。

2）微机电容器保护测控装置应用。如图 ZY1000102005-1 所示，电容器保护用三相电流互感器 1TA

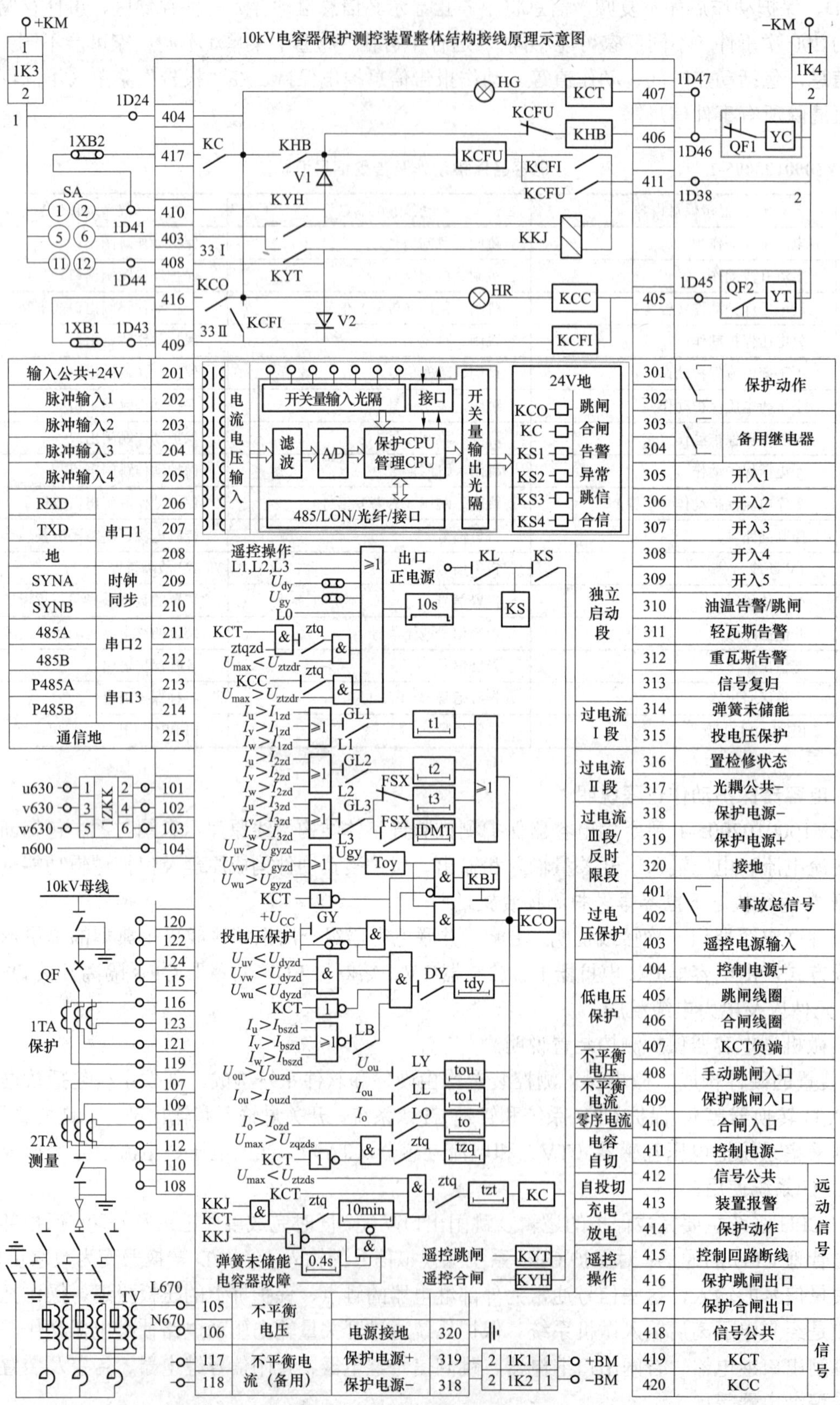

注：KHB为合闸保持继电器；KYH为遥控合闸继电器；KYT为遥控跳闸继电器；KL为闭锁继电器；KKJ为合后位置继电器；KCO为跳闸出口继电器；KC为合闸出口继电器；KS为启动继电器。

图 ZY1000102005-1 电容器保护测控装置整体结构接线原理示意图

二次电流 I_u、I_v、I_w 分别接入装置模拟量输入端子 n119、n121、n123，I_n 由 n116 接入，装置内电流线圈另一端 n120、n122、n124 短接后形成零序电流接 n115 端子，并经 n116 接 1TA 的 N 端子；电容器测量用三相电流互感器 2TA 二次电流 I_u、I_v、I_w 分别接入装置模拟量输入端子 n107、n109、n111 接入，端子 n108、n110、n112 短接后接 2TA 的 N 端子；母线电压互感器二次电压经电压小母线（u630、v630、w630、n600）送至经 1ZKK 控制开关分别接入保护装置模拟量输入端子 101～104；不平衡电压保护的交流电压取自放电 TV 二次开口三角，接入保护装置模拟量输入端子 n105 和 n106。CPU 将输入的模拟量转换成数字量，通过保护算法计算出模拟量的幅值、相位等，与定值进行比较。

装置保护电源与控制操作电源是分开的，分别由 1K1～1K2 和 1K3～1K4 控制。给上装置保护直流电源控制开关 1K1 和 1K2，微机保护装置开始工作，装置面板上的“运行”指示灯点亮；给上装置操作控制电源控制开关 1K3 和 1K4，装置面板上的断路器跳位监视灯“跳位”绿色灯（HG）点亮（假设断路器在断开位置），就可以操作断路器了。“运行”指示灯和“跳位”或“合位”指示灯正常运行中可以监视装置的运行状态。

2. 电容器断路器的正常操作控制说明

（1）就地手合操作过程。当控制开关 SA 置于“就地手合”位置时，SA 的①②触点接通、⑤⑥和⑪⑫触点断开，此时其动作过程为：直流操作正电源+KM→1K3①②→SA①②→n410→防跳闭锁继电器 KCF 动断触点（KCFU）→合闸保持继电器线圈 KHB→n406→QF1 动断触点→YC 合闸线圈→1K4②①→直流操作负电源–KM，YC 合闸线圈得电，断路器 QF 合闸，其动合触点（QF2）闭合、动断触点（QF1）断开，装置面板上的“合位”红色指示灯（HR）点亮、“跳位”绿色指示灯（HG）熄灭，同时合闸位置继电器 KCC 线圈得电动作，跳闸位置继电器 KCT 失电返回。

（2）就地手跳操作过程。当控制开关 SA 置于“就地手跳”位置时，SA⑪⑫触点接通、①②和⑤⑥触点断开，此时其动作过程为：直流操作正电源+KM→1K3①②→SA⑪⑫→n408→防跳闭锁继电器 KCFI 线圈→n405→QF 的动合触点（QF2）→YT 跳闸线圈→1K4②①→操作电源–KM，YT 跳闸线圈得电，断路器 QF 跳闸，其动合触点（QF2）断开、动断触点（QF1）闭合，装置面板上的“跳位”绿色指示灯（HG）点亮、“合位”红色指示灯（HR）熄灭，同时跳闸位置继电器 KCT 线圈得电动作，合闸位置继电器 KCC 失电返回。

3. 电容器保护装置动作跳闸的动作过程说明

当被保护电容器保护动作发出跳闸指令后，启动保护跳闸继电器（KCO）和跳闸信号继电器（KS3），使断路器 QF 跳闸（跳闸出口压板在投入位置）。同时给出中央信号“事故总信号”和“保护动作”信息，并且通信回路上传当地监控装置或远传监控中心。其动作过程如下：

直流操作正电源+KM→1K3①②→n404→跳闸出口继电器的动合触点 KCO→n416→保护跳闸出口压板 1XB1→n409→防跳闭锁继电器 KCFI 线圈→n405→QF 的动合触点（QF2）→YT 跳闸线圈→1K4②①→直流操作负电源–KM，TY 跳闸线圈得电，断路器 QF 跳闸，QF 的动合触点（QF2）断开、动断触点（QF1）闭合，装置面板上的“跳闸”红色指示灯点亮、“跳位”绿色指示灯（HG）点亮、“合位”红色指示灯（HR）熄灭，同时跳闸位置继电器 KCT 线圈得电动作、合闸位置继电器 KCC 失电返回。防跳闭锁继电器 KCFI 线圈得电，实现跳闸自保持，当断路器完成跳闸，其动合触点（QF2）断开解除自保持回路。另外，装置面板上的液晶显示屏显示保护动作报告信息。“事故总信号”启动中央信号的事故音响，“保护动作”信号远传。

4. 电容器的各种故障和异常状态下保护动作说明

（1）电容器与电流互感器之间连线上发生短路故障时，由装设的过电流保护（限时电流速断和定时限过电流保护）动作，作用于断路器跳闸将短路故障切除。

（2）对于由若干个电容器并联及串联构成的电容器组，当电容器内部故障及引出线的短路时，装设在每个电容器上的熔断器在短路故障电流的作用下熔断将故障切除。当电容器组中故障电容器切除到一定数量，引起电容器端电压超过 110%额定值时，保护将整组电容器断开。

（3）单星形接线的电容器组，可采用开口三角电压保护（不平衡电压保护）。正常运行时，由于三相平衡，开口三角电压为零，电压继电器不动作。当部分电容器被熔断器断开或内部元件击穿时，三相容抗不平衡，中性点出现偏移电压，这时开口三角电压等于中性点偏移电压的 3 倍，电压继电器动作。

（4）电容器过电压保护与低电压自投元件的合理配合，可将母线电压维持在合理水平。为防止电容器反复投切，损坏电容器或断路器，低压自投元件加有两次动作时间间隔不得小于 5min 的判据。

【思考与练习】

1. 说明电容器断路器的正常操作动作过程。

2. 说明电容器故障时保护装置的动作过程及信号含义。

模块 6 备用电源自动投入装置（ZY1000102006）

【模块描述】本模块包含备用电源自动投入装置原理接线和动作过程。通过典型动作行为介绍，掌握备用电源自动投入装置的应用。

【正文】

备用电源自动投入装置是当工作电源因故障或其他原因被断开之后，能自动且迅速地将备用电源投入，以保证用户不至于停电的一种自动装置，简称备自投装置。

备用电源的一次接线形式种类繁多，如内桥、扩大内桥、单母线分段等，对于每一种确定的一次接线方式，备用电源自动投入装置的判别逻辑很简单。综合自动化变电站采用微机型备用电源自动投入装置，可实现灵活设置各种运行方式。在定值中，可以利用装置提供的模拟量输入和开关量输入输出，灵活定义装置在各种条件下的动作行为，从而完成整个的备用电源自动投入过程，并可实现手跳闭锁、备用电源过负荷联切线路等功能。

一、备用电源自动投入装置

1. 备用电源自动投入方式

备用电源自动投入装置主要用于 110kV 及以下的电网中，常用备用电源自动投入方式有：

（1）变压器低压侧断路器备用电源自动投入；

（2）变压器低压侧分段断路器备用电源自动投入；

（3）线路断路器备用电源自动投入；

（4）内桥断路器备用电源自动投入；

（5）母联断路器备用电源自动投入。

2. 备用电源自动投入方式说明

（1）变压器低压侧断路器自投方案。如图 ZY1000102006-1 所示，假若 1 号主变压器投入运行并合上分段断路器 3QF2，由 1 号主变压器带两段母线设备及馈线运行，2 号主变压器充电备用，2QF2 作为自投断路器；或者 2 号主变压器带全部负荷，1 号主变压器充电备用，1QF2 作为自投断路器。这种方案有两种自投方式（方式 1、方式 2）。

1）自投方式 1。当 1 号主变压器运行、2 号主变压器充电备用时，若 1 号主变压器故障，保护动作使 1QF2 跳闸，或者 1 号主变压器高压侧失电，均引起变压器低压侧母线失压，同时电流判别元件 I1 检测无电流，则备自投动作将断路器 1QF2 跳开，合上断路器 2QF2，完成备用电源自动投入功能。

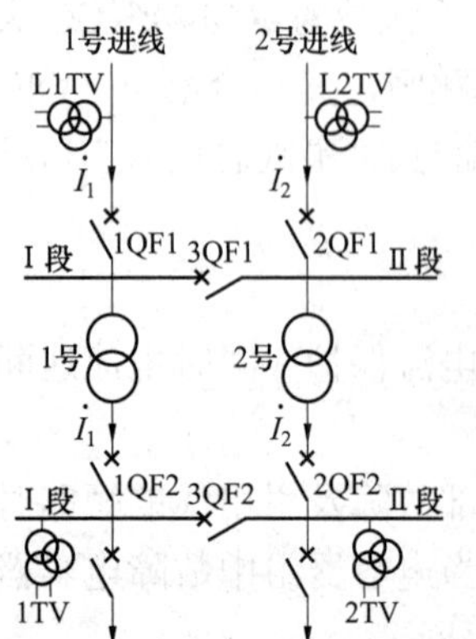

图 ZY1000102006-1 变电站备用电源自动投入装置接线示意图

2）自投方式 2。当 2 号主变压器运行、1 号主变压器充电备用时，若 2 号主变压器故障，保护动作使 2QF2 跳闸，或者 2 号主变压器高压侧失电，均引起变压器低压侧母线失压，同时电流判别元件 I2 检测无电流，则备自投动作将断路器 2QF2 跳开，合上断路器 1QF2，完成备用电源自动投入功能。

（2）变压器低压侧分段断路器自投方案。如图 ZY1000102006-1 所示，假若 1 号主变压器、2 号主变压器同时运行，两台主变压器各带一段母线设备及馈线运行，而分段断路器 3QF2 断开作为自投断路器。这种方案也有两种自投方式（方式 3、方式 4）。

1）自投方式 3。当 1 号、2 号主变压器低压侧分列运行时，若 1 号主变压器故障，保护动作使 1QF2 跳闸，或者 1 号主变压器高压侧失电，均引起变压器低压侧母线失压，同时电流判别元件 I1 检测无电流且低压侧 II 段母线有电压，则备自投动作将断路器 1QF2 跳开，合上断路器 3QF2，完成备用电源自动投入功能。

2）自投方式 4。当 1 号、2 号主变压器低压侧分列运行时，若 2 号主变压器故障，保护动作使 2QF2 跳闸，或者 2 号主变压器高压侧失电，均引起变压器低压侧母线失压，同时电流判别元件 I2 检测无电流且低压侧 I 段母线有电压，则备自投动作将断路器 2QF2 跳开，合上断路器 3QF2，完成备用电源自动投入功能。

（3）线路断路器自投方案。如图 ZY1000102006-1 所示，有两路进线电源向母线供电。正常运行中两条线路仅一条线路供电，另一条线路热备用。断路器 1QF1 和 2QF1 只有一个在合闸位置，另一个在跳闸位置。当母线失压，备用线路有电压且 I1（或 I2）无电流时，即跳开断路器 1QF1（或 2QF1），合上断路器 2QF1（或 1QF1）。该方案的动作条件是：母线失压，线路 I1（或 I2）无电流，2 号（或 1 号）线路有电压，断路器 1QF1（或 2QF1）确已断开，此时合上断路器 2QF1（或 1QF1），完成备用电源自动投入功能。

（4）内桥断路器自投方案。此方案与变压器低压侧备自投方案基本相同，不再赘述。

二、备用电源自动投入装置实际应用

如图 ZY1000102006-2 所示，为某内桥接线备自投装置原理接线示意图。备用电源自动投入装置

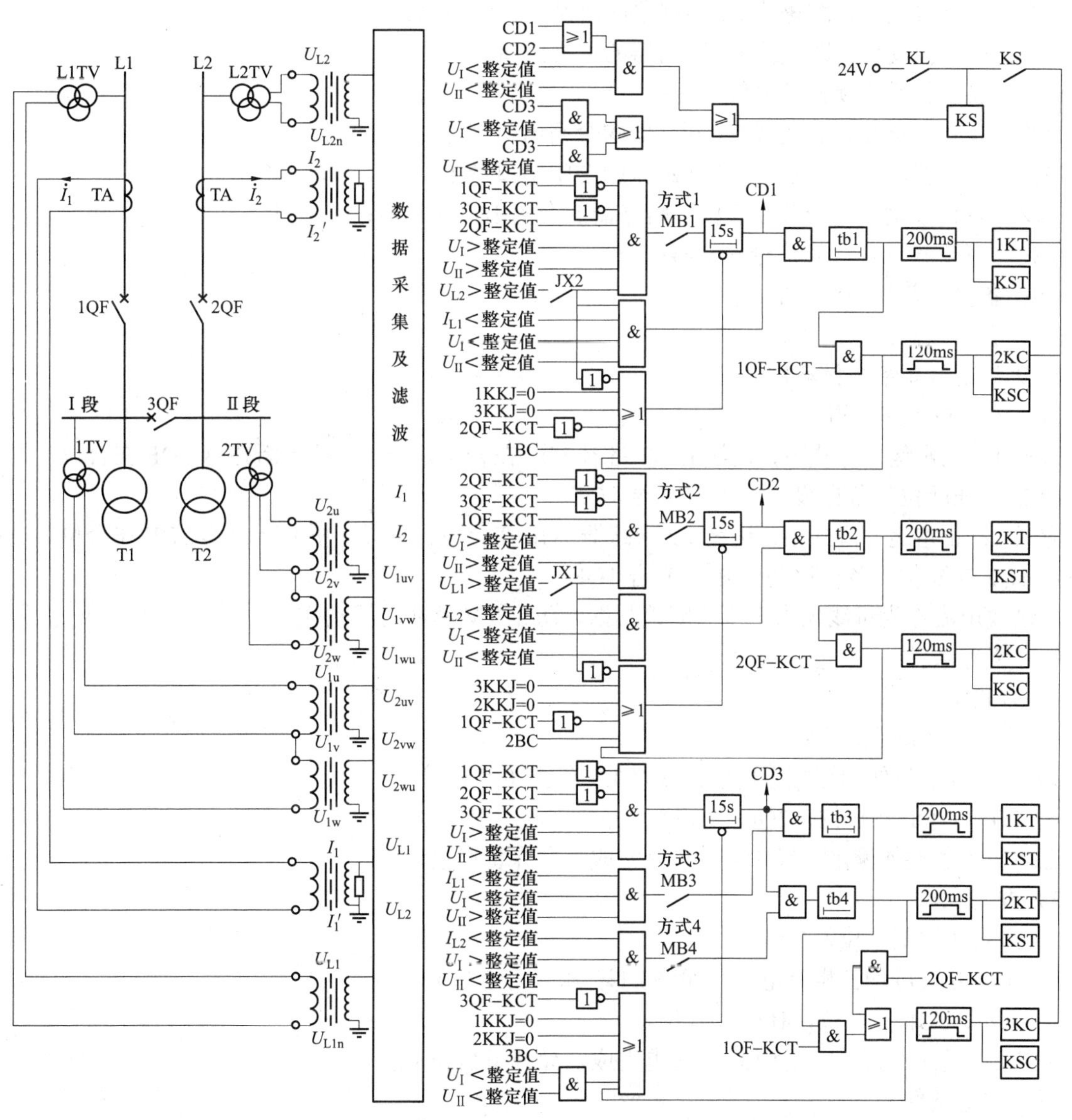

图 ZY1000102006-2　备用电源自动投入装置原理接线示意图

动作过程为：首先要检测工作电源已经失去电压，而工作电源的断路器仍处于合闸状态时，在电源电流消失时先跳开其断路器。当工作电源的断路器处于分闸状态同时备用电源的断路器也处于分闸状态，而备用电源有电压时，自动且迅速地将备用电源断路器合上。

1. 备自投装置原理框图中各符号意义

U_{I}：Ⅰ段母线电压；

I_{L1}：进线 L1 电流；

U_{II}：Ⅱ段母线电压；

I_{L2}：进线 L2 电流；

1QF-KCT：进线 L1 断路器跳闸位置触点；

2QF-KCT：进线 L2 断路器跳闸位置触点；

3QF-KCT：分段（桥）断路器跳闸位置触点；

1KKJ：进线 L1 断路器手动跳闸后闭锁备自投，这时合后状态继电器 KKJ=0，启动放电；

2KKJ：进线 L2 断路器手动跳闸后闭锁备自投，这时合后状态继电器 KKJ=0，启动放电；

3KKJ：分段（桥）断路器手动跳闸后闭锁备自投，这时合后状态继电器 KKJ=0，启动放电；

1BC：闭锁备自投方式 1；

2BC：闭锁备自投方式 2；

3BC：闭锁备自投方式 3、方式 4；

1KT：备自投动作，跳进线 L1 断路器的跳闸出口继电器；

2KT：备自投动作，跳进线 L2 断路器的跳闸出口继电器；

KST：备自投动作跳闸信号继电器；

1KC：备自投动作，合进线 L1 断路器的合闸出口继电器；

2KC：备自投动作，合进线 L2 断路器的合闸出口继电器；

3KC：备自投动作，合分段（桥）断路器的合闸出口继电器；

KSC：备自投动作合闸信号继电器；

KS：备自投总启动继电器；

KL：备自投总闭锁继电器。

2. 进线断路器备自投动作过程说明

（1）备自投动作逻辑。

方式 1：正常运行方式下，进线 L1 断路器 1QF 在合位，分段（桥）断路器 3QF 在合位，进线 L2 断路器 2QF 在断位，备自投动作跳 1QF 合 2QF。

方式 2：正常运行方式下，进线 L2 断路器 2QF 在合位，分段（桥）断路器 3QF 在合位，进线 L1 断路器 1QF 在断位，备自投动作跳 2QF 合 1QF。

取进线电流作为母线失去电压的闭锁判据，防止 TV 断线时误动作。

（2）充电条件。

1）方式 1：

① 方式 1 控制字投入；

② Ⅰ、Ⅱ段母线均三相有电压，线路 L2 有压（可选择）；

③ 1QF、3QF 在合位，2QF 在分位。

上述三个条件均满足，经 15s 后充电完成，允许备自投动作。

2）方式 2：

① 方式 2 控制字投入；

② Ⅰ、Ⅱ段母均三相有电压，线路 L1 有压（可选择）；

③ 2QF、3QF 在合位，1QF 在分位。

上述三个条件均满足，经 15s 后充电完成，允许备自投动作。

（3）放电条件。

1）方式 1：

① 当线路 L2 电压控制字（JX2）投入时，线路 L2 无压（可选择）；

② 2QF 在合位；

③ 位置检测异常（1KKJ=0、3KKJ=0、1QF-KCT、2QF-KCT、3QF-KCT 异常）；

④ 有外部闭锁信号（保护动作闭锁备自投或控母断线，弹簧未储能等）；

⑤ 方式 1 动作条件满足，1QF 在断位。

2）方式 2：

① 当线路 L1 电压控制字（JX1）投入时，线路 L1 无压（可选择）；

② 1QF 在合位；

③ 位置检测异常（2KKJ=0、3KKJ=0、1QF-KCT、2QF-KCT、3QF-KCT 异常）；

④ 有外部闭锁信号（保护动作闭锁备自投或控母断线，弹簧未储能等）；

⑤ 方式 2 动作条件满足，2QF 在断位。

（4）动作过程。当充电完成后，装置无闭锁信号，当检测到Ⅰ、Ⅱ段母线无电压，启动继电器 KS 动作，将+24V 电源接通。此时：

1）方式 1：线路 L1 失去电压，重跳线路 L1 断路器 1QF，投线路 L2 断路器 2QF。

Ⅰ段、Ⅱ段母线均无电压，且线路 L1 进线无电流，线路 L2 有电压（可选择 JX2 投入），此时，若方式 1 控制字投入，延时 Tb1 跳开 1QF，确认 1QF 跳开后，合 2QF。

2）方式 2：线路 L2 失去电压，重跳线路 L2 断路器 2QF，投线路 L1 断路器 1QF。

Ⅰ段、Ⅱ段母线均无电压，且线路 L2 进线无电流，线路 L1 有电压（可选择 JX1 投入），此时，若方式 2 控制字投入，延时 Tb2 跳开 2QF，确认 2QF 跳开后，合 1QF。

3. 分段（桥）断路器备自投动作过程（方式 3、方式 4）

（1）备自投动作逻辑。

1）Ⅰ段母线失去电压，跳开 1QF；在Ⅱ段母线有电压的情况下，合 3QF。

2）Ⅱ段母线失去电压，跳开 2QF；在Ⅰ段母线有电压的情况下，合 3QF。

3）1QF 或 2QF 偷跳时，合 3QF 保证正常供电。

4）取变压器低压侧或进线一相电流作为母线失去电压的闭锁判据，防止 TV 断线时误动作。

（2）充电条件。

1）Ⅰ母、Ⅱ母均三相有电压；

2）1QF、2QF 在合位，3QF 在分位。

上述两个条件均满足，经 15s 后充电完成，允许备自投动作。

（3）放电条件。

1）3QF 在合位；

2）Ⅰ段、Ⅱ段母线均无电压；

3）位置检测异常（1KKJ=0、2KKJ=0）；

4）有外部闭锁信号（保护动作闭锁备自投或控母断线，弹簧未储能等）；

5）方式 3 动作条件满足，1QF 在断位；

6）方式 4 动作条件满足，2QF 在断位。

（4）动作过程（充电完成后）。

1）方式 3：线路 L1 所带母线失去电压，断开线路 L1 断路器 1QF，投分段（桥）断路器 3QF。

Ⅰ段母线无电压，且线路 L1 进线无电流，Ⅱ段母线有电压，此时，若方式 3 控制字投入，延时 Tb3 跳开 1QF，确认 1QF 跳开后，合 3QF。

2）方式 4：线路 L2 所带母线失去电压，断开线路 L2 断路器 2QF，投分段（桥）断路器 3QF。

Ⅱ段母线无电压，且线路 L2 进线无电流，Ⅰ段母线有电压，此时，若方式 4 控制字投入，延时 Tb4 跳开 2QF，确认 2QF 跳开后，合 3QF。

【思考与练习】

1. 备用电源自动投入装置运行方式有哪些？

2. 试说明备用电源自动投入装置动作过程。

模块 7 安全稳定控制装置动作过程及信号含义（ZY1000102007）

【模块描述】本模块介绍了安全稳定控制装置。通过概念描述、原理和逻辑框图讲解，了解安全稳定控制装置的动作过程。

【正文】

在电力系统中，为了保持系统稳定运行，须配置完善快速的继电保护和可靠的安全自动装置及稳定措施。安全自动装置类型主要包括就地和远方安全自动装置、解列装置、过负荷减载装置、低频减载装置、低频启动发电机、大小电流切机。

当电力系统中有联络线，而联络线传输负荷约占受电地区总负荷的30%时，在联络线跳闸后，会引起系统频率严重下降，此时采用按频率减载装置可以保证地区重要负荷的用电。但当联络线输送功率占地区功率的50%以上时，则联络线跳闸后，有两种可能性：一种是引起系统频率严重下降；另一种则可能引起系统电压严重下降（因功率缺额太大），此时地区系统的频率下降不多（因电压下降后负荷也随之下降），有时甚至会使频率升高。此时采用按频率减载装置的作用不大，可采用按频率减载装置和其他联锁装置或自动装置配合使用的方案，如联锁解列装置、低电压解列装置和低电压切负荷装置等。

一、低压、低频解列装置

低压、低频解列装置主要装设在与大电力系统并网运行的受电小系统侧，由于小电源所在地区电网，正常运行时多有大系统电源提供给一部分负荷，以满足小系统侧地区功率的平衡。故在联络线路中断后，将使小电源侧地区电力系统出现功率缺额。当有功功率出现缺乏时，表现为频率下降；当无功功率出现缺乏时，将造成电压下降。因此，在功率平衡点应装设低频率、低电压解列装置，以保证小电源侧电力系统的安全运行。如图 ZY1000102007-1 所示为低压、低频解列装置装设地点。

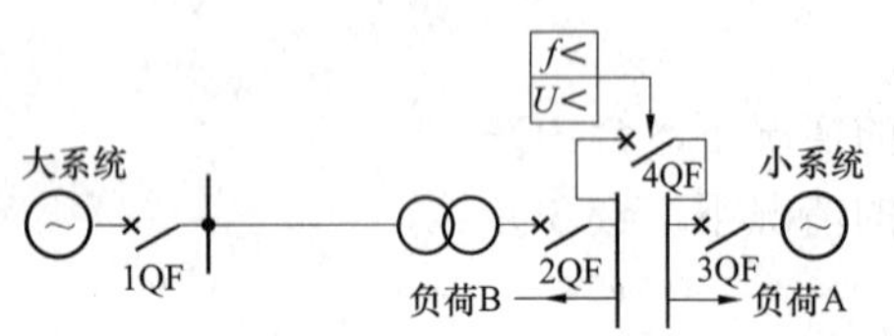

图 ZY1000102007-1 低压、低频解列装置的装设地点

负荷 A 为受电侧小电力系统的主要负荷，其功率与小电力系统发电容量相平衡；负荷 B 为一般负荷，与大电力系统同接于一条母线上。当大、小系统联络线路断路器 1QF 处断开时，小系统侧所装低压、低频解列装置动作，跳开母联断路器 4QF，以保持小系统安全稳定运行。

低电压整定按动力负荷的允许临界电压为 65%～75%U_N，也可根据小系统侧无功功率平衡情况取 70%～80%U_N，动作时间应与电压动作范围内故障时的快速保护相配合，一般取 1～2s。

为了保证系统可靠解列，一般低频率元件整定频率较高，目前在大多数地区都整定在 47Hz 左右，有些地区为 46～46.5Hz，也有个别的地区高到 48Hz 左右。该装置多用在地区之间的解列点。为防止静态误动作，装置应带 0.3～1s 的时限。

二、按频率自动减负荷装置

当电力系统功率失去平衡时，将会引起频率的下降，按频率自动减负荷（简称低频减负荷或低周减载）装置就是在电力系统频率严重下降到威胁系统安全运行时，自动切除部分次要负荷，使系统频率迅速恢复到正常运行允许水平的一种自动装置。它与其他自动装置一样，应根据整个电力系统的具体情况，如电网的接线、机炉运行容量、事故情况等，编制按频率自动减负荷的方案。该方案主要包括减负荷的级数、动作时间以及切负荷的数量等。

电力系统中某些机组故障被切除后，由于出现有功功率缺额，系统频率会急剧下降。采用按频率自动减负荷装置，可以制止事故的进一步扩大。

1. 采用按频率自动减负荷装置的重要性

在电力系统正常运行时，负荷的波动将导致频率的变化，该方式下可以通过调整发电机的输出有功功率来维持系统的有功功率平衡。当电力系统发生短路故障、大型发电机组突然切除或用电负荷突然大幅增加时，系统功率失去平衡将会引起频率的下降，导致大量用电设备不能正常运行，甚至造成电力系统崩溃，危害相当严重。

为了保证系统的正常和安全稳定运行，系统频率保持应有的水平。正常运行情况下，电力系统的运行频率偏差为±0.2Hz，同时根据规定系统频率不允许长期低于 49.5Hz 运行。在事故情况下，通过按频率自动减负荷装置的作用，应能保证频率低于 47Hz 的时间不超过 20～30s，频率低于 45Hz 的时间不能大于 0.5～1s。由此可见，在事故情况下，要在如此短暂时间内正确地判断和处理，就只有通过系统中装设自动装置才能实现。

装设按频率自动减负荷装置后，它在系统发生事故、频率急剧下降时，通过切除部分不重要的负荷，来制止频率的下降，并使系统频率逐步恢复正常。

2. 按频率自动减负荷装置原理接线

当频率低于整定值时，相应定时器启动，定时器时间大于整定时间时，保护动作。

动作判据为：$|I|>I_{set}$；$|U|>U_{set}$；$F<F_{set}$；$t>t_{set}$；$df/dt<[df/dt]set$。其中：U_{set}为低电压闭锁值；I_{set}为低电流闭锁值；F_{set}为低频整定值；t_{set}为低频延时值；df/dt 为滑差值；U_{set}、I_{set}、F_{set}、t_{set}根据低频减负荷的原则进行整定。如图 ZY1000102007-2 所示为按频率自动减负荷装置原理接线示意图。

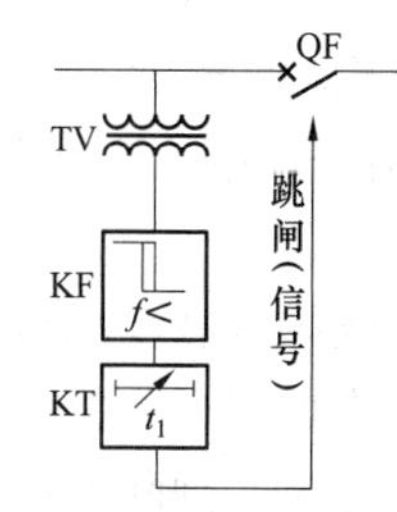

图 ZY1000102007-2　按频率自动减负荷装置原理接线示意图

三、按频率自动减负荷装置应用

目前，用微机实现按频率自动减负荷的方法大致有两种：一是采用专门的按频率自动减负荷装置（集中控制方式），将全部馈电线路分为1～8 级（也可根据用户需要设置低于 8 级的）和特殊级，然后根据系统频率下降的情况去切除负荷。二是将按频率自动减负荷的控制分散设置在每一回馈电线路的保护装置中。

微机保护测控装置几乎都是面向对象设置的，每回线路配置一套保护测控装置，在线路保护测控装置中增加一个测频元件，便可以实现自动按频率减负荷的控制功能。

图 ZY1000102007-3 所示为微机型按频率自动减负荷装置第 n 级保护原理框图。

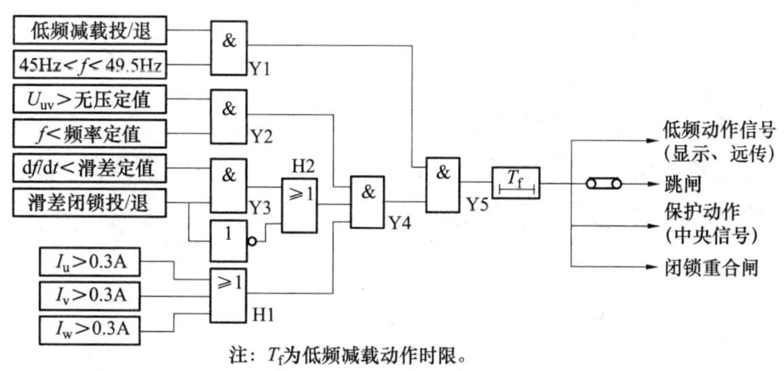

图 ZY1000102007-3　微机型按频率自动减负荷装置第 n 级保护原理框图

由图 ZY1000102007-3 中可以看出，按频率自动减负荷保护设有低电压闭锁、低电流闭锁、滑差闭锁。保护装置加装闭锁元件的目的是为了保证按频率自动减负荷装置的可靠性，在外界干扰下不误动，以及当变电站进、出线发生故障，母线电压急剧下降导致测频错误时，装置不致误发控制命令，除了采用 df/dt 闭锁外，还设置了低电压及低电流闭锁等措施。为此，必须输入母线电压和主变压器电流。

1. 按频率自动减负荷装置几种闭锁方式分析

（1）低电压闭锁。在电压小于整定值时，闭锁跳闸出口继电器，并发出信号。该闭锁方式是利用电源断开后电压迅速下降来闭锁按频率自动减负荷装置。由于电动机电压衰减较慢，因此必须带有一定的时限才能防止装置的误动作。特别是当装置安装在受电端接有小电源或同步调相机以及容性负载比较大的降压变电站内时，很容易产生误动。另外，采用低电压闭锁也不能有效地防止系统振荡过程中频率变化而引起的误动时，可加装频率闭锁功能。

（2）低电流闭锁。在电流小于整定值时，闭锁跳闸出口继电器，并发出信号。该闭锁方式是利用电源断开后电流减小的规律来闭锁按频率自动减负荷装置。该方式的主要缺点是电流值不易整定，某些情况下易出现装置拒动的情况，同时，当系统发生振荡时，装置也容易发生误动作。目前，这种方式一般只限于电源进线单一、负荷变动不大的变电站。

（3）滑差闭锁。当系统发生故障时，频率快速下降，滑差较大，此时闭锁按频率减负荷装置，当系统有功不足，频率缓慢下降，滑差较小，此时开放按频率减负荷装置。

2. 按频率自动减负荷装置动作逻辑

按频率自动减负荷装置动作逻辑原理框图如图 ZY1000102007-3 所示。

（1）闭锁低频减载的信号（假设信号为 1 动作、为 0 闭锁）有三个：

1）无电流闭锁，当线路电流小于 0.3A 时（三相电流均小于），或门 H1 输出为“0”，与门 Y4、Y5 输出为“0”，闭锁低频减载。

2）低压闭锁，当电压小于无电压整定值或频率大于定值时，与门 Y2、Y4、Y5 输出为“0”，闭锁低频减载。

3）滑差闭锁（此功能可用软压板投退），当 df/dt 大于整定值时，经与门 Y3 和或门 H2 输出为“0”，闭锁低频减载。

（2）低频减载动作过程。当闭锁条件不满足时，即线路电流大于 0.3A，低电压元件测量电压大于无电压定值且测频元件测得频率小于频率定值，滑差闭锁元件小于整定值、“低频减载投/退”（压板或控制字）投入，判断测量频率在 $45\text{Hz}<f<49.5\text{Hz}$ 范围内，Y1、Y5 输出为“1”，低频减载动作。

（3）低频减载动作信号含义：

1）“保护动作（中央信号）”的含义是表示保护装置向中央信号发出低频减载保护功能动作。

2）“低频动作信号（显示、远传）”的含义是保护装置向液晶显示窗口或远方发送低频保护动作。

3）“跳闸”是指保护动作发出跳闸命令。

4）“闭锁重合闸”是指保护动作后闭锁相应线路保护的重合闸。

【思考与练习】

1. 电力系统中的安全自动装置主要有哪几种类型？
2. 低压、低频解列装置的作用原理是什么？
3. 装设按频率自动减负荷装置的作用是什么？
4. 简述按频率自动减负荷装置的工作原理。
5. 简述按频率自动减负荷装置设置低压低频闭锁、低电流闭锁以及滑差闭锁的作用。
6. 简述按频率自动减负荷装置动作逻辑及信号含义。

国家电网公司
生产技能人员职业能力培训专用教材

第十二章 电气二次接线识图、绘图

模块 1 直流系统接线图（ZY1000103001）

【模块描述】本模块介绍了变电站直流系统。通过原理讲解、要点分析和应用举例，了解变电站直流系统配置，并能识读直流系统接线图。

【正文】

直流电源系统包括蓄电池、充电装置、直流屏、直流网络，简称直流系统。为监控装置、继电保护及自动装置、断路器的测控装置、通信及远动装置、事故照明、交流不间断电源等直流负荷提供电源。220kV 变电站一般采用额定电压为 220V 由蓄电池组供电的直流系统。它是独立可靠的直流电源，在全站交流系统停电的情况下，能保证保护装置迅速动作切除故障，确保电力系统安全运行。

为保证变电站内直流系统的供电可靠性，首先必须保证直流母线接线、直流电源配置及直流供电网络的可靠；其次，要合理地选择蓄电池、充电装置、各种开关和保护设备、动力和控制电缆等设备；最后，对直流系统设备要进行良好的维护。

一、直流电源系统概述

直流电源系统包括交流输入、监控装置、充电装置、馈电、蓄电池组、绝缘监察（接地选线可选）、放电（可选）、母线调压装置（可选）、电压监测（可选）、电池巡检（可选）等单元组成。充电装置是指磁放大充电装置、相控充电装置、高频开关电源等充电装置的总称。监控装置是指对直流电源充电装置的交直流电压、直流输出电流和蓄电池电压等电气参数进行测量、显示和控制以及带有“遥测”、“遥信”、“遥控”等接口的专用装置。直流屏是指直流进线屏、直流馈线屏、充电装置屏、蓄电池屏和直流分线屏等统称。

1. 对各主要部件的要求

（1）交流输入。每个成套充电装置应有两路交流输入，互为备用，当运行的交流输入失去时能自动切换到备用交流输入供电。对于额定交流输入为 220V 的充电装置，应检测相电压；对于额定交流输入为 380V 的充电装置，则应监视各线电压。

（2）微机监控显示及报警功能。监控装置应能显示交流输入电压、直流控制母线电压、直流动力母线电压、充电电压、蓄电池组电压、充电装置输出电流、蓄电池的充电电流、蓄电流的放电电流等参数；监控装置应能对其参数进行设定、修改。若发现下列状态：交流电压异常、充电装置故障、母线电压异常、蓄电池电压异常、母线接地等，应能发出相应信号及声光报警。监控装置能自我诊断内部电路故障和不正常运行状态，并能发出声光报警。直流电源系统应装设有防止过电压的保护装置。

（3）蓄电池组（柜）。防酸蓄电池和大容量的阀控蓄电池宜安装在专用蓄电池室内。容量在 40Ah 及以下的镉镍电池和 300Ah 及以下的阀控蓄电池，可安装在电池柜内。电池柜内应装设温度计；电池柜体结构应有良好的通风、散热。电池柜内的蓄电池应摆放整齐并保证足够的空间：蓄电池间不小于 15mm，蓄电池与上层隔板间不小于 150mm；系统应设有专用的蓄电池放电回路，其直流空气断路器容量应满足蓄电池容量要求。

（4）母线调压装置。在动力母线（或蓄电池输出）与控制母线间设有母线调压装置的系统，应采用防止母线调压装置开路造成控制母线失压的有效措施；母线调压装置的标称电压不小于系统标称电压的 15%。

（5）如采用高频开关电源模块应满足下列要求：

1）N+1 配置，并联运行方式，模块总数宜不小于 3 块。

2）监控单元发出指令时，按指令输出电压、电流，脱离监控单元，可输出恒定电压给电池浮充。

3）可带电拔插更换。

4）软启动、软停止，防止电压冲击。

2. 对直流电源系统接线方式的技术条件要求

（1）装有两组蓄电池的直流母线应采用单母线分段接线方式，并在两段直流母线之间设置联络断路器或隔离开关，正常运行时断路器或隔离开关处于断开位置。每段母线应分别采用独立的蓄电池组供电，每组蓄电池和充电装置应分别接于一段母线上。当装有第三台充电装置时，其可在两段母线之间切换。

（2）直流供电馈出网络应采用辐射状供电方式，不应采用环状供电方式。

（3）直流馈线屏或直流分电屏的接线要求：

1）直流分电屏应有两回直流电源进线，分别经隔离电器接至直流母线。

2）对于具有双重化控制和保护回路要求的双电源供电负荷，直流分电屏应采用两段母线。

3）有两组蓄电池的系统，直流分电屏每段母线的电源应来自不同的蓄电池组，并应防止两组蓄电池通过直流分电屏并列运行。

（4）直流回路严禁采用交流空气断路器。

（5）同一支路中空气断路器和熔断器不宜混合使用。当直流断路器与熔断器配合时，应考虑动作特性的不同，对级差做适当调整，直流断路器下一级不应再接熔断器。

（6）同一直流电源系统的直流空气断路器或熔断器应分级配置，上下级应满足选择性配合要求。同一直流电源系统的直流回路采用的空气断路器或熔断器，原则上应选用同一生产厂家的系列产品，当使用不同系列或不同生产厂家的产品时，在使用前应进行动作特性抽检或校核。

（7）当直流电源系统设有合闸（动力）母线与控制母线，并在其间设有降压装置时，应采取防止该降压装置开路造成控制母线失压的措施。

（8）直流设备、整流模块、监控装置、蓄电池检测仪、直流接地选线装置、直流绝缘监测装置等应通过直流电源质检部门的检测，并满足用户的技术要求。

（9）同一直流电源系统的蓄电池组、充电装置宜采用相同容量的产品，蓄电池组宜采用相同类型的产品。

（10）直流屏内主母线应采用阻燃绝缘铜母线。

（11）直流电源系统选用应注重新设备、新技术的应用，积极采用先进适用技术。对于经过运行证明成熟的新设备和新技术应积极推广应用，如高频开关电源、蓄电池在线电压监测、直流电源系统在线绝缘监测选线等。

（12）绝缘监测及信号报警试验：

1）直流电源装置在空载运行时，其额定电压为220V的系统，用25kΩ电阻；额定电压为110V的系统，用7kΩ电阻；额定电压为48V的系统，用1.7kΩ电阻。分别使直流母线正极或负极接地，应正确发出声光报警。

2）直流母线电压低于或高于整定值时，应发出低电压或过电压信号及声光报警。

3）充电装置的输出电流为额定电流的105%～110%时，应具有限流保护功能。

4）装有微机型绝缘监测装置的直流电源系统，应能监测和显示其支路的绝缘状态，各支路发生接地时，应能正确显示和报警。

（13）监控装置内应设有通信接口，实现对设备的遥信、遥测及遥控。控制中心通过遥信、遥测、遥控通信接口，监测和控制远方变电站中正在运行的直流电源装置。

1）遥信内容：充电装置故障、交流电压异常、直流母线电压过高或过低、直流母线接地、直流空气断路器脱扣、蓄电池组熔断器熔断、直流绝缘监测装置和其他装置故障等信号。

2）遥测内容：交流输入电压、直流母线电压、负载总电流、蓄电池组端电压、蓄电池分组或单体蓄电池电压、电池充放电电流值等参数。

3）遥控内容：直流电源充电装置的开启、关停控制；充电装置的均、浮充转换控制（运行方式切换）等。

二、直流电源系统接线特点

直流母线的接线方式与蓄电池的组数、直流负荷的供电方式以及充电装置的配置情况等因素有关。

在满足直流供电可靠性的前提下，尽可能接线简单，精简设备。

变电站直流系统采用单母线分段接线方式，其特点是：

（1）设备少、接线简单清晰，直流屏内布线方便。

（2）能方便地形成两个互相独立的直流系统，有益于提高直流系统供电的可靠性。

（3）查找直流接地方便。

图 ZY1000103001-1 所示为充电装置采用三套且装设两组蓄电池的单母线分段直流系统接线示意图。该系统中由两组蓄电池、三套整流型充电装置、控制母线和动力母线及其所带馈线、硅降压装置、直流绝缘检测装置等构成。控制母线和动力母线双断路器分段，在正常运行情况下，两段母线间的主联络断路器打开。1 号、2 号充电装置均可通过控制断路器直接上动力母线，也可经充电母线与相应的蓄电池组相连接，经蓄电池组控制断路器上动力母线。3 号充电装置连接于动力母线双开关分段之间分别或同时向两段动力母线供电。当控制母线辅助联络断路器断开时，整个直流系统分成两个没有电气联系的部分。在每段母线上接一组蓄电池和一套兼作充电和浮充电的整流型充电装置。每段控制母线设有单独的电压监视和传统型绝缘监察装置，同时监视两段母线对地绝缘状况的微机型绝缘监察装置一套。降压设备接在动力母线和控制母线之间。对于配有双重化保护装置的安装单位，可分别从每段控制母线上取得工作电源；对没有双重化保护要求的安装单位，可平均分接在两段控制母线上，使正常运行情况下两段母线的直流负荷基本相等；动力负荷也平均分配在两段动力母线上。当其中一组蓄电池因检修或充放电需要脱离母线时，将分段联络断路器合上，两段母线的直流负荷由另一组蓄电池供电。

这种直流系统因蓄电池组和充电装置均为双重化配置，母线通过联络断路器分段，对重要负荷从两段母线上用双回路供电，因此可靠性很高。

在动力母线上的负荷很小或没有冲击动力负荷时，经计算，当蓄电池充电或过充电时，充电母线电压在允许的变动范围之内，可将动力母线和控制母线合并为一条母线，取消硅降压装置，简化直流系统接线。

三、直流电源系统接线分析

图 ZY1000103001-1 所示接线方案以典型方案为基础，增加了控制母线联络熔断器、断路器及截止二极管等元件，既实现了两段控制母线互为热备用的功能，又继承了典型方案接线简单明了、易于运行操作及检修维护的优点，而且便于利用原有设备进行现场改造，可节约大量改造资金。

1. 接线设计原则

（1）保证在任一组蓄电池、一台充电装置、一段动力母线及馈出线短路等故障情况下，两段控制母线及馈出线不失电，电压不低于规定值。

（2）在一段控制母线及馈出线短路等故障情况下，保证另一段控制母线不失电。

2. 主要设备配置

充电机三套；阀控铅酸蓄电池两组，每组 104 只；PK-10 型直流馈线屏 4 面，动力及控制母线分开，设置两段动力母线和两段控制母线，带不可调降压硅堆两组；设微机绝缘监视装置（带支路检测）一套和常规型绝缘监视装置两套；动力馈出线、控制保护馈出线若干。

3. 运行方式

（1）正常情况。1 号、2 号充电装置分带两组蓄电池各上一段动力母线运行，两段动力母线分列并分别经截止二极管及降压硅堆带两段控制母线，两段控制母线通过熔断器、断路器及双向二极管并列。

（2）事故情况。

1）在任一组蓄电池、充电装置、动力母线及动力馈出线短路等故障情况下，动力母线电压下降至低于控制母线电压时，通过截止二极管与所带控制母线隔离；所带控制母线负荷由另一段控制母线通过熔断器、断路器及双向二极管提供。

2）在任一条控制母线及馈出线短路等故障情况下，控制母线联络熔断器熔断，断开故障母线，保证无故障母线的运行。

4. 接线对直流屏上设备配置的特殊要求

（1）控制母线联络用熔断器的选择。该熔断器是保证在一条控制母线故障情况下，不影响另一条母线的关键器件。对该熔断器的要求是：

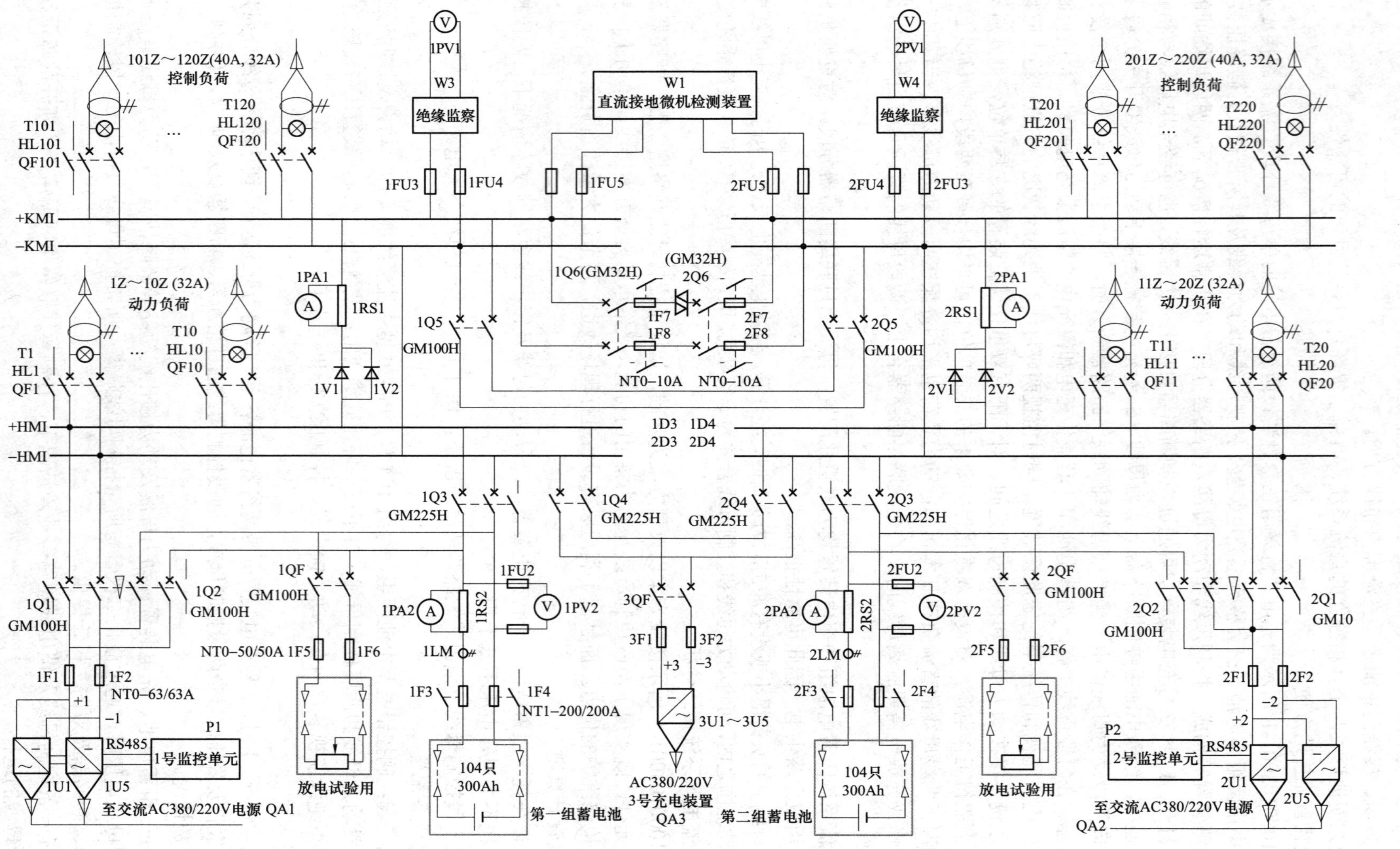

图ZY1000103001-1 装设两组蓄电池的单母线分段直流系统接线示意图

1）在任一控制母线直流馈出线短路情况下，应先于馈线出口断路器跳闸而熔断，尽快将两段母线分离，最大限度地减少对非故障母线的影响。

2）能承受另一段直流母线在各种正常运行方式下的全部负荷。

3）带熔断指示。

目前采用的是 NT 型熔断器，熔体额定值为 10A，本身带机械信号（由于在正常运行方式下，两段控制母线电压为等电位，不能通过熔断器两端的电压差来发信号，因而不能采用灯光信号）。

与熔断器串联的直流断路器用于正常操作，不带脱扣。不单独采用断路器，这是因为：直流断路器具有方向性，不满足双向遮断的要求；断路器可能会在控制母线短路时出现机械故障而拒动，造成全站直流消失。

（2）增加母线联络双向二极管。两台充电装置及蓄电池组经控制母线熔断器并列，因充电装置和蓄电池组参数的差异，不可能实现两台充电装置间的负荷均流，会造成由一台充电装置带负荷，另一台充电装置空载的情况。为了均分负荷，采用了双向硅管，可产生约 0.7V 的门槛电压，充电装置的稳压精度能够满足要求，即正常运行情况下，每台充电装置只带本段控制母线的负荷。

（3）增加动力母线对控制母线的二极管。用于防止在硅堆短接时，由控制母线向合闸母线反送电。

（4）绝缘监测装置的选择。设置两套常规型绝缘监测装置，一套微机型绝缘监测装置。正常运行时微机型监测装置投运，不论母线分、并列，均同时监测两段母线对地绝缘，常规型监测装置备用。

微机型监测装置通过对其内部电路及软件的调整，可实现如下功能：

1）一套装置可同时监视两段母线，且不受母线分、并列运行方式的影响。这样在两段母线分、并列运行时，直流系统均不改变接地电阻值，不需值班员手动投停一套监测装置。从而可避免在两段母线并列运行时值班员未及时停运其中一套装置，造成的对地绝缘降低（由 30kΩ变为 15kΩ），而在另一点接地的情况下，可能造成保护误动；在两段母线由并列转分列运行时，值班员未及时将两套装置同时投运，造成一段母线失去直流对地绝缘监视。

2）正负极同时接地时的可靠报警。该装置采用不平衡检测原理，能够实现由于外力机械损伤及天气潮湿造成的正负极同时接地或绝缘降低时的可靠报警。

（5）降压硅堆的选择。

降压硅堆采用两组不可调硅堆，每组可降 10V 电压，带硅堆短接开关。不采用自动可调硅堆的原因是为了防止降压硅堆在不同挡位造成两段控制母线电压差超过门槛电压。

5. 接线对运行监视及操作的要求

新型接线与常规接线比较，在运行监视及操作上，有以下几点特殊的要求：

（1）巡视母线联络熔断器是否熔断，联络断路器是否跳闸（这是保证热备用的关键）。

（2）两台充电装置输出负荷与每段母线负荷是否一致。如一台无输出，一台带全部负荷，则需调整充电装置的浮充电压。

（3）两段控制母线在一段动力母线停运、控制母线不能环路受电、失去热备用功能情况下，应将控制母线主联络开关（不脱扣）置合位。

（4）交流失电时，需将硅堆短接开关置合位。为防止联络熔断器因此误动，在短接开关前先将控制母线主联络开关（不脱扣）置合位，短接后立即断开。恢复交流送电时的操作同上。

6. 对于无电磁合闸机构的变电站

将每组蓄电池设为 104 只，在接线上取消两组降压硅堆及短接开关即可实现控制母线电压不失电的目的。

7. 实现控制母线互为备用

（1）在正常运行方式下，可以有效地消除电磁机构合闸等冲击负荷造成的控制母线电压波动，使保护装置的电源电压保持稳定。

（2）在直流设备出现异常情况（如单组蓄电池开路）、事故情况（如单组蓄电池、动力母线及动力馈出线短路）时，两段控制母线均能够不间断地对保护及二次回路供电。

（3）该接线与下级直流辐射供电网络相结合，实现了从蓄电池组至保护馈出线的多层后备模式。

常规的接线方式下如采用辐射型直流供电网络，在蓄电池、动力母线出现故障时将造成一半的直流负荷停运，可靠性难以满足现场安全要求。

四、智能高频开关直流电源系统应用举例

1. 智能高频开关直流电源

智能高频开关直流电源一般由交流配电单元、智能高频开关电源模块、监控单元、直流馈线单元以及蓄电池等部分组成。监控单元负责协调、控制、检测整个直流系统的工作，是整个系统的神经中枢；电源模块是整个系统的核心，是系统可靠的主要体现。

（1）智能高频开关电源模块简介。如图 ZY1000103001-2 所示为全智能高频开关电源模块工作原理框图。

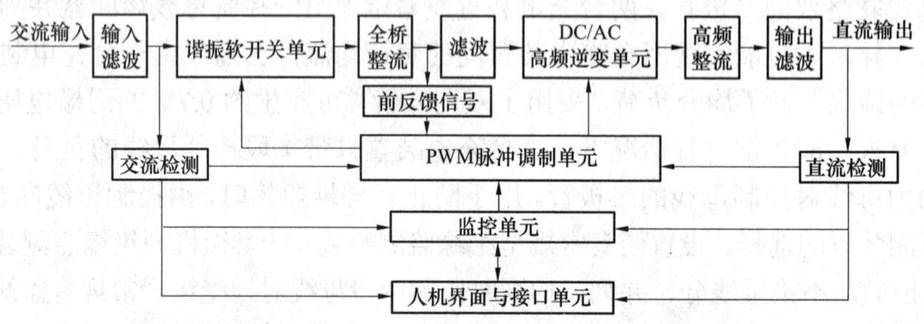

图 ZY1000103001-2　全智能高频开关电源模块工作原理框图

工作原理：采用尖峰抑制和 EMI 输入滤波电路实现对输入电源作净化处理，滤除高频干扰及吸收瞬态冲击；软启动部分用作消除开机浪涌电流；三相交流输入电源经输入三相整流、有源功率因数校正（APFC 滤波）变换成直流，高频逆变电路再将直流变换为高频交流，高频交流经主变换器隔离、全桥整流、滤波转换成输出稳定可调的直流电压，其工作频率为 40～60kHz。

（2）监控单元模块简介。监控单元由装置工作电源模块、系统模块、交流检测模块、电池检测模块、系统测控模块、绝缘检测模块等部分组成。智能高频开关直流电源监控单元实现对系统交流供电、充电过程、电池状态、调压状态、馈线接地、开关位置全过程实时检测、控制与显示，同时，通过通信网络使变电站监控系统实现远方对电源系统遥测、遥信、遥控、遥调功能。

1）系统模块。系统模块由 CPU 与液晶显示器及键盘组成，主要完成整个电源系统数字化控制及界面操作，并提供远程 RS-485/RS-232 等通信接口。

① 基本功能：实时数据采集、安全监视与控制、屏幕显示与操作、故障记录、通过通信网向变电站监控系统传送数据并复制打印。

② 数据采集：同其他监控模块配合完成交流进线三相电压与电流、均充电压与电流、浮充电压与电流、母线对地绝缘电阻、电池温度、电池安时数、电池单组电压、整组电压、控制母线与动力母线电压、开关状态等的采集工作。

③ 控制功能：通过键盘对直流系统参数进行设定与控制，核对执行的全过程，以确保系统运行的正确性。同时对充电过程、综合调压进行自动控制。

④ 安全监视功能：同其他监控模块配合完成输入交流电压越限、缺相、电池单组或整组电压越限、控制母线和动力母线电压越限及对地电阻越限、装置内部故障、各开关变位等的安全监视。

⑤ 事件记录功能：对所有的故障与事件按事件的时间顺序记录，可作为运行和事故分析的依据。

⑥ 网络通信功能：实现远方对电源系统遥测、遥控、遥信、遥调。

2）交流检测模块。

① 数据采集功能：实时测量三相交流输入的电压、电流及频率。

② 自动控制功能：通过交流接触器辅助触点切换延时可完成两路交流电源自动互投。

③ 安全监视功能：交流三相电压越限、装置内部故障。

④ 通信功能：通过 RS-485 总线与系统单元通信。

3）蓄电池检测模块。如图 ZY1000103001-3 所示，蓄电池检测模块由电池 CPU 检测模块、电池

巡检模块组成。通过传感器实时检测电池组充电电流、电池组放电电流、整组蓄电池端电压及各单组电池电压等，由 CPU 对以上数据进行处理计算，从而判断整组电池及单个电池性能的好坏，达到电池检测的目的。

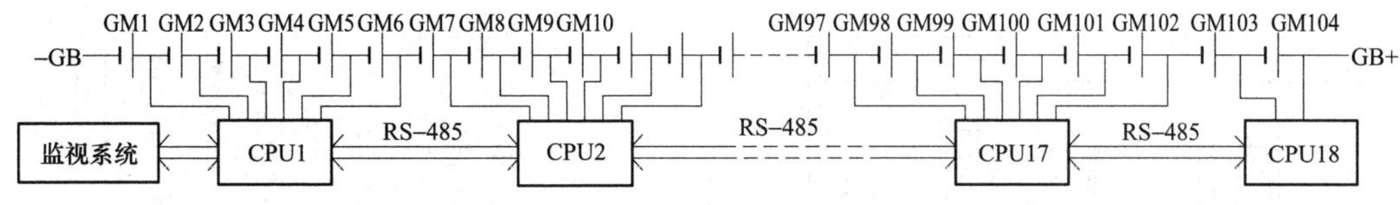

图 ZY1000103001-3　蓄电池检测模块原理接线示意图

① 数据采集功能：电池室温度、充放电电流、充放电电压、安时数、整组蓄电池电压、单组电池电压。

② 安全监视功能：单组电池电压越限、整组电池电压越限、温度越限、电池容量越限、装置内部故障。

③ 通信功能：通过 RS-485 总线将电池检测模块信息传送到系统模块。

4）系统测控模块。系统测控模块由馈线 CPU 模块和馈线开关量模块组成。它具有模拟量和开关量采集功能，实时采集控制母线、动力母线电压，监测各开关工作状态。当出现开关变位或电压越限时，自动给出告警信息。通过 RS-485 总线将馈线模块信息传送到系统模块。

5）绝缘检测模块。如图 ZY1000103001-4 所示为绝缘检测模块原理接线示意图，绝缘检测模块具有绝缘监察和接地选线功能。绝缘检测模块工作原理（见图 ZY1000103001-5）采用支路电流法，通过切换母线高阻接地电阻（R_g），用差电流霍尔元件穿套在各支路的正、负极出线上，如果某条线路出线接地，便产生一个差电流（i_g）。由于通过传感器的负载电流大小相等，方向相反，产生的磁场相互抵消，所以传感器二次侧不反应直流负载部分的信号，只反应出正、负极对地电阻和分布电容的泄漏电流矢量和。然后将电容电流滤掉，经 CPU 进行数据处理（控制母线和动力母线的对地绝缘电阻以及各馈线绝缘状态和极性），通过 RS-485 总线将信息传送到系统单元，显示支路号、接地极性和对应的电阻值。

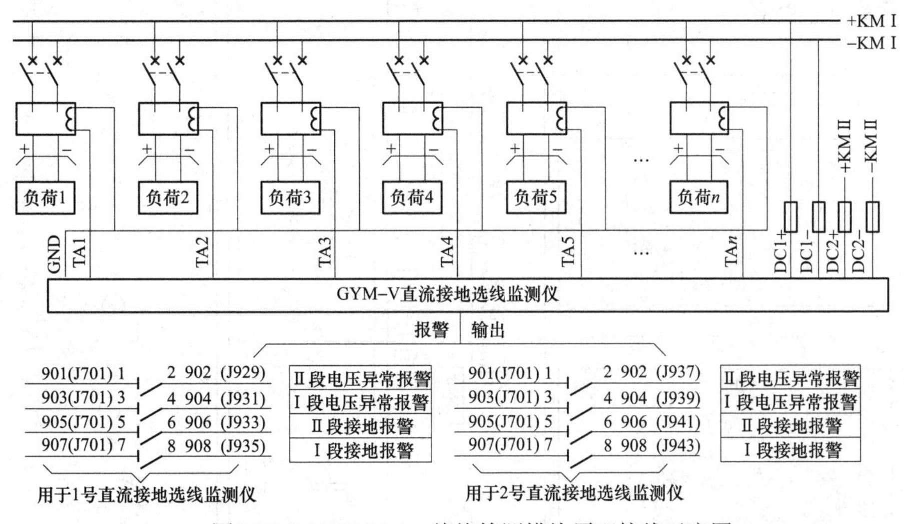

图 ZY1000103001-4　绝缘检测模块原理接线示意图

2. 直流电源系统应用举例

图 ZY1000103001-6 所示为某 220kV 变电站整个直流电源系统接线示意图。该直流电源系统设置三面微机充电装置屏、两面直流控制馈线屏、两面直流合闸馈线屏、两面分电屏。充电装置屏、直流控制馈线屏、直流合闸馈线屏、110kV 及 220kV 分电屏均布置在主控制室；两组 300Ah 阀控式密封铅酸蓄电池组安装在蓄电池室。直流馈线单元简介如下：

（1）直流负荷馈线屏馈线用法。

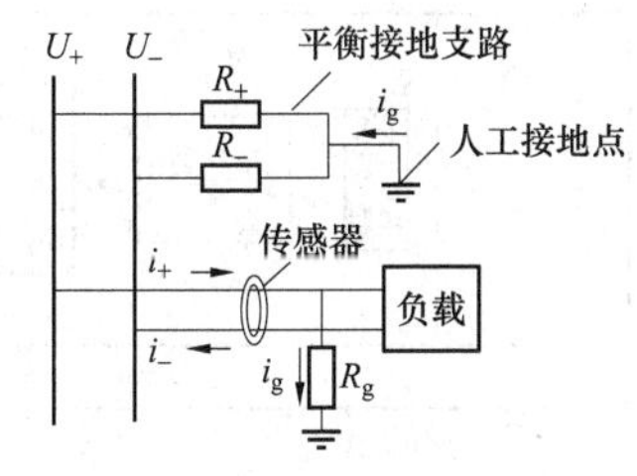

图 ZY1000103001-5　绝缘检测模块工作原理（差电流检测原理）电路图

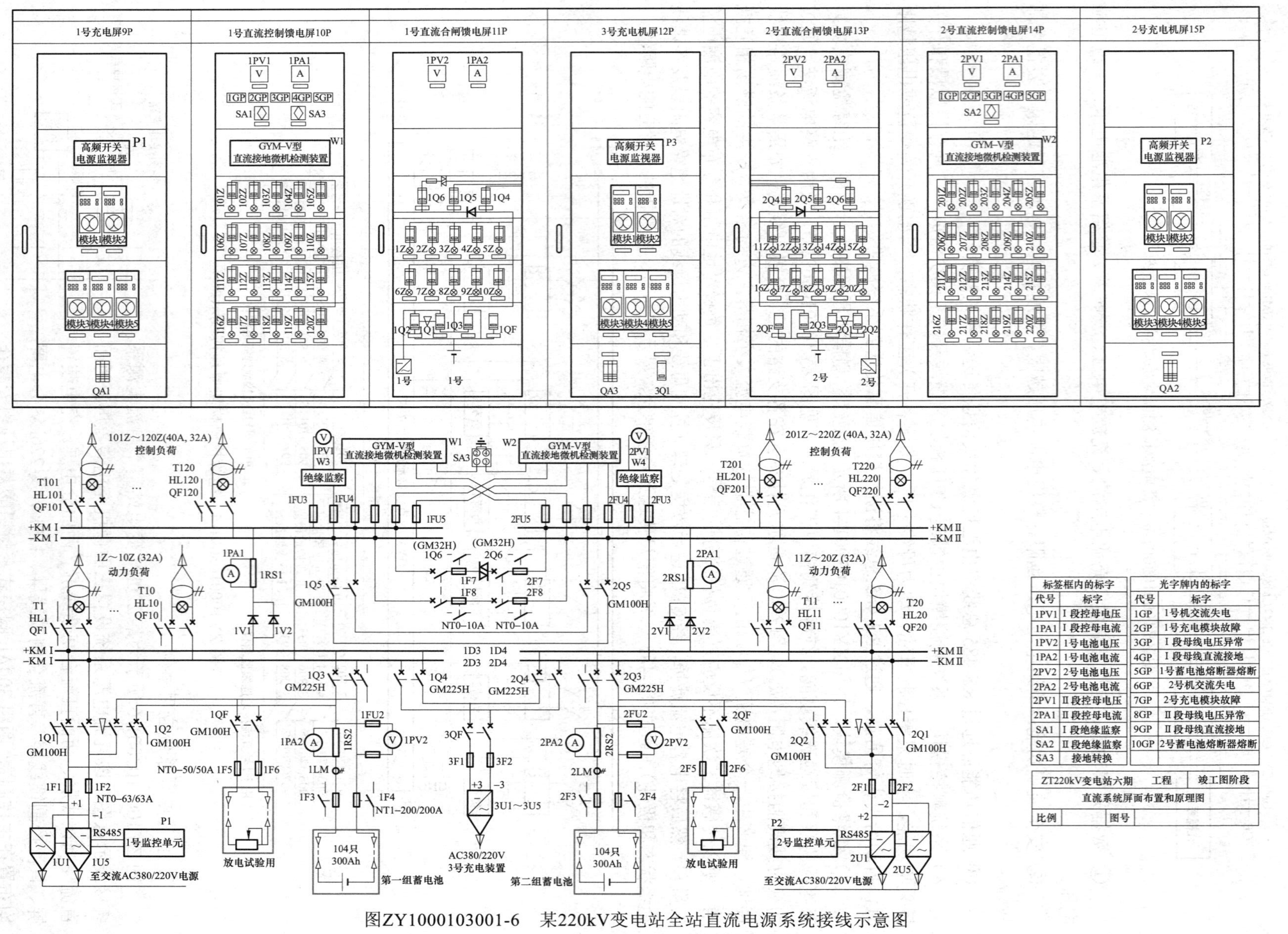

标签框内的标字		光字牌内的标字	
代号	标字	代号	标字
1PV1	Ⅰ段控母电压	1GP	1号机交流失电
1PA1	Ⅰ段控母电流	2GP	1号充电模块故障
1PV2	1号电池电压	3GP	Ⅰ段母线电压异常
1PA2	1号电池电流	4GP	Ⅰ段母线直流接地
2PV2	2号电池电压	5GP	1号蓄电池熔断器熔断
2PA2	2号电池电流	6GP	2号机交流失电
2PV1	Ⅱ段控母电压	7GP	2号充电模块故障
2PA1	Ⅱ段控母电流	8GP	Ⅱ段母线电压异常
SA1	Ⅰ段绝缘监察	9GP	Ⅱ段母线直流接地
SA2	Ⅱ段绝缘监察	10GP	2号蓄电池熔断器熔断
SA3	接地转换		

ZT220kV变电站六期	工程	竣工图阶段
直流系统屏面布置和原理图		
比例	图号	

图ZY1000103001-6 某220kV变电站全站直流电源系统接线示意图

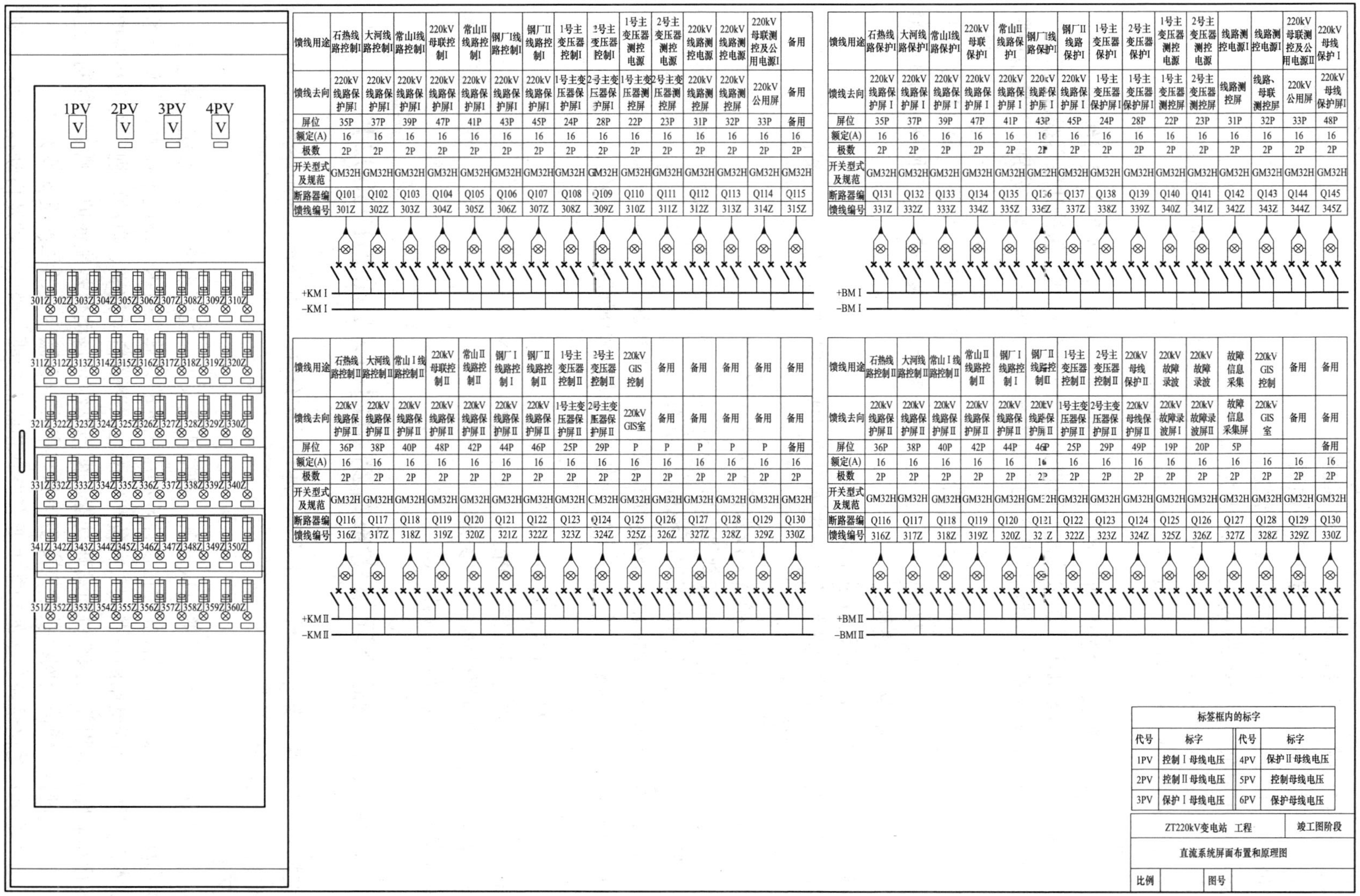

1PV 2PV 3PV 4PV

馈线用途	石热线路控制Ⅰ	大河线路控制Ⅰ	常山Ⅰ线路控制Ⅰ	220kV母联控制Ⅰ	常山Ⅱ线路控制Ⅰ	钢厂Ⅰ线路控制Ⅰ	钢厂Ⅱ线路控制Ⅰ	1号主变压器控制Ⅰ	2号主变压器控制Ⅰ	1号主变压器测控电源	2号主变压器测控电源	220kV线路测控电源	220kV线路测控电源	220kV母联测控及公用电源Ⅰ	备用
馈线去向	220kV线路保护屏Ⅰ	220kV线路保护屏Ⅰ	220kV线路保护屏Ⅰ	220kV线路保护屏Ⅰ	220kV线路保护屏Ⅰ	220kV线路保护屏Ⅰ	220kV线路保护屏Ⅰ	1号主变压器保护屏Ⅰ	2号主变压器保护屏Ⅰ	1号主变压器测控屏	2号主变压器测控屏	220kV线路测控屏	220kV线路测控屏	220kV公用屏	备用
屏位	35P	37P	39P	47P	41P	43P	45P	24P	28P	22P	23P	31P	32P	33P	备用
额定(A)	16	16	16	16	16	16	16	16	16	16	16	16	16	16	16
极数	2P	2P	2P	2P	2P	2P	2P	2P	2P	2P	2P	2P	2P	2P	2P
开关型式及规范	GM32H	GM32H	GM32H	GM32H	GM32H	GM32H	GM32H	GM32H	GM32H	GM32H	GM32H	GM32H	GM32H	GM32H	GM32H
断路器编	Q101	Q102	Q103	Q104	Q105	Q106	Q107	Q108	Q109	Q110	Q111	Q112	Q113	Q114	Q115
馈线编号	301Z	302Z	303Z	304Z	305Z	306Z	307Z	308Z	309Z	310Z	311Z	312Z	313Z	314Z	315Z

+KMⅠ
−KMⅠ

馈线用途	石热线路保护Ⅰ	大河线路保护Ⅰ	常山Ⅰ线路保护Ⅰ	220kV母联保护Ⅰ	常山Ⅱ线路保护Ⅰ	钢厂Ⅰ线路保护Ⅰ	钢厂Ⅱ线路保护Ⅰ	1号主变压器保护Ⅰ	2号主变压器保护Ⅰ	1号主变压器测控电源	2号主变压器测控电源	线路测控电源Ⅰ	线路测控电源Ⅰ	220kV母联测控及公用电源Ⅱ	220kV母线保护Ⅰ
馈线去向	220kV线路保护屏Ⅰ	220kV线路保护屏Ⅰ	220kV线路保护屏Ⅰ	220kV线路保护屏Ⅰ	220kV线路保护屏Ⅰ	220kV线路保护屏Ⅰ	220kV线路保护屏Ⅰ	1号主变压器保护屏Ⅰ	1号主变压器保护屏Ⅰ	1号主变压器测控屏	2号主变压器测控屏	线路测控屏	线路、母联测控屏	220kV公用屏	220kV母线保护屏Ⅰ
屏位	35P	37P	39P	47P	41P	43P	45P	24P	28P	22P	23P	31P	32P	33P	48P
额定(A)	16	16	16	16	16	16	16	16	16	16	16	16	16	16	16
极数	2P	2P	2P	2P	2P	2P	2P	2P	2P	2P	2P	2P	2P	2P	2P
开关型式及规范	GM32H	GM32H	GM32H	GM32H	GM32H	GM32H	GM32H	GM32H	GM32H	GM32H	GM32H	GM32H	GM32H	GM32H	GM32H
断路器编	Q131	Q132	Q133	Q134	Q135	Q136	Q137	Q138	Q139	Q140	Q141	Q142	Q143	Q144	Q145
馈线编号	331Z	332Z	333Z	334Z	335Z	336Z	337Z	338Z	339Z	340Z	341Z	342Z	343Z	344Z	345Z

+BMⅠ
−BMⅠ

馈线用途	石热线路控制Ⅱ	大河线路控制Ⅱ	常山Ⅰ线路控制Ⅱ	220kV母联控制Ⅱ	常山Ⅱ线路控制Ⅱ	钢厂Ⅰ线路控制Ⅰ	钢厂Ⅱ线路控制Ⅱ	1号主变压器控制Ⅱ	2号主变压器控制Ⅱ	220kV GIS控制	备用	备用	备用	备用	备用
馈线去向	220kV线路保护屏Ⅱ	220kV线路保护屏Ⅱ	220kV线路保护屏Ⅱ	220kV线路保护屏Ⅱ	220kV线路保护屏Ⅱ	220kV线路保护屏Ⅱ	220kV线路保护屏Ⅱ	1号主变压器保护屏Ⅱ	2号主变压器保护屏Ⅱ	220kV GIS室	备用	备用	备用	备用	备用
屏位	36P	38P	40P	48P	42P	44P	46P	25P	29P	P	P	P	P	P	备用
额定(A)	16	16	16	16	16	16	16	16	16	16	16	16	16	16	16
极数	2P	2P	2P	2P	2P	2P	2P	2P	2P	2P	2P	2P	2P	2P	2P
开关型式及规范	GM32H	GM32H	GM32H	GM32H	GM32H	GM32H	GM32H	GM32H	CM32H	GM32H	GM32H	GM32H	GM32H	GM32H	GM32H
断路器编	Q116	Q117	Q118	Q119	Q120	Q121	Q122	Q123	Q124	Q125	Q126	Q127	Q128	Q129	Q130
馈线编号	316Z	317Z	318Z	319Z	320Z	321Z	322Z	323Z	324Z	325Z	326Z	327Z	328Z	329Z	330Z

+KMⅡ
−KMⅡ

馈线用途	石热线路控制Ⅱ	大河线路控制Ⅱ	常山Ⅰ线路控制Ⅱ	常山Ⅱ线路控制Ⅱ	钢厂Ⅰ线路控制Ⅰ	钢厂Ⅱ线路控制Ⅱ	1号主变压器控制Ⅱ	2号主变压器控制Ⅱ	220kV母线保护Ⅱ	220kV故障录波	220kV故障录波	故障信息采集	220kV GIS控制	备用	备用
馈线去向	220kV线路保护屏Ⅱ	220kV线路保护屏Ⅱ	220kV线路保护屏Ⅱ	220kV线路保护屏Ⅱ	220kV线路保护屏Ⅱ	220kV线路保护屏Ⅱ	1号主变压器保护屏Ⅱ	2号主变压器保护屏Ⅱ	220kV母线保护屏Ⅱ	220kV故障录波屏Ⅰ	220kV故障录波屏Ⅱ	故障信息采集屏	220kV GIS室	备用	备用
屏位	36P	38P	40P	42P	44P	46P	25P	29P	49P	19P	20P	5P			备用
额定(A)	16	16	16	16	16	16	16	16	16	16	16	16	16	16	16
极数	2P	2P	2P	2P	2P	2P	2P	2P	2P	2P	2P	2P	2P	2P	2P
开关型式及规范	GM32H	GM32H	GM32H	GM32H	GM32H	GM32H	GM32H	GM32H	GM32H	GM32H	GM32H	GM32H	GM32H	GM32H	GM32H
断路器编	Q116	Q117	Q118	Q119	Q120	Q121	Q122	Q123	Q124	Q125	Q126	Q127	Q128	Q129	Q130
馈线编号	316Z	317Z	318Z	319Z	320Z	32 Z	322Z	323Z	324Z	325Z	326Z	327Z	328Z	329Z	330Z

+BMⅡ
−BMⅠⅡ

标签框内的标字			
代号	标字	代号	标字
1PV	控制Ⅰ母线电压	4PV	保护Ⅱ母线电压
2PV	控制Ⅱ母线电压	5PV	控制母线电压
3PV	保护Ⅰ母线电压	6PV	保护母线电压

ZT220kV变电站　工程	竣工图阶段
直流系统屏面布置和原理图	
比例	图号

图ZY1000103001-6　某220kV变电站全站直流电源系统接线示意图（续）

1）220kV 分电屏上控制电源Ⅰ、Ⅱ及保护电源Ⅰ、Ⅱ需从控制馈线屏各引 2 路馈线；

2）110kV 分电屏控制及保护电源需从控制馈线屏引 2 路馈线；

3）UPS 需从控制馈线屏引 2 路馈线；

4）其他主控室内设备如事故照明及保护故障信息管理系统等需从控制馈线屏各引 2 路馈线；

5）220kV 动力电源需从合闸馈线屏引 2 路馈线；

6）110kV 动力电源需从合闸馈线屏引 2 路馈线；

7）10kV 动力电源需从合闸馈线屏引 2 路馈线；

8）380V 控制电源需从合闸馈线屏引 2 路馈线；

9）10kV 保护控制、保护电源分开，由控制馈线屏各引 2 路至开关柜顶成环。

注意：正常运行时只合双路电源中其中一路馈线的开关。

（2）220kV 分电屏馈线用法。

1）220kV 分电屏分别设Ⅰ段控制母线及Ⅰ段保护母线（作为控制、保护Ⅰ段母线）；

2）220kV 分电屏分别设Ⅱ段控制母线及Ⅱ段保护母线（作为控制、保护Ⅱ段母线）；

3）220kV 采用双套操作箱和一套测控装置的配置方案，电源统一为一体，分别引双路主控制、测控电源；

4）主变压器非电量保护装置电源不单独引馈线，接至主变压器保护+BMⅡ、–BMⅡ母线中；

5）双重化保护（220kV 线路、220kV 母线、主变压器）配置的安装单位需自 2 回保护母线+BMⅠ、–BMⅠ、+BMⅡ、–BMⅡ各引 1 路馈线；

6）测控装置需自 2 段不同母线各引 1 路馈线；

7）故障录波器、故障信息采集柜均由分电屏保护母线引 1 路馈线。

（3）110kV 分电屏馈线用法。

1）110kV 分电屏设 1 段控制母线及 1 段保护母线引 1 路馈线；

2）110kV 线路、母联控制电源由控制母线引 1 路馈线；

3）110kV 线路、母联保护电源由保护母线引 1 路馈线；

4）110kV 线路、母联测控电源由 2 个不同的母线各引 1 路馈线；

5）母线保护、故障录波器、故障信息采集柜均由分电屏保护母线引 1 路馈线。

【思考与练习】

1. 直流系统主要包括哪些设备？其作用是什么？
2. 直流系统采用单母线分段接线方式的特点是什么？
3. 简述智能高频开关电源模块的工作原理。
4. 监控单元模块的构成及作用是什么？

模块 2 综合自动化系统结构图（ZY1000103002）

【模块描述】本模块介绍了综合自动化系统。通过结构介绍、要点分析和应用举例，掌握综合自动化系统网络结构和设备配置。

【正文】

变电站综合自动化是将变电站的二次设备（包括测量仪表、控制系统、信号系统、继电保护、自动装置和远动装置）经过功能组合和优化设计，利用先进的计算机技术、微电子技术、通信技术及信号处理技术，实现对全变电站的主要电气设备和输配电线路的自动控制、自动监视、测量和保护，以实现与运行和调度通信相关的综合性自动化功能。变电站综合自动化是集保护、测量、控制、远动等功能为一体，通过数字通信及网络技术来实现信息共享的一套微机化的二次设备及系统。

变电站的综合自动化系统具备的功能主要有控制和监视功能、继电保护及自动控制功能、测量表计功能、通信接口和系统功能。对于微机保护及自动装置与监控系统构成综合自动化系统时，所有微机保护及自动装置功能相对独立。当后台机及变电站通信网络系统出现故障时，微机保护及自动装置仍能正常运行。但此时对于集控中心或无人值守变电站将无法实现远方监控相关设备，因此，在后台机或变电站通信网络系统出现故障时，应恢复有人值班，并尽快消除故障。

在变电站中，依靠通信网络把微机保护装置、自动装置、测控装置和监控系统紧密地联系在一起，实现了综合自动化。电网调度中心通过数据采集监控系统（SCADA）与各变电站的综合自动化系统联系起来，形成了整个电网的调度自动化系统。

由此可见，变电站通信网络是变电站综合自动化系统的关键组成部分，它是变电站自动化系统各种信息传输的通道，通信网络的性能直接影响着变电站自动化系统的整体性能。

一、变电站综合自动化系统的组成

变电站综合自动化是电网调度自动化的基础和信息源之一，信息的正确采集、预处理，可靠的流动以及合理的利用是它的目标。

变电站综合自动化系统由三部分组成。

1. 间隔层的分布式综合设备

它们把模拟量、开关量转化为数字化实现保护功能，上送测量量和保护信息，接受控制命令和定值参数，是系统与一次设备的接口。

2. 站内通信网络

它的任务是搜索各综合设备的上传信息、下达控制命令及定值参数。

3. 变电站的监控及通信系统

它的任务是向下与站内通信网络相联通，使全站信息顺利进入数据库，并根据需要向上送往调度中心和控制中心，实现远方通信功能；此外，通过友好的人机界面和强大的数据处理能力实现就地监视、控制功能，是系统与运行人员的接口。

二、变电站综合自动化系统的网络结构

变电站内各保护、测控、自动装置和监控系统组成一个计算机通信的局域网络。变电站综合自动化监控系统采用面向对象的设计原则，由站控层和间隔层构成，系统结构主要类型有集中式、分布式、分层分布式三类。目前发展较快的是分层分布式通信网络，按物理结构划分为光纤型、总线型和基于LON网络结构三种通信网络。

1. 集中式监控系统

在集中式监控系统中，全部数据采集处理、监控、管理等工作，均由计算机系统按各功能模块化软件连接实现。这种集中式监控系统容易产生数据传输瓶颈问题，其扩展性、可维护性较差。它集保护功能、人机接口功能、“四遥”功能、自检功能于一体，结构简单，价格较低。它适用于电压低、出线少的小型用户变电站，系统内的变电站已不再使用。

2. 分布式监控系统

分布式监控系统是间隔层设备和站控层设备采用统一的计算机网络。间隔层数据采集和输出的测控设备直接接入统一的网络，并直接与站控层设备通信。这种分布式网络结构是按功能集中组屏，保护屏、自动装置屏、测控屏等功能屏柜的界限分明。它们分别与主机通信，通信的介质多数是采用RS-232、RS-422国际通用串行接口的通信电缆，也有采用总线分布式通信网络。分布式监控系统网络简单，通信宽带和信息传输速率都较集中式有较大的提高。变电站分布式监控系统通信网络，具有双总控可自动切换的监控方式。挂在总线下面的各智能微机装置按功能分布组屏，各屏柜上的装置与主机之间采用总线或串行通信方式实现数据通信。这种分布式结构在安装上可分为集中组屏和局部分散式组屏两种方式，前者多用于中小型变电站内，后者多用于大型变电站。

3. 分层分布式监控系统

分层分布式通信网络从逻辑上将变电站分为两层，即站控层和间隔层，系统结构清晰，间隔明确。分层分布式监控系统是根据一次接线面向间隔单元的网络。

站控层为变电站值班人员、调度运行人员提供变电站监视、控制和管理功能，界面友好，易于操作使用。站控层是整个变电站监视、测量、控制和管理的智能中心。站控层设备主要包括操作员站、远动主站、继电保护工程师站、微机“五防”系统、大型电气设备在线监测与诊断系统和遥视系统设备。

间隔层按照不同的电压等级、不同的电气间隔单元、不同的控制对象分散在各个保护小室中或是

下放到高压设备现场。在站控层或通信网络故障的情况下，间隔层仍能独立完成间隔层的监视和控制功能。间隔层设备包括保护装置、测控装置、自动装置、操作切换装置以及其他智能设备和附属设备。

变电站通信网络是站控层和间隔层之间数据传输的通道，通信网络的性能直接影响着整个变电站自动化系统的性能。

4. 通信网络现状

（1）串行总线网络技术。在工程实践中暴露出很多问题，随着电力系统对变电站自动化系统功能和性能不断提出新的需求，串行通信技术已经不能满足要求。

（2）现场总线网络技术。在通信速率和实时性，可靠性和组网的灵活性上均远高于简单的串行通信技术，但现场总线技术自身的诸多局限性，又一次成为变电站自动化系统网络通信技术发展的瓶颈。

（3）以太网技术。以太网以其先进的网络竞争机制、成熟的应用环境、低廉的价格和开放的协议，使其在局域网应用领域成为唯一占主导作用的网络，在全世界得到了广泛应用，并且已经成为局域网应用标准，是变电站自动化系统站内局域网通信必然发展趋势。

（4）光纤自愈环型以太网技术。

1）光纤通信。高压、超高压变电站一般占地规模较大，为了减少主控制室的占地面积，简化变电站二次设备的互联线，提高二次设备的可靠性，节约控制电缆，减小电流互感器和电压互感器的二次负载，变电站自动化系统提出了分层、分布式系统结构和面向对象的设计思想，系统采用间隔层设备下放保护小室的方式。但这种方式带来的最大问题就是变电站现场的干扰问题，变电站现场存在着强的电磁干扰、射频干扰和地电位等多种干扰。由于保护小室的设备信息上送要经过长距离的传输，这些干扰都直接威胁着变电站自动化系统通信的可靠性以及数据传输的容量、速度和传输距离。目前，光纤通信以其低损耗、高宽带、强抗干扰能力等特点已经在许多通信网络中得到了广泛的应用。并且光纤通信具有良好的电磁兼容性，即使在高强度的电磁环境下运行，光纤传输的信息也不会受到影响。

2）容错的网络。变电站自动化系统出于可靠性方面的考虑，是不允许出现通信中断的，即使出现通信中断，也必须在规定的时间内恢复，否则将影响系统的安全运行，严重的情况会造成灾难性的后果。因此容错网络在构建变电站网络时成为必需。这样在容错网络中，一旦主通信网络出现中断或异常，备份的通信网络将立即代替主通信网络，使出现故障的网络段或装置自动从网络中隔离，以不至于影响整个网络的运行；当故障的网络段或装置故障恢复后，主通信网络自动恢复并且备份网络自动退出运行处于备份状态。

在网络容错功能设计上，一般来说，单一的网络是难以完成容错通信的。经过对各种网络拓扑结构性能的对比分析，证明最适合的网络容错拓扑结构为光纤自愈环形网通信网络。

3）光纤自愈环型以太网自愈功能的实现。光纤自愈环型以太网的自愈原理就是将所有的设备的信息分布在信号流向相反的两个环上，正常时只有主环在工作，备环处于备份状态；当环上某处光纤断裂或某节点发生故障时，与故障点最近的两个环网节点通过改变数据流的发送和接收方向，在主环和备环上自动环回，这时，环网仍然是一个闭环，通信链路保持畅通。故障点链路恢复后，备环回到备份状态。这种自愈型环网极大地提高了通信的可靠性。如图 ZY1000103002-1 所示为光纤自愈环型以太网自愈功能实现示意图。

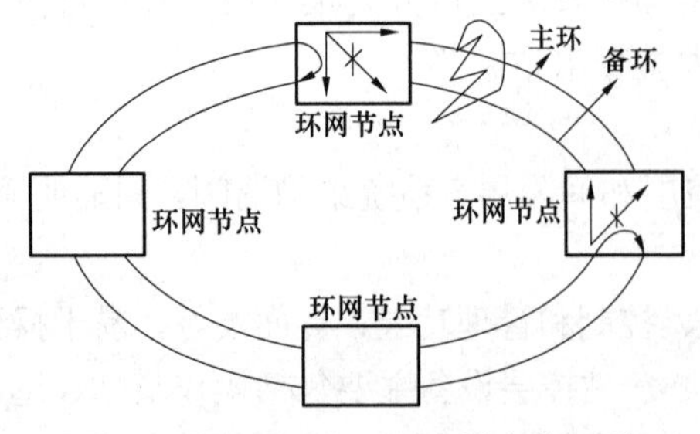

图 ZY1000103002-1 光纤自愈环型以太网自愈功能实现示意图

并且当环上某处光纤断裂或某节点发生故障时，与故障点最近的两个环网节点在自愈环回的同时，主动向操作员站上送网络动作切换信息，操作员站在监控画面上通过网络着色的方式，向运行人员提示故障网段，方便通信网络故障查找和恢复。

三、变电站综合自动化系统应用

现以 CBZ-8000 变电站自动化系统为例介绍系统配置方案。CBZ-8000 变电站自动化系统严格采用分层分布式系统结构，纵向分两层，即站控层和间隔层，系统结构清晰，间隔明确。

1. 系统配置方案 1

如图 ZY1000103002-2 所示为该方案网络结构示意图。

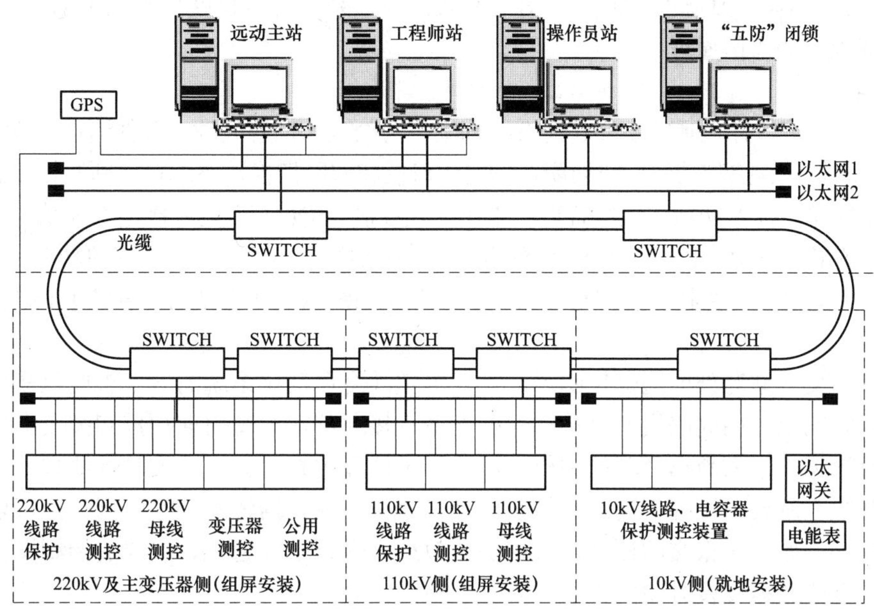

图 ZY1000103002-2 CBZ-8000 变电站自动化系统配置方案 1 网络结构示意图

该方案适用于 220kV 变电站的 110kV 及以上电压等级间隔层设备集中组屏安装，35kV/10kV 馈线部分就地安装的方式。除站控层设备放在主控制室外，对于 110kV 及以上电压等级间隔层设备集中组屏安装于 220kV 保护小室和 110kV 保护小室，35kV/10kV 馈线部分分散就地安装于开关柜上。站内主干网采用光纤自愈环型以太网。由于主控制室和各个保护小室之间及 35kV/10kV 配电开关场的距离较远，站内所有网络的连接全部采样铠装光缆。光、电 SWITCH 及铠装光缆熔接盒分别安装在主控制室和各个保护小室及 35kV/10kV 配电开关场的网络通信屏上。

系统采用“网络对时+硬脉冲对时”的对时方式，保证系统对时精度精确到 1ms。

2. 系统配置方案 2

如图 ZY1000103002-3 所示为该方案网络结构示意图。

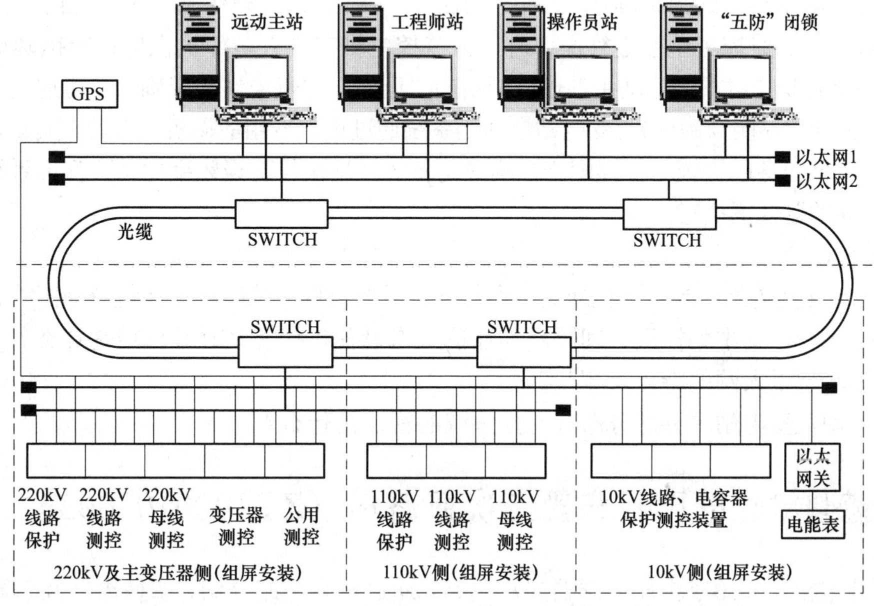

图 ZY1000103002-3 CBZ-8000 变电站自动化系统配置方案 2 网络结构示意图

该方案适用于220kV电压等级变电站所有间隔层设备集中组屏安装的方式。整个变电站自动化系统的所有设备均安装于主控制室，光纤自愈环型以太网的光SWITCH之间的网络连接全部采用光纤。光、电SWITCH及光纤接口盒分别安装在工作台和保护室的网络通信屏上。

系统采用“网络对时+硬脉冲对时”的对时方式，保证系统对时精度精确到1ms。

四、站控层设备的作用原理

1. 操作员站

操作员站监控系统软件包括的主要功能有数据采集与处理、报警处理、事件追忆、数据库建立和管理维护、历史记录处理、控制功能、防误闭锁功能、双机和双网切换、系统自诊断与恢复、时钟同步功能、画面显示和打印、报表功能、运行管理、电压无功控制VQC、小电流接地选线功能、网络拓扑分析功能、强大的图形生成功能、基于Web发布的远程诊断功能；另外，还具有集控功能、遥视功能、操作票专家系统、大型电气设备状态检测与诊断系统、专家系统以及变电站仿真培训DTS等高级功能。

2. 远动主站

远动主站作为变电站对外的通信控制器，是变电站综合自动化系统的一个重要组成部分。远动主站直接连接到以太网上，同间隔层的测量和保护设备直接通信，通过周期扫描和突发上送等方式采集数据。创建实时数据库作为数据处理的中枢，能够满足调度主站对数据的实时性要求。软件采用模块化设计，遵循开放系统要求，提供高级数据访问接口。在完成数据转发工作的同时，可以实现对转发数据信息的监视、原始网络报文的监视、采用历史数据库保存事件记录和重要的控制操作、浏览测控设备及保护设备全部数据以及方便的调试手段等当地监控功能。

3. 继电保护工程师站

继电保护工程师站可以作为变电站自动化系统的一个子站，也可以独立于变电站自动化系统，与继电保护、故障录波器、安全自动装置和相关网络设备一起，构成“继电保护及故障录波信息处理系统”的子站系统。

继电保护工程师站采用高性能计算机，直接连接到以太网上，同间隔层的测量和保护设备直接通信，支持双网的工作方式，遵循开放系统要求，支持多种通信接口方式和多种通信规约，支持专线、数据网（Web）等多种信息发布方式。通过对变电站的故障信息进行综合分析，为分析故障、故障定位和整定计算工作提供科学依据，让主管部门及时了解电网故障情况，以做出正确的分析和决策，来保证电网的稳定运行。

4. 微机“五防”系统

变电站综合自动化系统与微机“五防”系统相配合，可实现对远方控制操作、就地调试检修的防误闭锁，完成对变电站操作的闭锁确认。当在“五防”主站上进行操作时，由“五防”主机向监控主机申请执行确认；当在监控主站上进行操作时，由监控主机向“五防”主机申请闭锁确认；当从调度端通过远动主站进行操作时，由远动主站通过网络向“五防”主机申请闭锁确认（可通过设置确认是否经站内“五防”执行防误闭锁确认）。变电站自动化系统通过设置专用的微机“五防”装置，配合站控层的逻辑闭锁和间隔层设备的自锁与互锁配合，构成完备的全站操作防误闭锁控制，保证系统任何操作都是在防误闭锁功能的监视下执行。

【思考与练习】

1. 在综合自动化变电站中当后台机或站内通信网络系统出现故障时，对系统有何影响？如何处理？
2. 综合自动化变电站中站控层、间隔层和通信网络设备包括哪些？其作用是什么？
3. 光纤自愈环型以太网的特点有哪些？
4. 在综合自动化变电站中分层分布式监控系统的特点是什么？

模块3 电压互感器二次回路图（ZY1000103003）

【模块描述】本模块介绍了电压互感器二次回路。通过典型回路介绍，掌握电压互感器二次回路的接线，并能分析电压互感器二次回路异常。

【正文】

变电站中一次设备的运行监视和故障切除是通过传感器（电流互感器、电压互感器等）变换后传至测量仪表、继电保护及自动装置来实现的。电压互感器是一种容量小、精度高的小型变压器，其一次绕组并接于电力系统一次回路中，测量仪表或继电保护及自动装置的电压线圈并接于电压互感器二次回路上。

一、电压互感器二次回路接线

由于电压互感器二次侧中性点采用不同的接地方式、保护和测量回路选择不同的供电方式以及电压互感器二次绕组采用不同的数量。因此，电压互感器二次回路接线也不同。下面介绍几种常见接线方式。

1. 保护和测量仪表共用电压小母线方式

如图 ZY1000103003-1 所示为保护和测量仪表共用电压小母线的电压互感器二次回路典型接线图。

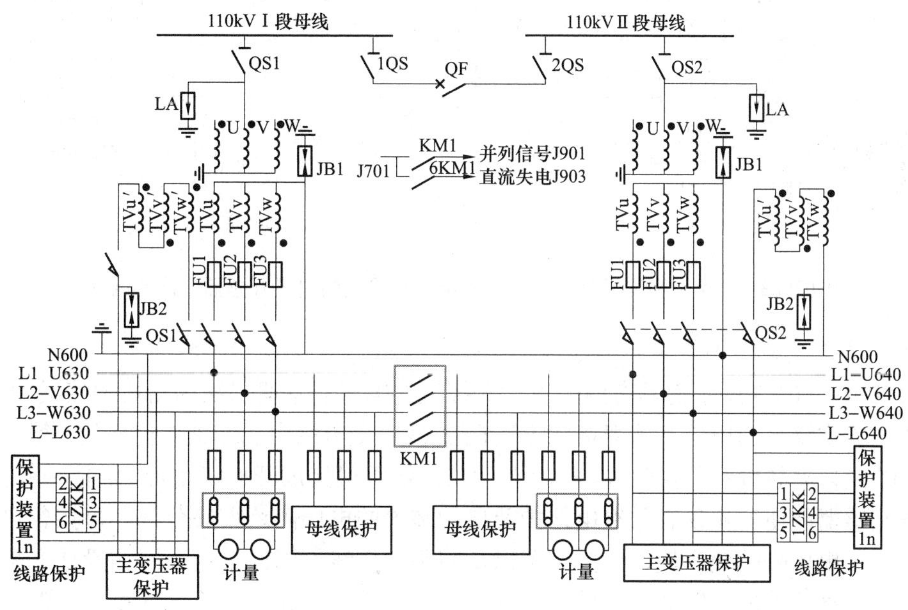

图 ZY1000103003-1　保护和测量仪表共用电压小母线的电压互感器二次回路典型接线图

保护和测量仪表共用电压小母线方式，这种接线方式每组电压互感器二次回路各设五条电压小母线，即第一组（或奇数）电压小母线为 L1-U630、L2-V630、L3-W630、L-L630、N600；第二组（或偶数）电压小母线为 L1-U640、L2-V640、L3-W640、L-L640、N600。从配电装置的电压互感器二次绕组至主控制室的电压小母线，引一组公用的电缆芯。继电保护和测量仪表的电压回路均接在公用的电压小母线上。这种接线方式简单清晰，用的电缆和保护设备较少。其缺点是：假若电压互感器二次回路的负荷较大时，电压降也较大，难以满足电压回路压降要求。特别是当电压互感器二次回路接有机械式用户计费电能表时，即使增大连接电缆的截面也难以满足电压降要求。因此，该种接线一般可用于出线较少或采用电子式测量表计或负载较轻或连接电缆较短的户内式配电装置电压回路，也可用于线路专用的电压互感器。

2. 保护和测量仪表分别设置电压小母线方式

如图 ZY1000103003-2 所示为保护和测量仪表分别设置电压小母线的电压互感器二次回路典型接线图。

保护用电压回路和测量仪表用电压回路在配电装置的电压互感器端子箱处分开。各回路设置独立的保护设备、连接电缆、切换回路和小母线。连接电缆的截面按各回路的压降要求来选择。测量仪表电压回路用的电缆可直接引至电能表屏，仪表回路的切换继电器也可装设在电能表屏上。这种接线方式，尽管比较复杂，连接电缆保护设备也用的较多，但能有效地解决计费用电能表的电压回路压降要求低的问题，提高了测量回路的准确度。另外，由于保护和测量仪表电压回路分开，减少了相互影响，也提高了继电保护电压回路的可靠性。

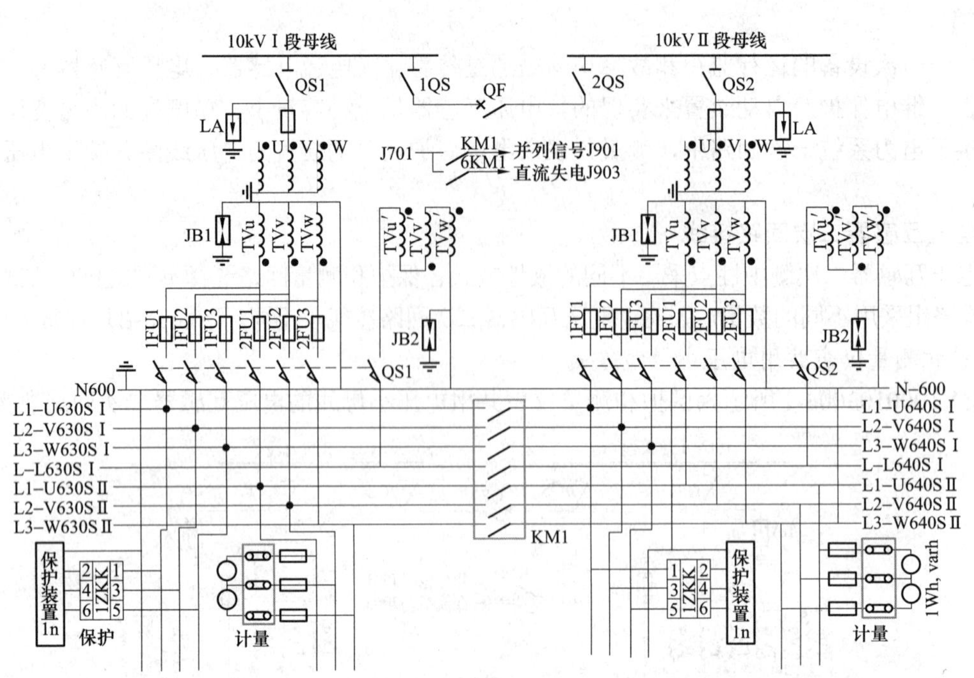

图 ZY1000103003-2 保护和测量仪表分别设置电压小母线的电压互感器二次回路典型接线图

3. 具有两个主二次绕组的电压互感器接线方式

如图 ZY1000103003-3 所示为具有两个主二次绕组的电压互感器二次回路典型接线图。

具有两个主二次绕组的电压互感器接线方式在 220kV 变电站中已经被广泛应用。每个主二次绕组均可接继电保护及自动装置和测量仪表，一个辅助二次绕组可接成开口三角形，供接地保护和同步用。采用这种电压互感器能使测量仪表与继电保护及自动装置的电压回路彻底分开，可按各自回路的负荷大小、准确等级、电压降的允许值、保护设备以及回路的接线不同而采用不同的设计方案，消除了相互之间的影响，提高了电压回路的可靠性。在继电保护双重化配置的情况下，每一套保护的电压回路可分别接一个主二次绕组，这样在一个主二次绕组回路发生断线故障时，不会影响另一个主二次绕组所带保护的继续运行。

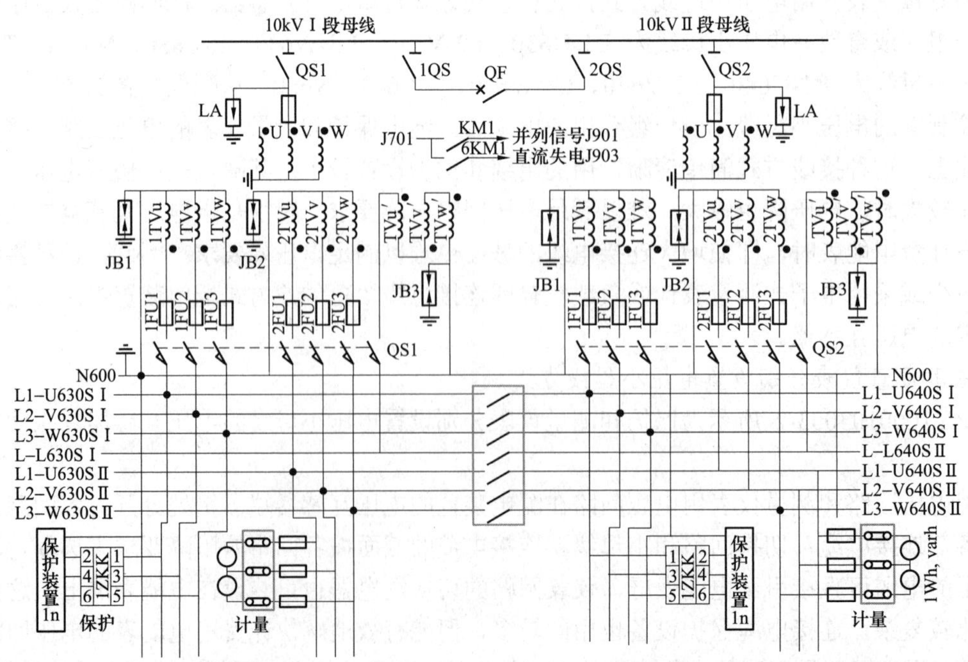

图 ZY1000103003-3 具有两个主二次绕组的电压互感器二次回路典型接线图

此种接线可用于 220kV 母线电压互感器、线路和变压器专用的电压互感器。在采用 3/2 断路器接线情况下，线路专用电压互感器有两个主二次绕组。为了满足继电保护及自动装置双重化配置的要求，每一套线路主保护的电压回路要接一个主二次绕组。测量仪表接其中任一主二次绕组。虽然有一个二次主绕组既接保护又接测量仪表，但在一般情况下，一个安装单位的保护和测量回路负载较小，在订货时向制造厂提出准确度要求，注意适当选择连接电缆截面，可以满足电压回路压降的要求。

二、电压互感器二次回路安装接线

如图 ZY1000103003-4 所示为 10kV 电压互感器接线原理及安装图。由该图可知，电压互感器一次绕组经隔离开关接至 10kV 母线上，电压互感器主绕组 1TV 和 2TV 二次 u、v、w 三相电压，首先经二次电缆分别引至端子排 D3、D6、D8 和 D1、D5、D7 端子，中性线分别引至端子排 D17 和 D18 端子；然后由端子排分别引至熔断器 1FU1、1FU2、1FU3 和 2FU1、2FU2、2FU3 后再返回，分别上端子排的 D39、D44、D49 和 D24、D29、D34 端子；再经隔离开关辅助触点后分别接端子排的 D26、D31、D36 和 D41、D46、D51 端子后分别引至电压小母线 L1-U630SI、L2-V630SI、L3-W630SI、L1-U640SI、L2-V640SI、L3-W640SI、N600；另外，电压互感器辅助二次绕组 u、v、w 三相电压同样经过二次电缆引至端子排端子接成开口三角形再经隔离开关辅助触点后引至小母线 L-L630SI、N600。

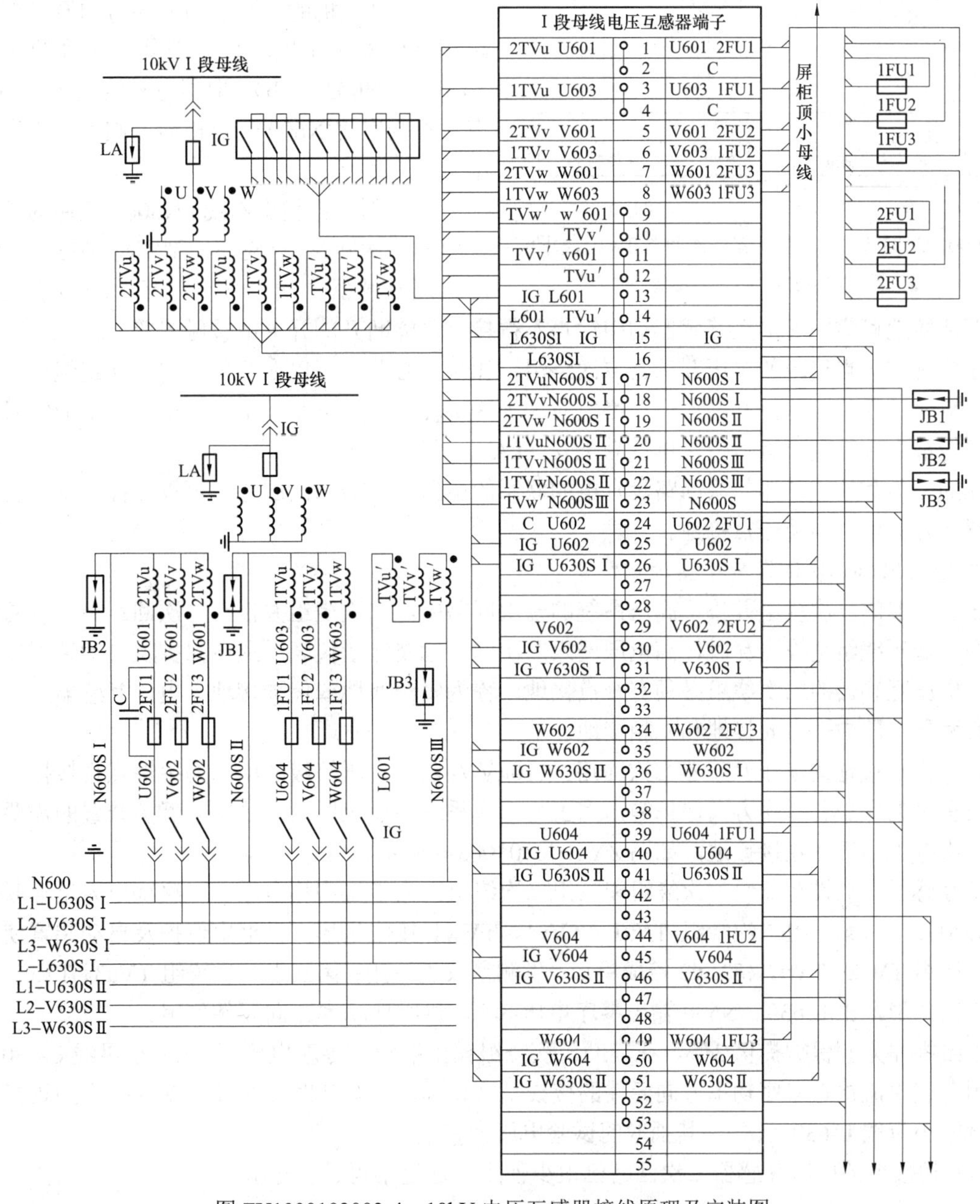

图 ZY1000103003-4　10kV 电压互感器接线原理及安装图

三、电压互感器二次回路安全接地

1. 电压互感器二次回路只允许一点接地

《国家电网十八项重大反事故措施》规定“电流互感器及电压互感器的二次回路必须分别有且只能有一点接地”。为保证接地可靠，各电压互感器的中性线不得接有可能断开的开关或接触器。对于双母线，一般传统电压互感器二次回路多点接地（01、02、03），如图 ZY1000103003-5（a）所示。

在图 ZY1000103003-5（a）中，当系统发生接地故障时，将产生地中性线电流，在 01、02、03 三点间将产生电位差$\Delta\dot{U}_1$、$\Delta\dot{U}_2$、$\Delta\dot{U}_3$，引入保护的电压不是真正的$\dot{U}_u$、$\dot{U}_v$、$\dot{U}_w$而是$\dot{U}'_u$、$\dot{U}'_v$、$\dot{U}'_w$，即

$$\dot{U}'_u = \dot{U}_u + \Delta\dot{U}$$

$$\dot{U}'_v = \dot{U}_v + \Delta\dot{U}$$

$$\dot{U}'_w = \dot{U}_w + \Delta\dot{U}$$

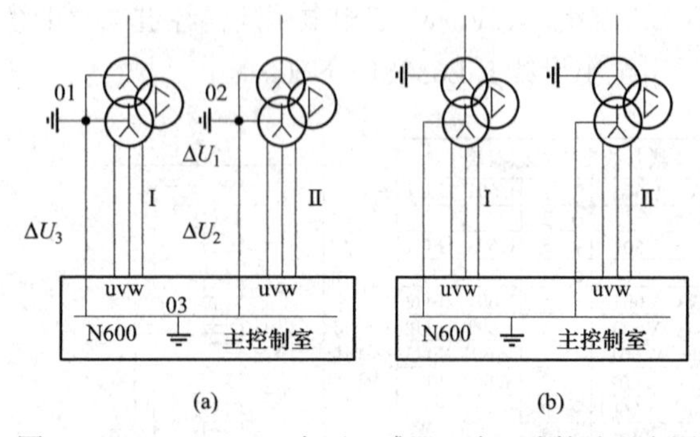

图 ZY1000103003-5　电压互感器二次回路接地示意图

（a）错误多点接地；（b）一点接地

对于微机型系列保护装置有许多是采用自产$3\dot{U}_0$，将有$3\dot{U}_0 = \dot{U}'_u + \dot{U}'_v + \dot{U}'_w = \dot{U}_u + \dot{U}_v + \dot{U}_w + 3\Delta\dot{U}$。

$\Delta\dot{U}$是随机的，可能使零序方向及工频变化量距离继电器不正确动作。因此，正确的接线是图 ZY1000103003-5（b），取消室外的两个接地点，只有主控制室将 N600 一点接地，则不会产生上述的$\Delta\dot{U}$。

经控制室零相小母线（N600）连通的几组电压互感器二次回路，只应在控制室将 N600 一点接地，各电压互感器二次中性点在开关场的接地点应断开；为保证接地可靠，各电压互感器的中性点不得接有可能断开的开关或接触器等。

已在控制室一点接地的电压互感器二次绕组，如认为必要，可以在开关场将二次绕组中性点经放电间隙或氧化锌阀片接地，其击穿电压峰值应大于 $30I_{max}$（单位为 V），I_{max} 为电网接地故障时通过变电站的可能最大接地电流有效值，单位为千安（kA）。

独立的、与其他互感器二次回路没有电的联系的电压互感器二次回路，可以在控制室，也可以在配电装置（开关场）实现一点接地。

2. 电压互感器二次回路安全接地

电压互感器的一次绕组并接于高压系统的一次回路中，二次绕组并接在二次回路中。为防止电压互感器高、低压绕组绝缘击穿时，高电压侵入二次回路危及测量仪表、继电保护及自动装置以及人身的安全，电压互感器的二次绕组必须有一点接地，称为安全接地或保护接地。电压互感器二次侧的接地方式有两种，即中性点 n 接地和 v 相接地。

（1）中性点接地的电压互感器二次回路。110kV 及以上电压等级的电网为中性点直接接地系统，一般装设有距离保护和零序方向保护等，为了与一次系统相适应以及满足继电保护装置的需要，电压互感器二次绕组中性点直接接地，如图 ZY1000103003-6 所示。

电压互感器一般设有一组一次绕组和三组二次绕组。为了得到相电压，一次绕组为星形联结，其中性点必须接地。第一组二次绕组 TVu1、TVv1、TVw1 接成星形，供继电保护及自动装置使用；第二组二次绕组 TVu2、TVv2、TVw2 接成星形，供测量仪表使用；第三组二次绕组 TVu3、TVv3、TVw3 接成开口三角形，由 L-630、N600 输出零序电压 $3U_0$，供零序功率方向元件使用。

为了给零序方向保护提供 $3U_0$，在辅助二次绕组输出端设有零序电压（$3U_0$）小母线 L-630；为了便于利用负载电流检查零序功率方向元件的接线是否正确，设有辅助二次绕组 TVw3 相的正极性端引出一个试验小母线 L-630（试），其抽取的试验电压为$+U_{wn}$。

（2）v 相接地的电压互感器二次回路已很少使用，这里不再进行分析。

四、电压互感器二次回路切换

1. 母线 TV 二次切换回路（并列）

双母线或单母线分段主接线方式，两段母线的电压互感器一般考虑互为备用。当其中一段母线电压互感器发生故障并停用时，为保证其电压小母线上的电压不间断，必须由另一段母线电压互感器接入待停运的电压小母线，切换回路如图 ZY1000103003-7 所示。TV 二次切换回路由切换开关 61QK、双位置继电器 KM5、中间继电器 KM1、KM2、KM3、KM4 及 6KM 组成。切换操作是利用转换开关 61QK 实现的。只有当母联（分段）断路器 QF 和隔离开关 1QS 与 2QS 均在闭合的情况下，才允许这种互为备用的切换。当切换开关 61QK 置于“禁止并列”位置（就地分列）时，其触点③④接通，触点①②和⑤⑥断开，双位置继电器 KM5 复位，其触点 KM5B、KM5C 断开，闭锁中间继电器 KM1、KM2、KM3、KM4 禁止并列；当切换开关 61QK 置于“允许并列”位置（就地并列）时，其触点①②接通，触点③④和⑤⑥断开，双位置继电器 KM5 动作，其触点 KM5B、KM5C 接通开放中间继电器 KM1、KM2、KM3、KM4，若母联（分段）断路器 QF 和隔离开关 1QS、1QS 在合闸位置允许并列，中间继电器 KM1、KM2、KM3、KM4 动作，其触点 KM1B、KM1C、KM2B、KM2C、KM3B、KM3C、KM4B、KM4C 闭合将两段母线电压互感器二次回路并联，即回路 L1-630SI、L2-630SI、L3630SI、L-630、L1-630SⅡ、L2-630SⅡ、L3-630SⅡ与对应的 L1-640SI、L2-640SI、L3640SI、L-640、L1-640SⅡ、L2-640SⅡ、L3-640SⅡ接通，同时 KM4B 接通发出“TV 二次并列”信号（中央信号），此后才允许退出Ⅰ段（或Ⅱ段）母线电压互感器。待检修电压互感器退出运行后，无论一次母线元件运行在哪一段母线，都会输入一组运行电压互感器的二次电压。若母联（分段）断路器 QF 和隔离开关 1QS、1QS 在分闸位置禁止并列。当切换开关 61QK 置于“远方控制”时，其触点⑤⑥接通，触点①②和③④断开，通过远方控制双位置继电器 KM5 的动作与复归控制切换。

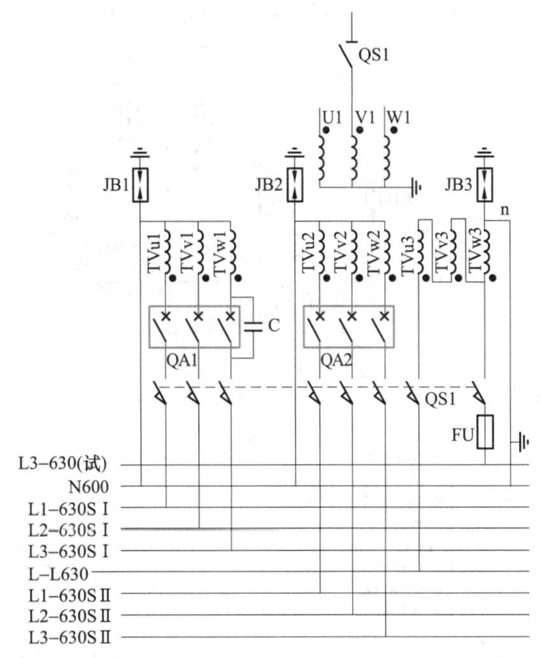

图 ZY1000103003-6　中性点接地的电压互感器二次回路图

一次侧分开运行的两组电压互感器，其二次侧不能并列运行。一次侧必须先经分段断路器并列运行后，才能并列二次部分，以防二次环流过大二次熔断器熔断，使保护装置失去二次电压误动作。两组电压互感器不应长期并列运行，而应各自带本组母线上的二次负载运行。

2. 母线元件（输电线路、主变压器）二次电压切换回路

双母线接线方式中母线元件的二次电压回路随着其运行方式的改变而自动切换。即当一次设备运行于Ⅰ母线时，其二次回路连接于Ⅰ母 TV 二次回路；当一次设备运行于Ⅱ母线时，其二次回路连接于Ⅱ母 TV 二次回路。如图 ZY1000103003-8 所示为 JFZ-30QA 型电压切换继电器原理接线图。

JFZ-30QA 型电压切换继电器主要与双母线接线的母线元件（输电线路、主变压器）保护配套使用，隔离开关提供一动合辅助触点控制电压切换继电器。

当元件接在Ⅰ母线上时，Ⅰ母隔离开关的动合辅助触点 1QS 闭合，电压切换继电器 1KYQF、1KYQ1、1KYQ2、1KYQ3 动作，此时，指示信号灯 L1KYQ 点亮，指示保护装置的交流电压由Ⅰ母 TV 接入。其动作回路如下：直流电源正极 1（+KM）接保护屏端子排 7QD1 端子→Ⅰ母隔离开关动合辅助触点 1QS→保护屏端子排 7QD4 端子→JFZ-30QA 装置 7X01-01 端子→限流电阻 R1YQ→电压切换继电器 1KYQF、1KYQ1、1KYQ2、1KYQ3 线圈带电（并联指示信号灯 L1KYQ 点亮）→JFZ-30QA 装置 7X01-05 端子→保护屏端子排 7QD10 端子接直流电源负极 2（–KM）。

该元件保护电压回路由Ⅰ母 TV 供电，其回路号为 U610、V610、W610、L630。

当元件接在Ⅱ母线上时，Ⅱ母隔离开关的动合辅助触点 2QS 闭合，电压切换继电器 2KYQF、2KYQ1、2KYQ2、2KYQ3 动作，此时，指示信号灯 L2KYQ 点亮，指示保护装置的交流电压由Ⅱ母 TV 接入。

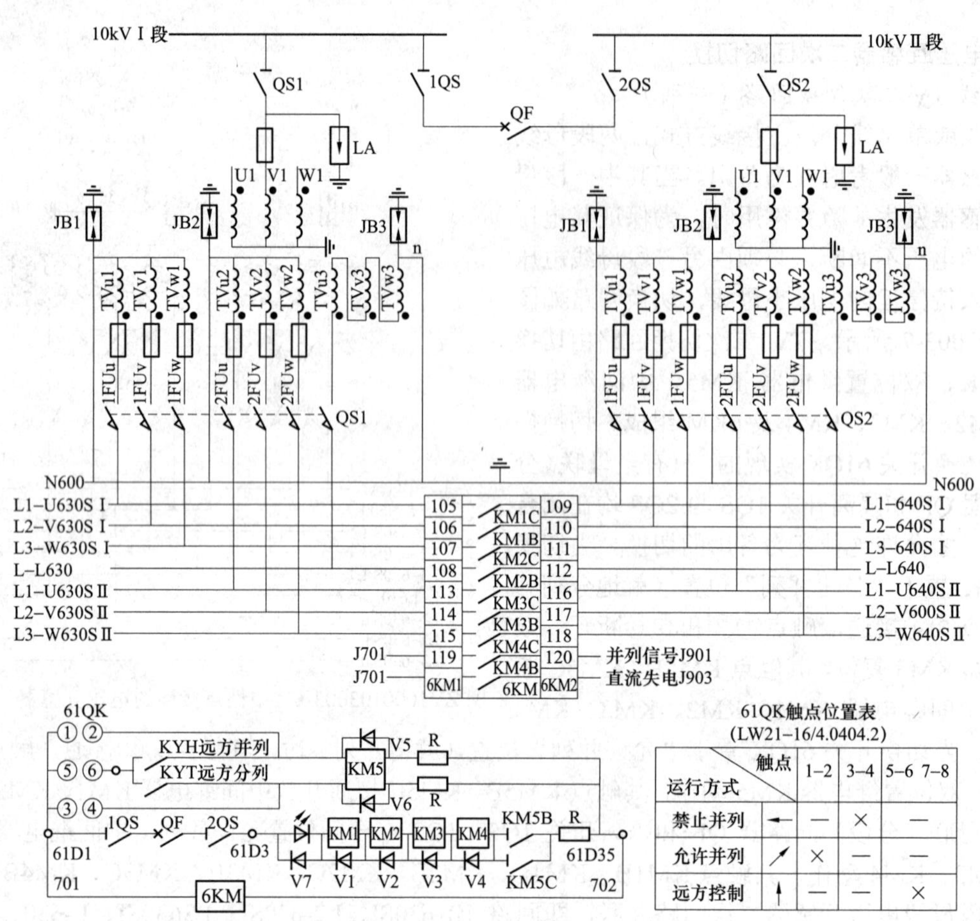

61QK触点位置表
(LW21-16/4.0404.2)

运行方式 \ 触点		1–2	3–4	5–6 7–8
禁止并列	←	—	×	—
允许并列	↗	×	—	—
远方控制	↑	—	—	×

图 ZY1000103003-7 母线电压互感器二次切换回路接线示意图

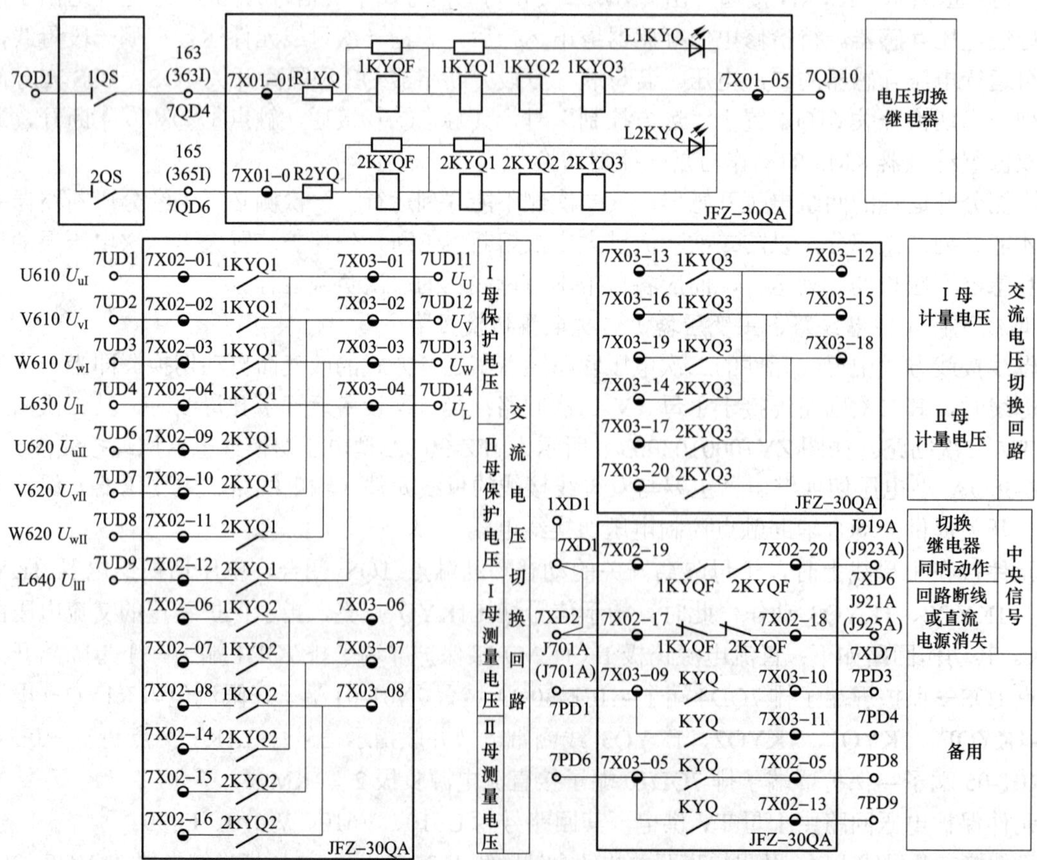

图 ZY1000103003-8 JFZ-30QA 型电压切换继电器原理接线图

该元件保护电压回路由Ⅱ母 TV 供电，其回路号为 U620、V620、W620、L640。

当两组隔离开关（1QS、2QS）均闭合时，则 L1KYQ、L2KYQ 均亮，指示保护装置的交流电压由Ⅰ、Ⅱ母 TV 提供。即两段母线 TV 二次回路并列。

【思考与练习】

1. 电压互感器的作用及特点是什么？

2. 为什么电压互感器二次回路只允许一点接地？

3. 简述母线电压互感器二次回路并列工作原理。

模块 4　同期回路接线图（ZY1000103004）

【模块描述】本模块介绍了变电站同期回路。通过原理讲解、要点分析和典型回路的介绍，掌握变电站同期操作的基本知识，并能识读同期系统接线图。

【正文】

两个系统并列的条件是电压相等、频率相同、电压的相位角差不超过允许值以及三相系统的相序相同。在一次系统接线设计时，已经考虑了相序正确的问题。在同期系统的设计上可以不设相序检测环节。一个同期系统包括电压、频率和相位角差的检测和断路器合闸命令的发出等部分。

在发电厂和枢纽变电站中将两个独立的电力系统或两个独立的交流电源通过断路器连接起来并列运行的操作，称为并网同期操作。同期操作的断路器称为同期点。

一、同期并列操作回路概述

1. 变电站装设同期的弊病

在满足电力系统运行要求的情况下，系统的同期点尽可能不设在变电站内，而设在发电厂。在变电站内设置同期有如下的弊病：

（1）由于变电站内不能进行频率和相角的调节，只能等待或通过调度电话通知发电厂调节，操作复杂，同期时间较长，成功率低，不利于电力系统安全可靠运行。

（2）同期系统使变电站的二次回路接线复杂化，操作也复杂，增加了运行维护工作。

（3）大多数变电站装设的同期系统很少使用，经常性的维护较差，真正使用时往往效果不好。

2. 同期系统实现的原则

（1）220kV 变电站中同期点应装设在：

1）系统联络线上；

2）三绕组变压器的各电源侧；

3）220kV 母线分段、母联、旁路断路器；

4）3/2 断路器接线的各断路器。

（2）为简化接线应采用单相同期系统。

（3）变电站宜采用带同期闭锁的手动同期装置或捕捉同期装置。

（4）变电站宜采用集中同期方式，组合同期表及同期控制开关、闭锁开关等设备，一般装设在中央信号控制屏上或拼块式控制屏的中间位置。

（5）在装设计算机监控的变电站，应由监控系统实现同期，不再设独立的同期装置。

3. 手动同期回路

手动同期回路用于操作人员与同期指示仪表配合进行同期合闸操作。两个待并系统的电压、频率、相位角差由装在同期屏上的指示仪表监视。合闸脉冲由操作人员操作控制开关发出。在同期操作时，首先通过调度调节，使两个待并系统的电压和频率差在允许的范围之内。操作人员根据同期表的指针和断路器的合闸时间，选定一个合适的提前角发出合闸脉冲，以达到断路器的主触头闭合时，两个待并系统的相位差接近于零。

手动同期操作时间较长，要求操作人员操作准确、反应快。为防止误操作，造成两个待并系统的非同期合闸，在手动同期回路中还增设了同期闭锁继电器。当两待并系统间的相位角大于整定值时，同期闭锁继电器动作，断路器的合闸脉冲不能发出。

变电站集中手动准同期回路原理接线如图 ZY1000103004-1 所示。交流回路包括单相组合式同期表 ASM、同期转换开关 SSM1、同期检查继电器 KY，组合式同期表由电压表、频率表和同期指示器组成。运行人员根据同期表的指示情况来决定是否发出合闸命令。同期转换开关的作用是将组合式同期表和同期检查继电器接入同期电压回路。正常情况下同期转换开关处于断开位置，同期检查继电器的作用是防止当运行人员误操作时造成非同期合闸。

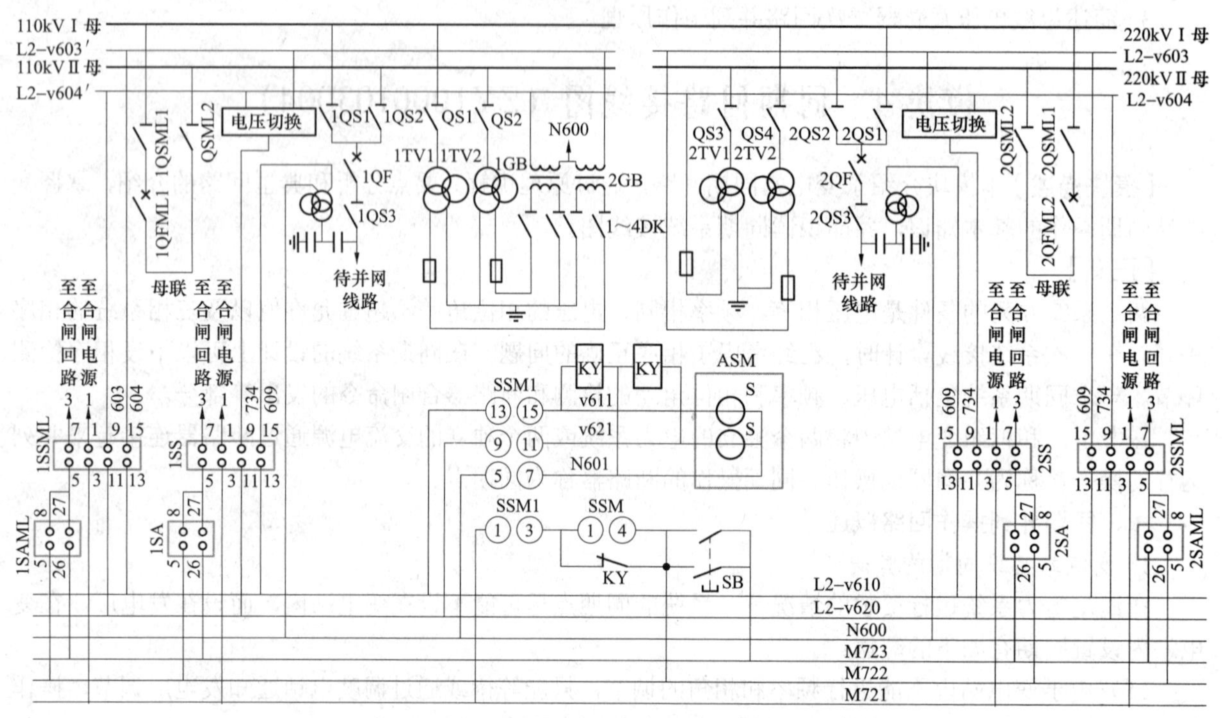

图 ZY1000103004-1 变电站集中手动准同期回路原理接线图

手动准同期的直流回路包括同期开关 SS、同期合闸按钮 SB、同期闭锁开关 SSM。对于集中手动同期回路，组合式同期表、同期转换开关、合闸按钮、同期检查继电器都集中布置在中央信号屏上，同期开关 SS 布置在各回路的控制屏上。同期操作步骤如下：

（1）将欲进行并列操作断路器的同期开关 SS 转至同期位置，此时触点 1–3、5–7、9–11、13–15 接通。

（2）将同期转换开关 SSM1 置于“投入”位置，组合式同期表 ASM 和同期闭锁继电器 KY 投入工作。当同期条件具备时，操作合闸按钮 SB，通过控制开关 SA 在跳闸后位置接通的触点 26–27 发出合闸命令。

（3）断路器合闸后再将控制开关 SA 转换至合闸后位置，断开 SS、SSM1，操作结束。

当合闸脉冲发出，待同期的两系统电压相角差超过允许值时，同期检查继电器 KY 动作。其动断触点断开，同期合闸脉冲小母线 M721、M722 间不能接通，合闸脉冲不能发出。如需要解除同期闭锁时，可操作解除同期闭锁开关 SSM，使闭锁解除。

图 ZY1000103004-1 中同期装置符号含义说明：

ASM：手动准同期装置。

SSM1：手动准同期开关，有两个位置即“投入”和“断开”位置。当置于“投入”位置时，其触点 1–3、5–7、9–11、13–15 接通，同期装置和检查同期继电器投入；当置于“断开”位置时，其触点 1–3、5–7、9–11、13–15 断开，同期装置和检查同期继电器退出。

SSM：同期闭锁开关，有两个位置即“投入”和“断开”位置。当置于“投入”位置时，其触点 1–4 断开，投入检查同期继电器，经判断同期后才能合闸；当置于“断开”位置时，其触点 1–4 接通，解除检查同期继电器判断，即可实现非同期合闸操作。

SB：集中同期合闸按钮，当按下该按钮时其触点接通，复位时其触点断开。

KY：检查同期继电器。当同期点两侧电压相位差不满足同期并列条件时，继电器动作，其动断触点打开，防止非同期合闸。当同期点两侧电压相位差满足同期并列条件时，继电器不动作，其动断触点闭合，可以进行同期并列合闸操作。

二、同期装置同期电压的引入

1. 同期电压的取得方式

变电站装设同期操作设备的所有断路器均能进行同期并列操作。当进、出线及母线上均装设电压互感器时，同期电压由断路器两侧电压互感器二次侧取得；如果某一电压互感器被解除，断路器仍要求同期操作时，同期电压也可用“近区优先法”取得。

同期电压是同期点两侧电压经过电压互感器变换以及二次回路切换后的交流电压。同期装置的电压引入采用单相形式。单相同期电压取得方式如下：

（1）110kV 及以上电压等级的中性点直接接地系统，母线同期电压取电压互感器辅助二次绕组电压 $\dot{U}_{vn}$ 。

（2）中性点非直接接地系统，母线同期电压取主二次绕组的 100V 线电压。

（3）输电线路同期电压取二次抽取电压。

2. 同期系统交流电压回路

运行系统和待并系统进行同期并列操作时，需要将两个系统的二次电压送到同期电压小母线上。同期小母线是一组公用小母线，各同期点进行同期并列操作时，由各自对应的同期开关 SS 将各自的同期电压引入到同期小母线上，这样必须注意同一时间只可进行某一个同期操作，而不能同时进行两个及以上的同期并列操作。为此，全站共用一个同期开关操作手柄，在同期并列操作完成后，置于“断开”位置，将同期电压解除后才能取出同期开关操作手柄。

（1）母联断路器并列操作时。以 110kV 母联为例，假设 110kV Ⅰ母线为运行系统，Ⅱ母线为待并系统。当接通母联断路器同期开关 1SSML 时，则 110kV Ⅰ母线同期电压由母线电压互感器 1TV1 二次绕组回路经其隔离开关 QS1 辅助触点、隔离变压器 1GB 转换后接至交流小母线 L2-v603′上，再经母联同期开关 1SSML 的触点 13–15 接至同期小母线 L2-v610 上，由手动准同期开关 SSM1 的 13–15 触点控制引入同期装置；110kV Ⅱ母线同期电压由母线电压互感器 1TV2 二次绕组回路经其隔离开关 QS2 辅助触点、隔离变压器 2GB 转换后接至交流小母线 L2-v604′上，再经母联同期开关 1SSML 的触点 9–11 接至同期小母线 L2-v620 上，由手动准同期开关 SSM1 的 9–11 触点控制引入同期装置；中性线 N600 由手动准同期开关 SSM1 的 5–7 触点控制引入同期装置。

（2）线路断路器并列操作时。以 110kV 线路断路器 1QF 为例，假设线路断路器 1QF 母线侧为运行系统，线路侧为待并系统。当接通线路断路器 1QF 的同期开关 1SS 时，则 110kV Ⅰ母线同期电压由母线电压互感器 1TV1 二次绕组回路经其隔离开关 QS1 辅助触点、隔离变压器 1GB 转换后接至交流小母线 L2-v603′上，再经线路保护电压切换继电器及同期开关 1SS 的触点 9–11 接至同期小母线 L2-v620 上，由手动准同期开关 SSM1 的 9–11 触点控制引入同期装置；待并系统即线路侧电压由线路电压互感器二次回路经线路断路器同期开关 1SS 的 13–15 接至同期小母线 L2-v610 上，由手动准同期开关 SSM1 的 13–15 触点控制引入同期装置；中性线 N600 由手动准同期开关 SSM1 的 5–7 触点控制引入同期装置。

3. 手动准同期装置和同期检查继电器电压回路

手动准同期装置的两个线圈与同期检查继电器的两个线圈分别并联后，经手动准同期开关 SSM1 的三对触点 5–7、9–11、13–15 接至同期交流电压小母线 L2-v610、L2-v620 和中性线 N600 上。

三、集中手动准同期装置及同期合闸过程

准同期装置是用来判断两系统同期的三个基本条件，由 MZ-10 型组合式单相同期表、同期检查继电器 KY 及手动准同期开关 SSM1 和同期闭锁开关 SSM 组成。

1. MZ-10 型组合式单相同期表

MZ-10 型组合式单相同期表外形如图 ZY1000103004-2 所示。该表由频率差表 PF、电压差表 PV 和同期表 PS 三部分组成。

频率差表 PF 的表头为双向指示的电磁式微安表。当待并系统与运行系统的频率相同时，表针指

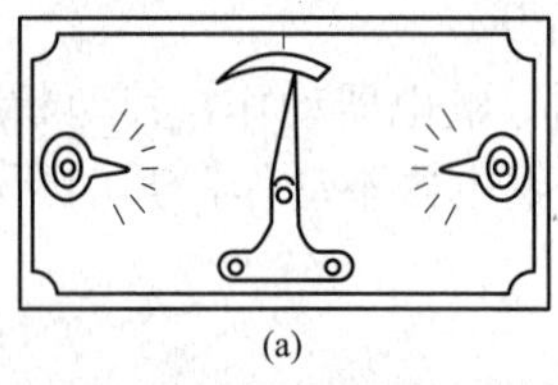

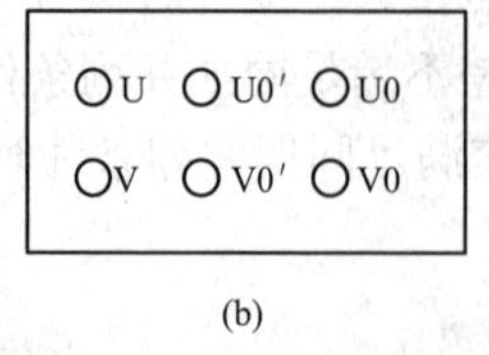

图 ZY1000103004-2 MZ-10 型组合式单相同期表外形图

（a）正面布置图；（b）背面接线端子图

示在中间的零位置。当待并系统频率大于运行系统频率时，则指针向正方向偏移。反之则指针向反方向偏转。

电压差表 PV 的测量机构也是双向指示的电磁式微安表。若两侧电压相等，表针指示在零位置。当待并系统电压大于运行系统电压时，指针向正方向偏转，反之向反方向偏转。

同期表 PS 为电磁式无机械力矩的流比计结构，指示运行系统与待并系统电压间的相角差，当表针指示在 0 点钟位置（以钟表刻度为参照）时，表示相角差为零，即同期点；当表指针指示在 6 点钟位置，表示相角差为 180°；当表针指示在 3 点钟位置，表示相角差为 90°；当表针指示在 9 点钟位置，表示相角差为 270°，其他位置可类推。同期表指针既可顺时针转动也可以逆时针转动，顺时针转动表示运行系统频率低于待并系统频率，而逆时针转动表示运行系统频率高于待并系统频率，且转动越快表示频率差越大。

2. 同期检查继电器

其作用主要是防止同期点两侧电压相位差过大时非同期合闸。

在同期合闸小母线 M721 与 M722 之间串入了同期检查继电器 KY 的动断触点，当同期点两侧电压的相位差大于整定值时，该继电器动作，其动断触点断开，切断合闸回路，以免发生非同期合闸。同期检查继电器 KY 的触点由手动准同期开关 SSM1 的触点 1–3 控制。只有在 SSM1 置于“投入”位置时，同期合闸回路才能经过 SSM1（1–3）触点接通同期合闸小母线 M721 和 M722，可实现通过断路器控制操作把手进行手动准同期并列操作。

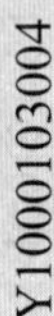

另外，在同期合闸小母线 M722 与 M723 之间串入了手动准同期合闸按钮 SB 的触点 1–2、3–4。当手动准同期开关 SSM1 置于“投入”位置、同期闭锁开关 SSM 置于“同期”位置，且满足同期三个条件时按下同期合闸按钮 SB，其触点接通断路器合闸回路，完成同期合闸。

3. 断路器同期控制操作回路动作过程

如图 ZY1000103004-3 所示为断路器合闸回路原理接线示意图。通过操作把手或同期合闸按钮 SB 控制断路器进行同期并列操作。

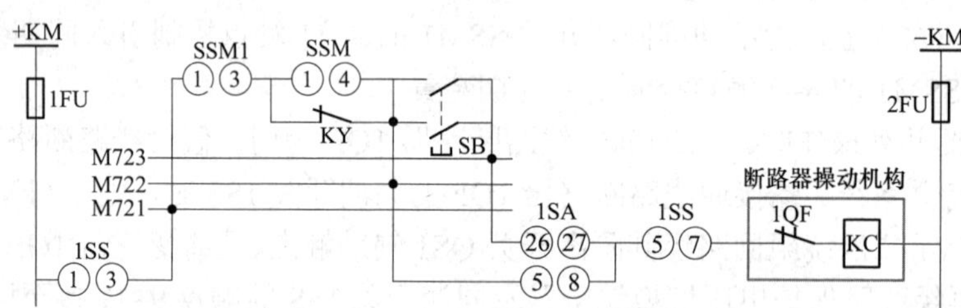

图 ZY1000103004-3 断路器合闸回路原理接线示意图

以 1QF 断路器同期并列合闸操作为例，一次系统接线如图 ZY1000103004-1 所示。

（1）合上与待并断路器相关的隔离开关。

（2）检查手动准同期开关 SSM1 在“断开”位置、同期闭锁开关 SSM 在“投入”位置。

（3）将待并断路器的同期开关 1SS 置于“投入”位置，其触点 1–3 接通，使合闸小母线 M721 从控制母线正极取得正操作电源；触点 9–11 接通，使同期电压小母线 L2-v620 从运行系统 TV 二次回路获得同期电压，即：1TV1→L2-v603′→1KYQ 动合触点闭合（假设 1QF 热备用于 Ⅰ 母线）→1SS 的触点 9–11 闭合→同期电压小母线 L2-v620 获得同期电压；触点 13–15 接通，使同期电压小母线 L2-v610 从待并系统 TV 二次回路获得同期电压，即线路电压互感器 1TV3→1SS 的触点 13–15 闭合→同期电压小母线 L2-v610 获得同期电压；触点 5–7 接通，为 1QF 断路器合闸做好准备。

（4）将手动准同期开关 SSM1 置于“投入”位置，将手动准同期装置和检查同期继电器两组线圈接入同期电压小母线上工作，即：L2-v610、L2-v620、N600→分别经 SSM1 的触点 13–15、9–11、5–7

接入手动准同期装置 ASM 和同期检查继电器 KY；观察压差、频差表，判别压差、频差是否满足并列条件。若不满足条件时，有调整手段的可进行调整，无调整手段报告调度。触点 1–3 接通，为 1QF 断路器合闸做好准备。

符合同期条件时，接通 1SA 使断路器合闸，即+KM→1RD→1SS 的触点 1–3 闭合→同期小母线 M721→SSM1 的触点 1–3 闭合→同期继电器 KY 的动断触点闭合→同期小母线 M722→1SA 的触点 5–8 闭合→1SS 的触点 5–7 闭合→断路器辅助动断触点 1QF→合闸继电器 KC 线圈→2RD→–KM，合闸线圈得电动作使断路器合闸。

符合同期条件时，按下合闸按钮 SB 使断路器合闸，即+KM→1RD→1SS 的触点 1–3 闭合→同期小母线 M721→SSM1 的触点 1–3 闭合→同期继电器 KY 的动断触点闭合→同期小母线 M722→按下 SB 按钮其触点闭合→同期小母线 M723→1SS 的触点 26–27 闭合→断路器辅助动断触点 1QF→合闸继电器 KC 线圈→2RD→–KM，合闸线圈得电动作使断路器合闸。

四、综合自动化变电站监控系统同期功能

在综合自动化变电站利用测控装置实现同期功能及同期合闸过程。

（一）NSD500 系列测控装置的同期功能

NSD500 系列测控装置，设有“手合开入”，可以利用重合闸的检同期回路实现手动同期合闸，或由监控装置触点接至 “手合开入”，实现遥控同期合闸。手动同期合闸不受重合闸检同期方式控制字的影响，在收到手合命令时，首先检查线路或母线是否有电压，如果无电压就允许合闸，有电压则检查同期，不同期不合闸，并不断地检查同期状态，直到满足同期要求合闸。

NSD500-DLM 模件具有自动准同期合闸功能，以 v 相电压与同期电压作同期判别，同期电压可以是相电压，也可以是线电压。两电压相位必须一致。

1. 同期合闸操作

图 ZY1000103004-4 是同期合闸原理框图，同期操作过程如下：

（1）v 相电压与同期电压经过变压器隔离及放大后，输入 A/D 转换器，经计算得到 U_s、U_1 的幅值。

（2）U_s、U_1 经波形整形后得到方波，输入 NSD500-DLM 模件 CPU，经测频、测相运算，得到 U_s、U_1 的频率 f_s、f_1 以及两个波形的相位差 $\Delta\varphi$。

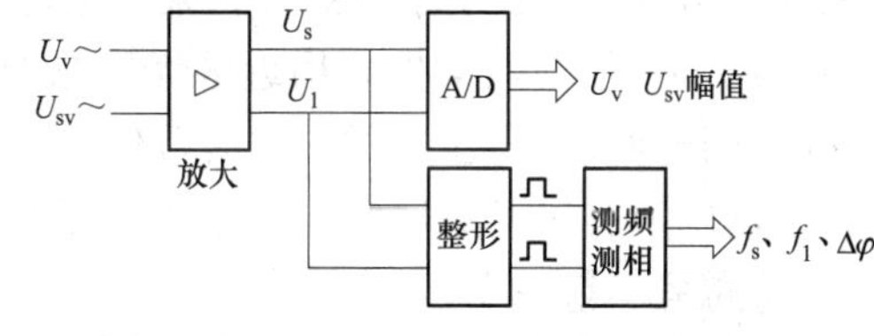

图 ZY1000103004-4 同期合闸原理框图

（3）NSD500-DLM 模件 CPU 进行判断：

1）$|U_s - U_1| < \delta U$（允许合闸电压差），并且 U_s、U_1＞60%额定值；

2）$|f_s - f_1| < \delta f$（允许合闸频率差）或$|1/(f_s - f_1)| > \delta\omega$（允许合闸滑差周期）；

3）$\Delta\varphi < \delta\varphi$（允许合闸相位差），$\Delta\varphi$已经考虑了合闸导前时间。

以上三个条件满足时，NSD500-DLM 模件发出合闸脉冲，合闸脉冲宽度为 2 倍合闸导前时间。

2. 无压合闸操作

（1）计算 U_s、U_1 电压幅值及 f_s、f_1。

（2）若 U_s、U_1 两电压至少有一个电压小于 30%额定值，则合闸输出，否则无合闸，合闸失败。

3. 合环合闸操作

（1）计算 U_s、U_1 电压幅值及 f_s、f_1。

（2）若 U_s、U_1 两电压均大于 60%额定值，f_s、f_1 频率相同，两相角差小于允许合闸相位差，则合环合闸输出，否则合环合闸失败。

4. 自动准同期合闸操作

（1）计算 U_s、U_1 电压幅值及 f_s、f_1。

（2）若 U_s、U_1 两电压至少有一个电压小于 30%额定值，则执行无压合闸操作。

（3）若 U_s、U_1 两电压均大于 60%额定值，并且 f_s、f_1 频率不同（两相角差小于允许合闸相位差），则执行同期合闸操作。

（4）若 U_s、U_1 两电压均大于 60%额定值，并且 f_s、f_1 频率相同，则执行合环合闸操作。

如以上条件均不满足，则自动准同期合闸失败。

（二）CSI-200E 型测控装置的同期功能

CSI-200E 型测控装置考虑了 3/2 断路器接线时（见图 ZY1000103004-5），同期电压采用近区优先原则。共设置有同期功能压板、手合检同期压板、检无压方式压板、手合准同期压板 4 个软压板对应不同的同期选择方式。其中手合检同期压板、检无压方式压板和手合准同期压板 3 个压板为同期方式压板，三者只能投其中之一。

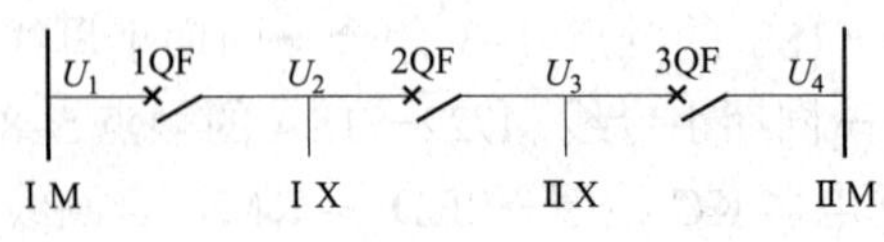

图 ZY1000103004-5　3/2 断路器接线方式

（1）同期功能压板。只有投入了同期功能压板，装置才具有同期功能。

（2）手合检同期压板。投入该压板时，同期方式采用手合检同期方式。合闸条件为：

1）一侧/两侧无压（$<0.3U_N$）；

2）两侧的电压均大于 $0.9U_N$，并且两侧的压差和角度差均小于整定值。

以上两个条件满足任一个即可合闸。

（3）检无压方式压板。投入该压板时，同期方式采用检无压方式。合闸条件是：一侧/两侧无压（$<0.3U_N$）。

（4）手合准同期压板。投入该压板时，同期方式采用手合准同期方式，并默认无压不可合闸。合闸条件为：

1）两侧的电压均大于 $0.7U_N$；

2）两侧的电压差小于整定值；

3）两侧的频率差小于整定值；

4）两侧的频差变化率小于整定值。

另外，设置了 7 个同期电压选择压板，即：① 有固定电压方式，U_1 和 U_4 为同期电压；② 采用近区优先原则，U_1 和 U_2 为同期电压；③ 采用近区优先原则，U_1 和 U_3 为同期电压；④ 采用近区优先原则，U_1 和 U_4 为同期电压；⑤ 采用近区优先原则，U_2 和 U_3 为同期电压；⑥ 采用近区优先原则，U_2 和 U_4 为同期电压；⑦ 采用近区优先原则，U_3 和 U_4 为同期电压。它们只能投其中之一个，其余自动退出。若为固定电压方式，则装置保持压板状态。若采用近区优先原则，装置上电后和发出合闸命令后，退出所有采用近区优先原则的压板。

【思考与练习】

1. 简述断路器同期操作回路动作过程。

2. 简述微机测控装置同期功能及同期合闸工作原理。

模块 5　控制与信号回路图（ZY1000103005）

【模块描述】本模块介绍了断路器控制与信号回路、隔离开关控制回路和中央信号回路。通过典型回路图的介绍，掌握控制与信号回路的基本知识，并能识读和分析控制与信号回路。

【正文】

一、断路器控制与信号回路图

如图 ZY1000103005-1 所示为 220kV 主变压器中压侧断路器控制与信号回路接线示意图。该断路器可实现“就地/远方”控制的合闸和分闸操作。

1. “远方/就地”控制操作

当切换开关 2QK 置于“远方”位置时，其触点①②、⑤⑥接通，可进行远方控制操作；当置于“就地”位置时其触点③④、⑦⑧接通，可进行就地控制操作。正常运行状态下 2QK 置于“远方”位置。

断路器的远方遥控合闸或分闸操作：当遥控合闸继电器 YH 动作时，其动合触点闭合，实现远方遥控合闸操作；当遥控分闸继电器 YT 动作时，其动合触点闭合，实现远方遥控分闸操作。

断路器的就地合闸或分闸操作：当操作把手 2KK 置于合闸位置时，其触点⑤⑥接通，实现就地合闸操作；当操作把手 2KK 置于分闸位置时，其触点⑦⑧接通，实现就地分闸操作。

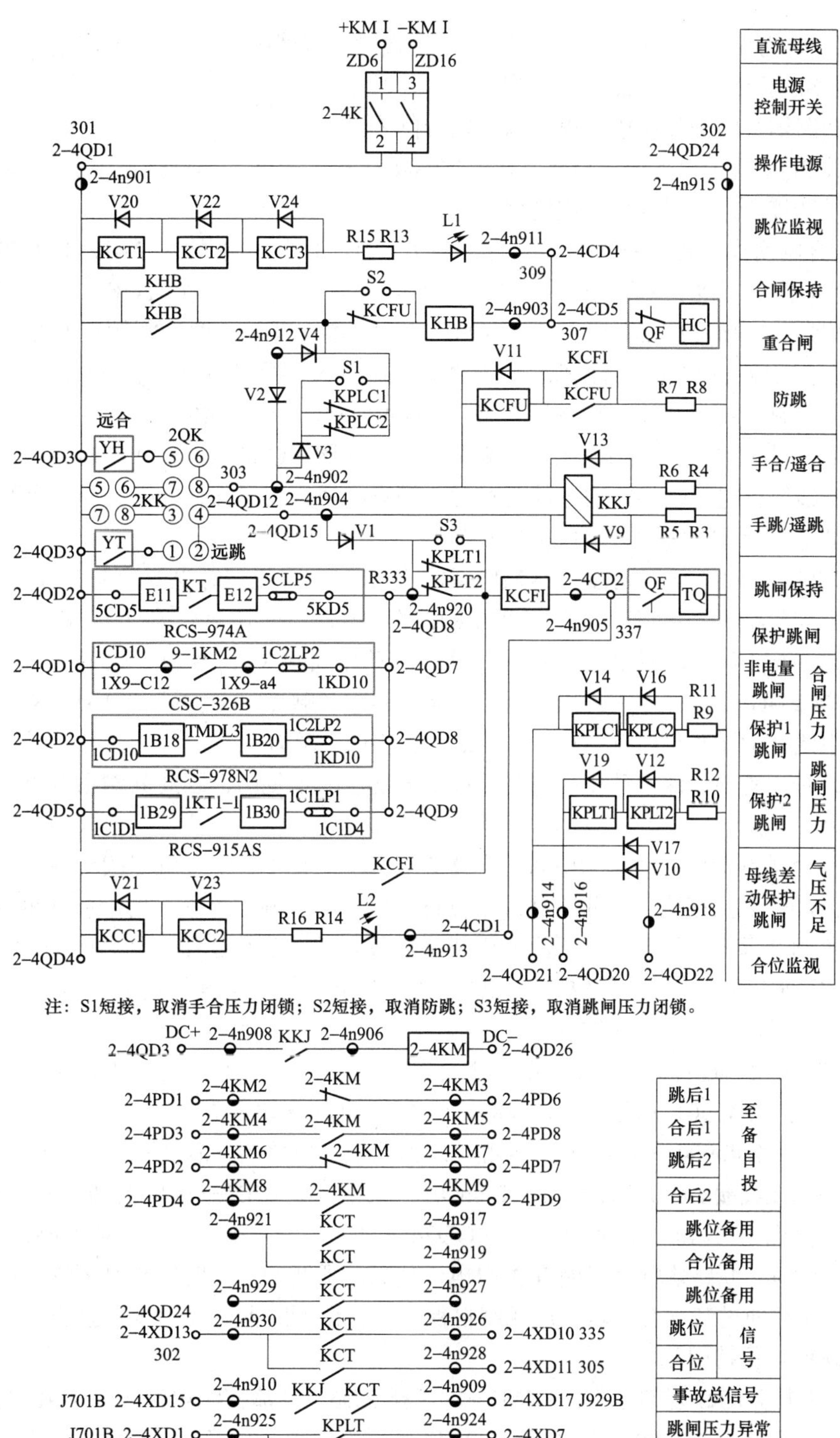

图 ZY1000103005-1　220kV 主变压器中压侧断路器控制与信号回路接线示意图（CJX-11 型操作箱）

2. 断路器控制操作动作过程说明

（1）直流控制电源回路。±KMI 直流控制电源，通过二次控制电缆由直流分电屏引入主变压器保护柜 C 左侧端子排（ZD），+KMI 接 ZD6 端子，−KMI 接 ZD16 端子，先经控制开关 2-4K 的动合触点①②和③④后，再接端子排（2-4QD1、2-4QD24）转接，将直流控制电源送入 CJX-11 操作继电器装置的端子（2-4n901、2-4n915），作为断路器的控制操作电源。

（2）手动合闸和远方合闸回路。CJX-11 操作箱合闸回路可选择或取消合闸压力闭锁以及防跳跃回路，即当 S1 打开时为投入手合压力闭锁功能，S1 短接时为取消手合压力闭锁功能；当 S2 打开时为投入防跳跃功能，S2 短接时为取消防跳跃功能。

下面分析断路器合闸操作动作过程（以手动合闸为例）。

将切换开关 2QK 置于“就地”位置，触点⑦⑧处于接通位置，当操作把手 2KK 置于“合闸”位置时，其触点⑤⑥接通，实现以下动作过程：

1）断路器合闸动作过程。+KMI→端子排 ZD6→直流控制电源开关 2-4K 的①②触点→端子排 2-4QD1→装置端子 2-4n901→控制开关 2KK 的⑤⑥触点→切换开关 2QK 的⑦⑧触点→端子排 2-4QD12→装置端子 2-4n902→逆止阀 V3→合闸压力闭锁继电器的并联动断触点 KPLC1、KPLC2→防跳闭锁继电器的动断触点 KCFU→合闸保持继电器 KHB 线圈→装置端子 2-4n903→端子排 2-4CD5→断路器动断触点 QF→断路器合闸线圈 HC→装置端子 2-4n915→端子排 2-4QD24→直流控制电源开关 2-4K 的④③触点→端子排 ZD16→–KMI，此时，断路器合闸线圈 HC 得电，使断路器合闸。同时，合闸保持继电器 KHB 线圈得电，动作后通过其两对动合触点实现合闸自保持，保证断路器可靠合闸，直至断路器动断辅助触点断开，解除合闸自保持回路。

2）磁保持继电器 KKJ 动作过程。+KMI→端子排 ZD6→直流控制电源开关 2-4K 的①②触点→端子排 2-4QD1→装置端子 2-4n901→控制开关 2KK 的⑤⑥触点→切换开关 2QK 的⑦⑧触点→端子排 2-4QD12→装置端子 2-4n902→磁保持继电器 KKJ 的动作线圈（第一组）→电阻 R6、R4→装置端子 2-4n915→端子排 2-4QD24→直流控制电源开关 2-4K 的④③触点→端子排 ZD16→–KMI，此时，磁保持继电器第一组线圈励磁并自保持。继电器 KKJ 可提供两副动合触点，合闸时该继电器动作并磁保持，仅手跳（遥跳）时才复归，保护动作或断路器偷跳该继电器不复归，因此其输出触点相当于操作把手 KK 合后位置。

KKJ 一副动合触点接通启动重动中间继电器 2-4KM，2-4KM 继电器触点接至备用电源自动投入装置。KKJ 另一副动合触点接通，与断路器跳闸位置继电器动合触点串联，用于启动事故总信号。

（3）手动跳闸及远方跳闸回路。下面分析断路器跳闸操作动作过程（以手动跳闸为例）。

将切换开关 2QK 置于“就地”位置触点③④处于接通位置，当操作把手 2KK 置于“分闸”位置时，其触点⑦⑧接通，实现以下动作过程：

1）断路器跳闸动作过程。+KMI→端子排 ZD6→直流控制电源开关 2-4K 的①②触点→端子排 2-4QD1→装置端子 2-4n901→控制开关 2KK 的⑦⑧触点→切换开关 2QK 的③④触点→端子排 2-4QD15→装置端子 2-4n904→逆止阀 V1→跳闸压力闭锁继电器的并联动断触点 KPLT1、KPLT2→防跳闭锁继电器的电流线圈 KCFI→装置端子 2-4n905→端子排 2-4CD2→断路器动合触点 QF→断路器跳闸线圈 TQ→装置端子 2-4n915→端子排 2-4QD24→直流控制电源开关 2-4K 的④③触点→端子排 ZD16→–KMI，此时，断路器跳闸线圈 TQ 得电，使断路器跳闸。同时，防跳闭锁继电器的电流线圈 KCFI 得电，动作后通过其动合触点实现跳闸自保持，保证断路器可靠分闸，直至断路器动合辅助触点断开，解除跳闸自保持回路。

2）磁保持继电器 KKJ 复归过程。+KMI→端子排 ZD6→直流控制电源开关 2-4K 的①②触点→端子排 2-4QD1→装置端子 2-4n901→控制开关 2KK 的⑦⑧触点→切换开关 2QK 的③④触点→端子排 2-4QD15→装置端子 2-4n904→磁保持继电器 KKJ 的复归线圈（第二组）→电阻 R5、R3→装置端子 2-4n915→端子排 2-4QD24→直流控制电源开关 2-4K 的④③触点→端子排 ZD16→–KMI，此时，磁保持继电器第二组线圈励磁并复归 KKJ。

（4）跳闸位置和合闸位置监视回路。

1）跳闸位置监视回路。跳位监视回路是用来监视断路器在跳闸位置。当断路器处于跳闸位置时，断路器动断辅助触点闭合。KCT1～KCT3 动作，送出相应的触点给保护和信号回路，同时点亮跳闸位置指示灯 L1。其动作过程：+KMI→端子排 ZD6→直流控制电源开关 2-4K 的①②触点→端子排 2-4QD1→装置端子 2-4n901→跳闸位置继电器 KCT1、KCT2、KCT3 线圈→电阻 R15、R13→指示灯 L1（点亮）→装置端子 2-4n911→端子排 2-4CD4/2-4CD5（端子排短接）→断路器动断辅助触点 QF→断路器合闸线圈 HC→装置端子 2-4n915→端子排 2-4QD24→直流控制电源开关 2-4K 的④③触点→端子排

ZD16→–KMI，跳位监视继电器 KCT1、KCT2、KCT3 动作，送出跳位信号。

2）合闸位置监视回路。合闸位置监视回路是用来监视断路器在合闸位置。当断路器处于合闸位置时，断路器动合辅助触点闭合，KCC1、KCC2 动作，输出触点到保护及有关信号回路。其动作过程：+KMI→端子排 ZD6→直流控制电源开关 2-4K 的①②触点→端子排 2-4QD1→装置端子 2-4n901→合闸位置继电器 KCC1、KCC2 线圈→电阻 R16、R14→指示灯 L2（点亮）→装置端子 2-4n913→端子排 2-4CD1/2-4CD2（端子排短接）→断路器动合辅助触点 QF→断路器跳闸线圈 TQ→装置端子 2-4n915→端子排 2-4QD24→直流控制电源开关 2-4K 的④③触点→端子排 ZD16→–KMI，此时，合闸位置继电器 KCC1、KCC2 动作，送出合闸位置信号。

3）控制回路断线告警回路。当控制回路失去直流电源时，利用跳闸位置继电器和合闸位置继电器动断触点 KCT 和 KCC 串联后给出“控制回路断线（中央信号）”告警信号。

（5）保护装置跳闸回路。在断路器处于合闸位置时，其动合辅助触点（QF）接通。当保护装置动作跳闸（保护跳闸压板在投入位置）时，如 ZY1000103005-1 图中 CSC-326B、RCS-978N2、RCS-974A、RCS-915 任一保护装置跳闸出口继电器动作，其跳闸动合触点处于闭合位置，正电源送到装置端子 2-4n920，此时，断路器跳闸线圈得电，使断路器跳闸。同时，防跳闭锁继电器电流线圈 KCFI 得电动作，由其动合触点 KCF 实现自保持，直到断路器跳闸后，动合辅助触点（QF）断开，解除自保持。

（6）防跳回路。当断路器手合或远方合闸到故障上而且合闸脉冲又较长时，为防止断路器跳开后又多次合闸，故设有防跳回路。当手合或远方合闸到故障上，断路器跳闸时，跳闸回路的防跳闭锁继电器电流线圈 KCFI 动作，其动合触点 KCFI 闭合，启动电压线圈 KCFU，KCFU 动作后，其动合触点在合闸脉冲存在情况下自保持，于是串入合闸回路的动断触点 KCFU 断开，避免断路器多次跳合。

其保持动作过程如下（以手动合闸时间较长为例）：+KMI→端子排 ZD6 端子→直流控制电源开关 2-4K 的①②触点→端子排 2-4QD1 端子→装置 2-4n901 端子→控制开关操作把手 2KK 的⑤⑥触点（接通时间较长）→切换开关 2QK 的⑦⑧触点→端子排 2-4QD12 端子→装置 2-4n902 端子→防跳闭锁继电器电压线圈 KCFU→防跳闭锁继电器动合触点 KCFI（启动）和 KCFU（保持）并联→电阻 R7、R8→装置 2-4n915 端子→端子排 2-4QD24 端子→直流控制电源开关 2-4K 的④③触点→端子排 ZD16→–KMI，此时，防跳闭锁继电器 KCFU 动作并通过其一副动合触点 KCFU 自保持，同时，其另一副动断触头 KCFU 断开合闸回路。

（7）压力降低闭锁控制操作回路。压力闭锁回路包括合闸压力闭锁和跳闸压力闭锁回路以及断路器气压不足闭锁（如 SF_6 气体）。

1）压力异常禁止操作。断路器气体（如 SF_6 气体）压力异常禁止操作时，对应的触点闭合，将正电源通过端子 2-4QD22 引入装置端子 2-4n918 接入，经隔离二极管 V17 和 V10 分别启动合闸压力闭锁继电器 KPLC1、KPLC2 和跳闸压力闭锁继电器 KPLT1、KPLT2，该继电器的输出触点一方面去闭锁有关跳合闸回路，另一方面给出压力异常禁止操作信号。其动作过程如下：

合闸压力闭锁继电器启动：+KMI→2-4QD1→2-4n901→断路器气体压力闭锁触点→2-4QD22→2-4n918→V17→KPLC1、KPLC2 线圈→R11、R9→2-4n915→2-4QD24→–KMI，启动合闸压力闭锁继电器 KPLC1、KPLC2，其动断触点打开，断开合闸回路。

跳闸压力闭锁继电器启动：+KMI→2-4QD1→2-4n901→断路器气体压力闭锁触点→2-4QD22→2-4n918→V10→KPLT1、KPLT 2 线圈→R12、R10→2-4n915→2-4QD24→–KMI，启动跳闸压力闭锁继电器 KPLT1、KPLT2，其动断触点打开，断开跳闸回路。

2）压力降低禁止合闸。当断路器压力降低禁止合闸时，对应的触点闭合，将正电源通过端子 2-4QD21 引入装置端子 2-4n914 接入，启动合闸压力闭锁继电器 KPLC1、KPLC2，该继电器的输出触点一方面去闭锁合闸回路，另一方面给出压力异常禁止合闸操作信号。

3）压力降低禁止跳闸。当断路器压力降低禁止跳闸时，对应的触点闭合，将正电源通过端子 2-4QD20 引入装置端子 2-4n916 接入，启动跳闸压力闭锁继电器 KPLT1、KPLT2，该继电器的输出触点一方面去闭锁跳闸回路，另一方面给出压力异常禁止跳闸操作信号。

二、隔离开关控制回路

隔离开关的电动操作是借助于电动机构作为动力，拉开或合上隔离开关的。隔离开关要求电动机具备双向旋转的操动机构，即拉开隔离开关的过程中，电动机向某一方向旋转，而合上隔离开关的过程中，电动机向反方向旋转。根据电动机的不同，可分为三相交流电源操动机构和直流电源操动机构。现以三相交流电源操动机构为例说明隔离开关的电动操动机构原理，三相交流电源操动机构是通过改变电动机三相交流电源的相序，控制电动机的转动方向，从而完成隔离开关的分闸和合闸操作过程。如图 ZY1000103005-2 所示为隔离开关的电动操动机构原理接线图。

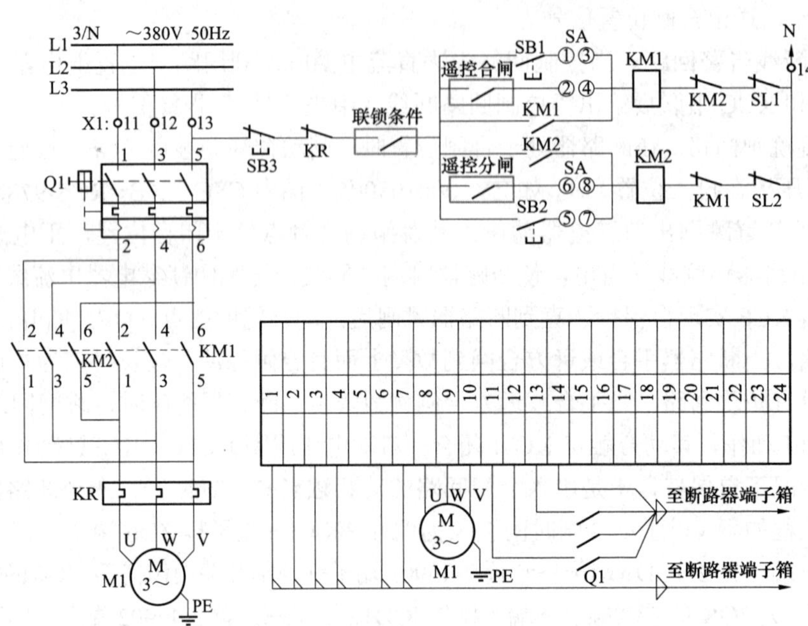

图 ZY1000103005-2 隔离开关的电动操动机构原理接线图

1. 图 ZY1000103005-2 中所接电气元件的作用

（1）Q1 为电动操动机构三相电源控制空气开关；

（2）KM1、KM2 分别为控制电动操动机构电动机正反向旋转的三相交流接触器；

（3）KR 为保护电动机的热继电器；

（4）SB1 为就地合闸操作按钮；

（5）SB2 为就地分闸操作按钮；

（6）SB3 为就地紧急停止操作按钮；

（7）SA 为远方/就地把手；

（8）SL1 为合闸限位开关；

（9）SL2 为分闸限位开关。

2. 启动三相交流电动机电源

隔离开关在正常运行过程中，操动机构电源空气开关 Q1 处于断开位置，“远方/就地”操作切换开关 SA 处于“就地”位置。当需要进行隔离开关的分合闸操作前，应首先合上交流电源控制开关 Q1。

3. 就地分合闸操作动作过程

“远方/就地”操作切换开关 SA 置于“就地”位置，其①③和⑤⑦触点接通，②④和⑥⑧触点断开。

在 KM1 的启动回路中串接了 KM2 的动断触点，在 KM2 的启动回路中串接了 KM1 的动断触点，使 KM1 和 KM2 的动作实现相互闭锁，防止合闸和分闸的同时操作。

（1）合闸操作动作过程。瞬时按下 SB1 合闸按钮，交流接触器 KM1 得电动作并自保持。电动机正向旋转，直至隔离开关合闸到位，限位开关 SL1 断开，KM1 失电返回。其动作过程如下：

控制回路动作过程：交流电源相线 L3→端子排 X1：13→急停按钮 SB3 动断触点→热继电器 KR

动断触点→联锁条件满足（其动合触点接通）→合闸操作按钮 SB1 动合触点→远方/就地操作切换开关 SA①③→交流接触器 KM1 线圈→交流接触器 KM2 动断触点→合闸限位开关 SL1 动断触点→端子排 X1：14→交流电源中性线 N，交流接触器 KM1 得电动作并自保持（SB1 与 SA①③串联、遥控合闸和 SA②④串联与 KM1 动合触点并联实现保持）。

主回路动作过程：三相交流电源 L1、L2、L3→端子排 X1：11、12、13→电源控制开关 Q1 的 1–2、3–4、5–6 触点→交流接触器 KM1 的 2–1、4–3、6–5 触点→热继电器 KR→三相交流电动机，电动机得电后开始正向转动，直至限位开关 SL1 断开后停止转动。

（2）分闸操作动作过程。瞬时按下 SB2 分闸按钮，交流接触器 KM2 得电动作并自保持。电动机反向旋转，直至隔离开关分闸到位，限位开关 SL2 断开，KM2 失电返回。其动作过程如下：

控制回路动作过程：交流电源相线 L3→端子排 X1：13→急停按钮 SB3 动断触点→热继电器 KR 动断触点→联锁条件满足（其动合触点接通）→分闸操作按钮 SB2 动合触点→远方/就地操作切换开关 SA⑤⑦→交流接触器 KM2 线圈→交流接触器 KM1 动断触点→分闸限位开关 SL2 动断触点→端子排 X1：14→交流电源中性线 N，交流接触器 KM2 得电动作并自保持。

主回路动作过程：三相交流电源 L1、L2、L3→端子排 X1：11、12、13→电源控制开关 Q1 的 1–2、3–4、5–6 触点→交流接触器 KM2 的 2–1、4–3、6–5 触点→热继电器 KR→三相交流电动机，电动机得电后开始反向转动，直至限位开关 SL2 断开后停止转动。

4. 远方分合闸操作动作过程

对隔离开关的远方操作，应将“远方/就地”操作切换开关 SA 置于“远方”位置。将遥控合闸和遥控分闸分别接入到测控装置的遥控开出回路。反映隔离开关的位置，应将其动合触点接到测控装置的信号开入回路中。其动作过程与就地手动操作过程基本相同，不再赘述。

5. 紧急停止操作动作过程

在就地操作过程中，若遇到意外情况，可以按下 SB3 急停按钮，其动断触点断开，切断电源回路，终止操作。

6. 电动机保护回路动作过程

当操作过程中遇到电动机构机械故障时，电动机的热继电器 KR 动作，其动断触点断开，终止操作。

7. 联锁条件

在操作回路中加入了联锁条件来闭锁隔离开关的控制。对简单的一次接线如单母线，只要断路器在断开位置即可进行隔离开关的操作，这时联锁条件就是断路器的动断辅助触点。在复杂的一次接线中，必须满足“防误操作”闭锁条件才允许隔离开关进行操作。

三、中央信号系统

1. 变电站的信号装置

变电站的信号装置，供值班人员经常监视站内各种电气设备和系统的运行状态，按信号的性质可分为事故信号、预告信号、位置信号和继电保护及自动装置的动作信号。

（1）事故信号。发生事故时断路器跳闸的信号。断路器事故跳闸引起的原因主要包括：

1）线路或站内电气设备发生事故，继电保护及自动装置动作跳闸时，发出事故信号；

2）继电保护或自动装置误动作跳闸时，发出事故信号；

3）断路器的控制回路发生故障造成误跳闸时，发出事故信号。

无论何种原因引起断路器事故跳闸，均应立即通知值班人员，迅速做出反应采取措施处理事故。

（2）预告信号。预告信号是反应站内电气一次或二次设备处于不正常运行状态的信号。在 220kV 变电站中主要包括：

1）各种一次设备的过负荷；

2）中性点不接地系统发生的接地故障；

3）各种注油电气设备的油温升高超过规定温度（整定值）；

4）各种断路器液压或气压机构的压力异常（超过或低于整定值），打压电动机启动，弹簧操动机构的弹簧未储能以及弹簧储能电动机启动；

5）断路器或组合电器的 SF_6 气体密度降低报警或闭锁；

6）断路器的控制回路断线；

7）电流互感器或电压互感器的二次回路断线；

8）直流系统发生接地故障；

9）各种继电保护及自动装置的直流电源消失或交流电源回路发生断线故障；

10）动作于信号的继电保护及自动装置动作以及其他一些值班人员需要了解的运行状态等。

当变电站中央信号系统发出告警（预告）信号时，值班人员应立即通过信号装置的动作指示，分析判断出故障发生在哪个回路中，在什么设备上，发生了什么性质和什么内容的故障。并及时记录和处理，防止电气设备不正常运行状态发展成为事故。

（3）位置信号。断路器、隔离开关、变压器的有载调压开关等设备触头位置的信号。如断路器正常合闸位置用红色信号灯点亮表示，正常跳闸位置用绿色信号灯点亮表示，传统变电站中断路器事故跳闸时用绿色信号灯闪光表示，综合自动化变电站断路器事故跳闸后监控系统用断路器闪烁表示其发生变位。

（4）继电保护及自动装置的动作信号。按信号的表示方式可分为光信号和声音信号，光信号如光字牌、信号指示灯、位置指示灯，声音信号如喇叭声响、警铃声响等。光信号可分为平光信号和闪光信号以及不同颜色、不同闪光频率的光信号；声音信号可分为不同音调或语音的声音信号。

2. 传统变电站的监控特点

在常规变电站中，监控设备由测量仪表、控制系统、继电保护装置、自动装置和远动装置等构成，组成了常规的控制屏、保护屏、远动屏、中央信号屏等，各种屏上设备之间主要是通过控制电缆连接在一起。变电站值班人员是通过设置在控制屏和保护屏上的大量指示仪表、各种声光信号装置来监视一次和二次设备的工作状态，如电流、电压、频率、功率、密度、压力、温度以及各种声光信号等信息。在传统变电站中设置了中央信号系统。

3. 综合自动化变电站的监控系统特点

综合自动化变电站中装设了微机监控装置，而不再装设单独的信号装置。微机监控系统具有数据采集处理、打印、显示、顺序记录、模拟量越限报警等功能，它能将变电站各种回路的电流、电压、功率、电量、温度等被测量和断路器、隔离开关、继电保护及自动装置等动作状态，各种不正常运行状态的信息，随时存入处理机的存储器中。当发生事故或需要时，能按事件发生的顺序，以人便于接受的信息形式（画面、文字、数字或声音）在显示屏幕（CRT）上显示或从喇叭中发出音响，也可通过打印机以报表的形式打印出来，提供给运行人员关于系统和设备情况的准确信息。

4. 常规变电站与综合自动化变电站监控系统的主要区别

（1）测量表计是获得一次系统和二次设备的各种电气及非电气量大小的主要设备。常规的测量表计绝大多数是模拟式的，存在较大误差。而微机型测量表计采用数字化显示，随着数字式互感器的采用，采集系统的精度得到提高。

（2）常规的信号装置，大多数是通过声光信号来表示事件的发生。一般只能粗略地表示事件的发生和消失，而不能详细地表明事件发生的准确时间以及几个事件发生的顺序和其他情况。而微机型监控装置能够详细地记录事件发生的时间及顺序，便于值班人员处理。

（3）常规的信息变换设备，如测量表计、信号指示灯等为便于监视，因而这些设备的外形尺寸、功率消耗较大，布置的距离不能太远。而微机型的信息变换设备，如显示屏幕采用画面、文字、数字显示，改变了值班人员的监控方式，这些信息比较直观，便于值班人员判断和分析。

（4）在常规变电站的监控系统中，主要是由人来处理信息，人是整个监控系统的核心。由于种种原因使得人员处理信息的准确性和可靠性不高。而在综合自动化变电站监控系统中由计算机来完成，可实现变电站的智能化管理。

5. 中央信号系统（监控系统）实际应用

（1）传统变电站集中式中央信号系统接线图如图 ZY1000103005-3 所示。

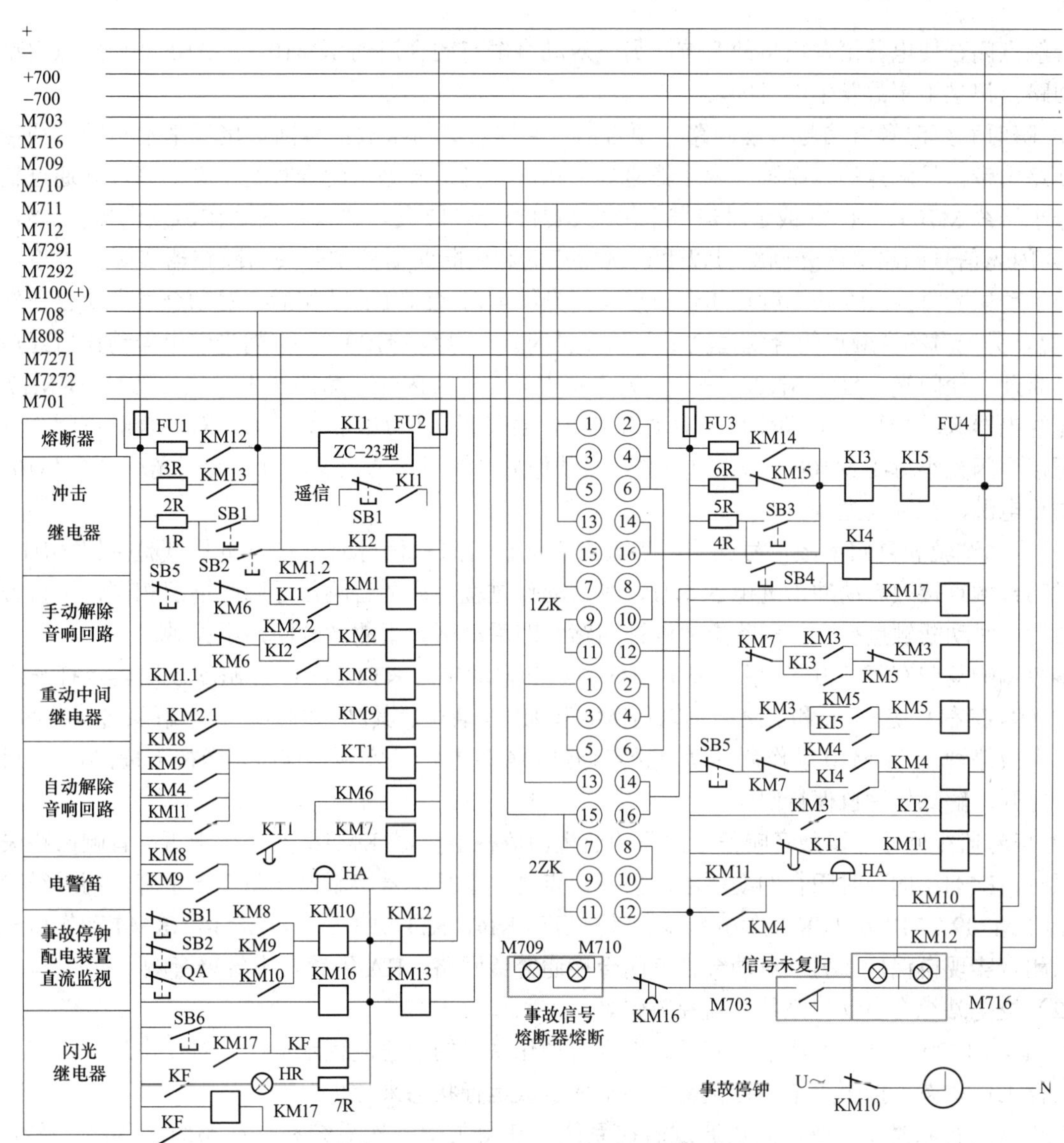

图 ZY1000103005-3　传统变电站集中式中央信号系统接线图

1）原理接线特点。整个中央信号回路由事故信号回路、瞬时和延时预告信号回路、闪光信号回路、信号灯试验回路以及信号监视回路部分组成。该信号系统是以冲击继电器（如 ZC-23、JC-2、BC-4 型冲击继电器）为核心的信号系统。其特点是：

① 灯光信号由发生信号的各回路自己产生。

② 音响信号是通过冲击继电器（KI1、KI2、KI3、KI4、KI5）集中发出。

③ 信号系统的重复动作是靠冲击继电器来实现的。

④ 全站设置公用的音响信号启动小母线（事故音响小母线 M708；瞬时预告小母线 M709、M710；延时预告小母线 M711、M712），每个需要发出音响信号的回路均接到公用的音响信号启动小母线上，再由小母线接到公用的冲击继电器的启动回路。只要有信号回路接通，冲击继电器的启动回路就有一个电流跃变，每有一个跃变，冲击继电器就能动作一次，并且发出一次音响信号，集中式信号系统就是靠这种原理来实现重复动作的。

2）事故音响信号启动回路。事故音响信号启动回路接在信号正电源和事故音响小母线 M708 之间。启动回路在控制开关与断路器的实际位置不对应时接通（以下称不对应回路）。当断路器事故跳闸时，不对应回路接通，通过事故音响小母线 M708 接通冲击继电器 KI1 的动作回路。KI1 动作后一对动合触点闭合启动远动装置，发出遥信；KI1 另一对动合触点闭合使中间继电器 KM1 动作，KM1 的第二对动合触点 KM1.2 实现自保持；KM1 的第一对动合触点 KM1.1 接通启动 KM8，KM8 动作后一对动合触点闭合使电警笛发出事故音响，另一对动合触点闭合启动 KM10，KM10 动合触点启动事故停钟回路，记录下事故发生的时间。

3）瞬时和延时预告信号启动回路。预告信号回路接线与事故信号回路接线基本相同。预告信号启动回路由带信号触点的光字牌（内接信号灯）构成，当信号触点闭合时光字牌点亮，并通过辅助瞬时信号小母线 M709、M710 或延时信号小母线 M711、M712 使冲击继电器动作，发出预告信号。

4）闪光信号回路。闪光回路可以手动试验启动和由断路器控制开关与断路器实际位置不对应启动。当手动试验时，SB6 动合触点闭合，启动闪光继电器 KF，KF 动作后一对动合触点闭合使指示灯 HR 点亮，另一对动合触点闭合将直流正电源接至闪光小母线 M100（+）；闪光继电器动作后经短时接通后又断开，使闪光小母线 M100（+）又失去正电源，实现闪光。断路器不对应启动时，KM17 启动使闪光继电器 KF 动作，KF 动作后一对动合触点闭合使指示灯 HR 点亮，另一对动合触点闭合将直流正电源接至闪光小母线 M100（+）；闪光继电器动作后经短时接通后又断开，使闪光小母线 M100（+）又失去正电源，实现闪光。

5）手动试验和复归事故信号回路。当人工手动试验事故信号时，按下事故试验按钮 SB1，SB1 的一对动合触点接通启动冲击继电器 KI1，其后动作过程与事故音响信号回路情况相同，不再赘述；SB1 的另一对动断触点打开，解除事故停钟回路，即手动试验事故音响回路不停钟。

事故音响复归有两种方式：手动按钮 SB5 复归和自动定时 KT1 复归。当 SB5 动断触点打开或 KT1 经延时（9s 左右）使 KM6 和 KM7 动作，KM6 和 KM7 动作后其动断触点打开，解除自保持回路。

当事故停钟后，KM10 动作后其动合触点通过 QA 动断触点实现自保持。当按下按钮 QA3 后其动断触点打开，解除停钟自保持回路。

6）信号监视回路。事故音响信号回路的监视由监视继电器 KM16 实现。当事故音响回路失去直流电源时，KM16 的延时闭合的动断触点接通，点亮“事故信号熔断器熔断”光字牌，同时经瞬时预告小母线 M709、710 及 1ZK 的⑬⑭和⑮⑯触点启动 KI4，KI4 动作后启动 KM4，KM4 动作后一对动合触点闭合实现自保持，另一对动合触点闭合接通警铃回路，HA 警铃发出告警音响。

（2）变电站综合自动化系统的监控装置。

如图 ZY1000103005-4 所示为变电站综合自动化系统的信息流程示意图。对变电站一次和二次设备的运行工作状态可按照正常运行状态、异常和事故运行状态来分析。

在正常运行状态下，值班人员通过监控系统来获得关于一次系统和二次系统设备的工作情况信息，通过通信设备获得系统调度发来的指令信息，根据这些信息做出各种处理反应来维持变电站的正常运行。

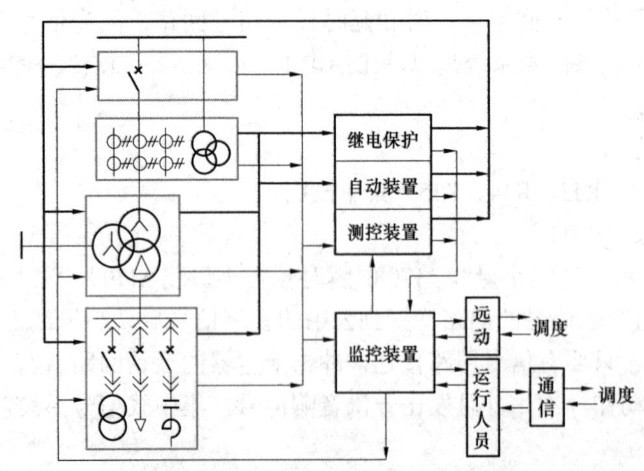

图 ZY1000103005-4 变电站综合自动化系统的信息流程示意图

在异常和事故时，继电保护装置、自动装置以及监控装置通过传感器（如电流互感器、电压互感器、温度计、压力计、密度计等）获得关于变电站一次系统和二次系统设备的信息，如电流、电压、功率、方向、频率、温度、密度、压力以及二次回路断线、直流电源消失等信息，根据收到的信息，判断出异常和事故的性质和地点，按照预先安排好的程序发出各种跳闸、合闸以及信号指令，将事故局限在最小的范围之内，并把动作的结果通过监控装置显示给变电站值班人员。值班人员根据设备异常和事故情况以及继电保护及自动装置的动作情况，再做出各种处理异常和事故的反应。

1）保护系统如图 ZY1000103005-4 中间隔层设备所示。在这一系统中，变电站一次系统的信息通过传感器变换后传送至继电保护及自动装置（可统称为信息处理装置），经过信息处理后的结果作用于变电站的一次系统，即对一次系统设备进行操作或调节。

2）监控系统如图 ZY1000103005-4 中站控层设备所示。在这一系统中，变电站一次系统的信息（如电流、电压、功率、频率等）和其他信息（如继电保护及自动装置的动作情况，电流、电压二次回路断线情况，统计报表等），经信息采集回路进入监控系统进行处理并变换成运行值班人员的感官所能接受的信息形式，如画面、文字、数字在显示屏幕上显示或通过喇叭发出声音。运行值班人员收到这些信息后经过大脑分析、判断后做出处理的决定，再经监控系统去执行对一次系统的操作或调节。

【思考与练习】

1. 传统变电站中，事故音响和预告信号回路的工作原理是什么？
2. 简述断路器控制和信号回路的工作原理。
3. 变电站综合自动化监控系统的信息流程是什么？
4. 简述隔离开关控制回路的工作原理。

模块 6　变压器冷却器与有载调压控制回路图（ZY1000103006）

【模块描述】本模块介绍了变压器冷却器控制回路和有载调压控制回路。通过典型回路图的介绍，掌握变压器冷却器控制回路与有载调压控制回路的基本知识，并能对回路图进行识读和分析。

【正文】

一、变压器冷却器控制箱的工作原理及特点

大型变压器的冷却方式主要包括油浸风冷、强迫油循环风冷和强迫油循环水冷等。本模块主要针对典型的强迫油循环风冷器变压器的控制回路图进行介绍。

每台变压器一般安装有多组冷却器，每组冷却器都装有一台潜油泵和数台风扇，这些电动机是由冷却器控制箱内的控制装置驱动和控制的。如图 ZY1000103006-1 所示为 XKWF-15/12 型风冷控制箱电路原理接线图，该控制箱可以控制 12 组风扇和 6 组潜油泵。

1. 控制箱的特点

（1）控制箱采用两路三相电源供电，两路电源可任选一路作为工作电源，而另一路作为备用电源。当工作电源出现故障时，另一路备用电源自动投入。

（2）当运行中的变压器顶层油温或变压器负荷达到规定值时，能使变压器风扇和潜油泵自动投入。

（3）变压器风扇和潜油泵除能自动投入外，还可以手动投入。

（4）控制箱配备有变压器冷却器控制回路的过载及短路保护装置。

（5）当变压器风扇或潜油泵发生故障时，除本控制箱内红色灯 HLRD1～HLRD5 亮发出故障信号外，还可向中央控制屏和监控主机发出故障信号。

（6）当打开控制箱门时，箱内照明灯 ELIN1、ELIN2 自动点亮，当关闭控制箱门时，箱内照明灯 ELIN1、ELIN2 自动熄灭。

（7）控制箱装有温度和湿度控制器，当箱内温度和湿度低于或高于规定值时，加热器 EH1、EH2 开始加热；达到规定值时，EH1、EH2 停止加热。

2. 控制箱的工作原理

（1）电源启动控制。首先接通控制箱的“Ⅰ”和“Ⅱ”电源，KX1 和 KX2 分别为“Ⅰ”电源和“Ⅱ”电源的断相保护装置。如果“Ⅰ”和“Ⅱ”电源正常，则启动 KX1 和 KX2 继电器，其动作后再启动 K1 和 K2 继电器。K1 和 K2 动作后，为工作电源投入和自动切换做好准备。

1）“Ⅰ”电源工作。将万能转换开关 SA1 的手柄置于“Ⅰ”位置，触点③④和⑤⑥闭合，交流接触器 KMM1 的线圈得电，动合触点闭合，“Ⅰ”电源工作；接通控制回路电源开关 QM1、QM2，信号灯 HLGN1 亮。当“Ⅰ”电源工作时出现故障，自动切换“Ⅱ”电源，并向控制室及计算机（监控机）发出“Ⅰ工作电源故障”信号。

2）“Ⅱ”电源工作。将万能转换开关 SA1 的手柄置于“Ⅱ”位置，工作情况与“Ⅰ”电源工作情况基本相同。

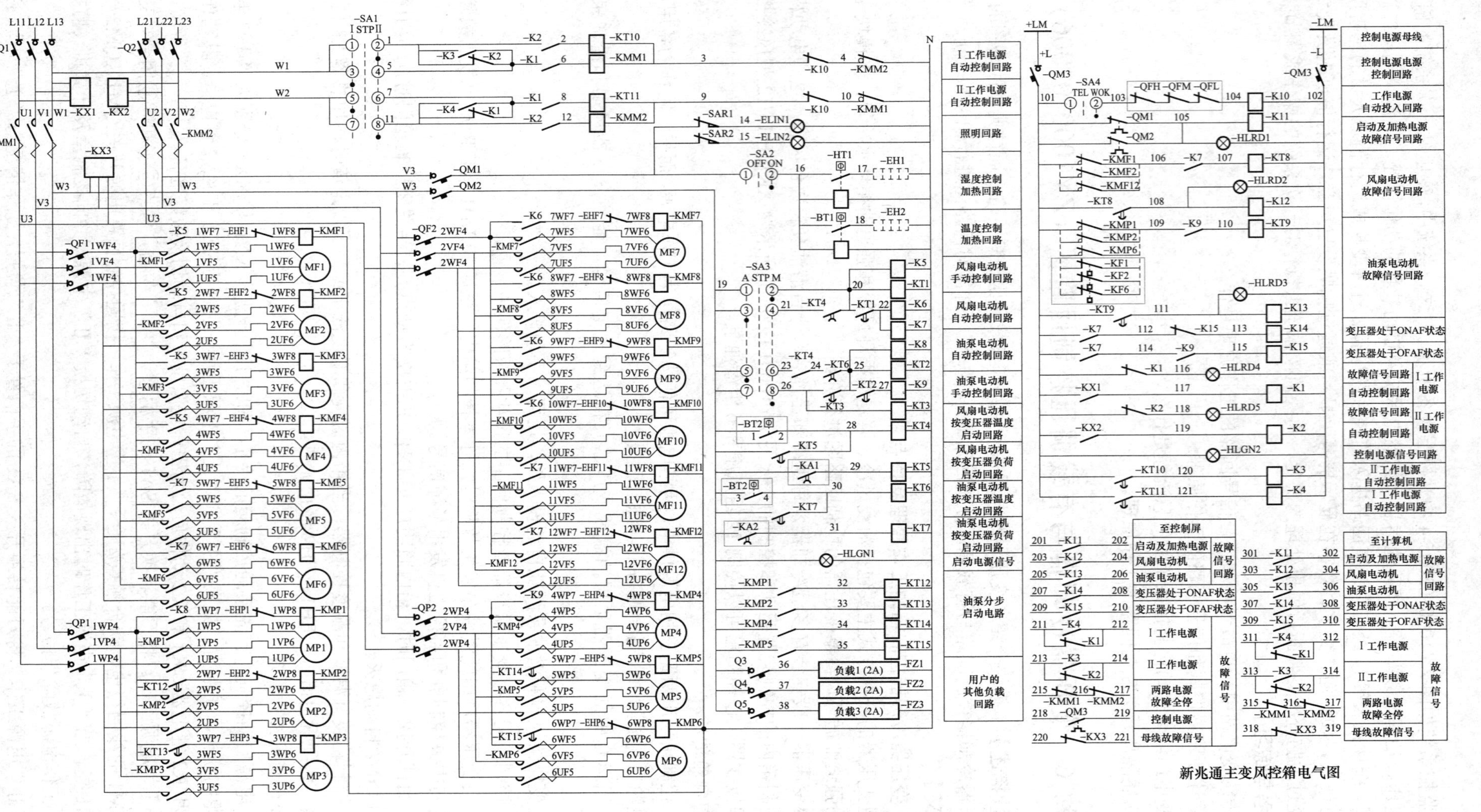

图 ZY1000103006-1 变压器冷却器XKWF-15/12型风冷控制箱电路原理接线图

3）工作电源自动投入。

① 当万能转换开关SA4的手柄置于“试验”位置时，SA4的①②触点打开，继电器K10失电，其动断触点闭合接通“Ⅰ工作电源”和“Ⅱ工作电源”自动控制回路，此时“Ⅰ工作电源”和“Ⅱ工作电源”根据万能转换开关SA1的手柄选择的位置状态工作，即：“Ⅰ”电源工作或“Ⅱ”电源工作或“停止”。

② 当万能转换开关SA4的手柄置于“自动”位置时，SA4的①②触点闭合。若变压器三侧任一断路器在合闸位置，继电器K10失电，之后动作情况同SA4的手柄置于“试验”位置情况；若变压器三侧断路器均在跳闸位置，继电器K10得电，其动断触点打开，切断“Ⅰ工作电源”和“Ⅱ工作电源”自动控制回路，全部变压器风扇和潜油泵停止工作。

（2）变压器风扇和油泵控制。

1）手动投入风扇和油泵。将万能转换开关SA3的手柄置于“手动”位置，触点①②和⑦⑧闭合，分别启动控制风扇和潜油泵回路投入运行。

风扇电动机控制过程：继电器K5得电吸合，其动合触点使交流接触器KMF1～KMF4闭合，从而使风扇电动机MF1～MF4投入运转。同时，时间继电器KT1得电动作，经延时使K6和K7继电器得电吸合，其动合触点使交流接触器KMF7～KMF10和KMF5～KMF6及KMF11～KMF12闭合，从而使风扇电动机MF7～MF10和MF5～MF6及MF11～MF12延时投入运转。

潜油泵电动机控制过程：为防止冷却装置的潜油泵同时启动，造成变压器内部油流冲击而使瓦斯保护误动，在冷却装置控制回路设置了分步启动电路。本控制箱内的潜油泵控制回路分为两组，每组3台，当第一台潜油泵启动，经一定延时后启动第二台潜油泵；当第二台潜油泵启动，再经一定延时后启动第三台潜油泵。SA3触点⑦⑧闭合，延时继电器KT3得电，经KT3延时动合触点启动K8和KT2；K8得电吸合，使交流接触器KMP1闭合，油泵电动机MP1投入运转，同时KMP1启动时间继电器KT12，经KT12延时动合触点使交流接触器KMP2闭合，油泵电动机MP2投入运转，同时KMP2又启动时间继电器KT13，经KT13延时动合触点使交流接触器KMP3闭合，油泵电动机MP3投入运转。此外，KT2得电，经KT2延时动合触点启动K9，K9得电吸合，使交流接触器KMP4闭合，油泵电动机MP4投入运转；同时KMP5启动时间继电器KT14，经KT14延时动合触点使交流接触器KMP5闭合，油泵电动机MP5投入运转；同时KMP5又启动时间继电器KT15，经KT15延时动合触点使交流接触器KMP6闭合，油泵电动机MP6投入运转。

2）自动投入风扇和油泵。将万能转换开关SA3的手柄置于“自动”位置，触点③④和⑤⑥闭合，风扇和潜油泵启动方式如下：

① 按变压器顶层油温启动。变压器在运行中，其顶层油温随负荷及环境温度的变化而变化。当顶层油温上升到信号温度计BT2的第一上限温度时，触点1–2闭合，使KT4时间继电器启动：一是经动合瞬时触点闭合为油泵启动做好准备。二是经瞬时闭合延时打开触点启动K5和KT1：K5继电器得电吸合其动合触点使交流接触器KMF1～KMF4闭合，从而使风扇电动机MF1～MF4投入运转；KT1得电启动，经延时使K6和K7得电吸合，其动合触点使交流接触器KMF7～KMF10和KMF5～KMF6及KMF11～KMF12闭合，从而使风扇电动机MF7～MF10和MF5～MF6及MF11～MF12延时投入运转。

当顶层油温上升到信号温度计BT2的第二上限温度时，触点3–4闭合，使KT6时间继电器启动，经瞬时闭合延时打开触点启动K8和KT2，之后动作情况同潜油泵电动机控制过程情况。

当顶层油温降低到稍低于BT2的第二上限温度时，BT2的3–4触点打开，KT6失电，这时变压器风扇和油泵继续运行，经KT6的瞬时闭合延时打开触点延时后，使K8和KT2及K9随之失电，全部潜油泵停止运转。

当顶层油温降低到稍低于BT2的第一上限温度时，BT2的1–2触点打开，KT4失电，使K5、K6、K7随之失电，全部风扇停止运转。

② 按变压器负荷电流启动。

当变压器的负荷电流达到KA1电流继电器的规定值时，KA1的动合触点闭合，使KT5时间继电器启动，经延时启动时间继电器 KT4，之后的动作情况同 BT2 第一上限温度时的动作情况。

当变压器的负荷电流达到 KA2 电流继电器的规定值时，KA2 的动合触点闭合，使 KT7 时间继电器启动，经延时启动时间继电器 KT6，之后的动作情况同 BT2 第二上限温度时的动作情况。

当变压器的负荷电流低于 KA2 电流继电器的规定值时，KA2 的动合触点打开，KT7 失电，使 KT6、K8、KT2、K9 随之失电，全部潜油泵停止运转。

当变压器的负荷电流低于 KA1 电流继电器的规定值时，KA1 的动合触点打开，KT5 失电，使 KT4、K5、K6、K7 随之失电，全部风扇停止运转。

（3）保护回路。

1）短路保护回路。当某一台变压器风扇或潜油泵出现短路故障时，由控制该组变压器风扇或潜油泵的自动开关 QF*n* 或 QP*n*（*n*=1、2）快速切断其工作电源。

2）过载保护回路。由于每台变压器风扇和潜油泵均配备了热继电器，因此当任何一台变压器风扇或潜油泵出现过载时，相对应的热继电器的动断触点都要打开，从而切断相对应的交流接触器 KMF*n*（*n*=1～12）或 KMP*n*（*n*=1～6）的电源，使这台故障变压器风扇或潜油泵停止运行。

3）电源断相保护回路。

当Ⅰ工作电源发生断相时，Ⅰ工作电源断相保护装置 KX1 失电，使 K1 随之失电。继电器 K1 的一对动断触点闭合点亮“Ⅰ工作电源故障”红色信号指示灯（HLRD4）；另一对动断触点闭合，经 SA1 ⑤⑥触点，并检验Ⅱ电源有电（K2 动作），启动Ⅱ工作电源自动投入工作；其他两对动断触点分别向控制屏和计算机（监控机）发送“Ⅰ工作电源故障信号”。

当Ⅱ工作电源发生断相时，Ⅱ工作电源断相保护装置 KX2 失电，使 K2 随之失电。继电器 K2 的一对动断触点闭合点亮“Ⅱ工作电源故障”红色信号指示灯（HLRD5）；另一对动断触点闭合，经 SA1 ①②触点，并检验Ⅰ电源有电（K1 动作），启动Ⅰ工作电源自动投入工作；其他两对动断触点分别向控制屏和计算机（监控机）发送“Ⅱ工作电源故障信号”。

当工作电源发生断相时，断相保护装置 KX3 失电，其两对动断触点向控制屏和计算机（监控机）发送“母线故障信号”。

4）控制回路和加热回路的保护回路。本控制箱采用了自动开关对控制回路和加热回路进行保护，当加热回路（包括箱内照明回路）出现故障时，自动开关跳闸从而切断加热回路；当控制回路出现故障时，自动开关跳闸从而切断控制回路，同时自动开关的辅助动断触点闭合，点亮启动及加热电源故障指示灯，并使 K11 得电，K11 两对动合触点分别向控制屏和计算机（监控机）发送“启动及加热电源故障信号”。

（4）变压器风扇和潜油泵故障信号指示回路。

1）变压器风扇故障信号指示回路。当变压器风扇出现短路故障或过载故障时，相对应的交流接触器 KM*n*（*n*=1～12）的线圈失电，使其动断触点闭合，经 K7 继电器动合触点启动 KT8，经 KT8 延时后红色指示灯 HLRD2 点亮，同时启动 K12，K12 两对动合触点分别向控制屏和计算机（监控机）发送“风扇电动机故障信号”。

2）变压器潜油泵故障信号指示回路。当变压器潜油泵出现短路故障或过载故障时，相对应的交流接触器 KMP*n*（*n*=1～6）的线圈失电，使其动断触点闭合，经 K9 继电器动合触点启动 KT9，经 KT9 延时后红色指示灯 HLRD3 点亮，同时启动 K13，K13 两对动合触点分别向控制屏和计算机（监控机）发送“潜油泵电动机故障信号”。

二、变压器有载调压电动机构工作原理及特点

变压器有载调压是指变压器在带负荷的情况下进行变压器主绕组分接头位置的切换，主绕组分接头位置的切换是通过驱动和控制有载分接开关的动作实现的。有载分接开关一般包括开关本体、传动机构、操动机构等组成，变压器有载分接开关本体装于油箱内部，经联动轴与外部操作箱内的电动机构连接。有载调压机构由箱体、齿轮传动机构和控制机构、位置指示装置等几部分组成。如图 ZY1000103006-2 所示为变压器有载调压机构原理接线图。

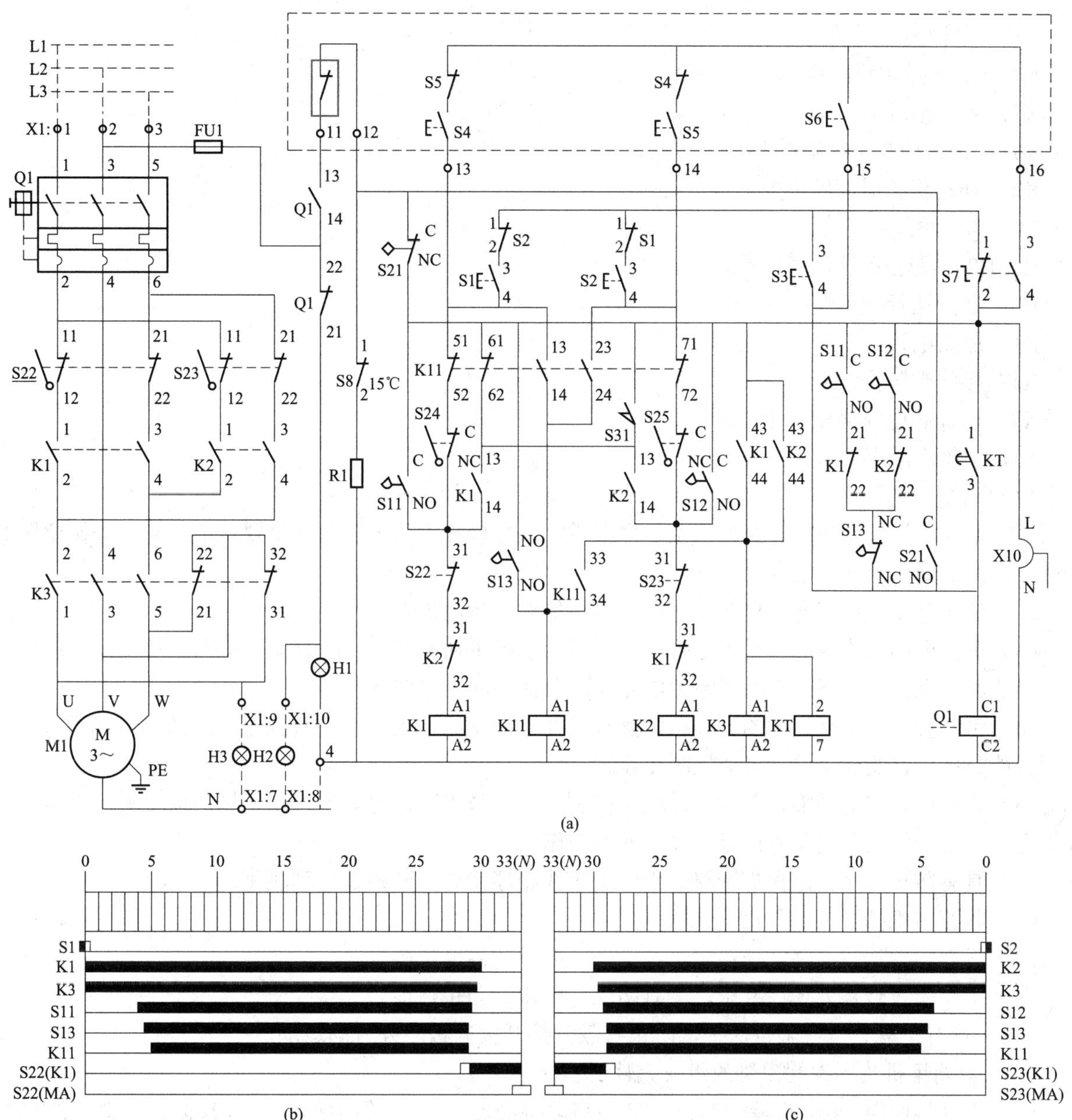

图 ZY1000103006-2　变压器有载调压机构原理接线图

（a）有载调压机构原理接线图；（b）分接头降压操作（由 1→N）各控制开关动作顺序示意图；

（c）分接头升压操作（由 N→1）各控制开关动作顺序示意图

图 ZY1000103006-2 中符号含义：

Q1：空气断路器。

S1/S2/S3：电动机构就地升/降/停按钮。

S4/S5/S6：电动机构远控升/降/停按钮。

S7：远控/停/就地转换开关。

S8：热敏开关。

S11/S12/S13：逐级控制凸轮开关，S11 为 1→N 方向时动作；S12 为 N→1 方向时动作；S13 为逐级控制操作功能，即每变换一次分接位置凸轮开关通断一次。

S21：手动保护行程开关。

S22/S23：主/控制回路限位开关。

S24/S25：控制回路限位开关。

S31：超越触点开关。

S32：单极多位开关。

K1/K2：升/降控制接触器。

K3：启动接触器。

K11：级进控制中间继电器。

KT：连动保护时间继电器。

M1：电动机。

H1/ H2：就地/远控跳闸指示灯。

H3：远控运行指示灯。

R1：加热电阻。

X1：接线端子排。

X4：十九芯电缆插座。

X10：单相电源插座。

1. 电动机构的控制功能特点

（1）电动机构操作按照逐级控制工作原理设计，分接开关从一个分接位置转换到邻近分接位置的过程中，仅接受一次操作指令。

（2）有 3 个中间位置的分接开关，电动机构能自动超越位置。

（3）可用电动机构内的按钮进行操作，亦可用手柄手摇操作，同时具有手动和电动操作的联锁保护，实现电动机构主回路和控制回路无电操作，确保手动操作安全。

（4）可用安装在控制室内的远控按钮进行远控电动操作，亦可用 ZDT60 自动电动调整器和 CY40 系列智能分接位置监控器进行自动控制和显示。

（5）具有位置记忆功能，若运转过程中控制电源因故中断，电动机构能记忆当前位置；当电源恢复供电后，电动机构继续完成该级分接头变换操作。

（6）具有防止相序紊乱保护回路。当电源进线相序错误，断路器自动跳闸。

（7）具有防跑挡设置，防止开关联动。

（8）设有温控加热回路，使箱内元件工作在要求的温度范围内。

（9）机构箱符合户外使用要求，具有防尘、防雨、防虫性能。

（10）设有机械、电气限位保护，防止有载分接开关向极限外方向运动。

2. 有载调压机构各控制回路的组成元件

（1）电动机回路。电动机端子 U、V、W 经启动接触器 K3、升/降接触器 K1/K2、限位开关 S22/S23、自动空气开关 Q1、接线端子（X1：1、2、3 端子）接至三相交流电源的 L1、L2、L3 上。

（2）控制回路。控制回路经接线端子（X1：2、4 端子）接至单相交流电源的 L3、N，中间接有熔断器 FU1、自动空气开关 Q1 和变压器过电流闭锁动断触点及手动保护开关 S21。当熔断器 FU1 熔断、自动空气开关 Q1 跳闸、变压器过电流闭锁或手动保护开关 S21 动作时，即中断控制回路电源。自动空气开关 Q1 的跳闸与控制回路中的紧急跳闸操作（S3/S6）、防跑挡控制回路（KT）、手动操作电气联锁保护（S21）、相序保护回路（S11/K1、S12/K2）有关。自动空气开关 Q1 带有分励脱扣线圈，可以由电动机构箱内的急停按钮 S3 或经远端急停按钮 S6（测控装置的“急停”）进行操作跳闸，也可以由其保护回路跳闸。保护回路是由级进控制凸轮开关 S11、S12、S13 元件和接触器 K1、K2、K3、K11 以及联动保护时间继电器 KT 的辅助触点及远方/停/就地控制开关触点等组成。

（3）驱潮加热回路。驱潮加热回路经接线端子（X1：2、4 端子）接至单相交流电源的 L3、N，中间接有熔断器 FU1、自动空气开关 Q1 和变压器过电流闭锁动断触点及热敏开关 S8。驱潮加热回路是由发热电阻 R1 和热敏开关 S8 组成。

（4）电动机保护开关脱扣指示信号回路。电动机保护开关脱扣指示灯 H1 经 Q1 的动断触点（21–22）和熔断器 FU1、接线端子（X1：2、4 端子）接至单相交流电源 L3、N 上就地显示，也可以经接线端子（X1：10、8）送至控制室的信号灯 H2 或测控装置远方显示。分接头变换操作过程中的信号回路是由电动机 M 的相电压经接线端子（X1：9、7）接信号灯 H3 显示。

（5）分接开关转动过程中的指示回路。分接开关转动过程中的指示回路包括分接位置机械指示和分接位置远端显示两部分。分接位置机械指示由两块指示盘完成：一块指示盘上绿色区域带中的红色标志表示分接变换操作的初始位置，另一块指示盘指示分接开关所在的位置。在箱盖的窗口中可观察记录分接开关的工作位置。分接位置一一对应无源触点，由分接位置盘外圈静触点一一对应为分接位置信号输出触点，用导线接至 X2 端子排，可用于远方位置指示。分接位置远端显示：为能在控制室或测控装置中观察和记录分接开关工作位置，分接位置编码盘将编码后的信号经电缆插座 X4 送到 CY40 系列智能分接位置监控器，实现远端显示和操作。

3. 有载调压电动机构工作原理

有载调压电动机构主要功能是控制电动机的启动、制动、正转、反转以及其他电气执行元件的通电或断电，从而驱动和控制变压器有载分接开关按照要求进行工作。电动机构操作控制装置采用的是逐级控制工作原理，当按下调压操作（升或降）按钮并接通电源后，分接开关自动地从一个分接位置切换到邻近分接位置，电动机转动过程中，传动轴带动级进凸轮转动，在凸轮作用下使行程开关 S11 或 S12 与 S13 按照设定时序动作，在驱动电动机转动时间内不停地完成切换，此时升或降按钮闭合与否均不影响本次操作过程。只有当控制系统重新处于静止状态时，方可进行下一次分接头位置变换操作。操作时，只需瞬间按下对应的升或降按钮，即可完成一个相邻分接头的切换，中途改变操作指令，均不能改变分接开关从一个分接位置转换到邻近分接位置的切换。控制运行周期的级进凸轮开关，其静止位置由分接变换指示盘上绿色区域带中的红色标志表示分接变换操作的初始位置。

为了避免操作紊乱，有载调压电动机构控制回路设置了禁止在两地同时操作的远控/停/就地转换开关 S7，S7 转换开关可切换至“远方”或“就地”位置。当远控/停/就地转换开关 S7 在“远方”位置时，其触点 3–4 接通、1–2 断开，可用安装在控制室内的远控按钮进行远控电动操作或通过测控装置对变压器有载调压进行远控电动操作；当远控/停/就地转换开关 S7 在“就地”位置时，其触点 1–2 接通、3–4 断开，可用电动机构箱内的操作按钮进行就地电动操作；正常运行状态远控/停/就地转换开关 S7 在“远方”位置。

为了避免手动操作时，电动机构动作危及操作人员人身安全，电动机构设置了手动操作电气联锁保护功能，当手动摇把插在轴上时，手动保护行程开关 S21 动作其动合触点（C-NO）闭合，使自动空气开关 Q1 脱扣分励线圈（C1–C2）得电动作，自动空气开关 Q1 动作跳闸，切断主回路和控制回路电源，使机构不能进行电动操作，只能进行手动操作。

为了保证变压器在调压操作过程中出现特殊情况能够紧急跳闸，电动机构设置了紧急跳闸操作回路。当电动机构处于待机或运行状态，按动紧急跳闸按钮 S3 可使自动空气开关 Q1 跳闸，切断主回路电源，使电动机构退出待机或运行状态。

4. 变压器有载调压控制的操作过程说明

如图 ZY1000103006-2 所示，在操作前，首先接通自动空气开关 Q1、手动保护开关 S21、主/控制回路限位开关 S22 或 S23、控制回路限位开关 S24 或 S25 以及变压器过电流闭锁触点必须处于闭合位置。就地操作时，远控/停/就地转换开关 S7 切换到“就地”位置（正常在“远控”位置），下面分析其操作动作过程。

（1）开启电源。电动机构操作时必须打开箱盖，将自动空气开关 Q1 合闸，电动机构主回路接触器 K1、K2 主触点 1、3 端及控制回路得电。

（2）1→*N* 方向操作。按动 1→*N* 方向控制按钮 S1 接触器 K1 得电，主回路中接触器 K1：1/2 和 K1：3/4 两组动合触点闭合→接触器 K3 的三组动合触点同时闭合，电动机 M 向 1→*N* 方向旋转→接触器 K1 自锁，此时按钮 S1 和 S2 闭合与否均不影响本次操作过程。电动机转动过程中，传动轴带动级进凸轮转动，在凸轮作用下，使行程开关 S11、S13 按照设定时序动作。当 S11 动合触点（C-NO）闭合，接触器 K1 通过 S11 回路供电。经过一定延时后，S13 动合触点（NO-NO）闭合，中间继电器 K11 得电自锁，同时 K11：51/52 和 K11：61/62 两组动断触点打开，K1 仅靠 S11 回路供电。电动机继续转动，S13 释放，K11 线圈仅由 K11：33/34 及 K1：43/44 回路供电。接着 S11 释放→K1 释放→电动机停止转动，完成 1→*N* 方向的一次分接头变换操作。

K1 释放后，若 S1 仍处于闭合状态，K11 未释放，故下次操作被锁住，只有 K11 释放后，才能进行下一次分接头变换操作。

（3）*N*→1 方向操作。按动 *N*→1 方向控制按钮 S2 接触器 K2 得电，主回路中接触器 K2：1/2 和 K2：3/4 两组动合触点闭合→接触器 K3 的三组动合触点同时闭合，电动机 M 向 *N*→1 方向旋转→接触器 K2 自锁，此时按钮 S1 和 S2 闭合与否均不影响本次操作过程。电动机转动过程中，传动轴带动级进凸轮转动，在凸轮作用下，使行程开关 S12、S13 按照设定时序动作。当 S12 动合触点（C-NO）闭合，接触器 K2 通过 S12 回路供电。经过一定延时后，S13 动合触点（NO-NO）闭合，中间继电器 K11 得电自锁，同时 K11：61/62 和 K11：71/72 两组动断触点打开，K2 仅靠 S12 回路供电。电动机继续转动，S13 释放，K11 线圈仅由 K11：33/34 及 K2：43/44 回路供电。接着 S12 释放→K2 释放→电动机停止转动，完成 *N*→1 方向的一次分接头变换操作。

K2 释放后，若 S2 仍处于闭合状态，K11 未释放，故下次操作被锁住，只有 K11 释放后，才能进行下一次分接头变换操作。

（4）级进操作。电动机构一旦进入操作状态将不间断地完成一次操作，与外界提供的操作信号时间长短和是否重复操作无关。由于级进控制凸轮开关 S11 或 S12 在整个操作过程中，一直处于闭合状态，即使控制电源中断，仍能保持当前状态，重新恢复电源后电动机继续向所要求的方向旋转，完成一次切换过程。直到级进控制中间继电器 K11 释放后，才能进行下一次分接头变换操作。

（5）相序保护。为保证电动机构的电动机按要求方向旋转，电动机对三相电源的相序有严格要求，当电动机构的电源相序与要求不符时，在按动按钮 S1 或 S2 时，电动机会产生与要求方向相反的旋转。当按动 S1（或 S2）时，接触器 K1（或 K2）吸合，电动机启动后使 Q1 相序保护回路中的 S12（或 S11）触点闭合，由于 K2（或 K1）处于非吸合状态，则自动空气开关 Q1 脱扣分励线圈（C1–C2）被激励，Q1 跳闸，再合 Q1 时，若出现 Q1 合不上，或者电动机反转，分接头变换指示轮盘返回原来位置。说明相序错误，此时应调整电源相序，电动机构方能正常运转。

（6）极限位置保护。在位置指示盘上装有极限保护机构，利用齿轮盘上的挡块推动推杆带动杠杆，使行程开关按设定时序闭合和断开，完成操作的极限位置保护。防止超越极限位置保护由主/控制回路限位开关 S22、S23，控制回路限位开关 S24、S25 完成。当电动机构运转到极限位置 *N*（或 1）时，接触器 K1（或 K2）线圈回路中的 S24（或 S25）动断触点断开，电动机构在超越极限位置的方向上不能再启动。详见 1→*N* 方向或 *N*→1 方向控制回路动作说明。

如果控制回路限位开关 S24（或 S25）失灵，电动机也会因主/控制回路限位开关 S22（或 S23）的动断触点 11–12 和 21–22 断开失电而停止转动。

若上述极限位置保护功能全部失灵，电动机构继续向超越极限位置方向运转，机构的机械限位装置动作，传动机构撞击机械限位挡块造成电动机堵转。引起自动空气开关 Q1 过载跳闸，确保电动机构安全。

（7）手动操作电气联锁保护。当手柄插入手动操作轴进行操作时，行程开关 S21 动作，自动空气开关 Q1 跳闸切断主回路和控制回路电源，使机构不能进行电动操作，只能进行手动操作。

（8）紧急跳闸操作。电动机构处于待机或运行状态，按动紧急跳闸按钮 S3 可使自动空气开关 Q1 跳闸切断主回路和控制回路电源，使电动机构退出待机或运行状态。

（9）防跑挡控制回路。本机构设有时间继电器 KT，准确控制每次分接头变换时间，当分接头变换操作启动时，接触器 K1：43/44 或 K2：43/44 触点闭合，继电器 KT 得电开始延时，分接头变换正常完成后，继电器 KT 失电复位，等待下一次分接头变换操作延时。若机构出现故障，完成一次分接头变换操作后接触器 K1（或 K2）触点还持续吸合，KT：1/3 延时触点闭合，使分励脱扣器 Q1 线圈得电导致自动空气开关 Q1 跳闸。

KT 的延时时间整定：

1）有中间超越位置的电动机构整定为 13.5s；

2）无中间超越位置的电动机构整定为 8s。

（10）电源中断位置记忆。电动机构在操作过程中，若出现电源中断现象，S11（或 S12）的动合触点（C-NO）在凸轮的作用下处于闭合状态，凸轮记忆下电动机构当前的位置；当电源重新恢复后，电动机构按未完成的运行方向继续运转，完成本次分接头变换操作。

（11）加热回路。电动机构中装有一只 50W 的发热电阻 R1 和一只热敏开关（温度继电器）S8，其作用是加热驱潮，防止由于温度变化而引起的冷凝结露现象。当箱内温度低于 15℃时，S8 动断触点闭合，电阻 R1 上加热；箱内温度高于 15℃时，S8 动断触点断开，电阻 R1 不加热。

（12）中间位置的自动超越。设有三个中间位置的分接开关，例如±12 级的分接开关由 $1\rightarrow N$ 方向操作时，在 13、14、15 三个位置是等电位的，分接开关从第 12 位置进入中间位置时，电动机构连续运转两次在第 14 位置停止，下一次动作时连续运转两次在第 16 次位置停止。$N\rightarrow 1$ 方向操作时与 $1\rightarrow N$ 方向操作相同。

有三个中间位置的分接开关，同样满足每输入一个控制信号，实现级进操作的要求。由分接位置盘外圈的触点开关 S31 完成。

【思考与练习】

1. 变压器冷却器的作用及工作原理是什么？
2. 潜油泵分步启动的目的是什么？并说明其动作原理。
3. XKWFP-12/6 型变压器冷却器控制箱的特点有哪些？
4. XKWFP-12/6 型变压器冷却器控制箱的工作原理是什么？
5. 试说明有载调压装置升压操作的动作过程。

第十三章　变电站的通信和生产管理信息系统

模块1　变电站通信设备使用（ZY1200103001）

【模块描述】本模块介绍变电站通信设备的配置与使用说明。通过要点归纳和列表说明，掌握变电站电话机、对讲机、录音机等通信设备的使用方法。

【正文】

变电站通信设备对于信息及时沟通、指挥生产发挥重要作用，值班人员应熟练掌握变电站通信设备的使用技能。

一、变电站通信设备概述

1. 变电站通信设备配置情况

变电站通信设备配置情况见表ZY1200103001-1。

表ZY1200103001-1　　变电站通信设备配置情况

序号	配置场所	电话机（部）	对讲机（部）	录音机（套）
1	控制室	2	3	1
2	办公室	1		
3	继保小室	1		
4	设备现场	1		

2. 变电站通信设备配置要求

（1）控制室。变电站控制室内应至少配置1部外部电话（电信）和1部系统内部电话、3部对讲机，1套调度录音系统。

（2）办公室。办公室包括资料室、检修间等各配置1部行政电话。

（3）设备场地。1个继保小室配置1部行政电话，一次设备场地按电压等级划分，各个电压等级至少配置1部行政电话，设置专用箱，并具备防雨功能。

二、变电站通信设备使用

1. 电话机

（1）变电站控制室行政电话供正常情况下除调度业务外的其他业务联系使用。

（2）当电力系统内部通信网络开断时，可使用电信电话进行业务联系，电信电话应具备长途通话及录音功能。

（3）当电力系统内部通信网络开断时，站内通信靠对讲机实现。

2. 对讲机

（1）设置专门的充电电源柜，正常情况下对讲机应充满电。

（2）三部对讲机设置相同的频率，将音量调至最大，使用前应测试正常。

（3）在倒闸操作或设备巡视时，主控室与现场采用对讲机联系，但继保小室内禁止使用对讲机等无线电通信设备。

3. 录音机

（1）调度录音系统（调度台）应具备自动录音功能，采用手动录音时，与相关调度联系前，应事先启动录音功能。

（2）调度录音系统（调度台）应具备扩音功能，供接受调度任务时运行人员监听。

（3）调度录音系统（调度台）应具备一定的存储容量，应能满足一年录音通话要求，并按通话时间分段存储记录。

（4）调度录音系统（调度台）上设置相关调度及关联变电所、站内各办公室、继保小室等电话快捷拨号功能。

【思考与练习】

1. 对讲机在变电站的什么场所不能使用？

2. 变电站使用的录音机应具备什么功能？

模块2　生产管理信息系统的使用（ZY1000106001）

【模块描述】本模块简单介绍了生产管理信息系统。通过概念介绍和功能描述，了解生产管理信息系统的设计思想和主要功能。

【正文】

目前各网省公司使用的生产管理信息系统有SG186（State Grid—国家电网；一体化企业级信息系统；八大业务应用；六个信息化保障体系）工程中的生产管理系统（Power Production Management System，PMS），也有各网省公司自行开发的生产MIS（Management Information System——管理信息系统）系统。

PMS系统是SG186工程八大业务应用中最为复杂的应用之一，建立纵向贯通、横向集成、覆盖电网生产全过程的生产管理系统，对实现电网生产集约化、精细化、标准化管理，提高公司资产管理水平具有十分重要的意义。本模块即以此系统为例介绍其中变电运行管理部分的功能和使用方法。

一、PMS系统“五大中心”设计思想

PMS系统被设计成一个由五大中心及围绕五大中心分布的众多外围应用组成的有机体，分别是设备中心、计划任务中心、运行工作中心、评价中心、标准中心。

五大中心中，设备中心代表了整个电网生产管理的核心对象、基本出发点和最终目标；计划任务中心代表了整个电网生产管理的工作方式和组织策划；运行工作中心代表了整个电网生产管理的执行过程、工作内容及工作结果；评价中心代表了整个电网生产管理的评估监督和价值取向；标准中心代表了整个电网生产管理的规范化和标准化力度及水平。

1. 设备中心

设备中心是整个PMS系统的核心，为其他各中心提供电网设备、电网图形及电网拓扑等基础性数据。设备中心的核心内容是各类输变配一、二次设备的台账、图形及拓扑信息的初始化创建和变更维护，以各类电网设备及其相关基础信息的准确、完整和一致为主要目标。

2. 计划任务中心

计划任务中心提炼和抽象了电力生产业务的主线。计划任务中心以评价中心的结果为依据，以电网生产运行所需或引发的各种任务为源头，周密进行生产计划的制定和平衡，并以此形成并派发出一系列的工作任务单，为运行工作中心提供运行工作的依据。计划任务中心是电网生产管理人员的主要工作平台，其核心内容是任务的完整收集、计划的合理制定和任务单的准确派发，以提高电网生产的计划性、减少停电和提高效益为主要目标。

3. 运行工作中心

运行工作中心依据计划任务中心提供的任务单进行工作任务的具体执行及执行信息的反馈，同时包含了电网生产日常运行工作。运行工作中心的主要功能包括工作票、停电申请、操作票、作业指导书、修试记录、修试报告、各种运行值班记录等。运行工作中心是电网生产基层人员的主要工作平台，

其核心内容是各类运行工作任务执行的流程化、标准化、精细化和闭环化管理，以提高电网运行工作的规范化和精细化水平、提高工作任务完成合格率为主要目标。

4. 评价中心

评价中心依据运行工作中心提供的各种运行信息，结合计划任务中心和设备中心的相关信息，从多个角度对电网生产运行情况实施评价，其评价结果作为电网生产业务决策的依据。评价中心是电网生产管理决策人员的主要工作平台，其核心内容是各类评价标准的制定和各类专题评价的实施，并将评价结果提供给计划任务中心、设备中心和运行工作中心，并不断修正标准中心的相关模型，以提高计划及指标制定的科学性、提高管理决策水平为主要目标。

5. 标准中心

标准中心为设备中心和运行工作中心提供标准依据，总体上包括设备管理标准和作业标准两大部分。标准中心的核心内容是电网生产管理标准体系的建立、维护和应用，以不断提升电网生产管理的标准化程度为主要目标。

二、PMS 系统变电运行管理部分的任务

通过 PMS 系统能完成以下任务：

（1）建立变电设备标准库，便于规范变电各类设备的管理。

（2）建立和维护所辖电网内的变电站以及变电站内各类设备台账，如一次设备、继电保护及安全自动控制装置、直流电源、防误装置、固定电测仪表、自动化设备台账等。

（3）登记运行值班过程中的各种运行记录，并根据一定格式自动生成运行日志。

（4）登记电网运行、检修过程中发现的各种缺陷，完成发现缺陷→上报缺陷→审核缺陷→消缺任务安排→缺陷工作登记→缺陷验收等缺陷流程各环节闭环管理。

（5）维护设备各类周期性工作，完成周期工作提示→加入任务池→检修计划编制→工作任务单编制→任务单分配→任务处理→修试记录登记→修试记录验收等一系列检修相关的工作。

（6）编制年度、月度检修计划及工作计划。

（7）完成工作任务单的编制、下发以及任务处理。

（8）完成停电申请单的编制和审核流程，以及停电申请单和工作任务单的关联。

（9）完成工作票的填写、签发、许可、终结等流程。

（10）完成操作票的填写、审核、执行、回填等流程。

三、PMS 系统变电运行管理部分的功能描述

PMS 系统五大中心中的“运行工作中心”是与变电站值班员关联最深的中心模块。该中心模块包含了基础维护、周期性工作管理、运行值班、生产运行记录管理、缺陷管理、检修试验管理、主网工作票管理、主网操作票管理和“两票”权限设置这 9 个大的模块。每个大模块又包含一些子模块和分支模块。

1. 基础维护

基础维护模块包含以下 9 个子模块：

（1）变电站例行工作维护。

（2）变电运行班组岗位及安全天数配置。

（3）变电值班班次配置。

（4）避雷器动作检查项目维护。

（5）变电运行方式维护。

（6）保护定值单台账维护。

（7）变电巡视内容配置。

（8）工作票、操作票权限配置。

（9）压力测试记录配置。

2. 周期性工作管理

周期性工作管理模块包含以下 2 个子模块：

（1）变电设备周期工作设置。

（2）变电超期未检修设备查询统计。

3. 运行值班

运行值班模块包含以下 4 个子模块：

（1）变电运行日志。

（2）运行日志管理。运行日志管理包含操作管理、事故障碍管理、缺陷记录管理、日常维护管理、设备巡视管理、检修工作管理、保护定值单管理、其他工作记录、运行分析管理、未执行调令管理、未终结工作票管理、未消除缺陷管理、例行工作管理、交接班小结和导出运行日志共 15 个分支模块。

（3）变电运行日志修改。

（4）变电运行日志查询。

4. 生产运行记录管理

生产运行记录管理模块包含以下 5 个子模块：

（1）变电运行记录查询。

（2）避雷器动作次数查询。

（3）故障信息查询统计。

（4）保护定值单台账查询。

（5）变电故障记录信息补录。

5. 缺陷管理

缺陷管理模块包含以下 4 个子模块：

（1）变电缺陷流程管理。变电缺陷流程管理包含变电缺陷登记、运行专责审核、检修专责审核、生技检修专责缺陷审核、消缺安排、消缺登记和消缺验收共 7 个分支模块。

（2）变电缺陷查询统计。

（3）变电缺陷两率统计。

（4）变电缺陷统计分析。

6. 检修试验管理

检修试验管理模块包含以下 6 个子模块：

（1）变电修试记录登记。

（2）变电修试记录查询统计。

（3）变电修试记录验收。

（4）变电修试记录统计分析。

（5）试验报告查询统计。

（6）试验数据分析。

7. 主网工作票管理

主网工作票管理模块包含以下 4 个子模块：

（1）工作票管理。工作票管理包含工作票新建、工作票待签发、工作票待接票、工作票待许可和工作票待终结存档共 5 个分支模块。

（2）工作票查询。

（3）工作票统计。

（4）工作票日志。

8. 主网操作票管理

主网操作票管理模块包含以下 4 个子模块：

（1）操作票管理。操作票管理包含操作票新建、操作票填写、操作票打印、操作票回填和操作票终结共 5 个分支模块。

（2）操作票查询。

（3）操作票统计。

（4）操作票日志。

9.“两票”权限设置

“两票”权限设置模块包含以下 4 个子模块：

（1）开票权限配置（按角色）。

（2）开票权限配置（按人员）。

（3）管理员权限配置。

（4）业务权限配置。

四、PMS 系统变电站应用举例

下面以“运行工作中心”中的主网操作票管理模块为例进行说明。

1. 操作票管理

在浏览器菜单栏里选择“运行工作中心→主网操作票管理→操作票管理”，进入该页面。

（1）操作票新建。

1）功能说明。该模块提供变电站值班人员起草操作票功能，并提供使用典型票、历史票和图形开票功能。

2）操作说明。在主页菜单栏中，进入操作票管理页面。操作票管理页面如图 ZY1000106001-1 所示。

生成票
审核票
存档票
典型票
未执行票

新建 | 票内容 | 工作地点 | 操作人 | 模板名称 ------未指定------ 查询

	变电站	操作任务	票号	制票时间	操作开始时间	操作结束
1	330kV团结变电站	将500kV274开关由运行转备用tlh状态察看		2009-06-11 21:		
2	330kV团结变电站	将500kV5051开关由备用转运行		2009-03-31 09:		
3	zhouzhengya1`			2009-03-30 20:		
4	330kV团结变电站	将500kV5031开关由运行转备用,将500千伏5032开关由运行转		2009-03-30 19:	2009-03-31 19:	
5	ddd			2009-03-30 19:		
6	北开关站			2009-03-30 14:		
7		123456		2009-03-25 14:		
8	原安数一回线	122334		2009-03-25 14:		
9	500kV月牙湖变电	1111111111开关由检修转运行		2009-03-12 20:		
10	330kV团结变电站	将500kVI 母由运行转停用		2009-03-12 09:	2009-03-12 09:	
11	团结变电站			2009-03-11 11:		
12	500kV月牙湖变电	开关由运行转检修		2009-03-10 19:	2009-04-29 14:	
13	330kV团结变电站	lccTest2204		2009-03-05 22:		

图 ZY1000106001-1 操作票管理页面

单击“新建”按钮，选择票类型、站名称，然后单击“确定”按钮，系统新生成一张空白操作票，并打开变电站的一次接线图，将接线图和票面同时显示。用户可以根据所用显示器大小设置接线图和票面为“上下”或“左右”的显示方式。

新建操作票除了一栏一栏填写外，还可以利用典型票和历史票来开票。

从操作票的分类树中选择“典型票”节点，系统将典型票显示在右侧列表中。选中想要利用的典型票后，单击“复制”按钮，系统复制一张典型票放到当前登录用户的“生成票”箱中。

从操作票的分类树中选择“存档票”节点，系统将存档的操作票显示在右侧列表中。选中想要利用的存档票后，单击“复制”按钮，系统复制一张操作票放到当前登录用户的“生成票”箱中。系统复制存档票时，只复制历史票中的操作任务和操作步骤。

（2）操作票填写。

1）功能说明。该模块用于对新建的操作票进行填写。

2）操作说明。系统新建一张空白操作票后，默认为“生成任务”模式。在该模式下，用户通过点击接线图中的设备，系统将该设备相关的操作任务以菜单的方式显示；选择某个菜单项，系统便将相应的任务术语生成到操作票中的“操作任务”栏目。当填写完操作任务后，单击工具条中的“生成步骤”按钮，系统便切换到“生成步骤”模式下，此时用户点击接线图中的设备，系统将该设备的相关操作内容以菜单的方式显示；选择一个菜单项后，系统便将相应的操作步骤术语生成到操作票中的“操作步骤”栏目。当需要填写二次设备的操作步骤时，通过单击一次接线图中的二次屏链接进入二次保护屏，然后和在一次图中生成操作步骤一样，通过单击相应的二次保护设备便可生成二次设备的操作步骤术语。

以上介绍的是通过接线图模拟生成操作任务和操作步骤，当然也可以手工填写这些内容。填写时只需双击操作任务和操作步骤栏目，便可以手工输入或者修改通过图形生成的内容。

当操作任务、操作步骤、操作时间、发令人、受令人等栏目填写完整后，便可在票面中“操作人”处密码签名，签名后审核人对该票进行审核。当审核人发现票内容填写有误的时候，可以让操作人修改票内容后重新签名，审核人再审核签名；或者审核人修改票内容后签名（此时系统将操作人签名清除），然后操作人再重新审核签名。

3）注意事项。通过图形生成操作步骤的时候，系统具有五防闭锁判断，对于不符合五防闭锁要求的操作，系统给出提示后，取消该种类型的操作；系统禁止操作人和审核人为同一个人。

（3）操作票打印。

1）功能说明。该模块提供操作票打印并生成页号。

2）操作说明。操作票填写、审核完毕后即可打印。打印时，系统根据设定的规则自动生成票号。

3）注意事项。试打印时，系统不生成票号。

（4）操作票回填。

1）功能说明。该模块提供变电站值班人员回填操作票功能。

2）操作说明。在主页菜单栏中，进入操作票管理页面，打开已经执行的操作票，将操作票中的执行情况和实际执行时间回填录入到系统中。

3）注意事项。操作票回填时，系统默认所有的操作项都已执行，所以回填时只需勾选未执行的操作项。

（5）操作票终结。

1）功能说明。该模块提供变电站值班人员终结操作票功能。

2）操作说明。操作票回填完整后，单击工具栏中的“终结”按钮将操作终结存档。

2. 操作票查询

在浏览器菜单栏里选择“运行工作中心→主网操作票管理→操作票查询”，进入该页面。

1）功能说明。根据查询条件对操作票进行查询。

2）操作说明。在主页菜单栏中，进入操作票查询页面。操作票查询页面如图 ZY1000106001-2 所示。

		变电站	操作任务	▼票号	制票时间	操作开始时间	操作结束时间	票的
1	□	团结变电站	将500kV Ⅰ母由运行转停用将500kV5041开关由运行转备用	2008-06-0001	2008-06-22 16:55:39	2008-06-23 17:	2008-06-24 17:	签发
2	□	月牙湖变电站	月陶甲线月陶甲线33217开关由运行转冷备用月陶甲线停电月陶		2008-06-22 16:54:09			新建
3	□	团结变电站	将500kV5051开关由备用转运行		2008-06-22 16:51:45			新建
4	□	团结变电站	将500kV5051开关由备用转运行		2008-06-22 16:47:01			新建
5	□	团结变电站	将500kV5051开关由备用转运行		2008-06-22 16:29:09			新建
6	□	团结变电站	将500kV5051开关由备用转运行		2008-06-22 16:26:58			新建
7	□	团结变电站	将500kV5051开关由备用转运行		2008-06-22 16:18:24			新建
8	□	北开关站	将500kV5051开关由备用转运行		2008-06-22 16:49:08			新建
9	□	团结变电站	将500kV Ⅰ母由运行转停用1111断路器由运行转检修断路器由运行		2008-06-27 15:42:19			新建

图 ZY1000106001-2　操作票查询页面

通过条件区选择查询条件（票状态、制票单位、操作人、变电站名称、监护人、操作开始时间、操作终了时间）。对于查询结果，用户可以双击打开后进行浏览；如果当前登录人具有修改票的权限，在查询结果中打开票后还可以修改票内容。

单击“自定义查询”按钮，在页面中选择条件，然后单击“确定”按钮，也可以将经常使用的查询条件保存为查询方案，在以后的查询中直接单击“选择查询方案”，选择具体方案进行查询即可。保存的查询方案为私有，每个用户只能使用自己保存的查询方案。自定义查询页面如图 ZY1000106001-3 所示。

3. 操作票统计

在浏览器菜单栏里选择“运行工作中心→主网操作票管理→操作票统计”，进入该页面。

1）功能说明。根据时间对操作票进行统计。

2）操作说明。在主页菜单栏中，进入操作票统计页面。操作票统计页面如图 ZY1000106001-4 所示。选择统计时间、统计方式对操作票进行统计。

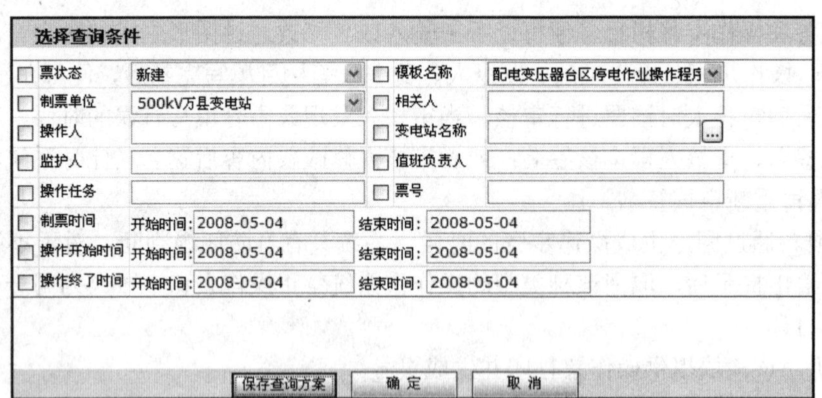

图 ZY1000106001-3 自定义查询页面

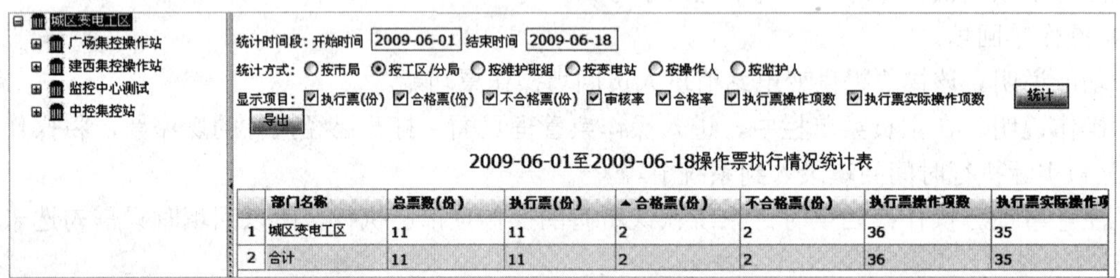

图 ZY1000106001-4 操作票统计页面

4. 操作票日志

在浏览器菜单栏里选择“运行工作中心→主网操作票管理→操作票日志”，进入该页面。

1）功能说明。对于操作票的一些重要操作，系统都以日志的方式记录下来，通过该模块，用户可以查询对于一张操作票的所有重要操作。

2）操作说明。在主页菜单栏中，进入操作票日志页面，可进行操作票日志查询。操作票日志页面如图 ZY1000106001-5 所示。

图 ZY1000106001-5 操作票日志页面

操作票查询条件有用户名称、票类型、操作类型、票名称、工作地点、班组、票号。在条件区选择条件，然后单击“查询”按钮，对记录进行过滤查询。

3）注意事项。该模块查询出的操作日志只能浏览，不能修改。

【思考与练习】

1. PMS 系统的五大中心是指什么？
2. PMS 系统中运行值班模块包含哪几个子模块？
3. PMS 系统中生产运行记录管理模块包含哪几个子模块？
4. PMS 系统中主网操作票管理模块包含哪几个子模块？

模块 3　生产管理信息系统的内容及填写（ZY1000106002）

【**模块描述**】本模块简单介绍了生产管理系统中变电运行日志的功能及操作说明。通过填写举例，了解生产管理系统中变电运行部分记录的填写方法。

【**正文**】

变电站值班员应熟悉生产管理系统（Power Production Management System，PMS）中变电运行管理部分的内容，并能按照要求录入各种数据。本模块以变电运行日志填写为例，简单说明录入各类生产运行数据的步骤。

一、变电运行日志的功能

1. 运行日志管理

对当前班次的运行日志实现新增、修改、删除功能；查看非当前班次的运行日志，并可根据当前日志生成小结；进行交接班操作。

2. 未执行调令管理

查看当前登录人员所在班组未执行的调令，并提供对未执行的调令进行受令、执行汇报和作废操作。

3. 未终结工作票管理

查看当前登录人员所在班组未终结的工作票，并根据工作票的状态，提供查看或处理工作票的界面。

4. 未消除缺陷管理

查看当前登录人员所在班组未消除的缺陷，可直接查看或修改缺陷记录，对于未启动流程的缺陷记录，可在修改界面中启动缺陷流程；对于已启动流程的缺陷记录，只能查看。

5. 例行工作管理

查看当前登录人员所在班组管辖变电站内即将到期的例行工作，可直接根据例行工作登记相关的运行记录，系统将在登记运行记录后自动更新例行工作的上次工作时间和到期时间。

6. 待验收修试记录管理

查看当前登录人员所在班组管辖变电站内待验收的修试记录，并可执行查询、验收工作。

7. 当前任务管理

查看流程系统中需要当前登录人员处理的所有流程，用户可处理流程、查看流程图或查看日志。

8. 历史任务管理

查看流程系统中当前登录人员已经处理的所有流程，用户可执行追回、查看流程图或查看日志操作。

二、变电运行日志操作说明

在浏览器菜单栏里选择“运行工作中心→运行值班管理→变电运行日志”，进入变电运行日志页面，如图 ZY1000106002-1 所示。

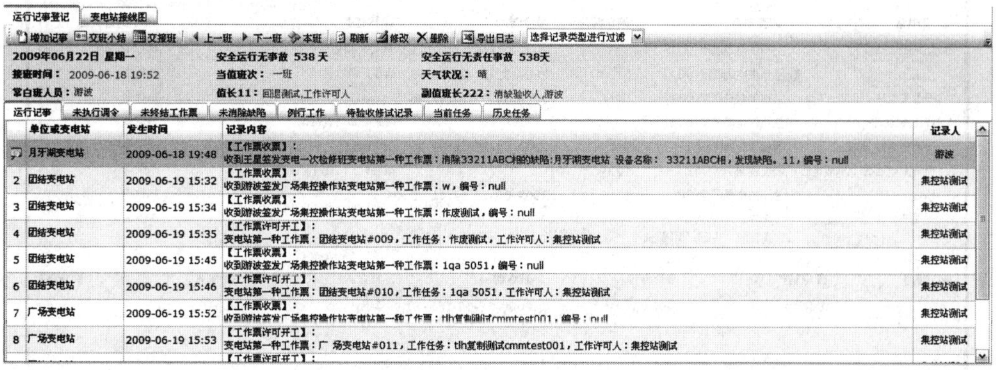

图 ZY1000106002-1　变电运行日志页面

系统刚上线时，由于没有交接班记录，在首次打开主界面时，需要进行首次交班操作，交班后，可登记运行记录。交接班页面如图 ZY1000106002-2 所示。

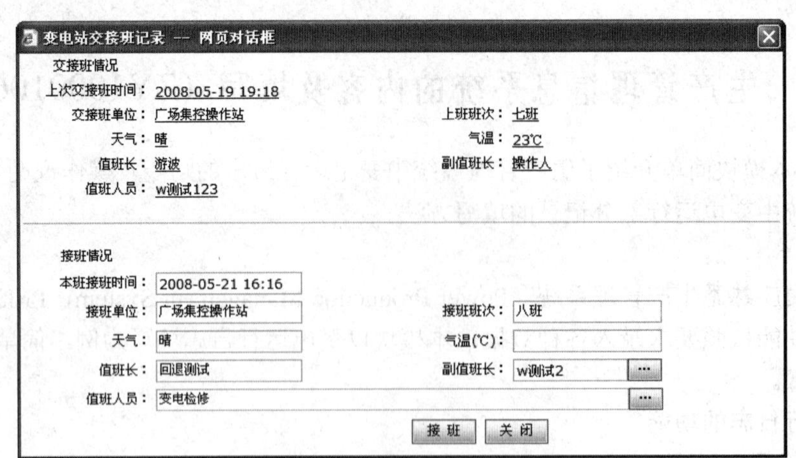

图 ZY1000106002-2 交接班页面

变电运行初始化内容在“运行工作中心→基础维护”中，包括变电站例行工作维护、运行班组岗位及安全天数配置、运行值班班次配置、变电运行方式维护、变电巡视内容配置、避雷器动作检查项目维护。

新建变电站在投运当日，运行人员完成变电站运行初始化工作。当变电站运行基础数据发生变化时，运行人员应在当日内完成变电站运行基础数据的维护。

在变电运行日志页面，选择“增加记事”，再选择具体管理项目（如选择“操作管理”项目），进行运行日志登记。运行日志登记页面如图 ZY1000106002-3 所示。

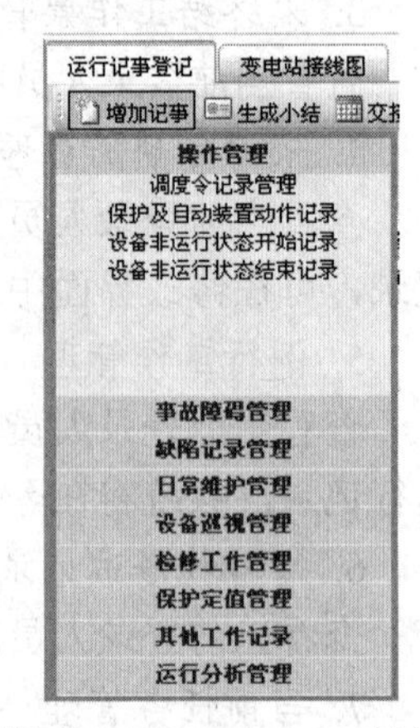

图 ZY1000106002-3 运行日志登记页面

三、变电运行日志填写举例

下面即以“操作管理”项目下的“调度令记录管理”为例进行日志填写说明。

调度令记录管理功能包括：提供管理当前登录用户所管辖变电站的调度令管理功能，可以接受预令、接受调度令、接受接转调度令，并可根据调度令类型和状态，执行受令、回令、接转、作废、中止和修改等操作。

打开“变电运行日志主界面→增加记事→调度令记录管理”，进入调度令记录管理页面，如图 ZY1000106002-4 所示。

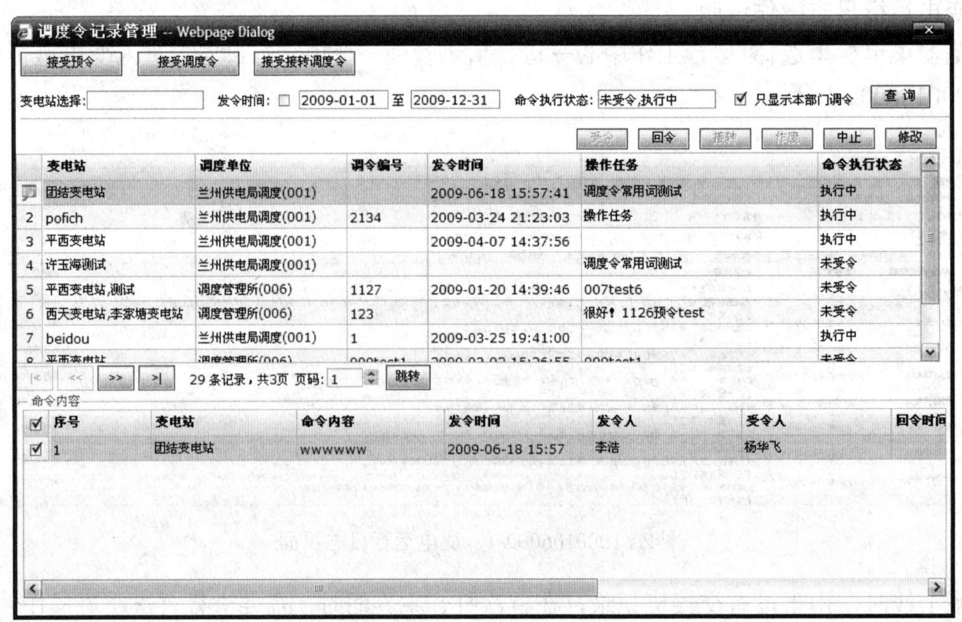

图 ZY1000106002-4 调度令记录管理页面

1. 接受预令

单击“接受预令”按钮，其页面如图 ZY1000106002-5 所示。在“接受预令”对话框中将信息填写完整（带有星号的为必填项目），填写调度命令内容，填好后“保存”。

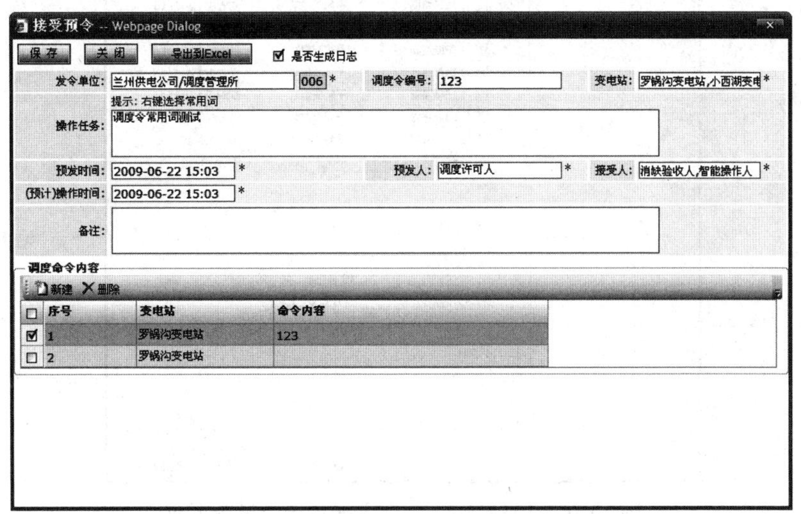

图 ZY1000106002-5　接受预令页面

预令正式发令时，选择保存的预令，单击“受令”按钮，在弹出的页面中，填写发令时间、发令人、受令人，然后“保存”。

当调度令执行完以后，要进行回令，选择需要回令的命令内容，单击“回令”按钮，在弹出的页面中，填写回令时间、回令人、调度受理人、备注、具体的操作项（包括断路器操作、无功设备投退、主变压器分头调整、其他单一操作）。预令回令页面如图 ZY1000106002-6 所示。

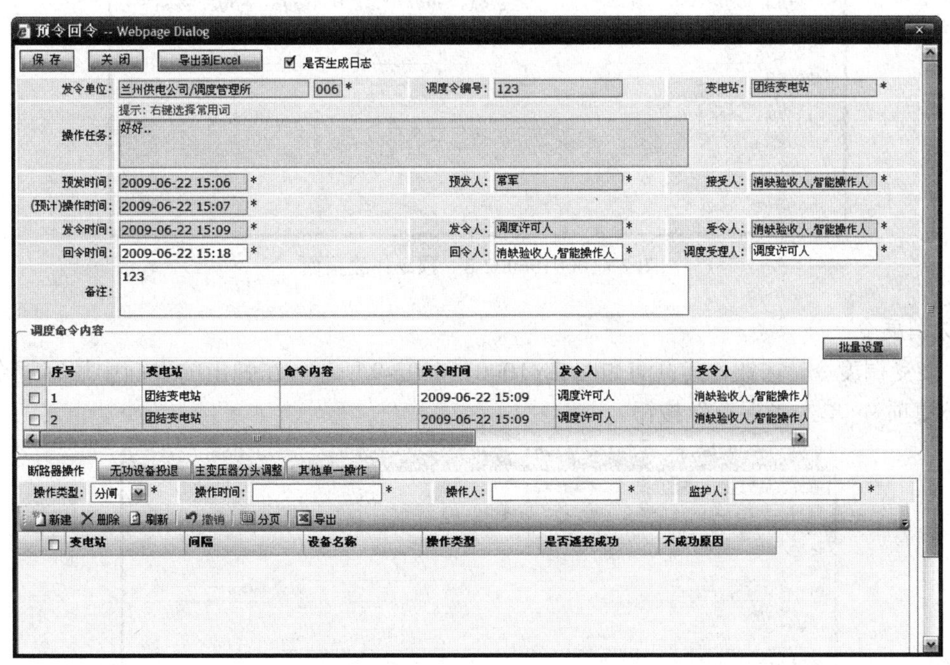

图 ZY1000106002-6　预令回令页面

若进行了断路器操作，则选择“新建”，在弹出的页面中选择断路器，添加到列表中，然后“确定”。断路器操作选择设备页面如图 ZY1000106002-7 所示。

对于接受的预令，在没有受令之前，可以执行作废操作。选择调度令状态为“未受令”的调度令记录，单击“作废”按钮。在对话框中填写作废原因、作废时间、作废发令人、作废受令人，然后单击“保存”按钮。预令作废页面如图 ZY1000106002-8 所示。

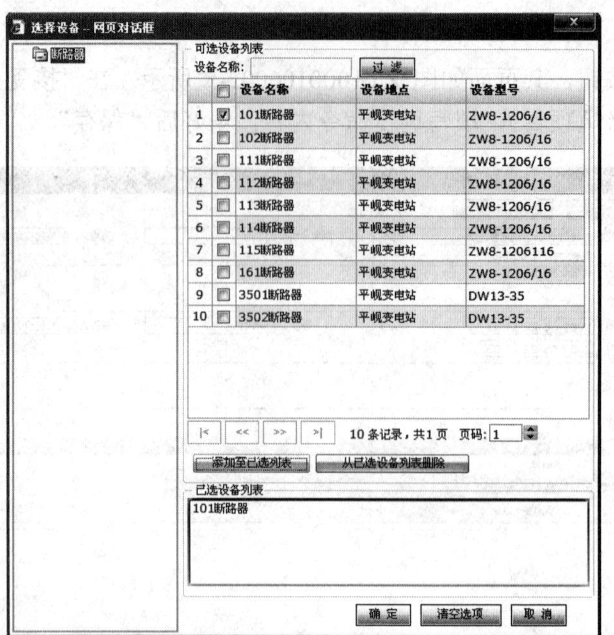

图 ZY1000106002-7 断路器操作选择设备页面

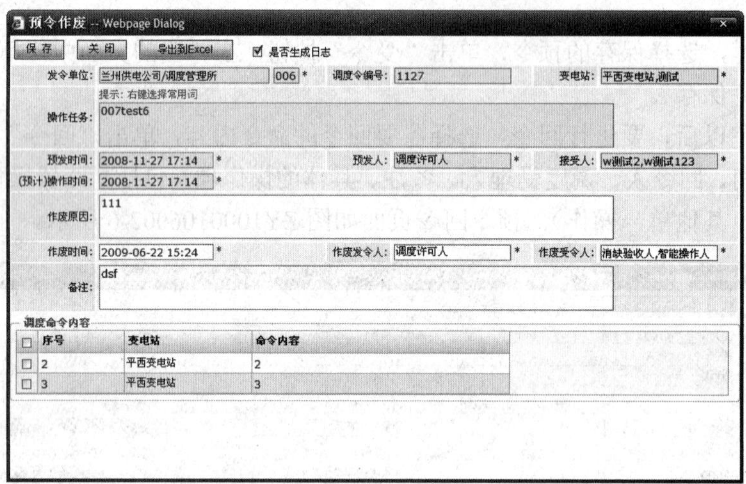

图 ZY1000106002-8 预令作废页面

2. 接受调度令

单击“接受调度令”按钮，其页面如图 ZY1000106002-9 所示。在弹出的页面中填写调令信息（带星号的为必填项），单击“保存”按钮。

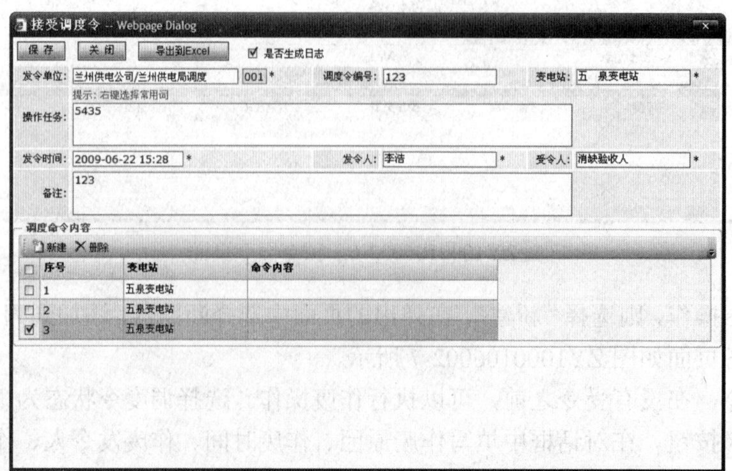

图 ZY1000106002-9 接受调度令页面

当调度令执行完成以后，单击“回令”按钮，填写回令时间、回令人、调度受理人，然后单击“保存”按钮。调度令回令页面如图 ZY1000106002-10 所示。

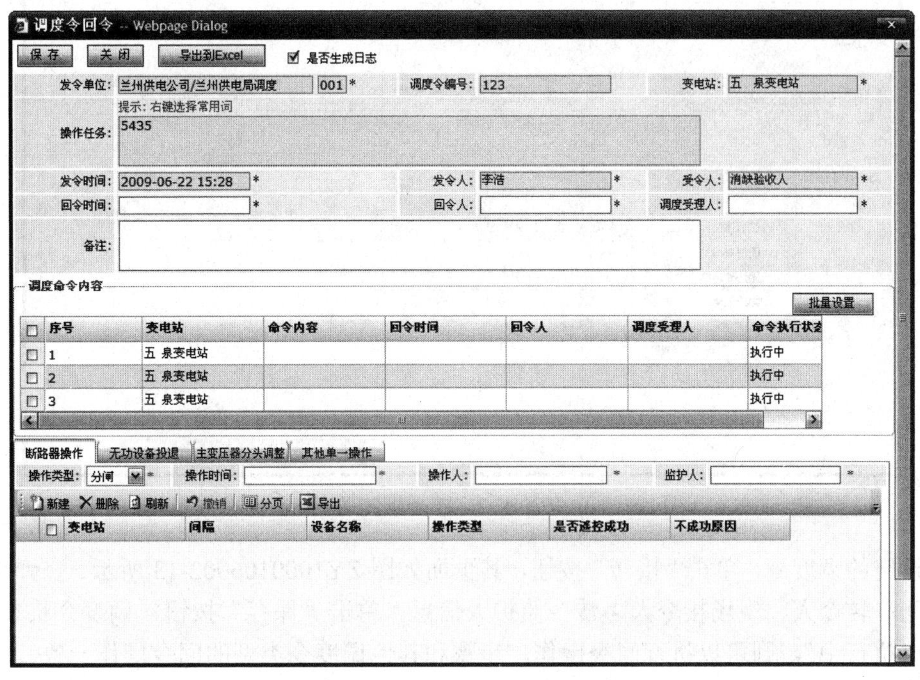

图 ZY1000106002-10　调度令回令页面

在弹出的窗口中，填写汇报的信息以及具体的操作设备，然后单击“保存”按钮。调度令操作汇报记录页面如图 ZY1000106002-11 所示。

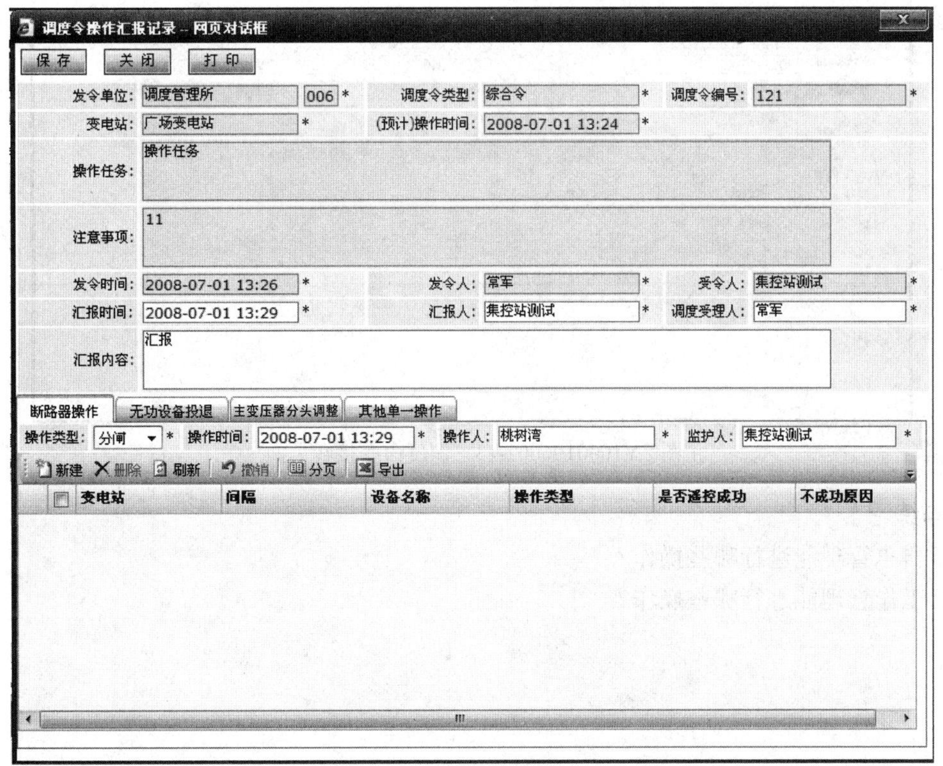

图 ZY1000106002-11　调度令操作汇报记录页面

3. 接受接转调度令

选择“接受接转调度令”，其页面如图 ZY1000106002-12 所示。在弹出的页面中填写接转调度令信息，然后单击“保存”按钮，在页面中就可以看见新增的接转调度令。

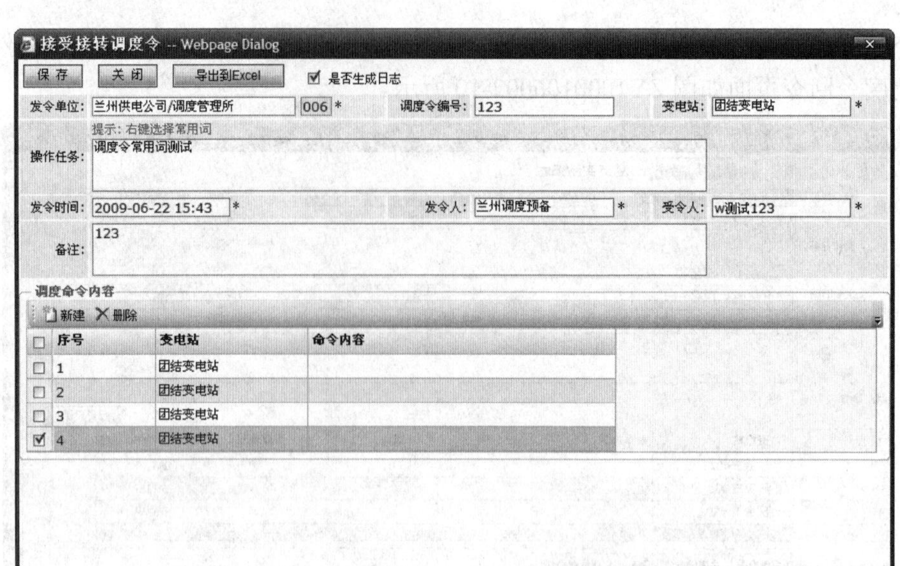

图 ZY1000106002-12 接受接转调度令页面

选择要接转的调度令，单击“接转”按钮，其页面如图 ZY1000106002-13 所示。在弹出的页面中，填写转令时间、转令人、现场接令人、转令监护人信息。单击“保存”按钮，调度令状态将由“未接转”转变为“执行中”，则可以执行回令操作，步骤和其他调度令类型的回令操作一致。

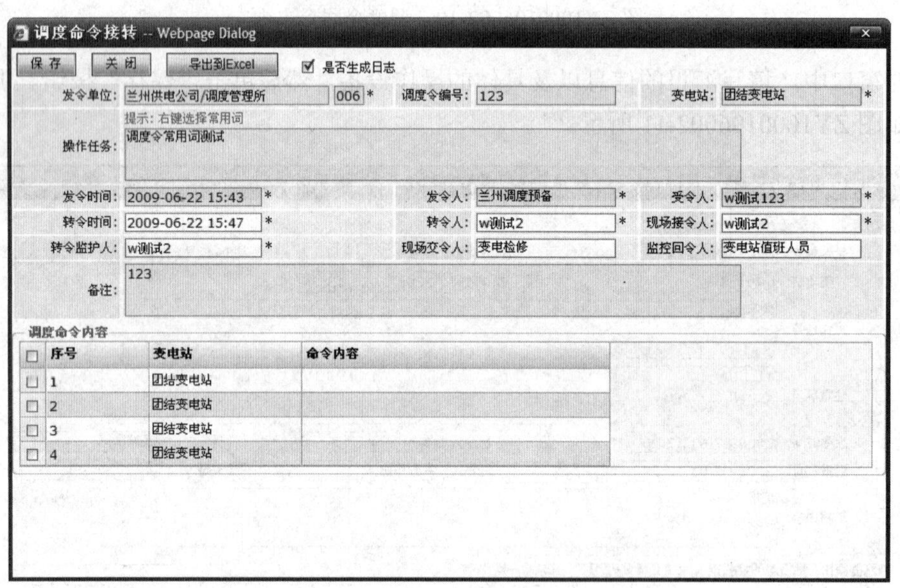

图 ZY1000106002-13 调度命令接转页面

【思考与练习】

1. 运行日志管理能进行哪些操作？
2. 例行工作管理能进行哪些操作？

第十四章　操作票和工作票执行

模块 1　操作票的执行（ZY1000104001）

【模块描述】本模块介绍了倒闸操作票填写、操作票执行一般规定和变电站倒闸操作程序等内容。通过对操作流程及要求的介绍，掌握倒闸操作的基本原则、注意事项和操作程序。

【正文】

倒闸操作是变电站值班人员最主要的工作任务之　。倒闸操作应根据设备管辖范围对应的值班调度员或运行值班负责人的指令进行，调度命令应由有接令权的值班人员接受。

倒闸操作票是变电站值班人员根据调度下达的操作任务，按照电气设备的操作原则、有关规程、规定填写的，是现场倒闸操作的书面依据，也是正确进行倒闸操作的基础和关键。

一、操作票的填写规定

（1）操作票格式按照国家电网公司发布的《电力安全工作规程》（变电部分）规定执行，标准格式见表 ZY1000104001-1。用计算机开出的操作票格式应与手写格式一致。

表 ZY1000104001-1　　操作票标准格式

变电站（发电厂）倒闸操作票

单位_________　　编号_________

<table>
<tr><td>发令人</td><td></td><td>受令人</td><td></td><td colspan="2">发令时间：</td><td>年　月　日　时　分</td></tr>
<tr><td colspan="4">操作开始时间：
年　月　日　时　分</td><td colspan="3">操作结束时间：
年　月　日　时　分</td></tr>
<tr><td colspan="7">（　）监护下操作　　（　）单人操作　　（　）检修人员操作</td></tr>
<tr><td colspan="7">操作任务：</td></tr>
<tr><td>顺序</td><td colspan="5">操　作　项　目</td><td>√</td></tr>
<tr><td></td><td colspan="5"></td><td></td></tr>
<tr><td></td><td colspan="5"></td><td></td></tr>
<tr><td></td><td colspan="5"></td><td></td></tr>
<tr><td></td><td colspan="5"></td><td></td></tr>
<tr><td></td><td colspan="5"></td><td></td></tr>
<tr><td></td><td colspan="5"></td><td></td></tr>
<tr><td></td><td colspan="5"></td><td></td></tr>
<tr><td></td><td colspan="5"></td><td></td></tr>
<tr><td colspan="7">备注：</td></tr>
<tr><td colspan="3">操作人：</td><td colspan="2">监护人：</td><td colspan="2">值班负责人（值长）：</td></tr>
</table>

（2）操作票用钢笔或圆珠笔填写，颜色用蓝或黑色，票面应字迹工整、清楚，字体使用标准简化汉字，日期、时间、设备编号、接地线编号、主变压器挡位、定值及定值区号等应使用阿拉伯数字。

（3）操作票不得任意涂改，其中设备双重名称、接地线组数及编号、动词（如拉、合、拆除、装设等）等重要文字严禁出现错误。

（4）操作票应使用统一调度术语和操作术语。

（5）操作票以变电站为单位，以年为周期，任务号应连续编号，按页号顺序填写，不得跳页、缺页。

（6）操作票关于年、月、日、时（24h制）按实数填写，分钟按两位数填写，不足两位前面加0。如2002年3月4日8时34分（或09分）。

（7）操作票盖章规定。

1）操作票填写完，经审核正确后应立即在操作票操作项目栏最后一项下面左边平行盖“以下空白”章，如操作票一页刚好填写完，则不盖“以下空白”章。

2）操作票执行完后应立即在操作票操作项目栏最后一项下面右边齐边线平行盖“已执行”章，如操作票一页刚好填写完，则“已执行”章盖在备注栏。

3）若一个任务使用几张操作票，在操作中因故中断，则此任务未执行的各页应在任务栏盖“未执行”章。

4）因故作废的操作票应立即在操作任务栏最左端齐边线处平行盖“作废”章。

（8）用计算机开出的操作票，还应遵守以下规定：

1）计算机制票必须使用具有防误功能的操作票专家系统，且只允许使用操作票专家系统的图形制票功能填写操作票，不允许调用典型操作票。

2）禁止手工修改计算机自动开出的操作票。

3）用计算机开出的操作票使用标准A4纸打印。

4）发令人、受令人、发令时间、操作时间栏、签字栏以及备注栏的原因说明、操作项目栏内的电流、电压抄录值应手工填写。

二、操作票上各栏目填写规定

1. 第一栏的填写

第一项填写发令人姓名，可以是值班调度员或运行值班负责人；第二项填写受令人姓名，必须是运行单位明确有权接受调度指令的人员；第三项填写发令时间。

2. 第二栏的填写

第一项填写操作开始时间，操作开始时填写；第二项填写操作终了时间，操作项目全部执行完毕或虽未全部执行但不再执行其余操作项目，即本票操作终了时填写。

3. 第三栏的填写

按操作属于“监护下操作”、“单人操作”、“检修人员操作”的模式，分别在对应的括号内打“√”。

4. 第四栏的填写

第四栏为操作任务栏。

（1）按统一的调度术语简明扼要说明要执行的操作任务，所有涉及的一次设备均应写出电压等级和设备双重名称（即设备名称和编号），如××kV××线××开关由运行转检修。所有操作任务按设备状态填写，不得填写具体工作任务，如××kV×母电压互感器由运行转检修（检修高压保险座）。检修高压保险座是工作任务，不应进入操作票。

（2）操作任务中设备的状态。它可分为运行状态、热备用状态、冷备用状态、检修状态。

1）运行状态。它是指连接设备的隔离开关（不包括接地刀闸）及断路器在合上位置，将电源至受电端的电路接通（包括辅助设备，如TV、避雷器等），设备的保护按规定投入。

① 开关运行。它是指断路器及其两侧隔离开关均在合上位置，断路器带电，保护按规定投入。

② 主变运行。它是指主变压器各侧至少有一个断路器处于运行状态，或至少有一把主变压器隔离开关在合上位置使主变压器带电，主变压器保护按规定投入，主变压器中性点接地刀闸运行方式符合规定。

③ 母线运行。它是指连接母线的断路器中至少有一个处于运行状态，或母联隔离开关中至少有一把在合上位置使母线带电，母线保护按规定投入，如该母线上的 TV 无检修并具备运行条件，母线

TV 应在运行状态。

④ 线路运行。它是指线路各侧至少有一个断路器处于运行状态，或至少有一把出线隔离开关在合上位置使线路带电，线路保护按规定投入。

2）热备用状态。它是指连接设备的断路器断开，而断路器两侧隔离开关仍在合上位置，设备保护按规定投入。

① 开关热备用。它是指断路器断开，而断路器两侧隔离开关在合上位置，保护按规定投入。

② 主变热备用。它是指主变压器各侧断路器均断开，其中至少有一个断路器处于热备用状态，若热备用断路器与主变压器间有主变压器隔离开关，则主变压器隔离开关为合上位置，主变压器不带电，保护按规定投入，主变压器中性点接地刀闸在合上位置。

③ 母线热备用。它是指连接母线的所有断路器均断开，其中至少有一个断路器处于热备用状态，母线不带电，保护按规定投入，若该母线上的 TV 无检修并具备运行条件，母线 TV 隔离开关应在合上位置。

④ 线路热备用。它是指线路各侧断路器均断开，其中至少有一个断路器处于热备用状态，若热备用断路器与线路之间有出线隔离开关，则出线隔离开关为合上位置，线路不带电，保护按规定投入。

3）冷备用状态。它是指连接设备的所有断路器、隔离开关均断开，且各侧均无安全措施。若设备的保护无工作或特殊要求，则保护应按规定投入。

① 开关冷备用。它是指断路器及其两侧隔离开关均在断开位置，若保护无工作或特殊要求，则保护按规定投入。

② 主变冷备用。它是指主变压器各侧断路器均处于冷备用状态，或与主变压器相连接的所有隔离开关均在断开位置，主变压器不带电（此时主变压器断路器可能为运行状态，如角型接线和 3/2 开关接线，主变压器隔离开关断开，主变压器断路器仍保持运行）。

③ 母线冷备用。它是指母线上所有断路器处于冷备用状态且母线上所有隔离开关（包括 TV 隔离开关、出线隔离开关等）均在断开位置，母线不带电。

④ 线路冷备用。它是指线路各侧断路器均处于冷备用状态，或与线路相连接的所有隔离开关均为断开位置，线路不带电（此时线路开关可能为运行状态，如角型接线和 3/2 开关接线，出线隔离开关断开，线路断路器仍保持运行）。

4）检修状态。它是指连接设备的所有断路器、隔离开关均断开，接地刀闸在合上位置或装设好接地线，按规定作好安全措施，设备保护退出。

① 开关检修。它是指断路器及其两侧隔离开关均断开，断路器两侧接地刀闸在合上位置或装设好接地线，控制保险取下（控制小开关拉开），保护在退出状态。

② 主变检修。它是指主变压器各侧断路器均处于冷备用、检修状态，或与主变压器相连接的所有隔离开关均为断开位置，主变压器本体侧接地刀闸在合上位置或装设接地线，如有 TV，则将 TV 低压侧断开，如无特殊要求，主变压器保护应退出。

③ 母线检修。它是指母线上所有断路器处于冷备用、检修状态且母线上所有隔离开关（包括 TV 隔离开关、出线隔离开关、母线隔离开关等）均在断开位置，母线不带电；母线 TV 低压侧断开，母线接地刀闸在合上位置或装设接地线；母线保护按规定调整运行方式或退出（对于 3/2 开关接线方式的母线，其母线差动保护应在退出状态；对于双母线接线方式的母线，其母线差动保护的状态由值班调度员根据母线保护配置情况和检修工作需要决定）。

④ 线路检修。它是指线路各侧断路器均处于冷备用、检修状态，或与线路相连接的所有隔离开关均为断开位置，线路高抗高压侧隔离开关断开，线路 TV 低压侧断开，线路各侧接地刀闸在合上位置或装设接地线，若有要求，线路保护退出。

（3）一个操作任务有多页操作票时，应在前一页备注栏内填写“接下页”，续页的操作任务栏填写“接上页”。

（4）一份操作票只能填写一个操作任务，一个操作任务系根据调度命令，为了相同的操作目的而进行的一系列相互关联并依次进行的操作过程。下列操作可只填写一个操作任务。如：

1）倒母线操作或母线停电、送电操作。

2）切换电压互感器的操作。

3）倒两台主变压器及与主变压器相关的分段（母联）开关的操作，停一台主变压器或送一台主变压器的操作（包括主变压器各侧的开关）。

4）倒站用电源及其他电源线的操作。

5）进、出线及其倒负荷操作。

5. 第五栏的填写

第五栏为操作项目栏。第一列填写操作项目顺序号，按顺序用阿拉伯数字连续编号；第二列填写操作项目内容；第三列为执行栏，当某一项具体操作执行后，在该项目编号对应的执行栏做一个“√”记号。

下列操作作为操作项目内容应填入操作票：

（1）应拉合的断路器（开关）、隔离开关（刀闸）、接地刀闸（装置），验电，装设、拆除接地线。

（2）插上或取下高压设备的一、二次熔断器。

（3）插上（合上、投入）或取下（拉开、退出）控制、信号、合闸、保护及自动装置的熔断器、小刀闸、小开关或压板；一块压板、一把二次小刀闸和一个回路单元的熔断器（某一控制回路正、负控制保险，电压互感器二次保护回路 a、b、c 熔断器视为一个单元）应作一项填写。

（4）在合上接地刀闸前，应填写“验明×××侧确无电压”。对需要放电的设备，如电容器、电容式电压互感器（CVT）、线路电缆等除应验明无电外，还应增加一项“放电”内容，电缆及电容器接地前应逐相充分放电，星形接线电容器的中性点应接地，串联电容器及与整组电容器脱离的电容器应逐个多次放电，装在绝缘支架上的电容器外壳也应放电。可写成“对×××电容器（电容式电压互感器、线路电缆）逐相放电”等。

（5）调整消弧线圈挡位。

（6）投入运行中设备保护装置的出口跳闸压板前测量确无跳闸电压。

（7）装设或拆除绝缘罩（绝缘挡板）。

（8）调度下令悬挂的标示牌（其他工作或工作票上所列的标示牌可不进入操作票）。

（9）操作票中应填写的检查项目：

1）拉、合隔离开关（刀闸）、手车式开关拉出、推入前，检查断路器（开关）确在分闸位置。

2）拉、合断路器（开关）、隔离开关（刀闸）、接地刀闸（装置）后应检查设备的实际位置（分闸或合闸位置）。

3）装设、拆除接地线后应检查其实际位置。

4）检修设备送电（含转热备用）操作如果与拆除（拉开）接地线（接地刀闸）的操作不是同一张操作票，送电（含转热备用）的操作应检查原装设（合上）的接地线（接地刀闸）已拆除（拉开），送电单元内的其他未操作过的接地刀闸也应检查。

5）在冷备用转检修之前，检查该设备确在冷备用状态（即该设备回路各刀闸均在“分闸位置”）。可用一项写成“检查×××开关间隔（××kV×母线或×号主变压器）的各侧刀闸均在‘分闸’位置”。

6）双母线倒闸操作中，在拉开母联开关对母线停电前，可用一项检查该母线上各回路的母线侧刀闸（母线电压互感器刀闸及母联开关两侧刀闸除外）均在“分闸”位置。可写成“检查××kV×母线上所有回路的母线侧刀闸均在‘分闸’位置”。

7）主变压器并列前检查分接头挡位符合并列条件。可合写成一项“检查 1 号主变压器分接头挡位为×挡，2 号主变压器分接头挡位为×挡，符合并列条件”。

8）拉、合消弧线圈刀闸前检查中性点电流、电压正常(指中性点位移电压不超过相电压的30%，中性点电流不超过 10A)。可合写成一项“检查××kV 系统确无接地现象”。

9）凡二次电压经母线侧刀闸辅助接点控制的设备，在合上或切换母线刀闸时，检查二次电压切换正常。可写成“检查××线××开关二次电压切换正常”。

10）若设备由运行转检修操作中，未退出保护，送电时检查该设备的保护情况可写成一项“检查×××所有保护已正确投入”；主变压器大修投运前应分项检查轻、重瓦斯和差动保护压板位置。

11）旁路开关代路前检查其保护情况。可写成“检查××kV 旁路×××开关保护定值为代×路定值”。

12）设备机械位置指示、电气指示、带电显示装置、仪表及各种遥测、遥信信号的变化检查情况。可写成：

① 检查设备机械位置指示的情况。可写成“检查××kV××线×××开关的‘分合指示器’在分闸（合闸）位置”。

② 检查设备电气指示的情况。可写成“检查××kV××线×××开关的‘分闸指示灯（合闸指示灯）’点亮”。

③ 检查设备带电显示装置的情况。可写成“检查××kV××线×××开关的‘带电显示装置’点亮（熄灭）”。

④ 检查设备仪表的情况。可写成“检查××kV××线×××开关的‘电能表’指示为 0”。电流、电压、有功、无功有机械指示的盘表，还应合并归类写成“检查××kV××线×××开关的‘电流、电压、有功、无功、电能表’指示为 0”。

⑤ 检查设备遥测信号的情况。可写成“检查××kV××线×××开关的遥测信号‘电流、电压、有功、无功’指示为 0”。

⑥ 检查设备遥信信号的情况。可写成“检查××kV××线×××开关的遥信信号‘开关状态’在分闸（合闸）位置”。

13）在下列情况下应填写抄录三相电流（电压）：

① 线路送电后检查负荷电流正常。可写成“检查×××开关送电正常（××A ××A ××A）”。主变压器充电后检查充电正常，可写成“检查×号主变压器充电正常”。

② 用主变压器开关或母联（分段）开关充空母线时，应抄录该侧母线三相电压，可写成“检查××kV×母线三相电压正常（××kV ××kV ××kV）”；主变压器某侧开关或母联（分段）开关带负荷时，应抄录主变压器该侧开关或母联（分段）开关三相电流，可写成“检查×号主变×××开关或×××母联开关三相电流正常（××A ××A ××A）”。

③ 拉开母联(分段)开关前后，应分别抄录三相电流。可写成“检查×××开关三相电流正常(××A ××A ××A）”或“检查×××开关三相无电流”。

④ 站用变压器低压侧或母线电压互感器投入或切换，检查母线三相电压正常(指电压指示正确且平衡)。可写成“检查××kV×母线三相电压正常（××kV ××kV ××kV）”。

⑤ 解、合环前后应检查环内有关开关电流正常(指三相有电流并平衡，只有单相电流表的回路只需检查有电流)。可写成“检查×××开关三相电流正常（××A ××A ××A）”。

分相独立操作的刀闸、接地刀闸、独立的单相接地线（以接地线尾端是否相连为标准）和跌落保险应按相分项填写，控制、信号、合闸及电压互感器（非跌落保险）一、二次熔断器则不分正、负极或相别。

6. 第六栏的填写

第六栏为备注栏，填写需补充说明的内容。如：当一个操作任务有多页操作票时，应在备注栏内填写“接下页”（最后页不填）；倒闸操作中，因故未执行时或在操作进行到某一项，无法继续操作（如雷雨、雷电闪烁厉害、设备失修拉不开或合不上等），操作任务完不成时，其原因应在备注栏注明。

7. 第七栏的填写

第七栏为签字栏。操作人、监护人和值班负责人应根据一次接线图和现场实际核对操作票并分别在对应栏签字，严禁代签。

三、操作票上各人员的责任

（1）操作人应认真填写操作票并履行操作职责（包括操作工具、安全用具的取放和检查）。

（2）监护人负责审查并保证操作票的正确性和履行监护职责（包括取放钥匙）。

（3）值班负责人负责检查操作的正确性和操作分工的合理性，并对特别重要和复杂的倒闸操作进行监护。

四、倒闸操作的一般规定

1. 倒闸操作的基本条件

（1）值班人员必须经过安全教育、技术培训，熟悉业务和有关规程制度，经上岗考试合格，有关主管领导批准和公布名单后，方能担任变电站的副值、正值或值班长，接受调度命令，进行倒闸操作或监护工作。

（2）有与现场一次设备和实际运行方式相符的一次系统模拟图（包括各种电子接线图）。

（3）操作设备应具有明显的标志，包括命名、编号、分合指示、旋转方向、切换位置的指示及设备相色等。

（4）高压电气设备都应安装完善的防误操作闭锁装置。防误闭锁装置不得随意退出运行，停用防误操作闭锁装置应经本单位分管生产的行政副职或总工程师批准；短时间退出防误操作闭锁装置时，应经变电站站长批准，并应按程序尽快投入。

（5）有值班调度员、运行值班负责人正式发布的指令（规范的操作术语），并使用经事先审核合格的操作票。

（6）要有合格的操作工具、安全用具和设施。

（7）下列三种情况应加挂机械锁：

1）未装防误操作闭锁装置或闭锁装置失灵的隔离开关手柄和网门。

2）当电气设备处于冷备用时，网门闭锁失去作用时的有电间隔网门。

3）设备检修时，回路中的各来电侧隔离开关操作手柄和电动操作隔离开关机构箱的箱门。

机械锁要 1 把钥匙开 1 把锁，钥匙要编号并妥善保管。

2. 倒闸操作的基本要求

（1）操作人员应统一着装，穿棉质内衣和工作服，戴绝缘手套和安全帽，不得戴项链、手链等金属饰品。雨雪天操作室外设备须穿绝缘靴。

（2）倒闸操作分为监护下操作、单人操作、检修人员操作三种。

1）监护下操作。它是指由两人进行同一项的操作。监护操作时，其中一人对设备较为熟悉者作监护。特别重要和复杂的倒闸操作，由熟练的运行人员操作，运行值班负责人监护。特别重要和复杂的倒闸操作任务，由各运行单位负责明确。

2）单人操作。它是指由一人完成的操作。单人值班的变电站操作时，运行人员根据发令人用电话传达的操作指令填用操作票，复诵无误。实行单人操作的设备、项目及运行人员需经设备运行管理单位批准，人员应通过专项考核。

3）检修人员操作。它是指由检修人员完成的操作。经设备运行单位考试合格、批准的本单位的检修人员，可进行220kV及以下的电气设备由热备用至检修或由检修至热备用的监护操作，监护人应是同一单位的检修人员或设备运行人员；检修人员进行操作的接、发令程序及安全要求应由设备运行单位总工程师审定，并报相关部门和调度机构备案。

（3）停电拉闸操作必须按照断路器（开关）——负荷侧隔离开关（刀闸）——电源侧隔离开关（刀闸）的顺序依次进行，送电合闸操作应按与上述相反的顺序进行。禁止带负荷拉合隔离开关（刀闸）。

（4）开始操作前，应先在模拟图（或微机防误装置、微机监控装置）上进行核对性模拟预演，无误后，再进行操作。操作前应先核对系统方式、设备名称、编号和位置，操作中应认真执行监护复诵制度（单人操作时也应高声唱票），宜全过程录音。操作过程中必须按操作票填写的顺序逐项操作。每操作完一步，应检查无误后做一个“√”记号，全部操作完毕后进行复查。

（5）监护操作时，操作人在操作过程中不准有任何未经监护人同意的操作行为。

（6）操作中发生疑问时，应立即停止操作并向发令人报告。待发令人再行许可后，方可进行操作。不准擅自更改操作票，不准随意解除闭锁装置。解锁工具（钥匙）应封存保管，所有操作人员和检修人员禁止擅自使用解锁工具（钥匙）。若遇特殊情况需解锁操作，应经运行管理部门防误操作闭锁装置专责人到现场核实无误并签字后，由运行人员报告当值调度员，方能使用解锁工具（钥匙）。单人操作、检修人员在倒闸操作过程中禁止解锁。如需解锁，应待增派运行人员到现场，履行上述手续后处理。解锁工具（钥匙）使用后应及时封存。

（7）用绝缘棒拉合隔离开关（刀闸）、高压熔断器或经传动机构拉合断路器（开关）和隔离开关（刀闸），均应戴绝缘手套。雨天操作室外高压设备时，绝缘棒应有防雨罩，还应穿绝缘靴。接地网电阻不符合要求的，晴天也应穿绝缘靴。雷电时，一般不进行倒闸操作，禁止在就地进行倒闸操作。

（8）装卸高压熔断器，应戴护目眼镜和绝缘手套，必要时使用绝缘夹钳，并站在绝缘垫或绝缘台上。

（9）断路器（开关）遮断容量应满足电网要求。如遮断容量不够，应将操动机构用墙或金属板与该断路器（开关）隔开，应进行远方操作，重合闸装置应停用。

（10）电气设备停电后（包括事故停电），在未拉开有关隔离开关（刀闸）和做好安全措施前，不得触及设备或进入遮栏，以防突然来电。

（11）单人操作时不得进行登高或登杆操作。

（12）电气设备操作后的位置检查应以设备实际位置为准，无法看到实际位置时，可通过设备机械位置指示、电气指示、带电显示装置、仪表及各种遥测、遥信等信号的变化来判断。判断时，应有两个及以上的指示，且所有指示均已同时发生对应变化，才能确认该设备已操作到位。以上检查项目应填写在操作票中作为检查项。

（13）在发生人身触电事故时，为了抢救触电人，可以不经许可，断开有关设备的电源，但事后应立即报告调度（或运行管理单位）和上级部门。

（14）对无法进行直接验电的设备、高压直流输电设备和雨雪天气时的户外设备，可以进行间接验电。即根据设备的机械指示位置、电气指示、带电显示装置、仪表及各种遥测、遥信等信号的变化来判断，判断时，应有两个及以上指示，且所有指示均已同时发生对应变化，才能确认该设备已无电；若进行遥控操作，则应同时检查隔离开关（刀闸）的状态指示、遥测、遥信信号及带电显示装置的指示进行间接验电。

1）对于 GIS、中置柜等设备的验电操作，确实无法使用接触式验电器直接验电时，在上级没有明确规定情况下，验电可采用以下方法：

① 观察带电显示装置确无指示，并检查所有来电方面确有明显断开点。

② 当无法确定时，应询问调度或对侧变电站（开关站）是否满足接地条件。

2）在实际工作中，还有一种间接验电的方式可以供大家参考。如：对现场无法验电的高层母线间接验电可采用在母线转冷备用后，检查该母线上所有回路的母线侧隔离开关均在“分闸”位置，然后合上该母线电压互感器隔离开关，经验明无电后，拉开该隔离开关，再对母线接地，拉、合母线电压互感器隔离开关及验电接地的操作均应填入操作票。

（15）下列各项工作可以不用操作票：

1）事故应急处理。

2）拉、合断路器（开关）的单一操作，如压负荷操作。

上述操作在完成后应做好记录。事故应急处理应保存原始记录。事故操作允许先操作后记录，但事故处理的恢复操作必须使用操作票，其他操作应先记录后操作。

五、倒闸操作程序

1. 操作准备

复杂操作前由站长组织全体当值人员做好各项准备工作。

（1）明确操作任务和停电范围，并做好分工。

（2）拟订操作顺序，确定挂地线部位、组数及应装设的遮栏、标示牌。明确工作现场邻近带电部位，并订出相应措施。

（3）考虑操作后的运行方式是否合理，保护和自动装置相应变化及应断开的交、直流电源和防止电压互感器、站用变压器二次反高压的措施。

（4）分析操作过程中可能出现的问题和应采取的措施。

（5）与调度联系后写出操作票草稿，由全体人员讨论通过，站长审核批准。

（6）正式开始操作前，还要进行以下工作：

1）设备检修后，操作前应认真检查设备状况及一、二次设备的分合位置与工作前相符。

2）监护人和操作人应确定操作路线，并对所需的安全用具进行检查，包括绝缘靴、绝缘手套、验电器等，其中验电器的声、光均应完好。

3）准备好本次操作所需要的钥匙，包括工器具室、高压室、高压开关柜门等的钥匙。

2. 接令

（1）倒闸操作应根据值班调度员或运行值班负责人的指令，受令人复诵无误后执行。发布指令应准确、清晰，使用规范的调度术语和设备双重名称，即设备名称和编号。发令人和受令人应先互报单位和姓名，发布指令的全过程（包括对方复诵指令）和听取指令的报告时双方都要录音并作好记录。操作人员（包括监护人）应了解操作目的和操作顺序。对指令有疑问时应向发令人询问清楚无误后执行。

接受调度命令，应由上级批准的人员进行，接令时主动报出变电站名和姓名，并问清下令人姓名、下令时间。

（2）接令时应随听随记，接令完毕，应将记录的全部内容向下令人复诵一遍，并得到下令人认可。

（3）接受调度命令时，应做好录音及监听。

（4）如果认为该命令不正确时，应向调度员报告，由调度员决定原调度命令是否执行。但当执行该项命令将威胁人身、设备安全或直接造成停电事故时则必须拒绝执行，并将拒绝执行命令的理由，报告调度员和本单位领导。

3. 操作票填写

（1）倒闸操作由操作人员填用操作票。

（2）操作顺序应根据调度命令参照变电站典型操作票和事先准备好的操作票草稿的内容进行填写。

（3）操作票填写后，由操作人和监护人共同审核（必要时经当值值班负责人审核）无误后，监护人和操作人分别签字。

4. 模拟操作

（1）在操作实际设备前，监护人和操作人必须先在模拟图板上进行预演，并结合调度命令核对当时的运行方式。

（2）操作预演由监护人按操作票所列步骤逐项下令，由操作人复诵并模拟操作。无模拟图板的可在“五防”微机上进行预演；有模拟图板和“五防”微机的可先在“五防”微机上进行预演，并向电脑钥匙传码，操作结束后，再对模拟图板进行核对性复位。

（3）操作预演后应再次核对新运行方式与调度命令相符。

5. 监护操作

（1）操作人持安全用具走在前，监护人持钥匙、操作票走在后，一起走到被操作设备处，指明设备名称和编号，监护人下达操作命令，如“拉开××线××开关”。

（2）操作人手指操作部位，复诵命令，如“拉开××线××开关”。

（3）监护人审核复诵内容和手指部位正确后，下达“执行”令，如“对，执行”。

（4）操作人执行操作，该项操作完毕后，操作人向监护人报告，如“操作完毕”。

（5）监护人和操作人共同检查操作质量。

（6）监护人在操作票本步骤后划执行勾“√”，再进行下一步操作内容。

6. 质量检查

（1）操作完毕全面检查操作质量。

（2）检查无问题应在操作票上填入终了时间，并在最后一步下面右边加盖“已执行”章，报告调度员操作执行完毕。操作人将钥匙和安全用具放回原处。

操作过程中应按照以上程序执行，可以根据现场实际情况采取一些措施。如操作中增加操作配合人员，负责执行操作中的部分检查项目（检查开关和刀闸的位置，检查二次电压切换正常，检查负荷分配、抄录三相电流或电压等）。操作配合人员应在操作票备注栏签字，并对所负责执行的操作项目正确性负责。

六、操作票的管理

1. 操作票的保存

已执行的操作票应集中统一管理，并按操作票编号顺序存放，逐月装订成册，已执行的操作票应保存一年。

2. 操作票统计分析

管理人员应定期检查操作票，按月统计合格率、废票率等，发现问题应进行分析。

3. 不合格操作票举例

（1）单位、编号、发令人、受令人、发令时间、操作开始时间、操作结束时间未填，操作类别未打“√”。

（2）操作任务栏内任务目的不清或填写两个及以上操作任务。

（3）操作任务与操作项目不符。

（4）任务号不连续或无编号。

（5）多页操作票未填“接下页”或“接上页”。

（6）手写操作票不用钢笔或圆珠笔填写。

（7）操作项目栏填写的设备名称与现场实际不符。

（8）操作项目填写不齐全。

（9）操作票重要文字（如“拉”、“合”、开关、刀闸的调度编号等）有涂改。

（10）操作项目技术顺序错误。

（11）已装设或拆除的接地线未写编号。

（12）操作票未逐项打“√”或不打“√”。

（13）操作票执行完后不盖“已执行”章，空白栏下不盖“以下空白”章，未执行不盖“未执行”章，废票不盖“已作废”章。

（14）操作人、监护人、值班负责人未签字。

七、倒闸操作典型术语举例

1. 典型操作任务的基本写法

（1）线路及开关。

1）×kV×线×开关由（运行、热备用、冷备用、开关检修、线路检修、开关及线路检修）转（开关及线路检修、线路检修、开关检修、冷备用、热备用、运行）。

2）×kV×线×开关由×母线（运行、热备用）转×母线（热备用、运行）。

3）×kV 旁路×开关由×母线热备用代×线×开关于×母线运行，×线×开关由×母线运行转开关检修。

4）×kV×线×开关由开关检修转×母线运行，×kV 旁路×开关由×母线运行转×母线热备用。

5）×kV 旁路×开关由×母线热备用代×号主变压器×开关于×母线运行，×号主变压器×开关由×母线运行转开关检修。

6）×号主变压器×开关由检修转×母线运行，×kV 旁路×开关由×母线运行转×母线热备用。

备注：双母线接线方式的变电站，开关的运行和热备用状态必须加入“×母线”；非双母线接线方式的变电站，运行和热备用状态不加入“×母线”，以下不再注明。

（2）母线及电压互感器。

1）×kV×母线由（运行、冷备用、检修）转（检修、冷备用、运行）。

2）×kV×母线由（冷备用、检修）转运行，母线运行方式倒为正常运行方式。

备注：此条指双母线接线方式的填写。

3）×kV 母线运行方式倒为正常运行方式。

4）×kV×母线电压互感器由（运行、冷备用、检修）转（检修、冷备用、运行）。

5）×kV×线电压互感器由（运行、冷备用、检修）转（检修、冷备用、运行）。

（3）变压器及消弧线圈。

1）×号主变压器（站用变压器）由（运行、热备用、冷备用、检修）转（检修、冷备用、热备用、运行）。

2）×号主变压器×kV 侧中性点由（接地、不接地）转（不接地、接地）。

3）×号消弧线圈由×挡改为×挡。

4）×号消弧线圈由×号主变压器切至×号主变压器运行。

5）×号消弧线圈由（运行、冷备用、检修）转（检修、冷备用、运行）。

6）×号主变压器×开关由运行转热备用，×号主变压器×开关由热备用转运行（不允许合环方式）。

7）×号主变压器×开关由热备用转运行，×号主变压器×开关由运行转热备用（允许合环方式）。

（4）保护及自动装置。

1）启用（停用）×kV 备用电源自投装置。

2）×kV×线×开关重合闸由单重（停用、三重）切至三重（停用、单重）。

3）启用（停用）×kV×母线母差（3/2 接线应写×母线，双母线、单母线不写×母线）保护（失灵保护）。

4）启用（停用）低频减载装置。

5）将×kV×线×开关×号保护装置保护定值由正常（×区）改至备用（×区）运行。

6）将×kV×线×开关×号保护装置×保护定值由正常（×区）改至备用（×区）运行。

7）×kV×线×开关保护定值由直馈（并车）方式改为并车（直馈）方式。

备注：3/2 接线方式只写×kV×线，其他接线方式按上执行。

2. 典型操作用语的基本写法

（1）开关及开关小车、二次电源开关。

1）拉开×线×开关。

2）合上×线×开关。

3）拉开×串×开关。

4）合上×串×开关。

5）将×线×开关小车由工作位置拉至试验位置（检修位置）。

6）将×线×开关小车由试验位置（检修位置）推至工作位置。

7）拉开×线×开关控制电源开关。

8）合上×线×开关控制电源开关。

9）将×线×开关二次电压开关由×母切至×母。

（2）刀闸及信号刀闸。

1）拉开×线×刀闸。

2）合上×线×刀闸。

3）拉开×线×开关信号刀闸。

4）合上×线×开关信号刀闸。

（3）保险。

1）插上（取下）×线×开关线路低压保险。

2）插上（取下）×线×电压互感器×相跌落保险。

（4）位置。

1）刀闸、开关位置状态称“分闸位置”、“合闸位置”。
2）接地线位置状态称“已拆除”、“已装设”。
（5）检查项及电流、电压抄录项。
1）检查×线×开关（刀闸、接地刀闸）确在分闸位置。
2）检查×线×刀闸靠×处装设的××接地线确已拆除（已装设）。
3）检查×号主变压器分接头挡位为×挡。
4）检查×kV 旁路×开关保护定值为代×路定值。
5）检查×线×开关二次电压切换正常。
6）检查×线×开关三相电流正常（×××A　×××A　×××A）。
7）检查×kV×母线三相电压正常（×××kV　×××kV　×××kV）。
（6）其他。
1）验明×线×刀闸线路侧确无电压。
2）对×电容器（线路电缆、CVT）放电。
3）在×线线路耦合电容器处装设××接地线一组。
4）在×线×刀闸靠×处装设××接地线一组。
5）在×线×刀闸把手上悬挂×标示牌一块。
6）拆除×线×刀闸把手上挂的×标示牌一块。
7）拆除×线×刀闸靠×处装设的××接地线一组。
8）装设绝缘罩（绝缘挡板）。
9）拆除绝缘罩（绝缘挡板）。
10）测量×线×开关×保护出口跳闸×压板两端对地电位正常。
11）将×kV 母差保护跳×线×开关×压板由上×端改至×端（3/2 接线方式除外）。
12）启用（退出）解除同期装置。
13）启用（退出）检查同期装置。
14）投入×线×开关×保护出口压板。
15）退出×线×开关×保护出口压板。

【思考与练习】

1. 操作票填写的规定有哪些？
2. 采用计算机制作操作票，应遵守的规定有哪些？
3. 操作票上各人员的责任有哪些？
4. 倒闸操作的基本条件有哪些？

模块 2　执行工作票的规定（ZY1000104003）

【模块描述】本模块包含工作票的填写和执行。通过条文解释和注意事项的介绍，能够正确执行和管理工作票。

【正文】

在所有电气设备上进行检修、校验或其他工作，都必须严格执行国家电网公司《电力安全工作规程》（变电部分）规定的工作票制度、工作许可制度、工作监护制度、工作间断、转移和终结制度。运行人员要认真把好工作票的审核、许可、间断、转移、验收、终结各关口，这是防止运行人员误许可的有效措施，也是确保人身和设备安全的有效措施。工作票是准许在电气设备上工作的书面命令和依据，也是实施保证安全技术措施等的书面依据。

一、工作票制度

1. 填用工作票或事故应急抢修单的分类方式

在电气设备上工作，应填用工作票或事故应急抢修单，其方式有以下 6 种：

（1）填用变电站（发电厂）第一种工作票。

（2）填用电力电缆第一种工作票。

（3）填用变电站（发电厂）第二种工作票。

（4）填用电力电缆第二种工作票。

（5）填用变电站（发电厂）带电作业工作票。

（6）填用变电站（发电厂）事故应急抢修单。

2. 工作票所列人员的基本条件和安全责任

（1）工作票所列人员的基本条件。

1）工作票签发人应是熟悉人员技术水平、熟悉设备情况、熟悉《电力安全工作规程》（变电部分），并具有相关工作经验的生产领导人、技术人员或经本单位分管生产领导批准的人员。工作票签发人名单应由安全监察部门每年审查并书面公布。

2）工作负责人（监护人）应是具有相关工作经验、熟悉设备情况、熟悉工作班人员工作能力和《电力安全工作规程》，并经工区（所、公司）生产领导书面批准的人员。

3）工作许可人应是经工区（所、公司）生产领导书面批准的有一定工作经验的运行人员或检修单位的操作人员（进行该工作任务操作及做安全措施的人员）；用户变、配电站的工作许可人应是持有效证书的高压电气工作人员。

4）专责监护人应是具有相关工作经验、熟悉设备情况、熟悉《电力安全工作规程》的人员。

带电作业工作票签发人和工作负责人、专责监护人应由具有带电作业资格、带电作业实践经验的人员担任。

（2）工作票所列人员的安全责任。

1）工作票签发人。

① 工作必要性和安全性。

② 工作票上所填安全措施是否正确完备。

③ 所派工作负责人和工作班人员是否适当和充足。

2）工作负责人（监护人）。

① 正确安全地组织工作。

② 负责检查工作票所列安全措施是否正确完备，是否符合现场实际条件，必要时予以补充。

③ 工作前对工作班成员进行危险点告知，交待安全措施和技术措施，并确认每一个工作班成员都已知晓。

④ 严格执行工作票所列安全措施。

⑤ 督促、监护工作班成员遵守《电力安全工作规程》，正确使用劳动防护用品和执行现场安全措施。

⑥ 工作班成员精神状态是否良好，变动是否合适。

3）工作许可人。

① 负责审查工作票所列安全措施是否正确完备，是否符合现场条件。

② 工作现场布置的安全措施是否完善，必要时予以补充。

③ 负责检查检修设备有无突然来电的危险。

④ 对工作票所列内容即使发生很小疑问，也应向工作票签发人询问清楚，必要时应要求作详细补充。

4）专责监护人。

① 明确被监护人员和监护范围。

② 工作前对被监护人员交待安全措施，告知危险点和安全注意事项。

③ 监督被监护人员遵守《电力安全工作规程》和现场安全措施，及时纠正不安全行为。

5）工作班成员。

① 熟悉工作内容、工作流程，掌握安全措施，明确工作中的危险点，并履行确认手续。

② 严格遵守安全规章制度、技术规程和劳动纪律，对自己在工作中的行为负责，互相关心工作安全，并监督《电力安全工作规程》的执行和现场安全措施的实施。

③ 正确使用安全工器具和劳动防护用品。

3. 工作票的签发与填写

（1）工作票签发的规定。

1）电力系统所属各单位进入变电站工作，工作票原则上由该单位签发。该单位确无有权签发工作票的人员时，由运行单位签发。修试、基建单位的工作票签发人及工作负责人名单应事先送有关设备运行管理单位备案。

第一种工作票所列工作地点超过两个，或有两个及以上不同的工作单位（班组）在一起工作时，可采用总工作票和分工作票。总、分工作票应由同一个工作票签发人签发。总工作票上所列的安全措施应包括所有分工作票上所列的安全措施。几个班同时进行工作时，总工作票的工作班成员栏内，只填明各分工作票的负责人，不必填写全部工作人员姓名。分工作票上要填写工作班人员姓名。

总、分工作票在格式上与第一种工作票一致。

分工作票应一式两份，由总工作票负责人和分工作票负责人分别收执。分工作票的许可和终结，由分工作票负责人与总工作票负责人办理。分工作票必须在总工作票许可后才可许可；总工作票必须在所有分工作票终结后才可终结。

2）承发包工程中，工作票可实行“双签发”形式。签发工作票时，双方工作票签发人在工作票上分别签名，各自承担《电力安全工作规程》规定工作票签发人相应的安全责任。

“双签发”是指设备主人与施工方双方签发。设备主人签发，承担设备及施工场所的应由设备主人方所做安全措施的正确性责任；施工方签发，承担应由施工方所做安全措施的正确性责任以及对施工人员资质、健康、培训等责任。

3）供电单位或施工单位到用户变电站内施工时，工作票应由有权签发工作票的供电单位、施工单位或用户单位签发。

（2）工作票填写的规定。

1）工作票应使用钢笔或圆珠笔填写与签发，颜色用蓝或黑色，一式两份，内容应正确、填写应清楚，不得任意涂改。其中设备的名称和编号、工作地点、接地线装设地点、计划工作时间（含许可和终结时间）、重要动词（如拉、合、拆、装设）等重要文字不得涂改。其他如有个别错、漏字需要修改，应使用规范的符号，字迹应清楚。

2）用计算机生成或打印的工作票应使用统一的票面格式，由工作票签发人审核无误，手工或电子签名后方可执行。

3）工作票的填写应使用统一的调度术语和操作术语。

4）工作票票面字体书写工整，字迹应清楚。如日期、时间、设备编号、接地线编号、人员数等应使用阿拉伯数字，接地线组数和标示牌块数等使用简化汉字（一、二、三、…、十），一次设备相别使用大写的英文字母，二次设备相别使用小写的英文字母。年、月、日、时（24h 制）按实数填写，分钟按两位数填写，不足两位前面加 0。例如：2002 年 3 月 4 日 8 时 09 分。

5）工作票由工作负责人填写，也可以由工作票签发人填写。一张工作票中，工作票签发人、工作负责人和工作许可人三者不得互相兼任。

6）填写与签发工作票时必须认真核对工作任务书（设计书）、批准的设备停电申请书、变电站主接线图、设备变动竣工报告、继电保护资料等，必要时到现场实地查勘。

二、工作票执行的流程

1. 工作票的送交和接收

（1）第一种工作票应在工作前一日预先送达运行人员。可直接送达或通过传真、局域网传送，但传真的工作票许可应待正式工作票到达后履行，不得利用传真的工作票票面办理工作许可手续。临时工作可在工作开始前直接交给工作许可人。第二种工作票和带电作业工作票可在进行工作的当天预先交给工作许可人。

（2）对于送交的工作票，变电站运行值班人员应立即审查工作票的全部内容，特别是安全措施是否与工作任务相符合，是否符合现场实际条件和国家电网公司《电力安全工作规程》的规定，经审查不合格，应告知错误的原因，并通知工作票签发人重新签发。确认无问题后，第一种工作票需填写收到工作票的时间并签名。采用生产信息管理系统时，运行值班人员确认工作票合格后，在工作票管理系统输入收到工作票的时间并签名，则该工作票已经被受理。

（3）第一、二种工作票和带电作业工作票的有效时间，以正式批准的检修期限为准。

2. 工作的许可

（1）运行值班人员对检修设备操作完毕后，应立即按照工作票的要求，做好工作现场安全措施，经核对实际所做的现场措施与工作票一致后，在工作票对应的编号、数量栏内填写相关的内容，且在已执行栏内打“√”（对其正确性负责），并在“补充工作地点保留带电部分和安全措施”栏内填写相应内容，经核对无误后，方能办理工作许可手续。

（2）工作许可应履行以下手续：

1）同工作负责人到现场再次检查所做的安全措施，对具体的设备指明实际的隔离措施，证明检修设备确无电压。

2）对工作负责人指明带电设备的位置和注意事项。

3）和工作负责人在工作票上分别确认、签名。

如果上一值做好安全措施后，需要下一值才许可的工作，由上一值填写工作票中安全措施栏的内容，下一值在许可工作前必须认真审查，认为正确无误后方可到现场进行实际许可。严禁不到现场检查交待安全措施。

（3）运行人员不得变更有关检修设备的运行接线方式。工作负责人、工作许可人任何一方不得擅自变更安全措施，工作中如有特殊情况需要变更时，应先取得对方的同意并及时恢复。变更情况及时记录在值班日志内。

3. 工作的监护

（1）工作许可手续完成后，工作负责人、专责监护人应向工作班成员交待工作内容、人员分工、带电部位和现场安全措施，进行危险点告知，并履行确认手续，工作班方可开始工作。工作负责人、专责监护人应始终在工作现场，对工作班人员的安全认真监护，及时纠正不安全的行为。

（2）所有工作人员（包括工作负责人）不许单独进入、滞留在高压室内和室外高压设备区内。

若工作需要（如测量极性、回路导通试验等），而且现场设备允许时，可以准许工作班中有实际经验的一个人或几人同时在其他室进行工作，但工作负责人应在事前将有关安全注意事项予以详尽的告知。

（3）工作负责人在全部停电时，可以参加工作班工作。在部分停电时，只有在安全措施可靠，人员集中在一个工作地点，不致误碰有电部分的情况下，方能参加工作。

工作票签发人或工作负责人，应根据现场的安全条件、施工范围、工作需要等具体情况，增设专责监护人和确定被监护的人员。

专责监护人不得兼做其他工作。专责监护人临时离开时，应通知被监护人员停止工作或离开工作现场，待专责监护人回来后方可恢复工作。若专责监护人必须长时间离开工作现场时，应由工作负责人变更专责监护人，履行变更手续，并告知全体被监护人员。

4. 工作任务的增加、工作人员变动、工作票延期

（1）工作任务的增加。在原工作票的停电工作范围内，在不变更或不增设安全措施的情况下，增加工作任务时，应由工作负责人征得工作票签发人和工作许可人同意，并在工作票上工作任务栏增填工作项目。若需变更或增设安全措施时，应填用新的工作票，并重新履行工作许可手续。工作负责人还应向全体工作人员详细交待变更后的安全措施情况和注意事项。

增加工作任务时，若工作票签发人无法当面办理，应通过电话联系工作许可人和工作负责人，工作负责人在工作票的任务栏内填写增加的工作任务，工作许可人在工作票登记簿上注明。

（2）工作负责人变动。工作期间，工作负责人若因故暂时离开工作现场时，应指定能胜任的人员

临时代替，离开前应将工作现场交代清楚，并告知工作班成员。原工作负责人返回工作现场时，也应履行同样的交接手续。

若工作负责人必须长时间离开工作现场时，应由原工作票签发人变更工作负责人，履行变更手续，并告知全体工作人员及工作许可人，原、现工作负责人及原工作票签发人应在工作票上相应栏内签名，原工作票签发人还应填写工作负责人变动时间。原、现工作负责人应对工作任务和安全措施进行交接。

变更工作负责人时，若工作票签发人无法当面办理，可通过电话联系工作许可人和现工作负责人，并由现工作负责人和工作许可人在工作票上办理变动手续，原、现工作负责人应在工作票上相应栏内签名，现工作负责人还应填写工作负责人变动时间。工作许可人在工作票登记簿上注明。工作负责人只允许变更一次。

（3）工作人员变动。

1）变更工作班成员，应经工作负责人同意，并将变更情况记录在工作票工作人员变动栏内，工作负责人对新的作业人员进行安全交底后，方可参加工作。

2）工作负责人在工作票上相应栏内签名。

（4）工作票延期。

1）第一、二种工作票需办理延期手续，应在工期尚未结束以前由工作负责人向运行值班负责人提出申请（属于调度管辖、许可的检修设备，还应通过值班调度员批准），由运行值班负责人通知工作许可人给予办理。

2）第一、二种工作票只能延期一次。带电作业工作票不准延期。

5. 工作的间断、转移和终结

（1）工作的间断。工作间断时，工作班人员应从工作现场撤出，所有安全措施保持不动，工作票仍由工作负责人执存，间断后继续工作，无需通过工作许可人。每日收工，应清扫工作地点，开放已封闭的通路，并将工作票交回运行人员。次日复工时，应得到工作许可人的许可，取回工作票，工作负责人应重新认真检查安全措施是否符合工作票的要求，并召开现场站班会后，方可工作。若无工作负责人或专责监护人带领，工作人员不得进入工作地点。

间断一天以上的工作（在计划工作时间之内），在开工前，工作许可人和工作负责人必须共同到现场检查安全措施，符合工作票安全措施要求，双方均认为正确无误后，再履行许可手续并签字，工作负责人方可取回工作票进行工作。

（2）在未办理工作票终结手续以前，任何人员不准将停电设备合闸送电。在工作间断期间，若有紧急需要，运行人员可在工作票未交回的情况下合闸送电，但应先通知工作负责人，在得到工作班全体人员已经离开工作地点、可以送电的答复后方可执行，并应采取下列措施：

1）拆除临时遮栏、接地线和标示牌，恢复常设遮栏，换挂“止步，高压危险！”的标示牌。

2）应在所有道路派专人守候，以便告诉工作班人员“设备已经合闸送电，不得继续工作”，守候人员在工作票未交回以前，不得离开守候地点。

（3）工作的转移。在同一电气连接部分用同一工作票依次在几个工作地点转移工作时，全部安全措施由运行人员在开工前一次做完，不需再办理转移手续。但工作负责人在转移工作地点时，应向工作人员交待带电范围、安全措施和注意事项。

（4）工作的终结。全部工作完毕后，工作班应清扫、整理现场。工作负责人应先周密地检查，待全体工作人员撤离工作地点后，再向运行人员交待所修项目、发现的问题、试验结果和存在问题等，并与运行人员共同检查设备状况、状态、有无遗留物件、是否清洁等，然后在工作票上填明工作结束时间。经双方签名后，表示工作终结。

（5）工作票的终结。待工作票上的临时遮栏已拆除，标示牌已取下，已恢复常设遮栏，未拆除的接地线、未拉开的接地刀闸（装置）等设备运行方式已汇报调度，安全措施全部清理完毕，工作许可人对工作票审查无问题在工作票上签名，并填写工作票终结时间后，工作票方告终结。未拆除的接地线、未拉开的接地刀闸应在其他事项栏注明原因。工作票终结后应加盖“已执行”章。

（6）只有在同一停电系统的所有工作票都已终结，并得到值班调度员或运行值班负责人的许可指令后，方可合闸送电。

三、安全标示牌的使用规定

安全标示牌用于指明工作地点、工作时注意事项等，给工作人员和运行人员一个明确的提示和警告，是保证安全的一个重要技术措施。所有标示牌尺寸、规格应符合国家电网公司发布《电力安全工作规程》的要求，不得使用破损、污秽的标示牌。以下介绍各种标示牌使用的具体规定。

1.“禁止合闸，有人工作!”标示牌

（1）一经合闸即可送电到工作地点的断路器或隔离开关的操作把手上，应悬挂“禁止合闸，有人工作！”标示牌。对同时能进行远方和就地操作的把手上也应悬挂此标示牌。

（2）对工作地点与带电设备之间有两把隔离开关的断开点串联时，标示牌只需挂在靠近电源的那一把隔离开关把手上。

（3）检修的隔离开关操作把手上不得悬挂“禁止合闸，有人工作！”标示牌。

2.“禁止合闸，线路有人工作!”标示牌

如果线路上有人工作，应在线路断路器和隔离开关操作把手上悬挂“禁止合闸，线路有人工作！”标示牌。对同时能进行远方和就地操作的把手上也应悬挂此标示牌。此标示牌的悬挂和拆除，应按调度员的命令执行。

3.“禁止分闸!”标示牌

此标示牌悬挂在接地刀闸与检修设备之间的断路器操作把手上。

4.“在此工作!”标示牌

（1）在一个设备上工作，应在该检修设备上悬挂“在此工作！”标示牌。

（2）在几个设备上工作，在每一检修处均应悬挂“在此工作！”标示牌。

（3）在带电盘上工作，应在盘前、后各挂一块“在此工作！”标示牌，检修部分与运行设备应用明显的标志隔开。

（4）在构架上工作，应在爬梯处悬挂“在此工作！”及“从此上下！”标示牌。

5.“止步，高压危险!”标示牌

（1）室外工作地点四周的临时遮栏（或围栏）、邻近带电设备的通道口处悬挂“止步，高压危险！”标示牌。

（2）室内高压设备上工作，应在工作地点两旁间隔的临时遮栏上和对面间隔的遮栏上悬挂“止步，高压危险！”标示牌。

（3）站用变压器及避雷器、密集型电容器等四周的遮栏上悬挂“止步，高压危险！”标示牌。

（4）禁止通行的通道上悬挂“止步，高压危险！”标示牌。

（5）高压试验工作地点四周的遮栏上悬挂“止步，高压危险！”标示牌。

6.“从此上下!”标示牌

在构架上工作，在工作人员上下的铁架、爬梯上悬挂“从此上下！”标示牌。

7.“从此进出!”标示牌

在室外工作地点围栏的出入口处悬挂“从此进出”标示牌。

8.“禁止攀登，高压危险!”标示牌

（1）在变电站室外高压配电装置带电设备构架的爬梯上悬挂“禁止攀登，高压危险！”标示牌。

（2）在变电站主变压器、备用变压器、站用变压器和电抗器等电气设备的爬梯上悬挂“禁止攀登，高压危险！”标示牌。

（3）在架空电力线路杆塔的爬梯上和配电变压器的杆架或台架上悬挂“禁止攀登，高压危险！”标示牌。

四、工作票的管理

工作票的管理首先要把住执行前的审核关，考核重点应放在执行过程中，严禁无票作业。

1. 工作票的保存

已终结的工作票、事故应急抢修单应保存一年。

2. 工作票的统计分析

管理人员应定期检查工作票，按月统计合格率、废票率，发现问题应进行分析。

3. 不合格工作票举例

（1）未经安全监察部门审查并公布的人员代签发工作票。

（2）工作票没有编号，未填工作班组名称及工作人员人数。

（3）工作地点不填或错误，工作任务内容填写不明确或遗漏。

（4）工作起止、收到许可、延期等时间未填写。

（5）工作负责人长时间变更或工作票延期而未在工作票内签注。

（6）各类签名人员没签名或未签全名。

（7）每日收工未按要求把工作票交回运行人员并签名。

（8）工作票内填写的设备名称与现场实际不符。

（9）工作许可人和工作负责人未按要求办理开工手续。

（10）安全措施中接地线未注明编号，装设地点不明确。

（11）工作负责人在同一时间兼做其他工作。

（12）工作票签发人、工作负责人和工作许可人互相兼任。

（13）工作票上所列安全措施不齐全。

（14）未按规定加盖“已执行”章。

【思考与练习】

1. 担任工作票签发人应具备的基本条件有哪些？
2. 担任工作负责人应具备的基本条件有哪些？
3. 担任工作负责人（监护人）的安全责任有哪些？
4. 担任工作许可人的安全责任有哪些？
5. 如何办理工作票延期手续？
6. 各种安全标示牌的使用规定有哪些？

模块3　事故应急抢修单的执行（ZY1000104002）

【模块描述】本模块包含事故应急抢修单的填写和执行。通过要点和流程讲解，以及典型案例分析，能够正确执行事故应急抢修单。

【正文】

事故应急抢修（指电气设备发生故障被迫紧急停止运行，需短时间内恢复的抢修和排除故障的工作）可不用工作票，但应使用事故应急抢修单。

在抢修前必须得到值班调度的许可，并做好安全措施，履行工作许可手续后才能进行工作。事故后非连续进行的事故修复工作，如设备损坏比较严重或是等待备品、备件等原因，短时间不能恢复，需转入事故检修的，应使用工作票，并履行正常的工作许可手续。

一、事故应急抢修单各栏的填写注意事项

1. 单位、编号

填写检修单位名称，如“××电业局修试所”、“××电业局电测仪表局”、“××电业局送变电工程处”等。编号栏的编号不得重复。

2. 抢修工作负责人（监护人）

一个班组进行抢修，工作负责人栏填该班组工作负责人姓名；几个班组进行抢修，工作负责人栏填总工作负责人姓名。

3. 班组

应填写参加抢修工作的具体生产班组名称，如继保一班、变电班、金工班、直流班。当填写不完全部班组时，应尽量填写主要班组至满格，最后用“等”字结束。

4. 抢修班人员（不包括抢修工作负责人）

一个班组进行抢修，应填写每个工作人员的姓名；几个班组进行抢修，当工作班人员填不完时，应填写各班组负责人姓名及其人数，如张××等8人。若有民工、临时工配合工作，则应尽量填写完民工姓名，如张××等8人，民工和临时工：李××、高××、赵××、刘××。

5. 共_____人

总人数应和实际参加工作的人数相符，总人数是指工作人员总数（包括工作负责人和专责监护人）。

6. 抢修任务（抢修地点和抢修内容）

抢修地点和抢修内容应具体明确，抢修任务前应有变电站名称，如220kV仿南变电站110kV开关场仿乙线143开关A相套管故障处理。

7. 安全措施

填写应拉开的设备名称、应装设绝缘挡板、应合接地刀闸、应装接地线、应设遮栏、应挂标示牌等。

8. 抢修地点保留带电部分或注意事项

抢修地点保留带电部分应明确。如 110kVⅠ母线、Ⅱ母线及旁路母线带电；相邻×间隔设备带电；与110kV带电设备保持大于1.5m的安全距离。

9. 经现场勘察需补充的安全措施

二次部分的安全措施需要补充或抢修设备与相邻带电设备的安全距离不够需要停电时，应在此栏填写，运行人员执行后签字确认。如退出 110kV 母线差动保护跳仿乙线 143 开关出口压板；拉开110kV 仿乙线143开关操作电源空气开关。

10. 许可抢修时间

工作许可人向抢修工作负责人交代现场安全措施后，若无异议即可由许可人填写许可抢修时间。

11. 抢修结束汇报

在抢修工作结束后，由抢修工作负责人向工作许可人报完工，并填明抢修工作结束时间，抢修工作负责人和工作许可人分别签名，表示工作终结。

现场设备状况及保留安全措施栏填写抢修设备开工前的运行状态。如 110kV 仿乙线 143 开关及143-1、143-2、143-5刀闸拉开，143-1KD、143-5KD接地刀闸未拉开。

二、事故应急抢修单的执行流程

事故应急抢修单执行流程如图ZY1000104002-1所示。

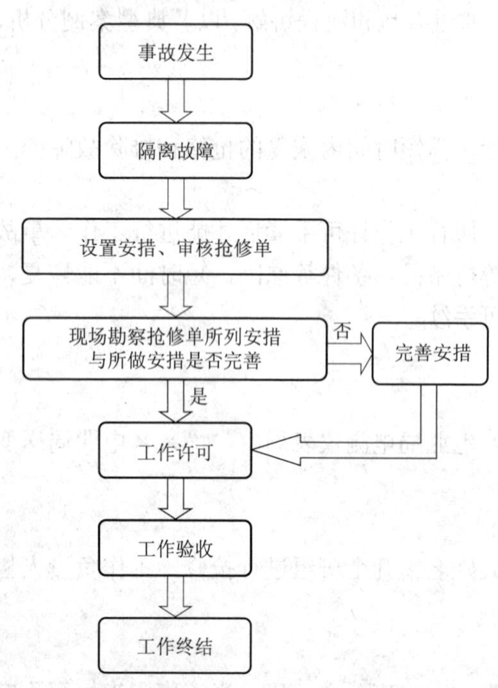

图ZY1000104002-1 事故应急抢修单执行流程

1. 事故应急抢修单的送交和接收

（1）事故发生后，运行人员应按照相关规程将故障点隔离，可通过电话联系，按抢修任务布置人的布置做好安全措施，再接收事故抢修单。

（2）事故应急抢修单可在工作开始前直接交给工作许可人。

（3）对于送交的事故应急抢修单，变电站运行值班人员应立即审查事故应急抢修单的全部内容，特别是安全措施是否与抢修工作任务相符合，是否符合现场实际条件和《电力安全工作规程》的规定，经审查不合格，应告知错误的原因，并通知抢修工作负责人重新填写。

2. 工作的许可

（1）在布置好安全措施后，由工作许可人会同抢修工作负责人，按事故应急抢修单所列各项安全措施逐项检查确认已布置完善，经现场勘察需补充的安全措施应明确地填入事故应急抢修单内，在办理工作许可手续时，应准确地向抢修工作负责人交待清楚；严禁不到现场交待安全措施而进行许可。在抢修工作负责人没有异议后，由工作许可人签名，办理事故应急抢修单许可开始工作手续。

（2）办理工作许可手续前，未经过工作许可人的同意，工作班成员不应进入工作现场。只有抢修工作负责人办理许可工作的手续后，才能进入生产现场开始工作。

3. 抢修工作的终结

抢修工作完毕后，工作班应清扫、整理现场。工作负责人应先周密地检查，待全体工作人员撤离工作地点后，再向运行人员交待抢修结果和存在问题等，并与运行人员共同检查设备状况、状态、有无遗留物件、是否清洁等，然后在事故应急抢修单上填明抢修工作结束时间。经双方签名后，表示工作终结。

二、典型案例

U 相套管爆炸事故处理。220kV 仿东Ⅱ线 242 开关一次接线示意图如图 ZY1000104002-2 所示。

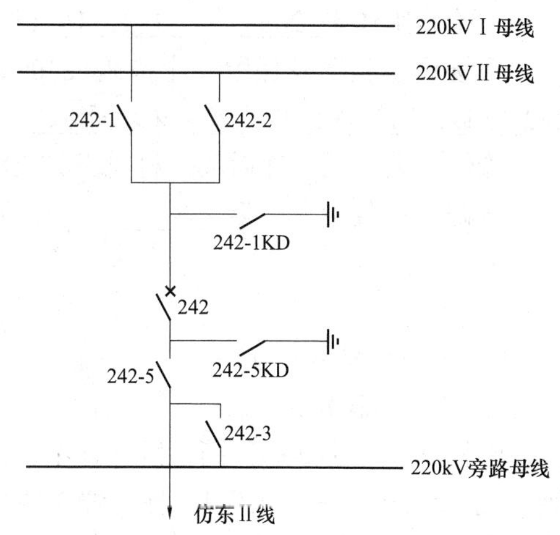

图 ZY1000104002-2　220kV 仿东Ⅱ线 242 开关一次接线示意图

（一）票面

变电站（发电厂）事故应急抢修单

单位 ××电业局修试所　　编号 0811001

1. 抢修工作负责人（监护人） 李××　　班组 高压班，金工班，变电检修班，继保一班

2. 抢修班人员（不包括抢修工作负责人）

王××等 3 人，李×等 3 人，马×等 4 人，王××等 2 人，民工：刘××，民工：袁×× 共 15 人。

3. 抢修任务（抢修地点和抢修内容）

（1）220kV 仿南变电站 220kV 开关场：仿东Ⅱ线 242 开关 U 相套管爆炸事故抢修。（2）220kV 仿东Ⅱ线 242 开关 1、2 号保护屏及 242 开关端子箱：二次回路检查。

4. 安全措施

（1）拉开 242 开关，拉开 242-1、242-2、242-5 刀闸。（2）合上 242-1KD、242-5KD 接地刀闸。（3）在 242-1、242-2、242-5 刀闸把手上悬挂“禁止合闸，有人工作！”标示牌。（4）在 242 开关及 242 开关端子箱处放“在此工作！”标示牌，并在与其相邻带电设备仿西线 244 开关、仿东Ⅰ线 241 开关间隔之间设围栏，围栏上挂“止步，高压危险！”标示牌 8 块，围栏入口处放“从此进出！”标示牌 1 块。（5）在仿东Ⅱ线 242 开关 1、2 号保护屏前后放“在此工作！”标示牌，在相邻的仿东Ⅰ线 241 开关 2 号保护屏前后挂红布帘。（6）在仿西线 244、仿东Ⅰ线 241 开关、仿东Ⅱ线 242-1 刀闸构架上悬挂“禁止攀登，高压危险！”标示牌。

5. 抢修地点保留带电部分或注意事项

（1）220kVⅠ、Ⅱ母线带电，相邻的仿东Ⅰ线 241、仿西线 244 开关间隔带电。（2）工作中与 220kV 带电设备的安全距离不小于 3.0m。

6. 上述 1～5 项由抢修工作负责人 李×× 根据抢修任务布置人 马×× 的布置填写。

7. 经现场勘察需补充下列安全措施

（1）退出 242 开关 1、2 号保护 a、b、c 相跳闸出口压板及失灵起动压板。（2）拉开 242 开关控制电源空开。（3）拉开 242 开关机构储能电源刀闸。

经许可人（调度/运行人员）张×/ 余× 同意（ 11 月 14 日 16 时 00 分）后，已执行。

8. 许可抢修时间

2008 年 11 月 14 日 16 时 20 分

许可人（调度/运行人员） 张×/余×

9. 抢修结束汇报

本抢修工作于 2008 年 11 月 14 日 21 时 50 分结束。

现场设备状况及保留安全措施 220kV 仿东Ⅱ线 242 开关及 242-1、242-2、242-5 刀闸停电，242-1KD、242-5KD 接地刀闸未拉开。

抢修班人员已全部撤离，材料工具已清理完毕，事故应急抢修单已终结。

抢修工作负责人 李×× 许可人（调度/运行人员） 张×/余×

填写时间 2008 年 11 月 14 日 21 时 55 分

（二）安全措施布置

1. 安全工器具的准备

围栏网不少于 20m，围栏网标杆不少于 10 根，围栏网标杆座不少于 8 个，“在此工作！”标示牌 6 块，“禁止合闸，有人工作！”标示牌 3 块，“从此进出”标示牌 1 块，“止步，高压危险！”标示牌不少于 8 块，“禁止攀登，高压危险！”标示牌 3 块，红布帘 2 块。

2. 场地准备

事故发生后，应将故障点隔离，并组织人员进行现场查勘，对安全措施的设置位置和注意事项进行部署，如围栏网的设置、标示牌的悬挂等。对于运行人员需要补充的安全措施进行分析、统计，指定施工中需要搭接工作电源的位置。

3. 安全措施示意图

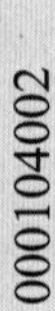

一次设备安全措施示意图如图 ZY1000104002-3 所示。

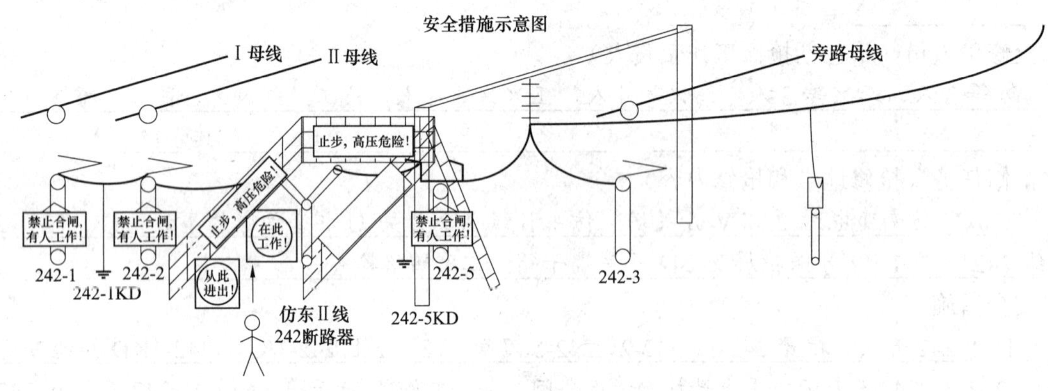

图 ZY1000104002-3 一次设备安全措施示意图

二次设备安全措施示意图如图 ZY1000104002-4 所示。

（三）危险点分析及预控措施

（1）未审查事故应急抢修单或审查不仔细。预控措施：审查事故应急抢修单人员必须具备相应资格；根据抢修任务逐一审查事故应急抢修单所填内容的正确性，尤其是安全措施和抢修地点保留带电部分内容；存在疑问的向抢修工作任务布置人询问清楚。

（2）现场安全措施布置人员安排不当，安全措施邻近带电设备，安全措施布置错误。预控措施：现场安全措施布置必须两人进行；人员必须与带电设备保持足够的安全距离；安全措施布置时应根据事故应急抢修任务布置人的布置进行，不得遗漏；标示牌、围栏的悬挂、装设地点应正确。

针对开关检修时，应切断该开关控制和合闸电源，并在控制和合闸电源开关上悬挂“禁止合闸，有人工作！”标示牌；工作地点相邻带电设备构架上悬挂“禁止攀登，高压危险！”标示牌。二次设备的工作屏盘相邻屏应用红布帘隔离，避免工作人员走错位置；应退出母线差动、失灵启动压板及开关本屏保护出口压板，为抢修人员在抢修完爆炸开关后进行传动试验时做好准备工作。

（3）不严格履行许可手续。预控措施：事故应急抢修单许可人必须会同抢修工作负责人到现场逐一检查安全措施，确认已布置完善，经现场勘察需补充的安全措施确已实施后方可开工。

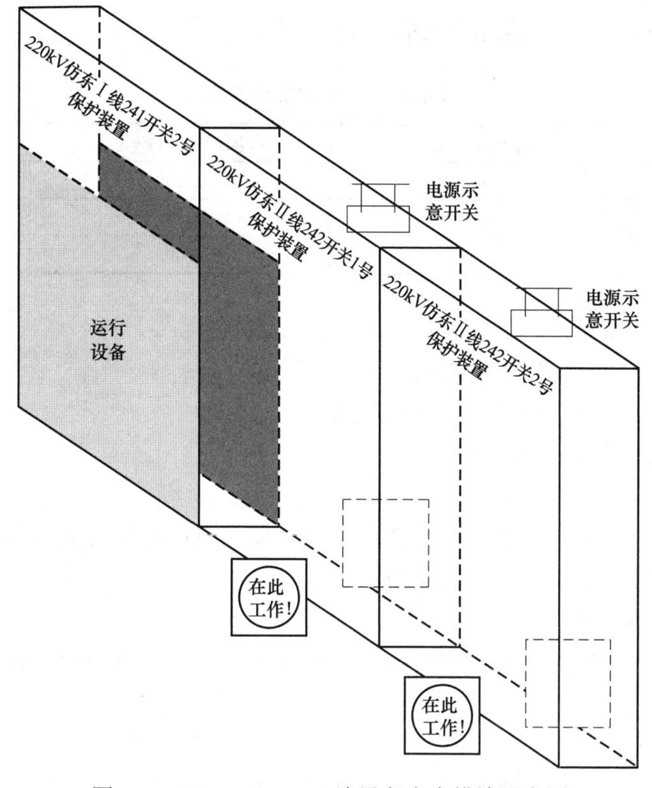

图 ZY1000104002-4　二次设备安全措施示意图

（4）对现场状态不清楚即办理终结手续。预控措施：因设备损坏比较严重短时间不能恢复运行，抢修工作结束后将转入事故检修，此时工作许可人必须清楚现场设备状况和安全措施情况，对设备抢修结果和存在问题弄清楚后，方可终结事故应急抢修单。

【思考与练习】

1. 哪些工作需要填写事故应急抢修单？
2. 事故应急抢修单的执行流程具体有哪些内容？

模块 4　第二种工作票的执行（ZY1000104004）

【模块描述】本模块包含第二种工作票的填写和执行。通过条文解释，介绍注意事项，以及应用举例，能够正确执行第二种工作票。

【正文】

一、填用第二种工作票的工作

（1）控制盘和低压配电盘、配电箱、电源干线上的工作。

（2）二次系统和照明等回路上的工作，无需将高压设备停电者或做安全措施者。

1）继电保护装置、安全自动装置、自动化监控系统在运行中改变装置原有定值时不影响一次设备正常运行的工作。

2）对于连接电流互感器或电压互感器二次绕组并装在屏柜上的继电保护、安全自动装置上的工作，可以不停用所保护的高压设备或无需做安全措施者。

3）在继电保护、安全自动装置、自动化监控系统及其二次回路，以及在通信复用通道设备上检修及试验工作，可以不停用高压设备或无需做安全措施者。

（3）转动中的发电机、同期调相机的励磁回路或高压电动机转子电阻回路上的工作。

（4）非运行人员用绝缘棒、核相器和电压互感器定相或用钳型电流表测量高压回路的电流。

（5）设备不停电时的安全距离如表 ZY1000104004-1 所示。大于表 ZY1000104004-1 距离的相关场所和带电设备外壳上的工作以及无可能触及带电设备导电部分的工作。例如进入变电站从事土建、油漆、生产区绿化、通信、装校表计等无需将高压设备停电的工作。

表 ZY1000104004-1 设备不停电时的安全距离

电压等级（kV）	安全距离（m）	电压等级（kV）	安全距离（m）
10 及以下（13.8）	0.7	220	3.0
20、35	1.0	330	4.0
63（66）、110	1.5	500	5.0

（6）高压电力电缆无需停电的工作。

二、第二种工作票各栏的填写注意事项

工作票填写的内容应正确、清楚，不得任意涂改。

（一）变电站（发电厂）第二种工作票

1. 单位、编号

填写检修单位名称，如“××电业局修试所”、“××电业局电测仪表局”、“××电业局送变电工程处”等。编号栏的编号不得重复，并按序使用。

2. 工作负责人（监护人）

一个班组进行检修，工作负责人栏填班组工作负责人姓名；几个班组进行综合检修，工作负责人栏填总工作负责人姓名。

3. 班组

应填写参加该工作的具体生产班组名称，如继保一班、变电班、金工班、直流班。当填写不完全部班组时，应尽量填写主要班组至满格，最后用“等”字结束。

4. 工作班人员（不包括工作负责人）

一个班组进行检修，填写每个工作人员的姓名；几个班组进行综合检修，当工作班人员填不完时，填写各班组负责人姓名及其人数，如林××等 8 人。若有临时工配合工作，则应尽量填写完临时工姓名，如林××等 8 人，民工和临时工：李××、高××、赵××、刘××。

5. 共____人

总人数应和实际参加工作的人数相符，总人数是指工作人员总数（包括工作负责人和专责监护人）。

6. 工作的变、配电站名称及设备双重名称

填写工作的变、配电站名称及设备双重名称，站名前应有电压等级。对主体设备应填写电压等级、调度名称、编号和设备名称（变压器只填写调度编号及设备名称）。同一电压等级、调度名称和设备名称可以归类填写，其他不会发生歧义的设备可以只填写调度编号和设备名称（尚未正式命名的新建设备按设计名称填写）。

7. 工作任务

工作地点或地段及设备双重名称和工作内容应清楚、确切。工作任务栏举例如表 ZY1000104004-2 所示。

表 ZY1000104004-2 工作任务栏举例

序号	工作地点或地段	工作内容
1	保护室：110kV 仿乙线 143 开关保护	保护回访
2	220kV 开关场：仿西线 244 开关	土建施工及断路器、出线设备安装
3	直流室直流Ⅰ屏、站用电室站用电Ⅱ屏	孔洞封堵
4	220kV 开关场：1 号主变压器 1 号冷却器	故障处理

8. 计划工作时间

根据调度批准或工作需要按实填写。

9. 工作条件（停电或不停电，或邻近及保留带电设备名称）

（1）停电与不停电是指工作（检修）对象是否需要停电，而不论其是交流还是直流；邻近及保留

带电设备名称是指工作（检修）对象全部相邻带电设备。

（2）当工作（检修）对象无需停电时，填“不停电”。

（3）当工作对象需要停电时，不能只填“停电”，应根据其所需停电范围，填明需停电的电气基本单元。若有相邻带电设备时，还应详细填明相邻带电设备。工作条件栏举例如表 ZY1000104004-3 所示。

表 ZY1000104004-3　　工作条件栏举例

序号	工作条件（停电或不停电，或邻近及保留带电设备名称）	正确与否
1	不停电	正确
2	停电	错误
3	站用电 0.4kV Ⅰ段母线停电	正确
4	拉开 1 号主变压器第 5 组冷却器电源开关	错误
5	1 号主变压器第 5 组冷却器停电，相邻的 1 号主变压器第 6 组冷却器带电	正确

10. 注意事项（安全措施）

此项工作需注意的主要事项和应该采取的安全措施，其主要填写内容如下：

（1）邻近运行设备工作时应注明设备运行情况，相邻带电设备的安全距离以数字表示，单位 m。

（2）工作中容易引发事故及障碍的注意事项，如 TA、TV 回路和保护回路工作容易引起误动的作业过程。

（3）工作设备与其他相邻设备的隔离情况，如挂红布帘、标示牌和挡板等。

（4）继电保护校验、定值调整和检查等，该套保护需停、退和拆的装置、压板和插件等。

（5）直流回路、低压回路及其干线上工作，需要拉开（取下）的断路器、隔离开关和熔断器，低压工作时按需要装设的接地线或挡板情况。

（6）线路未转入检修状态情况下，耦合电容器和结合滤波器工作，有可能造成其接地引下线→接地开关→接地点（不能以结合滤波器为通路）回路断开时，必须另行装设接地线，以防止开路所产生的高压造成人身伤亡事故。

（7）工作确需装设的接地线。

（8）在蓄电池室内工作，应提醒工作人员注意“严禁烟火”；在控制室、直流室或蓄电池室上部工作时，应提醒防止物体坠落的事项，危险和关键部位应设置防硬物撞击的挡板；提醒工作人员不得在 SF_6 设备室内和周围低洼处逗留，当工作需要进入低洼地段、电缆沟和室内工作时，还应检测 SF_6 气体含量是否符合工作条件。

（9）在高处作业，应注明下层设备及周围设备的运行情况。

（10）工作时防止事故的具体安全措施，不能笼统地写“注意”、“防止”、“防振动”、“防误跳”、“防误动继电器”和“防走错间隔”等，而应写明具体措施，如“停、退保护或压板”、“贴封条或挂红布帘”和“加锁”等。

（11）带电拆装引线，应注明不带负荷；带电测温和核相等工作应注明设备运行情况。

（12）变电站内进行地面挖掘作业，应注明地下电缆、接地装置等地下设施情况。正常施工难以保证地下设施安全的应加设保护管等措施。

（13）工作地点应挂“在此工作！”标示牌，拉开的隔离开关、断路器把手上挂“禁止合闸，有人工作！”标示牌。

（14）在多个设备上进行同一类型工作（如带电测温、取油样等）时，“在此工作！”标示牌只能放 1 块，工作负责人根据工作进展情况，依次转移。

（15）注油电气设备的取油样工作，应写明取完油样后及时关紧油门，防止注油电气设备渗漏油。

（16）电压互感器二次核相工作，应写明使用高内阻电压表，正确使用仪表量程，防止电压互感器二次回路短路和接地，测量时使用绝缘工具并戴绝缘手套等措施。

11. 补充安全措施（工作许可人填写）

根据工作现场实际，工作许可人认为有必要补充说明的安全措施。

12. 许可工作时间

工作许可人向工作负责人交代现场安全措施后，若无异议即可由许可人填写许可工作时间。

13. 确认工作负责人布置的工作任务和安全措施，工作班人员签名

工作负责人必须将工作现场的安全措施、保留带电部分、危险点控制及安全注意事项，向每一个工作人员交待清楚；每位工作班成员确认现场安全措施满足工作负责人布置的任务后，只在工作负责人收执的工作票上签名。

14. 工作票延期

延期由工作负责人向变电站值班负责人提出申请（经调度同意开工的第二种工作票应由变电站值班负责人向调度申请，经调度同意），由工作负责人、工作许可人签字，填写延期时间，每张工作票只能办理一次延期。

15. 工作票终结

在全部工作结束后，设备及安全措施已恢复至开工前状态，工作人员已全部撤离现场，材料、工具已清理，现场清扫完毕，由工作负责人向工作许可人报完工，经验收合格后在工作票上填明工作结束时间，工作负责人和工作许可人分别签名，表示工作票终结。

16. 备注

填写需补充说明的内容。

（二）电力电缆第二种工作票

变电站内高压电力电缆无需停电的工作，应填用电力电缆第二种工作票。与变电站（发电厂）第二种工作票相同的栏目不再说明。

1. 工作任务

填写电力电缆的电压等级、调度名称、调度编号；填写工作范围内的地段，即电力电缆工作的地段。工作任务栏举例如表 ZY1000104004-4 所示。

表 ZY1000104004-4　　工作任务栏举例

电力电缆双重名称	工作地点或地段	工 作 内 容
10kV 仿秋线 545	电缆通道	电缆检查

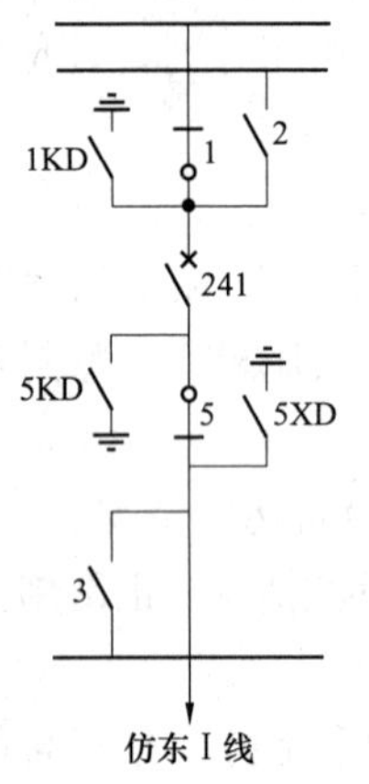

图 ZY1000104004-1　220kV 仿东Ⅰ线 241 开关一次接线示意图

2. 工作条件和安全措施

工作条件注明不停电工作，并根据工作现场实际，布置安全措施，工作票签发人审核签名。若需移动带电的电力电缆时，应派有经验的施工人员，在专人统一指挥下，平正移动，以防止损伤电缆绝缘。

三、第二种工作票的执行流程

第二种工作票的审核、许可、监护、延期、终结与模块“ZY1000104003 执行工作票的规定”流程相同。

四、典型案例

保护二次回路改动后，带负荷测试保护电流、电压回路接线的正确性工作。220kV 仿东Ⅰ线 241 开关一次接线示意图如图 ZY1000104004-1 所示。

（一）票面

变电站（发电厂）第二种工作票

单位 ××电业局修试所　　编号 0612025

1. 工作负责人（监护人） 李×　　班组 继保一班

2. 工作班人员（不包括工作负责人）

吴××

共 2 人。

3. 工作的变、配电站名称及设备双重名称

220kV 仿南变电站：220kV 仿东Ⅰ线 241 开关间隔

4. 工作任务

工作地点或地段	工 作 内 容
（1）220kV 开关场：220kV 仿东Ⅰ线 241 开关端子箱	带负荷测试保护电流、电压回路正确性
（2）保护室：220kV 仿东Ⅰ线 241 开关保护装置Ⅰ屏、220kV 故障录波装置Ⅰ屏、220kV 母线保护、综自 220kV 线路测控柜Ⅲ屏	

5. 计划工作时间

自 2006 年 12 月 12 日 14 时 00 分

至 2006 年 12 月 12 日 15 时 00 分

6. 工作条件（停电或不停电，或邻近及保留带电设备名称）

不停电

7. 注意事项（安全措施）

（1）退出 220kV 母线保护及仿东Ⅰ线 241 开关带方向保护出口压板。（2）在 220kV 仿东Ⅰ线 241 开关端子箱、仿东Ⅰ线 241 开关保护装置Ⅰ屏、220kV 故障录波装置Ⅰ屏、220kV 母线保护屏、综自 220kV 线路测控柜Ⅲ屏前后放置“在此工作！”标示牌各 1 块。（3）在相邻的 220kV 仿东Ⅱ线 242 开关保护装置Ⅱ屏、综自 220kV 线路测控柜Ⅱ屏、综自电压切换柜屏前后挂“运行设备”红布帘。

工作票签发人签名 刘× 签发日期 2006 年 12 月 12 日 13 时 00 分

8. 补充安全措施（工作许可人填写）

无

9. 确认本工作票 1～8 项

工作负责人签名 李×　　工作许可人签名 陈××

许可工作时间 2006 年 12 月 12 日 14 时 10 分

10. 确认工作负责人布置的工作任务和安全措施

工作班人员签名

11. 工作票延期

有效期延长到____年____月____日____时____分

工作负责人签名________ ____年____月____日____时____分

工作许可人签名________ ____年____月____日____时____分

12. 工作票终结

全部工作于 2006 年 12 月 12 日 14 时 50 分结束，工作人员已全部撤离，材料工具已清理完毕。

工作负责人签名 李× 2006 年 12 月 12 日 14 时 50 分

工作许可人签名 陈×× 2006 年 12 月 12 日 14 时 50 分

13. 备注

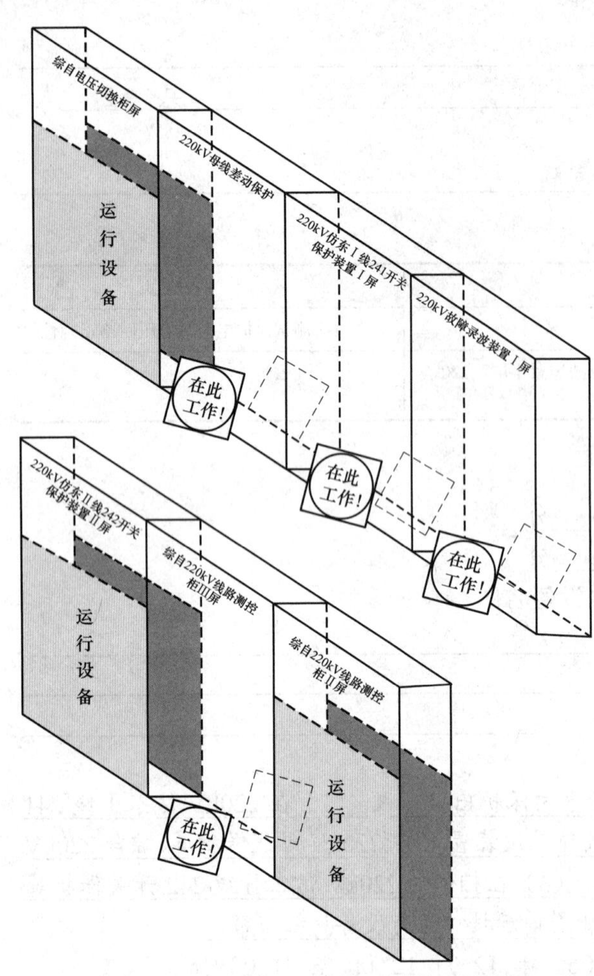

图 ZY1000104004-2 二次设备安全措施示意图

（二）安全措施布置

1. 安全工器具的准备

“在此工作！”标示牌 9 块，“运行设备”红布帘 6 张。

2. 场地准备

（1）收到工作票后，应组织人员进行现场查勘，对安全措施的设置位置和注意事项进行审核、部署。

（2）审核正确后在工作地点按工作票上所列地点设置“在此工作！”标示牌，在工作地点相邻屏设置“运行设备”红布帘。

3. 安全措施示意图

二次设备安全措施示意图见图 ZY1000104004-2。

（三）危险点分析及预控措施

（1）未审查工作票或审查不仔细。预控措施：审查工作票人员必须认真仔细，根据工作任务逐一审查工作票上所列内容的正确性；对存在疑问的及时告知工作票签发人，询问清楚。

（2）现场安全措施布置人员安排不当；安全措施布置错误。预控措施：现场安全措施布置必须两人进行；安全措施布置时应根据工作票逐项布置检查，不得遗漏；标示牌、红布帘的悬挂、装设地点应正确。

针对220kV仿东Ⅰ线241开关保护二次回路改动后，带负荷测试保护电流、电压回路接线的正确性工作，仿东Ⅰ线 241 开关带负荷前，应经调度同意退出对运行有影响的保护出口压板。

（3）不严格履行许可手续。预控措施：工作票许可人必须会同工作负责人到现场逐一检查安全措施；工作必须经调度同意后方能办理工作许可手续。

（4）验收不仔细即办理工作票终结手续。预控措施：验收时仔细检查各屏盘上小开关、压板、各接线端子状态与开工前一致；检查保护装置液晶显示正确，测量差流值合格；检修人员所做检修记录清楚，结论正确。

【思考与练习】

1. 哪些工作需要填写第二种工作票？

2. 第二种工作票的执行流程具体有哪些内容？

模块 5 第一种工作票的执行（ZY1000104005）

【模块描述】本模块包含第一种工作票的填写和执行。通过条文解释，介绍注意事项，以及应用举例，能够正确执行第一种工作票。

【正文】

一、填用第一种工作票的工作

（1）高压设备上工作需要全部停电或部分停电者。

（2）二次系统和照明等回路上的工作，需要将高压设备停电者或做安全措施者。

1）设备不停电时的安全距离如表 ZY1000104005-1 所示。在高压室遮栏内或与导电部分小于表 ZY1000104005-1 规定的安全距离进行继电保护、安全自动装置和仪表等及其二次回路的检查试验时，需将高压设备停电的。

表 ZY1000104005-1　　设备不停电时的安全距离

电压等级（kV）	安全距离（m）	电压等级（kV）	安全距离（m）
10 及以下（13.8）	0.70	220	3.00
20、35	1.00	330	4.00
63（66）、110	1.50	500	5.00

2）在高压设备继电保护、安全自动装置和仪表、自动化监控系统等及其二次回路上工作需将高压设备停电或做安全措施者。

3）通信系统同继电保护、安全自动装置等复用通道（包括载波、微波、光纤通道等）的检修、联动试验需将高压设备停电或做安全措施者。

（3）高压电力电缆停电的工作。

（4）其他工作需要将高压设备停电或要做安全措施者。

二、第一种工作票各栏的填写注意事项

工作票填写的内容应正确、清楚，不得任意涂改。

（一）变电站（发电厂）第一种工作票

1. 单位、编号

填写检修单位名称，如“××电业局修试所”、“××电业局电测仪表局”、“××电业局送变电工程处”等。编号栏的编号不得重复，并按序使用。

2. 工作负责人（监护人）

一个班组进行检修，工作负责人栏填班组工作负责人姓名；几个班组进行综合检修，工作负责人栏填总工作负责人姓名。

3. 班组

应填写参加该工作的具体生产班组名称，如继保一班、变电班、金工班、直流班。当填写不完全部班组时，应尽量填写主要班组至满格，最后用“等”字结束。

4. 工作班人员（不包括工作负责人）

一个班组进行检修，在该栏填写每个工作人员的姓名；几个班组进行综合检修，当工作班人员填不完时，应填写各班组负责人姓名及其人数，如李××等 8 人。若有临时工配合工作，则应尽量填写完临时工姓名，如林××等 8 人，民工和临时工：李××、高××、赵××、刘××。

5. 共____人

总人数应和实际参加工作的人数相符，总人数是指工作人员总数（包括工作负责人和专责监护人）。

6. 工作的变、配电站名称及设备双重名称

填写工作的变、配电站名称及设备双重名称，站名前应有电压等级。对主体设备应填写电压等级、调度名称、编号和设备名称（变压器只填写调度编号及设备名称）。同一电压等级、调度名称和设备名称可以归类填写，其他不会发生歧义的设备可以只填写调度编号和设备名称（尚未正式命名的新建设备按设计名称填写）。

7. 工作任务

工作地点及设备双重名称和工作内容应清楚、确切。工作任务栏举例如表 ZY1000104005-2 所示。

表 ZY1000104005-2　　工作任务栏举例

序号	工作地点及设备双重名称	工作内容
1	10kV 开关间：仿春线 542 开关 TA	TA 更换
2	保护室：10kV 仿夏线 543 开关保护	保护预检
3	110kV 开关场：仿乙线 143-1、143-5 刀闸	刀闸检修
4	220kV 开关场：1 号主变压器	本体预检

8. 计划工作时间

根据停电申请和工作需要按实填写。运行人员在收到工作票后，要对工作票签发人填写的计划工作时间与调度批准的设备停电检修时间相对照，如有不符，要及时通知工作票签发人进行修改。

9. 安全措施（必要时可附页绘图说明）

安全措施要具体，符合现场实际，要注明具体设备和地点。检修隔离开关、接地刀闸时，该隔离开关自带的接地刀闸和被检修的接地刀闸不能作为安全措施，应另装设接地线。有些情况可以不在安全措施栏作反映，如工作中需要拆除全部或一部分接地线后方能进行的工作。

（1）应拉断路器（开关）、隔离开关（刀闸）。

1）可只填写调度编号和设备名称。低压部分的特殊安全措施，未予以明确检修状态的设备，应填入此栏。

2）断路器、隔离开关可归类合并填写。应拉断路器（开关）、隔离开关（刀闸）栏举例如表ZY1000104005-3 所示。

表 ZY1000104005-3　　应拉断路器（开关）、隔离开关（刀闸）栏举例

序号	应拉断路器（开关）、隔离开关（刀闸）	已执行*
1	拉开 261、262、263 开关	√
2	拉开 261-1、261-3、261-5 刀闸	√
3	将 911、912、913 手车拉至“检修”位置	√

（2）应装接地线、应合接地刀闸（注明确实地点、名称及接地线编号*）。

1）装设接地线的具体位置和确切地点应明确，接地线的编号可以留出空格，待变电站运行人员做好安全措施后，由工作许可人填写已装设接地线编号。应合上的接地刀闸也应注明编号。

2）接地刀闸可归类合并填写，接地线应按 1 组单独填写一行。当工作地点不需要接地时，此栏空出，不填写。应装接地线、应合接地刀闸栏举例如表 ZY1000104005-4 所示。

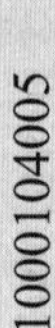

表 ZY1000104005-4　　应装接地线、应合接地刀闸栏举例

序号	应装接地线、应合接地开关（注明确实地点、名称及接地线编号*）	已执行*
1	合上 244-1KD、244-5KD 接地刀闸	√
2	在 244 开关与 244-2 隔离刀闸之间装设 1 号接地线 1 组	√
3	在仿西线路耦合电容器处装设 2 号接地线 1 组	√
4	在 244-5 刀闸与 244-3 刀闸之间装设 3 号接地线 1 组	√
5	在 220kV Ⅰ母线上靠 21-7 刀闸处装设 4 号接地线 1 组	√

（3）应设遮栏、应挂标示牌及防止二次回路误碰等措施。

安全措施栏内的标示牌可归类合并填写，应装设绝缘罩或绝缘挡板也应填入，如表ZY1000104005-5 所示。

表 ZY1000104005-5　　应设遮栏、应挂标示牌及防止二次回路误碰等措施栏举例

序号	应设遮栏、应挂标示牌及防止二次回路误碰等措施	已执行*
1	在 241-1、241-2、241-5 刀闸把手上悬挂“禁止合闸，有人工作！”标示牌各 1 块；在 241 开关机构、端子箱及 241 开关保护装置Ⅰ、Ⅱ屏处放置“在此工作！”标示牌；在仿东Ⅰ线241 开关与相邻的仿东Ⅱ线242 间隔装设围栏，并悬挂“止步，高压危险！”标示牌；在与 241 开关保护装置屏相邻的仿东Ⅱ线 242 开关保护装置Ⅰ屏前后设置“运行设备”红布帘	√
2	在 921-1 刀闸动触头上装设绝缘罩一组	√

（4）已执行栏。许可人确认安全措施已经设置正确后，用“ √”表示已执行。

（5）工作地点保留带电部分或注意事项（由工作票签发人填写）。填写工作地点相邻带电设备、与带电设备保持的安全距离及工作注意事项。

（6）补充工作地点保留带电部分和安全措施（由工作许可人填写）。填写补充工作地点保留带电部分和需要说明的事项，如二次部分的安全措施（应拉、拆的电源隔离开关、熔断器、操作电源、合闸保险和相关保护压板等）。

10. 收到工作票时间

按实际收到工作票的时间，由值班负责人填写并签名。许可工作时间不应比收到工作票时间早。

11. 许可开始工作时间

工作许可人向工作负责人交代现场安全措施后，若无异议即可由许可人填写许可工作时间。

12. 确认工作负责人布置的工作任务和安全措施，工作班组人员签名

每位工作班成员确认现场安全措施满足工作负责人布置的任务后，只在工作负责人收执的工作票上签名。几个班组同时进行工作，工作班人员姓名填不下时，可由各班组负责人或小组负责人在工作票上填写姓名及其人数，如苏××等 8 人、李××等 5 人。

13. 工作负责人变动情况

（1）工作负责人变动，应经工作票签发人同意并通知工作许可人（值班负责人）。工作票签发人在现场的，由其亲自签名；电话通知的，由工作许可人（值班负责人）代签名。工作许可人（值班负责人）应将工作负责人变动情况记入运行记录。原工作负责人离开前应将变动情况通知每个工作班成员。

（2）工作人员变动情况。因工作需要，工作人员变动，应注明增添人员姓名、变动日期及时间，工作负责人签名。如李××于 2005 年 3 月 28 日 14 时 35 分加入××班工作。

14. 工作票延期

延期应由变电站值班负责人向调度申请，经调度同意后，由工作负责人、工作许可人签字，写上延期时间，每张工作票只能办理一次延期。

15. 每日开工和收工时间

按计划工作时间当日能完成的工作，不在此栏填写；按计划工作时间为两天及以上的应在此栏填写，第一天的开工时间栏不填写（以许可开始工作时间为准），从第一天的收工时间栏开始填写，最后一天完工的收工时间栏可不填写，以工作终结时间为准。

每日收工应清扫工作地点，开放已封闭的通路，并将工作票交回运行人员，在工作票上填写收工时间，工作负责人与工作许可人分别签名。次日复工时，应得到运行人员的许可，取回工作票。在开始工作前，工作负责人应检查核对安全措施无变化后，在工作票上填写开工时间，工作负责人与工作许可人分别签名，方可工作。

16. 工作终结

在全部工作结束后，设备及安全措施已恢复至开工前状态，工作人员已全部撤离现场，材料工具已清理及现场清扫完毕，由工作负责人向工作许可人报完工，经验收合格后在工作票上填明工作结束时间，工作负责人和工作许可人分别签名，表示工作终结。

17. 工作票终结

待工作票上的临时遮栏已拆除，标示牌已取下，已恢复常设遮栏。站内按工作票自行装设的接地线（接地刀闸）应在办理工作终结手续后及时拆除，未拆除（未拉开）的接地线（接地刀闸）应在未拆除（未拉开）的接地线（接地刀闸）栏填明组数，在编号处按实填写接地线（接地刀闸）编号，已汇报调度，并在其他事项栏注明暂时不能拆除的原因。工作许可人现场安全措施核实无误后，在运行人员所持的一份工作票上签名，填写工作票终结时间后，表示工作票终结。

18. 备注

（1）专责监护人监护的范围不得超过一个作业点，监护的地点及具体工作应明确，如指定专责监护人王××负责监护 110kV 开关场 110kV××线 1031 隔离开关检修。

（2）其他事项栏填写的内容为：注明未拆除（未拉开）接地线（接地刀闸）的原因等需要说明的其他事项。

（二）电力电缆第一种工作票

变电站高压电力电缆停电的工作，应填用电力电缆第一种工作票。与变电站（发电厂）第一种工作票相同的栏目不再说明。

1. 电力电缆双重名称

填写工作的设备双重名称和电压等级，如10kV仿春线542电力电缆。

2. 工作地点或地段和工作内容

填写停电工作范围内的地段，即电力电缆工作地点两端装设接地线以内的地段。

3. 安全措施（必要时可附页绘图说明）

（1）应拉开的设备名称、应装设绝缘挡板。变配电站或线路名称栏填写工作的变配电站名称及线路设备双重名称，站名前应有电压等级，如220kV 仿南变电站 10kV 仿春线。应拉开的断路器（开关）、隔离开关（刀闸）等栏均应注明设备双重名称，除断路器外，隔离开关应归类合并填写，断路器和隔离开关的操作如不是同一人操作，还应分项填写。

在变电站内的电力电缆工作，应办理电力电缆第一种工作票，执行人由变电站值班人员填写。应拉开的设备名称、应装设绝缘挡板栏举例如表ZY1000104005-6所示。

表 ZY1000104005-6　　应拉开的设备名称、应装设绝缘挡板栏举例

变配电站或线路名称	应拉开的断路器（开关）、隔离开关（刀闸）、熔断器（保险）以及应装设的绝缘挡板（注明设备双重名称）	执行人	已执行
220kV 仿真A站10kV仿春线542开关线路	拉开10kV仿春线542开关及542-1、542-5刀闸	万××	√

（2）应合接地刀闸或应装接地线。接地刀闸应归类合并填写，接地线应按一组单独填写一行，接地线编号由工作许可人填写，执行人为操作该设备的人员。

在变电站内的电缆工作，即向变电站办理的电力电缆第一种工作票，电力电缆头两端验电接地的安全措施，应由工作许可人与电力电缆运行维护单位分别完成。工作许可人（变电站值班员）按调度命令，首先完成站内的验电接地措施，再由电力电缆运行维护单位完成站外电力电缆头靠架空线侧的验电接地措施，并在工作票内应合接地刀闸或应装接地线栏内填写接地线编号及执行人后，方可向调度申请开工。应合接地刀闸或应装接地线栏举例如表ZY1000104005-7所示。

表 ZY1000104005-7　　应合接地刀闸或应装接地线栏举例

接地刀闸双重名称和接地线装设地点	接地线编号	执行人
（1）合上542-5XD接地刀闸		万××
（2）在10kV仿春线542线路1号杆与架空线接头处的架空线上装设1号接地线	1号	王××

（3）应设遮栏、应挂标示牌。开关及隔离刀闸只填写调度编号和设备名称。

在变电站内的电缆工作，即向变电站办理的电力电缆第一种工作票，应设遮栏、应挂标示牌由变电站值班人员执行。应设遮栏、应挂标示牌栏举例如表ZY1000104005-8所示。

表 ZY1000104005-8　　应设遮栏、应挂标示牌栏举例

应设遮栏、应挂标示牌	执行人
（1）在542-1、542-5刀闸把手上挂“禁止合闸，有人工作！”标示牌各1块	万××
（2）在10kV仿春线542-5刀闸处放置“在此工作！”标示牌1块	万××
（3）在10kV仿春线542线路1号杆处放置“在此工作！”标示牌1块	王××

续表

应设遮栏、应挂标示牌	执行人
（4）在 10kV 仿春线 542 开关柜与相邻的开关柜之间装设围网，并悬挂"止步，高压危险！"标示牌，围栏入口处放"从此进出！"标示牌各 1 块	万××
（5）在 10kV 仿春线 542 线路 1 号杆周围装设围网，并悬挂"止步，高压危险！"标示牌，围栏入口处放"从此进出！"标示牌各 1 块	王××
（6）在 10kV 仿春线 542 线路 1 号杆上挂"从此上下！"标示牌 1 块	王××

4. 工作许可

在变电站或发电厂内的电力电缆工作部分，安全措施项所列措施已执行完毕，工作许可人、工作负责人签名办理许可开工手续。

5. 工作终结

在全部工作结束后，设备及安全措施已恢复至开工前状态，工作人员已全部撤离现场，材料工具已清理及现场清扫完毕，检修后的设备经验收合格后，由工作负责人向工作许可人报完工，然后在工作票上填写工作结束时间，经工作负责人、工作许可人分别签名后，表示工作终结。

三、第一种工作票的执行流程

第一种工作票的送交和接收、许可、监护、工作任务的增加、工作人员变动、工作的间断、转移、延期、终结与模块"ZY1000104003 执行工作票的规定"流程相同。

各班组或小组工作前，还应和工作票总工作负责人办理分工作票的许可手续。

四、典型案例

仿南变电站 220kV 仿北线 247 开关、TA、刀闸、线路设备、保护装置预检。仿南变电站一次接线示意图如图 ZY1000104005-1 所示。

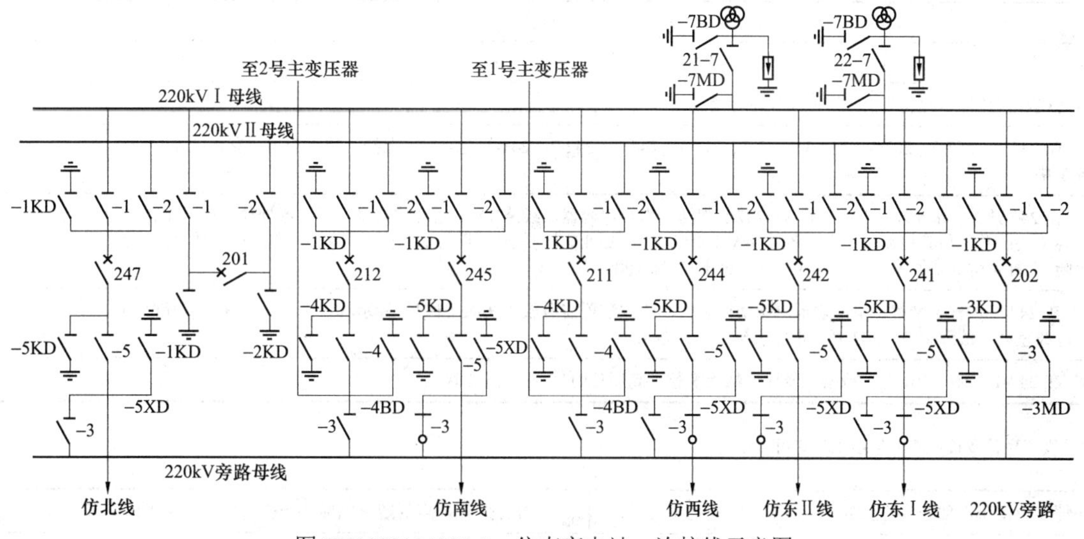

图 ZY1000104005-1　仿南变电站一次接线示意图

（一）票面

变电站（发电厂）第一种工作票

单位　××电业局修试所　　　编号 0806023

1. 工作负责人（监护人）　林××　　　班组 中变电班、试验班、继保一班等

2. 工作班人员（不包括工作负责人）

邓××、马××、徐×××、周××、夏××、周××、吴××、陈××等 20 人，民工：胡××、杨××、刘××、李××

____共 25 人。

3. 工作的变、配电站名称及设备双重名称

220kV 仿真 A 站 220kV 仿北线 247 开关间隔

4. 工作任务

工作地点及设备双重名称	工 作 内 容
（1）220kV 开关场：220kV 仿北线 247 开关、TA、247-3、247-5 刀闸、耦合电容器、线路 TV、结合滤波器、阻波器	年度预检
（2）主控室、保护室：220kV 仿北线 247 开关保护装置、电能表屏电压切换装置、测控装置	

5. 计划工作时间

自 2008 年 6 月 10 日 9 时 00 分

至 2008 年 6 月 12 日 18 时 00 分

6. 安全措施（必要时可附页绘图说明）

应拉断路器（开关）、隔离开关（刀闸）	已执行*
（1）拉开 247、202 开关	√
（2）拉开 247-1、247-2、247-3、247-5、202-1、202-2、202-3、212-3、245-3、211-3、244-3、242-3、241-3 刀闸	√
应装接地线、应合接地刀闸（注明确实地点、名称及接地线编号*）	已执行*
（1）合上 247-1KD、202-3MD 接地刀闸	√
（2）在 220kV 仿北线 247 耦合电容器引线上装设 1 号接地线一组	√
应设遮栏、应挂标示牌及防止二次回路误碰等措施	已执行*
（1）在 247-1、247-2、202-3、212-3、245-3、211-3、244-3、242-3、241-3 刀闸把手上挂“禁止合闸，有人工作！”标示牌各 1 块	√
（2）在 247 开关、端子箱、TA、247-3、247-5 刀闸、耦合电容器、线路 TV、结合滤波器、阻波器处放“在此工作！”标示牌各 1 块；并在与其相邻的带电设备 220kV Ⅰ母线 TV、220kV 母联 201 开关间隔之间设围栏，在围栏上挂“止步，高压危险！”标示牌 8 块。围栏入口处放“从此进出！”标示牌 1 块	√
（3）在 247 开关保护装置、电能表屏电压切换装置、测控装置前后放“在此工作！”标示牌各 1 块；并在与其相邻的 220kV 母线差动、故障录波、202 开关电能表屏上挂红布帘	√
（4）在 247-1 刀闸、201 开关构架上悬挂“禁止攀登，高压危险！”标示牌 2 块	√

*已执行栏目及接地线编号由工作许可人填写。

工作地点保留带电部分或注意事项（由工作票签发人填写）	补充工作地点保留带电部分和安全措施（由工作许可人填写）
220kV 其余设备带电，人员与带电设备保持足够的安全距离，220kV 大于 3.0m；车辆（包括装载物）外廓与带电设备安全距离应大于 2.55m	（1）已退出 220kV 母线差动跳 247 及 247 开关失灵启动，247 开关、247-1、247-2、247-3、247-5 刀闸遥控压板。 （2）已拉开 247 开关保护装置、操作电源、合闸电源、测控装置电源开关、端子箱内刀闸操作电源开关，并挂“禁止合闸，有人工作！”标示牌各 1 块。 （3）已在 5 号爬梯上挂“从此上下！”标示牌 1 块，在 247 间隔楼层至Ⅰ母线、Ⅱ母线及 201 间隔的通道上挂“止步，高压危险！”标示牌各 1 块

工作票签发人签名 李×× 签发日期 2008 年 6 月 8 日 10 时 20 分

7. 收到工作票时间

2008 年 6 月 9 日 13 时 40 分

运行值班人员签名 王×× 工作负责人签名 林××

8. 确认本工作票1～7项

工作负责人签名 林××　　工作许可人签名 王××

许可开始工作时间 2008 年 6 月 10 日 10 时 20 分

9. 确认工作负责人布置的工作任务和安全措施

工作班组人员签名

____

____

10. 工作负责人变动情况

原工作负责人 林×× 离去，变更 邓×× 为工作负责人。

工作票签发人 李×× 2008 年 6 月 11 日 16 时 10 分

11. 工作人员变动情况（变动人员姓名、日期及时间）

2008年6月10日16时20分，李××、王××加入本工作，陈××离开本工作。

工作负责人签名 林××

12. 工作票延期

有效期延长到 2008 年 6 月 13 日 18 时 00 分

工作负责人签名 邓×× 2008 年 6 月 12 日 16 时 15 分

工作许可人签名 李×× 2008 年 6 月 12 日 16 时 16 分

13. 每日开工和收工时间（使用一天的工作票不必填写）

收工时间				工作负责人	工作许可人	开工时间				工作许可人	工作负责人
月	日	时	分			月	日	时	分		
6	10	18	05	林××	刘××	6	11	9	05	刘××	林××
6	11	18	25	邓××	李××	6	12	9	05	李××	邓××
6	12	19	25	邓××	李××	6	13	9	05	王××	邓××

14. 工作终结

全部工作于 2008 年 6 月 13 日 17 时 10 分结束，设备及安全措施已恢复至开工前状态，工作人员已全部撤离，材料工具已清理完毕，工作已终结。

工作负责人签名 邓××　　工作许可人签名 王××

15. 工作票终结

临时遮栏、标示牌已拆除，常设遮栏已恢复。未拆除或未拉开的接地线编号 1号 等共 1 组、接地刀闸（小车）共 2 副（台），已汇报调度值班员。

工作许可人签名 王×× 2008 年 6 月 13 日 18 时 05 分

16. 备注

（1）指定专责监护人 马×× 负责监护 阻波器的检修工作 （地点及具体工作）

（2）其他事项：______________________________

注：若使用总、分票，总票的编号上前缀“总（n）号含分（m）”，分票的编号上前缀“总（n）号第分（n）”。

（二）安全措施布置

1. 安全工器具的准备

围栏网不少于60m，围栏网标杆不少于25根；围栏网设置工具1套；“在此工作！”、“禁止合闸，有人工作！”、“止步，高压危险！”、“禁止攀登，高压危险！”标示牌不少于20块；“从此上下！”、“从此进入！”标示牌各 1 块；接地线 1 组；红布帘不少于 20 幅。

2. 场地准备

收到工作票后，应组织人员进行现场查勘，对安全措施的设置位置和注意事项进行部署，如对围栏网的设置、标示牌的悬挂及楼层通道的安全措施等。对于运行人员需要补充的安全措施进行分析、统计，指定施工中需要搭接工作电源的位置。

3. 安全措施示意图

一次设备安全措施示意图如图 ZY1000104005-2 所示。

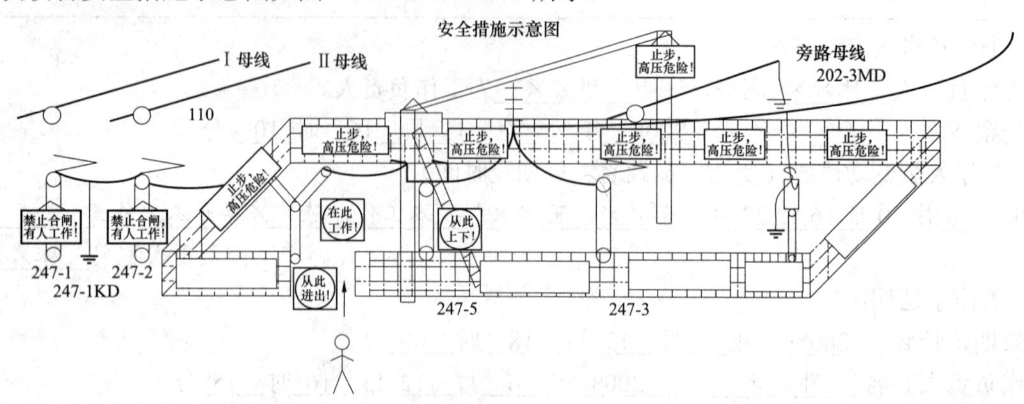

图 ZY1000104005-2 一次设备安全措施示意图

二次设备安全措施示意图如图 ZY1000104005-3 所示。

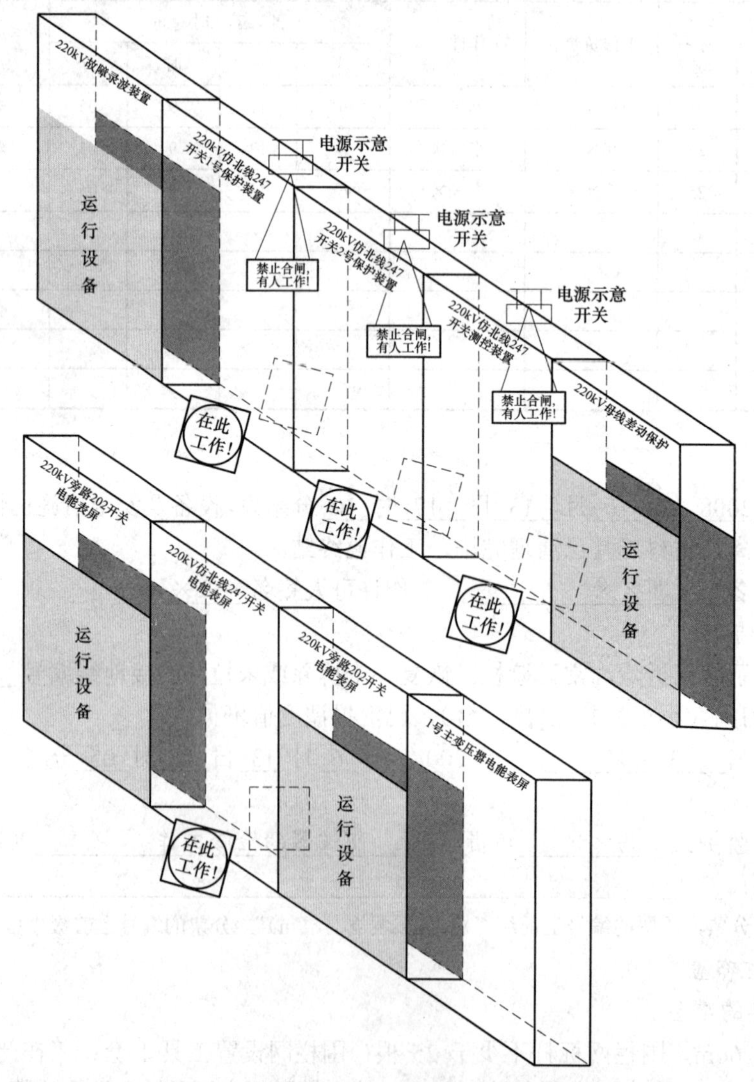

图 ZY1000104005-3 二次设备安全措施示意图

（三）危险点分析及预控措施

（1）未审查工作票或审查不仔细。预控措施：审查工作票人员必须具备相应资格；根据工作任务逐一审查工作票的正确性；对存在疑问的工作票及时告知工作票签发人。

（2）现场安全措施布置人员安排不当，安全措施邻近带电设备，安全措施布置错误。预控措施：现场安全措施布置必须两人进行；安全措施布置时应根据工作票逐项布置检查，不得遗漏；标示牌、围栏的悬挂、装设地点应正确。

针对 220kV 仿北线 247 断路器、TA、247-3 隔离开关、247-5 隔离开关、线路设备、保护装置预检，一次设备隔离开关电动刀闸检修时，必须拉开该隔离开关操作电源开关（防止误操作），并悬挂“禁止合闸，有人工作！”标示牌；断路器检修时，应切断该开关控制和合闸电源，并在控制和合闸电源开关上悬挂“禁止合闸，有人工作！”标示牌；构架横梁上的安全措施，开工前，在运行人员监护下，由检修人员设置。二次设备工作屏盘的相邻屏盘应用红布帘隔离，避免误动；母线差动、失灵启动压板应退出，防止保护检修、试验时，造成母线差动、失灵保护误动。

（3）不严格履行许可手续。预控措施：工作票许可人必须会同工作负责人到现场逐一检查安全措施；工作必须经调度同意后方能办理工作许可手续。

（4）验收不仔细即办理工作票终结手续。预控措施：验收时仔细检查断路器、隔离开关、接地开关状态与开工前一致；耦合电容器、线路 TV、结合滤波器、阻波器外观完好，无杂物；各屏盘上小开关、压板、各接线端子状态与开工前一致；检查保护装置液晶显示正确；检修人员所做检修记录清楚，结论正确。

【思考与练习】

1. 哪些工作需填写第一种工作票？

2. 第一种工作票的执行流程具体有哪些内容？

模块 6 带电作业工作票的执行（ZY1000104006）

【模块描述】本模块包含带电作业工作票的填写和执行。通过条文解释，注意事项介绍，以及应用举例，能够正确执行带电作业工作票。

【正文】

一、填用带电作业工作票的工作

带电作业或与邻近带电设备安全距离小于表 ZY1000104006-1 的规定，应填写带电作业工作票。

表 ZY1000104006-1　　设备不停电时的安全距离

电压等级（kV）	10 及以下（13.8）	20、35	66、110	220	330	500
安全距离（m）	0.70	1.00	1.50	3.00	4.00	5.00

二、带电作业工作票各栏的填写注意事项

1. 单位、编号

填写检修单位名称，如“××电业局修试所”、“××电业局电测仪表局”、“××电业局送变电工程处”等。编号栏的编号不得重复，并按序使用。

2. 工作负责人（监护人）

一个班组进行检修，工作负责人栏填班组工作负责人姓名；几个班组进行综合检修，工作负责人栏填总工作负责人姓名。

3. 班组

应填写参加该工作的具体生产班组名称，如继保一班、变电班、金工班、直流班。

4. 工作班人员（不包括工作负责人）

在票上填写每个工作人员的姓名。

5. 共____人

总人数应和实际参加工作的人数相符，总人数是指工作人员总数（包括工作负责人和专责监护人）。

6. 工作的变、配电站名称及设备双重名称

填写工作的变、配电站名称及设备双重名称，站名前应有电压等级。对主体设备（变压器只填写调度编号及设备名称）应填写电压等级、调度名称、编号和设备名称。同一电压等级、调度名称和设备名称可以归类填写，其他不会发生歧义的设备可以只填写调度编号和设备名称（尚未正式命名的新建设备按设计名称填写）。如220kV仿真A变电站10kV仿夏线543开关间隔；2号主变压器212-1刀闸。

7. 工作任务

工作地点及地段和工作内容应清楚、确切。工作任务栏举例如表ZY1000104006-2所示。

表ZY1000104006-2　　工作任务栏举例

序号	工作地点及地段	工作内容
1	220kV开关场2号主变压器212-1刀闸	带电拆除2号主变压器212-1刀闸与220kV I母线的连接线
2	220kV开关场2号主变压器212-1刀闸	带电清扫2号主变压器212-1刀闸绝缘子

8. 计划工作时间

根据调度批准时间填写。

9. 工作条件（等电位、中间电位或地电位作业，或邻近带电设备名称）

（1）在带电设备上工作时，带电体的电位与人体的电位相等的带电作业，在此栏中填"等电位"；作业人员通过两部分绝缘体，分别与接地体和带电体隔开的带电作业，在此栏中填"中间电位"；作业人员处于地电位上使用绝缘工具间接接触带电设备的作业，在此栏中填"地电位"。

（2）在不带电设备上工作，与邻近带电设备距离不满足要求时填写相邻带电设备的名称。

10. 注意事项（安全措施）

（1）工作中是否需要停用重合闸。

（2）进行地电位带电作业时，人身与带电体间的安全距离不得小于表ZY1000104006-3的规定。35kV及以下的带电设备，不能满足表ZY1000104006-3规定的最小安全距离时，应采取可靠的绝缘隔离措施。

表ZY1000104006-3　　带电作业时人身与带电体的安全距离

电压等级（kV）	10	35	66	110	220
距离（m）	0.4	0.6	0.7	1.0	1.8（1.6）*

* 因受设备限制达不到1.8m时，经单位主管生产领导（总工程师）批准，并采取必要的措施后，可采用括号内（1.6m）的数值。

（3）绝缘操作杆、绝缘承力工具和绝缘绳索的有效绝缘长度不得小于表ZY1000104006-4的规定。

表ZY1000104006-4　　绝缘工具最小有效绝缘长度

电压等级（kV）	有效绝缘长度（m）	
	绝缘操作杆	绝缘承力工具、绝缘绳索
10	0.7	0.4
35	0.9	0.6
66	1.0	0.7
110	1.3	1.0
220	2.1	1.8
330	3.1	2.8
500	4.0	3.7

（4）带电更换绝缘子或在绝缘子串上作业，应保证作业中良好绝缘子片数不得少于表 ZY1000104006-5 的规定。

表 ZY1000104006-5　　带电作业中良好绝缘子最少片数

电压等级（kV）	35	66	110	220	330	500
片数	2	3	5	9	16	23

（5）更换直线绝缘子串或移动导线的作业，当采用单吊线装置时，应采取防止导线脱落时的后备保护措施。

（6）在绝缘子串未脱离导线前，拆、装靠近横担的第一片绝缘子时，应采用专用短接线或穿屏蔽服方可直接进行操作。

（7）在市区或人口稠密的地区进行带电作业时，工作现场应设置围栏，派专人监护，严禁非工作人员人内。

（8）等电位作业。

1）等电位作业人员应在衣服外面穿合格的全套屏蔽服（包括帽、衣裤、手套、袜和鞋），且各部分应连接良好。屏蔽服内还应穿阻燃内衣。

严禁通过屏蔽服断、接接地电流及空载线路和耦合电容器的电容电流。

2）等电位作业人员对地距离应不小于表 ZY1000104006-3 的规定，对相邻导线的距离应不小于表 ZY1000104006-6 的规定。

表 ZY1000104006-6　　等电位作业人员对相邻导线的最小距离

电压等级（kV）	63（66）	110	220	330	500
距离（m）	0.9	1.4	2.5	3.5	5.0

3）等电位作业人员在绝缘梯上作业或者沿绝缘梯进入强电场时，其与接地体和带电体两部分间隙所组成的组合间隙不得小于表 ZY1000104006-7 的规定。

表 ZY1000104006-7　　等电位作业中的最小组合间隙

电压等级（kV）	63（66）	110	220	330	500
距离（m）	0.8	1.2	2.1	3.1	4.0

4）等电位作业人员沿绝缘子串进入强电场的作业，一般在 220kV 及以上电压等级的绝缘子串上进行，其组合间隙不得小于表 ZY1000104006-7 的规定。若不满足表 ZY1000104006-7 的规定，应加装保护间隙。扣除人体短接的和零值的绝缘子片数后，良好绝缘子片数不得小于表 ZY1000104006-5 的规定。

5）等电位作业人员在电位转移前，应得到工作负责人的许可。转移电位时，人体裸露部分与带电体的距离不应小于表 ZY1000104006-8 的规定。

表 ZY1000104006-8　　等电位作业转移电位时人体裸露部分与带电体的最小距离

电压等级（kV）	35、63（66）	110、220	330、500
距离（m）	0.2	0.3	0.4

6）等电位作业人员与地电位作业人员传递工具和材料时，应使用绝缘工具或绝缘绳索进行，其有效长度不得小于表 ZY1000104006-4 的规定。

11. 工作负责人签名

工作负责人核实工作票 1～7 项内容无误后签名确认。

12. 指定专责监护人及专责监护人签名

确认无误后，专责监护人签名。

13. 补充安全措施（由工作许可人填写）

对前面内容进行现场补充，如工作中需要上下的爬梯、楼层通道悬挂标示牌等。

14. 许可工作时间

工作许可人向工作负责人交代现场安全措施后，若无异议即可由许可人填写许可工作时间。

15. 确认工作负责人布置的工作任务和安全措施，工作班组人员签名

每位工作班成员确认现场安全措施满足工作负责人布置的任务后，只在工作负责人收执的工作票上签名。几个班组同时进行工作，工作班人员姓名填不下时，可由各班组负责人或小组负责人在工作票上填写姓名及其人数，如苏××等 8 人、李××等 5 人。

16. 工作票终结

工作许可人会同工作负责人进行验收无误后，由工作负责人向工作许可人报完工，工作负责人在工作票上填明工作结束时间，工作负责人和工作许可人分别签名，表示工作票终结。

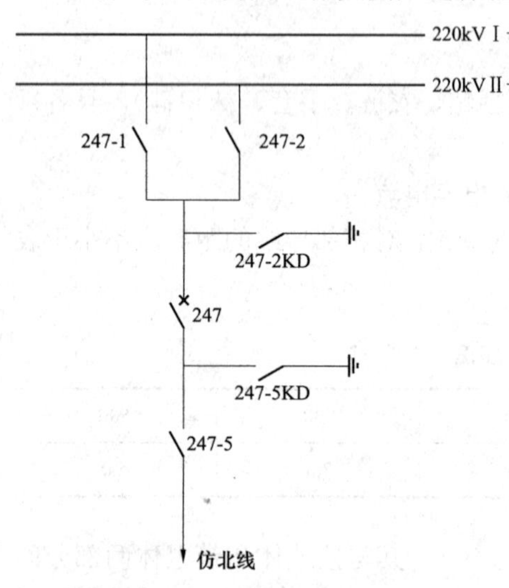

图 ZY1000104006-1 220kV 仿北线 247 开关一次接线示意图

17. 备注

工作票签发人、工作负责人、工作许可人在办理工作票过程中需要双方交代的工作或注意事项等。

三、带电作业工作票的执行流程

带电作业工作票的送交和接收、许可、监护、终结与模块“ZY1000104003 执行工作票的规定”流程相同。

四、典型案例

运行方式：220kVⅡ母线及 220kV 仿北线 247-2 刀闸带电，仿北线 247-1 刀闸处于拉开状态，220kV Ⅰ母线停电检修。

带电作业目的：检修仿北线 247-1 刀闸。

220kV 仿北线 247-1 刀闸与 247 开关靠开关侧带电断引线。220kV 仿北线 247 开关一次接线示意图如图 ZY1000104006-1 所示。

（一）票面

变电站（发电厂）带电作业工作票

单位 ××电业局送电工程处 编号 0801002

1. 工作负责人（监护人） 王×× 班组 带电班

2. 工作班人员（不包括工作负责人）

潘××、张××、李××

共 4 人。

3. 工作的变、配电站名称及设备双重名称

220kV 仿真 A 站 220kV 仿北线 247-1 刀闸

4. 工作任务

工作地点或地段	工 作 内 容
220kV 开关场：220kV 仿北线 247-1 刀闸	220kV 仿北线 247-1 刀闸与 247 开关靠开关侧带电断引线

5. 计划工作时间

自　2008　年　1　月　10　日　15　时　20　分

至　2008　年　1　月　10　日　18　时　00　分

6. 工作条件（等电位、中间电位或地电位作业，或邻近带电设备名称）

等电位作业，拉开 220kV 仿北线 247-1 刀闸，220kVⅡ母线及 220kV 仿北线 247-2 刀闸带电。

7. 注意事项（安全措施）

（1）220kV 带电作业中，人员对地保持 1.8m 以上的安全距离，对相邻导线保持 2.5m 以上的距离。（2）220kV 带电作业人员在绝缘梯上作业或者沿绝缘梯进入强电场时，其与接地体和带电体两部分间隙所组成的组合间隙不得小于 2.1m，传递工具和固定拆除的引线头使用的绝缘绳索，其有效绝缘长度大于 1.8m，防止引线摆动。（3）作业人员应穿戴合格的全套屏蔽服、护目镜。（4）在 220kV 仿北线 247-1 刀闸与 247 开关靠开关侧处放置"在此工作！"标示牌 1 块。（5）在 220kV 仿北线 247-1 刀闸周围装设围栏，围栏上悬挂"止步，高压危险！"标示牌 8 块，字面向外。（6）在 201-1 刀闸构架上悬挂"禁止攀登，高压危险！"标示牌 1 块。

工作票签发人签名　张××　签发日期　2008　年　1　月　10　日

8. 确认本工作票 1～7 项

工作负责人签名　王××

9. 指定　潘××　为专责监护人

专责监护人签名　潘××

10. 补充安全措施（工作许可人填写）

已拉开 220kV 仿北线 247-1 刀闸操作电源开关，并挂"禁止合闸，有人工作！"标示牌 1 块。

11. 许可工作时间

2008　年　1　月　10　日　15　时　40　分

工作许可人签名　陈××　　工作负责人签名　王××

12. 确认工作负责人布置的工作任务和安全措施

工作班组人员签名＿＿＿＿＿＿＿＿

13. 工作票终结

全部工作于　2008　年　1　月　10　日　17　时　50　分结束，工作人员已全部撤离，材料工具已清理完毕。

工作负责人签名　王××　　工作许可人签名　陈××

14. 备注

（二）安全措施布置

1. 安全工器具的准备

"在此工作！"、"禁止攀登，高压危险！"、"禁止合闸，有人工作！"标示牌各 1 块；"止步，高压危险！"标示牌 10 块；围栏网 20m。

2. 场地准备

收到工作票后，应组织人员进行现场查勘，对安全措施的设置位置和注意事项进行部署。对于运行人员需要补充的安全措施进行分析、统计，指定施工中需要搭接工作电源的位置。

3. 安全措施示意图

一次设备安全措施示意图如图 ZY1000104006-2 所示。

（三）危险点分析及预控措施

（1）未审查工作票或审查不仔细。预控措施：审查工作票人员必须具备相应资格；根据工作任务逐一审查工作票的正确性；对存在疑问的工作票及时告知工作票签发人。

（2）现场安全措施布置人员安排不当；安全措施邻近带电设备；安全措施布置错误。预控措施：现场安全措施布置人员必须两人进行；人员必须与带电设备保持足够的安全距离；安全措施布置时应根据工作票逐项布置检查，不得遗漏；标示牌、围栏的悬挂、装设地点应正确。

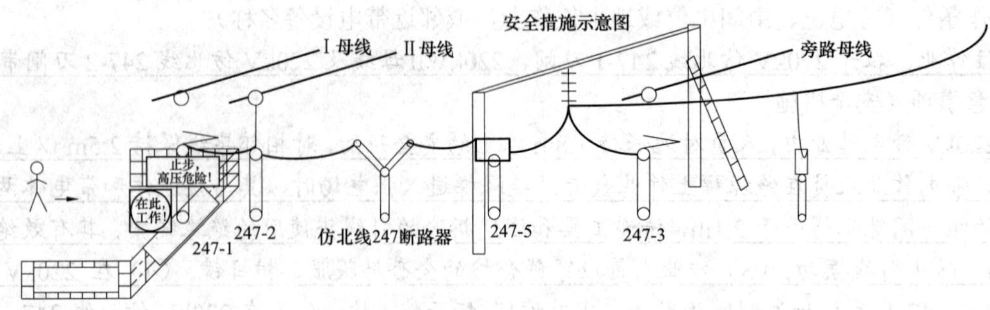

图 ZY1000104006-2 一次设备安全措施示意图

针对仿北线 247-1 隔离开关带电断引线的工作，应将 220kV 仿北线 247-1 隔离开关五防锁锁好，防止人员操作该隔离开关。二次方面应将 220kV 仿北线 247-1 隔离开关的操作电源开关拉开，并悬挂“禁止合闸，有人工作！”标示牌 1 块。

（3）不严格履行许可手续。预控措施：工作票许可人必须会同工作负责人到现场逐一检查安全措施；工作必须经调度同意后方能办理工作许可手续。

（4）验收不仔细即办理工作票终结手续。预控措施：验收时仔细检查隔离开关、接地开关状态与开工前一致，隔离开关及支柱绝缘子外观完好，上面无杂物。

【思考与练习】

1. 哪些情况下需要填写带电作业工作票？

2. 带电作业工作票的执行流程具体有哪些内容？

第四部分

监视、巡视与维护

国家电网公司
生产技能人员职业能力培训专用教材

第十五章 运行工况监控

模块1 设备运行工况监视（ZY1000201001）

【模块描述】本模块包含常规和综合自动化变电站的运行工况监视。通过要点介绍，了解设备运行工况监视的内容和要求。

【正文】

一、设备运行工况监视的内容

1. 常规变电站的运行监盘

运行监盘是日常运行工作的主要组成部分，通过对主控室控制屏上各种表计、开关位置指示灯和信号光字牌的监视，可随时掌握变电站一、二次设备的运行状态及电网潮流分布情况。运行监盘必须指定有资格的人员负责，并随时记录变化情况，同时按要求向调度进行汇报。

运行监视包括以下内容：

（1）直流系统电压、电流、绝缘。

（2）各级母线电压、频率。

（3）主变压器有载分接开关位置、油温和各侧电流、有功功率、无功功率。

（4）各线路的电压、电流、有功功率、无功功率及潮流方向。

（5）主变压器功率因数和电容器投切情况。

（6）光字牌亮牌情况。

（7）开关的位置指示灯。

（8）预告信号电源指示灯。

（9）站用电系统运行方式。

2. 综合自动化变电站的运行监视

微机监控系统的运行监视，是指以微机监控系统为主、人工为辅的方式，对变电站内的日常信息进行监视，以达到掌握变电站一、二次设备运行状态及电网潮流分布情况，保证正常运行的目的。

运行监视包括以下内容：

（1）监视一次主接线及一次设备的运行情况。

（2）检查站内所做的安全措施。

（3）监视主变压器的油温、负荷情况。

（4）监视主变压器分接开关运行位置。

（5）监视保护及自动装置运行情况。

（6）监视各级母线电压。

（7）监视各线路电流、有功功率及无功功率、潮流方向。

（8）检查光字信息变位情况。

（9）对事故音响、预告音响进行试验检查。

（10）监视本站微机网络（包括与测控装置、保护装置、五防计算机之间的通信）的运行情况。

（11）检查直流系统的电压、电流及绝缘情况。

（12）主变压器功率因数和电容器投切情况。

（13）监视站用电系统运行方式。

（14）检查告警报文发出及复归情况。

二、设备运行工况监视的要求

1. 电流、功率的监视

（1）三相电流应平衡，电流表指针无卡涩，微机监控系统数据刷新正常。

（2）电流不超过允许值。

（3）母线的进出线电流应平衡。

（4）功率指示数值应与电流指示相对应。

2. 电压的监视

（1）三相电压应平衡并满足电压曲线要求。

（2）并列运行的母线电压应相差不大。

（3）电压表指示应稳定，无波动；微机监控系统数据刷新正常。

3. 电能计量装置的监视

（1）每日按照规定的时间监视或抄录变电站内安装的各种关口表、馈线电能表的读数，并进行电量核算。

（2）对于双侧电源线路，运行中线路的潮流方向随时可能发生变化，抄录电能表读数时，要注意输入、输出两个方向的电量均要抄录。

（3）定期核算母线电量不平衡率，若发现母线电量不平衡率超过规定值［一般为±（1%～2%）］，应查明原因。

（4）当计量回路出现异常（如电压熔断器熔断、电流回路开路等）后，应记录时间，以便根据负荷情况补算电量。

（5）有代路操作时，应及时抄录旁路开关的电量。

4. 变电站微机监控系统运行状况的判断

（1）在监控系统“遥测表”画面下，如果发现某一间隔的所有遥测数据不更新，或者日负荷报表中某一间隔的所有报表数据一直都未改动过，应检查网络通信是否正常，支持程序是否正常，采集装置运行指示是否正常，判断出该间隔的异常原因进行相应处理。

（2）如果发现监控系统中所用遥测数据均不再更新，通信状态显示正常，可能是程序死机，应按照规定的顺序，退出监控程序重新登录。

【思考与练习】

1. 电流监视有何要求？

2. 如何计算母线电量不平衡率？

模块2 电压、无功调整（ZY1000201002）

【模块描述】本模块包括电压、无功调整。通过要点介绍，了解电压、无功调整手段和方法。

【正文】

电压是衡量电能质量的一项主要指标，同时也是标志电力系统安全、经济运行状况的重要指标，而电力系统的电压水平又与无功功率的平衡有关，因此进行电压、无功调整是保证电能质量的重要手段。

一、电压、无功调整的目的

1. 电压过高、过低的危害

（1）电压下降到额定电压的65%～70%时，无功静态稳定破坏，引发电压崩溃，造成大面积停电事故。

（2）线路、变压器受额定电流的限制，其传输能力近似与运行电压成正比，所以输变电设备会因电压降低而减少输送能力。

（3）运行电压降低，会使输变电设备电流增大、功率因数下降而增加损耗。

（4）电压降低后，电动机机械转矩下降，电流增大，电动机温度升高，因而可能烧毁电动机。

（5）电压降低，会引起照明灯功率下降，不仅照度降低，而且会缩短其寿命，一些利用放电现象发光的照明灯（如荧光灯、高压钠灯），还可能会熄灭。

（6）电压过高时，设备所承受的电压会高于其额定值，使绝缘承受过高电压，加速老化，影响寿命。

2. 影响电压的因素

系统电压是由系统潮流分布决定的，影响电压的主要因素有：

（1）负荷的变化。

（2）无功补偿容量的变化。

（3）运行方式改变引起的功率分布和网络阻抗的变化。

3. 电压、无功的关系

电网运行电压水平既与无功功率平衡有关，又与电网结构、调压能力有关。无功功率平衡是指在系统运行的每一时刻，无功电源所发出的无功功率要等于负荷所消耗的无功功率和网络的无功损耗之和。

当系统发出和消耗的无功不平衡时，电压就会偏离额定值；而电压的变化又反过来影响负荷的无功功率和网络的无功损耗。系统电压和无功功率相互关联、相互影响，电压、无功的调整密不可分。

4. 提高功率因数的意义

（1）线路及变压器上的电压降减小，增加输送能力并提高电压质量。

（2）总电流减小，使线路与变压器中的有功损耗随之减小。

（3）视在功率减小，可以使电网中的各元件的容量减小，从而降低电网的投资。

二、系统电压、无功调整

1. 不同无功电源的应用比较

（1）同步发电机。它是电网中最基本的无功电源。一般可通过改变转子回路的励磁电流来实现对发电机输出无功功率的平滑调整。

（2）并联电容器。它是应用最广泛的无功补偿设备，通过在负荷侧安装并联电容器提高负荷功率因数，以减少输电线路上的无功功率来达到调压目的。但电容器只能发出无功功率，提高电压；只能根据负荷变化分组投切，调压是阶梯形的；同时当母线电压降低时，并联电容器输出的无功功率将减少。

（3）并联电抗器。它是吸收无功功率的设备，可用来解决超高压长距离线路充电功率过剩问题，广泛应用在超高压电网中。

（4）同步调相机。它是一种专门设计的无功电源，是不带机械负载的同步电动机。它既能发出无功，也能吸收无功，但由于投资大、维护复杂、费用高，正逐渐被淘汰。

（5）静止补偿器。它由并联电容器、电抗器及检测与控制系统组成。它调压速度快，并能抑制电网过电压、功率振荡和电压突变，吸收谐波，改善不平衡度，是电网调压的发展方向。

2. 无功补偿设备配置原则

无功补偿设备配置按照分层分区和就地平衡的原则考虑。分层是指尽量保持不同等级电压间的无功功率平衡，减少各电压层间的无功功率传递；分区是指在供电电网中，实现无功功率分区和就地平衡。

变电站的电容器安装容量，一般可按变压器容量的 10%～30%确定。总容量确定后，通常将电容器分组安装，分组的主要原则是根据电压波动、负荷变化、谐波含量等确定。

3. 电网的调压方法

电网电压不像频率一样全网相同，而是每个节点的电压各不相同，因此电压的调整，应根据电网的具体要求，在不同的节点采取不同的方法，具体方法有：

（1）增减无功功率进行调压，如发电机、静止补偿器、并联电容器、并联电抗器。

（2）改变有功和无功的分布进行调压，如改变变压器分接头调压。

（3）改变网络参数进行调压，如加大电力网的导线截面、在线路中装设串联电容器、利用可调电抗、改变电网接线等。

（4）特殊情况下也可采用调整用电负荷或采取限电的方法对电网电压进行调整。

4. 电网的调压方式

电力用户成千上万，不可能对每一用户电压都监测，因此要选择一些可反映电压水平的主要负荷供应点以及某些具有代表性的发电厂、变电站的电压进行监视和调整。一般把监测电网电压值和考核电压质量的节点，称为电压监测点；把电网中重要的电压支撑点称为电压中枢点。

监视和控制电压中枢点的电压偏移不超出规定范围是电网电压调整的关键。电网调压方式分为逆调压、顺调压、恒调压三种。

（1）逆调压。大负荷时将中枢点的电压升高至比线路额定电压高 5%；小负荷时则将中枢点电压降低至线路的额定电压。这种方式适用于中枢点至各负荷点的线路较长，且各点负荷变化较大，变化规律也大致相同的情况。

（2）顺调压。大负荷时允许中枢点电压低一些（但不得低于线路额定电压的 102.5%）；小负荷时允许中枢点电压高一些（但不得高于线路额定电压的 107.5%）。这种方式适用于负荷变动甚小，线路电压损耗小，或用户允许电压偏移较大的情况。

（3）恒调压。中枢点的电压保持在线路额定电压的 102%～105%，不必随负荷变化来调整。这种方式适用于负荷变动较小，线路上的电压损耗也较小的情况。

目前普遍采用逆调压方式，它可以确保负荷点的电压有较高质量，并能提高电网运行的经济性。高峰负荷时，线路、变压器上的电压损耗会因负荷电流增加而增加，则负荷点的电压会降低；低谷负荷时，线路、变压器上的电压损耗减小，负荷点的电压会偏高。逆调压方式在高峰负荷时升高中枢点电压，低谷负荷时降低中枢点电压，与负荷点电压的变化反方向调整，从而保证了负荷点的电压质量。

三、变电站电压、无功调整

1. 变电站电压、无功调整要求

（1）加强并联电容器组的运行检查及维护，发现缺陷及时处理，保证有足够的无功补偿容量。

（2）应严格按照调度下达的电压曲线及功率因数执行。

（3）投切电容器及调整主变压器分接头的操作原则：当 220kV 以下电网电压接近下限时，应先投入电容器组，后升高主变压器分接头；当电压接近上限时，应先降低主变压器分接头，后退出电容器组，但不得向系统倒送无功。若考虑到变压器有载调压分接头频繁调整对设备安全不利，当电压过高时，在保证功率因数合格的前提下，可先退出电容器组，后降低主变压器分接头。

（4）母线停电时，电容器组应退出运行；母线送电后，再根据母线电压和功率因数，确定是否投入电容器。

（5）调整主变压器分接头时，每次只能调整一个分接头。两台有载调压变压器并列运行时，调整分接头应交替进行。调整过程中注意监视电压、无功功率、分头位置指示的相应变化。

（6）220kV 主变压器分接头每天允许调整次数一般不超过 10 次，这个次数是根据一个检修周期允许的调整次数和检修周期得出的估算值，对于装有带电滤油装置的有载分接开关，每天的动作次数可以放宽。

（7）在下列情况下不能进行主变压器分接头调整：

1）主变压器过负荷运行。

2）主变压器调压次数超过规定。

3）有载调压装置的油标中看不到油位。

4）有载调压轻瓦斯频繁动作。

5）有载调压装置异常。

2. 变电站电压、无功调整原则

（1）变压器运行分接位置应按保证变电站的电压偏差不超过允许值，并在充分发挥无功补偿设备的经济效益和降低线损的原则下，优化确定。

（2）应清楚每组电容器容量，熟悉投切一组电容器后的电压变化量，观察调整一个主变压器分接头后电压和无功的变化情况，在进行调整时，可根据运行电压与电压曲线的差距以及实际的功率因数合理选择调整方法，避免来回重复调整。

（3）投切电容器组时应使各组电容器的投入率及操作次数尽量平衡。

（4）对采用混装电抗器的电容器组应先投电抗率大的，后投电抗率小的，切时与之相反。这样是为了更好地发挥电抗器抑制谐波的作用。

（5）两台变压器并列运行，调整分接头时，升压操作，应先操作负荷电流相对较少（阻抗较大）的一台，再操作负荷电流相对较大（阻抗较小）的一台，防止过大的环流，因为升压操作，实际上是减少高压绕组的匝数，降低变比，从而使低压侧电压升高，而匝数减少后，阻抗会降低，先调阻抗大的变压器，就会使两台变压器阻抗值更接近，这样环流会较小。降压操作时与此相反。操作完毕，应再次检查并联的两台变压器的电流大小与分配情况。

3. 电压无功控制装置（VQC）的调整规则

电压无功控制装置按照设定好的调整规则进行电压、无功调整，如图 ZY1000201002-1 所示。电压和无功处于第 9 区域时正常，在其他区域时电压和功率因数偏离了正常范围，电压无功控制装置进行调节。

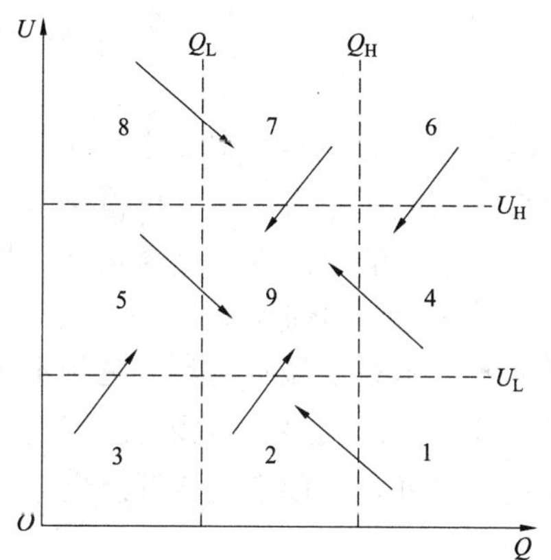

图 ZY1000201002-1　电压无功控制装置的九区图

（1）第 1 区域。电压与功率因数都低于下限，优先投入电容器，如电压仍低于下限，再调节分接开关升压。

（2）第 2 区域。电压低于下限，功率因数正常，先调节分接开关升压，如分接开关已无法调节，则投入电容器。

（3）第 3 区域。电压低于下限，功率因数高于上限，先调节分接开关升压直到电压正常，如功率因数仍高于上限，再切电容器。

（4）第 4 区域。电压正常而功率因数低于下限，投入电容器直到功率因数正常。

（5）第 5 区域。电压正常而功率因数高于上限，切除电容器直到正常。

（6）第 6 区域。电压高于上限而功率因数低于下限，应调节分接开关降压，直到电压正常，如功率因数仍低于下限，再投电容器。

（7）第 7 区域。电压高于下限，功率因数正常，先调节分接开关降压，如分接开关已无法调节，电压仍高于上限，则切电容器。

（8）第 8 区域。电压与功率因数都高于上限，优先切电容器，如电压仍高于上限，再调节分接开关降压。

4. 静止补偿装置（SVC）

静止补偿装置除了一般的无功补偿、电压调整作用，还能解决大型轧钢机、电弧炉冲击负荷引起的电压闪变问题，能够平衡随时间变化的非对称负荷。

静止补偿装置由并联电容器、电抗器及检测与控制系统组成，具有多种组合形式，可根据需要进行选择。

【思考与练习】

1. 影响电压的因素有哪些？
2. 电网中的无功电源有哪几种？
3. 电网的调压方式有哪几种？
4. 两台并列运行变压器调整分接头时如何调整？

模块 3　设备运行工况分析（ZY1000201003）

【模块描述】本模块介绍了设备运行工况分析。通过处理要点和案例介绍，掌握设备运行监视分析手段，能够正确判断常见异常。

【正文】

一、设备运行工况分析

1. 电流、功率指示不正常的分析

（1）三相电流表指示不一致，检查表计是否卡涩，是否有冲击性不对称负荷（如电气化铁路等），还可以与保护装置上的电流指示进行比较，来判断是负荷不对称还是二次回路异常引起的三相电流不一致。

（2）一相电流表指示为零，应检查电流互感器二次回路有无开路、短路，必要时可用钳形表测量二次有无电流，若有电流，则可能是电流表指针卡涩或线圈烧毁短路。

（3）母线流入流出电流不平衡，而各分支电流三相平衡，应根据实际情况进行分析。例如若有设备刚经过检修，可能是电流互感器接线错误，造成实际变比和电流表刻度的变比不一致，使得表计电流不能真实反映一次设备实际电流。对于综自站还应检查监控系统程序中设定的变比与实际变比是否一致。

（4）功率表指示与电流指示应满足 $S=\sqrt{3}\,UI$，而 $S=\sqrt{P^2+Q^2}$，如功率表指示明显偏低时，应首先检查三相电流是否正常，再检查电压回路熔断器是否熔断，必要时可用钳形电流表和万用表分别测量接入功率表的电流电压是否正常，如果均正常，则属于表计故障。

2. 电压指示不正常的分析

电压指示有明显不正常，三相不平衡，偏高或偏低时，应查明原因。造成电压指示不正常的原因除了表计、二次回路的问题，还有可能是电压互感器内部元件损坏引起的，及时发现处理能避免事故的发生。另外，当由于电压互感器一、二次回路原因引起电压偏低时，计量表计会少算电量，造成电费损失。

模块3 ZY1000201003

3. 电能表指示不正常的分析

（1）电子式电能表无显示时，应检查电压是否正常，若正常则是表计本身故障，报专业人员处理。

（2）核算母线电量不平衡率超过规定时，应根据各回路的电流、电压、有功功率和无功功率，核算本回路有功、无功电量是否正确，从而找出存在异常的电能表。检查电压回路熔断器是否熔断，电流互感器二次是否开路或短路，若是二次回路引起的异常，能处理的要立即处理，若是表计本身问题，则应报专业人员处理。

（3）电压回路熔断器熔断时的电量补计。

1）三相熔断器熔断，根据电流指示和熔断器熔断时间计算，$W=\sqrt{3}\,UI\cos\phi\,t$。

2）三元件式电能表单相熔断器熔断，电量少计算了1/3，将熔断器熔断期间内电能表的读数加上50%即可。

3）两元件式电能表B 相熔断器熔断，电量少计算了1/2，将熔断器熔断期间内电能表的读数乘以2即可；A或C相熔断器熔断，电量少计算了1/3，将熔断器熔断期间内电能表的读数加上50%即可。

4. 开关位置的监视

常规站通过控制屏红绿灯指示监视开关的分合闸位置，运行中红绿灯指示不正常，应分析其原因。若红绿灯均不亮，应检查控制电源是否正常，开关本体或机构是否压力闭锁，灯具本身是否损坏；若红绿灯同时亮，应检查有无直流接地信号，检查电流值和开关实际位置；若红灯或绿灯闪光，不能简单地判断为开关发生变位，而应结合电流指示，有无保护告警信息综合判断。

二、案例分析

1. 电流互感器二次开路造成电流互感器烧毁

（1）现象。某站值班员投入521电容器后，发现B相电流表无指示，A、C相电流指示正常，无功功率表指示正常，开关红绿灯指示正常。

（2）处理过程。因以前发生过表针卡涩情况，所以该值班员即认为是B相电流表指针卡涩，未作处理，直接报“521B相电流表卡涩”缺陷。交接班时，接班人员认为应该查清原因，试图用钳形电流表测试B相电流，但由于端子排和电流表后的接线比较紧凑，无法使用钳形表。后去现场检查开关柜上就地电流表（该表接于B相），发现该表也指示为零，于是通知控制室拉开521电容器开关，重新报缺陷。检修专业人员停电检查发现开关柜就地电流表内有放电痕迹，线圈烧断，同时B相电流互感器烧坏。

（3）分析。就地电流表接头接触不良，打火放电，使电流表线圈烧断，造成电流互感器二次开路。由于未正确判断故障性质，使得电流互感器长时间开路运行，又因为电容器电流较大，最终造成电流互感器过热损坏。

（4）经验。能监视三相电流的设备一定要注意检查三相电流是否平衡，发现不平衡应进行分析，通过多种方式查明原因，不能单纯靠经验简单判断。

2. 电流互感器变比错误

（1）现象。某站值班员抄表时发现一条母线流入和流出电流不平衡，仔细检查发现其中一条线路电流比平时偏小。

（2）处理过程。值班员检查表计无卡涩，询问该线路对侧变电站线路电流情况，发现本侧电流指示只有对侧的一半，因为该间隔刚进行过检修工作，怀疑电流回路接线错误，上报缺陷。检修人员检查发现，该线路电流互感器测量用二次线圈抽头错误，应该使用S1-S2端子，实际使用S1-S3端子，使电流变比增大一倍，二次电流减少一半，按照正常变比刻度的电流表读数就减小了一半。

（3）经验。

1）检修后的验收工作要加强，对拆动的二次接线，应进行检查，防止漏接头；若电流、电压二次回路进行了拆接线工作，应要求检修人员带负荷后检查大小、相位是否正确。

2）有些设备检修完送电后不会马上带负荷，要等相关变电站配合操作完成，才会有电流，对这种情况值班人员应在设备带负荷后进行专门的检查，包括三相电流是否平衡、数值是否正常、保护装置显示是否正常、一次设备接头有无接触不良等情况。

3. 电容器开关单相未断开

（1）现象。某站在操作拉开一组电容器开关后，该开关红灯灭，绿灯亮，三相电流表回零，该电容器组所接主变压器发“主变压器后备保护装置故障或异常报警”光字牌，保护装置显示主变压器低压侧零序电压动作，测量10kV二次电压，各线电压均正常，各相电压分别为A相71V、B相46V、C相67V，TV二次开口三角处有10V左右的电压，达到了主变压器低压侧零序电压报警定值。

（2）处理过程。由于此现象是在拉开电容器组开关后出现的，怀疑是该组电容器回路存在问题，检查开关机械指示为分位，通过观察窗检查柜内设备，发现好像是开关一相销子脱落，对其验电，证实开关B相未断开，于是申请调度拉开主变压器10kV侧断路器后，拉开该电容器开关两侧隔离开关，再恢复主变压器断路器运行。对电容器开关进行检修，发现该开关B相确实由于销子脱落未断开。

（3）分析。发生故障的电容器组为星形接线，中性点不接地。在A、C相开关断开，而B相开关未断开的情况下，由于电容器中性点不接地，虽然B相接通电源，但形不成闭合回路，各电容器只是与B相母线悬空连接，对地存在电位，而没有电流，所以三相电流表均指示为零。同时由于B相母线经过开关带着一段电容器电缆及一组电容器，如图ZY1000201003-1所示（虚线内为B相所带设备），改变了B相母线的对地电容，使A、B、C三相母线对地参数的对称性被打破，从而出现了电压中性点位移，又因为是B相电容增大，中性点向B相方向移动，造成B相电压降低，其他两相电压升高。

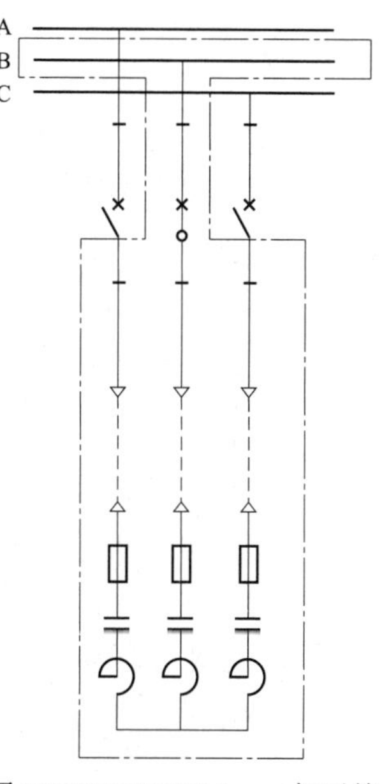

图ZY1000201003-1 一相开关未断开的电容器组接线图

（4）经验。通过以上分析知道，对于中性点不接地的电容器组一相开关断不开，不能形成闭合回路，影响的只是三相电压的对称性，理论上分析，这种情况可以直接用隔离开关处理，因为电容器组的对地电容电流很小。事实也证明这样操作是没有危险的，曾经有另一个变电站在处理电容器开关二次缺陷时，发现开关实际上有一相未断开，而之前进行拉开隔离开关操作时未出现任何异常现象。

【思考与练习】

1. 电能表电压熔断器一相熔断如何补算电量？
2. 中性点不接地的星形接线电容器组一相开关未断开，电流如何指示，为什么？

第十六章 设备巡视

模块1 设备巡视的要求（ZY1000202001）

【模块描述】本模块包含设备巡视的周期、流程、方法。通过要点介绍，掌握设备巡视的基本内容和要求。

【正文】

设备巡视检查是变电站值班员的一项重要技能，及时发现异常和缺陷，对预防事故的发生，确保设备安全运行起着重要的作用。

一、设备巡视的种类及周期

变电站的设备巡视检查，一般分为正常巡视（含交接班巡视）、全面巡视、熄灯巡视和特殊巡视，其中正常巡视、全面巡视、熄灯巡视又统称为例行巡视。

1. 正常巡视

有人值班站每天至少一次，无人值班站每周两次。

2. 全面巡视

每月一次，主要是对设备进行全面的外部检查，对缺陷有无发展作出鉴定，检查设备的薄弱环节，检查防火、防小动物、防误闭锁等有无漏洞，检查接地网及引线是否完好。

3. 熄灯巡视

每周一次，主要是检查设备有无电晕、放电及接头有无过热现象。

4. 特殊巡视

特殊巡视应在以下情况下进行：

（1）恶劣天气时（大风前后、雷雨后、冰雪、冰雹、雾天、温度骤变等）。

（2）设备变动后。

（3）设备新投入运行后。

（4）设备经过检修、改造或长期停运后重新投入系统运行时。

（5）异常情况下（过负荷或负荷剧增、超温、设备发热、系统冲击、跳闸、有接地故障等）。

（6）设备缺陷有发展时、法定节假日、上级通知有重要供电任务时。

二、设备巡视的方法

1. 一般巡视方法

（1）目测检查。用眼睛检查看得见的设备部位，通过设备外观的变化来发现异常情况。通过目测可以发现下列异常现象：

1）引线断股、散股，接头松动。

2）变形（膨胀、收缩、弯曲）。

3）变色（烧焦、发红、硅胶变色、油变黑）。

4）渗漏（漏油、漏水、漏气）。

5）污秽、腐蚀、磨损、破裂。

6）冒烟，接头过热。

7）火花、闪络。

8）有杂质异物。

9）指示不正常（表计、油位）。

10）不正常动作。

（2）耳听判断。用耳朵或借助听音器械，判断设备运行中发出的声音是否正常。

（3）鼻嗅判断。用鼻子辨别是否有绝缘材料过热时产生的特殊气味。

（4）触试检查。用手触试设备的非带电部分，检查设备的温度是否有异常升高或局部过热。

（5）仪器检测。借助测温仪、望远镜、遥视探头对设备进行检查，是发现设备过热、高位设备缺陷的有效方法。

（6）比较分析。对所检查的设备部件有疑问时，可与正常设备部件比较；对于数据型结果可通过与其他同类设备及本身历史数据进行横向、纵向比较分析，综合判断设备是否正常。

2. 巡视工具的使用

（1）测温仪。对于变电站配备的红外测温仪，一般情况下结合正常巡视使用。根据运行方式的变化，在下列情况下进行重点测温：

1）长期重负荷运行的设备。

2）负荷有明显增加的设备。

3）存在异常的设备。

4）新投设备或运行方式改变后投入运行的设备。

5）检修人员测温时发现温度偏高尚能坚持运行的设备。

6）其他有必要的情况。

（2）智能巡检仪。配置了智能巡检仪的变电站，巡视时按照掌上电脑的提示进行检查，避免发生漏检和检查不到位的情况。

（3）遥视系统。装有遥视探头的变电站，可通过调整探头的角度和远近，检查正常情况下看不到的设备上部及高处的母线、绝缘子串有无异常。

3. 具体项目的检查方法和检查结果的分析判断

（1）油位、渗漏油的检查。注油设备油位过高的原因，可能为注油设备过负荷、内部接头过热或故障、散热环境不良或者气温高等原因造成的，对于变压器还可能是假油位。当注油设备油位过低看不见时，可能是由于注油设备外部或内部漏油以及气温突降等多种因素造成的。发现油位异常，应检查是否属于上述原因，进行相应处理。

油位计油位不容易看清楚时，可采取以下方法：

1）多角度观察。

2）两个温差较大的时刻所观察的现象比较。

3）与其他同类设备油位比较。

4）比较油位计不同亮度下的底色板颜色。

（2）油温判断。通常采用比较法，即与以往的运行数据比较，如发现油温较高，应查明原因。

一般变压器类设备装设油温表，油温高的因素有：冷却器有故障；散热环境不良，散热器阀门没有打开；环境温度高；负荷大；内部有故障；外部有故障；温度计损坏。

通过比较安装在变压器上的几只不同温度计读数，并充分考虑气温、负荷的因素，对照变压器温度负荷曲线，判断是否为变压器温升异常。变压器的很多故障都有可能伴随急剧的温升，应检查运行电压是否过高、套管各个端子和母线或电缆的连接是否紧密、有无发热迹象。

（3）声响判断。变压器在正常运行中会发出均匀的嗡嗡声，而其他大多数设备正常运行时处于无声状态。当发生各种异常或故障情况时，就会发出各类声响，也就是异声。对于声响判断，通常采用比较法。

一般发生异常声响的可能性因素有设备内部有故障；负荷突变；过负荷；设备内部个别零件松动；铁磁谐振；系统发生故障；TA 二次开路；TA 末屏接地不良；TV 接地端接触不良；设备因脏污等原因发生放电；其他因素（如设备外部附件螺钉、螺母松动造成的不正常声响）。

（4）接头发热的检查方法。

1）根据示温蜡片状况进行检查。

2）根据相色漆的变色来判断接头是否发热。

3）观察接头上有无热气流、水蒸气和冒烟现象。

4）观察接头金属的变色。

5）用红外测温仪测量接头温度。

（5）绝缘子裂纹的检查方法。

1）雨后检查水波纹。

2）对着日光检查，绝缘子表面污秽程度越大，其反射光线聚光点的亮度就越暗。

3）用望远镜检查。

4）根据放电声音检查。

（6）断路器液压机构压力的检查判断。液压机构压力表数值应对照温度压力曲线判断是否在规定范围内，同时要与活塞杆和微动开关位置相比较，综合判断。如环境温度高时，压力表读数很高，但活塞杆的位置正常；储压筒活塞密封不严时，氮气或液压油发生内渗，压力表读数和活塞杆的位置也会不一致。

（7）断路器机械位置的检查。应检查分合闸指示器、绝缘拉杆状态是否一致，其相连的运动部件相对位置有无变化。

三、设备巡视的工作流程

1. 做好准备工作

（1）查阅设备缺陷记录、运行日志并检查负荷情况，掌握设备运行状况，对存在缺陷及负荷较大的设备重点巡视。

（2）按照有关规程的要求，佩戴安全防护用品；考虑当时的天气情况，防止高温中暑或低温冻伤。

（3）人员搭配合理，设备分工合理，没有死角。

（4）携带望远镜、测温仪、巡视卡、笔、设备区及配电室钥匙等。

2. 按照规定的巡视路线对设备逐个进行巡视

每个设备应按照巡视指导书（卡）或 PDA 掌上电脑的巡视顺序和项目对各个部位逐项进行巡视，不得有遗漏。对存在缺陷或异常运行的设备巡视时，要重点检查其缺陷或异常有无发展。

变压器的巡视顺序举例：储油柜部分（油位指示器、气体继电器、储油柜及连接管、呼吸器）→变压器本体部分（设备标志牌、压力释放器、油箱、声响、上层油温）→各侧套管及引线（高压侧套管、中压侧套管、低压侧套管、中性点套管及其引线）→冷却系统（散热器、油泵、风扇）→有载调压装置。

3. 巡视中发现缺陷的处理

一般缺陷记录在巡视卡或 PDA 掌上电脑中，巡视完毕按照缺陷报告程序进行汇报。对于严重、危急缺陷，发现后，应立即暂停巡视，报告值班负责人，由值班负责人汇报调度及工区，并根据缺陷严重程度采取适当措施，防止发生事故。紧急处理完毕，应该从中断的地方开始继续巡视。

4. 巡视结果记录

巡视完毕，将巡视结果汇报值班负责人，必要时值班负责人应对存在缺陷设备进行复查，确认是否构成缺陷以及严重程度。

四、设备巡视的安全要求

1. 设备巡视的危险点分析

设备巡视时应严格遵守《国家电网公司电力安全工作规程》（变电部分）和相关规程制度的要求。巡视前针对巡视内容、天气情况、设备运行状况进行危险点分析。设备巡视过程中可能存在的危险点综合如下：

（1）人员触电。擅自打开设备网门、跨越遮栏与带电设备安全距离不够；误登、误碰带电设备；高压设备发生接地时，保持距离不够或接触设备外壳、架构。

（2）碰伤、摔伤。登高检查设备时，感应电造成人员失去平衡；夜间巡视，人员碰伤、摔伤、踩空。

（3）其他人身伤害。检查设备气泵、油泵等部件时，电机突然启动，转动装置伤人；雷雨天气，靠近避雷器和避雷针，造成人员伤亡；不戴安全帽、不按规定着装或使用不合格的安全工器具，在突发事件时失去保护；巡视 SF_6 设备时，未按规定进行，造成气体中毒；生产现场安全措施不规范，如警告标示不齐全、孔洞封锁不良、带电设备隔离不符合要求，造成人员伤害；人员身体状况不适，思想波动，造成人身伤害。

（4）设备误动。开、关保护屏门，振动过大，造成设备误动作；在保护室使用移动通信工具，造成保护误动。

（5）造成安全隐患。擅自改变检修设备状态，变更工作地点的安全措施；发现缺陷及异常单人处理，未及时汇报；随意动用万能解锁钥匙；进出高压室，未随手关门，造成小动物进入。

（6）巡视质量不高。未按照巡视路线巡视，造成巡视不到位，漏巡视；人员身体状况不适、思想波动，造成巡视质量不高。

2. 设备巡视的安全措施和注意事项

（1）经本单位批准允许单独巡视高压设备的人员巡视高压设备时，不得进行其他工作（发现缺陷及异常，应及时汇报，不得单人处理），不得移开或越过遮栏。

（2）雷雨天气，需要巡视室外高压设备时，应穿绝缘靴，并不得靠近避雷器和避雷针。

（3）高压设备发生接地时，室内不得接近故障点 4m 以内，室外不得接近故障点 8m 以内。进入上述范围人员应穿绝缘靴，接触设备外壳和架构时，应戴绝缘手套。

（4）巡视配电装置，进出高压室，应随手关门，并检查防鼠门良好。

（5）进入设备区，应戴安全帽，并按规定着装，巡视前检查所使用的安全工器具完好。

（6）夜间巡视，应开启设备区照明，熄灯夜巡应带照明工具。

（7）按照规定的巡视路线进行巡视，防止漏巡。

（8）登高检查设备时做好有感应电的思想准备，不得单人进行登高或登杆巡视。

（9）巡视设备时禁止变更检修现场安全措施，禁止改变检修设备状态。

（10）巡视时严禁触摸油泵、气泵电动机转动部分。

（11）在保护室禁止使用移动通信工具，开、关保护屏门应小心谨慎，防止过大振动。

（12）严格执行“五防”解锁规定，禁止随意动用解锁钥匙。

（13）巡视人员状态应良好，巡视过程中精神集中，不得谈论与巡视无关的事情。

（14）进入 GIS 设备室前应先通风 15min，且无报警信号，确认空气中含氧量不小于 18%，空气中 SF_6 浓度不大于 1000μL/L 后方可进入。

（15）不得单人进入 GIS 设备室进行任何工作，巡视时不要在 GIS 设备防爆膜附近停留，防止压力释放器突然动作，危及人身安全。

（16）在巡视检查中，若遇到 GIS 设备操作，应停止巡视并离开设备一定距离，操作完成后，再继续巡视检查。

（17）巡视时人员站位要合适，室外 SF_6 设备气体泄漏时，应从上风接近检查；避免站在设备压力释放装置所对的方向。

【思考与练习】

1. 说明设备巡视的种类和周期。
2. 设备巡视的一般方法有哪些？
3. 检查接头过热有哪些方法？

模块 2 一次设备的正常巡视（ZY1000202002）

【模块描述】本模块包含变电站主要一次设备的巡视项目和内容。通过要点介绍，能正确进行一次设备的正常巡视。

【正文】

设备巡视的结果是判断设备运行状况的重要依据，因此运行人员必须清楚设备的巡视内容及标准，以便正确判断设备是否处于正常状态。

一、变压器的正常巡视

1. 变压器正常巡视检查内容

（1）变压器的油温和温度计应正常，储油柜的油位应与温度相对应。

（2）变压器各部位无渗油、漏油。

（3）套管油位应正常，套管外部无破损裂纹、无严重油污、无放电痕迹及其他异常现象。

（4）变压器声响均匀、正常。

（5）各冷却器手感温度应相近，风扇、油泵、水泵运转正常，油流继电器工作正常。

（6）吸湿器完好，吸附剂干燥，油封油位正常。

（7）引线接头、电缆、母线应无发热迹象。

（8）压力释放器、安全气道及防爆膜应完好无损。

（9）有载分接开关的分接位置及电源指示应正常。

（10）有载分接开关的在线滤油装置工作位置及电源指示应正常。

（11）气体继电器内应无气体。

（12）各控制箱和二次端子箱、机构箱应关严，无受潮，温控装置工作正常。

（13）各类指示、灯光、信号应正常。

（14）变压器室的门、窗、照明应完好，房屋不漏水，温度正常。

（15）检查变压器各部件的接地应完好。

（16）现场规程中根据变压器的结构特点补充检查的其他项目。

2. 变压器巡视检查的要求

（1）变压器储油柜的油位应与制造厂提供的油温、油位曲线相对应，温度计指示清晰。

1）储油柜如采用玻璃管油位计，储油柜上标有油位监视线，分别表示环境温度为–20、20、40℃时变压器对应的油位；如采用磁针式油位计，在不同环境温度下指针应停留的位置，由制造厂提供的曲线确定。

2）变压器冷却方式不同，其上层油温或温升亦不同，不能只以上层油温不超过规定为标准，而应该根据当时的负荷情况、环境温度以及冷却装置投入的情况等，结合历史数据进行综合判断。就地与远方油温指示应基本一致。绕组温度仅作参考。

3）由于在油温 40℃左右时，油流的带电倾向性最大，因此变压器可通过控制油泵运行数量来尽量避免变压器绝缘油运行在 35～45℃温度区域。

（2）检查变压器有无渗油、漏油，应重点检查变压器的油泵、压力释放阀、套管接线柱、各阀门、隔膜式储油柜等。

1）油泵负压区渗油，容易造成变压器进水受潮和轻瓦斯有气而发信号，且此处渗漏要在停泵状态下才会发现。

2）压力释放阀渗油、漏油，应检查是否动作过。

3）套管接线柱处渗油，应检查外部引线的伸缩条及其热胀冷缩性能。

（3）冷却器组数应按规定投入，分布合理，油泵运转正常，无其他金属碰撞声，无漏油现象，运行中的冷却器的油流继电器应指示在“流动位置”，无颤动现象。

1）油泵及风扇电动机声响是否正常，有无过热现象，风扇叶子有无抖动碰壳现象。

2）冷却器连接管是否有渗漏油。

3）油泵、风扇电动机电缆是否完好。

4）冷却器检查和试验工作以及辅助、备用冷却器运转和信号是否正常，是否按月切换冷却器，是否每季进行一次电源切换并做好记录。

5）运行中油流继电器指示异常时，应检查油流继电器挡板是否损坏脱落。

（4）检查吸湿器，油封应正常，呼吸应畅通，硅胶潮解变色部分不应超过总量的 2/3。运行中如发现上部吸附剂发生变色，应注意检查吸湿器是否上部密封不严。如发现硅胶变色过快，应检查硅胶玻璃罐是否裂纹、破损，油封内是否无油或油位过低，是否安装不当造成密封不良。

（5）有载分接开关操动机构中机械指示器与控制室内分接开关位置指示应一致。三相联动的应确保分接开关位置指示一致。

（6）检查变压器铁芯接地线和外壳接地线应良好，铁芯、夹件通过小套管引出接地的变压器，应将接地引线引至适当位置，以便在运行中监测接地线中是否有环流，当运行中环流异常增长变化，应尽快查明原因，严重时应检查处理并采取措施，如环流超过 300mA 又无法消除时，可在接地回路中串入限流电阻作为临时性措施。

（7）在线监测装置应保持良好状态，并及时对数据进行分析、比较。

（8）事故储油坑的卵石层厚度应符合要求，保持储油坑的排油管道畅通，以便事故发生时能迅速排油。室内变压器应有集油池或挡油矮墙，防止火灾蔓延。

（9）检查灭火装置状态应正常，消防设施应完善。

3. 变压器常见缺陷

（1）本体部分。渗油；调压装置内渗；套管内渗；油位低；呼吸部分堵塞或开放；硅胶受潮变色；接地不良；绝缘油参数有不合格项；设备电气参数有不合格项。

（2）建筑方面。基础酥裂 ；电杆酥裂；门型架构焊接点、挂线点强度低；事故油坑及管道塌陷、酥裂；事故油坑杂物多、踩实。

（3）外接部分。引线过热；引线振动大；挂有杂物；绝缘子表面放电、断裂；铁座酥裂；过压间隙故障。

（4）附件部分。风冷电源故障；风扇电机故障；消防设备管道锈蚀、开裂、压力过高、不建压、不启泵；调压装置电源跳闸、拒调、连调；温度表及传感故障；在线监测故障。

（5）二次部分。电流、电压回路断线、短路，误接线；直流回路接地；定值整定有误；保护投切有误；指示仪表、电能表故障。

二、高压开关设备的正常巡视

1. SF_6封闭组合电器（GIS）的巡视检查项目及标准

（1）标志牌名称、编号齐全、完好，气隔标识清晰。

（2）外观检查无变形、无锈蚀、连接无松动；传动元件的轴、销齐全无脱落、无卡涩；箱门关闭严密；无异常声音、气味；相色标志正确；外部接头无过热。

（3）检查气室压力在正常范围内，断路器、隔离开关、TA、母线每个气隔的SF_6表，必须检查到位，并记录数值及当时的环境温度。若在同一温度下，相邻两次读数的差值达 0.01～0.03MPa 时，应汇报上级，进行检漏或补气。

（4）闭锁完好、齐全、无锈蚀。

（5）断路器、隔离开关、接地刀闸位置指示器与实际运行状态相符。

（6）套管完好，表面清洁，无裂纹、无损伤、无放电现象。

（7）检查避雷器在线监测仪指示正常，并记录泄漏电流值和动作次数。

（8）检查带电显示器指示正确，停电时巡视要对带电显示装置手动测试正常。

（9）防护罩无异样，其释放出口无障碍物，防爆膜无破裂。

（10）汇控柜应检查以下内容：

1）指示正常，与实际位置相符，无异常信号发出。

2）控制方式开关在“远方”位置。

3）操作切换把手与实际运行位置相符。

4）控制、信号电源开关位置正常。

5）连锁位置指示正常。

6）柜内运行设备正常，各继电器接点无抖动现象，无异味。

7）封堵严密、良好，无积水，箱门关闭严密。

8）加热器及驱潮电阻正常，驱潮器应常年投入，采用温湿度控制器控制的加热器也应常年投入。

9）接地线端子紧固，各接线端子无明显松脱现象。

10）天气潮湿季节无凝露现象。

11）呼吸孔应有纱网及防尘棉垫。

12）保护压板实际位置满足运行工况要求。

（11）操动机构箱应检查以下内容：开启灵活，无变形，密封良好，无锈迹、无异味、无凝露；储能电源开关位置正确，弹簧机构储能指示器指示正确；液压机构油箱油位在上下限之间，各部位无渗漏油，压力正常并记录压力值；加热器正常完好，投停正确。

（12）连通阀门均开启，取气阀应关闭。

（13）记录断路器与操动机构动作次数。

（14）线路电压互感器二次开关、熔断器投入完好，二次接线无松脱现象。

（15）出线架构无杂物、无倾斜，安装牢固，接地良好。

（16）接地线、接地螺栓表面无锈蚀，压接牢固。

（17）设备室通风系统运转正常，氧量仪指示大于 18%，SF_6 气体含量不大于 1000μL/L。无异常声音、异常气味等。

（18）基础无下沉、倾斜。

2. SF_6 断路器巡视检查项目及标准

（1）标志牌名称、编号齐全、完好。

（2）套管、绝缘子无断裂、裂纹、损伤、放电现象。

（3）分、合闸位置指示器与实际运行状态相符。

（4）软连接及各导流压接点压接良好，无过热变色、断股现象。

（5）控制、信号电源正常，无异常信号发出。

（6）检查 SF_6 气体压力表或密度表在正常范围内，并记录压力值。

（7）端子箱电源开关完好，名称标志齐全，封堵良好，箱门关闭严密。

（8）各连杆、传动机构无弯曲、变形、锈蚀，轴销齐全。

（9）接地螺栓压接良好，无锈蚀。

（10）基础无下沉、倾斜。

3. 油断路器巡视检查项目及标准

（1）标志牌名称、编号齐全、完好。

（2）本体无油迹、无锈蚀、无放电、无异音。

（3）套管、绝缘子完好，无断裂、裂纹、损伤、放电现象。

（4）引线连接部位无发热、变色现象。

（5）放油阀关闭严密，无渗漏。

（6）检查油位在正常范围内，油色正常。

（7）位置指示器与实际运行状态相符。

（8）连杆、转轴、拐臂无裂纹、变形。

（9）端子箱电源开关完好，名称标志齐全，封堵良好，箱门关闭严密。

（10）接地螺栓压接良好，无锈蚀。

（11）基础无下沉、倾斜。

4. 真空断路器巡视检查项目及标准

（1）标志牌名称、编号齐全、完好。

（2）灭弧室无放电、无异音、无破损、无变色。

（3）绝缘子无断裂、裂纹、损伤、放电等现象。

（4）绝缘拉杆完好，无裂纹。

（5）各连杆、转轴、拐臂无变形、无裂纹，轴销齐全。

（6）引线连接部位接触良好，无发热、变色现象。

（7）位置指示器与实际运行状态相符。
（8）端子箱电源开关完好，名称标志齐全，封堵良好，箱门关闭严密。
（9）接地螺栓压接良好，无锈蚀。
（10）基础无下沉、倾斜。
5. 开关柜设备巡视检查项目及标准
（1）标志牌名称、编号齐全、完好。
（2）外观检查无异音、无过热、无变形等异常。
（3）表计指示正常。
（4）操作方式切换开关正常在“远控”位置。
（5）操作把手及闭锁位置正确、无异常。
（6）高压带电显示装置指示正确。
（7）位置指示器指示正确。
（8）电源小开关位置正确。
6. 液压操动机构巡视检查项目及标准
（1）机构箱开启灵活无变形，密封良好，无锈迹、无异味、无凝露等。
（2）计数器动作正确并记录动作次数。
（3）储能电源开关位置正确。
（4）机构压力正常，油箱油位在上下限之间，油箱、油泵、油管及接头无渗漏油。
（5）行程开关无卡涩、变形，活塞杆、工作缸无渗漏。
（6）加热器、除潮器正常完好，投、停正确。
7. 弹簧机构巡视检查项目及标准
（1）机构箱开启灵活、无变形，密封良好，无锈迹、无异味、无凝露等。
（2）储能电源开关位置正确，储能电机运转正常，储能指示器指示正确。
（3）行程开关无卡涩、变形。
（4）分、合闸线圈无冒烟、异味、变色。
（5）弹簧完好、正常。
（6）二次接线压接良好，无过热变色、断股现象。
（7）加热器、除潮器正常完好，投、停正确。
8. 电磁操动机构巡视检查项目及标准
（1）机构箱开启灵活、无变形，密封良好，无锈迹、无异味、无凝露等。
（2）合闸电源开关位置正确，合闸熔断器完好，规格符合标准。
（3）分、合闸线圈无冒烟、异味、变色，合闸接触器无异味、变色。
（4）直流电源回路端子无松动、锈蚀。
（5）二次接线压接良好，无过热、变色、断股现象。
（6）加热器、除潮器正常完好，投、停正确。
9. 气动机构巡视检查项目及标准
（1）机构箱开启灵活、无变形，密封良好，无锈迹、无异味。
（2）压力表指示正常，并记录实际值。
（3）储气罐无漏气，并按规定放水，接头、管路、阀门无漏气现象。
（4）空压机运转正常，计数器动作正常并记录次数。
（5）加热器、除潮器正常完好，投、停正确。
10. 隔离开关的巡视检查项目及标准
（1）标志牌名称、编号齐全、完好。
（2）绝缘子清洁，无破裂、无损伤放电现象，防污闪措施完好。
（3）触头接触良好，无过热、变色及移位等异常现象；动触头的偏斜不大于规定数值。接点压接良好，无过热现象，引线弛度适中。

（4）连杆无弯曲，连接无松动、无锈蚀，开口销齐全；轴销无变位脱落、无锈蚀、润滑良好；金属部件无锈蚀、无鸟巢。

（5）法兰连接无裂痕，连接螺钉无松动、锈蚀、变形。

（6）接地刀闸位置正确，弹簧无断股、闭锁良好，接地杆的高度不超过规定数值；接地引下线完整，可靠接地。

（7）机械闭锁装置完好、齐全，无锈蚀、变形。

（8）操动机构密封良好，无受潮。

（9）应有明显的接地点，且标志色醒目。螺栓压接良好，无锈蚀。

11. 高压开关设备的常见缺陷

（1）断路器本体。非全相动作；渗油；油位高、低；断路器动作时喷火、喷油；SF_6气体压力低；漏气。

（2）操动机构。机构电源故障；机构储能故障；机构加热、驱潮电源故障，加热器、驱潮器损坏；防热设备损坏；机构压力表（上、下限）整定有误；渗漏；长时打压及打压频繁；防过压装置动作。

（3）断路器二次。控制、信号、电流、电压回路断线、短路，误接线；直流回路接地、串电；定值整定有误；保护投切有误；指示仪表、电能表故障（指示不准、反起）；与辅助开关动作不同期。

（4）断路器附件。应有的电气联锁、闭锁等五防不健全；安全距离不足；机构箱、端子箱不严，凝露；标志及色标不健全。

（5）隔离开关。接触面啮合不良；传动机构卡涩、轴承锈蚀、齿轮错位；合时不过支点、分时不到位；与辅助开关动作不同期；应有的电气联锁、闭锁不健全；安全距离不足；接地不良；标志及色标不健全。

三、互感器的正常巡视

1. 互感器的巡视项目及要求

（1）设备外观完整无损。

（2）引线无松股、断股和弛度过紧、过松现象，接头接触良好，无松动、发热或变色现象。

（3）外绝缘表面清洁，无裂纹及放电现象。

（4）金属部位无锈蚀，底座、支架牢固，无倾斜变形。

（5）架构、遮栏、器身外涂漆层清洁，无爆皮掉漆。

（6）无异常震动、声音及异味。

（7）瓷套、底座、阀门和法兰等部位应无渗、漏油现象。

（8）电压互感器端子箱熔断器和二次空气开关正常。

（9）电流互感器端子箱引线端子无松动、过热、打火现象。

（10）油色、油位正常。

（11）防爆膜无破裂。

（12）吸湿器硅胶无受潮变色。

（13）金属膨胀器膨胀位置指示正常，无渗漏。

（14）各部位接地可靠。

（15）电容式电压互感器二次电压（包括开口三角形电压）无异常波动。

（16）安装有在线监测的设备应有维护人员每周对在线监测数据查看一次，以便及时掌握电压互感器的运行状况。

（17）SF_6气体绝缘电流互感器除与油浸式互感器相关项目相同外，尚应注意检查项目如下：压力表指示应在正常规定范围，无漏气现象，密度继电器正常；复合绝缘套管表面清洁、完整，无裂纹、无放电痕迹、无老化迹象，憎水性良好。

（18）树脂浇注互感器无过热，无异常振动及声响；无受潮，外露铁芯无锈蚀；外绝缘表面无积灰、粉蚀、开裂，无放电现象。

2. 互感器常见缺陷

（1）电流互感器。渗油；过热；油位高、低；电流回路断线、短路，误接线；无接地点；呼吸部分堵塞或开放；硅胶失效；膨胀器电晕放电。

（2）电压互感器。渗油；油位高、低；电压回路断线、短路，误接线；无接地点；电容式电压互感器二次电压偏高或偏低。

四、防雷设备的正常巡视

1. 避雷器正常巡视项目及内容

（1）检查瓷套表面积污程度，应无放电现象，瓷套、法兰无裂纹、破损。

（2）避雷器内部无异常声响。

（3）与避雷器、计数器连接的导线及接地引下线无烧伤痕迹或断股现象，接地良好。

（4）检查避雷器放电计数器指示数应正常，并做好记录，计数器内部应无积水。

（5）对带有泄漏电流在线监测装置的避雷器检查泄漏电流的变化情况并记录数值。

（6）避雷器引线无松股、断股和弛度过紧、过松现象，接头无松动、发热或变色现象。

（7）带串联间隙的金属氧化物避雷器或串联间隙与原来位置不发生偏移。

（8）避雷器均压环不歪斜。

（9）低式布置的避雷器，遮栏内应无杂草。

2. 避雷针检查

独立避雷针、构架或建筑物避雷针不歪斜、无锈烂，连接处无脱焊、开裂或法兰螺钉松动的现象，避雷针接地良好，接地引下线无断裂及锈蚀现象。

3. 防雷设备的常见缺陷

（1）避雷针。锈蚀；基础酥裂 ；5m 内堆放易燃易爆物品；1m 内有其他设备；所附线路、接线无护管（一般不允许避雷针上附有其他线路，如用避雷针做照明的支撑，必须用铁管保护）；接地电阻不合格。

（2）避雷器。锈蚀；铁座酥裂；电气参数（耐压、泄漏）不合格；泄漏电流超标；均压环歪斜；爆炸或压力释放；地线锈蚀；接地电阻不合格。

五、补偿装置的正常巡视

1. 消弧线圈装置的正常巡视

（1）设备外观完整无损。

（2）引线接触良好，接头无松动、发热、变色现象，电缆、母线无发热迹象。

（3）外绝缘表面清洁，无裂纹及放电现象。

（4）接地良好，金属部位无锈蚀，底座、支架牢固，无倾斜变形。

（5）干式消弧线圈表面平整，无裂纹和受潮现象。

（6）无异常震动、声音及异味。

（7）储油柜、绝缘子、套管、阀门、法兰、油箱应完好，无裂纹和漏油。

（8）阻尼电阻端子箱内所有熔断器和二次空气开关正常。

（9）阻尼电阻箱内引线端子无松动、过热、打火现象。

（10）设备的油温和温度计应正常，储油柜的油位应与温度相对应，各部位无渗油、漏油。

（11）各控制箱和二次端子箱应关严，无受潮。

（12）吸湿器完好，吸湿剂干燥。

（13）各表计指示准确，中性点电压位移在规定范围内。

（14）对调匝式消弧线圈，人为调节一挡分接头，检验有载开关动作是否正常。

2. 高压并联电容器组的正常巡视内容及标准

（1）瓷绝缘应无破损裂纹、放电痕迹，表面清洁。

（2）母线及引线无过紧、过松现象，设备连接处无松动、过热。

（3）设备外表涂漆应无变色，电容器外壳无鼓肚、膨胀变形，接缝无开裂、渗漏油现象，内部无异声，外壳温度不超过 50℃。

（4）电容器编号正确，各接头无发热现象。

（5）熔断器、放电线圈、接地装置完好，接地引线无锈蚀、断股。

（6）电容器室干净整洁，照明通风良好，室温不超过 40℃或低于–25℃。门窗关闭严密。

（7）电缆挂牌齐全完整，内容正确，字迹清楚。电缆外皮无损伤，支撑牢固，电缆和电缆头无渗油漏胶，无发热放电、火花放电等现象。

（8）电容器三相电流应平衡，运行电压和电流不超过规定值。

（9）串联电抗器附近无磁性杂物存在，油漆无脱落，线圈无变形，无放电及焦味，撑条无错位，无异常振动和声响；油电抗器无渗漏油。

3. 静止无功补偿装置（SVC）

（1）套管、绝缘子、瓷柱等瓷质表面应清洁，无损坏、裂纹、烧痕、放电现象。

（2）设备温度应正常，无异音、冒烟、过热、变色等现象。

（3）导线驰度合适，无挂落杂物，无烧伤断股及接点发热现象。

（4）设备各部螺栓连接应可靠、不松动，垫圈齐全。

（5）室外电缆穿线管管口应密封良好，管内应无积水及冰冻现象。分线箱电缆孔应封闭良好，分线箱门应关好。箱内应保持干燥和清洁。

（6）阀体管路无冷却水渗漏，无异常声响，各电气连接点及阀元件本体温度正常，阀室内空调工作正常。

（7）水机各部件工作正常，管路无漏水。控制箱门应关好，装置平台清洁，无杂物，无积水。

4. 常见缺陷

（1）电容器组。渗油；过热；熔丝熔断；外壳变形；对某次谐波有放大。

（2）电抗器。过热；震动大；噪声大；接地不良（接地有环路）；表面有裂痕、闪络、龟裂、暴皮、鼓包；撑条错位；周围有杂物；与电容器不匹配（对某次谐波谐振）。

（3）消弧线圈。渗油；过热；吸潮剂变色；中性点电压超过规定。

六、母线的巡视

1. 软母线

（1）导线应无断股、松股、闪络烧伤、晃荡、锈蚀和弛度过紧过松现象。导线表面无麻面、毛刺、发热和变色现象，母线上无悬挂物。

（2）母线绝缘子无裂缝、破损，无放电及闪络痕迹，外观清洁，导线和金具在晴天时无可见电晕。

（3）线夹接头应紧固，无发热、变色、锈蚀、移动和变形现象。

（4）母线架构接地良好，接地引下线（排）无断裂及锈蚀现象。

（5）周围环境无杂草堆、塑料带等受风易飘的杂物。

2. 硬母线

（1）母线支持绝缘子应无裂缝、破损，无放电及闪络痕迹，外观清洁。

（2）母线各连接处接头螺钉无松动，无发热、变色或示温蜡片熔化及相色漆变色等现象，伸缩节应完好，无断裂、过热现象。

（3）母线排夹头不松动，母线排无异常放电声及振动声。

（4）连接两段母线的穿墙套管、与母线隔离开关相连的套管应无裂纹、破损，无放电及闪络痕迹，外观清洁，穿墙套管接头无发热、变色或示温蜡片熔化等现象。

（5）母线排及至回路设备的引排应平整无变形，相色漆清晰，无开裂、起层现象。

3. 常见缺陷

振动（风偏）大；挂有杂物（冰挂）；悬垂串卡簧、开口销锈蚀、脱落；硬母线软联断片。

七、高频通道设备的巡视

1. 阻波器

（1）检查导线应无断股，接头无过热，螺钉无松动。

（2）安装应牢固，无较大摆动。

（3）阻波器应无变形，内部无鸟巢和其他外物。

（4）阻波器上部与导线间的绝缘子应清洁，销子、螺钉应紧固。

（5）支柱式阻波器支持绝缘子无裂缝、破损，无放电及闪络痕迹，外观清洁，安装牢固，底架接地良好。

2. 耦合电容器

（1）引线应牢固，无断股、松股现象，接地应良好；接地刀闸位置正确（正常应在拉开位置）；支持绝缘子清洁，无裂纹。

（2）接头无松动、发热或变色现象。

（3）套管无裂缝、破损，无放电及闪络痕迹，外观清洁。

（4）耦合电容器运行无异声，不允许有渗油现象（耦合电容器渗油为紧急缺陷）。

3. 常见缺陷

（1）阻波器。挂点强度低；挂点螺钉退扣；风偏大；内部避雷器损坏；表面有龟裂、脱皮。

（2）耦合电容器。渗油；电压抽取装置、结合滤波器等辅件损坏；接线不规范；引线螺钉退扣。

八、电力电缆的正常巡视

1. 电力电缆巡视项目

（1）检查电缆及终端盒应无渗漏油，绝缘胶无软化溢出。

（2）对电缆中间头进行外观检查，表面不应有破损情况，运行温度不得超过规定的允许值。

（3）绝缘子清洁完整，无裂纹及闪络痕迹，引线接头完好，无发热现象。

（4）外露电缆的外皮完整，支撑牢固，外皮接地良好。

（5）对敷设在地下的电力电缆，查看路面应正常，无挖掘痕迹，路线标志完整，线路上不应堆置瓦砾、建筑材料、酸碱性物质等杂物。

2. 常见缺陷

渗油；接头过热；走径上堆放杂物；接地不良；缆头爆裂；无护管；标志、警告不全。

九、交接班检查

交接班时除了按正常巡视内容检查设备外，还应进行以下工作：

（1）查阅上次交班到本次接班的运行日志和有关记录，核对运行方式变化情况和负荷潮流情况。

（2）核对一次模拟图板，检查操作票的执行情况，对上值操作过的设备和保护压板要进行现场检查核对。

（3）了解设备缺陷及异常情况，对存在缺陷的设备，检查其缺陷是否有发展的趋势。

（4）检查试验中央信号及各种信号灯，综合自动化站应检查监控系统通信状态、光字信息并进行音响试验。

（5）了解工作票的执行情况，了解使用中的工作票和设备检修情况，检查设备上的临时安全措施是否完整，核对接地线编号和装设地点。

（6）了解直流系统的运行方式、充电电流和绝缘情况。

（7）检查各种记录、图表、技术资料以及安全工器具、仪器仪表、备品备件应齐全。

（8）检查室内外卫生。

（9）检查防误系统正常。

十、防小动物措施的检查

（1）设备的遮栏底部应采取封堵或增加护网。

（2）各设备室的门窗应完好严密，出入时随时关门。

（3）设备室通往室外的电缆沟、道应严密封堵，因施工拆动后及时堵好。

（4）各设备室搁放鼠药或捕鼠器械。

（5）配电室、电缆层室、蓄电池室出入门应有防小动物挡板。

【思考与练习】

1. 变压器油泵负压区发生渗漏有何危害？
2. GIS 设备室对含氧量及 SF_6 含量的要求有哪些？
3. 液压操动机构各行程开关的作用是什么？
4. 哪些原因可能会造成电容式电压互感器二次电压偏高？
5. 哪些原因会造成避雷器泄漏电流异常？
6. 电容器运行中的电压、电流不能超过的限值是多少？

模块 3 二次设备的巡视及运行维护（ZY1000202003）

【模块描述】本模块包含二次设备的巡视、运行维护项目和内容。通过要点介绍，能正确进行二次设备的正常巡视，并进行缺陷定性。

【正文】

一、二次设备的巡视检查项目

（1）检查继电保护及二次回路各元件应接线紧固，无过热、异味、冒烟现象，标识清晰准确，继电器外壳无破损，接点无抖动，内部无异常声响。

（2）检查交直流切换装置工作正常。

（3）检查继电保护及自动装置的运行状态、运行监视（包括液晶显示及各种信号灯指示）正确，无异常信号。

（4）检查继电保护及自动装置屏上各小开关、切换把手的位置正确。

（5）检查继电保护及自动装置的压板投退情况符合要求，压接牢固，长期不用的压板应取下。

（6）检查高频通道测试数据应正常。

（7）检查记录有关继电保护及自动装置计数器的动作情况。

（8）检查屏内 TV、TA 回路无异常。

（9）检查微机保护的打印机运行正常，不缺纸，无打印记录。

（10）检查微机保护装置的定值区位和时钟正常。

（11）检查电能表指示正常，与潮流一致。

（12）检查试验中央信号正常，无光字、告警信息。

（13）检查控制屏各仪表指示正常，无过负荷现象，母线电压三相平衡、正常，系统频率在规定的范围内。

（14）检查控制屏各位置信号正常。

（15）检查变压器远方测温指示和有载调压指示与现场一致。

（16）检查保护屏、控制屏下电缆孔洞封堵严密。

二、继电保护及自动装置的运行维护

（1）应定期对微机保护装置进行采样值检查、可查询的开入量状态检查和时钟校对，检查周期一般不超过一个月，并应做好记录。

（2）每年按规定打印一次全站各微机型保护装置定值，与存档的正式定值单核对，并在打印定值单上记录核对日期、核对人，保存该定值直到下次核对。

（3）应每月检查打印纸是否充足、字迹是否清晰，负责加装打印纸和更换打印机色带。

（4）加强对保护室空调、通风等装置的管理，保护室内相对湿度不超过 75%，环境温度应在 5～30℃范围内。

（5）应按规定进行专用载波通道的测试工作。

1）有人值守站按规定时间（该时间由本单位排定，线路两端一般应错开 4h 以上）进行一次通道测试，并填写记录，记录数据应包括天气、收发信信号灯、电平指示、告警灯等内容。

2）无人值守站通过监控中心每日进行远方测试。运行人员对变电站进行常规巡视检查时，应进

行一次各线路专用载波通道的测试，并做好记录。

3）无论是否有人值守，在下列情况下应增加一次通道测试：

① 开关转代及恢复原开关运行时，对转代线路。

② 线路停电转运行时，对本线路。

③ 保护工作完毕投入运行时，对本线路。

4）天气情况恶劣（大雾或线路覆冰）时，通道测试工作由24h一次改为4h一次，直至天气状况恢复且通道测试正常。

三、二次设备的缺陷分类

发现缺陷后，运行人员应对缺陷进行初步分类，根据现场规程进行应急处理，并立即报告值班调度及上级管理部门。

设备缺陷按严重程度和对安全运行造成的威胁大小，分为危急、严重、一般三类。

1. 危急缺陷

危急缺陷是指性质严重，情况危急，直接威胁安全运行的隐患，应当立即采取应急措施，并尽快予以消除。

一次设备失去主保护时，一般应停运相应设备；保护存在误动风险，一般应退出该保护；保护存在拒动风险时，应保证有其他可靠保护作为运行设备的保护。以下缺陷属于危急缺陷：

（1）电流互感器回路开路。

（2）二次回路或二次设备着火。

（3）保护、控制回路直流消失。

（4）保护装置故障或保护异常退出。

（5）保护装置电源灯灭或电源消失。

（6）收发信机运行灯灭、装置故障、裕度告警。

（7）控制回路断线。

（8）电压切换不正常。

（9）电流互感器回路断线告警、差流越限，线路保护电压互感器回路断线告警。

（10）保护开入异常变位，可能造成保护不正确动作的。

（11）直流接地。

（12）其他威胁安全运行的情况。

2. 严重缺陷

严重缺陷是指设备缺陷情况严重，有恶化发展趋势，影响保护正确动作，对电网和设备安全构成威胁，可能造成事故的缺陷。

严重缺陷可在保护专业人员到达现场进行处理时再申请退出相应保护。缺陷未处理期间，运行人员应加强监视，保护有误动风险时应及时处置。以下缺陷属于严重缺陷：

（1）保护通道异常，如3dB告警等。

（2）保护装置只发告警或异常信号，未闭锁保护。

（3）录波器装置故障、频繁启动或电源消失。

（4）保护装置液晶显示屏异常。

（5）操作箱指示灯不亮，但未发控制回路断线信号。

（6）保护装置动作后报告打印不完整或无事故报告。

（7）就地信号正常，后台或中央信号不正常。

（8）切换灯不亮，但未发电压互感器断线告警。

（9）母线保护隔离开关辅助接点开入异常，但不影响母线保护正确动作。

（10）无人值守变电站保护信息通信中断。

（11）频繁出现又能自动复归的缺陷。

（12）其他可能影响保护正确动作的情况。

3. 一般缺陷

一般缺陷是指上述危急、严重缺陷以外的，性质一般，情况较轻，保护能继续运行，对安全运行影响不大的缺陷。以下缺陷属于一般缺陷：

（1）打印机故障或打印格式不对。

（2）电磁继电器外壳变形、损坏，不影响内部。

（3）GPS 装置失灵或时间不对，保护装置时钟无法调整。

（4）保护屏上按钮接触不良。

（5）有人值守变电站保护信息通信中断。

（6）能自动复归的偶然缺陷。

（7）其他对安全运行影响不大的缺陷。

【思考与练习】

1. 如何检查电压切换是否正常？
2. 如何判别保护装置是否正常？

模块 4　站用交、直流系统的巡视及维护（ZY1000202004）

【模块描述】本模块包含站用交、直流系统的巡视、运行维护项目和内容。通过要点介绍，能正确进行站用交、直流系统的巡视和运行维护。

【正文】

变电站交、直流系统包括站用电交流系统、直流系统、交流不间断电源系统。

一、站用电交流系统的巡视与维护

站用电交流系统是指从站用变压器低压出线套管开始的低压接线系统，包括站用电母线及其母线上连接的各回路。站用电交流系统为主变压器提供冷却、调压电源及消防水喷淋电源，为断路器提供储能、加热、驱潮电源，为隔离开关提供操作电源，为直流系统提供变换用电源，还提供站内的照明、检修电源及生活用电，所以对变电站的安全运行起着很重要的作用。

1. 站用变压器的巡视检查项目及要求

（1）高压进线穿墙套管及站用变压器各侧套管无裂纹及放电闪络痕迹，无破损现象，外观清洁。

（2）高压进线穿墙套管及站用变压器各侧套管接头不松动，无发热、变色现象，示温蜡片无融化现象。

（3）高压熔丝无熔断现象，支柱绝缘子无裂纹和放电痕迹，无破损现象，外观清洁。

（4）运行声音正常，无杂音或不均匀的放电声。

（5）储油柜油位正常，油色应为透明的淡黄色，油位计无破损，没有影响察看油位的油垢。

（6）本体及各个部件无渗漏油现象。

（7）外壳接地良好，无断裂、锈蚀现象。

（8）限流电阻瓷套无裂纹及放电痕迹，无破损现象，外观整洁。

（9）气体继电器无气体、漏油现象。

（10）呼吸器的硅胶不变色（变色不超过 2/3），硅胶罐无破损，油位正常。

（11）散热片无碰瘪现象。

（12）调压装置电源指示正常，分接头指示与实际相符，运行电压在正常范围内；调压机构清洁，无渗漏油，电缆完好，无破损及腐蚀现象。

2. 380/220V 系统的巡视检查及运行维护

（1）切换检查母线电压正常，负荷分配正常。

（2）检查站用电系统的控制屏、电源箱、动力箱铭牌必须齐全正确；回路中所有小开关、小刀闸及熔断器也必须有相应的铭牌，熔断器必须标明熔丝的容量；刀闸灭弧罩齐全。

（3）低压配电屏上各低压断路器、隔离开关接触良好，无发热现象，低压断路器位置指示正确；

无异音、异味；低压熔断器接触良好，无熔断，容量符合负荷要求；低压电缆接头良好，无发热现象；电缆孔洞封堵严密。

（4）低压母线伸缩接头应无松动、断片，接头线夹无变色、氧化、发热变红等现象。

（5）两台站用变压器低压侧分列运行时，严禁在低压回路环路运行。

（6）生活及检修用电必须有漏电保护器并定期进行测试。

（7）定期对站用变压器及其回路设备接点进行红外测温工作。

（8）站用电系统回路要有熔丝配置表，各类熔丝要有一定数量的备品。

（9）负荷有双电源可切换的，应定期进行切换试验。

（10）变电站内要有正确的站用电系统一次模拟图，健全站用电回路的图纸、资料、说明书、设备台账。

（11）运行人员利用站用变压器停电机会，进行站变室清扫。

二、直流系统的巡视及运行维护

直流系统由充电机、蓄电池组、馈线屏、监测装置等组成。

1. 直流系统的运行维护

（1）蓄电池的运行维护。

1）防酸蓄电池组。

① 正常应以浮充电方式运行，浮充电压值一般应控制为（2.15～2.17）V×*N*（*N* 为电池个数）。GFD 防酸蓄电池组浮充电压值应控制在 2.23V×*N*。

② 在正常运行中主要监视端电压值、单体蓄电池电压值、电解液液面高度、电解液密度、电解液温度、蓄电池室温度、浮充电流值等。

③ 长期处于浮充电运行状态的防酸蓄电池会使内阻增加，容量降低。应定期进行核对性放电，可使蓄电池极板有效物质得到活化，容量得到恢复，使用寿命得到延长。

④ 典型蓄电池密度和电压的测量，有人值班变电站每周至少一次，无人值班变电站每月至少一次；蓄电池组单体电压和电解液密度的测量，变电站每月最少一次，测量应填写记录，并记下环境温度。

⑤ 运行中电解液的液面高度应保持在高位线和低位线之间，当液面低于低位线时，应及时补充蒸馏水。调整电解液密度时，应在蓄电池组完全充电后进行。

2）阀控蓄电池组。

① 正常应以浮充电方式运行，浮充电压值应控制为（2.23～2.28）V×*N*，一般宜控制在 2.25 V×*N*（25℃时）。

② 运行中的阀控蓄电池组主要监视蓄电池组的端电压值、浮充电流值、每只单体蓄电池的电压值、运行环境温度、蓄电池组及直流母线的对地电阻值和绝缘状态等。

③ 备用搁置的阀控蓄电池，每 3 个月进行一次补充充电。

④ 根据现场实际情况，应定期对阀控蓄电池组进行外壳清洁工作。

3）蓄电池室的温度宜保持在 5～30℃，最高不应超过 35℃，并通风良好。

4）蓄电池室应照明充足，并应使用防爆灯；凡安装在台架上的蓄电池组，应有防震措施。

5）应定期检查蓄电池室调温设备及门窗情况。每月应检查蓄电池室通风、照明及消防设施。

（2）充电装置的运行维护。

1）应定期对充电装置进行如下检查：交流输入电压、直流输出电压、直流输出电流等各表计显示是否正确，运行噪声有无异常，各保护信号是否正常，绝缘状态是否良好。

2）当交流电源中断不能及时恢复，使蓄电池组放出容量超过其额定容量的 20%及以上时，在恢复交流电源供电后，应立即手动或自动启动充电装置，按照制造厂规定的正常充电方法对蓄电池组进行补充充电，或按恒流限压充电—恒压充电—浮充电方式对蓄电池组进行充电。

3）当微机监控装置故障时，若有备用充电装置，应先投入备用充电装置，并将故障装置退出运行。无备用充电装置时，应启动手动操作，调整到需要的运行方式，并将微机监控装置退出运行，经检查修复后再投入运行。

2. 直流系统的正常巡视检查项目

（1）蓄电池室通风、照明及消防设备完好，温度符合要求，无易燃、易爆物品。

（2）蓄电池组外观清洁，无短路、接地。

（3）各压板连接牢靠无松动，端子无生盐，并涂有中性凡士林。

（4）蓄电池外壳无裂纹、漏液，呼吸器无堵塞，密封良好，电解液液面高度在合格范围内。

（5）蓄电池极板无龟裂、弯曲、变形、硫化和短路，极板颜色正常，无欠充电、过充电，电解液温度不超过35℃。

（6）典型蓄电池电压、密度在合格范围内。

（7）充电装置交流输入电压、直流输出电压、电流正常，表计指示正确，保护的声、光信号正常，运行声音无异常。

（8）直流控制母线、动力母线电压值在规定范围内，浮充电流值符合规定。

（9）直流系统的绝缘状况良好。

（10）各支路的运行监视信号完好、指示正常，熔断器无熔断，自动空气开关位置正确。

3. 直流系统的特殊巡视检查

（1）新安装、检修、改造后的直流系统投运后，应进行特殊巡视。

（2）蓄电池核对性充放电期间应进行特殊巡视。

（3）直流系统出现交流失压、直流失压、直流接地、熔断器熔断等异常现象处理后，应进行特殊巡视。

（4）出现自动空气开关脱扣、熔断器熔断等异常现象后，应巡视保护范围内各直流回路元件有无过热、损坏和明显故障现象。

三、交流不间断电源系统的巡视与维护

交流不间断电源系统是指站用电失压后能继续不间断供电的交流源，包括各种用途的UPS和逆变装置。变电站未设置电力专用UPS之前，交流不间断电源系统指所有分散的普通UPS及用于照明或其他用途的逆变。

（1）电力专用UPS工作方式。正常时，由站用电交流电源输入，经装置内部整流和逆变电路输出高品质交流电；站用电消失或异常时，由变电站直流系统作输入，经装置逆变后输出交流电。

（2）普通UPS工作方式。交流电源经过UPS内部整流，一方面给蓄电池（装置自带）充电，另一方面又给逆变器供电。一旦交流断电，则自动由蓄电池向逆变器供电，输出交流从而保证对重要负载的不间断供电。

（3）逆变工作方式。正常时，交流电经装置直接输出；交流电消失或异常时，由蓄电池向逆变器供电，输出交流。

1. UPS的巡视检查

（1）检查UPS电源交流输出电压表、交流输出电流表指示正常。

（2）开关、把手位置符合运行要求，设备无异常音响，运行状况良好。

（3）液晶面板显示电压、负载情况正常。

（4）对UPS装置的告警信号应加强监视，如有异常，及时上报有关部门。

2. UPS的停送电操作

UPS工作电源回路接线见图ZY1000202004-1。

（1）正常运行时UPS转维修，由旁路供电操作方法。

1）合上旁路直通开关。

2）操作按键“OFF”转为自动旁路直通供电。

3）用万用表测维修旁路开关两侧电压是否相位相同。

4）如果相位相同即可合上维修开关。

5）断开输出开关。

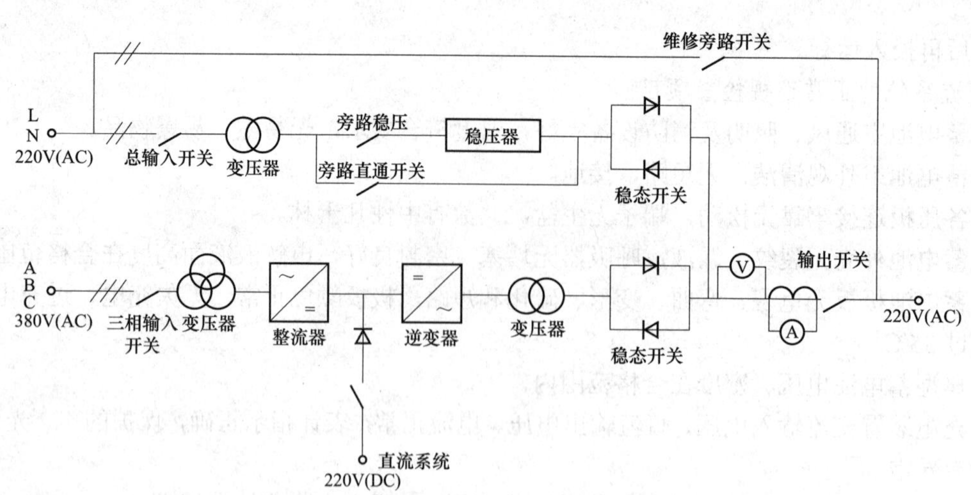

图 ZY1000202004-1 UPS 工作电源回路接线

6）断开其他开关（直流、三相交流输入、旁路主输入及旁路稳压开关、旁路直通开关）。此时，只有交、直流输入端子排和交流输出负载开关及其输出端子排有电压，可以在此不停电状况下对 UPS 主体维修。

（2）UPS 维修后，由旁路开关供电方式转正常方式操作方法。

1）合上旁路主输入开关。

2）合上旁路直通开关，等待风扇启动（自动旁路有输出）。

3）合上总输出开关，断开维修旁路开关（负荷由自动旁路的直通供电）。

4）合上三相主输入开关，等待整流启动，前面板液晶屏亮。

5）操作“ON”，启动逆变器，等待同步后自动转为逆变器供电。

6）合上直流系统输入开关。

7）断开旁路直通开关，合上旁路稳压开关。

【思考与练习】

1. 站用电交流系统的作用是什么？

2. 运行中的阀控蓄电池组主要监视哪些项目？

3. UPS 的作用是什么？

模块 5 防误装置的检查及运行规定（ZY1000202005）

【模块描述】本模块包含防误装置的分类、检查项目及运行规定。通过各种类型防误装置的介绍，掌握防误装置检查内容及运行要求。

【正文】

防止电气误操作装置（简称防误装置）是防止运行人员发生电气误操作的有效技术措施，做好防误装置的运行管理工作，能有效控制电气误操作事故的发生。

一、防误装置的功能

防误装置应实现以下“五防”功能：

（1）防止误分、误合断路器。

（2）防止带负荷拉、合隔离开关。

（3）防止带电挂（合）接地线（接地刀闸）。

（4）防止带接地线（接地刀闸）合断路器（隔离开关）。

（5）防止误入带电间隔。

凡有可能引起以上误操作事故的一次电气设备，均应装设防误装置。“五防”功能中除防止误分、误合断路器可采用提示性方式外，其余“四防”必须采用强制性方式。强制性方式是指在设备的电动操作控制回路中串联用以闭锁回路的接点或锁具，在设备的手动操作部件上加装受闭锁回路控制的锁具。

二、防误装置的种类和特点

变电站防误装置种类包括微机防误、电气闭锁、电磁闭锁、机械联锁、机械程序锁、机械锁、带电显示装置等。目前使用较多的防误装置有机械联锁、电气闭锁、微机防误、带电显示装置。

1. 机械联锁

机械联锁是靠机械结构制约而达到预定目的的一种闭锁，即当一设备操作后利用机械传动来闭锁另一设备的操作。如主隔离开关合上后，其自带的接地刀闸传动机构即被卡住，不能合闸。

2. 电磁闭锁

电磁闭锁是利用断路器、隔离开关、设备网门等设备的辅助触点，接通或断开隔离开关、网门电磁锁电源，从而达到闭锁操作的目的。电磁闭锁主要应用于手动操作的设备和回路设备的网门上。

3. 电气闭锁

电气闭锁是利用断路器、隔离开关等设备的辅助触点，接通或断开电气操作电源而达到闭锁目的的一种装置。它普遍用于电动隔离开关和电动接地刀闸的操作控制回路上。如断路器在合位时，其动断触点断开相关隔离开关的操作电源，使该隔离开关不能进行拉合操作。

4. 机械程序锁

机械程序锁又称连环锁，是一种采用带有设备位置检测和开锁顺序控制的机械锁具。它对电气设备的手动操作机构实施闭锁。第一步操作完成，设备的操作机构位置到位后，才能取出下一步操作的钥匙，进行下一步开锁操作，从而实现对设备间的防误闭锁。

5. 机械锁

下列情况下应加挂机械锁：

（1）未装防误闭锁装置或闭锁装置失灵的隔离开关操作把手和网门。

（2）当电气设备处于冷备用且网门闭锁失去作用时的有电间隔网门。

（3）设备检修时，回路中的各来电侧隔离开关操作把手和电动操作隔离开关机构箱的箱门。

6. 带电显示装置

对使用常规闭锁技术无法满足防误要求的设备（或场合），宜加装带电显示装置达到防误要求。一般在开关柜线路侧、GIS 设备线路侧等无法直接验电的地方装设带电显示装置。

7. 微机防误闭锁装置

微机防误闭锁装置是利用预设的操作原则与程序来保证倒闸操作顺序的正确性，利用编码锁和状态锁来保证操作的正确性，实现防误闭锁的功能。微机防误闭锁装置由微机模拟盘、电脑钥匙、电编码锁、机械编码锁几部分组成。

8. 各种防误装置比较

电气闭锁和电磁闭锁的优点是：在防止带负荷拉（合）隔离开关方面有其独特作用，可以保证在一次设备检修时仍能正常判断闭锁逻辑。其缺点是：闭锁逻辑比较复杂，而且需要大量的电缆，需要大量的断路器、隔离开关、接地刀闸的辅助触点和网门的行程触点，闭锁回路大多采用串联接法，因此故障率高，一旦某个隔离开关或断路器辅助触点接触不良，就会导致其他设备无法操作，而如果进行解锁操作，此时就无任何“五防”闭锁判断，电气闭锁和电磁闭锁不能有效解决“防止带电挂地线”和“防止带地线合断路器（隔离开关）”两大问题，辅之以挂锁，也解决不了“五防”问题，因为它无判别条件。

机械程序锁的优点是：对就地操作具有强制闭锁功能，工程造价低。其缺点是：机械结构复杂，安装精度要求高，调试工作量大，常出现机械卡滞现象；维护工作量大，使用可靠性差。

机械闭锁用于主隔离开关与其所设接地刀闸间的闭锁，具有强制闭锁功能，可以实现正反向的闭锁，结构简单，闭锁直观，强度高，不易损坏，操作方便，运行可靠。但如果要实现断路器及其他隔离开关与相关接地刀闸间的闭锁，机械闭锁就无法做到了。

微机“五防”装置的优点：保证了运行操作的安全性，功能强。微机“五防”装置除了具备传统装置的功能外，还解决了“防止带电挂地线”和“防止带地线合断路器（隔离开关）”两大问题。当电动隔离开关的电气操作回路故障须进行手动操作时，还可以通过其机械编码锁验证正确，保证其操作经过“五防”判断。采用编码锁，电气回路的设计简化，节省电缆。其缺点是：当该“五防”机故障时，全站的“五防”功能受到影响，另外必须有可供安装编码锁的位置，因此对开关柜内部的闭锁要由开关柜本身来完成。

随着自动化程度的不断提高，有的变电站可以在后台机上进行电动隔离开关的遥控操作，但控制命令是由“遥控”继电器发出的，因此如果电动隔离开关的操作电气回路中无任何电气闭锁，一旦遥控继电器触点击穿，不可避免地会导致带负荷拉（合）隔离开关、带地线合隔离开关的后果，因此必须坚持微机“五防”与电气闭锁相结合的方法，取得完善的防误效果。

三、防误装置的检查

（1）检查防误装置交、直流电源正常。

（2）核对模拟盘与设备实际位置对应。

（3）检查微机防误装置电脑钥匙充电状态良好，不用时应及时充电，要远离热源，注意防水、防潮、防挤压。

（4）检查微机防误装置的主机运行良好，与监控系统通信良好。

（5）检查防误装置的防尘、防蚀、防干扰、防异物开启措施完好，户外的防误装置还应防水、耐低温，锁具无锈蚀，闭锁状态良好。

（6）检查解锁钥匙的封条应完好。

（7）检查机械锁钥匙齐全。

（8）检查接地桩完好。

四、防误装置的运行规定

1. 一般运行规定

（1）防误装置正常情况下严禁解锁或退出运行。防误装置的解锁工具（钥匙）或备用解锁工具（钥匙）应封存保管，且必须有专门的保管和使用制度。

（2）防误装置整体停用应经本单位总工程师批准，才能退出，并报有关主管部门备案。同时，要采取相应的防止电气误操作的有效措施，并加强操作监护。

（3）运行值班人员（或操作人员）及检修维护人员应熟悉防误装置的管理规定和实施细则，做到“三懂二会”（懂防误装置的原理、性能、结构；会操作、维护）。

（4）防误装置主机不能和办公自动化系统合用，严禁与因特网互联。

（5）采用计算机监控系统时，远方、就地操作均应具备电气“五防”闭锁功能。

（6）防误装置的检修工作应与主设备的检修项目协调配合，定期检查防误装置的运行情况，并做好记录。防误装置检修、调试必须办理工作票。

（7）微机防误闭锁装置现场操作通过电脑钥匙实现，操作完毕后，要将电脑钥匙中当前状态信息返回给防误装置主机进行状态更新，以确保防误装置主机与现场设备状态的一致性。

（8）计算机监控系统的防误闭锁功能，应具有所有设备的防误操作规则，并充分应用监控系统中电气设备的闭锁功能实现防误闭锁。

2. 解锁规定

（1）防误装置及电气设备出现异常要求解锁操作时，应由设备所属单位的运行管理部门防误装置专责人到现场核实无误，确认需要解锁操作，经专责人同意并签字后，由变电站值班员报告当值调度员，方可解锁操作。单人操作、检修人员在倒闸操作过程中严禁解锁。如需解锁，应待增派运行人员到现场后，履行批准手续后处理。

（2）当设备发生异常进行解锁操作时，只有特定操作项目可以解锁。例如断路器在运行中由于气压、油压降低等情况闭锁分闸时，通过改变运行方式（转代、倒母线、停上一级电源）将其停运，拉开两侧隔离开关需解锁操作，只有这两项操作使用解锁钥匙，其他操作仍要使用防误闭锁装置。

（3）电气设备检修时需要对检修设备解锁操作，应经变电站站长批准，做好相应的安全措施，在专人监护下进行。

（4）若遇危及人身、电网和设备安全等紧急情况需要解锁操作，可由变电站当值负责人下令紧急使用解锁工具（钥匙），并由变电站值班员报告当值调度员，记录使用原因、日期、时间、使用者、批准人姓名。

（5）微机防误装置有“跳步”钥匙的，“跳步”钥匙按解锁钥匙管理使用。

【思考与练习】

1. 什么是“五防”？
2. 变电站常用的防误装置有哪几种？
3. 微机防误装置有何优点？
4. 运行人员对防误装置的“三懂二会”是什么？

模块6 防误装置的运行维护（ZY1000202008）

【模块描述】本模块包含防误装置的运行维护及常见异常处理。通过要点介绍，了解防误装置的常见故障，能及时发现缺陷并进行简单处理。

【正文】

一、防误装置的运行维护

1. 防误装置的运行维护内容

（1）模拟盘及闭锁程序应随运行方式的改变或运行设备的变更，根据被闭锁设备要求及时更改。

（2）定期试开机械编码锁，检查机械锁及其套件的闭锁情况是否良好，保证上锁和解锁顺利。如有损坏，应及时更换，更换时注意新锁编码、编号与原锁编码、编号一致。

（3）应定期对编码锁进行对位操作，以验证锁的编码、编号及挂锁位置的正确性。

（4）每年春、秋检之前对防误闭锁装置进行一次全面的检查和维护，发现问题及时处理。

2. 防误装置运行维护注意事项

（1）维护人员在工作期间严禁操作断路器和隔离开关。

（2）逻辑闭锁程序的开发应由较高业务水平的人员，配合维护负责人完成，并及时备份。闭锁程序应由生产技术部门审核通过后，才能使用。

（3）综自站在“五防”系统维护期间应断开“五防”机与后台机之间的通信接口。

二、微机防误装置常见异常及处理

（1）电脑钥匙打开电源开关出现字迹不清的情况，应及时更换电池。

（2）电脑钥匙电源刚打开就出现报警声，可能是触码头接触不好，用手指弹动一下触码头，直到报警声消失。

（3）电脑钥匙长时间充电后，仍不能充满电，可能是电池老化损坏或充电装置损坏，检查后及时更换。

（4）电脑钥匙不能接收从“五防”主机传出的操作票，可能的原因有：电脑钥匙未进入接收票状态；电脑钥匙与传输装置传输触点接触不良；通信传输装置损坏；主机串口损坏。查明原因后进行相应的处理。

（5）电脑钥匙已经提示操作正确，仍不能打开编码锁，可能的原因有：电池电压不足；电脑钥匙内部开锁机构失灵；锁内部机构卡涩或被其他外部机构挡住；机械锁损坏。查明原因后进行相应的处理。

（6）模拟预演时，正确的模拟操作微机模拟盘不能通过，可能是模拟盘对位有误或闭锁程序有错。

1）检查模拟盘上相关设备，如有不对应情况，先判断该设备是手动对位还是自动对位。对需手动对位的设备，退出模拟状态，进行对位后再重新模拟操作；对自动对位的设备不能正确反应实际位置时，应查明原因，检查通信回路有无问题，设备辅助触点接触是否良好。

2）如设备对位正确，应报告微机防误专责，由相关人员检查是否闭锁程序错误并进行相关处理。

（7）操作项目正确，电脑钥匙提示错误操作，应检查编码锁编码片是否损坏或设备编码是否与闭锁程序中的编码一致。

（8）操作完成后，电脑钥匙拒绝过码，无法执行下一步骤，应经值班负责人检查操作确实已经完成后，向主机回传设备状态，按实际运行方式设定设备状态，重新向电脑钥匙传送操作项目。

三、微机防误装置的基本逻辑规则举例

变电站新安装微机防误装置的逻辑条件应打印一份由站长妥善保存，运行中修改后应做好记录并及时更新留存记录。

1. 倒闸操作的顺序

（1）由运行转检修。拉开断路器→拉开负荷侧隔离开关→拉开电源侧隔离开关→验明断路器两侧无电压→合上接地刀闸或装设接地线→取下断路器控制熔断器。

（2）由检修转运行。投入断路器控制熔断器→拉开接地刀闸或拆除接地线→合上电源侧隔离开关→合上负荷侧隔离开关→合上断路器。

2. 各设备对应的基本逻辑条件（双母线带旁路接线方式）

（1）主变压器中性点接地刀闸。拉、合均无条件。

（2）主变压器断路器。

1）合闸条件。

① 条件1。对应断路器两侧隔离开关在分位（检修条件）。

② 条件2。对应断路器两侧隔离开关在合位，对应电压等级的中性点接地刀闸在合位，主变压器对应断路器的旁路隔离开关在分位。

③ 条件3。对应断路器两侧隔离开关在合位，主变压器对应断路器的旁路隔离开关在合位，对应电压等级的旁路断路器及两侧隔离开关在合位。

2）分闸条件。

① 条件1。对应断路器两侧隔离开关在分位（检修条件）。

② 条件2。对应断路器两侧隔离开关在合位，对应电压等级的中性点接地刀闸在合位，主变压器对应断路器的旁路隔离开关在分位。

③ 条件3。对应断路器两侧隔离开关在合位，主变压器对应断路器的旁路隔离开关在合位，对应电压等级的旁路断路器及两侧隔离开关在合位。

（3）主变压器断路器间隔母线侧隔离开关。

1）合闸条件。

① 条件1。对应主变压器断路器在分位，断路器主变压器侧隔离开关及另一母线侧隔离开关在分位，断路器两侧接地刀闸及接地线在分位，网门在合位，对应母线接地刀闸及接地线在分位，对应电压等级的中性点接地刀闸在合位。

② 条件2。另一母线侧隔离开关在合位，对应电压等级的母联断路器及两侧隔离开关在合位。

2）分闸条件。

① 条件1。对应主变压器断路器在分位，断路器主变压器侧隔离开关及另一母线侧隔离开关在分位。

② 条件2。另一母线侧隔离开关在合位，相应电压等级的母联断路器及两侧隔离开关在合位。

（4）主变压器断路器间隔主变压器侧隔离开关。

1）合闸条件。对应主变压器断路器在分位，断路器母线侧任一隔离开关在合位，断路器两侧接地刀闸及接地线在分位，主变压器的各侧接地刀闸及接地线在分位。

2）分闸条件。对应主变压器断路器在分位，断路器母线侧任一隔离开关在合位。

（5）主变压器断路器旁路隔离开关。

1）合闸条件。

① 条件1。旁路断路器在分位，旁路断路器两侧隔离开关在合位，对应主变压器断路器及两侧隔离开关在合位，其余线路旁路隔离开关在分位，旁路母线接地刀闸及接地线在分位。

② 条件2。旁路开关在分位，旁路开关两侧隔离开关在合位，对应主变压器断路器及主变压器侧

隔离开关在分位，其余线路旁路隔离开关在分位，旁路母线接地刀闸及接地线在分位，对应电压等级的变压器中性点接地刀闸在合位，主变压器各侧接地刀闸及接地线在分位，网门在合位。

2）分闸条件。旁路断路器及其余线路旁路隔离开关在分位。

（6）母联及分段断路器。

1）合闸条件。

① 条件 1。对应断路器两侧隔离开关在分位（检修条件）。

② 条件 2。对应断路器两侧隔离开关在合位。

2）分闸条件。

① 条件 1。对应断路器两侧隔离开关在分位（检修条件）。

② 条件 2。对应断路器两侧隔离开关在合位。

（7）母联及分段隔离开关。

1）合闸条件。对应的母联或分段断路器在分位，网门在合位，断路器两侧接地刀闸及接地线在分位，所连接的母线接地刀闸及接地线在分位。

2）分闸条件。对应的母联或分段断路器在分位。

（8）线路断路器。

1）合闸条件。

① 条件 1。对应断路器两侧隔离开关在分位（检修条件）。

② 条件 2。对应断路器两侧隔离开关在合位。

2）分闸条件。

① 条件 1。对应断路器两侧隔离开关在分位（检修条件）。

② 条件 2。对应断路器两侧隔离开关在合位，旁路隔离开关在分位。

③ 条件 3。对应断路器两侧隔离开关在合位，旁路隔离开关在合位，旁路断路器及两侧隔离开关在合位。

（9）线路断路器间隔母线侧隔离开关。

1）合闸条件。

① 条件 1。线路断路器在分位，断路器线路侧隔离开关及另一母线侧隔离开关在分位，断路器两侧接地刀闸及接地线在分位，网门在合位，对应母线接地刀闸及接地线在分位。

② 条件 2。另一母线侧隔离开关在合位，对应电压等级的母联断路器及两侧隔离开关在合位。

2）分闸条件。

① 条件 1。线路断路器在分位，断路器线路侧隔离开关及另一母线侧隔离开关在分位。

② 条件 2。另一母线侧隔离开关在合位，对应电压等级的母联断路器及两侧隔离开关在合位。

（10）线路断路器间隔线路侧隔离开关。

1）合闸条件。断路器在分位，任一母线侧隔离开关在合位，线路侧接地刀闸及接地线在分位。

2）分闸条件。断路器在分位，任一母线侧隔离开关在合位。

（11）线路断路器间隔旁路隔离开关。

1）合闸条件。

① 条件 1。线路断路器及两侧隔离开关在合位，旁路断路器两侧隔离开关在合位，旁路断路器在分位，其余线路旁路隔离开关在分位，旁路母线接地刀闸及接地线在分位。

② 条件 2。线路断路器在分位，线路断路器线路侧隔离开关在分位，旁路断路器在分位，旁路断路器两侧隔离开关在合位，线路断路器线路侧接地刀闸及接地线在分位，其余线路旁路隔离开关在分位，旁路母线接地刀闸及接地线在分位。

2）分闸条件。旁路断路器及其余线路旁路隔离开关在分位。

（12）母线 TV 隔离开关。

1）合闸条件。对应母线上接地刀闸及接地线在分位，对应母线 TV 接地刀闸及接地线在分位。

2）分闸无条件。

（13）母线接地刀闸、接地线。

1）合闸条件。对应母线上所有隔离开关在分位。

2）分闸无条件。

（14）断路器两侧接地刀闸、接地线。

1）合闸条件。断路器两侧隔离开关在分位。

2）分闸无条件。

（15）线路接地刀闸、接地线。

1）合闸条件。线路隔离开关及旁路隔离开关在分位。

2）分闸无条件。

（16）主变压器侧接地刀闸、接地线。

1）合闸条件。主变压器各侧靠近主变压器侧隔离开关及旁路隔离开关在分位。

2）分闸无条件。

（17）TV 接地刀闸、接地线。

1）合闸条件。TV 隔离开关在分位。

2）分闸无条件。

【思考与练习】

1. 编码锁损坏后如何更换？
2. 电脑钥匙不能接收从“五防”主机传出的操作票时如何检查处理？
3. 试分析主变压器断路器旁路隔离开关的操作条件。

模块 7 辅助设施的巡视及维护（ZY1000202006）

【模块描述】本模块包含变电站辅助设施巡视的种类、项目和维护内容。通过要点介绍，能进行日常巡视和运行维护。

【正文】

变电站辅助设施虽然不属于电气设备，但对设备的安全运行起着重要的辅助作用，包括设备构架、建筑物、电缆沟（隧道、夹层）、给排水设施、采暖、制冷设备、通风设备、消防系统、户内外照明、设备区场地、安全保卫系统、遥视系统等。

一、高层构架的检查

（1）高层构架应完好，无倾斜、基础下沉现象。

（2）钢材构架无锈蚀、脱焊开裂或螺钉松动现象；混凝土支架及设备过道梁无露筋、铁件锈蚀、开裂现象。

（3）混凝土走道板无露筋、铁件锈蚀、裂纹现象；钢材走道板无锈蚀、脱焊、开裂现象。

（4）走道栏杆牢固，无锈损。

（5）引至高层的电缆应固定良好，无摆动，固定件无锈蚀现象。

（6）构架脚钉、爬梯安全警示牌清晰、齐全，安装牢固、规范。

（7）构架接地良好，接地引下线（排）无断裂及锈蚀现象。

（8）构架的检查按照设备全面巡视周期执行。

二、建筑物的检查

（1）建筑物门窗完整不变形，关闭良好。

（2）建筑物的屋顶、墙壁门窗、通风孔洞应无渗水、漏水现象。

（3）屋顶、墙壁、地面应无裂缝，建筑物及其基础无下沉现象。

（4）伸缩缝应封堵良好。

（5）建筑物的天沟、地沟、排水管应畅通无堵塞。

（6）建筑物的检查按照设备全面巡视周期执行，遇有恶劣天气增加特巡。

三、电缆沟（隧道、夹层）的检查

（1）电缆沟完整、清洁，无积水现象，盖板齐全，盖板间无明显缝隙，盖板无露筋、铁件锈蚀、裂纹现象，沟道两侧基础无下沉现象。

（2）电缆隧道清洁，电缆孔洞封堵严密，无积水现象。

（3）电缆沟、电缆隧道、电缆夹层内支架牢固，无松动或锈烂现象，接地良好，接地引下线（排）无断裂及锈蚀现象。

（4）电缆竖井和电缆沟内的防火墙完好，施工过程中有损坏的应及时恢复，站内应有防火墙布置图，并在该处做出标记。

（5）电缆夹层内清洁，电缆排列整齐，封堵严密，严禁烟火，消防设施完好。

（6）电缆沟（隧道、夹层）的检查按照设备全面巡视周期执行。

四、给排水设施的检查

（1）变电站内下水道应畅通，阴沟无积淤或堵塞现象，排水泵运转良好。

（2）雨季、汛期到来前对排水沟道进行疏通，检查电缆沟的排水情况，防止排污井向电缆沟内倒灌积水。

（3）变电站的给水系统要满足水压要求，外露管道应有保暖措施，防止冻裂。

（4）生活用水应有净化措施，保证水质良好。

五、采暖、制冷设备

（1）变电站控制室、保护室、通信机房、值班室以及其他对温度有较高要求的室内需装设采暖和制冷设备，使温度保持在允许的范围内。

（2）夏季、冬季到来前分别对制冷、采暖设备进行试投检查，清洗过滤网，确保其能正常运转。

六、通风设备

（1）高低压配电室、蓄电池室、电容器室应装设通风设备，可采用自然进风，防爆型风机排风。

（2）通风口应有防小动物进入措施，排风扇扇叶中无鸟窝或杂草等异物。

（3）合上风机电源，检查风机运转正常，新装风机注意检查排风方向正确。

（4）通风设备的检查按照设备全面巡视周期执行。

七、消防系统

变电站内的消防系统一般包括手提式灭火器、推车式干粉灭火器、消防沙箱、火灾报警系统、水消防系统和主变压器排油注氮式或自动水喷雾式灭火装置。

（1）灭火器应存放在消防专用工具箱处或指定地点，应保持完好、充足，如有过期、失效、损坏或使用，应报保卫部门及时补充更换。

（2）烟感报警系统由分布于建筑物内的烟感探头、感温探测器、手动报警按钮和联动型火灾报警控制器组成。每组探头对应一个固定场所，并在报警控制器显示窗上显示对应固定场所及编号。当发生火灾时，可根据报警控制器显示及打印出的火灾位置迅速地到达现场实施灭火。

（3）消防用水系统的管网、消防栓、消防泵应完好，水压充足，高压水龙带、连接头、水枪存放在规定地点，保持完好。

（4）主变压器灭火装置。

1）排油注氮式灭火装置。SBMH-1A型排油注氮式变压器灭火装置原理图如图ZY1000202006-1所示，该装置由灭火箱、氮气瓶、开启阀、注氮管路、排油管路、快速排油阀、探测器、关闭阀和控制箱组成。

该装置在着火初期由气体继电器及靠近着火点的温度探测器同时动作，发出报警信号，电磁装置打开快速排油阀以排出变压器顶部的油，同时安装在储油柜与主变压器本体之间的关闭阀关闭，隔离储油柜，防止储油柜内油外溢或油浇到初燃的火上，加剧火势。排油阀打开后，经延时后氮气瓶开启阀打开，氮气通过减压阀、注氮管路进入油箱底部，迫使油箱内部变压器油循环，下部较低温度的油和顶层高温油混合，即可消除热油层，从而使表层油温降到闪点以下，同时，氮气覆盖在油表面，使表面氧气含量达到最少，油火在非常短的时间内被扑灭。

主变压器灭火装置投入后，应每日进行以下检查：

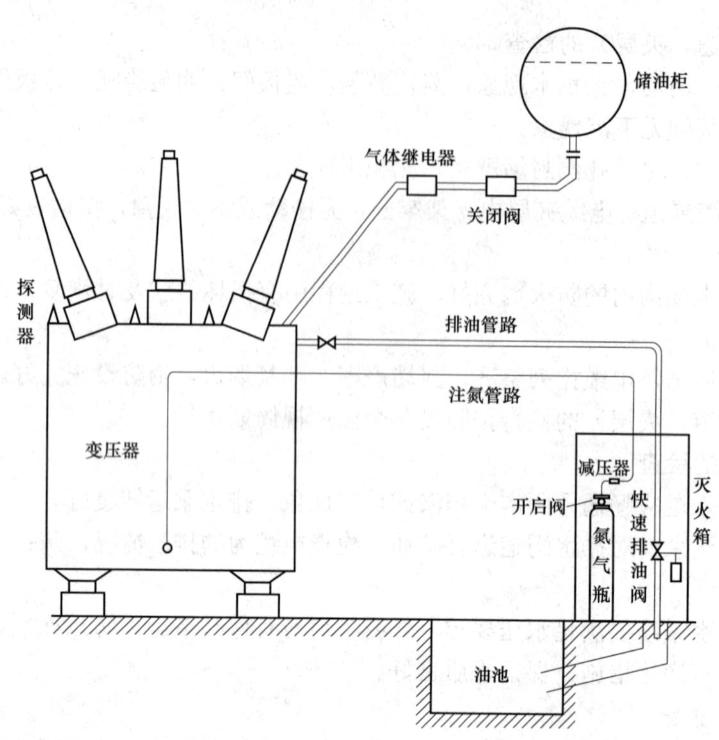

图 ZY1000202006-1 SBMH-1A 型排油注氮式变压器灭火装置原理图

① 控制箱电源在投入状态。

② 控制箱运行方式开关在“自动”位置。

③ 灭火箱内压力表指示正常，氮气管路及减压器无损伤等异常情况，排油管、阀无渗油情况。巡视时应记录气瓶本体的压力，氮气压力小于规定值时应充气。

④ 灭火箱与主变压器连接排油管应无渗油等异常情况。

⑤ 灭火箱内加热器控制功能应正常。

2）主变压器自动水喷雾式灭火装置。该装置在自动状态时（如图 ZY1000202006-2 所示），能自动探测主变压器各个关键点的温度，并按设定值进行比较，智能判别主变压器是否有火情，判别主变压器高中低压侧断路器是否跳闸，并可远程发送命令，使开关断电，报警并联动启动消防泵及相应主变压器的喷雾阀，实现对相应变压器自动灭火。

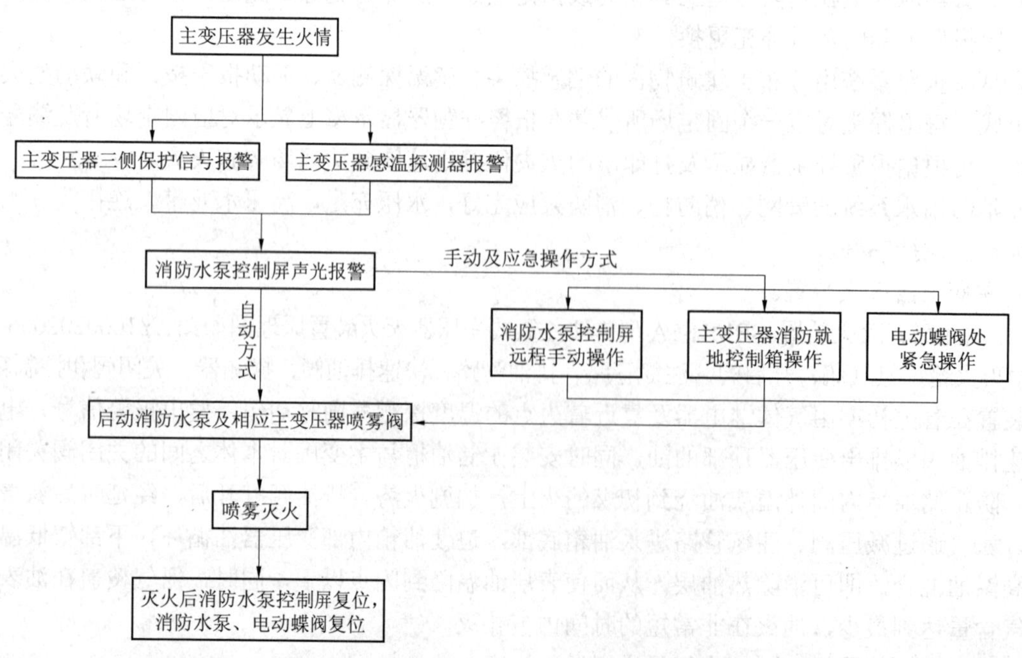

图 ZY1000202006-2 主变压器自动水喷雾式灭火系统操作流程

主变压器灭火装置投入后应进行以下检查：

① 经常检查消防水池和稳压水箱水位，缺水时立即补水。

② 消防泵在准工作状态时，两路电源均应该投入。

③ 消防泵出口管道上的手动阀门均应处于开启状态，泄水电动蝶阀处于关闭状态。

④ 系统在出口消声缓闭止回阀后至主变压器喷雾蝶阀之间的管道充满压力水。压力值符合要求。

⑤ 喷雾蝶阀井内不得有积水，发现有积水应立即抽排。

⑥ 喷头的安装角度经调试后定在最佳喷雾角度，不得随意改动，如发现松动、移位后能处理的应及时调整，不能解决的要及时上报。

⑦ 消防现场控制柜门应闭合严密。

⑧ 消防立管应无开裂，法兰处应无渗漏。

⑨ 检查控制盘的表记及指示灯正常，与设备所处状态相符。

八、户内外照明的检查

（1）照明灯塔、灯杆无锈蚀及脱漆起壳现象，灯罩完整，灯头及罩壳无脱座或脱墙的现象。

（2）照明接线盒、电源箱无锈蚀及脱漆起壳现象，照明电源箱内清洁、铭牌完整。

（3）户内外照明完好，亮度充足。

九、场地及围墙的检查

（1）变电站内道路通畅，车道出入口限高、限速标志牌齐全、醒目。

（2）室外场地整齐、清洁，无积水现象，无堆积物品，杂草不得过高。

（3）室外场地固定遮栏或围栏完整，无断裂、锈蚀或脱漆起壳现象，标志齐全。

（4）围墙无倾斜、裂纹，墙面平整，设备区栏杆无锈蚀现象。

（5）变电站大门封闭良好，无锈蚀或脱漆起壳现象。

（6）围墙排水孔应有防小动物措施。

十、安全保卫系统

1. 高压脉冲电网的检查和维护

（1）设备内部应保持清洁，防止漏电电弧损坏设备元器件。

（2）装置投入运行时，必须缓慢升压，使电容慢慢充电。

（3）检查电压表指示应正常。

（4）设备长时间反复发出报警信号时，应加强巡逻，查明原因并采取有效措施保证设备正常运行。

（5）装置停运后，应将电容可靠对地放电并做好接地措施后方可进行检修维护工作，工作时须悬挂标示牌。

（6）电网警示标志齐全，无搭挂异物，应及时修剪附近树木。

（7）巡视时发现电压升不上去，首先将装置停运，可靠放电并做好接地措施，然后仔细巡视围墙电网，查看有无接地点，特别是围墙墙头有无杂草等导电体。若无异常现象，可将主机与电网分开，再开机如果能顺利升压则主机工作正常，必须继续检查电网；反之则为主机故障，应立即将装置退出运行并可靠放电，进行检查维修。

2. 其他安全保卫措施

（1）装有红外线报警装置的变电站应按规定时间开启报警装置。装置报警后应分析情况，组织人员，采取措施，不可单人贸然到现场。

（2）变电站大门平时应关闭，外来人员进入变电站要核实身份，做好登记。

（3）装有远程报警装置的变电站应按规定时间定期试验报警装置正常。

十一、遥视系统

（1）运行中不得随意删除、修改本系统运行程序和存储信息。

（2）监控中心和变电站服务器工作正常、画面清晰，摄像机控制灵活，传感器运行正常。

（3）摄像机镜头清洁，安装牢固。摄像头应每季度至少清擦一次，脏污严重时，应及时进行清擦。

（4）本系统中的服务器、计算机等设备，应定期进行检查和除尘。

（5）信号线和电源引线安装牢固，无松动及风偏现象。

（6）按照规定的周期对可控制的摄像头进行远方位置调整，检查所有可见部分。

（7）值班人员应每天通过摄像头在固定位置进行巡视检查。

（8）通过遥视系统发现设备缺陷或其他异常应仔细进行核对，必要时要到现场进行检查。确认设备存在问题时应按照缺陷管理制度进行汇报、处理。

【思考与练习】

1. 试说明主变压器排油注氮式灭火装置的工作原理。

2. 主变压器自动水喷雾式灭火装置动作前为什么要检查主变压器三侧断路器位置？

模块8 设备的特殊巡视（ZY1000202007）

【模块描述】本模块包含一、二次设备的特殊巡视及缺陷定性。通过要点介绍，掌握设备的特殊巡视内容，并能及时发现设备缺陷并正确定性。

【正文】

一、特殊巡视的一般要求

（1）严寒季节重点检查注油设备油位是否过低，导线是否过紧，设备端子箱、机构箱加热器是否投入，绝缘子积雪积冰情况，管道有无冻裂。

（2）高温季节重点检查注油设备油位是否过高，油温是否超过规定，引线是否过松，接头有无发热及示温蜡片的熔化情况。

（3）大风天气重点检查户外设备区有无易被风刮起的杂物，导线及避雷针的晃动情况，接头有无异常，安全设施（标示牌、围栏等）是否牢固。

（4）大雨天气重点检查门窗是否关好，户外设备端子箱、机构箱、检修电源箱是否关闭良好。

（5）冬季重点检查防火、防风、防寒、防冻、防冰、防雾闪、防小动物措施执行情况。

（6）雷击后重点检查绝缘子、套管有无闪络痕迹，检查避雷器的动作情况。

（7）大雾霜冻季节和污秽地区重点检查设备瓷质部分的污秽程度，检查设备瓷质绝缘有无放电和严重电晕等异常情况，必要时进行熄灯巡视。

（8）事故后重点检查保护动作情况，检查事故范围内设备，导线有无烧伤、断股，设备的油位、油色、压力是否正常，有无喷油，绝缘子有无闪络、断裂现象。

（9）高峰负荷期间重点检查主变压器、线路是否超过额定值，过负荷的设备有无过热现象。

（10）梅雨季节重点检查绝缘子积露情况，户外设备端子箱、机构箱、检修电源箱驱潮器是否投入，箱门是否严密，箱内有无凝露。

（11）新设备投入运行后，应增加巡视次数，重点检查设备有无异常声响，接头是否发热，有无渗漏油现象等。

（12）设备计划检修前，应对其进行全面巡视，及时发现隐患和缺陷，利用停电机会安排处理；重要设备停电操作前，对相关的运行设备应详细检查，防止设备停电后，运行设备带严重缺陷，可能引起全部停电的危险。

二、变压器的特殊巡视

1. 新投入或经过大修的变压器的巡视要求

（1）变压器声音应正常，如发现响声特别大、不均匀或有放电声，应认为内部有故障。

（2）油位变化应正常，随温度的增加略有上升，如发现假油面及时查明原因。

（3）用手触摸每一组冷却器，温度应正常，以证实冷却器的有关阀门已打开。

（4）油温变化应正常，变压器带负荷后，油温应缓慢上升。

（5）应对新投运变压器进行红外测温。

2. 异常天气时的巡视项目和要求

（1）气温骤变时，检查储油柜油位和瓷套管油位是否有明显变化，各侧连接引线是否有断股或接头处发红现象，各密封处有无渗漏油现象。

（2）大风、冰雹后，检查引线摆动情况及有无断股，设备上有无其他杂物，瓷套管有无放电痕迹及破裂现象。

（3）雷雨、浓雾、毛毛雨、下雪时，检查瓷套管有无沿表面闪络和放电现象。各接头在小雨中和下雪后不应有水蒸气上升或立即融化现象，否则表示该接头运行温度比较高，应用红外线测温仪进一步检查其实际情况。下雪天气检查引线积雪情况，应及时处理引线积雪过多和冰柱。

（4）高温天气应检查油温、油位、油色和冷却器运行是否正常。必要时，可启动备用冷却器。温度高报警时，一般不提倡直接给变压器外壳冲水降温，因为用水冲洗主变压器外壳，温度的下降很明显，但那只是上层油温的暂时变化，实际铁芯和绕组的温度仍然很高，会造成误判断。此时可以冲洗散热片，提高散热效率。

3. 异常情况下的巡视项目和要求

（1）系统发生外部短路故障后或中性点不接地系统发生单相接地时，应加强对变压器的监视。

（2）运行中变压器冷却系统发生故障，切除全部冷却器时，应尽快查明原因，在许可时间内采取措施恢复冷却器正常运行，在处理过程中注意监视负荷、油温。

（3）变压器顶层油温异常升高时，检查变压器的负荷和冷却介质的温度，并与在同一负荷和冷却介质温度下正常的温度比较；检查温度测量装置是否正常；检查变压器冷却装置和变压器室的通风情况。

（4）过荷时应检查并记录负荷电流，检查油温和油位的变化，检查变压器声音是否正常，接头是否发热，冷却装置投入量是否足够，运行是否正常，防爆膜或压力释放器是否动作。在过负荷运行期间，应增加巡视次数，并监视变压器的温度。

（5）变压器发生短路故障或穿越性故障时，应检查变压器有无喷油，油色是否变黑，油温是否正常，电气连接部分有无发热、熔断，瓷质外绝缘有无破裂，接地引下线等有无烧断。

（6）母线电压超过变压器运行挡电压较长时间，应加强监测变压器的上层油温，注意还应监测变压器本体各部的温度，防止变压器局部过热。

4. 带缺陷运行时巡视项目和要求

（1）铁芯多点接地而接地电流较大且色谱异常时，应安排检修处理。在缺陷消除前，可采取措施将电流限制在 100mA 以下，并加强监视。

（2）变压器有部分冷却装置故障，应加强温度监视。

（3）对存在其他缺陷的变压器应缩短巡视时间，若发现有明显变化时则按照缺陷升级后的规定进行处理。

（4）近期缺陷有发展时应增加巡视次数或派专人巡视。

三、高压开关设备的特殊巡视

（1）设备新投运及大修后，巡视周期相应缩短，72h 以后转入正常巡视。

（2）大风天气检查引线摆动情况及有无搭挂杂物。

（3）雷雨天气检查瓷套管有无放电闪络现象。

（4）大雾天气检查瓷套管有无放电、打火现象，重点监视污秽瓷质部分。

（5）大雪天气根据积雪融化情况，检查接头发热部位，及时处理悬冰。

（6）温度骤变时检查注油设备油位变化及设备有无渗漏油等情况，按规定投入加热器。

（7）节假日时监视负荷及增加巡视次数。

（8）高峰负荷期间增加巡视次数，监视设备温度，触头、引线接头，特别是限流元件接头有无过热现象，设备有无异常声音。

（9）短路故障跳闸后检查设备的位置是否正确，各附件有无变形，触头、引线接头有无过热、松动现象，油断路器有无喷油，油色及油位是否正常，测量合闸熔丝是否良好，液压或 SF_6 压力是否正常，断路器内部有无异常声音。

（10）设备重合闸后检查设备位置是否正确，动作是否到位，有无不正常的音响或气味。

（11）严重污秽地区检查瓷质绝缘的积污程度，有无放电、爬电、电晕等异常现象。

四、互感器的特殊巡视

（1）大负荷期间用红外测温设备检查互感器内部、引线接头发热情况。

（2）大风扬尘、雾天、雨天检查外绝缘有无闪络。

（3）冰雪、冰雹天气检查外绝缘有无损伤。

五、防雷设备的特殊巡视

（1）对于带缺陷运行的避雷器，视缺陷程度增加巡视次数，着重检查异常现象或缺陷的发展变化情况。

（2）阴雨天及雨后主要检查避雷器外套是否存在放电现象，对于安装有泄漏电流在线监测装置的避雷器，检查泄漏电流变化情况。

（3）大风及沙尘天气主要检查引流线与避雷器间连接是否良好，是否存在放电声音，垂直安装的避雷器是否存在严重晃动。对于悬挂式安装的避雷器还应检查风偏情况。沙尘天气中还应检查避雷器外套是否存在放电现象，对于安装有泄漏电流在线监测装置的避雷器，检查泄漏电流变化情况。

（4）每次雷电活动后或系统发生过电压等异常情况后，应尽快进行特殊巡视，检查避雷器放电计数器的动作情况，检查瓷套与计数器外壳是否有裂纹或破损，与避雷器连接的导线及接地引下线有无烧伤痕迹，对于安装有泄漏电流在线监测装置的避雷器，检查泄漏电流变化情况。

（5）对于运行 15 年及以上的避雷器，应重点监视泄漏电流的变化，停运后应重点检查压力释放板是否有锈蚀或破损。

（6）阴雨天及雨后、大风及沙尘天气，巡视时应注意与避雷器设备保持足够的安全距离，避雷器外套或引流线与避雷器间出现严重放电时应远离避雷器进行检查。

六、补偿装置的特殊巡视

1. 消弧线圈装置的特殊巡视

（1）必要时用红外测温设备检查消弧线圈、阻尼电阻、接地变压器的内部、引线接头发热情况。

（2）高温天气应检查油温、油位、油色和冷却器运行是否正常。

（3）气温骤变时，检查储油柜油位和瓷套管油位是否有明显变化，各侧连接引线是否有断股或接头处发红现象。各密封处有无渗漏油现象。

（4）大风、雷雨、冰雹后，检查引线摆动情况及有无断股，设备上有无其他杂物，瓷套管有无放电痕迹及破裂现象。

（5）浓雾、小雨、下雪时，瓷套管有无沿表面闪络或放电，各接头在小雨中或下雪后不应有水蒸气上升或立即融化现象，否则表示该接头运行温度比较高，应用红外线测温仪进一步检查其实际情况。

2. 高压并联电容器的特殊巡视

（1）雨、雾、雪、冰雹天气应检查瓷绝缘有无破损裂纹、放电现象，表面是否清洁；冰雪融化后有无悬挂冰柱，接头有无发热；建筑物及设备构架有无下沉倾斜、积水、屋顶漏水等现象。

（2）大风后应检查设备和导线上有无悬挂物，有无断线。

（3）雷电后应检查瓷绝缘有无破损裂纹、放电痕迹。

（4）环境温度超过或低于规定温度时，检查示温蜡片是否齐全或熔化，各接头有无发热现象。

（5）断路器故障跳闸后应检查电容器有无烧伤、变形、移位等，导线有无短路；电容器温度、音响、外壳有无异常。熔断器、放电回路、电抗器、电缆、避雷器等是否完好。

（6）系统异常（如振荡、接地、低周或铁磁谐振）运行消除后，应检查电容器有无放电，温度、音响、外壳有无异常。

3. 静止补偿装置

（1）雪天检查设备端子及接头处有无融化、发热等现象，瓷表面有无冰瘤及放电现象。

（2）大风天应该注意导线及引线有无损坏和摆动过大情况，观察端子处是否松动，设备上有无飘挂杂物。构架有无倾斜。

（3）导线覆冰时，注意检查导线弛度及构架受力情况，及时消除导线冰瘤。

（4）雷雨及过电压后，应注意检查套管、绝缘子、避雷器等瓷件有无放电痕迹和损坏情况，检查避雷器及接地引下线有无烧伤痕迹，并做好记录。

（5）在高温、严寒、气温突变时，应检查设备油位、渗漏和导线驰度变化情况，对温度要求高的阀室、水机室、控制室加强巡视，防止由于空调设备异常导致温度超出正常范围。

七、设备缺陷的定性

1. 缺陷分类

设备缺陷分为一般缺陷、严重缺陷和危急缺陷三种，定性的依据是缺陷对人身、设备、电网造成的潜在危害程度。

（1）一般缺陷。危急、严重缺陷以外的设备缺陷，指性质一般、情况较轻、对安全运行影响不大的缺陷。

（2）严重缺陷。对人身或设备有严重威胁，暂时尚能坚持运行但需尽快处理的缺陷。

（3）危急缺陷。设备或建筑物发生了直接威胁安全运行并需立即处理的缺陷，否则随时可能造成设备损坏、人身伤亡、大面积停电、火灾等事故。

2. 电气设备的缺陷定性

（1）高压断路器设备的缺陷定性。

1）高压断路器设备有下列情形之一的，应定为危急缺陷：

① 安装地点的短路电流超过断路器的额定短路开断电流。

② 断路器开断故障电流超过允许的次数。

③ 导电回路部件有严重过热或打火现象。

④ 瓷套或绝缘子有开裂、放电声或严重电晕。

⑤ 断口电容有严重漏油现象，电容量或介损严重超标。

⑥ 操动机构：绝缘拉杆松脱、断裂；液压或气动机构失压到零或打压不停泵；气动机构加热装置损坏，管路或阀体结冰；气动机构压缩机故障；液压机构油压异常或严重漏油、漏氮；弹簧机构弹簧断裂或出现裂纹；弹簧机构储能电机损坏。

⑦ 控制回路断线、辅助开关接触不良或切换不到位。

⑧ 分合闸线圈引线断线或线圈烧坏。

⑨ 接地引下线断开。

⑩ 分、合闸位置不正确，与当时的实际运行工况不相符。

⑪ SF_6 气室严重漏气，发出闭锁信号；SF_6 断路器内部及管道有异常声音（漏气声、振动声、放电声等）；落地罐式断路器或 GIS 防爆膜变形或损坏。

⑫ 油断路器严重漏油，油位不可见；多油断路器内部有爆裂声；少油断路器开断过程中喷油严重，灭弧室冒烟或内部有异常响声。

⑬ 真空断路器灭弧室有裂纹；内部有放电声或因放电而发光；灭弧室耐压或真空度检测不合格。

2）高压断路器设备有下列情形之一的，应定为严重缺陷：

① 安装地点的短路电流接近断路器的额定短路开断电流。

② 断路器开断故障电流接近允许的次数或操作次数接近断路器的机械寿命次数。

③ 导电回路部件温度超过设备允许的最高运行温度。

④ 瓷套或绝缘子严重积污。

⑤ 断口电容有明显的渗油现象，电容量或介损超标。

⑥ 操动机构：液压或气动机构频繁打压或打压超时；气动机构自动排污装置失灵。

⑦ 分合闸线圈最低动作电压超出标准和规程要求。

⑧ 接地引下线松动。

⑨ SF_6 气室严重漏气，发出报警信号或 SF_6 气体湿度严重超标。

⑩ 油断路器油绝缘试验不合格或严重炭化。

⑪ 真空灭弧室外表面积污严重。

（2）互感器的缺陷定性。

1）互感器有下列情形之一的，应定为危急缺陷：

① 设备漏油，从油位指示器中看不到油位。

② 设备内部有放电声响。

③ 主导流部分接触不良，引起发热变色。

④ 设备严重放电或瓷质部分有明显裂纹。

⑤ 绝缘污秽严重，有污闪可能。

⑥ 电压互感器二次电压异常波动。

⑦ 设备的试验、油化验等主要指标超过规定不能继续运行。

⑧ SF_6 气体压力表为零。

2）互感器有下列情形之一的，应定为严重缺陷：

① 设备漏油或耦合电容器及电容式 TV 电容单元渗油。

② 红外测量设备内部异常发热。

③ 工作、保护接地失效。

④ 瓷质部分有掉瓷现象，不影响继续运行。

⑤ 充油设备油中有微量水分，呈淡黑色。

⑥ 二次回路绝缘下降，但下降不超过 30%。

⑦ SF_6 气体压力表指针在红色区域。

（3）避雷器的缺陷定性。

1）避雷器有下列情形之一的，应定为危急缺陷：

① 避雷器试验结果严重异常，在线监测装置指示泄漏电流严重增长。

② 红外检测发现温度分布明显异常。

③ 瓷外套或硅橡胶复合绝缘外套在潮湿条件下出现明显的爬电或桥络。

④ 均压环严重歪斜，引流线即将脱落，与避雷器连接处出现严重的放电现象。

⑤ 接地引下线严重腐蚀或与地网完全脱开。

⑥ 绝缘基座出现贯穿性裂纹。

⑦ 密封结构金属件破裂。

⑧ 充气并带压力表的避雷器，压力严重低于告警值。

2）避雷器有下列情形之一的，应定为严重缺陷：

① 避雷器试验结果异常，红外检测发现温度分布异常，在线监测装置指示泄漏电流出现异常。

② 瓷外套积污严重并在潮湿条件下有明显放电的现象。

③ 瓷外套或基座出现裂纹。

④ 硅橡胶复合绝缘外套的憎水性丧失。

⑤ 均压环歪斜，引流线或接地引下线严重断股或散股，一般金属件严重腐蚀。

⑥ 连接螺钉松动，引流线与避雷器连接处出现轻度放电现象。

⑦ 避雷器引线、接地端子以及密封结构金属件上出现不正常变色和熔孔。

（4）支柱绝缘子有裂纹的属于危急缺陷，必须立即更换；瓷裙表面有破损，单个面积超过 $40mm^2$ 的属于严重缺陷，应尽快安排修复或更换。

【思考与练习】

1. 高温天气重点巡视哪些内容？
2. 新投运的变压器应重点检查哪些项目？
3. 电容器开关故障跳闸后应重点检查哪些内容？
4. 设备缺陷分为哪几类？

第十七章　变电站设备的定期试验与轮换及其分析

模块1　变电站设备的定期试验与轮换（GYBD00301001）

【模块描述】本模块介绍变电站设备的定期试验与轮换制度的要求及内容等。通过要点归纳讲解、试验方法详细介绍，掌握变电站设备的定期试验与轮换的要求及内容。

【正文】

一、变电站设备定期试验与轮换的主要目的

变电站设备的定期试验与轮换是"两票三制"的重要内容，本节主要涉及变电站运行人员职责范围内的试验与轮换内容。变电站设备除按照有关规程由专业人员开展电气试验外，运行人员还应对有关设备进行定期的测试和试验，以确保设备的正常运行。

设备定期试验的主要目的是检验设备或某个部件的功能是否完好，检验设备是否正常运行，检验自动投入装置能否正确动作。变电站需要进行定期试验的设备主要包括中央信号系统、高频保护通道、直流充电机及蓄电池、事故照明系统、变压器冷却装置、电气设备取暖防潮装置、防误闭锁装置等。

设备定期轮换的主要目的是将长期备用的装置经倒换操作投入运行，长期运行的设备转为备用，通过轮换，减少磨损、发热等缺陷的发生，从而提高设备的健康状况。变电站需要进行定期轮换的设备主要包括备用变压器、备用无功补偿装置、变压器备用冷却器、备用直流充电机等。

设备定期试验主要突出对其自动投切或动作功能的确认，其基本原则是通过模拟故障或异常，检验自动动作功能的完好与否，检查的内容主要包括继电保护装置（或接触器）是否正确动作，信号是否正确反映等。试验的周期视具体情况而定，一般在自动投切装置新安装或维修后进行一次全面的功能验证，正常运行时以季度或半年为宜。变电站设备试验工作应由多人配合进行，持标准化作业指导书作业。

设备的轮换主要突出设备运行状态的轮换，基本原则是将长期备用的设备或部件转入运行，长期运行的设备或部件转入备用。轮换的内容主要包括转入运行的设备（部件）运行是否正常，信号反映是否正确等。轮换的周期一般为半年，轮换应至少由两人进行，持操作票作业。

二、变电站设备定期试验的内容及要求

变电站设备定期试验的内容及要求应根据各站的设备情况和实际运行环境分别制定，试验方法应写入变电站现场运行规程，试验周期按照国家电网公司《变电站管理规范》执行，详见表GYBD00301001-1。

表GYBD00301001-1　　变电站设备定期试验的内容及周期

序号	试验设备	试验内容	周期	备注
1	中央信号系统	预告、事故音响及光字牌	每天	综合自动化后台机直流逆变UPS电源每月试验1次
2	高频保护通道	收发信机电压、电流	每天	
3	直流充电机及蓄电池	比重、电压	每月、每周	备用充电机每半年投入1次，每月全部检测，每周检测代表蓄电池
4	事故照明系统	事故照明灯亮	每月	

续表

序号	试验设备	试验内容	周期	备注
5	变压器冷却装置	交流电源切换试验，辅助、备用冷却器投入试验	每季	
6	变电站辅助降温、加热除潮装置	辅助降温、加热除潮装置功能是否良好	夏、冬、雨季来临前	
7	防误闭锁装置	锁具及闭锁逻辑	每半年	
8	长期备用的变电设备	投入运行	每半年	备用电源自投切每年进行一次试验
9	备用交流发电机	投入运行	每月	
10	剩余电流动作保护器	检查功能	每月	
11	火灾报警系统	投入运行	每年	变压器火灾报警系统随停电试验检查

1. 中央信号系统

有人值班变电站应每日对变电站内中央信号系统进行试验，试验内容包括预告、事故音响及光字牌。集控站也应每日对监控系统的音响报警进行试验。

综合自动化变电站的试验内容和要求与非综合自动化变电站稍有不同。综合自动化变电站中央信号系统试验内容除预告、事故音响外，还应定期检查直流逆变UPS电源是否能在断电时及时切换，确保综合自动化后台机可靠供电。

2. 高频保护通道

高频保护通道是输电线路高频继电保护装置的重要组成部分，通道是否良好直接影响高频保护动作的正确性。高频保护通道包括输电线路和两端的调制解调装置，引起通道衰耗增大的可能因素有输电线路气候环境的变化、两端调制解调装置或收发信机元件的老化故障等。

由于闭锁式高频保护正常运行时通道无高频电流，高频保护通道衰耗增大也不宜发现，因此需要运行人员每天或气候异常时手动启动高频收发信机测试，检查通道是否完好。

3. 直流充电机及蓄电池

220kV及以上变电站直流电源系统通常采用“两电三充”，对于正常方式下处于备用状态的充电机应定期投入一定时间进行运行试验，周期为半年一次。运行充电机的交流输入电源应结合轮换每季开展一次自投切试验。

蓄电池是变电站直流电源系统中重要的组成部分。为确保在充电机交流电源消失后蓄电池能可靠供电，需要定期对蓄电池进行相关试验和测量，内容包括蓄电池的比重和电压，每月进行蓄电池普测，每周进行代表电池的测量。选测的代表电池应相对固定，便于比较。

4. 事故照明系统

事故照明系统是在变电站正常照明失去时，方便进行事故处理的照明电源系统。事故照明一般采用直流供电。早期设计的事故照明系统采用交流消失后接触器自动切换至蓄电池供电的方式，由于回路复杂，近期设计采用蓄电池直接供电或墙壁上安装应急灯的方式实现。无论哪种方式，均要定期进行试验，确保事故照明可靠，通常每月检查一次。

5. 变压器冷却装置

冷却装置是风冷却变压器的重要部件。强迫油循环风冷变压器（ODAF）和油浸风冷（ONAF）变压器冷却装置均设两路交流电源，通过交流接触器进行切换，需要定期检查自动投切回路是否正常。此外，还要定期试验辅助、备用冷却器在条件满足时能够投入。一般每季进行一次，夏季高温季节来临之前全面进行一次检查。

6. 变电站辅助降温、加热除潮装置

继电保护及自动装置、断路器操动机构等设备对环境温度要求较高，需要在高温或低温时保证其环境温度相对恒定；端子箱、机构箱等户外二次回路端子排对湿度要求高，需要除潮。这些辅助设备能否可靠运行对电气设备的安全运行至关重要，需要在夏、冬季来临前进行一次全面检查。

7. 防误闭锁装置

防误闭锁装置可靠运行是防止电气误操作事故重要的技术措施。防误闭锁装置的试验主要是检查户外锁具是否卡涩生锈，抽查微机闭锁逻辑是否正确，通常以半年检查一次为宜。

8. 长期备用的变电设备

长期处于备用状态的变电设备，应每半年带电运行一段时间。长期未调压的有载调压分接开关应结合停电在最高和最低分接头间操作几个循环，试验后将分接头调整到原运行位置；长期未投入的并联补偿装置每半年应带电运行一次；备用变电站用变压器（一次不带电）每年应进行一次启动试验，检查备用电源自投切装置是否正确投入。

9. 备用交流发电机

开关站、重要变电站或换流站交流电源不可靠时，通常安装大功率发电机作为备用电源，发电机应每月进行一次带负荷运行试验。

10. 剩余电流动作保护器

变电站一般在检修电源箱安装剩余电流动作保护器，它的主要作用是当外接作业回路发生漏电或触电时切断电源，保护人身安全。剩余电流动作保护器每月进行一次检查试验，使用前也应进行有关试验检查。

11. 火灾报警系统

变电站的火灾报警系统一般有两个独立的系统，一个是变压器火灾报警自动灭火系统，一个是室内感烟火灾自动报警系统，这两个系统的报警启动条件各不相同。变压器火灾报警自动灭火系统有三个启动条件，同时满足时发火灾报警，并启动自动灭火系统，只有一个条件满足时，火灾报警系统发告警信息，提醒运行人员及时处理。变压器火灾报警自动灭火系统结合停电进行试验，与室内感烟火灾自动报警探头试验一样，每年进行一次试验。

三、变电设备定期轮换的内容及要求

变电设备的定期轮换主要是完成设备或部件运行状态的转换，一般应使用操作票或作业指导书进行，内容及周期详见表 GYBD00301001-2。

表 GYBD00301001-2 变电站设备定期轮换的内容及周期

序号	试验设备	轮换内容	周期
1	备用变压器	投入运行	每半年
2	备用并联补偿装置	投入运行	每季
3	变压器冷却装置	进行状态切换	
4	直流充电机交流电源	接触器在Ⅰ、Ⅱ段电源间切换	
5	集中充气或通风设备	进行状态切换	

1. 备用变压器

110kV 及以上变电站安装两台及以上变压器，当负荷较小时，为保证经济运行，将一组变压器备用。当备用长达半年时，应将其和运行变压器进行一次倒换。

2. 备用并联补偿装置

因系统原因长期不投入运行的无功补偿装置，每季应在保证电压合格的情况下投入一定时间，对设备状况进行试验。电容器应在负荷高峰时间段进行；电抗器应在负荷低谷时间段进行。

3. 变压器冷却装置

冷却装置的切换分为交流电源切换和状态切换。交流电源切换主要是为了减少运行的接触器长期运行发热造成老化，每季在Ⅰ、Ⅱ段电源间进行切换；状态切换主要是减少长期运行的冷却器电动机长期磨损，每季在保证变压器两侧冷却器分布均匀的情况下，在工作、备用、辅助三个状态下进行切换。

4. 直流充电机交流电源

变电站直流充电机一般采用Ⅰ、Ⅱ段交流电源供电，为了减少运行的接触器长期运行发热造成老化，每季在两段电源间进行切换。

5. 集中充气或通风设备

对GIS设备操动机构集中供气站的工作气泵和备用气泵，应每季切换运行一次。对变电站集中通风系统的备用风机与工作风机，应每季切换运行一次。

总之，变电站设备的定期试验与轮换还应根据各站设备实际进行。例如：未装设气水分离装置的气动机构应每周进行运转放水试验；500kV及以上大型变压器每半年应对铁芯接地电流进行测试试验等。

【思考与练习】

1. 变电站设备定期试验与轮换的主要目的是什么？
2. 直流充电机及蓄电池试验与轮换的周期和主要内容有哪些？
3. 变压器冷却装置定期试验有哪些内容和要求？

模块2 变电站设备的定期试验与轮换分析 (GYBD00301002)

【模块描述】本模块介绍变电站设备的定期试验与轮换的程序和方法。通过要点讲解、试验方法介绍，掌握变电站设备的定期试验与轮换及注意事项。

【正文】

一、蓄电池测试的基本方法

（一）蓄电池充电的几种方式

1. 恒流限压充电

采用恒定电流进行充电，当蓄电池组端电压上升到额定限压值时，自动或手动转为恒压充电。

2. 恒压充电

在额定充电电压下，充电电流逐渐减少。当充电电流减少至0.1倍时，充电装置的倒计时开始启动。当整定的倒计时结束时，充电装置将自动或手动转为正常的浮充电方式运行。

3. 补充充电

为了弥补运行中因浮充电流调整不当造成的欠充，根据需要可以进行补充充电，使蓄电池组处于满容量。其程序为：恒流限压充电→恒压充电→浮充电。补充充电应合理掌握，在必要时进行，防止频繁充电影响蓄电池质量和寿命。

（二）蓄电池的基本测试方法

1. 每只单体蓄电池的电压的测量

一般采用万用表的直流电压挡进行测量，为了确保测量结果的准确性，测量时直流电压挡的量程应选与被测电池的电压相近的挡位，但是量程必须大于被测电池的电压。

2. 阀控蓄电池的核对性放电

长期处于限压限流的浮充电运行方式或只限压不限流的运行方式，无法判断蓄电池的现有容量、内部是否失水或干枯。通过核对性放电，可以发现蓄电池容量缺陷。

（1）一组阀控蓄电池组的核对性放电。全站仅有一组蓄电池时，不应退出运行，也不应进行全核对性放电，只允许用额定电流放出其额定容量的50%。在放电过程中，蓄电池组的端电压不应低于$2V \times N$，N为蓄电池组电池的个数。放电后，应立即用额定充电电流进行限压充电→恒压充电→浮充电。反复放充2～3次，蓄电池容量可以得到恢复。

若有备用蓄电池组替换时，该组蓄电池可进行全核对性放电。

（2）两组阀控蓄电池组的核对性放电。全站若有两组蓄电池时，则一组运行，另一组退出运行进行全核对性放电。放电用额定充电电流恒流放电，当蓄电池组电压下降到$1.8V \times N$时停止放电。隔1～

2h 后，再用额定充电电流进行恒流限压充电→恒压充电→浮充电。反复放充 2～3 次，蓄电池容量可以得到恢复。若经过三次全核对性放充电，蓄电池组容量均达不到其额定容量的 80%以上，则应安排更换。

（三）测试值异常的处理方法

阀控蓄电池组正常应以浮充电方式运行，浮充电压值应控制为（2.23～2.28）V×*N*，一般宜控制在 2.25V×*N*（25℃时），均衡充电电压宜控制为（2.30～2.35）V×*N*。阀控蓄电池在运行中电压偏差值及放电终止电压值应符合表 GYBD00301002-1 要求，如果不符合应及时上报处理。

表 GYBD00301002-1　阀控蓄电池在运行中电压偏差值及放电终止电压值　V

阀控密封铅酸蓄电池	标称电压		
	2	6	12
运行中的电压偏差值	±0.05	±0.15	±0.3
开路电压最大与最小电压差值	0.03	0.04	0.06
放电终止电压值	1.80	5.40（1.80×3）	10.80（1.80×6）

二、变压器冷却装置定期试验的基本方法及步骤

（一）变压器冷却装置试验的主要内容和方法

切换试验的主要内容：冷却电源的切换试验，工作冷却器组与备用冷却器组（潜油泵、风扇）和辅助冷却器组的切换和自启动试验。

1. 冷却电源的切换试验

冷却电源切换试验的目的是检验工作电源消失后，备用电源能否正确投入。大型变压器的冷却电源一般都有两个独立的电源供电，在冷却器控制箱内有两个电源指示灯和控制把手，正常时两个电源指示灯都应当亮（表示两个电源都正常），两个把手的位置分别在“工作”和“备用”位置。电源切换时，一般是在冷却器控制箱内将工作电源的把手切换至“停用”位置，检验备用电源能否自动投入，冷却器能否继续正常运行。试验正常后可恢复原来的运行方式，也可将原备用电源切换为工作电源，工作电源切为备用电源，是否切换应根据变电站现场运行规程执行。

2. 工作冷却器、备用冷却器、辅助冷却器切换

为保证主变压器各组冷却器能随时投入工作，工作冷却器、备用冷却器、辅助冷却器应按照现场运行规程要求定期切换。切换周期应保证每组冷却器分机运行时间大致平衡，规定每周对冷却器运行方式进行切换，并做好记录。冷却器切换流程如图 GYBD00301002-1 所示。

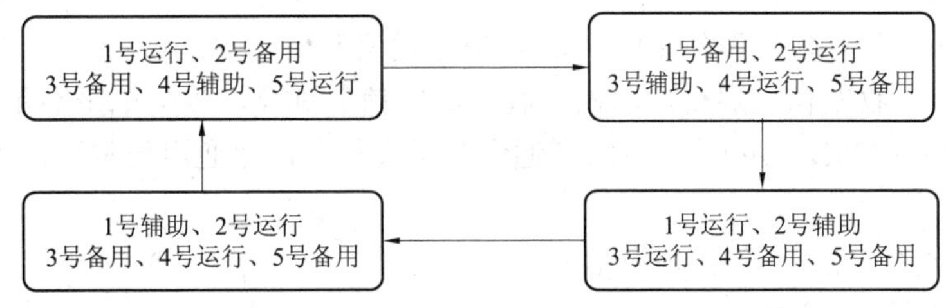

图 GYBD00301002-1　冷却器切换流程

3. 备用冷却器组和辅助冷却器组的自启动试验

大型变压器有很多组冷却器，750kV 变压器单台有 8 组冷却器，根据需要，可将冷却器的运行设置成运行、辅助、备用三种状态。运行状态下的冷却器，在变压器运行时正常运行；辅助状态下的冷却器，在变压器负荷或温度超过设定值时自动启动；备用状态下的冷却器是在运行和辅助自动投入运行后的冷却器故障后自动投入运行。

备用冷却器组和辅助冷却器组的自启动试验，一般采用短接或拆除冷却器控制箱内相应继电器的触点或线头来完成。短接或拆除冷却器控制箱内相应继电器的触点或线头时，一定要看清图纸和设备的实际位置，并做好安全措施，短接触点时应采用专用短接线，拆除线头时应注意所使用的工具，并

模块 2 GYBD00301002

对拆除的线头做好标记，防止回路短路、接地造成冷却器全停，防止人身触电等事故发生。

（二）冷却装置试验异常的处理

（1）冷却电源不能正确切换的处理。冷却电源不能正确切换时，首先应检查备用电源是否正常，切换继电器或接触器是否动作。如果是电源故障应及时查明原因，并恢复备用电源；如果是切换继电器和接触器不动作，应仔细检查继电器回路是否完整，线圈有无发热、烧伤痕迹，查明原因并及时更换。

（2）备用冷却器组和辅助冷却器组在满足启动条件时不能正确启动，可能有以下几个方面的原因：

1）潜油泵或风扇的电动机电源消失；

2）电动机故障；

3）备用冷却器组和辅助冷却器组启动控制回路故障；

4）给定的启动条件不满足自启动要求。

不能正确启动时，应对以上4个方面进行认真检查，做出正确的分析和判断，并进行处理。

三、高频通道定期试验的方法

（一）高频通道定期试验的方法

高频通道的试验一般采用交换信号的方法进行。高频收发信机的型号不同，交换信号的特征也不相同，750kV变电站采用的高频收发信机主要有PSF-631、LFX-912两大类型，每日通道试验检查主要通过手动启动收发信机，检查收发信电平正常与否，装置有无告警。通常高频通道收发信电平应不低于8.68dB。下面结合常用的收发信机型号来介绍高频通道的试验方法。

1. PSF-631型高频收发信机试验

高频通道两侧发信过程如图GYBD00301002-2所示。

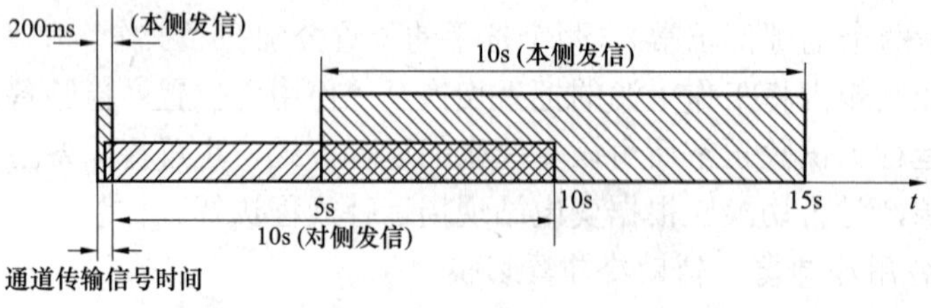

图GYBD00301002-2 高频通道两侧发信过程

（1）按下“通道试验”按钮，本侧启动发信，200ms后停止；此时远方启动对侧发信10s（10s后停止发信）。

（2）对侧发信5s，启动本侧发信10s（10s后停止发信）。

（3）本侧发信时，收发信机启动，面板“收信、发信”灯亮，收信电平显示值为36.5～41dB，发信电平显示值为18～25dB，并做好记录。在通道测试过程中，“通道异常”、“装置告警”灯不能点亮，否则通道不正常。

（4）测试完毕，复归收发信机上所有信号。

2. LFX-912型高频收发信机

（1）按下“通道试验”按钮，本侧启动发信，200ms后停止；此时远方启动对侧发信10s（10s后停止发信）。

（2）对侧发信5s，启动本侧发信10s（10s后停止发信）。

（3）本侧发信时，发信灯亮，6～18dB灯亮，表头指针在40%～60%之间，收发信结束后指针回零，收信灯亮。9号插件检测过程中还需要检查高频电压和高频电流（正常检测值，表头指示为36.5～41V与490～550mA），并做好记录。在通道测试过程中，“裕度报警”、“过载指示”、“通道异常”灯均不能点亮，否则通道不正常。

（4）测试完毕，复归收发信机上所有信号。

（二）高频通道测试的异常判断及处理方法

1. PSF-631 型高频收发信机在交换信号时的异常及处理

（1）在交换信号时，如发现在 0～5s 内“接收信号”灯亮，而“电平正常”灯不亮，则说明能收到对侧的高频信号，但通道衰耗已增加了 3dB。应再交换一次信号，在 0～5s 内按收信高滤插件上的“8dB 衰耗”按钮，若“接收信号”灯仍然亮，则说明通道余量仍大于 8dB。这时不必停用高频保护，但应立即报告调度并通知继电保护人员处理，运行人员应记录信号。

（2）有下述情况之一，必须立即报告调度，由调度下令将本线路两侧高频保护同时停用，并通知继电保护人员处理，运行人员应记录信号。

1）在交换信号时，如发现在 0～5s 内，“电平正常”灯和“接受信号”灯均不亮。

2）在交换信号时，如发现在 0～5s 内，“接受信号”灯亮，但“电平正常”灯不亮，此时应再交换一次信号，在 0～5s 内按收信高滤插件上的“8dB 衰耗”按钮，若“接收信号”灯不亮时。

2. GSF-6 型高频收发信机在交换信号时的异常及处理

在通道交换信号时，触发器插件上的电平 3dB“告警”灯亮，同时测量盘插件上表头的指针落在 –3dB 红色告警范围内时，应记录信号，必须立即报告调度，由调度下令将本线路两侧高频保护同时停用，并通知继电保护人员处理，运行人员应记录信号。

3. SF-500 型高频收发信机在交换信号时的异常及处理

（1）在交换信号时，发现控制电路 I 插件上的“通道异常”灯亮，说明通道衰耗已增加了 3dB，如此时解调输出插件上的“收信指示”灯亮，并且“裕度告警”灯不亮，则说明能收到对侧的高频信号。这时不必停用高频保护，但应立即报告调度并通知继电保护人员处理，运行人员应记录信号。

（2）有下述情况之一，必须立即报告调度，由调度下令将本线路两侧高频保护同时停用，并通知继电保护人员处理，运行人员应记录信号。

1）在交换信号时，功率放大插件上“过载指示”灯亮。

2）在交换信号时，解调输出插件上的“收信指示”灯不亮或“裕度告警”灯亮。

4. SF-600 型高频收发信机在交换信号时的异常及处理

（1）在交换信号时，解调输出插件上的“通道异常”灯亮，说明通道衰耗已增加了 3dB，如“裕度告警”灯不亮，则说明能收到对侧的高频信号。这时不必停用高频保护，但应立即报告调度并通知继电保护人员处理。

（2）有下述情况之一，必须立即报告调度，由调度下令将本线路两侧高频保护同时停用，并通知继电保护人员处理，运行人员应记录信号。

1）在交换信号时，前置放大插件上“过载指示”灯亮。

2）在交换信号时，解调输出插件上的“收信指示”灯不亮或“裕度告警”灯亮。

四、断路器气动机构运转试验的基本方法及步骤

（一）断路器气动机构运转试验的基本方法

基本方法是降低气压法，具体操作步骤如下：

（1）手动打开储气罐的放气阀门，一边放气，一边观察压力表，接近额定补气压力时，减小放气速度，观察到额定补气压力时能否报警（空气操作压力低），并自动启动储能电动机建压。如果不报警也不启动储能电动机，可以继续缓慢放气，放气至（不低于额定补气压力 0.1MPa）储能电动机启动时停止放气，并记录压力表的压力值和启动建压开始时间。如果继续放气（气压不能低于闭锁重合闸压力）仍然不能启动储能电动机，也应停止放气，说明自动启动补气回路或继电器有故障，应及时查找原因并处理。

（2）建压期间注意观察压力表的变化，看压力表的指针指到额定停止压力时，储能电动机能否自动停机。如果没有停止，可以继续建压，但是要注意观察压力的变化。当超过停止建压压力 0.1MPa 还未停下时，说明自动启动停止建压回路或继电器有故障，应手动断开电动机电源，停止建压，并及时查找原因并处理。

正常情况下，放气至额定补气压力时，能自动启动储能电动机建压，并发送“空气操作压力低”、

“交流电动机运转”信息。当建压至额定停止压力时，启动储能电动机自动停止，“空气操作压力低”、“交流电动机运转”信息返回。

（二）气动机构运转试验异常的处理

气动机构运转试验时发现异常，应及时查明异常原因。电气控制回路故障应尽快排除，压力继电器故障应及时上报主管部门安排检修或更换。

五、事故照明定期试验的基本方法

通过站用直流系统提供事故照明电源的事故照明系统，根据事故照明控制回路的不同，有两种启动方式：一种是正常照明电源消失后，需要运行值班人员手动给上事故照明电源开关，点亮事故照明灯；另一种是将事故照明电源开关设置在相应位置，正常情况下事故照明灯不亮，而在正常照明电源消失后，不需要运行值班人员操作事故照明电源开关，就能点亮事故照明灯。

第一种事故照明的试验方法很简单，只需要手动合上事故照明开关，检查事故照明灯能否点亮；第二种事故照明的试验可通过断开正常照明交流电源开关的方式试验，检查事故照明能否点亮。

带蓄电池的应急照明设施也需要定期检查和试验，检查电池电量是否充足，灯泡是否完好，控制开关切换是否灵活、正确等。

六、中央信号系统试验的方法

（一）中央信号系统的分类

中央信号装置是监视变电站电气设备运行中是否发生事故及异常的自动报警装置，按其用途可分为：事故信号装置、预告信号装置和位置信号装置。事故信号装置包括灯光和音响信号，当断路器事故跳闸时，蜂鸣器及时发出音响，通知值班人员有事故发生，同时跳闸的断路器位置指示灯闪光，光字牌亮，显示保护动作情况和故障范围和性质；预告信号装置包括警铃和光字牌，当运行中的电气设备发生危及安全运行的故障或异常时，预告警铃响起，同时标明故障内容的一组光字牌亮，便于值班人员处理；位置信号装置用于监视断路器、隔离开关的分合情况。按照其发展历程可分为常规站和综合自动化变电站两种类型，两种型式的中央信号试验方法有所不同，但主要目的都是为了验证中央信号可用，在异常或事故情况下能可靠提醒值班人员引起注意。

1. 常规站中央信号的试验方法

常规站中央信号的试验应每日进行一次，由两人进行，其中一人将光字和声音控制切至试验位置，一人核对信号和音响是否正确。当发现有光字不亮或没有声音时应及时进行处理，断路器位置信号在运行中无法进行试验，只能在位置信号灯不亮时进行处理。

2. 综合自动化变电站中央信号的试验方法

综合自动化变电站的中央信号系统是变电站监控系统（SCADA）的一部分，一般由工作站和服务器及局域网组成。声音信号一般由工作站驱动声卡至音箱发出声响。断路器、隔离开关位置信号用遥信量表示，当发生变位时，断路器及隔离开关符号闪动。试验中央音响信号时，用鼠标单击监控画面，出现“音响测试”对话框，单击后发出音响信号。查看监控后台 SOE 事件、保护信息等是否能上传。

（二）中央信号系统试验的注意事项

（1）试验时间不宜太长，以全部看清光字信息的为准，对不亮的光字牌应做好记录，并及时处理。

（2）中央信号屏上的按钮很多，试验时一定要看清按钮的位置，防止压错。

（3）综合自动化系统试验音响信号不响，查看保护信息或 SOE 事件不完整，应查明原因。

七、其他设备的定期试验方法及试验注意事项

（一）变压器有载调压开关停电后的调整试验方法及注意事项

调整试验的方法：先用手动试验，对所有挡位进行一个完整的循环操作，即从变压器的当前挡位逐级升至最高挡位，再从最高挡位逐级降至最低挡位，再从最低挡位逐级升至原运行挡位；试验正确后再改用电动遥控或就地电动进行一个完整的循环操作，试验完后，应将挡位放至原运行挡位。

试验注意事项：

（1）手动调压试验时，一定要闭锁就地电动或遥控电动操作，防止电动和手动试验同时进行。

（2）调整挡位要逐级进行，每调整到一个挡位后，一定要检查后台监控机上显示的挡位与调压控制箱上指示的挡位是否一致。

（3）遥控电动或就地电动试验，可以在调压过程中操作紧急停止按钮，试验紧急停止按钮是否起作用，能否立即停止调压操作。操作紧急停止按钮，调压控制回路的有关继电器动作，将有载调压开关电动机的电源断掉，使电动机停止工作，终止遥控电动或就地电动调压。要恢复遥控电动或就地电动调压，必须使用手动操作，将有载开关调整至某一挡位之后，才能合上电动机的电源开关，否则电源开关合不上，合上电源开关后，就可恢复电动调压功能。

（二）直流备用充电机定期试验

直流备用充电机定期试验时应持作业卡，防止直流失电压。高频电源开关电源 1 号、2 号、3 号充电机切换流程如图 GYBD00301002-3 所示。

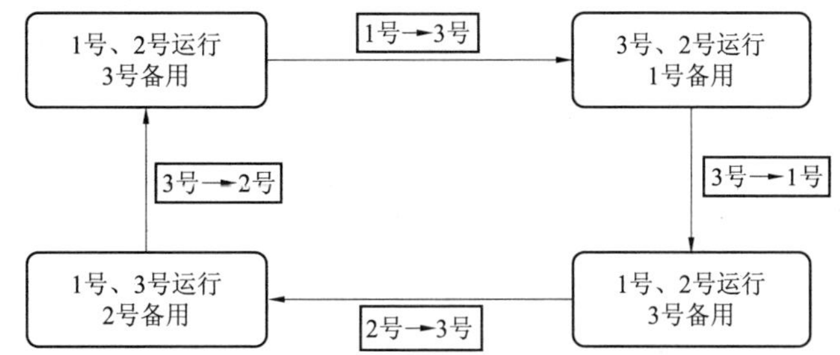

图 GYBD00301002-3　高频电源开关电源 1 号、2 号、3 号充电机切换流程

试验方法：试验时可将任意一台工作充电机退出运行后，操作备用充电机的对应开关，将备用充电机接入蓄电池组和直流母线，检查接入正确后投入备用充电机。备用充电机投入后应检查各充电模块的工作电压和输出电流是否正常，直流母线电压和蓄电池充电方式是否正常。

试验注意事项：

（1）停用工作充电机时，要防止拉错开关，造成直流母线失电压。

（2）启动备用充电机时，要按照说明书或有关规程进行，防止造成部分高频电源模块过负荷烧坏。

（3）备用充电机投入后，一定要检查直流系统的工作状况。

（4）试验正常后，恢复原来的工作方式。

（三）变压器铁芯接地电流的定期测试方法

（1）采用高精度的钳形电流表测试。

（2）通过变压器铁芯电流在线监测装置进行监测和记录。

（四）火灾报警定期试验的方法

1. 室内感烟火灾自动报警系统的试验方法

试验时，可用一根点燃的香烟或专用烟感发生设备靠近感烟（感光和感温）火灾探测器，约 20s 左右，完好的火灾探测器和火灾自动报警系统就会报警。若火灾探测器或火灾自动报警系统故障，则不报警，应及时更换或维修。

2. 变压器火灾报警自动灭火系统的定期检查试验方法

变压器火灾报警自动灭火系统的定期检查与试验按照公安消防部门的规定或有关标准进行。变压器停电后，打开主出口阀门，打开其旁路阀或回流阀，启动火灾报警和联动装置，检验系统在满足启动条件时能否自动启动相应的联动装置。在变压器停电状态下进行一次系统试验和维护保养，以保证系统密封、电气可靠、操动机构灵活。

【思考与练习】

1. 直流蓄电池核对性充放电的主要步骤是什么？

2. 变压器工作冷却器、备用冷却器、辅助冷却器的切换是如何规定的？

3. SF-600 型高频收发信机在交换信号时出现“通道异常”灯不亮现象，可能发生什么故障？如何处理？

4. 断路器气动机构定期试验主要步骤是什么？